普通高等教育“十五”国家级规划教材

Analysis of Signals and
Linear Systems
5th Edition

信号与线性系统分析

第5版

原著　吴大正　杨林耀　张永瑞　王松林　郭宝龙
修订　李小平　方海燕　王松林　朱娟娟

高等教育出版社·北京

内容简介

本教材是在2005年高等教育出版社出版的《信号与线性系统分析》(第4版)一书的基础上经修编而成的。

本版保留了原教材连续与离散并行、先时域后变换域的体系结构;结合高校教育教学形势的新发展和信息化技术的广泛应用,对部分内容做了调整、增删,并重新编写了部分小节,补充了MATLAB例程。本教材论述清楚、概念明确、重点突出、层次清晰、便于教学。

全书包括:信号与系统、连续系统的时域分析、离散系统的时域分析、傅里叶变换和系统的频域分析、连续系统的s域分析、离散系统的z域分析、系统函数、系统的状态变量分析以及附录。各章配有不同层次的习题,以供选用。

本教材是普通高等教育"十五"国家级规划教材和高等教育出版社百门精品课程教材(一类)。本书可作为高等学校电子信息类、自动化类和电气类各专业"信号与系统"课程的教材,也可供有关科技人员参考。

图书在版编目(CIP)数据

信号与线性系统分析 / 吴大正等原著; 李小平等修订. --5版. --北京: 高等教育出版社, 2019.3(2024.12重印)
ISBN 978-7-04-051311-0

Ⅰ.①信… Ⅱ.①吴… ②李… Ⅲ.①信号系统-系统分析-高等学校-教材②线性系统-系统分析-高等学校-教材 Ⅳ.①TN911.6

中国版本图书馆CIP数据核字(2019)第023905号

策划编辑 王 楠　　责任编辑 王 楠　　封面设计 于文燕　　版式设计 马 云
插图绘制 于 博　　责任校对 张 薇　　责任印制 耿 轩

出版发行 高等教育出版社
社　　址 北京市西城区德外大街4号
邮政编码 100120
印　　刷 山东临沂新华印刷物流集团有限责任公司
开　　本 787mm×1092mm 1/16
印　　张 30
字　　数 710千字
购书热线 010-58581118
咨询电话 400-810-0598
网　　址 http://www.hep.edu.cn
　　　　 http://www.hep.com.cn
网上订购 http://www.hepmall.com.cn
　　　　 http://www.hepmall.com
　　　　 http://www.hepmall.cn
版　　次 1981年1月第1版
　　　　 2019年3月第5版
印　　次 2024年12月第12次印刷
定　　价 56.00元

物 料 号 51311-00

第5版前言

自2005年《信号与线性系统分析(第4版)》出版至今已十余年,深为感谢广大读者的支持和厚爱。经过多年的教学实践,“信号与系统”课程的体系已趋于稳定,本次修订同样保持第4版教材的整体格局,未做大的修改。但随着高校教育教学形势的发展和信息化技术的广泛应用,对教学手段、教学时数等有了新的要求,结合本书作者团队多年的教学及科研经验,同时参考使用该教材的老师和学生的反馈意见,对第4版教材的部分内容进行修改、调整和补充。本次修订更加注重体现信号分析、系统分析的基本思想,以便于读者从数学的表象中更好地掌握本课程的内容。

(1) 系统的时域分析部分,体现系统分析思想,减少计算复杂性,调整及完善了部分章节的论述,突出响应分解为零输入响应和零状态响应、零状态响应为输入与系统冲激响应卷积的概念描述。调整了第二、三章中0_+值求解、冲激响应、单位序列响应、卷积积分、卷积和的论述及求解方法等。

(2) 频域分析中,完善了傅里叶变换的相关理论,增加了复信号傅里叶级数及频谱的内容,讨论了实信号、复信号频谱的差异,加强了理论的系统性和完整性,为相关应用奠定了一定的理论基础。

(3) 为适应课时的调整,适当删减部分内容,如删除了第八章中时域求解连续系统、离散系统状态方程的内容。

(4) 进一步加强了实践性和工程案例的分析,增加了附录七,提供了信号与系统分析MATLAB例程,并在各章配备了对应的习题,激发读者对工程问题进行深入思考的兴趣。

(5) 为了满足线上线下学习的需要,本书采用了纸质教材与在线资源结合的新方式,紧密结合信号与系统慕课建设,将案例解析、程序代码、教学视频等以扩展资源的形式,添加二维码,扫描后可学习。

本教材由李小平主持修订,李小平修订了第一、二章,方海燕修订了第三、四、五章,王松林修订了第六、七、八章,朱娟娟编写了附录七及补充相关课后习题。

本教材由清华大学电子工程系谷源涛副教授、应启珩教授、郑君里教授审阅,他们提出了许多宝贵的意见和建议,并给予了热情的指导和帮助。高等教育出版社的王楠编辑也给予了长期支持和帮助,在此一并表示感谢。特别感谢杨林耀、张永瑞教授的提携帮助和细致指导,使此次修订工作得以顺利进行。限于编者水平,书中不可避免存在疏漏和差错,敬请读者赐教。编者邮箱:xpli@ xidian.edu.cn。

编　者

2018年10月

第4版前言

本教材的第三版于1998年出版，为了适应当前学科发展的需要和教学内容改革的要求，对第三版的内容进行了部分修改和调整，作为第四版出版。

近些年来，信息技术在各学科领域的应用更加广泛，本学科领域的理论和实践发展迅速，但就大学本科“信号与系统”课程而言，其基本内容和范围大体相对稳定。同时，在教学实践中征求和听取了教师和学生对本教材(第三版)的意见，认为基本能满足当前的教学需要。鉴于上述情况，本次修订对第三版教材的整体格局未做大的修改，仅对教材的部分内容做了修订、调整和补充。

第四版保持了原教材的编写思想和体系结构，将离散与连续并行处理、先时域后变换域。在继承以往重视基本内容、基本概念和基本分析方法的基础上，根据本学科发展的需要，适当地拓宽了知识面，以便开阔学生的眼界和思路。

第四版的修订内容主要有以下几个方面：

(1) 在第二章中改进了由 0_- 值求 0_+ 值的方法，使计算方法更加完善。

(2) 在第三章中增加了反卷积的内容。

(3) 增加了有关两个信号相关的讨论，为今后学习随机信号分析做准备。

(4) 增加了离散傅里叶变换等有关内容。

(5) 删除了第七章中判断系统稳定性的准则。

(6) 删除了利用反演积分求解拉普拉斯逆变换和逆 z 变换的有关内容。

(7) 删除了原附录一“矩阵函数”部分。

(8) 对全书的例题、习题进行了补充和修订。

书末附有习题答案。索引按主题词汉语拼音顺序排列，以便查阅。

本教材按照72学时授课，这里给出各章的参考学时数：第一章6学时，第二章8学时，第三章6学时，第四章16学时，第五章12学时，第六章8学时，第七章8学时，第八章8学时。总计72学时。

为了适应当前教育事业的快速发展，当前教材向多样化、多媒体化和网络化方向发展。本教材被列为普通高等教育“十五”国家级规划教材和百门精品课程教材(一类)建设计划。与本教材相应配套的出版物有：《信号与系统学习指导书》(张永瑞，王松林编.北京：高等教育出版社，2004)、《信号与系统远程教育网络课程》(网址：www.hep.edu.cn)、《信号与系统电子教案》、《信号与系统试题库》。

本教材由吴大正主编和统稿，杨林耀编写第一、二、三、四章，张永瑞编写第五、六、七章，王松林编写第八章、附录并校阅了全书的初稿,郭宝龙参与了部分章节的编写。

本教材由清华大学郑君里教授审阅,他对本教材的修改工作给予了许多指导和帮助,并提出许多宝贵的修改意见,谨致以衷心的感谢。本教材从第一版出版至今已有二十余年,编者对帮助过本教材出版的同志表示诚挚的谢意。

欢迎使用本教材的教师和同学与编者进行交流,并提出宝贵意见,以便今后进一步修改。

限于编者水平,书中难免有不足和错误之处,敬请读者批评赐教。来信请寄西安电子科技大学机电工程学院(邮编710071),联系人:王松林。E-mail:slwang@mail.xidian.edu.cn。

编　者

2004年10月

第3版前言

《信号与线性系统分析》一书自1986年出版以来已逾十年。根据国家教育委员会1995年颁布的高等工业学校《信号与系统课程教学基本要求》(以下简称基本要求),并结合编者在教学实践中的体会和读者的意见,我们对原书进行了全面的修订。

第三版保留了原书连续与离散并行,先时域后变换域的体系结构和论述清楚、便于教学的特点,根据基本要求对部分章节做了适当的调整、增删。这次修订的主要工作是:

(1) 根据拓宽学生知识面、增强适应性的要求和不同专业的需要,加强了系统模型的概念,削减了电网络分析的内容,增加了一些非电类系统的例、习题,加强了双边 z 变换。全书从整体上强化了系统方程(微分、差分方程)、图(方框图、信号流图)与系统函数之间的内在联系,以及它们与时域响应、频域响应的关系。

(2) 在近十年的教学实践中,对教学内容和方法不断改进,摸索出一些便于学生理解和掌握的具体讲法,选编了不少既简单又能说明问题的例、习题,这次修订都已反映到教材中。本版重新编写了全书的大部分章、节,并力求概念明确、重点突出、层次清晰、便于阅读和自学。全书注重通过举例阐述具体的分析计算方法,并指明不同条件下灵活运用的措施,注意正文与例题、习题的密切配合,以利于读者更好地理解和掌握基本概念和基本分析方法。

本书配合正文选编了不同层次的习题,题量较多,可酌情选用。书末附有参考答案。索引按主题词汉语拼音顺序排列,以便查阅。

本书由吴大正主编和统稿,杨林耀编写一、二、三、四、八章,张永瑞编写五、六、七章。

全书承清华大学郑君里教授、曹建中教授仔细审阅并提出了许多宝贵意见,谨致以衷心的感谢。

限于编者水平,书中定有不少疏漏和差错,敬请读者赐教。来信请寄西安电子科技大学12系(邮编710071)。

编　者

1997年5月

第2版前言

本书是根据1980年6月高等学校工科电工教材编审委员会扩大会议审订的《信号与系统教学大纲(草案)》编写的。在吴大正主编的《信号与线性网络分析》一书的基础上,依据教学大纲的要求,删去了谐振电路、双口网络、传输线(它们已列入有关课程的教学大纲),并对信号与线性系统分析的内容进行了必要的修改和补充,更名为《信号与线性系统分析》。全书内容包括:信号与系统、连续系统的时域分析、离散系统的时域分析、连续系统的频域分析、连续系统的复频域分析、离散系统的 z 域分析、系统函数和状态变量分析等共八章。

随着大规模集成电路、计算机的迅速发展,数字技术已渗透到科学技术的各个领域。为了适应新的发展变化,目前,信号、电路与系统的研究重点普遍注意转向离散的、数字的方面。本书在编写时循着逐步更新的精神,在保持教学大纲内容和要求的基础上,对内容体系作了某些改变的尝试。将连续系统与离散系统并列进行研究。考虑到当前的实际情况,在具体安排上,仍分章先讨论连续的再讨论离散的,系统函数和状态变量分析两章则连续系统与离散系统一起讨论。这样,把系统(连续的和离散的)看作一个整体,从分析方法的角度,按时域分析、变换域分析和状态变量分析的次序划分章节,强调了连续系统与离散系统的共性,也突出了它们各自的特点。这将有利于基本概念和基本方法的理解与掌握。

信号与系统理论的发展愈来愈多地运用了现代数学的概念和方法。本书在基本理论和方法的阐述上,把物理问题与其数学表述和论证密切地结合起来,注意引入现代数学的概念,使这些理论和方法有较为坚实的数学基础,这对于深入准确地理解本书内容和进一步研究信号与系统理论都是有益的。此外,为了叙述和阅读的方便,将傅里叶级数、线性常微分方程和差分方程等数学内容也做了简要的叙述。将矩阵(主要是特征矩阵和矩阵函数)列为附录。对有些数学内容叙述的比较详细,这对于读者可能是方便的,但不必都作为课堂讲授内容。在使用本教材时,对于各章的顺序、内容的取舍等,请根据实际情况确定,不要受本书的约束。

为使读者能较好地理解基本概念和分析方法,精选了不少例题和习题。习题数量较多,请酌情选用,书末附有部分习题答案仅供参考。书中标有*号的段落,不属于基本要求,可供参考。

本书由吴大正主编,张永瑞、杨林耀、燕庆明同志参加了编写工作。在编写过程中,电路教研室的同志给予了许多支持和帮助。

芮坤生教授指导了本书的编写,提出了许多宝贵意见,并审阅了书稿。许多兄弟院校的老师提出了许多宝贵意见,在此一并表示衷心的谢意。我们还要感谢同学们和未见过面的读者,他们有意无意地给了我们许多启示,使我们从内容安排到具体叙述方法上都有所改进。

由于编者水平有限,定有不少错误和不妥之处,敬请读者赐教。

编　者

1985年3月于西北电讯工程学院

目录

第一章 信号与系统

本章介绍信号与系统的概念以及它们的分类方法,并讨论了线性时不变(linear time invariant,缩写为 LTI)系统的特性,简明扼要地介绍了 LTI 系统的描述方法和分析方法。深入地研究了在 LTI 系统分析中占有十分重要地位的阶跃函数、冲激函数及其特性。

§1.1 绪　　论

信号理论和系统理论涉及范围广泛,内容十分丰富。信号理论包括:信号分析、信号传输、信号处理和信号综合;系统理论包括:系统分析和系统综合。信号分析主要讨论信号的表示、信号的性质等;系统分析主要研究对于给定的系统(它也是信号的变换器或处理器),在输入信号(激励)的作用下产生的输出信号(响应)。信号分析与系统分析之间关系紧密又各有侧重,前者侧重于信号的解析表示、性质、特征等,后者则着眼于系统的特性、功能等。

一般而言,信号分析和系统分析是信号传输、信号处理、信号综合及系统综合的共同理论基础。本书主要研究信号分析和系统分析的基本概念和基本分析方法,以便为读者进一步学习、研究有关电路理论、通信理论、控制理论、信号处理和信号检测理论等打下基础。

现在,信号与系统的概念已经深入到人们的生活和社会的各个方面。手机、电视机、通信网、计算机网等已成为人们常用的工具和设备,这些工具和设备都可以看成系统,而各种设备传送的语音、音乐、图像、文字等都可以看成信号。

信号可以广义地定义为随时间或空间变化的某些物理量,是信息的载体及表现形式,如声信号、光信号、电信号等。在诸多信号表示的物理量中,电信号是最便于传输、控制与处理的信号,也是最容易实现与非电量相互转换的信号,如压力、温度、流量、速度、位移,都可以通过传感器变换成电信号,因此对电信号的研究具有重要意义。

一般认为,系统是指若干相互关联、相互作用的事物按一定规律组合而成的具有特定功能的整体。人们在自然科学(如物理、化学、生物)以及工程、经济、社会等许多领域中,广泛地引用"系统"的概念、理论和方法,并根据各学科自身的规律,建立相应的数学模型,研究各自的问题。因此,不同系统具有不同的属性和规律。

通信系统的任务是传输信息(如语言、文字、图像、数据、指令等)。为了便于传输,先由转换设备将所传信息按一定规律变换为相对应的信号(如电信号、光信号,它们通常是随时间变化的电流、电压或光强等),经过适当的信道(即信号传输的通道,如传输线、电缆、空间、光纤、光缆等),将信号传送到接收方,再转换为声音、文字、图像等。通信设备中的滤波器可以看成一个简单系统,而由同步卫星和地面站等构成的通信系统则是一个庞大的复合系统。

工业企业常采用微机控制的过程控制系统,用以随时检测、调节或控制工艺流程的各种参数(温度、压力、流量等),保证设备正常运转,生产合格产品。

生态学家将生物种群(如细菌、害虫、鱼类等)的数量与有关制约因素(如药物、捕捞等)之间的关系看作生态系统,用以研究药物效能、生物资源开发以及不同种群之间相互依存、相互竞争的关系等。

在分析属性各异的各类系统时,常常抽去具体系统物理的或社会的含义而把它抽象化为理想化的模型,将系统中运动、变化的各种量(如电压、电流、光强、力、位移、生物数量等)统称为信号,宏观地研究信号作用于系统的运动变化规律,揭示系统的一般性能,而不关心它内部的各种细节。

信号是信息的一种表示方式,通过信号传递信息。信号的概念与系统的概念是紧密相连的。信号在系统中按一定规律运动、变化,系统在输入信号的驱动下对它进行"加工""处理"并发送输出信号,如图 1.1-1 所示。输入信号常称为激励,输出信号常称为响应。

输入信号 激励 → 系统 → 输出信号 响应

图 1.1-1 信号与系统

在电子系统中,系统通常是电子线路,信号通常是随时间变化的电压或电流(有时可能是电荷或磁通)。从数学观点考虑,这类信号是独立变量 t 的函数 $f(t)$。在光学成像系统(如照相机)中,系统由透镜组成,信号是分布于空间各点的灰度,它是二维空间坐标 x,y 的函数。如果图像信号是运动的,则可表示为空间坐标 x,y 和时间 t 的函数 $f(x,y,t)$。信号是一个独立变量的函数时,称为一维信号,如果信号是 n 个独立变量的函数,就称为 n 维信号。本书只讨论一维信号。

本书以系统的时域分析及变换域分析为主线,将信号分析与系统分析融合在一起。在研究信号的时域及变换域的表示及性质的同时,解决了线性时不变(LTI)系统在任意激励下响应的分析问题。

§1.2 信 号

信号常可表示为时间函数(或序列),该函数的图像称为信号的波形。在讨论信号的有关问题时,"信号"与"函数(或序列)"两个词常互相通用。

如果信号可以用一个确定的时间函数(或序列)表示,就称其为确定信号(或规则信号)。当给定某一时刻值时,这种信号有确定的数值。

实际上,由于种种原因,在信号传输过程中存在着某些"不确定性"或"不可预知性"。譬如,在通信系统中,收信者在收到所传送的消息之前,对信息源所发出的消息总是不可能完全知道的，否则通信就没有意义了。此外，信号在传输和处理的各个环节中不可避免地要受到各种干扰和噪声的影响，使信号失真（畸变），而这些干扰和噪声的情况总是不可能完全知道的。这类“不确定性”或“不可预知性”统称为随机性。因此，严格来说，在实践中经常遇到的信号一般都是随机信号。研究随机信号要用概率、统计的观点和方法。虽然如此，研究确定信号仍是十分重要的，这是因为它是一种理想化的模型，不仅适用于工程应用，也是研究随机信号的重要基础。本书只讨论确定信号。

一、连续信号和离散信号

根据信号定义域的特点可分为连续时间信号和离散时间信号。

连续时间信号

在连续时间范围内（$-\infty<t<\infty$）有定义的信号称为连续时间信号，简称连续信号。这里“连续”是指函数的定义域——时间（或其他量）是连续的，至于信号的值域可以是连续的，也可以不是。图 1.2-1(a) 中的信号

$$f_1(t)=10\sin(\pi t),-\infty<t<\infty$$

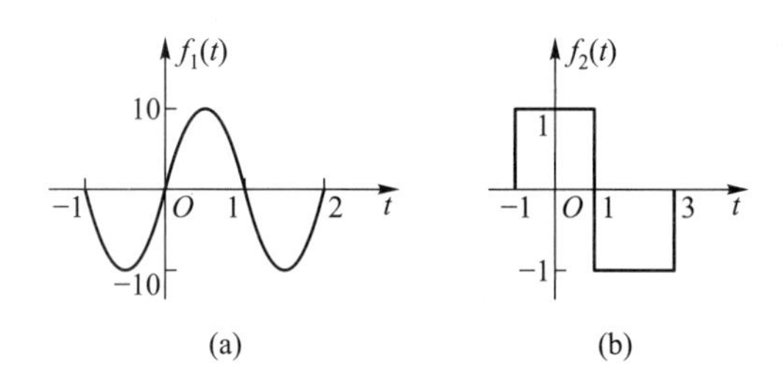

图 1.2-1 连续时间信号

其定义域（$-\infty,\infty$）和值域[$-10,10$]都是连续的。图 1.2-1(b) 中的信号

$$f_2(t)=\begin{cases}0, & t<-1\\ 1, & -1<t<1\\ -1, & 1<t<3\\ 0, & t>3\end{cases} \tag{1.2-1}$$

其定义域（$-\infty,\infty$）是连续的，但其函数值只取-1、0、1 三个离散的数值，仍是连续时间函数。

离散时间信号

仅在一些离散的瞬间才有定义的信号称为离散时间信号，简称离散信号。这里“离散”是指信号的定义域——时间（或其他量）是离散的，它只取某些规定的值。如果信号的自变量是时间 t，那么离散信号是定义在一些离散时刻 t_k（$k=0,\pm1,\pm2,\cdots$）的信号，在其余时间，不予定义。时刻 t_k 与 t_{k+1} 之间的间隔 $T_k=t_{k+1}-t_k$ 可以是常数，也可以随 k 而变化。本书只讨论 T_k 等于常数的情况。若令相继时刻 t_{k+1} 与 t_k 之间的间隔为常数 T，则离散信号只在均匀离散时刻 $t=\cdots,-2T,-T,0,T,2T,\cdots$ 时有定义，它可表示为 $f(kT)$。为了简便，不妨把 $f(kT)$ 简记为 $f(k)$。这样的离散信号也常称为序列。

序列 $f(k)$ 的数学表达式可以写成闭合形式，也可逐个列出 $f(k)$ 的值。通常把对应某序号 m 的序列值称为第 m 个样点的“样值”。图 1.2-2(a) 中的信号为

$$f_1(k)=\begin{cases}0, & k<-1\\ 1, & k=-1\\ 2, & k=0\\ 0.5, & k=1\\ -1, & k=2\\ 0, & k>2\end{cases} \tag{1.2-2}$$

列出了每个样点的值。为了简化表达方式，信号 $f_1(k)$ 也可表示为

$$f_1(k)=\{0,1,\underset{\uparrow k=0}{2},0.5,-1,0\} \tag{1.2-3}$$

序列中数字 2 下面的箭头↑表示与 $k=0$ 相对应，左右两边依次是 k 取负整数和 k 取正整数时相对应的 $f_1(k)$ 值。图 1.2-2(b)所示为单边指数序列，以闭合形式表示为

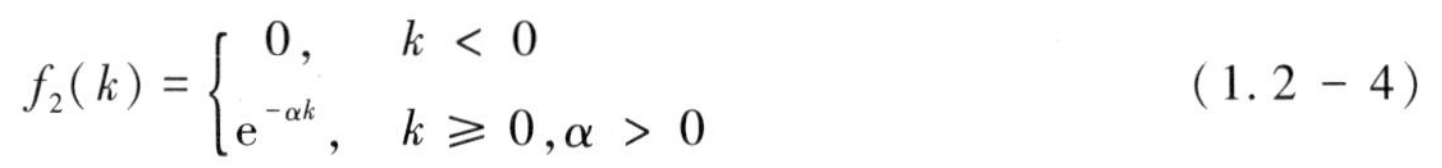

$$f_2(k)=\begin{cases}0, & k<0\\ e^{-\alpha k}, & k\geqslant 0,\alpha>0\end{cases} \tag{1.2-4}$$

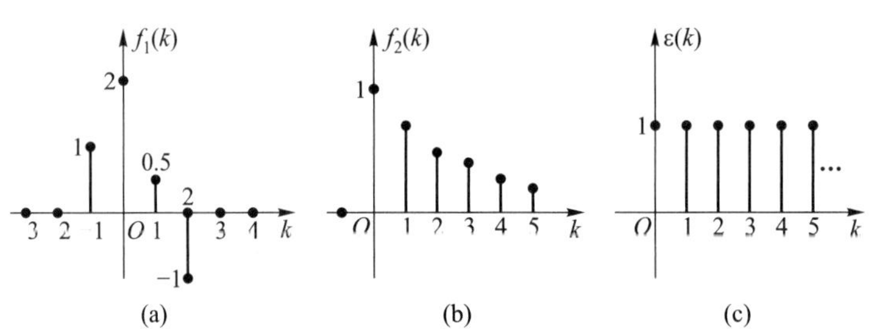

图 1.2-2 离散时间信号

对于不同的 α，其值域[0,1]是连续的。离散时间信号

$$\varepsilon(k)=\begin{cases}0, & k<0\\ 1, & k\geqslant 0\end{cases} \tag{1.2-5}$$

称为单位阶跃序列，如图 1.2-2(c)所示，其值域只有 0、1 两个数值。该信号在第三章有详细介绍。

如上所述，信号的自变量（时间或其他量）的取值可以是连续的或离散的，信号的幅值（函数值或序列值）也可以是连续的或离散的。时间和幅值均为连续的信号称为模拟信号，时间和幅值均为离散的信号，称为数字信号。在实际应用中，连续信号与模拟信号两个词常常不予区分，离散信号与数字信号两个词也常互相通用。

二、周期信号和非周期信号

周期信号是定义在 $(-\infty,\infty)$ 区间，每隔一定时间 T（或整数 N），按相同规律重复变化的信号，如图 1.2-3 所示。

连续周期信号可表示为

$$f(t)=f(t+mT),m=0,\pm 1,\pm 2,\cdots \tag{1.2-6}$$

离散周期信号可表示为

$$f(k)=f(k+mN),m=0,\pm 1,\pm 2,\cdots \tag{1.2-7}$$

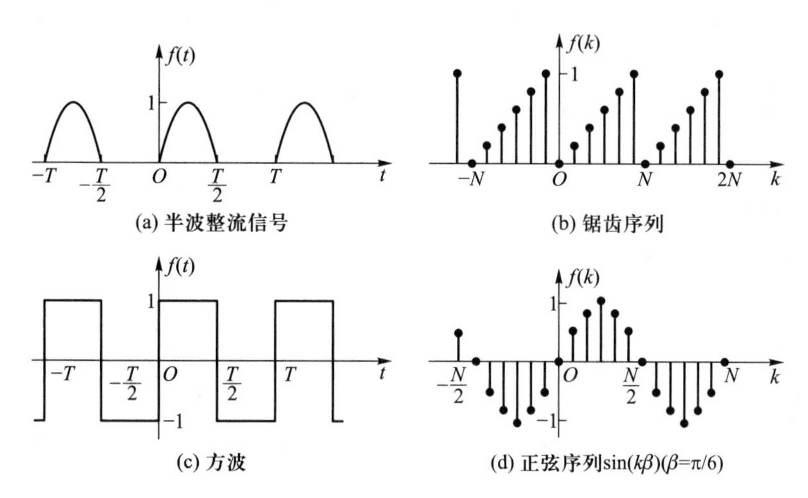

(a) 半波整流信号　(b) 锯齿序列

(c) 方波　(d) 正弦序列sin(kβ)(β=π/6)

图 1.2-3　周期信号

满足以上关系式的最小 T(或 N)值称为该信号的重复周期,简称周期。只要给出周期信号在任一周期内的函数式或波形,便可确知它在任一时刻的值。不具有周期性的信号称为非周期信号。

对于正弦序列(或余弦序列)

$$
\begin{aligned}
f(k) &= \sin(\beta k) = \sin(\beta k + 2m\pi) \\
&= \sin\left[\beta\left(k + m\frac{2\pi}{\beta}\right)\right] \\
&= \sin\left[\beta(k + mN)\right], m = 0, \pm 1, \pm 2, \cdots
\end{aligned}
$$

式中 β 称为正弦序列的数字角频率(或角频率),单位为 rad。由上式可见,仅当 $\frac{2\pi}{\beta}$ 为整数时,正弦序列才具有周期 $N=\frac{2\pi}{\beta}$。图 1.2-3(d)画出了 $\beta=\frac{\pi}{6}$,周期 $N=12$ 的情形,它每经过 12 个单位循环一次。当 $\frac{2\pi}{\beta}$ 为有理数时$\left(\text{例如}\frac{2\pi}{\beta}=\frac{N}{M}, N\text{和}M\text{均为无公因子的整数}\right)$,正弦序列仍具有周期性,但其周期 $N=M\frac{2\pi}{\beta}$。当 $\frac{2\pi}{\beta}$ 为无理数时,该序列不具有周期性,但其样值的包络线仍为正弦函数。

例 1.2-1　判别下列各序列是否为周期性的,如果是周期性的,确定其周期。

(1) $f_1(k)=\sin\left(\frac{\pi}{7}k+\frac{\pi}{6}\right)$　(2) $f_2(k)=\cos\left(\frac{5\pi}{6}k+\frac{\pi}{12}\right)$　(3) $f_3(k)=\cos\left(\frac{1}{5}k+\frac{\pi}{3}\right)$

解　(1) $\beta_1=\frac{\pi}{7}, \frac{2\pi}{\beta_1}=14$

故 $f_1(k)$ 是周期序列,其周期 $N_1=14$。

(2) $\beta_2=\frac{5\pi}{6}, \frac{2\pi}{\beta_2}=\frac{12}{5}=\frac{N_2}{M}$

由于$\frac{2\pi}{\beta_2}$为有理数，故$f_2(k)$是周期序列。由于N_2与M为无公因子整数，故其周期$N_2=12$。

（3）$\beta_3=\frac{1}{5}$，$\frac{2\pi}{\beta_3}=10\pi$为无理数，故$f_3(k)$不是周期序列。

三、实信号和复信号

物理可实现的信号常常是时间t（或k）的实函数（或序列），其在各时刻的函数（或序列）值为实数，例如单边指数信号、正弦信号$\left(\text{正弦与余弦信号二者相位相差}\frac{\pi}{2}\text{，统称为正弦信号}\right)$等，称为实信号。

函数（或序列）值为复数的信号称为复信号，最常用的是复指数信号。连续信号的复指数信号可表示为

$$f(t)=e^{st},\quad -\infty<t<\infty \tag{1.2-8}$$

式中复变量$s=\sigma+j\omega$，σ是s的实部，记作$\mathrm{Re}[s]$，ω是s的虚部，记作$\mathrm{Im}[s]$。根据欧拉公式，上式可展开为

$$f(t)=e^{(\sigma+j\omega)t}=e^{\sigma t}\cos(\omega t)+je^{\sigma t}\sin(\omega t) \tag{1.2-9}$$

可见，一个复指数信号可分解为实、虚两部分，即

$$\mathrm{Re}[f(t)]=e^{\sigma t}\cos(\omega t) \tag{1.2-10a}$$

$$\mathrm{Im}[f(t)]=e^{\sigma t}\sin(\omega t) \tag{1.2-10b}$$

两者均为实信号，而且是频率相同、振幅随时间变化的正（余）弦振荡。s的实部σ表征了该信号振幅随时间变化的状况，其虚部ω表征了其振荡角频率。若$\sigma>0$，它们是增幅振荡；若$\sigma<0$，则是衰减振荡；当$\sigma=0$，是等幅振荡。图1.2-4画出了σ三种不同取值时，实部信号$\mathrm{Re}[f(t)]$的波形。信号$\mathrm{Im}[f(t)]$的波形与$\mathrm{Re}[f(t)]$的波形相似，只是相位相差$\frac{\pi}{2}$。当$\omega=0$时，复指数信号就成为实指数信号$e^{\sigma t}$。如果$\sigma=\omega=0$，则$f(t)=1$，这时就成为直流信号。可见，复指数信号概括了许多常用信号。复指数信号的重要特性之一是它对时间的导数和积分仍然是复指数信号。

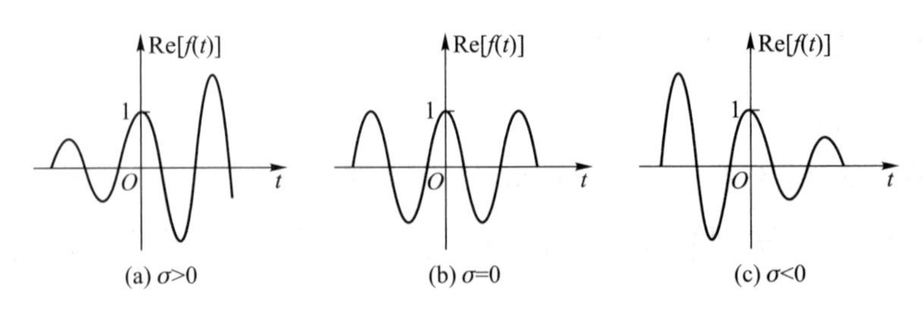

图1.2-4　复指数函数的实部$e^{\sigma t}\cos(\omega t)$

离散时间的复指数序列可表示为

$$f(k)=e^{(\alpha+j\beta)k}=e^{\alpha k}e^{j\beta k} \tag{1.2-11}$$

令$a=e^{\alpha}$，上式可展开为

$$f(k)=a^k\cos(\beta k)+ja^k\sin(\beta k) \tag{1.2-12}$$

其实部、虚部分别为

$$\mathrm{Re}[f(k)]=a^k\cos(\beta k) \tag{1.2-13a}$$

$$\mathrm{Im}[f(k)]=a^k\sin(\beta k) \tag{1.2-13b}$$

可见,复指数序列的实部和虚部均为幅值随 k 变化的正(余)弦序列。式 1.2-13 中 $a(a=e^\alpha)$反映了信号振幅随 k 变化的状况,而 β 是振荡角频率。若 $a>1(\alpha>0)$,它们是幅度增长的正(余)弦序列;若 $a<1(\alpha<0)$,则是衰减的正(余)弦序列;若 $a=1(\alpha=0)$,是等幅的正(余)弦序列。图 1.2-5 画出了 a 的三种不同取值时,复指数序列实部的波形,其中 $\beta=\frac{\pi}{4}$。若 $\beta=0$,它就成为实指数序列 $a^k(e^{\alpha k})$。

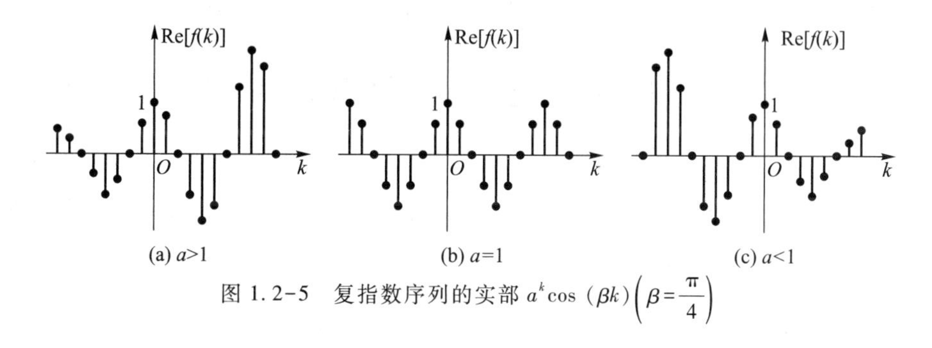

图 1.2-5 复指数序列的实部 $a^k\cos(\beta k)\left(\beta=\frac{\pi}{4}\right)$

四、能量信号和功率信号

为了知道信号能量或功率的特性,常常研究信号(电压或电流)在单位电阻上的能量或功率,亦称为归一化能量或功率。信号 $f(t)$ 在单位电阻上的瞬时功率为 $|f(t)|^2$,在区间 $-a<t<a$ 的能量为

$$\int_{-a}^{a}|f(t)|^2\mathrm{d}t$$

在区间 $-a<t<a$ 的平均功率为

$$\frac{1}{2a}\int_{-a}^{a}|f(t)|^2\mathrm{d}t$$

信号能量定义为在区间$(-\infty,\infty)$中信号 $f(t)$ 的能量,用字母 E 表示,即

$$E\xlongequal{\mathrm{def}}\lim_{a\to\infty}\int_{-a}^{a}|f(t)|^2\mathrm{d}t① \tag{1.2-14}$$

信号功率定义为在区间$(-\infty,\infty)$中信号 $f(t)$ 的平均功率,用字母 P 表示,即

$$P\xlongequal{\mathrm{def}}\lim_{a\to\infty}\frac{1}{2a}\int_{-a}^{a}|f(t)|^2\mathrm{d}t \tag{1.2-15}$$

若信号 $f(t)$ 的能量有界(即 $0<E<\infty$,这时 $P=0$),则称其为能量有限信号,简称为能量信号。若信号 $f(t)$ 的功率有界(即 $0<P<\infty$,这时 $E=\infty$),则称其为功率有限信号,简称功率信号。仅在有限时间区间不为零的信号是能量信号,譬如图 1.2-1(b)中的 $f_2(t)$、单个矩阵

① 符号$\xlongequal{\mathrm{def}}$… 可读作“定义为 …”或“按定义等于 …”。

脉冲等,这些信号的平均功率为零,因此只能从能量的角度去考察。直流信号、周期信号、阶跃信号都是功率信号,它们的能量为无限,只能从功率的角度去考察。一个信号不可能既是能量信号又是功率信号,但有少数信号既不是能量信号也不是功率信号,譬如 e^{-t}。

离散信号有时也需要讨论能量和功率,序列 $f(k)$ 的能量定义为

$$E \xlongequal{\text{def}} \lim_{N\to\infty}\sum_{k=-N}^{N}|f(k)|^2 \tag{1.2-16}$$

序列 $f(k)$ 的功率定义为

$$P \xlongequal{\text{def}} \lim_{N\to\infty}\frac{1}{2N+1}\sum_{k=-N}^{N}|f(k)|^2 \tag{1.2-17}$$

§1.3 信号的基本运算

在系统分析中,常遇到信号(连续的或离散的)的某些基本运算——加、乘、平移、反转和尺度变换等。

一、加法和乘法

信号 $f_1(\cdot)$①与 $f_2(\cdot)$ 之和(瞬时和)是指同一瞬时两信号之值对应相加所构成的"和信号",即

$$f(\cdot)=f_1(\cdot)+f_2(\cdot) \tag{1.3-1}$$

调音台是信号相加的一个实际例子,它是将音乐和语言混合到一起。

信号 $f_1(\cdot)$ 与 $f_2(\cdot)$ 之积是指同一瞬时两信号之值对应相乘所构成的"积信号",即

$$f(\cdot)=f_1(\cdot)f_2(\cdot) \tag{1.3-2}$$

收音机的调幅信号 $f(t)$ 是信号相乘的一个实际例子,它是将音频信号 $f_1(t)$ 加载到被称为载波的正弦信号 $f_2(t)$ 上。

离散序列相加(或相乘)可采用对应样点的值分别相加(或相乘)的方法来计算。

例 1.3-1 已知序列

$$f_1(k)=\begin{cases}2^k, & k<0\\ k+1, & k\geqslant 0\end{cases};\quad f_2(k)=\begin{cases}0, & k<-2\\ 2^{-k}, & k\geqslant -2\end{cases}$$

求 $f_1(k)$ 与 $f_2(k)$ 之和,$f_1(k)$ 与 $f_2(k)$ 之积。

解 $f_1(k)$ 与 $f_2(k)$ 之和为

$$f_1(k)+f_2(k)=\begin{cases}2^k, & k<-2\\ 2^k+2^{-k}, & k=-2,-1\\ k+1+2^{-k}, & k\geqslant 0\end{cases}$$

---

① $f(\cdot)$ 表示既可以是 $f(t)$,也可以是 $f(k)$。

$f_1(k)$与$f_2(k)$之积为

$$f_1(k)\cdot f_2(k)=\begin{cases}2^k\times 0\\ 2^k\times 2^{-k}\\ (k+1)\times 2^{-k}\end{cases}=\begin{cases}0, & k<-2\\ 1, & k=-2,-1\\ (k+1)\times 2^{-k}, & k\geqslant 0\end{cases}$$

二、反转和平移

将信号$f(t)$[或$f(k)$]中的自变量t(或k)换为$-t$(或$-k$),其几何含义是将信号$f(\cdot)$以纵坐标为轴反转(或称反折),如图1.3-1所示。

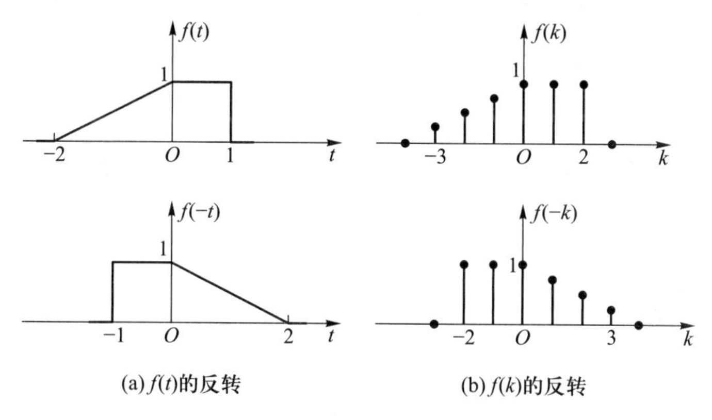

图1.3-1　信号的反转

平移也称移位。对于连续信号$f(t)$,若有常数$t_0>0$,延时信号$f(t-t_0)$是将原信号沿t轴正方向平移t_0时间,而$f(t+t_0)$是将原信号沿t轴负方向平移t_0时间,如图1.3-2(a)所示。对于离散信号$f(k)$,若有整常数$k_0>0$,延时信号$f(k-k_0)$是将原序列沿k轴正方向平移k_0单位,而$f(k+k_0)$是将原序列沿k轴负方向平移k_0单位,如图1.3-2(b)所示。

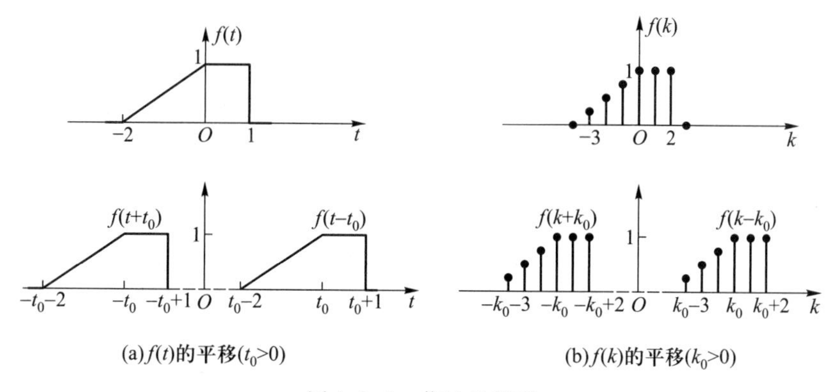

图1.3-2　信号的平移

例如在雷达系统中,雷达接收到的目标回波信号比发射信号延迟了时间t_0,利用该延迟时间t_0可以计算出目标与雷达之间的距离。这里雷达接收到的目标回波信号就是延时信号。

如果将平移与反转相结合,就可得到$f(-t-t_0)$和$f(-k-k_0)$,如图1.3-3所示。类似地,也可得到$f(-t+t_0)$和$f(-k+k_0)$。需要注意的是,为画出这类信号的波形,最好先平移[将

$f(t)$平移为$f(t\pm t_0)$或将$f(k)$平移为$f(k\pm k_0)$]，然后再反转（将变量t或k相应地换为$-t$或$-k$）。如果反转后再进行平移，由于这时自变量为$-t$（或$-k$），故平移方向与前述相反。

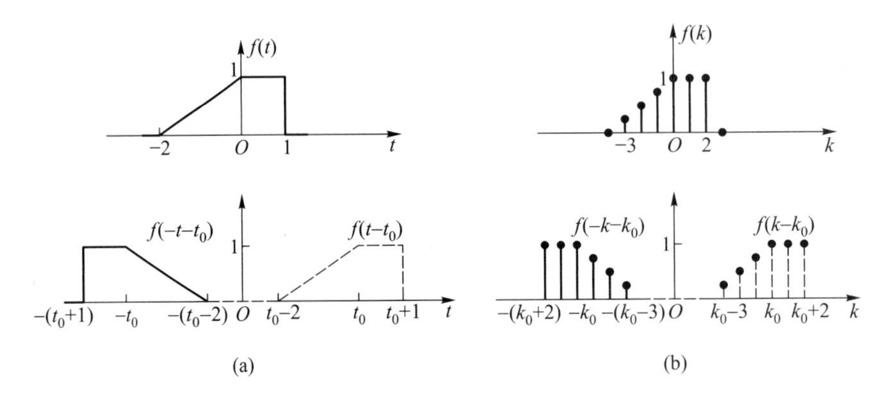

图 1.3-3 信号的平移并反转

图 1.3-3(a)所示信号$f(t)$值域的非零区间为$-2<t<1$。因此，信号$f(-t-t_0)$值域的非零区间为$-2<-t-t_0<1$，即$-(t_0+1)<t<-(t_0-2)$。离散信号也相类似，如图 1.3-3(b)所示。

三、尺度变换（横坐标展缩）

设信号$f(t)$的波形如图 1.3-4(a)所示。如需将信号横坐标的尺寸展宽或压缩（常称为尺度变换），可用变量at（a为非零常数）替代原信号$f(t)$的自变量t，得到信号$f(at)$。若$a>1$，则信号$f(at)$将原信号$f(t)$以原点（$t=0$）为基准，沿横轴压缩到原来的$\frac{1}{a}$，若$0<a<1$，则$f(at)$表示将$f(t)$沿横轴展宽至$\frac{1}{a}$倍。图 1.3-4(b)和(c)分别画出了$f(2t)$和$f\left(\frac{1}{2}t\right)$的波形。若$a<0$，则$f(at)$表示将$f(t)$的波形反转并压缩或展宽至$\frac{1}{|a|}$。图 1.3-4(d)画出了信号$f(-2t)$的波形。

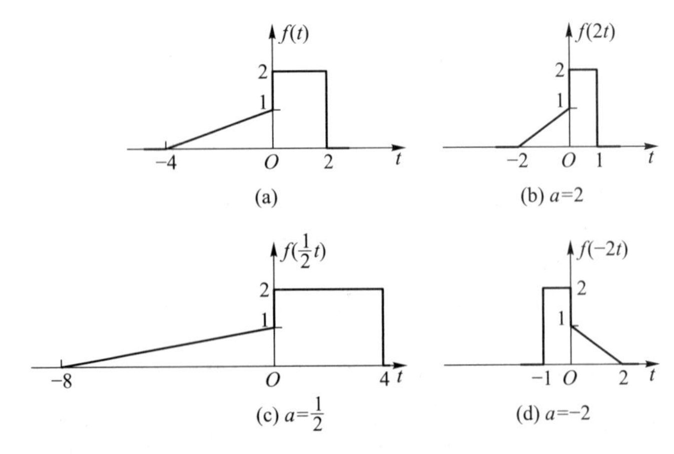

图 1.3-4 连续信号的尺度变换

若$f(t)$是已录制在磁带上的声音信号,则$f(-t)$可看作将磁带倒转播放产生的信号,而$f(2t)$是磁带以二倍速度加快播放的信号,$f\left(\frac{1}{2}t\right)$则表示磁带放音速度降至一半的信号。

离散信号通常不作展缩运算,这是因为$f(ak)$仅在ak为整数时才有定义,而当$a>1$或$a<1$,且$a\neq\frac{1}{m}$(m为整数)时,它常常丢失原信号$f(k)$的部分信息。例如图1.3-5(a)的序列$f(k)$,当$a=\frac{1}{2}$时,得$f\left(\frac{1}{2}k\right)$,如图1.3-5(c)所示。但当$a=2$和$a=\frac{2}{3}$时,其序列如图1.3-5(b)和(d)所示。由图可见,它们丢失了原信号的部分信息,因而不能看作是$f(k)$的压缩或展宽。

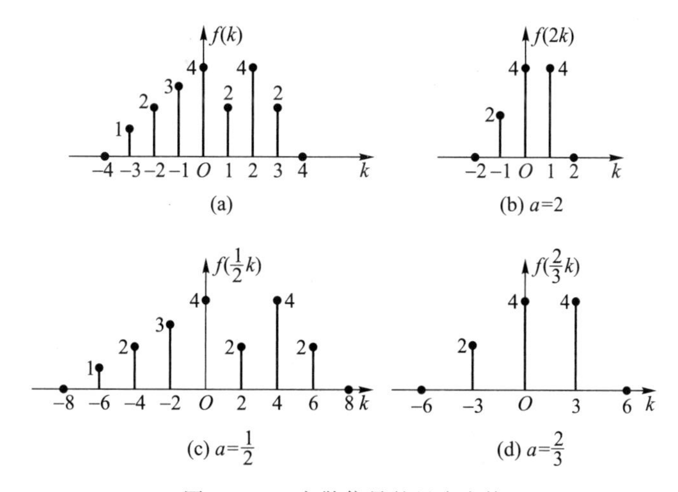

图1.3-5 离散信号的尺度变换

信号$f(at+b)$(式中$a\neq0$)的波形可以通过对信号$f(t)$的平移、反转(若$a<0$)和尺度变换获得。

例1.3-2 信号$f(t)$的波形如图1.3-6(a)所示,画出信号$f(-2t+4)$的波形。

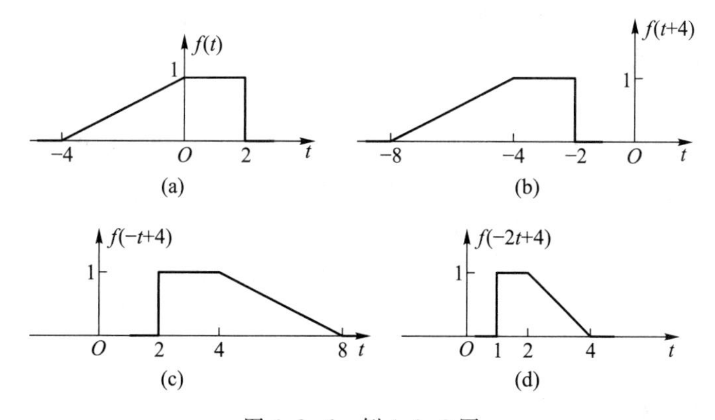

图1.3-6 例1.3-2图

解 将信号$f(t)$左移,得$f(t+4)$,如图1.3-6(b)所示;然后反转,得$f(-t+4)$,如图1.3-6(c)所示;再进行尺度变换,得$f(-2t+4)$,其波形如图1.3-6(d)所示。

也可以先将信号 $f(t)$ 的波形反转得到 $f(-t)$，然后对信号 $f(-t)$ 右移得到 $f(-t+4)$。需要注意的是，由于信号 $f(-t)$ 的自变量为 $-t$，因而应将 $f(-t)$ 的波形右移（即沿 t 轴正方向移动 4 个单位），得图 1.3-6(c) 的 $f(-t+4)$，然后再进行尺度变换。

也可以先求出 $f(-2t+4)$ 的表达式（或其分段的区间），然后画出其波形。由图 1.3-6(a) 所示可知，$f(t)$ 可表示为

$$f(t)=\begin{cases}\dfrac{1}{4}(t+4), & -4<t<0\\ 1, & 0<t<2\\ 0, & t<-4,t>2\end{cases}$$

以变量 $-2t+4$ 代替原函数 $f(t)$ 中的变量 t，得

$$f(-2t+4)=\begin{cases}\dfrac{1}{4}(-2t+4+4), & -4<-2t+4<0\\ 1, & 0<-2t+4<2\\ 0, & -2t+4<-4,\ -2t+4>2\end{cases}$$

将上式稍加整理，得

$$f(-2t+4)=\begin{cases}\dfrac{1}{4}(8-2t), & 2<t<4\\ 1, & 1<t<2\\ 0, & t>4,t<1\end{cases}$$

按上式画出的 $f(-2t+4)$ 的波形与图 1.3-6(d) 相同。

§1.4 阶跃函数和冲激函数

阶跃函数和冲激函数不同于普通函数，称为奇异函数。普通函数描述的是自变量与因变量间的数值对应关系（如质量、电荷的空间分布，电流、电压随时间变化的关系等）。如果要考察某些物理量在空间或时间坐标上集中于一点的物理现象（如质量集中于一点的密度分布、作用时间趋于零的冲击力、宽度趋于零的电脉冲等），普通函数的概念就不够用了，而冲激函数就是描述这类现象的数学模型。在信号与系统理论等许多学科中引入奇异函数后，不仅使一些分析方法更加完美、灵活，而且更为简捷。

研究奇异函数要用广义函数（或分配函数）的理论，这里将直观地引出阶跃函数和冲激函数，然后引入广义函数的初步概念，并讨论冲激函数的性质。

一、阶跃函数和冲激函数

选定一个函数序列[如图 1.4-1(a) 中实线所示]

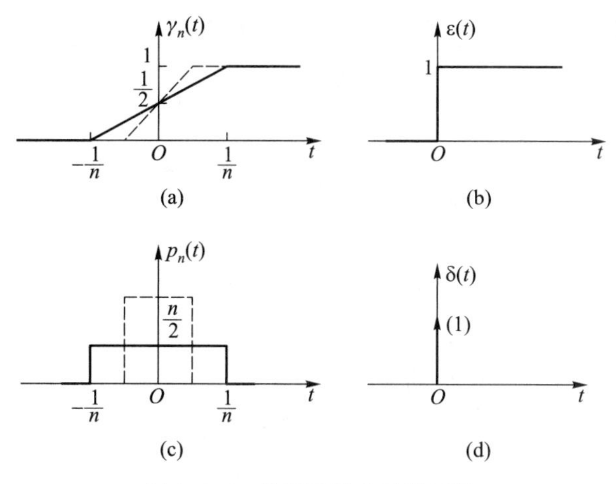

图 1.4-1　阶跃函数和冲激函数

$$\gamma_n(t)=\begin{cases}0, & t<-\dfrac{1}{n}\\ \dfrac{1}{2}+\dfrac{n}{2}t, & -\dfrac{1}{n}<t<\dfrac{1}{n}\quad(n=2,3,\cdots)\\ 1, & t>\dfrac{1}{n}\end{cases}\tag{1.4-1}$$

它是在区间$(-\infty,\infty)$上都有定义的可微函数，在区间$\left(-\dfrac{1}{n},\dfrac{1}{n}\right)$直线上升，其斜率为$\dfrac{n}{2}$。在$t=0$处，$\gamma_n(0)=\dfrac{1}{2}$。图 1.4-1(c)的波形（实线）是$\gamma_n(t)$的导数，它是幅度为$\dfrac{n}{2}$，宽度为$\dfrac{2}{n}$的矩形脉冲，令其为$p_n(t)$，即

$$p_n(t)=\begin{cases}0, & t<-\dfrac{1}{n}\\ \dfrac{n}{2}, & -\dfrac{1}{n}<t<\dfrac{1}{n}\quad(n=2,3,\cdots)\\ 0, & t>\dfrac{1}{n}\end{cases}\tag{1.4-2}$$

该脉冲波形下的面积为 1，不妨称其为函数$p_n(t)$的强度。

当n增大时，$\gamma_n(t)$在区间$\left(-\dfrac{1}{n},\dfrac{1}{n}\right)$的斜率增大，其导数$p_n(t)$的幅度增大而宽度减小，其强度仍为 1，如图 1.4-1(a)和(c)中虚线所示。

当$n\to\infty$时，函数$\gamma_n(t)$在$t=0$处由 0 立即跃变到 1，其斜率为无限大，通常在$t=0$处的值不予定义。这个函数就定义为单位阶跃函数，用$\varepsilon(t)$表示［如图 1.4-1(b)所示］，即

$$\varepsilon(t)\xlongequal{\text{def}}\lim_{n\to\infty}\gamma_n(t)=\begin{cases}0, & t<0\\ 1, & t>0\end{cases}\tag{1.4-3}$$

当$n\to\infty$时，函数$p_n(t)$的宽度趋于零，而幅度趋于无限大，但其强度仍为 1。这个函数就定

义为单位冲激函数,用 $\delta(t)$ 表示[如图 1.4-1(d)所示],即

$$\delta(t) \overset{\text{def}}{=\!=\!=} \lim_{n\to\infty} p_n(t) \tag{1.4-4}$$

根据以上讨论可知,阶跃函数与冲激函数的关系是

$$\delta(t) = \frac{\mathrm{d}\varepsilon(t)}{\mathrm{d}t} \tag{1.4-5}$$

$$\varepsilon(t) = \int_{-\infty}^{t} \delta(x)\,\mathrm{d}x \tag{1.4-6}$$

式(1.4-6)中,积分号内的变量 t 用 x 代替,以免与积分上限 t 混淆。

狄拉克(Dirac)给出了冲激函数的另一种定义

$$\left.\begin{aligned} &\delta(t) = 0, t \neq 0 \\ &\int_{-\infty}^{\infty} \delta(t)\,\mathrm{d}t = 1 \end{aligned}\right\} \tag{1.4-7}$$

式(1.4-7)中 $\int_{-\infty}^{\infty}\delta(t)\mathrm{d}t=1$ 的含义是该函数波形下的面积等于1。此定义与式(1.4-4)相符合。

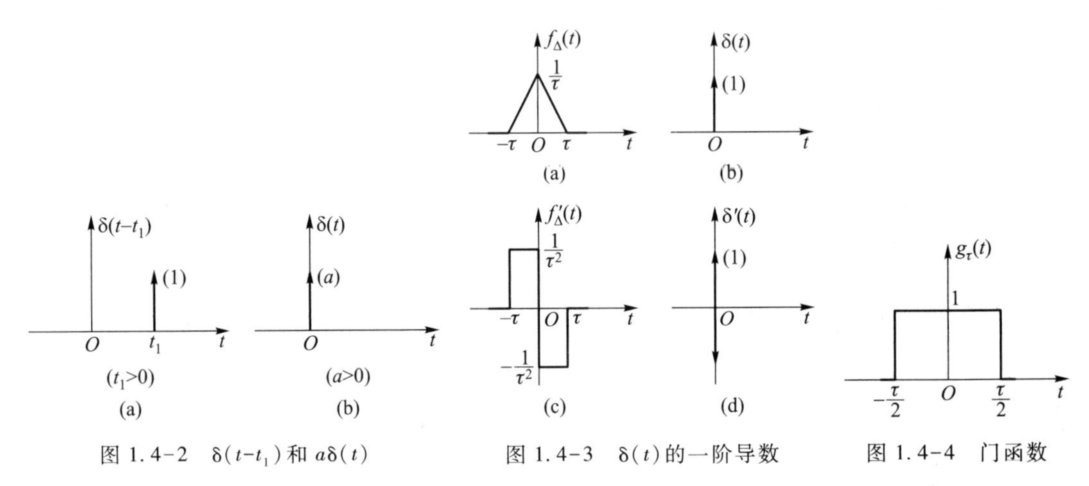

图 1.4-2 $\delta(t-t_1)$ 和 $a\delta(t)$　　图 1.4-3 $\delta(t)$ 的一阶导数　　图 1.4-4 门函数

冲激函数 $\delta(t)$ 表示在 $t=0$ 处的冲激,在 $t=t_1$ 处出现的冲激可写为 $\delta(t-t_1)$。如果 a 是常数,则 $a\delta(t)$ 表示出现在 $t=0$ 处,强度为 a 的冲激函数。如 a 为负值,则表示强度为 $|a|$ 的负冲激。冲激函数 $\delta(t-t_1)$ 和 $a\delta(t)$ 如图 1.4-2(a)和(b)所示。

$\delta(t)$ 的一阶导数 $\delta'(t)$ 称为冲激偶,它也可以对一个普通函数取极限求得。图 1.4-3(a)所示为三角形脉冲 $f_\Delta(t)$,其底宽为 2τ,高度为 $\frac{1}{\tau}$,波形下面积等于 1。当 $\tau\to0$ 时,$f_\Delta(t)$ 成为单位冲激函数 $\delta(t)$,如图 1.4-3(b)所示。三角形脉冲的一阶导数 $f'_\Delta(t)$ 如图 1.4-3(c)所示,它是正、负极性的两个面积相等的矩形脉冲。当 $\tau\to0$ 时,$f'_\Delta(t)$ 成为正、负不同极性的两个冲激,其强度均为无限大,如图 1.4-3(d)所示。由此可见,$\delta(t)$ 的一阶导数 $\delta'(t)$ 的面积等于零,即

$$\int_{-\infty}^{\infty} \delta'(t)\,\mathrm{d}t = 0 \tag{1.4-8}$$

为了方便,在图中表示冲激偶 $\delta'(t)$ 时,常省去负冲激,并标明 $\delta'(t)$,以免与 $\delta(t)$ 相混淆。

图 1.4-4 所示的矩形脉冲 $g_\tau(t)$ 常称为门函数,其宽度为 τ,幅度为 1,即

$$g_{\tau}(t)=\begin{cases}1, & |t|<\dfrac{\tau}{2}\\ 0, & |t|>\dfrac{\tau}{2}\end{cases} \tag{1.4-9a}$$

利用移位阶跃函数,门函数可表示为

$$g_{\tau}(t)=\varepsilon\left(t+\frac{\tau}{2}\right)-\varepsilon\left(t-\frac{\tau}{2}\right) \tag{1.4-9b}$$

上面以函数序列极限的方式定义了冲激函数,可是它不符合普通函数的定义。对于普通函数,当自变量 t 取某值时,除间断点外,函数有确定的值,而 $\delta(t)$ 在其唯一不等于零的点 $t=0$ 处,函数值为无限大;阶跃函数 $\varepsilon(t)$ 在 $t=0$ 处的导数也不符合通常导数的定义(在通常意义上,该点导数不存在)。因此,数学家一直在寻求这类奇异函数的严格定义。1945—1950 年,施瓦兹(L.Schwartz)发表了论文和专著,建立了分配函数(广义函数)理论,为研究奇异函数奠定了基础。下面介绍广义函数的初步概念和冲激函数的严格定义和性质。

二、冲激函数的广义函数定义

普通函数,如 $y=f(x)$ 是将一维实数空间的数 x 经过 f 所规定的运算映射为一维实数空间的数 y。普通函数的概念可以推广。若将某类函数集(如连续函数集、可微函数集等)中的每个函数看作是空间的一个点,这类函数的全体就构成某一函数空间(如连续函数空间、可微函数空间等)。

粗浅地说,广义函数是这样定义的,选择一类性能良好的函数 $\varphi(t)$,称为检验函数(它相当于定义域),一个广义函数 $g(t)$ 是对检验函数空间中每个函数 $\varphi(t)$ 赋予一个数值 N 的映射,该数与广义函数 $g(t)$ 和检验函数 $\varphi(t)$ 有关,记作 $N[g(t),\varphi(t)]$。通常广义函数 $g(t)$ 可写为

$$\int_{-\infty}^{\infty} g(t)\varphi(t)\,\mathrm{d}t=N[g(t),\varphi(t)] \tag{1.4-10}$$

式(1.4-10)中检验函数 $\varphi(t)$ 是连续的,具有任意阶导数的,且本身及其各阶导数在无限远处急速下降$\left(\text{即 } |t|\to\infty \text{ 时,比}\dfrac{1}{|t|^{m}}\text{下降更快}\right)$的普通函数(例如 $\mathrm{e}^{-|t|^2}$ 等)。这类函数的全体构成的检验函数空间称为急降函数空间,用 Φ 表示。在 Φ 上定义的广义函数称为缓增广义函数(在某种意义上,当 $|t|\to\infty$ 时,它即使增长也不比多项式快),它的全体构成缓增广义函数空间,用 Φ' 表示。这类广义函数之所以受到重视,是因为它有良好的性质,如缓增广义函数的极限、各阶导数、傅里叶变换等都存在并仍属于 Φ',等等。需要注意的是,如果 $g(t)$ 是普通的可积函数[例如 $\varepsilon(t)$],式(1.4-10)可看作是积分运算;如果 $g(t)$ 不是可积函数,式(1.4-10)只是一种表示形式。

根据以上定义,如有另一广义函数 $f(t)$,它与 $\varphi(t)$ 作用也赋给相同的值,即若

$$\int_{-\infty}^{\infty} f(t)\varphi(t)\,\mathrm{d}t=N[f(t),\varphi(t)]=N[g(t),\varphi(t)]=\int_{-\infty}^{\infty} g(t)\varphi(t)\,\mathrm{d}t$$

就认为两个广义函数相等,并记作 $f(t)=g(t)$。

按广义函数理论,冲激函数 $\delta(t)$ 由下式

$$\int_{-\infty}^{\infty} \delta(t)\varphi(t)\mathrm{d}t = \varphi(0) \tag{1.4-11}$$

定义,即冲激函数 $\delta(t)$ 作用于检验函数 $\varphi(t)$ 的效果是给它赋值 $\varphi(0)$。如将式(1.4-2)中的函数 $p_n(t)$ 看作是广义函数,则有

$$\int_{-\infty}^{\infty} p_n(t)\varphi(t)\mathrm{d}t = \frac{n}{2}\int_{-\frac{1}{n}}^{\frac{1}{n}} \varphi(t)\mathrm{d}t$$

当 $n\to\infty$ 时,在$\left(-\frac{1}{n},\frac{1}{n}\right)$区间 $\varphi(t)\approx\varphi(0)$,取广义函数 $p_n(t)$ 的极限(广义极限①),得

$$\lim_{n\to\infty}\int_{-\infty}^{\infty} p_n(t)\varphi(t)\mathrm{d}t = \lim_{n\to\infty}\frac{n}{2}\int_{-\frac{1}{n}}^{\frac{1}{n}} \varphi(t)\mathrm{d}t = \varphi(0)$$

与式(1.4-11)相比较可得

$$\int_{-\infty}^{\infty} \delta(t)\varphi(t)\mathrm{d}t = \varphi(0) = \lim_{n\to\infty}\int_{-\infty}^{\infty} p_n(t)\varphi(t)\mathrm{d}t \tag{1.4-12a}$$

它可简写为

$$\delta(t) = \lim_{n\to\infty} p_n(t) \tag{1.4-12b}$$

就是说,冲激函数 $\delta(t)$ 可定义为函数 $p_n(t)$ 的广义极限,即式(1.4-4)。

由式(1.4-11)和以上讨论可知,冲激函数 $\delta(t)$ 与检验函数的作用效果是从 $\varphi(t)$ 中筛选出它在 $t=0$ 时刻的函数值 $\varphi(0)$,这常称为冲激函数的取样性质(或筛选性质)。简言之,能从检验函数 $\varphi(t)$ 中筛选出函数值 $\varphi(0)$ 的广义函数就称之为冲激函数 $\delta(t)$。

实际上,有许多函数序列的广义极限都具有如上的筛选性质,可用它们定义冲激函数 $\delta(t)$,例如

高斯(钟形)函数
$$\delta(t) = \lim_{b\to\infty} b\mathrm{e}^{-\pi(bt)^2} \tag{1.4-13a}$$

取样函数
$$\delta(t) = \lim_{b\to\infty}\frac{\sin(bt)}{\pi t} \tag{1.4-13b}$$

双边指数函数
$$\delta(t) = \lim_{b\to 0}\frac{1}{2b}\mathrm{e}^{-\frac{|t|}{b}} \tag{1.4-13c}$$

及
$$\delta(t) = \lim_{b\to 0}\frac{b}{\pi(b^2+t^2)} \tag{1.4-13d}$$

等等。

按广义函数理论,单位阶跃函数 $\varepsilon(t)$ 的定义为

$$\int_{-\infty}^{\infty} \varepsilon(t)\varphi(t)\mathrm{d}t = \int_{0}^{\infty} \varphi(t)\mathrm{d}t \tag{1.4-14}$$

即单位阶跃函数 $\varepsilon(t)$ 作用于检验函数 $\varphi(t)$ 的效果是赋予它一个数值,该值等于 $\varphi(t)$ 在

---

① 广义函数的极限简称广义极限,是指对于广义函数 $g_n(t)$,若有 $g(t)$ 使当 $n\to\infty$(或 0)时有

$$\lim_{n\to\infty}\int_{-\infty}^{\infty} g_n(t)\varphi(t)\mathrm{d}t = \int_{-\infty}^{\infty} g(t)\varphi(t)\mathrm{d}t$$

就称 $g(t)$ 是函数 $g_n(t)$ 的广义极限,记作

$$\lim_{n\to\infty} g_n(t) = g(t)$$

这可粗略地看作是 $n\to\infty$ 时,$g_n(t)$ 作用于 $\varphi(t)$ 的效果与 $g(t)$ 作用于 $\varphi(t)$ 的效果相同。

$(0,\infty)$区间的定积分。不难验证，按广义极限的概念，对于式(1.4-1)的函数序列 $\gamma_n(t)$ 有

$$\lim_{n\to\infty}\int_{-\infty}^{\infty}\gamma_n(t)\varphi(t)\mathrm{d}t=\int_0^{\infty}\varphi(t)\mathrm{d}t$$

即有

$$\varepsilon(t)=\lim_{n\to\infty}\gamma_n(t) \tag{1.4-15}$$

三、冲激函数的导数和积分

冲激函数 $\delta(t)$ 的一阶导数 $\delta'(t)$ 或 $\delta^{(1)}(t)$ 可定义为

$$\int_{-\infty}^{\infty}\delta'(t)\varphi(t)\mathrm{d}t=-\int_{-\infty}^{\infty}\delta(t)\varphi'(t)\mathrm{d}t=-\varphi'(0) \tag{1.4-16}$$

它也符合普通函数的运算规则。如果冲激函数 $\delta(t)$ 是可微的(在广义函数意义下可微)，利用分部积分有

$$\int_{-\infty}^{\infty}\delta'(t)\varphi(t)\mathrm{d}t=\delta(t)\varphi(t)\Big|_{-\infty}^{\infty}-\int_{-\infty}^{\infty}\delta(t)\varphi'(t)\mathrm{d}t$$

由于检验函数 $\varphi(t)$ 是急降的，故上式第一项为零，利用冲激函数的取样性质，得

$$\int_{-\infty}^{\infty}\delta'(t)\varphi(t)\mathrm{d}t=-\int_{-\infty}^{\infty}\delta(t)\varphi'(t)\mathrm{d}t=-\varphi'(0)$$

即式(1.4-16)。

此外，还可定义 $\delta(t)$ 的 n 阶导数 $\delta^{(n)}(t)=\dfrac{\mathrm{d}^n\delta(t)}{\mathrm{d}t^n}$ 为

$$\int_{-\infty}^{\infty}\delta^{(n)}(t)\varphi(t)\mathrm{d}t=(-1)^n\int_{-\infty}^{\infty}\delta(t)\varphi^{(n)}(t)\mathrm{d}t=(-1)^n\varphi^{(n)}(0) \tag{1.4-17}$$

广义函数理论表明，由于选取了性能良好的检验函数空间 Φ，广义函数的各阶导数都存在并且仍属于缓增广义函数空间 Φ'。广义函数的求导运算与求极限运算可以交换次序，这就摆脱了普通函数求导、求极限运算等的限制，使分析运算更加灵活、简便。

按广义函数理论，单位阶跃函数 $\varepsilon(t)$ 的导数可定义为(考虑到 $t<0$ 时 $\varepsilon(t)=0$ 及 $\varphi(t)$ 是急降的)

$$\int_{-\infty}^{\infty}\varepsilon'(t)\varphi(t)\mathrm{d}t=-\int_{-\infty}^{\infty}\varepsilon(t)\varphi'(t)\mathrm{d}t=-\int_0^{\infty}\varphi'(t)\mathrm{d}t=\varphi(0)$$

与式(1.4-11)相比较，按广义函数相等的概念，得

$$\delta(t)=\varepsilon'(t)=\frac{\mathrm{d}\varepsilon(t)}{\mathrm{d}t} \tag{1.4-18}$$

按普通函数的导数定义，阶跃函数 $\varepsilon(t)$ 在 $t=0$ 处的导数不存在，而按广义函数的概念，其导数在区间 $(-\infty,\infty)$ 都存在并等于 $\delta(t)$。

下面讨论广义函数的积分。设广义函数 $G(t)$ 的导数为 $g(t)$，即 $g(t)=\dfrac{\mathrm{d}G(t)}{\mathrm{d}t}$ 或写为 $\mathrm{d}G(t)=g(t)\mathrm{d}t$，就称 $G(t)$ 是 $g(t)$ 的原函数(广义函数理论表明，原函数一定存在)，取 $-\infty\sim t$ 的积分，有

$$\int_{G(-\infty)}^{G(t)}\mathrm{d}G(t)=\int_{-\infty}^{t}g(x)\mathrm{d}x$$

上式积分变量 t 用 x 替代,以免与积分上限相混,上式可写为

$$G(t)=\int_{-\infty}^{t}g(x)\mathrm{d}x+G(-\infty) \tag{1.4-19a}$$

若常数 $G(-\infty)=0$,则有

$$G(t)=\int_{-\infty}^{t}g(x)\mathrm{d}x \tag{1.4-19b}$$

单位阶跃函数 $\varepsilon(t)$ 是可积函数,它的积分

$$\int_{-\infty}^{t}\varepsilon(x)\mathrm{d}x=\begin{cases}0, & t<0\\ t, & t>0\end{cases}=t\varepsilon(t) \tag{1.4-20}$$

称为斜升(斜坡)函数,用 $r(t)$ 表示。

类似地,$\delta(t)$ 和 $\delta'(t)$ 的积分为

$$\varepsilon(t)=\int_{-\infty}^{t}\delta(x)\mathrm{d}x \tag{1.4-21a}$$

$$\delta(t)=\int_{-\infty}^{t}\delta'(x)\mathrm{d}x \tag{1.4-21b}$$

式(1.4-20)可认为是普通积分,而式(1.4-21a)和(1.4-21b)不能看作是普通的积分运算,这是由于 $\delta(t)$、$\delta'(t)$ 除在 $t=0$ 处以外处处为零,因而作为普通积分是无意义的,这里仅是一种表达形式,它表明 $\delta(t)$ 的原函数是 $\varepsilon(t)$,$\delta'(t)$ 的原函数是 $\delta(t)$。当 $t\to\infty$ 时,由以上两式可得

$$\int_{-\infty}^{\infty}\delta(t)\mathrm{d}t=1 \tag{1.4-22a}$$

$$\int_{-\infty}^{\infty}\delta'(t)\mathrm{d}t=0 \tag{1.4-22b}$$

四、冲激函数的性质

1. 与普通函数的乘积

如有普通函数 $f(t)$,将它与冲激函数的乘积 $f(t)\delta(t)$ 看作是广义函数,则按广义函数的定义和冲激函数的取样性质,有

$$\int_{-\infty}^{\infty}[\delta(t)f(t)]\varphi(t)\mathrm{d}t=\int_{-\infty}^{\infty}\delta(t)[f(t)\varphi(t)]\mathrm{d}t=f(0)\varphi(0)$$

另一方面

$$\int_{-\infty}^{\infty}[f(0)\delta(t)]\varphi(t)\mathrm{d}t=f(0)\varphi(0)$$

比较以上二式,按广义函数相等的原理,得

$$f(t)\delta(t)=f(0)\delta(t) \tag{1.4-23}$$

考虑到式(1.4-22a),有

$$\int_{-\infty}^{\infty}f(t)\delta(t)\mathrm{d}t=\int_{-\infty}^{\infty}f(0)\delta(t)\mathrm{d}t=f(0) \tag{1.4-24}$$

当然,为使式(1.4-23)和式(1.4-24)成立,$f(t)\varphi(t)$ 也必须属于急降的检验函数。不过由于 $\varphi(t)$ 是急降的,因而即使 $f(t)$ 是缓升的(如 t,t^2 等),只要 $f(t)$ 在 $t=0$ 处连续,那么 $f(t)\varphi(t)$ 仍属于急降函数,因而式(1.4-23)和式(1.4-24)成立。式(1.4-23)和式(1.4-24)

也称为$\delta(t)$的取样性质，即冲激函数$\delta(t)$从$f(t)$中选出函数值$f(0)$。

如果将$f(t)$与$\delta'(t)$的乘积看作广义函数，由广义函数定义及式(1.4-16)，有

$$\int_{-\infty}^{\infty}[f(t)\delta'(t)]\varphi(t)\mathrm{d}t=\int_{-\infty}^{\infty}\delta'(t)[f(t)\varphi(t)]\mathrm{d}t=-\int_{-\infty}^{\infty}\delta(t)[f(t)\varphi(t)]'\mathrm{d}t$$
$$=-\int_{-\infty}^{\infty}\delta(t)[f(t)\varphi'(t)+f'(t)\varphi(t)]\mathrm{d}t$$
$$=-f(0)\varphi'(0)-f'(0)\varphi(0)$$

另一方面

$$\int_{-\infty}^{\infty}[f(0)\delta'(t)-f'(0)\delta(t)]\varphi(t)\mathrm{d}t=-f(0)\varphi'(0)-f'(0)\varphi(0)$$

比较以上二式，按广义函数相等的原理，得

$$f(t)\delta'(t)=f(0)\delta'(t)-f'(0)\delta(t) \qquad (1.4-25)$$

考虑到式(1.4-22a)和式(1.4-22b)，有

$$\int_{-\infty}^{\infty}f(t)\delta'(t)\mathrm{d}t=\int_{-\infty}^{\infty}[f(0)\delta'(t)-f'(0)\delta(t)]\mathrm{d}t=f(0)\int_{-\infty}^{\infty}\delta'(t)\mathrm{d}t-f'(0)\int_{-\infty}^{\infty}\delta(t)\mathrm{d}t$$
$$=-f'(0) \qquad (1.4-26)$$

普通函数$f(t)$与$\delta(t)$的高阶导数乘积的情况也可类似求得，不再赘述。

需要强调指出，广义函数间的乘积，如$\varepsilon(t)\delta(t)$、$\delta(t)\delta(t)$、$\delta(t)\delta'(t)$等没有定义。

例 1.4-1 分别化简函数t、$\mathrm{e}^{-\alpha t}$(α为常量)与$\delta(t)$、$\delta'(t)$的乘积。

解 根据式(1.4-23)和式(1.4-25)不难求得

$$t\delta(t)=0$$
$$\mathrm{e}^{-\alpha t}\delta(t)=\delta(t)$$
$$t\delta'(t)=-\delta(t)$$
$$\mathrm{e}^{-\alpha t}\delta'(t)=\delta'(t)+\alpha\delta(t)$$

2. 移位

$\delta(t)$表示在$t=0$处的冲激，在$t=t_1$处的冲激函数可表示为$\delta(t-t_1)$，式中t_1为常数。按冲激函数的定义式(1.4-11)并令$x=t-t_1$，有

$$\int_{-\infty}^{\infty}\delta(t-t_1)\varphi(t)\mathrm{d}t=\int_{-\infty}^{\infty}\delta(x)\varphi(x+t_1)\mathrm{d}x=\varphi(t_1) \qquad (1.4-27)$$

即冲激函数$\delta(t-t_1)$给检验函数的赋值为$\varphi(t_1)$。

由式(1.4-16)可得

$$\int_{-\infty}^{\infty}\delta'(t-t_1)\varphi(t)\mathrm{d}t=\int_{-\infty}^{\infty}\delta'(x)\varphi(x+t_1)\mathrm{d}x=-\varphi'(t_1) \qquad (1.4-28)$$

仿前，对于普通函数$f(t)$(它在$t=t_1$处连续且是缓升的)也有

$$f(t)\delta(t-t_1)=f(t_1)\delta(t-t_1) \qquad (1.4-29)$$

$$\int_{-\infty}^{\infty}f(t)\delta(t-t_1)\mathrm{d}t=f(t_1) \qquad (1.4-30)$$

和

$$f(t)\delta'(t-t_1)=f(t_1)\delta'(t-t_1)-f'(t_1)\delta(t-t_1) \qquad (1.4-31)$$

$$\int_{-\infty}^{\infty}f(t)\delta'(t-t_1)\mathrm{d}t=-f'(t_1) \qquad (1.4-32)$$

按广义函数的概念,分段连续函数在区间$(-\infty,\infty)$的导数均存在(普通函数则不然),这给分析运算带来了方便。

设$f(t)$是分段连续函数,它在$t=t_i(i=1,2,\cdots)$处有第一类间断点(在普通函数的意义下,间断点$t=t_i$处的导数不存在),设$f(t)$各连续段的常义导数为$f'_c(t)$,在间断点$t=t_i$处,其左、右极限分别为$f(t_{i-})$和$f(t_{i+})$(参见图1.4-5),二者之差常称为跳跃度,用J_i表示,即

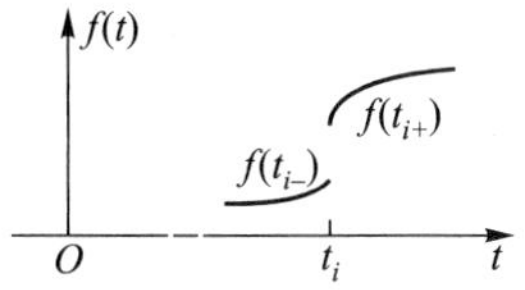

图 1.4-5 分段连续函数

$$J_i=f(t_{i+})-f(t_{i-}) \qquad (1.4-33)$$

按广义函数的概念,$f(t)$在各间断点的导数为$J_i\delta(t-t_i)$,于是,分段连续函数$f(t)$的导数为

$$f'(t)=f'_c(t)+\sum_i J_i\delta(t-t_i) \qquad (1.4-34)$$

例 1.4-2 信号$f(t)$如图1.4-6(a)所示。写出其用阶跃函数表示的表达式,求其导数,并画出波形。

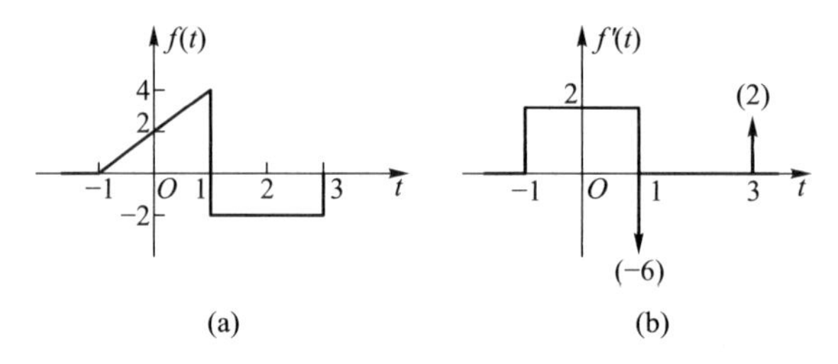

图 1.4-6 $f(t)$及其导数

解 图1.4-6(a)中的信号可表示为

$$f(t)=\begin{cases}0, & t<-1\\ 2t+2, & -1<t<1\\ -2, & 1<t<3\\ 0, & t>3\end{cases}$$

令

$$f_1(t)=2t+2 \qquad (1.4-35a)$$

$$f_2(t)=-2 \qquad (1.4-35b)$$

利用阶跃函数,信号$f(t)$可表示为

$$f(t)=f_1(t)[\varepsilon(t+1)-\varepsilon(t-1)]+f_2(t)[\varepsilon(t-1)-\varepsilon(t-3)]$$

上式的一阶导数

$$f'(t)=f'_1(t)[\varepsilon(t+1)-\varepsilon(t-1)]+f_1(t)[\delta(t+1)-\delta(t-1)]+$$
$$f'_2(t)[\varepsilon(t-1)-\varepsilon(t-3)]+f_2(t)[\delta(t-1)-\delta(t-3)]$$

利用冲激函数的取样性质,上式可写为

$$f'(t)=f'_1(t)[\varepsilon(t+1)-\varepsilon(t-1)]+f_1(-1)\delta(t+1)-f_1(1)\delta(t-1)+$$
$$f'_2(t)[\varepsilon(t-1)-\varepsilon(t-3)]+f_2(1)\delta(t-1)-f_2(3)\delta(t-3)$$

由式(1.4-35)知,$f'_1(t)=2$,$f'_2(t)=0$,$f_1(-1)=0$,$f_1(1)=4$,$f_2(1)=-2$,$f_2(3)=-2$,将它们代入上式得

$$f'(t)=2[\varepsilon(t+1)-\varepsilon(t-1)]-4\delta(t-1)-2\delta(t-1)-(-2)\delta(t-3)$$
$$=2[\varepsilon(t+1)-\varepsilon(t-1)]-6\delta(t-1)+2\delta(t-3)$$

其波形如图 1.4-6(b)所示。

由以上讨论可见,当信号有第一类间断点时,其一阶导数将在间断点处出现冲激,间断点处向上突跳时出现正冲激,向下突跳时出现负冲激,其强度等于突跳的幅度。

当熟悉了分段函数求导运算后,常可直接写出其结果。

3. 尺度变换

设有常数 $a(a\neq0)$,现在研究广义函数 $\delta(at)$,即研究 $\int_{-\infty}^{\infty}\delta(at)\varphi(t)\mathrm{d}t$。

若 $a>0$,则 $|a|=a$,令 $x=at$,则上式可写为

$$\int_{-\infty}^{\infty}\delta(at)\varphi(t)\mathrm{d}t=\int_{-\infty}^{\infty}\delta(x)\varphi\left(\frac{x}{a}\right)\frac{\mathrm{d}x}{|a|}=\frac{1}{|a|}\varphi(0)$$

若 $a<0$,则 $|a|=-a$,有

$$\int_{-\infty}^{\infty}\delta(at)\varphi(t)\mathrm{d}t=\int_{\infty}^{-\infty}\delta(x)\varphi\left(\frac{x}{a}\right)\frac{\mathrm{d}x}{-|a|}$$
$$=\int_{-\infty}^{\infty}\delta(x)\varphi\left(\frac{x}{a}\right)\frac{\mathrm{d}x}{|a|}=\frac{1}{|a|}\varphi(0)$$

综合以上结果,得

$$\delta(at)=\frac{1}{|a|}\delta(t) \tag{1.4-36}$$

类似地,对于 $\delta(at)$ 的一阶导数有

$$\int_{-\infty}^{\infty}\delta^{(1)}(at)\varphi(t)\mathrm{d}t=\frac{1}{|a|}\int_{-\infty}^{\infty}\delta^{(1)}(x)\varphi\left(\frac{x}{a}\right)\mathrm{d}x$$
$$=\frac{-1}{|a|}\int_{-\infty}^{\infty}\delta(x)\frac{1}{a}\varphi^{(1)}\left(\frac{x}{a}\right)\mathrm{d}x=-\frac{1}{|a|}\cdot\frac{1}{a}\varphi^{(1)}(0)$$

按 $\delta^{(1)}(t)$ 的定义式(1.4-16),得

$$\delta^{(1)}(at)=\frac{1}{|a|}\cdot\frac{1}{a}\delta^{(1)}(t) \tag{1.4-37a}$$

类推,可得 $\delta(at)$ 的 n 阶导数

$$\delta^{(n)}(at)=\frac{1}{|a|}\cdot\frac{1}{a^n}\delta^{(n)}(t) \tag{1.4-37b}$$

显然,上式对于 $n=0$ 也成立,即式(1.4-36)。

4. 奇偶性

式(1.4-37b)中,若取 $a=-1$,得

$$\delta^{(n)}(-t)=(-1)^n\delta^{(n)}(t) \tag{1.4-38}$$

这表明,当 n 为偶数时,有

$$\delta^{(n)}(-t)=\delta^{(n)}(t)$$

它们可看作是 t 的偶函数,例如,$\delta(t),\delta^{(2)}(t),\cdots$是 t 的偶函数。当 n 为奇数时,有

$$\delta^{(n)}(-t)=-\delta^{(n)}(t)$$

它可看作是 t 的奇函数,例如,$\delta^{(1)}(t),\delta^{(3)}(t),\cdots$是 t 的奇函数。

5. 复合函数形式的冲激函数

在实践中有时会遇到形如$\delta[f(t)]$的冲激函数,其中$f(t)$是普通函数。设$f(t)=0$有n个互不相等的实根$t_i(i=1,2,\cdots,n)$,则在任一单根t_i附近足够小的邻域内,$f(t)$可展开为泰勒级数,考虑到$f(t_i)=0$,并忽略高次项,有

$$\begin{aligned}f(t)&=f(t_i)+f'(t_i)(t-t_i)+\frac{1}{2}f''(t_i)(t-t_i)^2+\cdots\\&\approx f'(t_i)(t-t_i)\end{aligned}$$

式中$f'(t_i)$表示$f(t)$在$t=t_i$处的导数。由于$t=t_i$是$f(t)$的单根,故$f'(t_i)\neq 0$,于是在$t=t_i$附近,$\delta[f(t)]$可写为[考虑到式(1.4-36)]

$$\delta[f(t)]=\delta[f'(t_i)(t-t_i)]=\frac{1}{|f'(t_i)|}\delta(t-t_i)$$

这样,若$f(t)=0$的n个根$t=t_i$均为单根,即在$t=t_i$处$f'(t_i)\neq 0$,则有

$$\delta[f(t)]=\sum_{i=1}^{n}\frac{1}{|f'(t_i)|}\delta(t-t_i) \tag{1.4-39}$$

这表明,$\delta[f(t)]$是由位于各t_i处,强度为$\dfrac{1}{|f'(t_i)|}$的n个冲激函数构成的冲激函数序列。例如,若$f(t)=4t^2-1$,则有

$$\delta(4t^2-1)=\frac{1}{4}\delta\left(t+\frac{1}{2}\right)+\frac{1}{4}\delta\left(t-\frac{1}{2}\right)$$

如果$f(t)=0$有重根,$\delta[f(t)]$没有意义。

§1.5 系统的描述

要分析一个系统,首先要建立描述该系统基本特性的数学模型,然后用数学方法(或计算机仿真等)求出它的解答,并对所得结果赋予实际含义。按数学模型的不同,系统可分为:即时系统与动态系统;连续系统与离散系统;线性系统与非线性系统;时变系统与时不变(非时变)系统等。

如果系统在任意时刻的响应(输出信号)仅取决于该时刻的激励(输入信号),而与它过去的状况无关,就称其为即时系统(或无记忆系统)。全部由无记忆元件(例如电阻)组成的系统是即时系统,即时系统可用代数方程描述。如果系统在任意时刻的响应不仅与该时刻的激励有关,而且与它过去的状况有关,就称之为动态系统(或记忆系统)。含有记忆元件(如电感、电容、寄存器等)的系统是动态系统。本书主要讨论动态系统。

一、系统的数学模型

当系统的激励是连续信号时,若其响应也是连续信号,则称其为连续系统。当系统的激励是离散信号时,若其响应也是离散信号,则称其为离散系统。连续系统与离散系统常组合

起来使用，称为混合系统。

描述连续系统的数学模型是微分方程，而描述离散系统的数学模型是差分方程。

如果系统的输入、输出信号都只有一个，称为单输入－单输出系统，如果系统的输入、输出信号有多个，称为多输入－多输出系统。

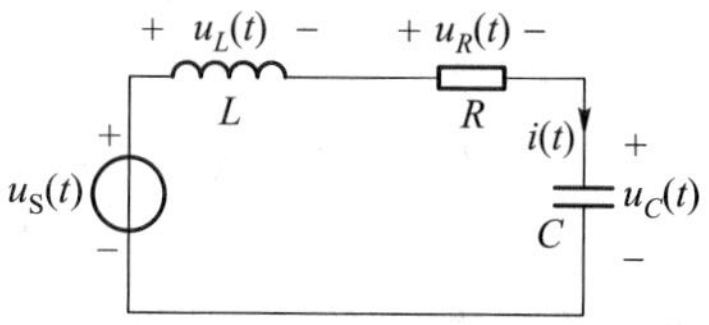

图 1.5-1 所示为 RLC 串联电路。如将电压源 $u_S(t)$ 看作是激励，选电容两端电压 $u_C(t)$ 为响应，则由基尔霍夫电压定律（KVL）有

$$u_L(t)+u_R(t)+u_C(t)=u_S(t) \quad (1.5-1)$$

图 1.5-1 电系统

根据各元件端电压与电流的关系，得

$$i(t)=Cu'_C(t)$$

$$u_R(t)=Ri(t)=RCu'_C(t)$$

$$u_L(t)=Li'(t)=LCu''_C(t)$$

将它们代入式（1.5-1）并稍加整理，得

$$u''_C(t)+\frac{R}{L}u'_C(t)+\frac{1}{LC}u_C(t)=\frac{1}{LC}u_S(t) \quad (1.5-2)$$

它是二阶线性微分方程，为求得该方程的解，还需已知初始条件 $u_C(0)$ 和 $u'_C(0)$ $\left[\text{本例中 } u'_C(0)=\dfrac{i(0)}{C}\right]$。

图 1.5-2 是一个简单的力学系统。质量为 M 的物体受外力 $f(t)$ 的作用将产生位移 $y(t)$。将外力 $f(t)$ 看作是系统的激励，位移 $y(t)$ 看作是该系统的响应。根据胡克定律，弹簧产生的恢复力

$$f_k(t)=Ky(t)$$

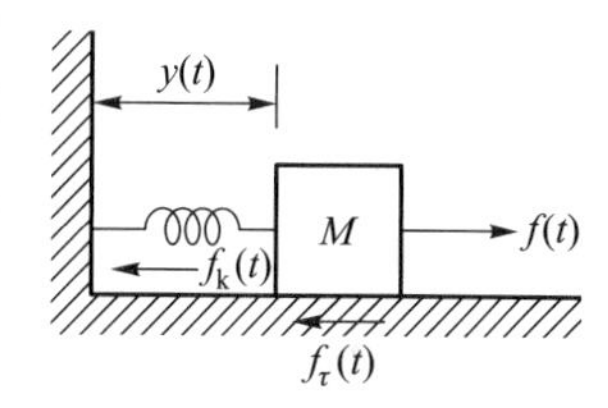

图 1.5-2 力学系统

其中 K 为弹性系数；物体 M 与地面的摩擦力为

$$f_\tau(t)=\alpha y'(t)$$

其中 α 为粘性摩擦系数。根据牛顿第二定律，作用于该系统的合力（以外力 f 为参考方向）应等于 $My''(t)$，即

$$My''(t)=f(t)-f_\tau(t)-f_k(t)=f(t)-\alpha y'(t)-Ky(t)$$

稍加整理，得

$$y''(t)+\frac{\alpha}{M}y'(t)+\frac{K}{M}y(t)=\frac{1}{M}f(t) \quad (1.5-3)$$

它也是二阶微分方程，为求得方程的解，还需已知初始条件 $y(0)$（物体的初始位置）和 $y'(0)$（物体的初始速度）。

又如设某种口服药物在肠胃和血液中的含量分别为 $y_1(t)$ 和 $y_2(t)$（响应），常数 k_1 是药物由肠胃进入血液的比例系数，k_2 是新陈代谢等过程使药物产生消耗的比例系数。若当前服药量（激励）为 $f(t)$，则肠胃中的药物增量

$$y'_1(t)=f(t)-k_1y_1(t)$$

即

$$y'_1(t)+k_1y_1(t)=f(t) \quad (1.5-4)$$

它是一阶微分方程。血液中的药物增量

$$y'_2(t)=k_1y_1(t)-k_2y_2(t)$$

利用式(1.5-4),在上式中消去 $y_1(t)$,可得

$$y''_2(t)+(k_1+k_2)y'_2(t)+k_1k_2y_2(t)=k_1f(t) \tag{1.5-5}$$

它是二阶微分方程。

由以上数例可见,虽然系统的具体内容各不相同,但描述各系统的数学模型都是微分方程,因此在系统分析中,常抽去具体系统的物理含义,而作为一般意义下的系统来研究,以便于揭示系统共有的一般特性。

设某地区在第 k 年的人口为 $y(k)$,人口的正常出生率和死亡率分别为 a 和 b,而第 k 年从外地迁入的人口为 $f(k)$,那么该地区第 k 年的人口总数为

$$y(k)=y(k-1)+ay(k-1)-by(k-1)+f(k)$$

或写为

$$y(k)-(1+a-b)y(k-1)=f(k) \tag{1.5-6}$$

这是一阶差分方程。为求得上述方程的解,除系数 a、b 和 $f(k)$ 外,还需要已知起始年($k=0$)该地区的人口数 $y(0)$,它也称为初始条件。

某人向银行贷款 M 元,月利率为 β,他定期于每月初还款,设第 k 月初还款 $f(k)$元。若令第 k 月尚未还清的钱款数为 $y(k)$元,则有

$$y(k)-(1+\beta)y(k-1)-f(k)$$

或写为

$$y(k)-(1+\beta)y(k-1)=-f(k) \tag{1.5-7}$$

若设开始还款月份为 $k=0$,则有 $y(-1)=M$;如以借款月份为 $k=0$,则有 $y(0)=M$,但 $f(0)=0$。

又如在观测信号时,所得的观测值不仅包含有用信号还混杂有噪声,为滤除观测数据中的噪声,常采用滤波(或平滑)处理。设第 k 次的观测值为 $f(k)$,经处理后的估计值为 $y(k)$。一种简单的处理方法是,在收到本次观测数据 $f(k)$后,就将 $f(k)$与前一次的估计值 $y(k-1)$的算术平均值作为本次的估计值 $y(k)$,即

$$y(k)=\frac{1}{2}[f(k)+y(k-1)]$$

或写为

$$y(k)-0.5y(k-1)=0.5f(k)$$

更一般地,是根据信号和噪声的特性,选择常数 α,其估计值与观测值间的差分方程为

$$y(k)-\alpha y(k-1)=(1-\alpha)f(k) \tag{1.5-8}$$

这常称为指数平滑。

由以上数例可见,虽然系统的内容各不相同,但描述这些离散系统的数学模型都是差分方程,因而也能用相同的数学方法来分析。关于差分方程及其解等问题将在第三章讨论。

二、系统的框图表示

连续或离散系统除用数学方程描述外,还可用框图表示系统的激励与响应之间的数学

运算关系。一个方框(或其他形状)可以表示一个具有某种功能的部件,也可表示一个子系统。每个方框内部的具体结构并非考察重点,而只注重其输入、输出之间的关系。因而在用框图描述的系统中,各单元在系统中的作用和地位可以一目了然。

表示系统功能的常用基本单元有:积分器(用于连续系统)或迟延单元(用于离散系统)以及加法器和数乘器(标量乘法器),对于连续系统,有时还需用延迟时间为 T 的延时器。它们的表示符号如图 1.5-3 所示。图中表示出各单元的激励 $f(\cdot)$ 与其响应 $y(\cdot)$ 之间的运算关系(图中箭头表示信号的传输方向)。

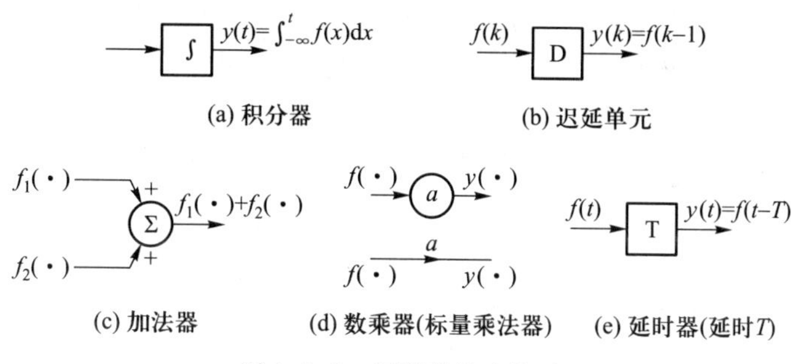

图 1.5-3　框图的基本单元

例 1.5-1　某连续系统的框图如图 1.5-4 所示,写出该系统的微分方程。

解　系统框图中有两个积分器,故描述该系统的是二阶微分方程。由于积分器的输出是其输入信号的积分,因而积分器的输入信号是其输出信号的一阶导数。图 1.5-4 中设右方积分器的输出信号为 $y(t)$,则其输入信号为 $y'(t)$,则左方积分器的输入信号为 $y''(t)$。

由加法器的输出,得

$$y''(t)=-a_1y'(t)-a_0y(t)+f(t)$$

整理得

$$y''(t)+a_1y'(t)+a_0y(t)=f(t)\qquad(1.5-9)$$

上式就是描述图 1.5-4 所示系统的微分方程。

例 1.5-2　某连续系统如图 1.5-5 所示,写出该系统的微分方程。

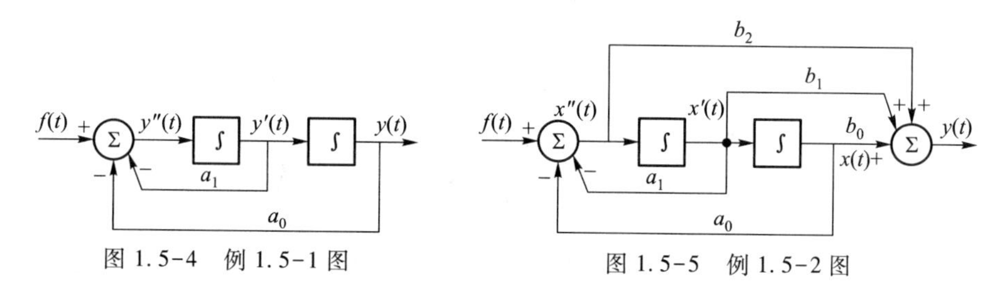

图 1.5-4　例 1.5-1 图　　图 1.5-5　例 1.5-2 图

解　图 1.5-5 所示系统有两个积分器,因而仍为二阶系统。与前例不同的是系统的响应 $y(t)$ 并非是右端积分器的输出信号。设右方积分器的输出为 $x(t)$,那么各积分器的输入分别为 $x'(t)$、$x''(t)$。

左方加法器的输出为

$$x''(t)=-a_1x'(t)-a_0x(t)+f(t)$$

即

$$x''(t)+a_1x'(t)+a_0x(t)=f(t) \tag{1.5-10}$$

右方加法器的输出为

$$y(t)=b_2x''(t)+b_1x'(t)+b_0x(t) \tag{1.5-11}$$

为求得表述响应 $y(t)$ 与激励 $f(t)$ 之间关系的方程,应从式(1.5-10)、式(1.5-11)中消去中间变量 $x(t)$ 及其导数。由式(1.5-11)知,响应 $y(t)$ 是 $x(t)$ 及其各阶导数的线性组合,因而以 $y(t)$ 为未知变量的微分方程左端的系数应与式(1.5-10)相同。由式(1.5-11)可得(为简便略去了自变量 t)

$$a_0y=b_2(a_0x'')+b_1(a_0x')+b_0(a_0x)$$
$$a_1y'=b_2(a_1x'')'+b_1(a_1x')'+b_0(a_1x)'$$
$$y''=b_2(x'')''+b_1(x')''+b_0(x)''$$

将以上三式相加,得

$$y''+a_1y'+a_0y=b_2(x''+a_1x'+a_0x)''+ b_1(x''+a_1x'+a_0x)'+b_0(x''+a_1x'+a_0x)$$

考虑到式(1.5-10),上式右端等于 $b_2f''+b_1f'+b_0f$,故得

$$y''(t)+a_1y'(t)+a_0y(t)=b_2f''(t)+b_1f'(t)+b_0f(t) \tag{1.5-12}$$

上式即为图 1.5-5 所示系统的微分方程。

例 1.5-3 某离散系统如图 1.5-6 所示,写出该系统的差分方程。

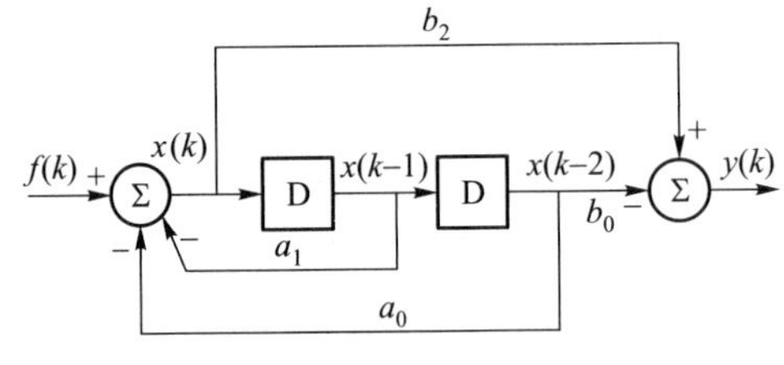

图 1.5-6 例 1.5-3 图

解 系统框图 1.5-6 中有两个迟延单元,因而该系统是二阶系统。设左方迟延单元的输入为 $x(k)$,那么各迟延单元的输出分别为 $x(k-1)$、$x(k-2)$。

左方加法器的输出

$$x(k)=-a_1x(k-1)-a_0x(k-2)+f(k)$$

即

$$x(k)+a_1x(k-1)+a_0x(k-2)=f(k) \tag{1.5-13}$$

右方加法器的输出

$$y(k)=b_2x(k)-b_0x(k-2) \tag{1.5-14}$$

为消去中间变量 $x(k)$ 及其移位项,由式(1.5-14)可得

$$\left.\begin{aligned}a_1y(k-1)=b_2a_1x(k-1)-b_0a_1x(k-3)\\a_0y(k-2)=b_2a_0x(k-2)-b_0a_0x(k-4)\end{aligned}\right\} \tag{1.5-15}$$

将式(1.5-14)和式(1.5-15)相加,得

$$y(k)+a_1y(k-1)+a_0y(k-2)=b_2[x(k)+a_1x(k-1)+a_0x(k-2)]- b_0[x(k-2)+a_1x(k-3)+a_0x(k-4)]$$

考虑到式(1.5-13)及其延迟项,可得

$$y(k)+a_1y(k-1)+a_0y(k-2)=b_2f(k)-b_0f(k-2) \qquad (1.5-16)$$

上式即为描述图1.5-6所示离散系统的差分方程。

由以上数例可见,如已知描述系统的框图,列写其微分方程或差分方程的一般步骤是:

(1) 选中间变量 $x(\cdot)$。对于连续系统,设其最右端积分器的输出为 $x(t)$;对于离散系统,设其最左端迟延单元的输入为 $x(k)$。

(2) 写出各加法器输出信号的方程。

(3) 消去中间变量 $x(\cdot)$。

如果已知系统的微分或差分方程,也可以画出其相应的框图,这将在第七章中讨论。

§1.6 系统的特性和分析方法

连续的或离散的动态系统,按其基本特性可分为线性的与非线性的;时变的与时不变(非时变)的;因果的与非因果的;稳定的与不稳定的等。本书主要讨论线性时不变(linear time invariant,LTI)系统。

一、线性

系统的激励 $f(\cdot)$ 与响应 $y(\cdot)$ 之间的关系可简记为

$$y(\cdot)=T[f(\cdot)] \qquad (1.6-1)$$

式中 T 是算子,它的意思是 $f(\cdot)$ 经过算子 T 所规定的运算,得到 $y(\cdot)$。它可理解为,激励 $f(\cdot)$ 作用于系统所引起的响应为 $y(\cdot)$。

线性性质包含两个内容:齐次性和可加性。

设 α 为任意常数,若系统的激励 $f(\cdot)$ 增大 α 倍时,其响应 $y(\cdot)$ 也增大 α 倍,即

$$T[\alpha f(\cdot)]=\alpha T[f(\cdot)] \qquad (1.6-2)$$

则称该系统是齐次的或均匀的。

若系统对于激励 $f_1(\cdot)$ 与 $f_2(\cdot)$ 之和的响应等于各个激励所引起的响应之和,即

$$T[f_1(\cdot)+f_2(\cdot)]=T[f_1(\cdot)]+T[f_2(\cdot)] \qquad (1.6-3)$$

则称该系统是可加的。可加性是指,当有多个激励[多个激励用集合符号,简记为 $\{f(\cdot)\}$]作用于系统时,系统的总响应等于各激励单独作用(其余激励为零)时所引起的响应之和。

如果系统既是齐次的又是可加的,则称该系统为线性的。如有激励 $f_1(\cdot)$、$f_2(\cdot)$ 和任意常数 α_1、α_2,则对于线性系统有

$$T[\alpha_1 f_1(\cdot)+\alpha_2 f_2(\cdot)]=\alpha_1 T[f_1(\cdot)]+\alpha_2 T[f_2(\cdot)] \qquad (1.6-4)$$

上式包含了式(1.6-2)和式(1.6-3)的全部含义。

动态系统的响应不仅决定于系统的激励 $\{f(\cdot)\}$,而且与系统的初始状态有关。为了简便,不妨设初始时刻为 $t=t_0=0$ 或 $k=k_0=0$。系统在初始时刻的状态用 $x(0)$ 表示,如果系统有多个初始状态 $x_1(0),x_2(0),\cdots,x_n(0)$,就简记为 $\{x(0)\}$。这样,动态系统在任意时刻

$t \geqslant 0$(或 $k \geqslant 0$)的响应 $y(\cdot)$ 可以由初始状态 $\{x(0)\}$ 和 $[0,t]$ 或 $[0,k]$ 上的激励 $\{f(\cdot)\}$ 完全地确定。初始状态可以看作是系统的另一种激励,这样,系统的响应将取决于两种不同的激励,输入信号 $\{f(\cdot)\}$ 和初始状态 $\{x(0)\}$。引用式(1.6-1)的记号,系统的完全响应可写为

$$y(\cdot) = T[\{x(0)\},\{f(\cdot)\}] \tag{1.6-5}$$

根据线性性质,线性系统的响应是 $\{f(\cdot)\}$ 与 $\{x(0)\}$ 单独作用所引起的响应之和。若令输入信号全为零时,仅由初始状态 $\{x(0)\}$ 引起的响应为零输入响应(zero input response),用 $y_{zi}(\cdot)$ 表示,即

$$y_{zi}(\cdot) = T[\{x(0)\},\{0\}] \tag{1.6-6}$$

令初始状态全为零时,仅由输入信号 $\{f(\cdot)\}$ 引起的响应为零状态响应(zero state response),用 $y_{zs}(\cdot)$ 表示,即

$$y_{zs}(\cdot) = T[\{0\},\{f(\cdot)\}] \tag{1.6-7}$$

则线性系统的完全响应

$$y(\cdot) = y_{zi}(\cdot) + y_{zs}(\cdot) \tag{1.6-8}$$

上式表明,线性系统的全响应可分成两个分量,分量 $y_{zi}(\cdot)$ 是令输入全为零时得到的,它完全由初始状态决定,称为零输入响应;第二个分量 $y_{zs}(\cdot)$ 是令初始状态全为零时得到的,它完全由输入信号引起,称为零状态响应。线性系统的这一性质,可称为分解特性。

但是,仅依据分解特性还不足以把系统看作是线性的。当系统具有多个初始状态或/和多个输入信号时,它必须对所有的初始状态和所有的输入信号分别呈现线性性质。也就是说,当所有初始状态均为零时,系统的零状态响应对于各输入信号应呈现线性(包括齐次性和可加性),这可称为零状态线性;当所有输入信号为零时,系统的零输入响应对于各初始状态应呈现线性,这可称为零输入线性。

综上所述,一个既具有分解特性、又具有零状态线性和零输入线性的系统称为线性系统,否则称为非线性系统。

描述线性连续(离散)系统的数学模型是线性微分(差分)方程,而描述非线性连续(离散)系统的数学模型是非线性微分(差分)方程。§1.5 中所列举的各例中,无论是连续系统还是离散系统,均为线性系统。

线性性质是线性系统所具有的本质性质,它是分析和研究线性系统的重要基础,以后各章所讨论的内容就建立在线性性质的基础上。

二、时不变性

如果系统的参数都是常数,它们不随时间变化,则称该系统为时不变(或非时变)系统或常参量系统,否则称为时变系统。线性系统可以是时不变的,也可以是时变的。描述线性时不变(LTI)系统的数学模型是常系数线性微分(或差分)方程,而描述线性时变系统的数学模型是变系数线性微分(或差分)方程。例如,在图 1.5-1 所示的系统中,若电阻值是时间 t 的函数,则描述系统的方程将是

$$u''_C(t) + \frac{R(t)}{L}u'_C(t) + \frac{1}{LC}u_C(t) = \frac{1}{LC}u_S(t) \tag{1.6-9}$$

上式为变系数线性微分方程。式(1.5-6)中,若系数 a 和 b 与 k 有关,为 $a(k)$、$b(k)$,则该

式为变系数差分方程。

由于时不变系统的参数不随时间变化，故系统的零状态响应 $y_{zs}(\cdot)$ 的形式就与输入信号接入的时间无关，也就是说，如果激励 $f(\cdot)$ 作用于系统所引起的响应为 $y_{zs}(\cdot)$，那么，当激励延迟一定时间 t_d（或 k_d）接入时，它所引起的零状态响应也延迟相同的时间，即若

$$T[\{0\},f(\cdot)]=y_{zs}(\cdot)$$

则有

$$\left.\begin{aligned}T[\{0\},f(t-t_d)]&=y_{zs}(t-t_d)\\T[\{0\},f(k-k_d)]&=y_{zs}(k-k_d)\end{aligned}\right\}\qquad(1.6-10)$$

图 1.6-1 画出了线性时不变连续系统的示意图。线性时不变系统的这种性质称为时不变性（或移位不变性），对于离散系统也类似。

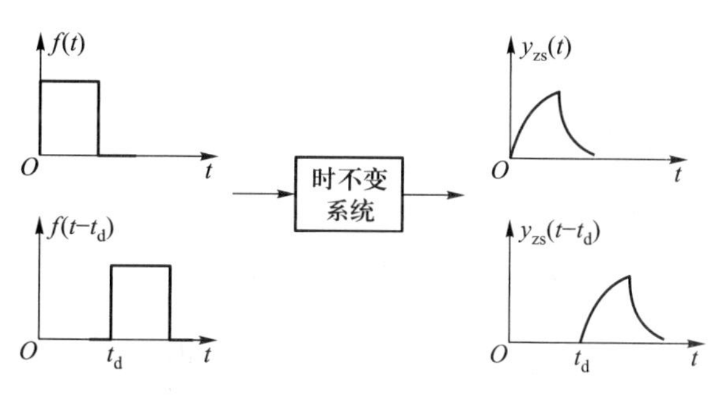

图 1.6-1　LTI 系统的时不变性

非线性系统也有时变的和时不变的两类，本书只讨论线性时不变系统。

LTI 连续系统还具有微分特性。如果 LTI 系统在激励 $f(t)$ 作用下，其零状态响应为 $y_{zs}(t)$，那么，当激励为 $f(t)$ 的导数 $\frac{\mathrm{d}f(t)}{\mathrm{d}t}$ 时，该系统的零状态响应为 $\frac{\mathrm{d}y_{zs}(t)}{\mathrm{d}t}$，即若

$$T[\{0\},f(t)]=y_{zs}(t)$$

则

$$T\left[\{0\},\frac{\mathrm{d}f(t)}{\mathrm{d}t}\right]=\frac{\mathrm{d}y_{zs}(t)}{\mathrm{d}t}\qquad(1.6-11)$$

如图 1.6-2 所示。利用线性和时不变性可以证明微分特性。由于

$$T[\{0\},f(t)]=y_{zs}(t)$$

根据时不变性，有

$$T[\{0\},f(t-\Delta t)]=y_{zs}(t-\Delta t)$$

利用线性性质可得

$$T\left[\{0\},\frac{f(t)-f(t-\Delta t)}{\Delta t}\right]=\frac{y_{zs}(t)-y_{zs}(t-\Delta t)}{\Delta t}$$

图 1.6-2　LTI 连续系统的微分特性

对上式取 $\Delta t\to 0$ 的极限，就得到式（1.6-11）。

相应地，LTI 连续系统也具有积分特性，即若

$$T[\{0\},f(t)]=y_{zs}(t)$$

且 $f(-\infty)=0$，$y_{zs}(-\infty)=0$，则

$$T\left[\{0\},\int_{-\infty}^{t}f(x)\,\mathrm{d}x\right]=\int_{-\infty}^{t}y_{zs}(x)\,\mathrm{d}x \tag{1.6-12}$$

利用微分特性可以简化 LTI 连续系统的计算。

例 1.6-1 某连续系统和离散系统的全响应分别为

(1) $y(t)=ax(0)+b\int_{0}^{t}f(\tau)\,\mathrm{d}\tau,t\geqslant 0$

(2) $y(k)=a^{k}x(0)+b\,|f(k)|,k\geqslant 0$

式中 a、b 为常量,$x(0)$为初始状态,在 $t=0$ 或 $k=0$ 时接入激励 $f(\cdot)$。上述系统是否为线性的,时不变的?

解 (1) 该系统的零输入响应和零状态响应分别为

$$y_{zi}(t)=ax(0)$$

$$y_{zs}(t)=b\int_{0}^{t}f(\tau)\,\mathrm{d}\tau,t\geqslant 0$$

显然,全响应 $y(t)$符合分解特性,而且不难看出,$y_{zi}(t)$满足零输入线性。

对零状态响应 $y_{zs}(t)=b\int_{0}^{t}f(\tau)\,\mathrm{d}\tau$,设$f(t)=\alpha_1 f_1(t)+\alpha_2 f_2(t)$,则

$$\begin{aligned}y_{zs}(t)&=T[\{0\},\alpha_1 f_1(t)+\alpha_2 f_2(t)]\\&=b\int_{0}^{t}[\alpha_1 f_1(\tau)+\alpha_2 f_2(\tau)]\mathrm{d}\tau\\&=b\alpha_1\int_{0}^{t}f_1(\tau)\,\mathrm{d}\tau+b\alpha_2\int_{0}^{t}f_2(\tau)\,\mathrm{d}\tau\\&=\alpha_1 T[\{0\},f_1(t)]+\alpha_2 T[\{0\},f_2(t)]\end{aligned}$$

可见,也满足零状态线性。因而该系统是线性的。

设$f_d(t)=f(t-t_d),t\geqslant t_d$,即$f_d(t)$比$f(t)$延迟了 $t_d(t_d>0)$,其零状态响应

$$y_{zsd}(t)=b\int_{0}^{t}f(\tau-t_d)\,\mathrm{d}\tau,t\geqslant t_d$$

令 $x=\tau-t_d$,则 $\mathrm{d}x=\mathrm{d}\tau$,代入上式,相应的积分限改写为$-t_d$ 到 $t-t_d$,得

$$y_{zsd}(t)=b\int_{-t_d}^{t-t_d}f(x)\,\mathrm{d}x,t\geqslant t_d$$

由于$f(t)$是在 $t=0$ 时接入的,在 $t<0$ 时,$f(t)=0$,故上式可改写为

$$y_{zsd}(t)=b\int_{0}^{t-t_d}f(x)\,\mathrm{d}x,t\geqslant t_d$$

不难看出,上式

$$y_{zsd}(t)=b\int_{0}^{t-t_d}f(x)\,\mathrm{d}x=y_{zs}(t-t_d)$$

故该系统是时不变的。

(2) 该系统的零输入响应和零状态响应分别为

$$y_{zi}(k)=a^{k}x(0)$$

$$y_{zs}(k)=b\,|f(k)|$$

显然,$y_{zi}(k)$和 $y_{zs}(k)$符合分解特性,而且零输入响应 $y_{zi}(k)$满足零输入线性。可是其零状态响应 $y_{zs}(k)$不满足零状态线性,因为一般而言 $|\alpha_1 f_1(k)+\alpha_2 f_2(k)|\neq\alpha_1\,|f_1(k)|+\alpha_2\cdot$

$|f_2(k)|$,故该系统是非线性的。

设$f_d(k)=f(k-k_d)$,$k\geqslant k_d$,其系统的零状态响应

$$y_{zsd}(k)=b\,|f_d(k)|=b\,|f_d(k-k_d)|=y_{zs}(k-k_d)$$

故该系统是时不变的。

三、因果性

人们常将激励与零状态响应的关系看成是因果关系,即把激励看作是产生响应的原因,而零状态响应是激励引起的结果。这样,就称响应(零状态响应)不出现于激励之前的系统为因果系统。更确切地说,对任意时刻t_0或k_0(一般可选$t_0=0$或$k_0=0$)和任意输入$f(\cdot)$,如果

$$f(\cdot)=0,t<t_0(\text{或 }k<k_0)$$

若其零状态响应

$$y_{zs}(\cdot)=T[\{0\},f(\cdot)]=0,t<t_0(\text{或 }k<k_0) \qquad (1.6-13)$$

就称该系统为因果系统,否则称其为非因果系统。譬如,零状态响应为

$$y_{zs}(t)=3f(t-1),y_{zs}(t)=\int_{-\infty}^{t}f(\tau)\mathrm{d}\tau$$

$$y_{zs}(k)=3f(k-1)+2f(k-2),y_{zs}(k)=\sum_{i=-\infty}^{k}f(i)$$

等系统都满足因果条件式(1.6-13),故都是因果系统。

零状态响应$y_{zs}(k)=f(k+1)$的系统是非因果的;又如,零状态响应$y_{zs}(t)=f(2t)$的系统也是非因果的。因为,若

$$f(t)=0,t<t_0$$

则有

$$y_{zs}(t)=f(2t)=0,t<\frac{t_0}{2}$$

可见在区间$\frac{t_0}{2}<t<t_0$,$y_{zs}(t)\neq 0$,即零状态响应出现于激励$f(t)$之前,因而该系统是非因果的。

许多以时间为自变量的实际系统都是因果系统,如收音机、电视机、数据采集系统等。

需要指出,如果自变量不是时间而是空间位置等(如光学成像系统、图像处理系统等),因果就失去了意义。

借用“因果”一词,常把$t=0$时接入的信号(即在$t<0$,$f(t)=0$的信号)称为因果信号或有始信号。

四、稳定性

系统的稳定性是指,对有界的激励$f(\cdot)$,系统的零状态响应$y_{zs}(\cdot)$也是有界的,这常称为有界输入有界输出稳定,简称为稳定。否则,一个小的激励(如干扰电压)就会使系统

的响应发散(例如某支路电流趋于无限)。更确切地说,若系统的激励 $|f(\cdot)|<\infty$ 时,其零状态响应

$$|y_{zs}(\cdot)| < \infty \tag{1.6-14}$$

就称该系统是稳定的,否则称为不稳定的。例如,某离散系统的零状态响应

$$y_{zs}(k) = f(k) + f(k-1)$$

显然,无论激励是何种形式的序列,只要它是有界的,那么 $y_{zs}(k)$ 也是有界的,因而该系统是稳定的。又如,某连续系统的零状态响应

$$y_{zs}(t) = \int_0^t f(\tau)\,\mathrm{d}\tau$$

若 $f(t)=\varepsilon(t)$,显然该激励是有界的,但

$$y_{zs}(t) = \int_0^t \varepsilon(\tau)\,\mathrm{d}\tau = t, t \geqslant 0$$

它随时间 t 无限增长,故该系统是不稳定的。

关于系统的稳定性将在第七章讨论。

五、LTI 系统分析方法概述

在系统分析中,LTI 系统的分析具有重要的意义。在实际应用中不仅常遇到 LTI 系统的问题,而且会遇到许多时变线性系统或非线性系统问题在一定条件下遵从 LTI 系统的规律,从而能运用 LTI 系统的方法进行研究;另一方面它也是研究时变系统或非线性系统的基础。

这里概述 LTI 系统分析的一些主要内容,以便给读者提供一个概貌,便于阅读以后各章。

简言之,系统分析就是建立表征系统的数学方程式并求出它的解答。

描述系统的方法有输入输出法和状态变量法。

系统的输入输出描述是对给定的系统建立其激励与响应之间的直接关系。描述 LTI 系统输入输出关系的是常系数线性微分方程(对于连续系统)或常系数线性差分方程(对于离散系统)。输入输出法可以直接给出某一激励作用于系统所引起的响应,它对于研究常遇到的单输入-单输出系统是很有用的。由于输入输出法只把输入变量与输出变量联系起来,因而它不适于从内部去考察系统的各种问题,而在这方面,状态变量法却有它的独到之处。

状态变量法用两组方程描述系统,即:① 状态方程,它描述了系统内部状态变量(例如电网络中各电容的端电压和电感的电流等)与激励之间的关系;② 输出方程,它描述了系统的响应与状态变量以及激励之间的关系。状态变量法不仅能给出系统的响应,它还揭示了系统内部的数学结构。用状态变量法研究 LTI 系统,特别是研究多输入-多输出系统更显示它的优越性。这种方法适用于计算机求解,它不仅适用于研究 LTI 系统,也便于推广应用于时变系统和非线性系统。

在建立了描述 LTI 系统的微分(或差分)方程后,还需求出这些方程的解,求解这些方程的方法有时域法和变换域法。在本书中,这些方法不是作为解微分(差分)方程的数学方法引入的,而是从信号分析和信号与系统之间相互作用的观点引入的。这对于深入理解信

号分析与 LTI 系统分析的基本概念以及掌握它们的分析方法是大有好处的。

LTI 系统的输入输出法可分为时域法和变换域法。

时域法是直接分析时间变量(t 或 k)函数(或序列),研究时间响应特性。本书除了微分(或差分)方程的经典解法外,还引入了冲激响应和单位序列响应的概念,并重点讨论卷积方法。激励 $f(\cdot)$ 作用于 LTI 系统所引起的零状态响应是输入 $f(t)$ 与冲激响应的卷积积分(连续系统)或 $f(k)$ 与单位序列响应的卷积和(离散系统)。

变换域法将信号和系统模型的时间变量函数(或序列)变换为相应变换域的某个变量的函数,并研究它们的特性。分析连续系统的方法有傅里叶变换和拉普拉斯变换,分析离散系统的方法有离散傅里叶变换(DFT)和 z 变换。变换域方法将时域分析中的微分(或差分)方程变换为代数方程,这给分析问题带来了许多方便。

一般说来,实际信号的形式是比较复杂的,若直接分析各种信号在 LTI 系统中的传输问题常常是困难的。通常采用的行之有效的方法是将一般的复杂信号分解成某些类型的基本信号之和。这些基本信号除必须满足一定的数学条件外,其主要特点是简单(实现起来简单或分析起来简单)。最常采用的基本信号有正弦信号、复指数型信号、冲激信号、阶跃信号等。

把较为复杂的信号分解为众多的基本信号之和,对于分析 LTI 系统特别有利。这是因为这样的系统具有线性和时不变性,多个基本信号作用于线性系统所引起的响应等于各个基本信号所引起的响应之和,而且,由复杂信号分解成的这些基本信号是同一类型的函数(譬如,都是正弦函数)。可以预见,它们各自作用于 LTI 系统所引起的响应也有共同性。

系统函数在分析 LTI 系统中占有十分重要的地位。它不仅是连接响应与激励之间的纽带和桥梁,而且可以用它来研究系统的稳定性。通过信号流图可以把描述系统的方程、框图和系统函数联系在一起,并把系统的时域响应与频域响应联系起来。这将使读者能从更高的位置和更广的视角观察、理解 LTI 系统分析中的各种问题以及它们之间的联系。

习题一

1.1 画出下列各信号的波形[式中 $r(t)=t\varepsilon(t)$ 为斜升函数]。

(1) $f(t)=(2-3e^{-t})\varepsilon(t)$ (2) $f(t)=e^{-|t|},-\infty<t<\infty$

(3) $f(t)=\sin(\pi t)\varepsilon(t)$ (4) $f(t)=\varepsilon(\sin t)$

(5) $f(t)=r(\sin t)$ (6) $f(k)=\begin{cases}2^k, & k<0\\ \left(\dfrac{1}{2}\right)^k, & k\geqslant 0\end{cases}$

(7) $f(k)=2^k\varepsilon(k)$ (8) $f(k)=(k+1)\varepsilon(k)$

(9) $f(k)=\sin\left(\dfrac{k\pi}{4}\right)\varepsilon(k)$ (10) $f(k)=[1+(-1)^k]\varepsilon(k)$

1.2 画出下列各信号的波形[式中 $r(t)=t\varepsilon(t)$ 为斜升函数]。

(1) $f(t)=2\varepsilon(t+1)-3\varepsilon(t-1)+\varepsilon(t-2)$ (2) $f(t)=r(t)-2r(t-1)+r(t-2)$

(3) $f(t)=\varepsilon(t)r(2-t)$ (4) $f(t)=r(t)\varepsilon(2-t)$

(5) $f(t)=r(2t)\varepsilon(2-t)$ (6) $f(t)=\sin(\pi t)[\varepsilon(t)-\varepsilon(t-1)]$

(7) $f(t)=\sin\pi(t-1)[\varepsilon(2-t)-\varepsilon(-t)]$ (8) $f(k)=k[\varepsilon(k)-\varepsilon(k-5)]$

(9) $f(k)=2^{-k}\varepsilon(k)$ (10) $f(k)=2^{-(k-2)}\varepsilon(k-2)$

(11) $f(k)=\sin\left(\frac{k\pi}{6}\right)[\varepsilon(k)-\varepsilon(k-7)]$ (12) $f(k)=2^{k}[\varepsilon(3-k)-\varepsilon(-k)]$

1.3 写出题 1.3 图所示各波形的表达式。

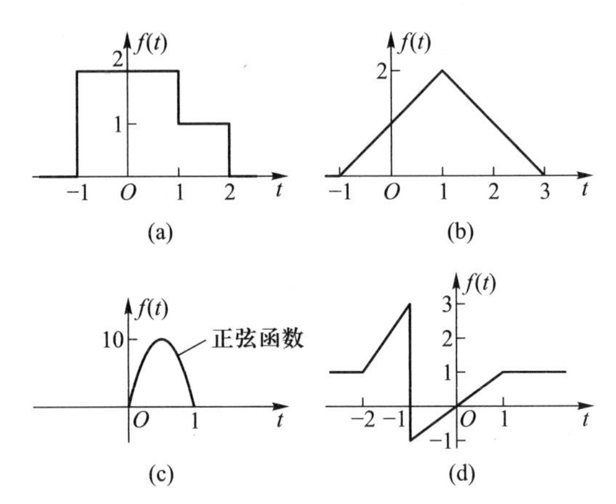

题 1.3 图

1.4 写出题 1.4 图所示各序列的闭合形式表达式。

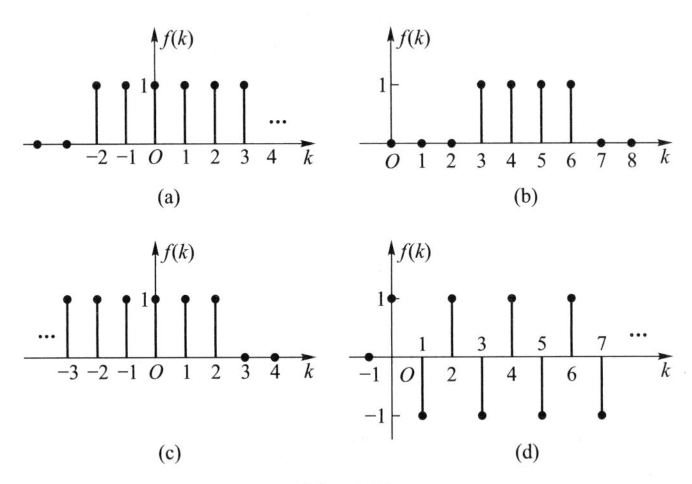

题 1.4 图

1.5 判别下列各序列是否为周期性的。如果是,确定其周期。

(1) $f_1(k)=\cos\left(\frac{3\pi}{5}k\right)$ (2) $f_2(k)=\cos\left(\frac{3\pi}{4}k+\frac{\pi}{4}\right)+\cos\left(\frac{\pi}{3}k+\frac{\pi}{6}\right)$

(3) $f_3(k)=\sin\left(\frac{1}{2}k\right)$ (4) $f_4(k)=e^{j\frac{\pi}{3}k}$

(5) $f_5(t)=3\cos t+2\sin(\pi t)$ (6) $f_6(t)=\cos(\pi t)\varepsilon(t)$

1.6 已知信号 $f(t)$ 的波形如题 1.6 图所示,画出下列各函数的波形。

(1) $f(t-1)\varepsilon(t)$ (2) $f(t-1)\varepsilon(t-1)$

(3) $f(2-t)$ (4) $f(2-t)\varepsilon(2-t)$

(5) $f(1-2t)$ (6) $f(0.5t-2)$

(7) $\frac{df(t)}{dt}$ (8) $\int_{-\infty}^{t}f(x)dx$

1.7 已知序列 $f(k)$ 的图形如题 1.7 图所示，画出下列各序列的图形。

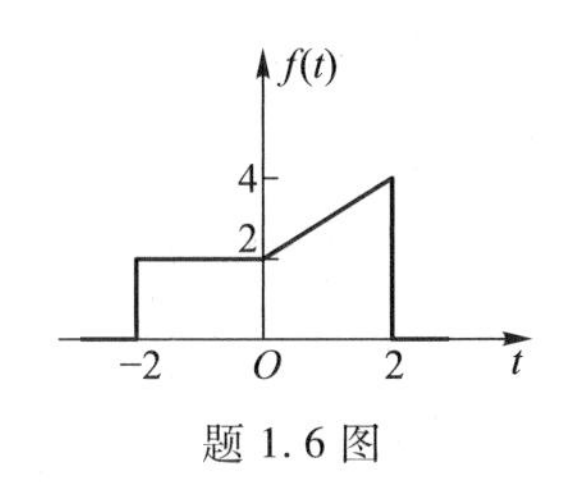

题 1.6 图

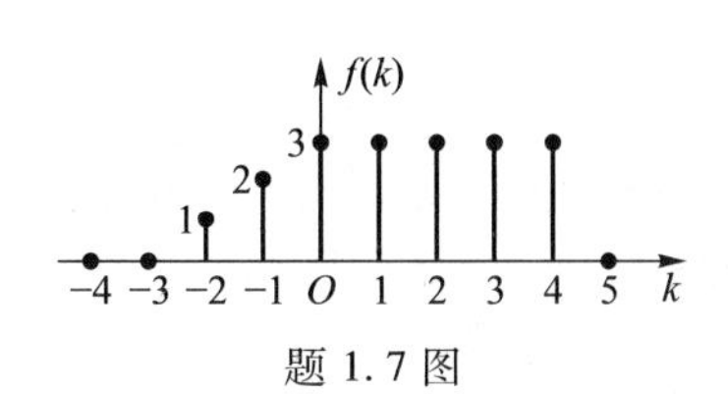

题 1.7 图

(1) $f(k-2)\varepsilon(k)$　　(2) $f(k-2)\varepsilon(k-2)$

(3) $f(k-2)[\varepsilon(k)-\varepsilon(k-4)]$　　(4) $f(-k-2)$

(5) $f(-k+2)\varepsilon(-k+1)$　　(6) $f(k)-f(k-3)$

1.8 求题 1.8 图所示各信号的一阶导数，并画出其波形。

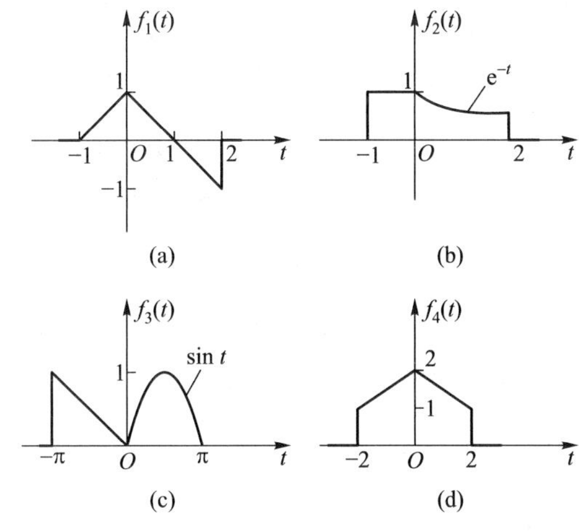

题 1.8 图

1.9 已知信号的波形如题 1.9 图所示，分别画出 $f(t)$ 和 $\dfrac{\mathrm{d}f(t)}{\mathrm{d}t}$ 的波形。

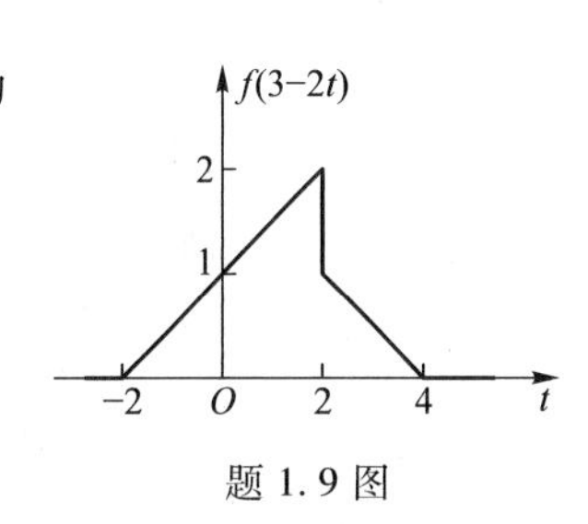

题 1.9 图

1.10 计算下列各题。

(1) $\dfrac{\mathrm{d}^2}{\mathrm{d}t^2}\{[\cos t+\sin(2t)]\varepsilon(t)\}$

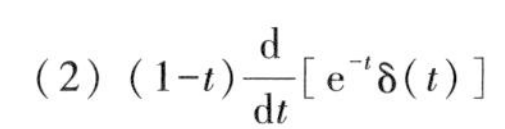

(2) $(1-t)\dfrac{\mathrm{d}}{\mathrm{d}t}[\mathrm{e}^{-t}\delta(t)]$

(3) $\int_{-\infty}^{\infty}\dfrac{\sin(\pi t)}{t}\delta(t)\mathrm{d}t$

(4) $\int_{-\infty}^{\infty}\mathrm{e}^{-2t}[\delta'(t)+\delta(t)]\mathrm{d}t$

(5) $\int_{-\infty}^{\infty}\left[t^2+\sin\left(\dfrac{\pi t}{4}\right)\right]\delta(t+2)\mathrm{d}t$　　(6) $\int_{-\infty}^{\infty}(t^2+2)\delta\left(\dfrac{t}{2}\right)\mathrm{d}t$

(7) $\int_{-\infty}^{\infty}(t^3+2t^2-2t+1)\delta'(t-1)\mathrm{d}t$　　(8) $\int_{-\infty}^{t}(1-x)\delta'(x)\mathrm{d}x$

1.11 设 a、b 为常数($a\neq0$),试证

$$\int_{-\infty}^{\infty} f(t)\delta(at-b)\,\mathrm{d}t=\frac{1}{|a|}f\left(\frac{b}{a}\right)$$

(提示:先证 $a>0$,再证 $a<0$。)

1.12 如题 1.12 图所示的电路,写出

(1) 以 $u_C(t)$ 为响应的微分方程。

(2) 以 $i_L(t)$ 为响应的微分方程。

1.13 如题 1.13 图所示的电路,写出

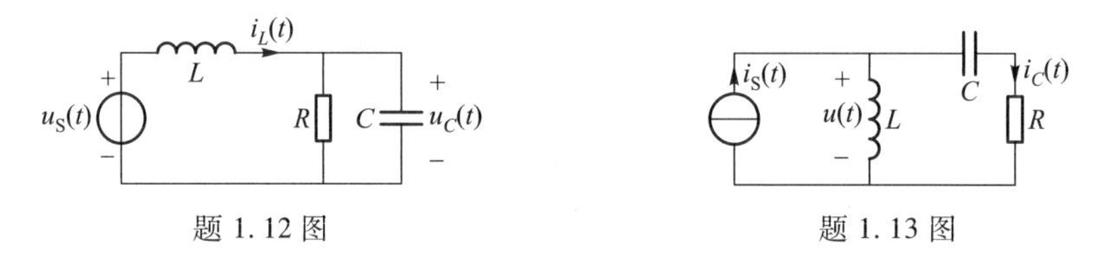

题 1.12 图　　题 1.13 图

(1) 以 $u(t)$ 为响应的微分方程。

(2) 以 $i_C(t)$ 为响应的微分方程。

1.14 题 1.14 图是机械减震系统,其中 M 为物体质量,K 为弹簧的弹性系数,D 为减震器的阻尼系数,$y(t)$ 为物体偏离平衡位置的位移,$f(t)$ 为加于物体 M 上的外力。列出以 $y(t)$ 为响应的微分方程。[提示:弹性力等于 $Ky(t)$,阻尼力等于 $Dy'(t)$。]

1.15 题 1.15 图是一种加速度计,它由束缚在弹簧上的物体 M 构成,其整体固定在平台上。如果物体质量为 M,弹簧的弹性系数为 K,物体 M 与加速度计间的粘性摩擦系数为 B。设加速度计的位移为 $x_1(t)$,物体 M 的位移为 $x_2(t)$。实际上,只能测得物体相对于加速度计的位移 $y(t)=x_1(t)-x_2(t)$。列出以 $x_1(t)$ 为输入,以 $y(t)$ 为输出的微分方程。

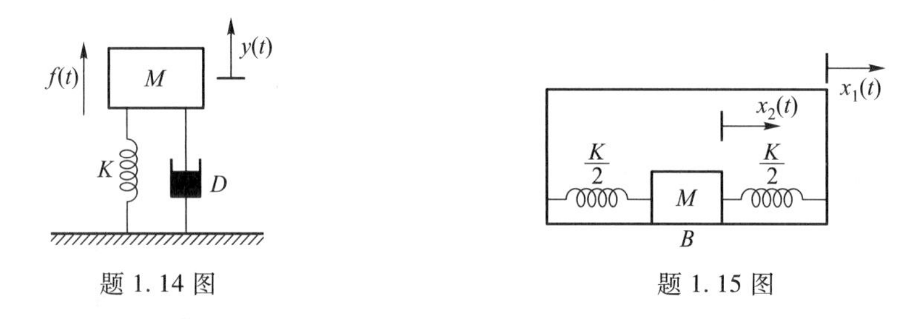

题 1.14 图　　题 1.15 图

1.16 题 1.16 图是一个简单的水池调节系统。设水流入水池的流量为 Q_{in}(设水池为柱形,其截面积为 A),而经阀门流出的流量为 Q_{out},设流出的流量正比于水位高度 H,即 $Q_{\mathrm{out}}=\dfrac{H}{R}$($R$ 为阀阻)。写出描述该系统 H 与 Q_{in} 关系的方程。(提示:计算 Δt 区间,池内水的体积的增量 ΔV。)

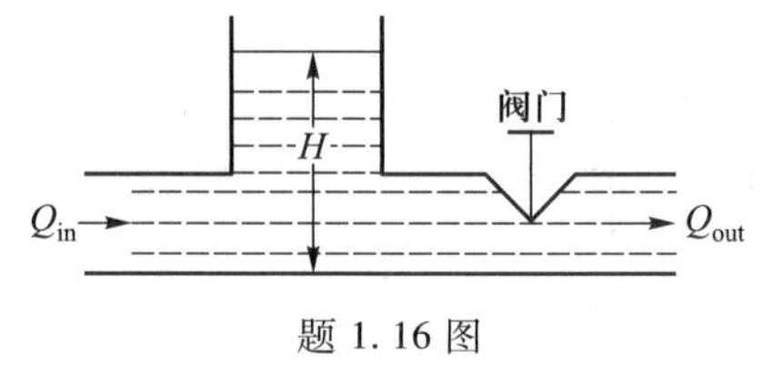

题 1.16 图

1.17 航天器内部的热源以速率 Q 产生热量,其内部热量变化率为 $mC_{\mathrm{P}}\dfrac{\mathrm{d}T}{\mathrm{d}t}$($m$ 为航天器内空气质量,C_{P} 为热容,T 为内部温度),它耗散到外部空间的热速率等于 $K_0(T-T_0)$(K_0 为常数,T_0 为外部温度,为常数)。写出描述温度 T 与 Q 关系的微分方程。(提示:内部热量变化率等于产生热量速率与散热速率之差。可设内外温差为 $y=T-T_0$。)

1.18　一质点沿水平方向做直线运动，其在某一秒内走过的距离等于前一秒所行距离的$\frac{1}{2}$。若令$y(k)$是质点在第k秒末所在位置，写出$y(k)$的差分方程。

1.19　在核子反应器中的每个粒子经过1 s后都分裂为2个粒子。设从$k=0$ s开始每秒注入反应器中$f(k)$个粒子。

(1) 设$x(k)$为第k秒末反应器中的粒子数，写出其差分方程。

(2) 每个粒子一分为二时，实际上其中之一是原有的，另一个是新生的。如果一个粒子的寿命为5 s（例如从第0秒产生，到第5秒消失），若令$y(k)$为第k秒末的粒子数，写出$y(k)$的差分方程（设$f(k)$都是新生的）。

1.20　写出题1.20图各系统的微分或差分方程。

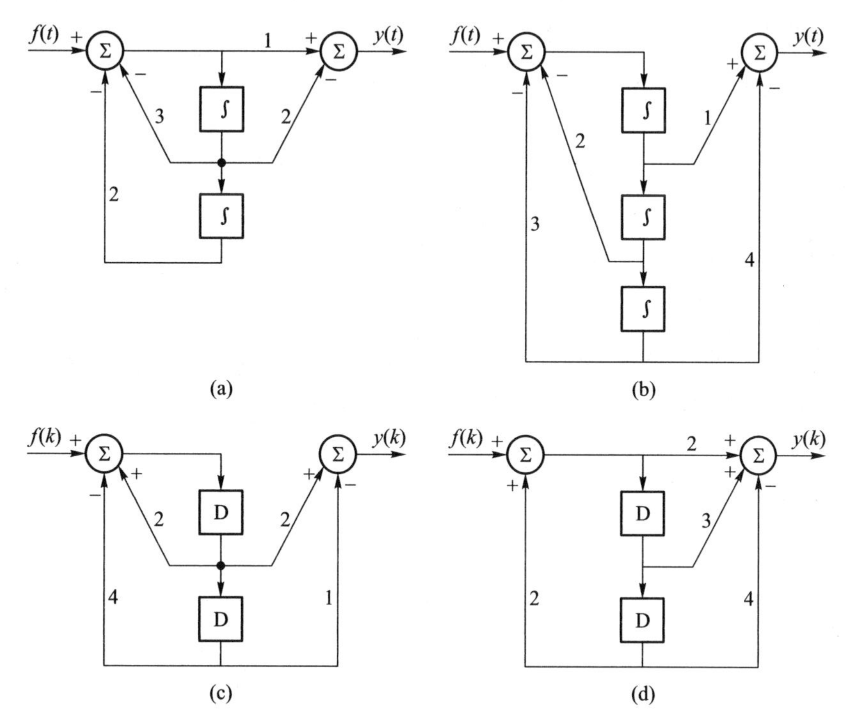

题 1.20 图

1.21　题1.21图是一个简单的声学系统模型。

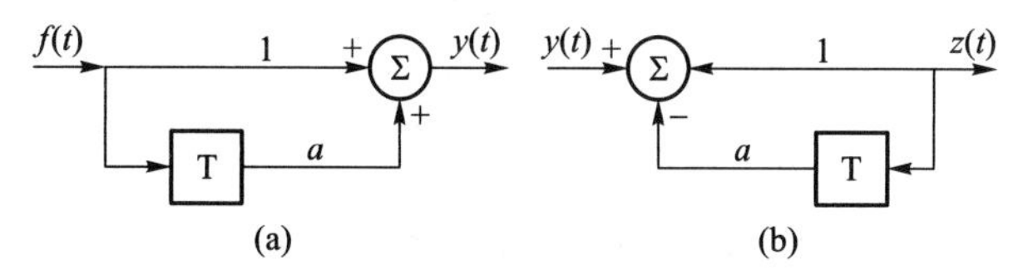

题 1.21 图

(1) 声音信号$f(t)$在传播途中遇到障碍物将产生回声。设回声信号较原信号延迟T秒，衰减系数为$a(a<1)$。于是在某处听到的声音信号$y(t)$的模型如题1.21图(a)所示（图中T为延时T秒的延时器）。写出$y(t)$的表达式。

(2) 为消除回声，需构造一个消除回声系统，如题1.21图(b)所示，写出其输出$z(t)$的表达式，并证明$z(t)=f(t)$。

1.22 题1.22图所示的电阻梯形网络中,各串臂电阻均为 R,各并臂电阻均为 αR(α 为常数)。将各结点依次编号,其序号为 $k(k=1,2,\cdots,N)$,相应结点电压为 $u(k)$[显然有 $u(0)=u_S$,$u(N)=0$,它们是边界条件],试列出关于 $u(k)$ 的差分方程。

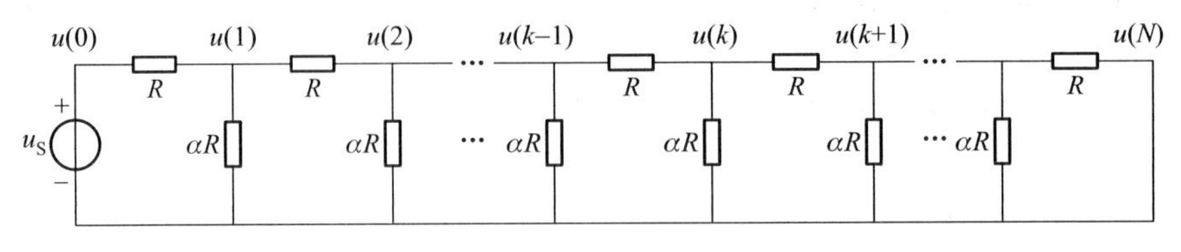

题1.22图

1.23 设系统的初始状态为 $x(0)$,激励为 $f(\cdot)$,各系统的全响应 $y(\cdot)$ 与激励和初始状态的关系如下,试分析各系统是否是线性的。

(1) $y(t)=e^{-t}x(0)+\int_0^t \sin x f(x)\,dx$

(2) $y(t)=f(t)x(0)+\int_0^t f(x)\,dx$

(3) $y(t)=\sin[x(0)t]+\int_0^t f(x)\,dx$

(4) $y(k)=(0.5)^k x(0)+f(k)f(k-2)$

(5) $y(k)=kx(0)+\sum_{j=0}^{k} f(j)$

1.24 下列微分或差分方程所描述的系统,是线性的还是非线性的?是时变还是时不变的?

(1) $y'(t)+2y(t)=f'(t)-2f(t)$

(2) $y'(t)+\sin t\,y(t)=f(t)$

(3) $y'(t)+[y(t)]^2=f(t)$

(4) $y(k)+(k-1)y(k-1)=f(k)$

(5) $y(k)+y(k-1)y(k-2)=f(k)$

1.25 设激励为 $f(\cdot)$,下列是各系统的零状态响应 $y_{zs}(\cdot)$。判断各系统是否是线性的、时不变的、因果的、稳定的?

(1) $y_{zs}(t)=\dfrac{df(t)}{dt}$

(2) $y_{zs}(t)=|f(t)|$

(3) $y_{zs}(t)=f(t)\cos(2\pi t)$

(4) $y_{zs}(t)=f(-t)$

(5) $y_{zs}(k)=f(k)f(k-1)$

(6) $y_{zs}(k)=(k-2)f(k)$

(7) $y_{zs}(k)=\sum_{j=0}^{k} f(j)$

(8) $y_{zs}(k)=f(1-k)$

1.26 某LTI连续系统,已知当激励 $f(t)=\varepsilon(t)$ 时,其零状态响应 $y_{zs}(t)=e^{-2t}\varepsilon(t)$。求

(1) 当输入为冲激函数 $\delta(t)$ 时的零状态响应。

(2) 当输入为斜升函数 $t\varepsilon(t)$ 时的零状态响应。

1.27 某LTI连续系统,其初始状态一定,已知当激励为 $f(t)$ 时,其全响应为

$$y_1(t) = e^{-t}+\cos(\pi t),\ t\geqslant 0$$

若初始状态不变,激励为 $2f(t)$ 时,其全响应为

$$y_2(t) = 2\cos(\pi t),\ t\geqslant 0$$

求初始状态不变而激励为 $3f(t)$ 时系统的全响应。

1.28 某一阶LTI离散系统,其初始状态为 $x(0)$。已知当激励为 $f(k)$ 时,其全响应为

$$y_1(k) = \varepsilon(k)$$

若初始状态不变，激励为$-f(k)$时，其全响应为

$$y_2(k)=[2(0.5)^k-1]\varepsilon(k)$$

若初始状态为$2x(0)$，激励为$4f(k)$时，求其全响应。

1.29 某二阶 LTI 连续系统的初始状态为$x_1(0)$和$x_2(0)$，已知当$x_1(0)=1,x_2(0)=0$时，其零输入响应为

$$y_{zi1}(t)=e^{-t}+e^{-2t},t\geqslant 0$$

当$x_1(0)=0,x_2(0)=1$时，其零输入响应为

$$y_{zi2}(t)=e^{-t}-e^{-2t},t\geqslant 0$$

当$x_1(0)=1,x_2(0)=-1$，而输入为$f(t)$时，其全响应为

$$y(t)=2+e^{-t},t\geqslant 0$$

求当$x_1(0)=3,x_2(0)=2$，输入为$2f(t)$时的全响应。

1.30 某 LTI 离散系统，已知当激励为题 1.30 图(a)所示的信号$f_1(k)$[即单位序列$\delta(k)$]时，其零状态响应如题 1.30 图(b)所示。求

(1) 当激励为题 1.30 图(c)所示的信号$f_2(k)$时，系统的零状态响应。

(2) 当激励为题 1.30 图(d)所示的信号$f_3(k)$时，系统的零状态响应。

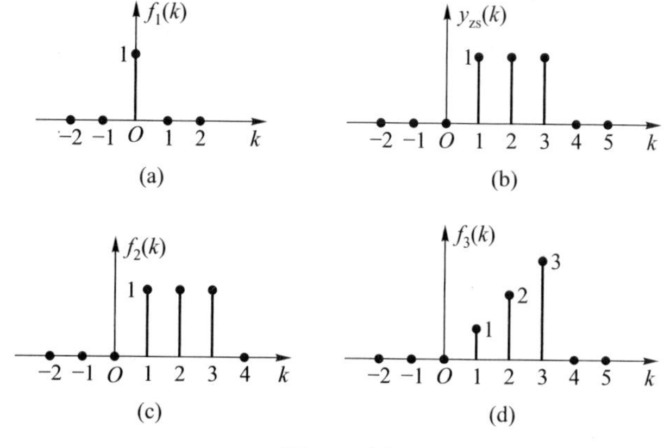

题 1.30 图

1.31 如有 LTI 连续系统 S，已知当激励为阶跃函数$\varepsilon(t)$时，其零状态响应为

$$\varepsilon(t)-2\varepsilon(t-1)+\varepsilon(t-2)$$

现将两个完全相同的系统相级联，如题 1.31 图(a)所示。当这个复合系统的输入为题 1.31 图(b)所示的信号$f(t)$时，求该系统的零状态响应。

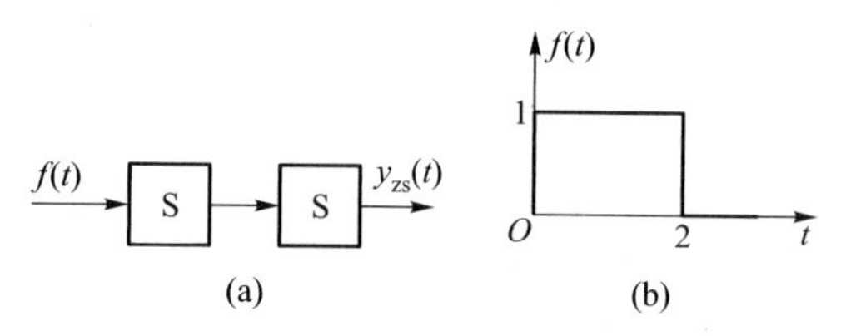

题 1.31 图

1.32 某 LTI 连续系统由两个子系统并联组成，如题 1.32 图所示。已知当输入为冲激函数$\delta(t)$时，子系统S_1的零状态响应为$\delta(t)-\delta(t-1)$，子系统S_2的零状态响应为$\delta(t-2)-\delta(t-3)$，求当输入$f(t)=\varepsilon(t)$时，复合系统的零状态响应。

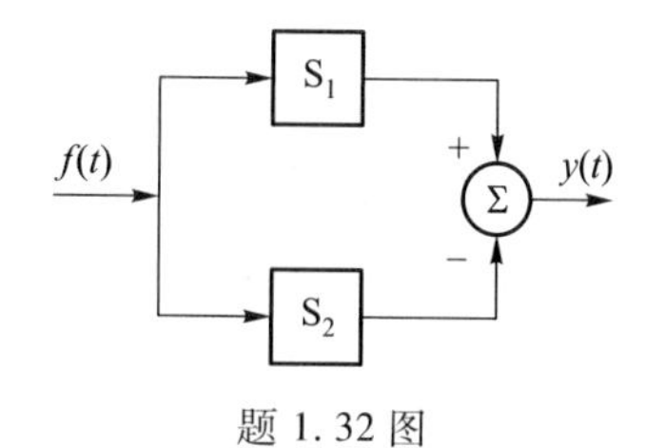

题 1.32 图

1.33 利用 MATLAB 绘制下列信号的波形。

(1) $f(t)=\varepsilon(t)$,取 $t=0\sim10$　　(2) $f(t)=4e^{-0.5t}\cos(\pi t)$,取 $t=0\sim10$

(3) $f(k)=\varepsilon(k+2)-\varepsilon(k-5)$　　(4) $f(k)=7(0.6)^{k}\cos(0.9\pi k)$

(说明:本章给出了信号的表示与绘制的 MATLAB 例程,详见附录七,对应的教学视频可以扫描下面的二维码进行观看。)

信号的 MATLAB 表示与绘图

第二章

连续系统的时域分析

本章将研究线性时不变(LTI)连续系统的时域分析方法,即对于给定的激励,根据描述系统响应与激励之间关系的微分方程求得其响应的方法。由于分析是在时间域内进行的,称为时域分析。

本章将在用经典法求解微分方程的基础上,讨论零输入响应,特别是零状态响应的求解。在引入系统的冲激响应之后,零状态响应等于冲激响应与激励的卷积积分。卷积积分是时域求解零状态响应的重要方法。冲激响应和卷积积分概念的引入,使 LTI 系统分析更加简捷、明晰,它们在系统理论中有重要作用。

§2.1 LTI 连续系统的响应

一、微分方程的经典解

一般而言,如果单输入-单输出系统的激励为 $f(t)$,响应为 $y(t)$,则描述 LTI 连续系统激励与响应之间关系的数学模型是 n 阶常系数线性微分方程,它可写为

$$\begin{aligned} &y^{(n)}(t)+a_{n-1}y^{(n-1)}(t)+\cdots+a_1y^{(1)}(t)+a_0y(t)\\ &=b_mf^{(m)}(t)+b_{m-1}f^{(m-1)}(t)+\cdots+b_1f^{(1)}(t)+b_0f(t) \end{aligned} \tag{2.1-1a}$$

或缩写为

$$\sum_{j=0}^{n}a_jy^{(j)}(t)=\sum_{i=0}^{m}b_if^{(i)}(t) \tag{2.1-1b}$$

式中 $a_j(j=0,1,\cdots,n)$ 和 $b_i(i=0,1,\cdots,m)$ 均为常数,$a_n=1$。该微分方程的全解由齐次解(余函数)$y_h(t)$ 和特解 $y_p(t)$ 组成,即

$$y(t)=y_h(t)+y_p(t) \tag{2.1-2}$$

下面举例说明齐次解和特解的求解方法。

例 2.1-1 描述某 LTI 系统的微分方程为

$$y''(t)+5y'(t)+6y(t)=f(t) \tag{2.1-3}$$

求输入 $f(t)=2e^{-t},t\geqslant0;y(0)=2,y'(0)=-1$ 时的全解。

解 (1) 齐次解 $y_h(t)$

齐次解是式(2.1-3)的齐次微分方程

$$y''_h(t)+5y'_h(t)+6y_h(t)=0 \tag{2.1-4}$$

的解。式(2.1-4)的特征方程为

$$\lambda^2+5\lambda+6=0$$

其特征根 $\lambda_1=-2,\lambda_2=-3$。表 2-1 列出了特征根取不同值时所对应的齐次解，其中 C_i、D_i、A_i 和 θ_i 等为待定系数。由表 2-1 可知，式(2.1-4)的齐次解为

$$y_h(t)=C_1e^{-2t}+C_2e^{-3t} \tag{2.1-5}$$

上式中的常数 C_1、C_2 将在求得全解后，由初始条件确定。

表 2-1 不同特征根所对应的齐次解

特征根 λ	齐次解 $y_h(t)$
单实根	$e^{\lambda t}$
r 重实根	$(C_{r-1}t^{r-1}+C_{r-2}t^{r-2}+\cdots+C_1t+C_0)e^{\lambda t}$
一对共轭复根 $\lambda_{1,2}=\alpha\pm j\beta$	$e^{\alpha t}[C\cos(\beta t)+D\sin(\beta t)]$ 或 $A\cos(\beta t-\theta)$，其中 $Ae^{j\theta}=C+jD$
r 重共轭复根	$[A_{r-1}t^{r-1}\cos(\beta t+\theta_{r-1})+A_{r-2}t^{r-2}\cos(\beta t+\theta_{r-2})+\cdots+A_0\cos(\beta t+\theta_0)]e^{\alpha t}$

(2) 特解 $y_p(t)$

特解的函数形式与激励函数的形式有关。表 2-2 列出了几种激励及其所对应的特解。选定特解后，将它代入到原微分方程，求出各待定系数 P_i，就得出方程的特解。

表 2-2 不同激励所对应的特解

激励 $f(t)$	特解 $y_p(t)$	
t^m	$P_mt^m+P_{m-1}t^{m-1}+\cdots+P_1t+P_0$ $t^r[P_mt^m+P_{m-1}t^{m-1}+\cdots+P_1t+P_0]$	所有的特征根均不等于 0； 有 r 重等于 0 的特征根
$e^{\alpha t}$	$Pe^{\alpha t}$ $(P_1t+P_0)e^{\alpha t}$ $(P_rt^r+P_{r-1}t^{r-1}+\cdots+P_1t+P_0)e^{\alpha t}$	α 不等于特征根； α 等于特征单根； α 等于 r 重特征根
$\cos(\beta t)$ 或 $\sin(\beta t)$	$P\cos(\beta t)+Q\sin(\beta t)$ 或 $A\cos(\beta t-\theta)$，其中 $Ae^{j\theta}=P+jQ$	所有的特征根均不等于 $\pm j\beta$

由表 2-2 可知，当输入 $f(t)=2e^{-t}$ 时，其特解可设为

$$y_p(t)=Pe^{-t}$$

将 $y''_p(t)$、$y'_p(t)$、$y_p(t)$ 和 $f(t)$ 代入到式(2.1-3)中，得

$$Pe^{-t}+5(-Pe^{-t})+6Pe^{-t}=2e^{-t}$$

由上式可解得 $P=1$。于是得微分方程的特解

$$y_p(t)=e^{-t} \tag{2.1-6}$$

微分方程的全解

$$y(t)=y_h(t)+y_p(t)=C_1e^{-2t}+C_2e^{-3t}+e^{-t}$$

其一阶导数

$$y'(t)=-2C_1e^{-2t}-3C_2e^{-3t}-e^{-t}$$

令 $t=0$，并将初始值代入，得

$$y(0)=C_1+C_2+1=2$$

$$y'(0)=-2C_1-3C_2-1=-1$$

由上式可解得 $C_1=3, C_2=-2$，最后得微分方程的全解

$$y(t)=\overbrace{\underbrace{3e^{-2t}-2e^{-3t}}_{\text{自由响应}}}^{\text{齐次解}}+\overbrace{\underbrace{e^{-t}}_{\text{强迫响应}}}^{\text{特解}},\quad t\geqslant 0 \tag{2.1-7}$$

由以上可见，LTI 系统的数学模型——常系数线性微分方程的全解由齐次解和特解组成，齐次解的函数形式仅仅依赖于系统本身的特性，而与激励 $f(t)$ 的函数形式无关，称为系统的自由响应或固有响应。特征方程的根 λ_i 称为系统的"固有频率"，它决定了系统自由响应的形式。但应注意，齐次解的系数 C_i 是与激励有关的。特解的形式由激励信号确定，称为强迫响应。

例 2.1-2　描述某系统的微分方程为

$$y''(t)+5y'(t)+6y(t)=f(t) \tag{2.1-8}$$

求输入 $f(t)=10\cos t, t\geqslant 0, y(0)=2, y'(0)=0$ 时的全响应。

解　本例的微分方程与例 2.1-1 的相同，故特征根也相同，为 $\lambda_1=-2, \lambda_2=-3$。方程的齐次解为

$$y_h(t)=C_1e^{-2t}+C_2e^{-3t} \tag{2.1-9}$$

由表 2-2 可知，因输入 $f(t)=10\cos t$，故可设方程的特解为

$$y_p(t)=P\cos t+Q\sin t$$

其一、二阶导数分别为

$$y_p'(t)=-P\sin t+Q\cos t$$

$$y_p''(t)=-P\cos t-Q\sin t$$

将 y_p''、y_p'、y_p 和 $f(t)$ 代入式(2.1-8)得

$$(-P+5Q+6P)\cos t+(-Q-5P+6Q)\sin t=10\cos t$$

因上式对所有的 $t\geqslant 0$ 成立，故有

$$5P+5Q=10$$

$$-5P+5Q=0$$

由以上二式可解得 $P=Q=1$，得特解

$$y_p(t)=\cos t+\sin t=\sqrt{2}\cos\left(t-\frac{\pi}{4}\right) \tag{2.1-10}$$

于是得方程的全解，即系统的全响应为

$$y(t)=y_h(t)+y_p(t)=C_1e^{-2t}+C_2e^{-3t}+\sqrt{2}\cos\left(t-\frac{\pi}{4}\right) \tag{2.1-11}$$

其一阶导数为

$$y'(t)=-2C_1\mathrm{e}^{-2t}-3C_2\mathrm{e}^{-3t}-\sqrt{2}\sin\left(t-\frac{\pi}{4}\right)$$

令 $t=0$，并代入初始条件，得

$$y(0)=C_1+C_2+1=2$$

$$y'(0)=-2C_1-3C_2+1=0$$

由上式可解得 $C_1=2, C_2=-1$。将它们代入式(2.1-11)，最后得该系统的全响应为

$$y(t)=\overbrace{\underbrace{2\mathrm{e}^{-2t}-\mathrm{e}^{-3t}}_{\text{瞬态响应}}}^{\text{自由响应}}+\overbrace{\underbrace{\sqrt{2}\cos\left(t-\frac{\pi}{4}\right)}_{\text{稳态响应}}}^{\text{强迫响应}},\quad t\geqslant 0 \tag{2.1-12}$$

式(2.1-12)的前两项，随 t 的增大而逐渐消失，称为瞬态响应；后一项随 t 的增大，呈现等幅振荡，称为稳态响应。

通常，当输入信号是阶跃函数或有始的周期函数（例如，有始正弦函数、方波等）时，稳定系统的全响应也可分解为瞬态（暂态）响应和稳态响应。瞬态响应是指激励接入以后，全响应中暂时出现的分量，随着时间的增长，它将消失。也就是说，全响应中按指数衰减的各项[如 $\mathrm{e}^{-\alpha t}$、$\mathrm{e}^{-\alpha t}\sin(\beta t+\theta)$ 等，其中 $\alpha>0$]组成瞬态分量。如果系统微分方程的特征根 λ_i 的实部均为负（这样的系统是稳定的，其齐次解均按指数衰减），那么，由全响应中除去瞬态响应就是稳态响应，它通常也是由阶跃函数或周期函数组成的。对于特征根有正实部的不稳定系统或激励不是阶跃信号或有始周期信号的系统，通常不这样区分（如例 2.1-1）。

二、关于 0_- 与 0_+ 值

在用经典法解微分方程时，一般输入 $f(t)$ 是在 $t=0$（或 $t=t_0$）接入系统的，那么方程的解也适用于 $t>0$（或 $t>t_0$）。为确定解的待定系数所需的一组初始值是指 $t=0_+$（或 $t=t_{0_+}$）时刻的值，即 $y^{(j)}(0_+)$ 或 $y^{(j)}(t_{0_+})$ $(j=0,1,\cdots,n-1)$，简称 0_+ 值。在 $t=0_-$ 时，激励尚未接入，因而响应及其各阶导数在该时刻的值 $y^{(j)}(0_-)$ 或 $y^{(j)}(t_{0_-})$ 反映了系统的历史情况而与激励无关，它们为求得 $t>0$（或 $t>t_0$）时的响应 $y(t)$ 提供了以往历史的全部信息，称这些在 $t=0_-$（或 $t=t_{0_-}$）时刻的值为初始状态，简称 0_- 值。通常，对于具体的系统，初始状态 0_- 值常容易求得。如果激励 $f(t)$ 中含有冲激函数及其导数，那么当 $t=0$ 时激励接入系统时，响应及其导数从 $y^{(j)}(0_-)$ 值到 $y^{(j)}(0_+)$ 值可能发生跃变。这样，在求解描述 LTI 系统的微分方程时，就需要从已知的 $y^{(j)}(0_-)$ 或 $y^{(j)}(t_{0_-})$ 设法求得 $y^{(j)}(0_+)$ 或 $y^{(j)}(t_{0_+})$。

0_+ 值的求解方法可归纳为积分法和待定系数法两种。积分法主要是利用函数 $\delta(t)$、$\varepsilon(t)$ 及 $t\varepsilon(t)$ 三个函数的积分关系及其在零点的性质，即 $\delta(t)$ 在零点存在冲激，其积分 $\varepsilon(t)$ 在零点跃变，有 $\varepsilon(0_+)\neq\varepsilon(0_-)$；而 $\varepsilon(t)$ 的积分 $t\varepsilon(t)$ 为连续函数，它的 0_+ 值与 0_- 值相等。待定系数法则是利用微分方程两端各奇异函数项的系数对应相等的方法求解。下面以二阶系统为例，对这两种求解方法进行说明，其中例 2.1-3 为积分法，例 2.1-4 为待定系数法。

例 2.1-3　描述某 LTI 系统的微分方程为

$$y''(t)+3y'(t)+2y(t)=2f'(t)+6f(t)$$

已知 $y(0_-)=2, y'(0_-)=0$，$f(t)=\varepsilon(t)$，求 $y(0_+)$ 和 $y'(0_+)$。

解 将输入 $f(t)$ 代入到以上微分方程，得

$$y''(t)+3y'(t)+2y(t)=2\delta(t)+6\varepsilon(t) \tag{2.1-13}$$

如果式(2.1-13)对 $t=0_-$ 也成立，那么在 $0_-<t<0_+$ 区间等号两端 $\delta(t)$ 项的系数应相等。由于等号右端为 $2\delta(t)$，故 $y''(t)$ 应包含冲激函数，从而 $y'(t)$ 在 $t=0$ 处将跃变，即 $y'(0_+)\neq y'(0_-)$。但 $y'(t)$ 不含冲激函数，否则 $y''(t)$ 将含有 $\delta'(t)$ 项。由于 $y'(t)$ 含有阶跃函数，故其积分 $y(t)$ 在 $t=0$ 处是连续的。

对式(2.1-13)等号两端从 0_- 到 0_+ 进行积分，有

$$\int_{0_-}^{0_+}y''(t)\mathrm{d}t+3\int_{0_-}^{0_+}y'(t)\mathrm{d}t+2\int_{0_-}^{0_+}y(t)\mathrm{d}t=2\int_{0_-}^{0_+}\delta(t)\mathrm{d}t+6\int_{0_-}^{0_+}\varepsilon(t)\mathrm{d}t$$

由于积分是在无穷小区间 $[0_-,0_+]$ 进行的，而且 $y(t)$ 是连续的，故 $\int_{0_-}^{0_+}y(t)\mathrm{d}t=0$，$\int_{0_-}^{0_+}\varepsilon(t)\mathrm{d}t=0$，于是由上式得

$$[y'(0_+)-y'(0_-)]+3[y(0_+)-y(0_-)]=2$$

考虑到 $y(t)$ 在 $t=0$ 是连续的，将 $y(0_-)$，$y'(0_-)$ 代入上式得

$$y(0_+)-y(0_-)=0,\quad 即\ y(0_+)=y(0_-)=2$$

$$y'(0_+)-y'(0_-)=2,\quad 即\ y'(0_+)=y'(0_-)+2=2$$

例 2.1-4 描述某 LTI 系统的微分方程为

$$y''(t)+2y'(t)+y(t)=f''(t)+2f(t)$$

已知 $y(0_-)=1$，$y'(0_-)=-1$，$f(t)=\delta(t)$，求 $y(0_+)$ 和 $y'(0_+)$。

解 将输入 $f(t)=\delta(t)$ 代入微分方程，得

$$y''(t)+2y'(t)+y(t)=\delta''(t)+2\delta(t) \tag{2.1-14}$$

因式(2.1-14)对所有的 t 成立，故等号两端 $\delta(t)$ 及其各阶导数的系数应分别相等，于是知式(2.1-14)中 $y''(t)$ 必含有 $\delta''(t)$，即 $y''(t)$ 含有冲激函数导数的最高阶为二阶，故令

$$y''(t)=a\delta''(t)+b\delta'(t)+c\delta(t)+r_0(t) \tag{2.1-15}$$

式中 a、b、c 为待定常数，函数 $r_0(t)$ 中不含 $\delta(t)$ 及其各阶导数。对式(2.1-15)等号两端从 $-\infty$ 到 t 积分，得

$$y'(t)=a\delta'(t)+b\delta(t)+r_1(t) \tag{2.1-16}$$

上式中

$$r_1(t)=c\varepsilon(t)+\int_{-\infty}^{t}r_0(x)\mathrm{d}x$$

它不含 $\delta(t)$ 及其各阶导数。

对式(2.1-16)等号两端从 $-\infty$ 到 t 积分，得

$$y(t)=a\delta(t)+r_2(t) \tag{2.1-17}$$

式中

$$r_2(t)=b\varepsilon(t)+\int_{-\infty}^{t}r_1(x)\mathrm{d}x$$

它也不含 $\delta(t)$ 及其各阶导数。将式(2.1-15)、式(2.1-16)和式(2.1-17)代入到微分方程式(2.1-14)并稍加整理，得

$$\begin{aligned}&a\delta''(t)+(2a+b)\delta'(t)+(a+2b+c)\delta(t)+[r_0(t)+2r_1(t)+r_2(t)]\\&=\delta''(t)+2\delta(t)\end{aligned} \tag{2.1-18}$$

上式中等号两端 $\delta(t)$ 及其各阶导数的系数应分别相等,故得

$$a = 1$$
$$2a + b = 0$$
$$a + 2b + c = 2$$

由上式可解得 $a=1, b=-2, c=5$。将 a、b 代入式(2.1-16),并对等号两端从 0_- 到 0_+ 进行积分,有

$$y(0_+) - y(0_-) = \int_{0_-}^{0_+} \delta'(t)\mathrm{d}t - \int_{0_-}^{0_+} 2\delta(t)\mathrm{d}t + \int_{0_-}^{0_+} r_1(t)\mathrm{d}t$$

由于 $r_1(t)$ 不含 $\delta(t)$ 及其各阶导数,而且积分是在无穷小区间 $[0_-,0_+]$ 进行的,故 $\int_{0_-}^{0_+} r_1(t)\mathrm{d}t=0$,

而 $\int_{0_-}^{0_+} \delta'(t)\mathrm{d}t = \delta(0_+) - \delta(0_-) = 0, \int_{0_-}^{0_+} \delta(t)\mathrm{d}t = 1$,故有

$$y(0_+) - y(0_-) = -2$$

已知 $y(0_-)=1$,得

$$y(0_+) = y(0_-) - 2 = -1$$

同样地,将 a、b、c 代入到式(2.1-15),并对等号两端从 0_- 到 0_+ 进行积分,得

$$y'(0_+) - y'(0_-) = \int_{0_-}^{0_+} \delta''(t)\mathrm{d}t - 2\int_{0_-}^{0_+} \delta'(t)\mathrm{d}t + 5\int_{0_-}^{0_+} \delta(t)\mathrm{d}t + \int_{0_-}^{0_+} r_0(t)\mathrm{d}t$$

由于在 $[0_-,0_+]$ 区间 $\delta''(t)$、$\delta'(t)$ 及 $r_0(t)$ 的积分均为 0,故得

$$y'(0_+) - y'(0_-) = c = 5$$

将 $y'(0_-)=-1$ 代入上式得

$$y'(0_+) = y'(0_-) + 5 = 4$$

例 2.1-4 的二阶微分方程右端出现了 $\delta''(t)$,此时难以判断 $y(t)$ 在零点是否连续,故积分法无法使用。对二阶微分方程而言,当右端出现了 $\delta(t)$ 的一阶、二阶等各阶导数时,可使用待定系数法。但在引入冲激响应和卷积积分后,积分法仍是时域中的常用方法。而通过后续第五章连续系统的 s 域分析的学习,我们会有更简便的方法处理初始值的问题。

三、零输入响应

LTI 系统完全响应 $y(t)$ 也可分为零输入响应和零状态响应。零输入响应是激励为零时仅由系统的初始状态 $\{x(0)\}$ 所引起的响应,用 $y_{zi}(t)$ 表示。在零输入条件下,微分方程式(2.1-1)等号右端为零,化为齐次方程,即

$$\sum_{j=0}^{n} a_j y_{zi}^{(j)}(t) = 0 \tag{2.1-19}$$

若其特征根均为单根,则其零输入响应

$$y_{zi}(t) = \sum_{j=1}^{n} C_{zij} e^{\lambda_j t} \tag{2.1-20}$$

式中 C_{zij} 为待定常数。由于输入为零,故初始值

$$y_{zi}^{(j)}(0_+) = y_{zi}^{(j)}(0_-) = y^{(j)}(0_-), \quad j = 0,1,\cdots,n-1 \tag{2.1-21}$$

由给定的初始状态即可确定式(2.1-20)中的各待定常数。

例 2.1-5 若描述某系统的微分方程和初始状态为

$$y''(t)+5y'(t)+4y(t)=2f'(t)-4f(t) \tag{2.1-22}$$

$y(0_-)=1, y'(0_-)=5$,求系统的零输入响应。

解 该系统的零输入响应满足方程及 0_+ 初始值

$$\left.\begin{aligned} &y''_{zi}(t)+5y'_{zi}(t)+4y_{zi}(t)=0\\ &y_{zi}(0_+)=y_{zi}(0_-)=y(0_-)=1\\ &y'_{zi}(0_+)=y'_{zi}(0_-)=y'(0_-)=5 \end{aligned}\right\} \tag{2.1-23}$$

上述微分方程的特征方程为

$$\lambda^2+5\lambda+4=0$$

特征根 $\lambda_1=-1, \lambda_2=-4$,故零输入响应及其导数为

$$y_{zi}(t)=C_{zi1}e^{-t}+C_{zi2}e^{-4t} \tag{2.1-24}$$

$$y'_{zi}(t)=-C_{zi1}e^{-t}-4C_{zi2}e^{-4t} \tag{2.1-25}$$

令 $t=0$,将式(2.1-23)中的初始条件代入式(2.1-24)和式(2.1-25),得

$$y_{zi}(0_+)=C_{zi1}+C_{zi2}=1$$

$$y'_{zi}(0_+)=-C_{zi1}-4C_{zi2}=5$$

由上式可解得 $C_{zi1}=3, C_{zi2}=-2$,将它们代入式(2.1-24),得系统的零输入响应

$$y_{zi}(t)=3e^{-t}-2e^{-4t}, \quad t\geqslant 0 \tag{2.1-26}$$

四、零状态响应

零状态响应是系统的初始状态为零时,仅由输入信号 $f(t)$ 引起的响应,用 $y_{zs}(t)$ 表示。这时方程式(2.1-1)仍是非齐次方程,即

$$\sum_{j=0}^{n}a_j y_{zs}^{(j)}(t)=\sum_{i=0}^{m}b_i f^{(i)}(t) \tag{2.1-27}$$

初始状态 $y_{zs}^{(j)}(0_-)=0$。若微分方程的特征根均为单根,则其零状态响应为

$$y_{zs}(t)=\sum_{j=1}^{n}C_{zsj}e^{\lambda_j t}+y_p(t) \tag{2.1-28}$$

式中 C_{zsj} 为待定常数,$y_p(t)$ 为方程的特解。

例 2.1-6 如例 2.1-5 中的系统输入 $f(t)=\varepsilon(t)$,求该系统的零状态响应。

解 该系统的零状态响应满足方程

$$y''_{zs}(t)+5y'_{zs}(t)+4y_{zs}(t)=2f'(t)-4f(t) \tag{2.1-29}$$

及初始状态 $y_{zs}(0_-)=y'_{zs}(0_-)=0$。

将输入 $f(t)=\varepsilon(t)$ 代入式(2.1-29),得

$$y''_{zs}(t)+5y'_{zs}(t)+4y_{zs}(t)=2\delta(t)-4\varepsilon(t) \tag{2.1-30}$$

可知 $y''_{zs}(t)$ 含有 $\delta(t)$,则在 $t=0$ 时,$y'_{zs}(t)$ 发生跃变,$y_{zs}(t)$ 连续。利用积分法求 0_+ 值,有

$$\int_{0_-}^{0_+}y''_{zs}(t)dt+5\int_{0_-}^{0_+}y'_{zs}(t)dt+4\int_{0_-}^{0_+}y_{zs}(t)dt=2\int_{0_-}^{0_+}\delta(t)dt-4\int_{0_-}^{0_+}\varepsilon(t)dt \tag{2.1-31}$$

由于积分是在无穷小区间$[0_-,0_+]$进行的，且$y_{zs}(t)$连续，故$\int_{0_-}^{0_+} y_{zs}(t)=0$，$\int_{0_-}^{0_+}\varepsilon(t)\mathrm{d}t=0$，于是由式(2.1-31)得

$$[y'_{zs}(0_+)-y'_{zs}(0_-)]+5[y_{zs}(0_+)-y_{zs}(0_-)]=2$$

由于$y_{zs}(t)$在$t=0$是连续的，即$y_{zs}(0_+)=y_{zs}(0_-)$，将$y_{zs}(0_-)$，$y'_{zs}(0_-)$代入上式得

$$\left.\begin{aligned} y_{zs}(0_+)&=y_{zs}(0_-)=0\\ y'_{zs}(0_+)&=y'_{zs}(0_-)+2=2 \end{aligned}\right\}\tag{2.1-32}$$

对于$t>0$，式(2.1-30)可写为

$$y''_{zs}(t)+5y'_{zs}(t)+4y_{zs}(t)=-4\tag{2.1-33}$$

不难求得其齐次解为$C_{zs1}\mathrm{e}^{-t}+C_{zs2}\mathrm{e}^{-4t}$，其特解$y_{p}(t)=-1$，于是有

$$y_{zs}(t)=C_{zs1}\mathrm{e}^{-t}+C_{zs2}\mathrm{e}^{-4t}-1\tag{2.1-34}$$

将式(2.1-32)的初始条件代入上式及其导数（令$t=0$）得

$$C_{zs1}+C_{zs2}-1=0$$

$$-C_{zs1}-4C_{zs2}=2$$

由上式可解得$C_{zs1}=2$，$C_{zs2}=-1$。最后，得系统的零状态响应

$$y_{zs}(t)=2\mathrm{e}^{-t}-\mathrm{e}^{-4t}-1,\ t\geqslant 0$$

因所求为零状态响应，故存在$t<0$时，$y_{zs}(t)=0$，上式可写为

$$y_{zs}(t)=(2\mathrm{e}^{-t}-\mathrm{e}^{-4t}-1)\varepsilon(t)\tag{2.1-35}$$

在求解系统的零状态响应时，若微分方程等号右端含有激励$f(t)$的导数时，利用LTI系统零状态响应的线性性质和微分特性，可使计算简化。

例 2.1-7 描述某LTI系统的微分方程为

$$y'(t)+2y(t)=f''(t)+f'(t)+2f(t)\tag{2.1-36}$$

若$f(t)=\varepsilon(t)$，求该系统的零状态响应。

解 构造一简单LTI系统，微分方程为

$$y'_1(t)+2y_1(t)=f(t)$$

其左端与微分方程式(2.1-36)相同，右端仅含$f(t)$。设由相同激励$f(t)=\varepsilon(t)$作用于该简单系统所引起的零状态响应为$y_{zs1}(t)$，有

$$y'_{zs1}(t)+2y_{zs1}(t)=f(t)\tag{2.1-37a}$$

根据零状态响应的微分特性[式(1.6-11)]，有

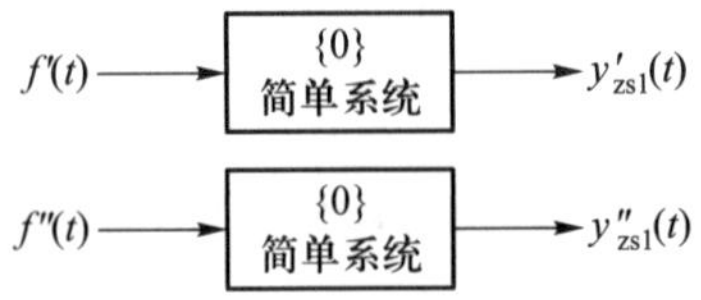

$f'(t)$ → {0} 简单系统 → $y'_{zs1}(t)$

$f''(t)$ → {0} 简单系统 → $y''_{zs1}(t)$

即

$$[y'_{zs1}(t)]'+2[y'_{zs1}(t)]=f'(t)\tag{2.1-37b}$$

$$[y''_{zs1}(t)]'+2[y''_{zs1}(t)]=f''(t)\tag{2.1-37c}$$

将微分方程式(2.1-37a)乘以2，与式(2.1-37b)、式(2.1-37c)相加可得

$$[y''_{zs1}(t)+y'_{zs1}(t)+2y_{zs1}(t)]'+2[y''_{zs1}(t)+y'_{zs1}(t)+2y_{zs1}(t)]=f''(t)+f'(t)+2f(t)$$

与微分方程式(2.1-36)对比,则式(2.1-36)的零状态响应 $y_{zs}(t)$ 可表示为

$$y_{zs}(t) = y''_{zs1}(t) + y'_{zs1}(t) + 2y_{zs1}(t) \tag{2.1-38}$$

可见,两系统零状态响应的关系由微分方程式(2.1-36)的右端决定,因此求解出简单系统的零状态响应 $y_{zs1}(t)$ 即可获得 $y_{zs}(t)$。

为此先求 $y_{zs1}(t)$ 的初始值 $y_{zs1}(0_+)$。当 $f(t)=\varepsilon(t)$ 时,微分方程式(2.1-37a)右端仅含有阶跃函数,可知 $y'_{zs1}(t)$ 含有 $\varepsilon(t)$。故 $y'_{zs1}(t)$ 在零点跃变,其积分 $y_{zs1}(t)$ 在零点连续,从而有 $y_{zs1}(0_+)=y_{zs1}(0_-)=0$。

再求解微分方程。不难求得 $t>0$ 时微分方程式(2.1-37a)的齐次解为 Ce^{-2t},特解为常数 0.5,代入初始值 $y_{zs1}(0_+)=0$ 后,得

$$y_{zs1}(t)=0.5(1-e^{-2t})\ ,\quad t\geqslant 0$$

由于 $y_{zs1}(t)$ 为零状态响应,故 $t<0$ 时,$y_{zs1}(t)=0$,上式写为

$$y_{zs1}(t) = 0.5(1 - e^{-2t})\varepsilon(t) \tag{2.1-39}$$

其一阶、二阶导数分别为

$$y'_{zs1}(t)=0.5(1-e^{-2t})\delta(t)+e^{-2t}\varepsilon(t)=e^{-2t}\varepsilon(t)$$

$$y''_{zs1}(t)=e^{-2t}\delta(t)-2e^{-2t}\varepsilon(t)=\delta(t)-2e^{-2t}\varepsilon(t)$$

将 $y_{zs1}(t)$、$y'_{zs1}(t)$、$y''_{zs1}(t)$ 代入式(2.1-38),得所求系统的零状态响应

$$y_{zs}(t) = \delta(t) + (1 - 2e^{-2t})\varepsilon(t) \tag{2.1-40}$$

可见,引入奇异函数后,利用零状态响应的线性性质和微分特性,可使求解简便。

五、全响应

如果系统的初始状态不为零,在激励 $f(t)$ 的作用下,LTI 系统的响应称为全响应,它是零输入响应与零状态响应之和,即

$$y(t) = y_{zi}(t) + y_{zs}(t) \tag{2.1-41}$$

其各阶导数为

$$y^{(j)}(t) = y^{(j)}_{zi}(t) + y^{(j)}_{zs}(t),\quad j = 0,1,\cdots,n - 1 \tag{2.1-42}$$

上式对 $t=0_-$ 也成立,故有

$$y^{(j)}(0_-) = y^{(j)}_{zi}(0_-) + y^{(j)}_{zs}(0_-) \tag{2.1-43}$$

$$y^{(j)}(0_+) = y^{(j)}_{zi}(0_+) + y^{(j)}_{zs}(0_+) \tag{2.1-44}$$

对于零状态响应,在 $t=0_-$ 时激励尚未接入,故 $y^{(j)}_{zs}(0_-)=0$,因而零输入响应的 0_+ 值

$$y^{(j)}_{zi}(0_+) = y^{(j)}_{zi}(0_-) = y^{(j)}(0_-) \tag{2.1-45}$$

根据给定的初始状态(即 0_- 值),利用式(2.1-44)、式(2.1-45)以及前述由 0_- 值求 0_+ 值的方法,可求得零输入响应和零状态响应的 0_+ 值。

综上所述,LTI 系统的全响应可分为自由(固有)响应和强迫响应,也可分为零输入响应和零状态响应。若微分方程的特征根均为单根,它们的关系是

$$y(t) = \sum_{j=1}^{n} C_j e^{\lambda_j t} + y_p(t) = \sum_{j=1}^{n} C_{zij} e^{\lambda_j t} + \sum_{j=1}^{n} C_{zsj} e^{\lambda_j t} + y_p(t) \tag{2.1-46}$$

式中

$$\sum_{j=1}^{n} C_j e^{\lambda_j t} = \sum_{j=1}^{n} C_{zij} e^{\lambda_j t} + \sum_{j=1}^{n} C_{zsj} e^{\lambda_j t}$$

即

$$C_j = C_{zij} + C_{zsj},\quad j=1,2,\cdots,n$$

可见，两种分解方式有明显的区别。虽然自由响应和零输入响应都是齐次方程的解，但二者系数各不相同，C_{zij}仅由系统的初始状态所决定，而 C_j 要由系统的初始状态和激励信号共同来确定。在初始状态为零时，零输入响应等于零，但在激励信号的作用下，自由响应并不为零。也就是说，系统的自由响应包含零输入响应和零状态响应的一部分。

例 2.1-8 描述某 LTI 系统的微分方程为

$$y''(t) + 3y'(t) + 2y(t) = 2f'(t) + 6f(t) \tag{2.1-47}$$

已知 $y(0_-)=2, y'(0_-)=1, f(t)=\varepsilon(t)$，求该系统的零输入响应、零状态响应和全响应。

解 (1) 零输入响应 $y_{zi}(t)$满足方程

$$y''_{zi}(t) + 3y'_{zi}(t) + 2y_{zi}(t) = 0 \tag{2.1-48}$$

由式(2.1-45)知，其 0_+值

$$y_{zi}(0_+) = y_{zi}(0_-) = y(0_-) = 2$$

$$y'_{zi}(0_+) = y'_{zi}(0_-) = y'(0_-) = 1$$

式(2.1-48)的特征根 $\lambda_1=-1, \lambda_2=-2$，故零输入响应

$$y_{zi}(t) = C_{zi1} e^{-t} + C_{zi2} e^{-2t} \tag{2.1-49}$$

将初始值代入上式及其导数，得

$$y_{zi}(0_+) = C_{zi1} + C_{zi2} = 2$$

$$y'_{zi}(0_+) = -C_{zi1} - 2C_{zi2} = 1$$

由上式解得 $C_{zi1}=5, C_{zi2}=-3$。将它们代入式(2.1-49)，得系统的零输入响应为

$$y_{zi}(t) = 5e^{-t} - 3e^{-2t},\quad t \geqslant 0 \tag{2.1-50}$$

(2) 零状态响应 $y_{zs}(t)$是初始状态为零，且 $f(t)=\varepsilon(t)$时，式(2.1-47)的解，即 $y_{zs}(t)$满足方程

$$y''_{zs}(t) + 3y'_{zs}(t) + 2y_{zs}(t) = 2\delta(t) + 6\varepsilon(t) \tag{2.1-51}$$

及初始状态 $y_{zs}(0_-)=y'_{zs}(0_-)=0$。先求 $y_{zs}(0_+)$和 $y'_{zs}(0_+)$，由于上式等号右端含有 $\delta(t)$，有

$$\int_{0_-}^{0_+} y''_{zs}(t)\,dt + 3\int_{0_-}^{0_+} y'_{zs}(t)\,dt + 2\int_{0_-}^{0_+} y_{zs}(t)\,dt = 2\int_{0_-}^{0_+} \delta(t)\,dt + 6\int_{0_-}^{0_+} \varepsilon(t)\,dt \tag{2.1-52}$$

由于，$y''_{zs}(t)$含有 $\delta(t)$，故 $y'_{zs}(t)$在零点跃变，$y_{zs}(t)$在零点连续，所以 $\int_{0_-}^{0_+} y_{zs}(t)\,dt=0$，$y_{zs}(0_+)=y_{zs}(0_-)$，由式(2.1-52)可得

$$[y'_{zs}(0_+)-y'_{zs}(0_-)]+3[y_{zs}(0_+)-y_{zs}(0_-)]=2$$

有

$$\left.\begin{aligned} y'_{zs}(0_+)-y'_{zs}(0_-)=2 \\ y_{zs}(0_+)-y_{zs}(0_-)=0 \end{aligned}\right\}$$

解上式，得 $y'_{zs}(0_+)=2, y_{zs}(0_+)=0$。

对于 $t>0$，式(2.1-51)可写为

$$y''_{zs}(t) + 3y'_{zs}(t) + 2y_{zs}(t) = 6$$

不难求得其齐次解为 $C_{zs1}e^{-t}+C_{zs2}e^{-2t}$，其特解为常数 3。于是有

$$y_{zs}(t)=C_{zs1}e^{-t}+C_{zs2}e^{-2t}+3 \tag{2.1-53}$$

将初始值代入上式及其导数，得

$$y_{zs}(0_+)=C_{zs1}+C_{zs2}+3=0$$
$$y'_{zs}(0_+)=-C_{zs1}-2C_{zs2}=2$$

由上式可求得 $C_{zs1}=-4, C_{zs2}=1$，将它们代入式(2.1-53)，得系统的零状态响应为

$$y_{zs}(t)=-4e^{-t}+e^{-2t}+3,\quad t\geqslant 0$$

由于是零状态响应，$t<0$ 时，$y_{zs}(t)=0$，可得

$$y_{zs}(t)=(-4e^{-t}+e^{-2t}+3)\varepsilon(t) \tag{2.1-54}$$

(3) 全响应 $y(t)$

由式(2.1-50)和(2.1-54)可得系统的全响应为

$$y(t)=y_{zi}(t)+y_{zs}(t)$$
$$=\underbrace{\overbrace{5e^{-t}-3e^{-2t}}^{\text{零输入响应}}\quad\overbrace{-4e^{-t}+e^{-2t}}^{\text{零状态响应}}}_{\text{自由响应}}\quad\underbrace{+3,}_{\text{强迫响应}}\quad t\geqslant 0$$
$$=\underbrace{e^{-t}-2e^{-2t}}_{\text{自由响应}}+\underbrace{3,}_{\text{强迫响应}}\quad t\geqslant 0$$

注意到 $y(0_+)=y_{zi}(0_+)+y_{zs}(0_+)=2+0=2, y'(0_+)=y'_{zi}(0_+)+y'_{zs}(0_+)=1+2=3$，读者不难验证以上结果。

例 2.1-9 例 2.1-8 所述的系统，若已知 $y(0_+)=3, y'(0_+)=1, f(t)=\varepsilon(t)$，求该系统的零输入响应和零状态响应。

解 本例中已知的是 0_+ 时刻的初始值，由式(2.1-44)有

$$\left.\begin{aligned}y(0_+)=y_{zi}(0_+)+y_{zs}(0_+)=3\\ y'(0_+)=y'_{zi}(0_+)+y'_{zs}(0_+)=1\end{aligned}\right\} \tag{2.1-55}$$

按上式无法区分 $y_{zi}(t)$ 和 $y_{zs}(t)$ 在 $t=0_+$ 时的值。这时可先求出零状态响应。由于零状态响应是指 $y_{zs}(0_-)=y'_{zs}(0_-)=0$ 时方程的解，因此本例中的零状态响应的求法和结果与例 2.1-8 相同，即

$$y_{zs}(t)=-4e^{-t}+e^{-2t}+3,\quad t\geqslant 0$$

由上式及其导数可求得 $y_{zs}(0_+)=0, y'_{zs}(0_+)=2$，将它们代入到式(2.1-55)得 $y_{zi}(0_+)=3$，$y'_{zi}(0_+)=-1$。本例中，零输入响应的形式也与例 2.1-8 相同，由式(2.1-49)有

$$y_{zi}(t)=C_{zi1}e^{-t}+C_{zi2}e^{-2t}$$

将初始值代入，有

$$y_{zi}(0_+)=C_{zi1}+C_{zi2}=3$$
$$y'_{zi}(0_+)=-C_{zi1}-2C_{zi2}=-1$$

由上式解得 $C_{zi1}=5, C_{zi2}=-2$，于是得该系统的零输入响应

$$y_{zi}(t)=5e^{-t}-2e^{-2t},\quad t\geqslant 0$$

§2.2 冲激响应和阶跃响应

一、冲激响应

一个 LTI 系统，当其初始状态为零时，输入为单位冲激函数 $\delta(t)$ 所引起的响应称为单位冲激响应，简称冲激响应，用 $h(t)$ 表示，如图 2.2-1 所示。就是说，冲激响应是激励为单位冲激函数 $\delta(t)$ 时，系统的零状态响应，即

$$h(t) \stackrel{\text{def}}{=} T[\{0\},\delta(t)] \tag{2.2-1}$$

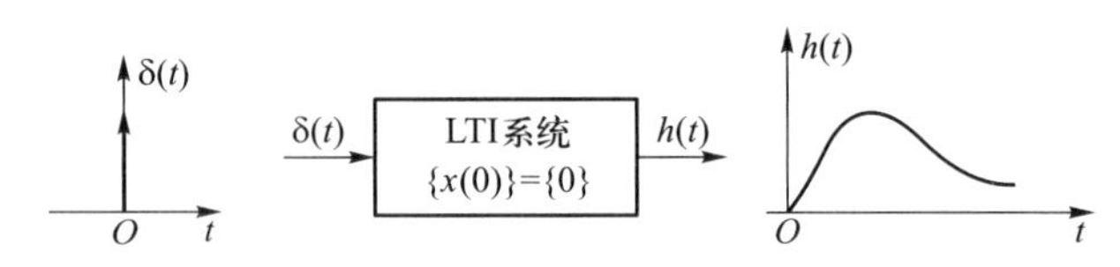

图 2.2-1 冲激响应示意图

下面研究系统冲激响应的求解方法。

在激励 $f(t)$ 的作用下，通常所分析的 LTI 系统有两种情况，一种是系统的微分方程右端仅含有 $f(t)$，另一种是右端含有 $f(t)$ 及其各阶导数。利用 LTI 系统零状态响应的线性性质和微分特性，可把第二种情况转换成第一种进行分析，具体方法如下。

一般而言，若描述 LTI 系统的微分方程为

$$y^{(n)}(t)+a_{n-1}y^{(n-1)}(t)+\cdots+a_0y(t)=b_mf^{(m)}(t)+b_{m-1}f^{(m-1)}(t)+\cdots+b_0f(t) \tag{2.2-2}$$

求解系统的冲激响应 $h(t)$ 可分两步进行：① 选新变量 $y_1(t)$，使它满足的微分方程为左端与式(2.2-2)相同，而右端只含 $f(t)$，即 $y_1(t)$ 满足方程

$$y_1^{(n)}(t)+a_{n-1}y_1^{(n-1)}(t)+\cdots+a_0y_1(t)=f(t) \tag{2.2-3}$$

令新构造的简单系统的冲激响应为 $h_1(t)$，其可按 §2.1 中零状态响应所述方法求得。

② 根据 LTI 系统零状态响应的线性性质和微分特性，可得式(2.2-2)的冲激响应

$$h(t)=b_mh_1^{(m)}(t)+b_{m-1}h_1^{(m-1)}(t)+\cdots+b_0h_1(t) \tag{2.2-4}$$

即所求系统的冲激响应 $h(t)$ 与所构造系统的冲激响应 $h_1(t)$ 的关系，由微分方程式(2.2-2)的右端确定。因此先由构造系统的微分方程式(2.2-3)求解出 $h_1(t)$，再由式(2.2-4)即可得到 $h(t)$。

一般，若 n 阶微分方程的等号右端只含激励 $f(t)$，即若

$$y^{(n)}(t)+a_{n-1}y^{(n-1)}(t)+\cdots+a_0y(t)=f(t) \tag{2.2-5}$$

则当 $f(t)=\delta(t)$ 时，其零状态响应[即冲激响应 $h(t)$]满足方程

$$\left.\begin{aligned}&h^{(n)}(t)+a_{n-1}h^{(n-1)}(t)+\cdots+a_0h(t)=\delta(t)\\&h^{(j)}(0_-)=0,j=0,1,2,\cdots,n-1\end{aligned}\right\} \tag{2.2-6}$$

用前述类似的方法,可推得各 0_+ 初始值为

$$\left.\begin{aligned} &h^{(j)}(0_+)=0,\ j=0,1,2,\cdots,n-2 \\ &h^{(n-1)}(0_+)=1 \end{aligned}\right\} \tag{2.2-7}$$

如果式(2.2-6)的微分方程特征根 $\lambda_j(j=1,2,\cdots,n)$ 均为单根,则冲激响应

$$h(t)=\left(\sum_{j=1}^{n}C_j\mathrm{e}^{\lambda_j t}\right)\varepsilon(t) \tag{2.2-8}$$

式中各常数 C_j 由式(2.2-7)的 0_+ 初始值确定。

例 2.2-1 设描述某二阶 LTI 系统的微分方程为

$$y''(t)+5y'(t)+6y(t)=f(t) \tag{2.2-9}$$

求其冲激响应 $h(t)$。

解 根据冲激响应的定义,当 $f(t)=\delta(t)$ 时,系统的零状态响应 $y_{zs}(t)=h(t)$,由式(2.2-9)可知 $h(t)$ 满足

$$\left.\begin{aligned} &h''(t)+5h'(t)+6h(t)=\delta(t) \\ &h'(0_-)=h(0_-)=0 \end{aligned}\right\} \tag{2.2-10}$$

由于冲激函数仅在 $t=0$ 处作用,而在 $t>0$ 区间函数为零。也就是说,激励信号 $\delta(t)$ 的作用是在 $t=0$ 的瞬间给系统输入了若干能量,储存在系统中,而在 $t>0$ 时(或者说 $t=0_+$ 以后)系统的激励为零,只有冲激引入的那些储能在起作用,因而系统的冲激响应由上述储能唯一地确定。因此,系统的冲激响应在 $t>0$ 时与该系统的零输入响应(即相应的齐次解)具有相同的函数形式。

式(2.2-10)微分方程的特征根 $\lambda_1=-2,\lambda_2=-3$。故系统的冲激响应

$$h(t)=(C_1\mathrm{e}^{-2t}+C_2\mathrm{e}^{-3t})\varepsilon(t) \tag{2.2-11}$$

式中 C_1、C_2 为待定常数。为确定常数 C_1 和 C_2,需要求出 0_+时刻的初始值 $h(0_+)$和 $h'(0_+)$。由式(2.2-10)可见,等号两端奇异函数要平衡,可知 $h''(t)$ 中应含有 $\delta(t)$,故 $h'(t)$ 在零点跃变,$h(t)$ 在零点连续,即有 $h'(0_+)\neq h'(0_-)$,$h(0_+)=h(0_-)$,$\int_{0_-}^{0_+}h(t)\,\mathrm{d}t=0$。采用积分法,得

$$[h'(0_+)-h'(0_-)]+5[h(0_+)-h(0_-)]+6\int_{0_-}^{0_+}h(t)\,\mathrm{d}t=1$$

考虑到 $h'(0_-)=0$,由上式得

$$h(0_+)=h(0_-)=0$$

$$h'(0_+)=1+h'(0_-)=1$$

将以上初始值代入式(2.2-11),得

$$h(0_+)=C_1+C_2=0$$

$$h'(0_+)=-2C_1-3C_2=1$$

由上式解得 $C_1=1,C_2=-1$,最后得系统的冲激响应

$$h(t)=(\mathrm{e}^{-2t}-\mathrm{e}^{-3t})\varepsilon(t)$$

例 2.2-2 描述某二阶 LTI 系统的微分方程为

$$y''(t)+5y'(t)+6y(t)=f''(t)+2f'(t)+3f(t) \tag{2.2-12}$$

求其冲激响应 $h(t)$。

解　选新变量 $y_1(t)$，它满足方程

$$y_1''(t)+5y_1'(t)+6y_1(t)=f(t) \tag{2.2-13}$$

设其冲激响应为 $h_1(t)$，则由式(2.2-4)知，式(2.2-12)系统的冲激响应

$$h(t)=h_1''(t)+2h_1'(t)+3h_1(t) \tag{2.2-14}$$

现在求 $h_1(t)$。由于式(2.2-13)与例 2.2-1 中式(2.2-9)相同，故其冲激响应也相同，即

$$h_1(t)=(e^{-2t}-e^{-3t})\varepsilon(t)$$

其一阶、二阶导数分别为

$$h_1'(t)=(e^{-2t}-e^{-3t})\delta(t)+(-2e^{-2t}+3e^{-3t})\varepsilon(t)=(-2e^{-2t}+3e^{-3t})\varepsilon(t) \tag{2.2-15}$$

$$h_1''(t)=(-2e^{-2t}+3e^{-3t})\delta(t)+(4e^{-2t}-9e^{-3t})\varepsilon(t)=\delta(t)+(4e^{-2t}-9e^{-3t})\varepsilon(t) \tag{2.2-16}$$

将它们代入到式(2.2-14)，得式(2.2-12)所述系统的冲激响应

$$h(t)=\delta(t)+(3e^{-2t}-6e^{-3t})\varepsilon(t) \tag{2.2-17}$$

二、阶跃响应

一个 LTI 系统，当其初始状态为零时，输入为单位阶跃函数所引起的响应称为单位阶跃响应，简称阶跃响应，用 $g(t)$ 表示，如图 2.2-2 所示。就是说，阶跃响应是激励为单位阶跃函数 $\varepsilon(t)$ 时，系统的零状态响应，即

$$g(t)\overset{\text{def}}{=\!=}T[\{0\},\varepsilon(t)] \tag{2.2-18}$$

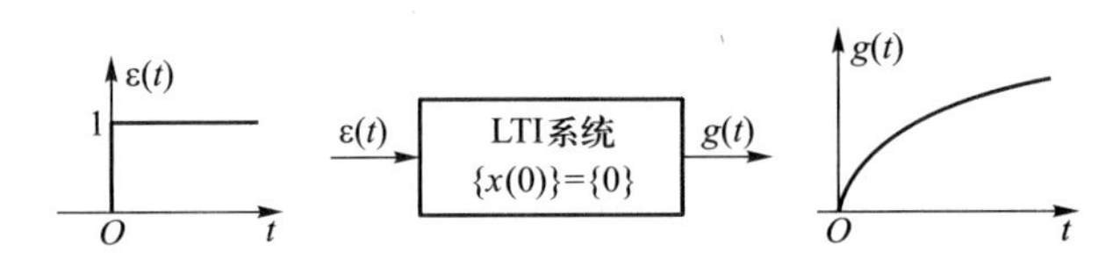

图 2.2-2　阶跃响应示意图

若 n 阶微分方程等号右端只含激励 $f(t)$，如式(2.2-5)所示，当激励 $f(t)=\varepsilon(t)$ 时，系统的零状态响应[即阶跃响应 $g(t)$]满足方程

$$\left.\begin{aligned}&g^{(n)}(t)+a_{n-1}g^{(n-1)}(t)+\cdots+a_0g(t)=\varepsilon(t)\\&g^{(j)}(0_-)=0,\ j=0,1,2,\cdots,n-1\end{aligned}\right\} \tag{2.2-19}$$

由于等号右端只含 $\varepsilon(t)$，故除 $g^{(n)}(t)$ 外，$g(t)$ 及其直到 $n-1$ 阶导数均连续，即有

$$g^{(j)}(0_+)=g^{(j)}(0_-)=0,\quad j=0,1,2,\cdots,n-1 \tag{2.2-20}$$

若方程式(2.2-19)的特征根均为单根，则阶跃响应为

$$g(t)=\left(\sum_{j=1}^{n}C_je^{\lambda_jt}+\frac{1}{a_0}\right)\varepsilon(t) \tag{2.2-21}$$

式中 $\dfrac{1}{a_0}$ 为式(2.2-19)的特解，待定常数 C_j 由式(2.2-20)的 0_+ 初始值确定。

如果微分方程的等号右端含有 $f(t)$ 及其各阶导数，如式(2.2-2)，则可根据 LTI 系统的

线性性质和微分特性求得其阶跃响应。

由于单位阶跃函数 $\varepsilon(t)$ 与单位冲激函数 $\delta(t)$ 的关系为

$$\delta(t)=\frac{\mathrm{d}\varepsilon(t)}{\mathrm{d}t}$$

$$\varepsilon(t)=\int_{-\infty}^{t}\delta(x)\mathrm{d}x$$

根据 LTI 系统的微(积)分特性,同一系统的阶跃响应与冲激响应的关系为

$$h(t)=\frac{\mathrm{d}g(t)}{\mathrm{d}t} \tag{2.2-22a}$$

$$g(t)=\int_{-\infty}^{t}h(x)\mathrm{d}x \tag{2.2-22b}$$

例 2.2-3　如图 2.2-3 所示的 LTI 系统,求其阶跃响应。

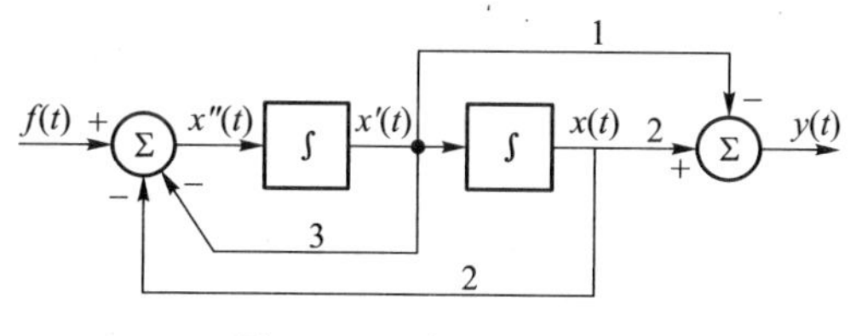

图 2.2-3　例 2.2-3 图

解　(1) 列写图 2.2-3 所示系统的微分方程

设图中右端积分器的输出为 $x(t)$,则其输入为 $x'(t)$,左端积分器的输入为 $x''(t)$。左端加法器的输出

$$x''(t)=-3x'(t)-2x(t)+f(t)$$

即

$$x''(t)+3x'(t)+2x(t)=f(t) \tag{2.2-23a}$$

右端加法器的输出

$$y(t)=-x'(t)+2x(t) \tag{2.2-23b}$$

用 § 1.5 的方法,不难求得描述图 2.2-3 所示系统的微分方程为

$$y''(t)+3y'(t)+2y(t)=-f'(t)+2f(t) \tag{2.2-24}$$

(2) 求阶跃响应

若设式(2.2-23a)所述系统的阶跃响应为 $g_x(t)$,由式(2.2-23b)可知,图 2.2-3 所示系统即式(2.2-24)所述系统的阶跃响应为

$$g(t)=-g_x'(t)+2g_x(t) \tag{2.2-25}$$

由式(2.2-23a)可知,阶跃响应 $g_x(t)$ 满足方程

$$g_x''(t)+3g_x'(t)+2g_x(t)=\varepsilon(t) \tag{2.2-26}$$

$$g_x(0_-)=g_x'(0_-)=0$$

其特征根 $\lambda_1=-1,\lambda_2=-2$,其特解为 0.5,于是得

$$g_x(t)=(C_1\mathrm{e}^{-t}+C_2\mathrm{e}^{-2t}+0.5)\varepsilon(t)$$

由式(2.2-20)知,式(2.2-26)的 0_+ 初始值均为零,即 $g_x(0_+)=g_x'(0_+)=0$。将它们代入到上式,有

$$g_x(0_+)=C_1+C_2+0.5=0$$
$$g_x'(0_+)=-C_1-2C_2=0$$

可解得 $C_1=-1, C_2=0.5$,于是

$$g_x(t)=(-\mathrm{e}^{-t}+0.5\mathrm{e}^{-2t}+0.5)\varepsilon(t)$$

其一阶导数

$$g_x'(t)=(-\mathrm{e}^{-t}+0.5\mathrm{e}^{-2t}+0.5)\delta(t)+(\mathrm{e}^{-t}-\mathrm{e}^{-2t})\varepsilon(t)=(\mathrm{e}^{-t}-\mathrm{e}^{-2t})\varepsilon(t)$$

将它们代入到式(2.2-25),最后得图 2.2-3 所示系统的阶跃响应为

$$g(t)=-g_x'(t)+2g_x(t)=(-3\mathrm{e}^{-t}+2\mathrm{e}^{-2t}+1)\varepsilon(t)$$

实际上,图 2.2-3 所示系统的冲激响应为

$$h(t)=(3\mathrm{e}^{-t}-4\mathrm{e}^{-2t})\varepsilon(t)$$

容易验证,$g(t)$ 与 $h(t)$ 满足式(2.2-22)的关系。

例 2.2-4 如图 2.2-4 所示的二阶电路,已知 $L=0.4$ H, $C=0.1$ F, $G=0.6$ S,若以 $u_S(t)$ 为输入,以 $u_C(t)$ 为输出,求该电路的冲激响应和阶跃响应。

解 (1) 列写电路方程

按图 2.2-4,由 KCL 和 KVL 有

$$i_L=i_C+i_G=Cu_C'+Gu_C$$
$$u_L+u_C=u_S$$

由于
$$u_L=L\frac{\mathrm{d}i_L}{\mathrm{d}t}=LCu_C''+LGu_C'$$

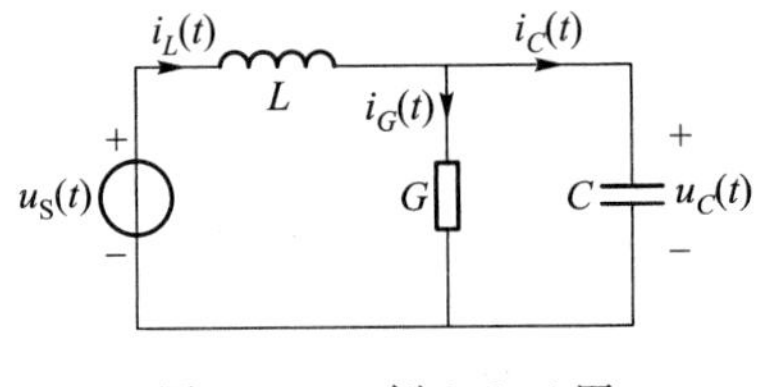

图 2.2-4 例 2.2-4 图

将它们代入到 KVL 方程并整理,得

$$u_C''+\frac{G}{C}u_C'+\frac{1}{LC}u_C=\frac{1}{LC}u_S$$

将元件值代入,得图 2.2-4 所示电路的微分方程为

$$u_C''(t)+6u_C'(t)+25u_C(t)=25u_S(t)$$

(2) 求冲激响应

按冲激响应的定义,当 $u_S(t)=\delta(t)$ 时,电路的冲激响应 $h(t)$ 满足方程

$$\left.\begin{aligned}&h''(t)+6h'(t)+25h(t)=25\delta(t)\\&h(0_-)=h'(0_-)=0\end{aligned}\right\}\qquad(2.2-27)$$

用前述方法,不难求得其 0_+ 值分别为

$$h(0_+)=0$$
$$h'(0_+)=25$$

式(2.2-27)的特征方程为

$$\lambda^2+6\lambda+25=0$$

其特征根 $\lambda_{1,2}=-3\pm j4$。考虑到在 $t>0$ 时，$\delta(t)=0$，冲激响应 $h(t)$ 与式(2.2-27)的齐次方程形式相同，由表 2-1，有

$$h(t)=e^{-3t}[C\cos(4t)+D\sin(4t)]\varepsilon(t)$$

其导数

$$\begin{aligned}h'(t)=&e^{-3t}[C\cos(4t)+D\sin(4t)]\delta(t)+\\&e^{-3t}[-4C\sin(4t)+4D\cos(4t)]\varepsilon(t)-\\&3e^{-3t}[C\cos(4t)+D\sin(4t)]\varepsilon(t)\end{aligned}$$

令 $t=0_+$ 并代入 0_+ 时刻的初始值，有

$$h(0_+)=C=0$$

$$h'(0_+)=4D-3C=25$$

可解得 $C=0,D=6.25$，于是得该二阶电路的冲激响应为

$$h(t)=6.25e^{-3t}\sin(4t)\varepsilon(t) \qquad (2.2-28)$$

(3) 求阶跃响应

按阶跃响应的定义，当 $u_S(t)=\varepsilon(t)$ 时，电路的阶跃响应 $g(t)$ 满足方程

$$\left.\begin{aligned}&g''(t)+6g'(t)+25g(t)=25\varepsilon(t)\\&g(0_-)=g'(0_-)=0\end{aligned}\right\} \qquad (2.2-29)$$

由式(2.2-20)可知，其 0_+ 值 $g(0_+)=g'(0_+)=0$。

式(2.2-29)的特征根同前，其特解为 1。由表 2-1，阶跃响应可写为

$$g(t)=\{e^{-3t}[C\cos(4t)+D\sin(4t)]+1\}\varepsilon(t)$$

或

$$g(t)=[Ae^{-3t}\cos(4t-\theta)+1]\varepsilon(t)$$

其导数

$$g'(t)=[Ae^{-3t}\cos(4t-\theta)+1]\delta(t)+[-4Ae^{-3t}\sin(4t-\theta)-3Ae^{-3t}\cos(4t-\theta)]\varepsilon(t)$$

令 $t=0_+$ 并代入 0_+ 值，有

$$g(0_+)=A\cos\theta+1=0$$

$$g'(0_+)=4A\sin\theta-3A\cos\theta=0$$

可解得

$$\theta=\arctan\left(\frac{3}{4}\right)=36.9°,\ A=-\frac{1}{\cos\theta}=-1.25$$

最后得图 2.2-4 所示电路的阶跃响应为

$$\begin{aligned}g(t)&=[1-1.25e^{-3t}\cos(4t-36.9°)]\varepsilon(t)\\&=\{1-e^{-3t}[\cos(4t)+0.75\sin(4t)]\}\varepsilon(t)\end{aligned}$$

二阶系统是经常遇到的一类典型 LTI 系统。图 2.2-5(a)和(b)所示的电路中，若以 $u_S(t)$ 为激励，$u_C(t)$ 为响应；图 2.2-5(c)和(d)分别是图(a)和(b)的对偶电路，若以 $i_S(t)$ 为激励，$i_L(t)$ 为响应，则描述这四种电路的微分方程为

$$y''(t)+2\alpha y'(t)+\omega_0^2 y(t)=\omega_0^2 f(t) \qquad (2.2-30)$$

式中 $\omega_0^2=\dfrac{1}{LC}$，系数 α 分别注于各图中。

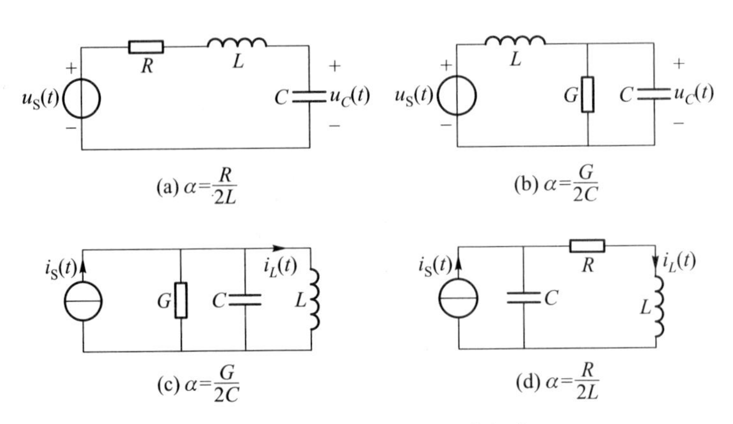

图 2.2-5 几种典型的二阶电路

上式的特征根 $\lambda_{1,2}=-\alpha\pm\sqrt{\alpha^2-\omega_0^2}$，对于不同的 α 和 ω_0 值，特征根有四种情况，它们分别对应于过阻尼、临界、欠阻尼（衰减振荡）和等幅振荡。相应的冲激响应和阶跃响应的表示式列于表 2-3。其波形如图 2.2-6 所示。

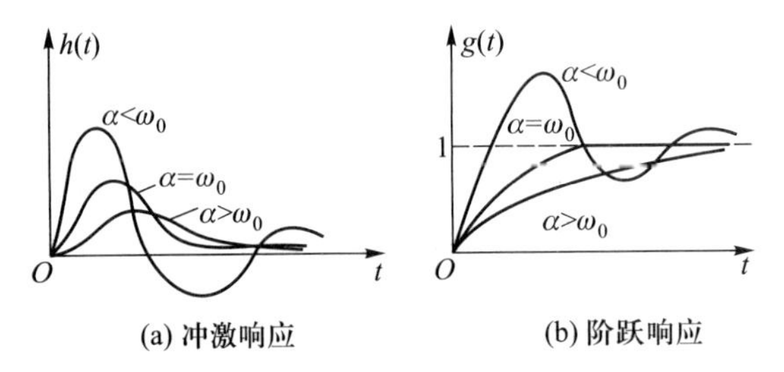

图 2.2-6 二阶系统的冲激响应和阶跃响应

表 2-3 二阶系统的冲激响应和阶跃响应

特征根的四种情况		冲激响应 $h(t)$	阶跃响应 $g(t)$
过阻尼	$\alpha>\omega_0$ $\beta=\sqrt{\alpha^2-\omega_0^2}$	$\frac{\omega_0^2}{2\beta}[\mathrm{e}^{-(\alpha-\beta)t}-\mathrm{e}^{-(\alpha+\beta)t}]\varepsilon(t)$	$\left[1-\frac{\alpha+\beta}{2\beta}\mathrm{e}^{-(\alpha-\beta)t}+\frac{\alpha-\beta}{2\beta}\mathrm{e}^{-(\alpha+\beta)t}\right]\varepsilon(t)$
临　界	$\alpha=\omega_0$	$\omega_0^2 t\mathrm{e}^{-\alpha t}\varepsilon(t)$	$[1-(1+\omega_0 t)\mathrm{e}^{-\alpha t}]\varepsilon(t)$
欠阻尼	$\alpha<\omega_0$ $\beta=\sqrt{\omega_0^2-\alpha^2}$	$\frac{\omega_0^2}{\beta}\mathrm{e}^{-\alpha t}\sin(\beta t)\varepsilon(t)$	$\left[1-\frac{\omega_0}{\beta}\mathrm{e}^{-\alpha t}\sin(\beta t+\theta)\right]\varepsilon(t)$ $\theta=\arctan\left(\frac{\beta}{\alpha}\right)$
等幅振荡	$\alpha=0$ $\omega_0\neq 0$	$\omega_0\sin(\omega_0 t)\varepsilon(t)$	$[1-\cos(\omega_0 t)]\varepsilon(t)$

§2.3 零状态响应与卷积积分

在时域分析中，求零状态响应的主要方法是卷积积分。利用冲激响应和激励的卷积，可以求解 LTI 系统在任意激励下的零状态响应，使 LTI 系统的时域分析更加简便。

一、任意激励下的零状态响应

在 §1.4 中定义了强度为 1（即脉冲波形下的面积为 1），宽度很窄的脉冲 $p_n(t)$，如图 2.3-1(a) 所示，其 $n\to\infty$ 的极限为 $\delta(t)$。

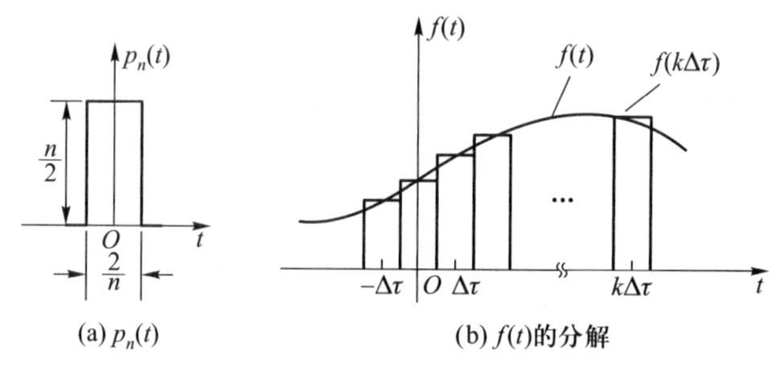

图 2.3-1 任意激励 $f(t)$ 的分解

现在考虑任意激励 $f(t)$ 的表示。如图 2.3-1(b) 所示，把激励分解为许多宽度为 $\Delta\tau$ 的窄脉冲，每个窄脉冲均可用 $p_n(t)$ 进行表示，为了方便令 $\Delta\tau=2/n$。比如第 k 个脉冲，其出现在 $t=k\Delta\tau$ 时刻，高度为 $f(k\Delta\tau)$，则可表示为 $f(k\Delta\tau)\Delta\tau p_n(t-k\Delta\tau)$。这样，由这些窄脉冲构成的函数可表示为

$$f_\Delta(t)=\sum_{k=-\infty}^{\infty}f(k\Delta\tau)\Delta\tau p_n(t-k\Delta\tau) \tag{2.3-1}$$

式中 k 为整数。则 $\Delta\tau\to 0$ 时 $f_\Delta(t)$ 的极限即为 $f(t)$，可得

$$f(t)=\lim_{\Delta\tau\to 0}f_\Delta(t)=\int_{-\infty}^{\infty}f(\tau)\delta(t-\tau)\mathrm{d}\tau \tag{2.3-2}$$

在 $\Delta\tau\to 0$（即 $n\to\infty$）的情况下，矩形脉冲的极限为冲激函数，将 $\Delta\tau$ 写作 $\mathrm{d}\tau$，$k\Delta\tau$ 写作 τ，它是时间变量，同时求和符号应改写为积分符号。

通过上述过程，在微观上将 $f(t)$ 分解为无数冲激函数之和。下面讨论任意激励 $f(t)$ 所引起的零状态响应。根据 LTI 系统的线性性质及时不变特性（见 §1.6），如图 2.3-2 所示，可得任意激励下的零状态响应为

$$y_{zs}(t)=\int_{-\infty}^{\infty}f(\tau)h(t-\tau)\mathrm{d}\tau \tag{2.3-3}$$

式(2.3-2)、式(2.3-3)的运算称为卷积积分。式(2.3-3)表明，LTI 系统的零状态响应 $y_{zs}(t)$ 是 $f(t)$ 与冲激响应 $h(t)$ 的卷积积分，记为

$$y_{zs}(t)=f(t)*h(t) \tag{2.3-4}$$

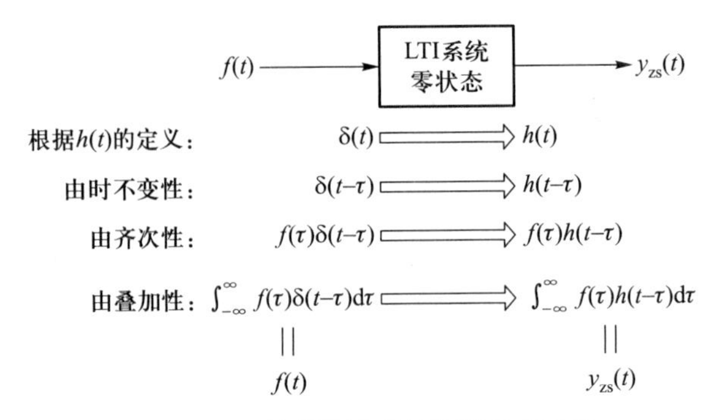

图 2.3-2 任意激励引起的零状态响应

从微观上看激励 $f(t)$ 被分解成无数冲激函数之和，每个冲激函数的强度都是其发生位置处 $f(t)$ 的值[式(2.3-2)]，根据 LTI 系统的线性性质，$f(t)$ 所引起的响应就等于所有冲激函数单独作用所引起的响应之和，这就是式(2.3-3)所表达的含义。

图 2.3-3 给出了发生在-1、0、1 时刻的冲激所引起的响应，由时不变性，其引起的响应也发生相应的时移。则根据线性性质，$t=2$ 时系统的响应，等于所有激励单独作用引起的响应在 $t=2$ 时的值之和，如图中右侧虚线所示。这个过程就是卷积积分，如式(2.3-3)所示，式中 τ 表示冲激发生的时刻，$t-\tau$ 表示所求时刻(如 $t=2$)与冲激发生时刻的差，如图 2.3-3 中横向双箭头所示。

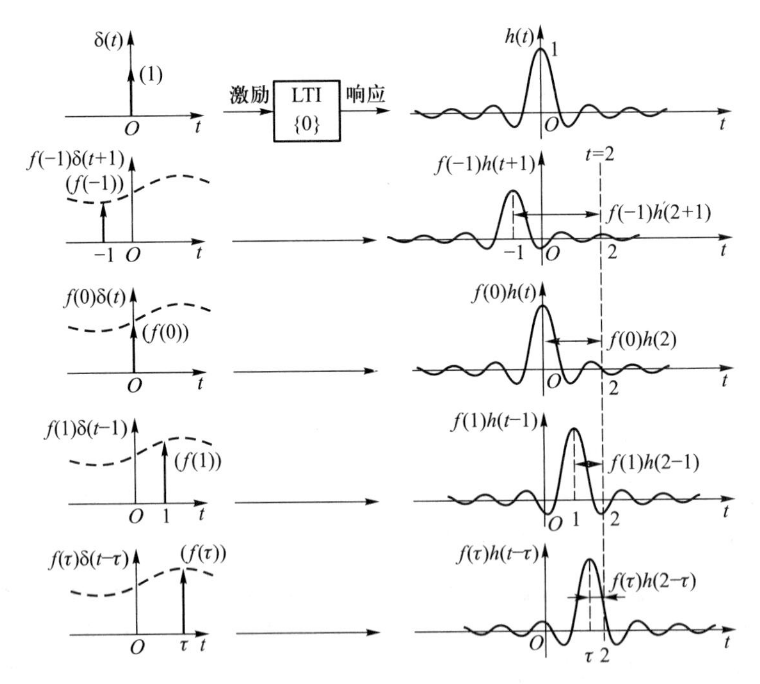

图 2.3-3 零状态响应的卷积积分求解原理示意图

例 2.3-1 若描述某系统的微分方程为

$$y''(t) + 5y'(t) + 4y(t) = 2f'(t) - 4f(t) \tag{2.3-5}$$

求激励 $f(t)=\varepsilon(t)$ 时，系统的零状态响应。

解　(1) 求 $h(t)$

构造一简单系统，其微分方程与式(2.3-5)左端相同，而右端仅含 $f(t)$，有

$$y_1''(t)+5y_1'(t)+4y_1(t)=f(t)$$

其冲激响应 $h_1(t)$ 满足

$$\left.\begin{aligned} h_1''(t)+5h_1'(t)+4h_1(t)=\delta(t) \\ h_1'(0_-)=h_1(0_-)=0 \end{aligned}\right\} \tag{2.3-6}$$

当 $t>0$ 时有

$$h_1''(t)+5h_1'(t)+4h_1(t)=0 \tag{2.3-7}$$

式(2.3-7)微分方程的特征根为 $\lambda_1=-1, \lambda_2=-4$。故简单系统的冲激响应

$$h_1(t)=C_1\mathrm{e}^{-t}+C_2\mathrm{e}^{-4t} \tag{2.3-8}$$

为确定待定系数，需求 0_+ 值。根据积分法得 $h_1(0_+)=0, h_1'(0_+)=1$，代入式(2.3-8)得

$$h_1(0_+)=C_1+C_2=0$$

$$h_1'(0_+)=-C_1-4C_2=1$$

由上式解得 $C_1=1/3, C_2=-1/3$，则简单系统的冲激响应

$$h_1(t)=\left(\frac{1}{3}\mathrm{e}^{-t}-\frac{1}{3}\mathrm{e}^{-4t}\right)\varepsilon(t)$$

$h(t)$ 与 $h_1(t)$ 的关系由微分方程式(2.3-5)右端确定[见式(2.2-3)]，得

$$h(t)=2h_1'(t)-4h_1(t)=(-2\mathrm{e}^{-t}+4\mathrm{e}^{-4t})\varepsilon(t)$$

(2) 求 $y_{zs}(t)$

对 LTI 系统，由式(2.3-4)得

$$y_{zs}(t)=f(t)*h(t)=h(t)*f(t)=\int_{-\infty}^{+\infty}(-2\mathrm{e}^{-\tau}+4\mathrm{e}^{-4\tau})\varepsilon(\tau)\varepsilon(t-\tau)\mathrm{d}\tau \tag{2.3-9}$$

由 $\varepsilon(\tau)$ 不为零时有 $\tau>0$，$\varepsilon(t-\tau)$ 不为零时有 $\tau<t$，故其乘积不为零时有 $\tau\in(0,t)$。因为 $t\in(-\infty,+\infty)$，所以需要对 t 分区间讨论，故式(2.3-9)可写为

$$y_{zs}(t)=\begin{cases}\displaystyle\int_0^t(-2\mathrm{e}^{-\tau}+4\mathrm{e}^{-4\tau})\mathrm{d}\tau, & t>0 \\ 0, & t<0\end{cases}=(2\mathrm{e}^{-t}-\mathrm{e}^{-4t}-1)\varepsilon(t) \tag{2.3-10}$$

式(2.3-10)与例 2.1-6 微分方程经典法的结果相同。利用卷积求零状态响应，其所求结果即为零状态响应的表达式，无须像微分方程求解那样最后加上 $\varepsilon(t)$。

利用卷积积分求解任意激励下 LTI 系统的零状态响应，是时域分析中的常用方法。式(2.3-9)中使用了卷积代数运算中的交换律，随着后续卷积性质的引入，会更便于卷积的求解。

二、卷积积分

卷积积分是一种重要的数学方法。一般而言，如有两个函数 $f_1(t)$ 和 $f_2(t)$，积分

$$f(t)=\int_{-\infty}^{\infty}f_1(\tau)f_2(t-\tau)\mathrm{d}\tau \tag{2.3-11}$$

称为$f_1(t)$与$f_2(t)$的卷积积分，简称卷积。式(2.3-11)常记作

$$f(t)=f_1(t)*f_2(t)$$

即

$$f(t)=f_1(t)*f_2(t)=\int_{-\infty}^{\infty}f_1(\tau)f_2(t-\tau)\mathrm{d}\tau \qquad (2.3-12)$$

卷积积分的计算方法主要有图解法、定义法和性质法。性质法内容较多，且为常用方法，将在§2.4中讨论。这里讨论图解法和定义法。

图解法是根据卷积定义，对函数波形进行变换进而求解的方法。当已知函数$f_1(t)$和$f_2(t)$的波形时，可通过四步求解，具体步骤如下：

(1) 换元，将$f_1(t)$和$f_2(t)$的自变量t换成τ，得到$f_1(\tau)$和$f_2(\tau)$；

(2) 反转，将$f_2(\tau)$以纵坐标为轴反转，得到$f_2(-\tau)$；

(3) 平移，将$f_2(-\tau)$沿坐标轴τ平移t，得到$f_2(-(\tau-t))=f_2(t-\tau)$，这里$t$为反转后所得函数$f_2(-\tau)$的平移量；

(4) 相乘后对τ积分，将$f_1(\tau)$与$f_2(t-\tau)$相乘，得到$f_1(\tau)f_2(t-\tau)$，再对乘积从$\tau\in(-\infty,+\infty)$积分。

需要注意的是，当平移量t变化时，获得的$f_1(\tau)f_2(t-\tau)$的表达式可能不同，所以有时需要根据$f_1(\tau)$和$f_2(-\tau)$的波形对t分区间讨论。

例 2.3-2 求图2.3-4所示函数$f_1(t)$和$f_2(t)$的卷积积分。

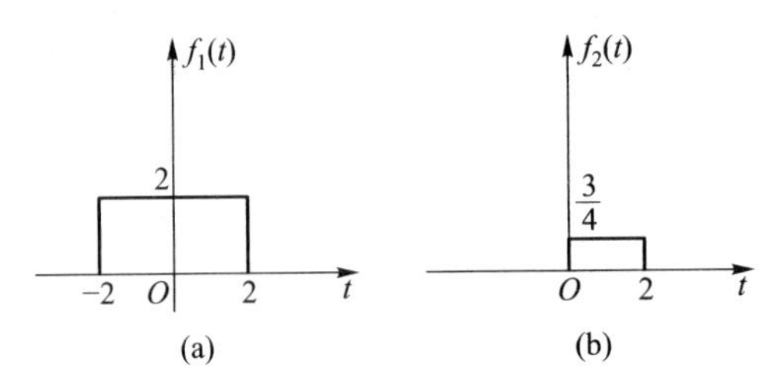

图 2.3-4 例 2.3-2 图

解 (1) 换元，得到$f_1(\tau)$和$f_2(\tau)$，如图2.3-5(a)和(b)所示。

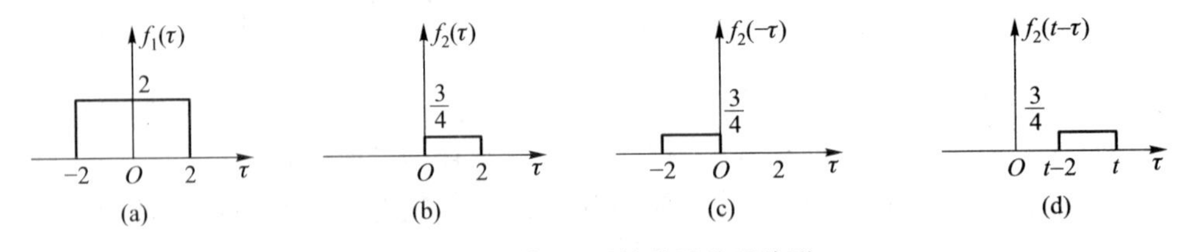

图 2.3-5 换元、反转及平移后波形

(2) 反转，$f_2(\tau)$反转，得到$f_2(-\tau)$，如图2.3-5(c)所示。

(3) 平移，将$f_2(-\tau)$平移t得到$f_2(t-\tau)$，如图2.3-5(d)所示，$f_2(t-\tau)$图形的前沿坐标是t，后沿是$t-2$。

(4) 由于乘积$f_1(\tau)f_2(t-\tau)$受t取值的影响，本题需将t分成五个区间进行乘积及积分运算，如图2.3-6所示。对τ积分时，需要判断乘积$f_1(\tau)f_2(t-\tau)$不为零时τ的取值范围，进而确定积分上、下限。

如图 2.3-6 所示，当 $t<-2$ 时，$f_1(\tau)$与$f_2(t-\tau)$无重合的区间，乘积$f_1(\tau)f_2(t-\tau)$为零，故积分结果为零。当$-2<t<0$，$f_2(t-\tau)$仅右边进入$f_1(\tau)$内，两函数同时不为零时有$\tau\in(-2,t)$，因此积分上下限分别为 t 和-2，其乘积积分结果如式(2.3-13)所示。同理对其他区间进行分析，可得

$$f(t)=f_1(t)*f_2(t)=\begin{cases}0, & t<-2\\ \int_{-2}^{t}2\times\dfrac{3}{4}\mathrm{d}\tau=\dfrac{3}{2}(t+2), & -2<t<0\\ \int_{t-2}^{t}2\times\dfrac{3}{4}\mathrm{d}\tau=3, & 0<t<2\\ \int_{t-2}^{2}2\times\dfrac{3}{4}\mathrm{d}\tau=\dfrac{3}{2}(4-t), & 2<t<4\\ 0, & t>4\end{cases}\tag{2.3-13}$$

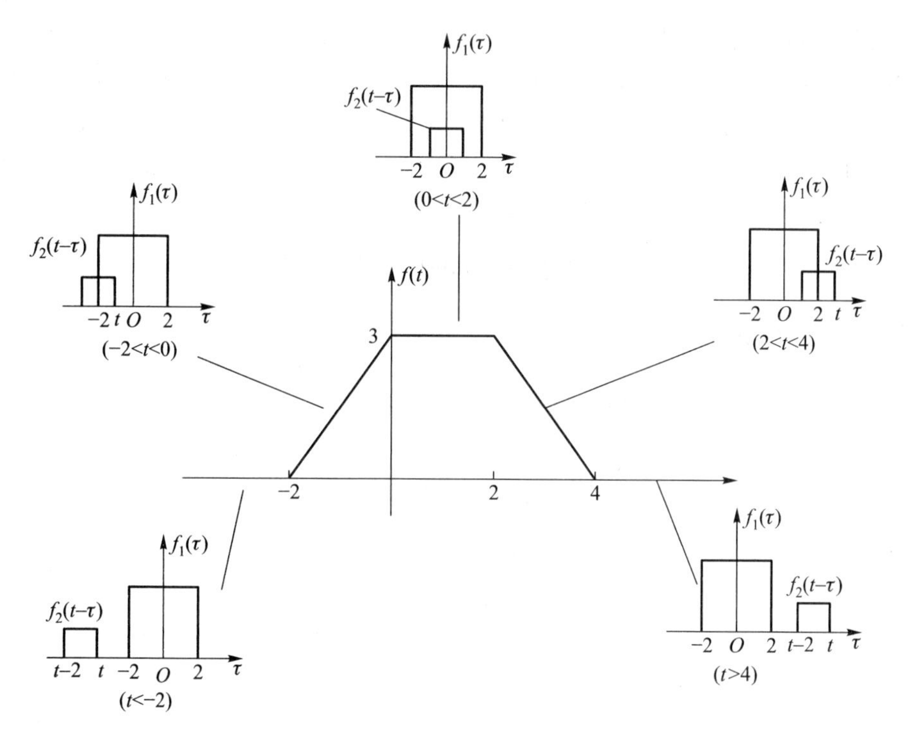

图 2.3-6　例 2.3-2 卷积计算结果

求卷积$f(t)=f_1(t)*f_2(t)$在某时刻的值，用图解法会比较方便，如求$f(3)$的值（即$t=3$）。需要注意的是，t 是反转后函数$f_2(-\tau)$的平移量。

下面看一下卷积求解的定义法，该方法直接利用卷积定义求解积分。

例 2.3-3　设$f_1(t)=3\mathrm{e}^{-2t}\varepsilon(t)$，$f_2(t)=2\varepsilon(t)$，$f_3(t)=2\varepsilon(t-2)$。求卷积积分

(1) $f_1(t)*f_2(t)$

(2) $f_1(t)*f_3(t)$

解　(1) 将$f_1(t)$、$f_2(t)$代入到式(2.3-12)有

$$f_1(t)*f_2(t)=\int_{-\infty}^{+\infty}3\mathrm{e}^{-2\tau}\varepsilon(\tau)\cdot2\varepsilon(t-\tau)\mathrm{d}\tau\tag{2.3-14}$$

式(2.3-14)中含有两个阶跃函数的乘积,$\varepsilon(\tau)$不为零时有$\tau>0$,$\varepsilon(t-\tau)$不为零时有$\tau<t$,故其乘积不为零时有$\tau\in(0,t)$。因为$t\in(-\infty,+\infty)$,所以需要对t分区间讨论,得

$$f_1(t)*f_2(t)=\begin{cases}\int_0^t 3e^{-2\tau}\cdot 2d\tau=3(1-e^{-2t}), & t>0\\ 0, & t<0\end{cases}=3(1-e^{-2t})\varepsilon(t) \qquad (2.3-15)$$

(2) 将$f_1(t)$和$f_3(t)$代入式(2.3-12)有

$$f_1(t)*f_3(t)=\int_{-\infty}^{+\infty}3e^{-2\tau}\varepsilon(\tau)\cdot 2\varepsilon(t-\tau-2)d\tau$$

对上式同理分析,$\varepsilon(\tau)\varepsilon(t-\tau-2)$乘积不为零时有$\tau\in(0,t-2)$,得

$$f_1(t)*f_3(t)=\begin{cases}\int_0^{t-2}3e^{-2\tau}\cdot 2d\tau=3[1-e^{-2(t-2)}], & t>2\\ 0, & t<2\end{cases}=3[1-e^{-2(t-2)}]\varepsilon(t-2)$$

一般而言,两个函数的卷积积分是否存在(或收敛)与该函数的形状有关,这里不去研究卷积积分的存在条件。可以指出,若两个函数均为有始的可积函数,即若$t<t_1$时$f_1(t)=0$及$t<t_2$时$f_2(t)=0$,那么二者的卷积存在,否则视具体情况而定。譬如

$$\varepsilon(t)*\varepsilon(t)=\int_{-\infty}^{\infty}\varepsilon(\tau)\cdot\varepsilon(t-\tau)d\tau=\left[\int_0^t d\tau\right]\varepsilon(t)=t\varepsilon(t) \qquad (2.3-16)$$

$$t\varepsilon(t)*\varepsilon(t)=\left[\int_0^t \tau d\tau\right]\varepsilon(t)=\frac{1}{2}t^2\varepsilon(t) \qquad (2.3-17)$$

等,而$\varepsilon(t)*\varepsilon(-t)$不存在。又如

$$e^{-\alpha t}\varepsilon(t)*e^{-\beta t}=\int_0^{\infty}e^{-\alpha\tau}e^{-\beta(t-\tau)}d\tau=\frac{e^{-\beta t}}{\beta-\alpha}\cdot e^{(\beta-\alpha)\tau}\Big|_0^{\infty}$$

$$=\frac{e^{-\beta t}}{\beta-\alpha}\cdot\left[\lim_{\tau\to\infty}e^{(\beta-\alpha)\tau}-1\right]$$

当$\beta-\alpha<0$,即$\beta<\alpha$时

$$\lim_{\tau\to\infty}e^{(\beta-\alpha)\tau}=0$$

故有

$$e^{-\alpha t}\varepsilon(t)*e^{-\beta t}=\frac{e^{-\beta t}}{\alpha-\beta},\quad\begin{cases}\beta<\alpha\\ -\infty<t<\infty\end{cases} \qquad (2.3-18)$$

而当$\beta-\alpha>0$,即$\beta>\alpha$时,上述极限趋于无限,因而其卷积积分不存在。

几种常用函数的卷积积分列于附录一中,以备查阅。

§2.4 卷积积分的性质

卷积积分是一种数学运算,它有许多重要的性质(运算规则),灵活地运用它们能简化系统分析。以下的讨论均设卷积积分是收敛的(或存在的),这时二重积分的次序可以交

换，导数与积分的次序也可交换。

一、卷积的代数运算

交换律

$$f_1(t) * f_2(t) = f_2(t) * f_1(t) \tag{2.4-1}$$

这可证明如下：

由式(2.3-12)

$$f_1(t) * f_2(t) = \int_{-\infty}^{\infty} f_1(\tau) f_2(t-\tau) \mathrm{d}\tau$$

将变量 τ 换为 $t-\eta$，则 $t-\tau$ 应换为 η，这样上式可写为

$$\begin{aligned} f_1(t) * f_2(t) &= \int_{\infty}^{-\infty} f_1(t-\eta) f_2(\eta) \mathrm{d}(-\eta) \\ &= \int_{-\infty}^{\infty} f_2(\eta) f_1(t-\eta) \mathrm{d}\eta = f_2(t) * f_1(t) \end{aligned}$$

例 2.4-1　设 $f_1(t) = \mathrm{e}^{-\alpha t}\varepsilon(t)$，$f_2(t) = \varepsilon(t)$，分别求 $f_1(t) * f_2(t)$ 和 $f_2(t) * f_1(t)$。

解　按式(2.3-12)

$$f_1(t) * f_2(t) = \int_{-\infty}^{\infty} \mathrm{e}^{-\alpha\tau}\varepsilon(\tau)\varepsilon(t-\tau) \mathrm{d}\tau$$

考虑到 $\tau<0$ 时 $\varepsilon(\tau)=0$；而 $\tau>t$ 时 $\varepsilon(t-\tau)=0$，故上式为

$$f_1(t) * f_2(t) = \left[\int_0^t \mathrm{e}^{-\alpha\tau} \mathrm{d}\tau\right] \varepsilon(t) = \frac{1}{\alpha}(1-\mathrm{e}^{-\alpha t})\varepsilon(t) \tag{2.4-2}$$

而

$$f_2(t) * f_1(t) = \int_{-\infty}^{\infty} \varepsilon(\tau) \mathrm{e}^{-\alpha(t-\tau)}\varepsilon(t-\tau) \mathrm{d}\tau = \left[\int_0^t \mathrm{e}^{-\alpha(t-\tau)} \mathrm{d}\tau\right] \varepsilon(t) = \frac{1}{\alpha}(1-\mathrm{e}^{-\alpha t})\varepsilon(t)$$

图 2.4-1 分别画出了以上运算的波形。由图 2.4-1 可见，交换律的几何含义是对任意时刻 t，乘积函数 $f_1(\tau)f_2(t-\tau)$ 曲线下的面积与 $f_2(\tau)f_1(t-\tau)$ 下的面积相等。

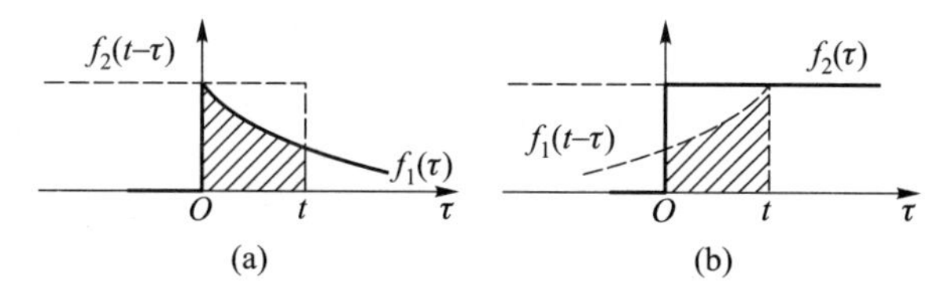

图 2.4-1　例 2.4-1 图

分配律

$$f_1(t) * [f_2(t) + f_3(t)] = f_1(t) * f_2(t) + f_1(t) * f_3(t) \tag{2.4-3}$$

这个关系式由卷积定义可直接导出，即

$$f_1(t) * [f_2(t) + f_3(t)] = \int_{-\infty}^{\infty} f_1(\tau)[f_2(t-\tau) + f_3(t-\tau)] \mathrm{d}\tau$$

$$=\int_{-\infty}^{\infty} f_1(\tau)f_2(t-\tau)\mathrm{d}\tau+\int_{-\infty}^{\infty} f_1(\tau)f_3(t-\tau)\mathrm{d}\tau$$

$$=f_1(t)*f_2(t)+f_1(t)*f_3(t)$$

它的物理含义可以这样理解，假如$f_1(t)$是系统的冲激响应，$f_2(t)$和$f_3(t)$是激励，那么式(2.4-3)表明几个输入信号之和的零状态响应将等于每个激励的零状态响应之和；或者假如$f_1(t)$是激励，而$f_2(t)+f_3(t)$是系统的冲激响应$h(t)$，那么式(2.4-3)表明，激励作用于冲激响应为$h(t)$的系统产生的零状态响应等于激励分别作用于冲激响应为$h_2(t)=f_2(t)$和$h_3(t)=f_3(t)$的两个子系统相并联所产生的零状态响应，如图2.4-2所示。

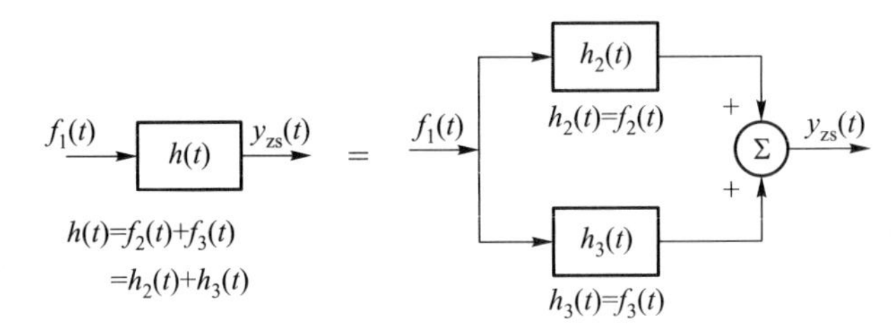

图2.4-2 卷积的分配律

结合律

$$[f_1(t)*f_2(t)]*f_3(t)=f_1(t)*[f_2(t)*f_3(t)] \qquad (2.4-4)$$

这可证明如下：

$$[f_1(t)*f_2(t)]*f_3(t)=\int_{-\infty}^{\infty}\left[\int_{-\infty}^{\infty} f_1(\tau)f_2(\eta-\tau)\mathrm{d}\tau\right]f_3(t-\eta)\mathrm{d}\eta$$

交换上式积分的次序并将中括号内的$\eta-\tau$换为x，得

$$[f_1(t)*f_2(t)]*f_3(t)=\int_{-\infty}^{\infty} f_1(\tau)\left[\int_{-\infty}^{\infty} f_2(\eta-\tau)f_3(t-\eta)\mathrm{d}\eta\right]\mathrm{d}\tau$$

$$=\int_{-\infty}^{\infty} f_1(\tau)\left[\int_{-\infty}^{\infty} f_2(x)f_3(t-\tau-x)\mathrm{d}x\right]\mathrm{d}\tau$$

$$=\int_{-\infty}^{\infty} f_1(\tau)f_{23}(t-\tau)\mathrm{d}\tau$$

$$=f_1(t)*[f_2(t)*f_3(t)]$$

式中$f_{23}(t-\tau)=\int_{-\infty}^{\infty} f_2(x)f_3(t-\tau-x)\mathrm{d}x$，亦即$f_{23}(t)=\int_{-\infty}^{\infty} f_2(x)f_3(t-x)\mathrm{d}x=f_2(t)*f_3(t)$。

式(2.4-4)表明，如有冲激响应分别为$h_2(t)=f_2(t)$和$h_3(t)=f_3(t)$的两个系统相级联，其零状态响应等于一个冲激响应为$h(t)=f_2(t)*f_3(t)$的系统的零状态响应。应用交换律可知，子系统$h_2(t)$、$h_3(t)$可以交换次序，如图2.4-3所示。

注意：由于结合律证明过程中交换了二重积分的次序，故结合律成立的条件是必须同时满足函数两两相卷积都存在。如$f_1(t)=\mathrm{e}^{-t}\varepsilon(t)$，$f_2(t)=(2\mathrm{e}^{-3t}-\mathrm{e}^{-2t})\varepsilon(t)$，$f_3(t)=\mathrm{e}^{-t}$，而$[f_1(t)*f_2(t)]*f_3(t)=0.5\mathrm{e}^{-t}$，$f_1(t)*[f_2(t)*f_3(t)]=0$。显然该三个函数卷积的结合律就不成立，这是因为$f_1(t)$与$f_3(t)$的卷积不存在。

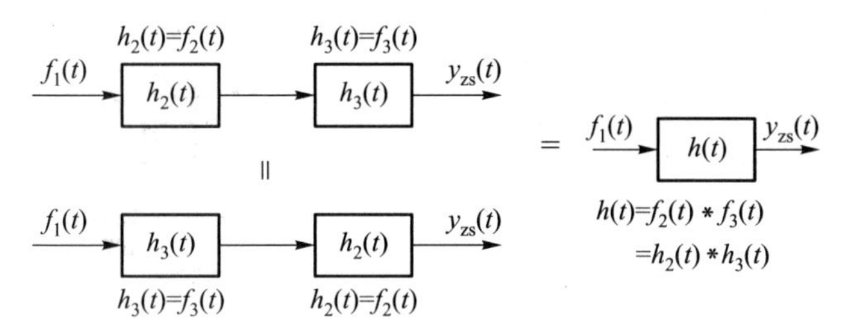

图 2.4-3 卷积的结合律

二、函数与冲激函数的卷积

卷积积分中最简单的情况是两个函数之一是冲激函数。

利用冲激函数的取样性质和卷积运算的交换律,可得

$$f(t)*\delta(t)=\delta(t)*f(t)=\int_{-\infty}^{\infty}\delta(\tau)f(t-\tau)\mathrm{d}\tau=f(t)$$

即

$$f(t)*\delta(t)=\delta(t)*f(t)=f(t) \tag{2.4-5}$$

上式表明,某函数与冲激函数的卷积就是它本身。这正是§2.3中比较直观地得出的结论式(2.3-2)。

式(2.4-5)是卷积运算的重要性质之一,将它进一步推广,可得

$$f(t)*\delta(t-t_1)=\delta(t-t_1)*f(t)=f(t-t_1) \tag{2.4-6}$$

式(2.4-5)和式(2.4-6)的图形如图2.4-4所示。

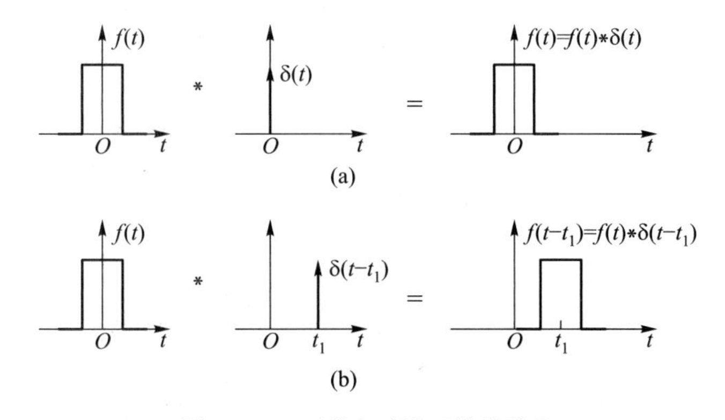

图 2.4-4 函数与冲激函数的卷积

此外还有

$$f(t-t_1)*\delta(t-t_2)=f(t-t_2)*\delta(t-t_1)=f(t-t_1-t_2) \tag{2.4-7}$$

其图形如图2.4-5所示。式(2.4-7)请读者自行证明。

应用式(2.4-6)、式(2.4-7)及其卷积的交换律、结合律可得以下的重要结论。即若

$$f(t)=f_1(t)*f_2(t)$$

则

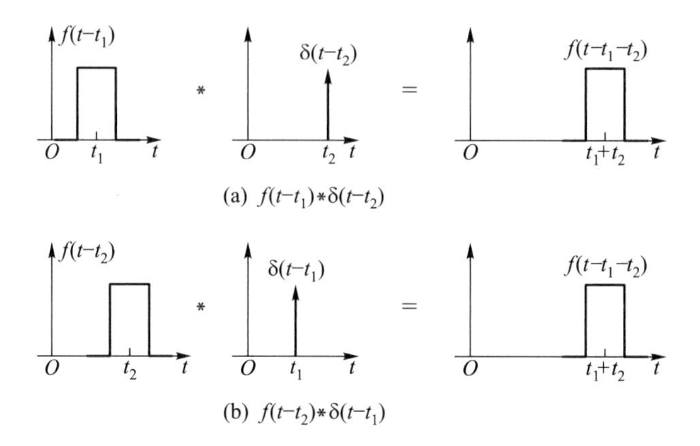

图 2.4-5 延时函数与延时冲激函数的卷积

$$f_1(t-t_1)*f_2(t-t_2)=f_1(t-t_2)*f_2(t-t_1)=f(t-t_1-t_2) \qquad (2.4-8)$$

这可证明如下：

根据式(2.4-6)，上式可写为

$$\begin{aligned}f_1(t-t_1)*f_2(t-t_2)&=[f_1(t)*\delta(t-t_1)]*[f_2(t)*\delta(t-t_2)]\\&=[f_1(t)*\delta(t-t_2)]*[f_2(t)*\delta(t-t_1)]\\&=f_1(t-t_2)*f_2(t-t_1)\end{aligned}$$

而且有

$$\begin{aligned}f_1(t-t_1)*f_2(t-t_2)&=[f_1(t)*\delta(t-t_1)]*[f_2(t)*\delta(t-t_2)]\\&=f_1(t)*f_2(t)*\delta(t-t_1)*\delta(t-t_2)\\&=f(t-t_1)*\delta(t-t_2)\\&=f(t-t_1-t_2)\end{aligned}$$

式(2.4-8)表明，如激励 $f_1(t)$ 作用于冲激响应为 $h(t)=f_2(t)$ 的系统之零状态响应 $y_{zs}(t)=f(t)$，那么延时为 t_1 的激励作用于冲激响应延时为 t_2 的系统，与延时为 t_2 的激励作用于冲激响应延时为 t_1 的系统，其零状态响应相同，其延时为 t_1+t_2。式(2.4-8)的图形如图 2.4-6 所示。

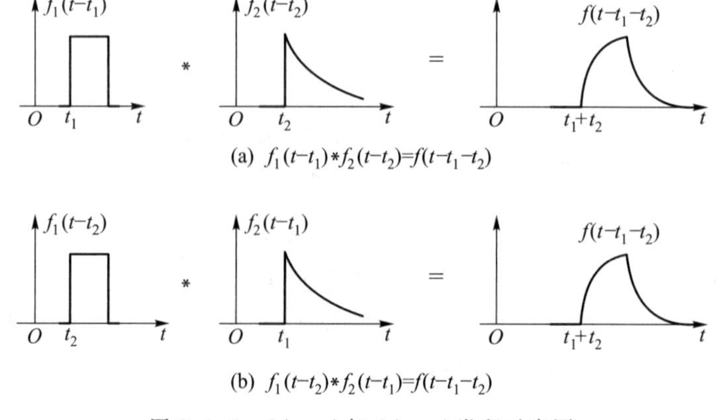

图 2.4-6 $f_1(t-t_1)$与$f_2(t-t_2)$卷积示意图

例 2.4-2 计算下列卷积积分。

(1) $\varepsilon(t+3) * \varepsilon(t-5)$；　　(2) $e^{-2t}\varepsilon(t+3) * \varepsilon(t-5)$

解 (1) 由式(2.3-16)知

$$f(t)=\varepsilon(t) * \varepsilon(t)=t\varepsilon(t)$$

由式(2.4-8)得

$$\varepsilon(t+3) * \varepsilon(t-5)=f(t+3-5)=f(t-2)=(t-2)\varepsilon(t-2)$$

(2) 由例 2.4-1 可得

$$f(t)=e^{-2t}\varepsilon(t) * \varepsilon(t)=0.5(1-e^{-2t})\varepsilon(t)$$

则

$$\begin{aligned}e^{-2t}\varepsilon(t+3) * \varepsilon(t-5)&=e^{6}[e^{-2(t+3)}\varepsilon(t+3) * \varepsilon(t-5)]=e^{6}f(t+3-5)\\&=e^{6}f(t-2)=e^{6}[0.5(1-e^{-2(t-2)})\varepsilon(t-2)]\end{aligned}$$

例 2.4-3 图 2.4-7(a)画出了周期为 T 的周期性单位冲激函数序列，可称为梳状函数，它可用 $\delta_T(t)$ 表示[有些文献用 $\text{comb}_T(t)$ 表示]，它可写为

$$\delta_T(t)=\sum_{m=-\infty}^{\infty}\delta(t-mT) \tag{2.4-9}$$

式中 m 为整数。函数 $f_0(t)$ 如图 2.4-7(b)所示，试求 $f(t)=f_0(t) * \delta_T(t)$。

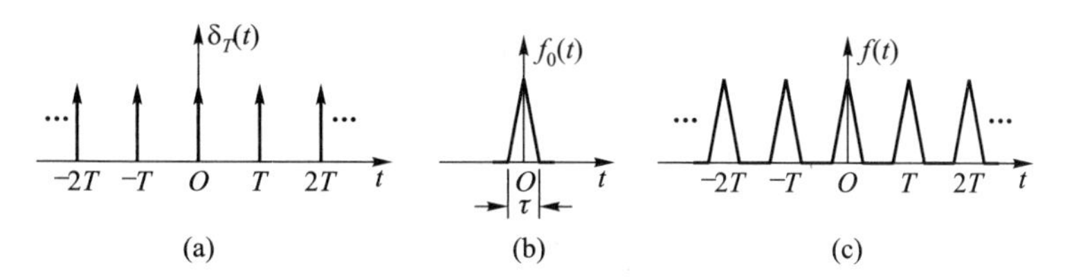

图 2.4-7　$\delta_T(t)$ 与 $f_0(t)$ 的卷积

解 根据卷积运算的分配律，并应用式(2.4-6)可得

$$\begin{aligned}f(t)&=f_0(t) * \delta_T(t)=f_0(t) * \left[\sum_{m=-\infty}^{\infty}\delta(t-mT)\right]\\&=\sum_{m=-\infty}^{\infty}[f_0(t) * \delta(t-mT)]=\sum_{m=-\infty}^{\infty}f_0(t-mT)\end{aligned} \tag{2.4-10}$$

如果 $f_0(t)$ 的波形(假定其宽度 $\tau<T$)如图 2.4-7(b)所示，那么，$f_0(t)$ 与 $\delta_T(t)$ 卷积的波形就是图 2.4-7(c)。由图可见，$f_0(t) * \delta_T(t)$ 也是周期为 T 的周期信号，它在每个周期内的波形与 $f_0(t)$ 相同。

本例提供了一个周期函数的表示方法，需要注意的是，如果 $f_0(t)$ 的宽度 $\tau>T$，那么 $f_0(t) * \delta_T(t)$ 的波形中，各相邻脉冲将相互重叠。

三、卷积的微分与积分

上述卷积代数运算的规则与普通乘法类似，但卷积的微分或积分运算都与普通函数乘积的微分、积分运算不同。

对任一函数 $f(t)$，用符号 $f^{(1)}(t)$ 表示其一阶导数，用符号 $f^{(-1)}(t)$ 表示一次积分，即

$$f^{(1)}(t) \overset{\text{def}}{=\!=} \frac{\mathrm{d}f(t)}{\mathrm{d}t} \tag{2.4-11}$$

$$f^{(-1)}(t) \overset{\text{def}}{=\!=} \int_{-\infty}^{t} f(x)\,\mathrm{d}x \tag{2.4-12}$$

若

$$f(t)=f_1(t) * f_2(t)=f_2(t) * f_1(t) \tag{2.4-13}$$

则其导数

$$f^{(1)}(t)=f_1^{(1)}(t) * f_2(t)=f_1(t) * f_2^{(1)}(t) \tag{2.4-14}$$

积分

$$f^{(-1)}(t)=f_1^{(-1)}(t) * f_2(t)=f_1(t) * f_2^{(-1)}(t) \tag{2.4-15}$$

先证导数

$$f^{(1)}(t)=\frac{\mathrm{d}}{\mathrm{d}t}\int_{-\infty}^{\infty} f_1(\tau)f_2(t-\tau)\,\mathrm{d}\tau=\int_{-\infty}^{\infty} f_1(\tau)\,\frac{\mathrm{d}}{\mathrm{d}t}f_2(t-\tau)\,\mathrm{d}\tau=f_1(t) * f_2^{(1)}(t)$$

同理可得

$$f^{(1)}(t)=\frac{\mathrm{d}}{\mathrm{d}t}\int_{-\infty}^{\infty} f_2(\tau)f_1(t-\tau)\,\mathrm{d}\tau=f_2(t) * f_1^{(1)}(t)=f_1^{(1)}(t) * f_2(t)$$

即得式(2.4-14)。对于积分有

$$\begin{aligned} f^{(-1)}(t) &= \int_{-\infty}^{t}\left[\int_{-\infty}^{\infty} f_1(\tau)f_2(x-\tau)\,\mathrm{d}\tau\right]\mathrm{d}x \\ &= \int_{-\infty}^{\infty} f_1(\tau)\left[\int_{-\infty}^{t} f_2(x-\tau)\,\mathrm{d}x\right]\mathrm{d}\tau \\ &= \int_{-\infty}^{\infty} f_1(\tau)\left[\int_{-\infty}^{t-\tau} f_2(x-\tau)\,\mathrm{d}(x-\tau)\right]\mathrm{d}\tau \\ &= f_1(t) * f_2^{(-1)}(t) \end{aligned}$$

同理可得

$$\begin{aligned} f^{(-1)}(t) &= \int_{-\infty}^{t}\left[\int_{-\infty}^{\infty} f_2(\tau)f_1(x-\tau)\,\mathrm{d}\tau\right]\mathrm{d}x \\ &= f_2(t) * f_1^{(-1)}(t)=f_1^{(-1)}(t) * f_2(t) \end{aligned}$$

即得式(2.4-15)。

如果对式(2.4-15)求导数或对式(2.4-14)求积分,则有

$$f(t)=f_1^{(1)}(t) * f_2^{(-1)}(t)=f_1^{(-1)}(t) * f_2^{(1)}(t) \tag{2.4-16a}$$

注意:上式的成立是以对$f_1(t) * f_2(t)$进行一次微分、一次积分后仍能还原为$f_1(t) * f_2(t)$为前提条件,由于

$$\int_{-\infty}^{t}\frac{\mathrm{d}[f_1(\tau) * f_2(\tau)]}{\mathrm{d}\tau}\mathrm{d}\tau=f_1(t) * f_2(t)-\lim_{t\to-\infty}[f_1(t) * f_2(t)]$$

故必须使$\lim\limits_{t\to-\infty}[f_1(t) * f_2(t)]=0$。若

$$f_1(-\infty)=f_2(-\infty)=0 \tag{2.4-16b}$$

则有$\lim\limits_{t\to-\infty}[f_1(t) * f_2(t)]=0$,故式(2.4-16b)可看作是式(2.4-16a)成立的条件。

用类似推导还可得

$$f^{(i)}(t)=f_1^{(j)}(t) * f_2^{(i-j)}(t) \tag{2.4-17}$$

式中当 i 或 j 取正整数时表示导数的阶数，取负整数时为积分的次数。式（2.4-17）表明了卷积的高阶导数和多重积分的运算规则。

式（2.4-14）和式（2.4-15）正是 § 1.6 中 LTI 系统的微分和积分特性。

LTI 系统的零状态响应等于激励与系统冲激响应的卷积积分，利用式（2.4-16a）可得

$$y_{zs}(t)=f(t)*h(t)=f^{(1)}(t)*h^{(-1)}(t)=f^{(1)}(t)*g(t)$$

$$=\int_{-\infty}^{\infty}f'(\tau)g(t-\tau)\mathrm{d}\tau \qquad (2.4-18)$$

上式称为杜阿密尔积分，它表示 LTI 系统的零状态响应等于激励的导数 $f'(t)$ 与系统的阶跃响应 $g(t)$ 的卷积积分。其物理含义是：把激励 $f(t)$ 分解成一系列接入时间不同、幅值不同的阶跃函数[在时刻 τ 为 $f'(\tau)\mathrm{d}\tau\cdot\varepsilon(t-\tau)$]，根据 LTI 系统的零状态线性和时不变性，在激励 $f(t)$ 作用下，系统的零状态响应等于相应的一系列阶跃响应的积分。

例 2.4-4 求图 2.4-8 中函数 $f_1(t)$ 与 $f_2(t)$ 的卷积。

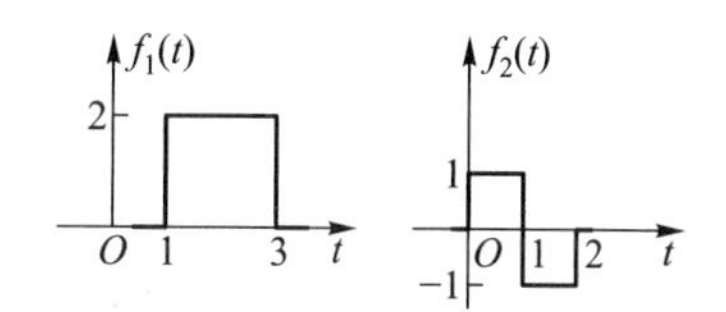

图 2.4-8 例 2.4-4 图

解 直接求 $f_1(t)$ 与 $f_2(t)$ 的卷积将比较复杂，如果根据式（2.4-16），并利用函数与冲激函数的卷积将较为简便。

对 $f_1(t)$ 求导得 $f_1^{(1)}(t)$，对 $f_2(t)$ 求积分得 $f_2^{(-1)}(t)$，其波形如图 2.4-9(a) 和 (b) 所示，卷积为

$$f_1(t)*f_2(t)=f_1^{(1)}(t)*f_2^{(-1)}(t)$$

$$=2\delta(t-1)*f_2^{(-1)}(t)-2\delta(t-3)*f_2^{(-1)}(t)$$

$$=2f_2^{(-1)}(t-1)-2f_2^{(-1)}(t-3)$$

如图 2.4-9(c) 所示。

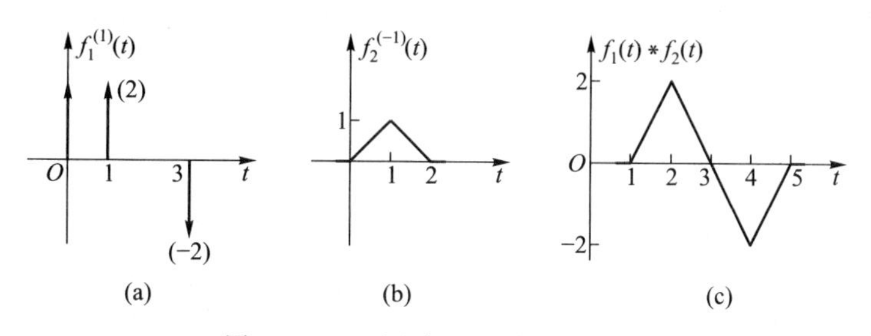

图 2.4-9 $f_1(t)$ 与 $f_2(t)$ 的卷积运算

应用卷积的延时和微、积分运算，不难得到系统框图的基本单元[数乘器（标量乘法器）、延时器、微分器和积分器]的冲激响应，如图 2.4-10 所示。利用它们可依据所要求的冲激响应构成系统的框图。

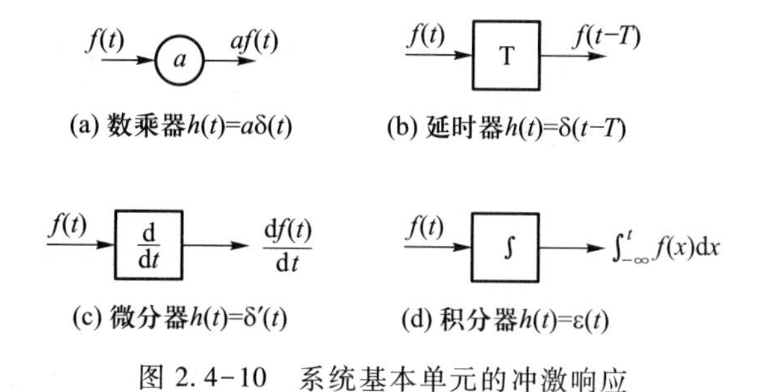

图 2.4-10 系统基本单元的冲激响应

例 2.4-5 图 2.4-11(a)的复合系统由三个子系统构成,已知各子系统的冲激响应 $h_a(t)$、$h_b(t)$如图 2.4-11(b)所示。

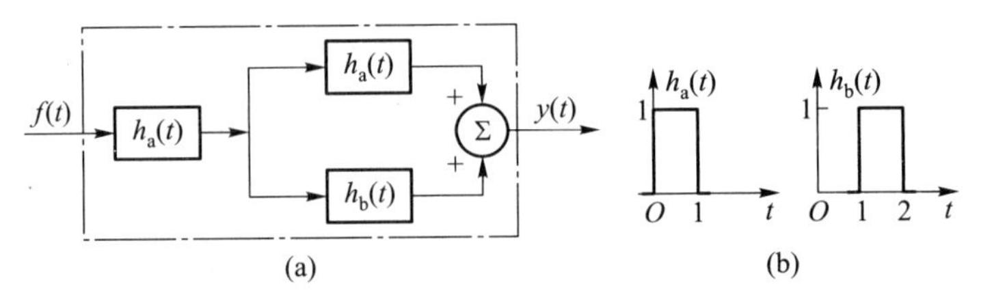

图 2.4-11 例 2.4-5 图

(1) 求复合系统的冲激响应 $h(t)$,画出它的波形。

(2) 用积分器、加法器和延时器构成子系统 $h_a(t)$和 $h_b(t)$的框图。

解 (1) 求 $h(t)$

当 $f(t)=\delta(t)$时,系统的零状态响应为 $h(t)$,由图 2.4-11(a)可知,复合系统的冲激响应为

$$h(t)=h_a(t) * h_a(t)+h_a(t) * h_b(t)=h_a(t) * [h_a(t)+h_b(t)]$$

其波形如图 2.4-12(a)所示。

(2) 子系统的模拟框图

由于

$$h_a(t)=\varepsilon(t)-\varepsilon(t-1)=\varepsilon(t) * [\delta(t)-\delta(t-1)]$$

利用图 2.4-10 中的单元可构成其框图如图 2.4-12(b)所示。

子系统冲激响应 $h_b(t)$与 $h_a(t)$的关系为

$$h_b(t)=h_a(t-1)$$

故 $h_b(t)$的框图如图 2.4-12(c)所示。

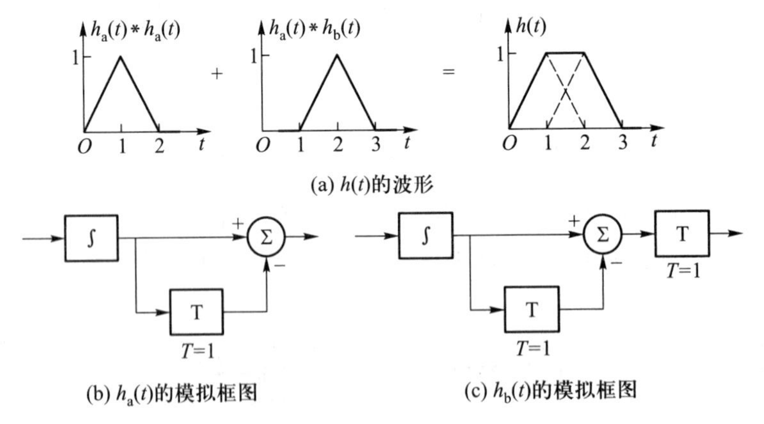

图 2.4-12 例 2.4-5 的解

四、相关函数

为比较某信号与另一延时 τ 的信号之间的相似程度,需引入相关函数的概念。相关函

数是鉴别信号的有力工具，被广泛用于雷达回波的识别，通信同步信号的识别等领域。这里以确定性信号为例介绍它的初步概念，为学习后续课程做好准备。相关函数也称为相关积分，它与卷积的运算方法类似。

实函数$f_1(t)$和$f_2(t)$，如为能量有限信号，它们之间的互相关函数定义为

$$R_{12}(\tau)=\int_{-\infty}^{\infty}f_1(t)f_2(t-\tau)\,\mathrm{d}t=\int_{-\infty}^{\infty}f_1(t+\tau)f_2(t)\,\mathrm{d}t \tag{2.4-19}$$

$$R_{21}(\tau)=\int_{-\infty}^{\infty}f_1(t-\tau)f_2(t)\,\mathrm{d}t=\int_{-\infty}^{\infty}f_1(t)f_2(t+\tau)\,\mathrm{d}t \tag{2.4-20}$$

可见，互相关函数是两信号之间时间差τ的函数。需要注意，一般$R_{12}(\tau)\neq R_{21}(\tau)$。不难证明，它们间的关系是

$$\left.\begin{aligned}R_{12}(\tau)=R_{21}(-\tau)\\R_{21}(\tau)=R_{12}(-\tau)\end{aligned}\right\} \tag{2.4-21}$$

如果$f_1(t)$与$f_2(t)$是同一信号，即$f_1(t)=f_2(t)=f(t)$，这时无须区分R_{12}与R_{21}，用$R(\tau)$表示，称为自相关函数，即

$$R(\tau)=\int_{-\infty}^{\infty}f(t)f(t-\tau)\,\mathrm{d}t=\int_{-\infty}^{\infty}f(t+\tau)f(t)\,\mathrm{d}t \tag{2.4-22}$$

容易看出，对自相关函数有

$$R(\tau)=R(-\tau) \tag{2.4-23}$$

可见，实函数$f(t)$的自相关函数是时移τ的偶函数。

函数$f_1(t)$与$f_2(t)$卷积的表达式为

$$f_1(t)*f_2(t)=\int_{-\infty}^{\infty}f_1(\tau)f_2(t-\tau)\,\mathrm{d}\tau \tag{2.4-24}$$

为了便于与互相关函数相比较，将式(2.4-19)中的变量t与τ互换，可将实函数$f_1(t)$与$f_2(t)$的互相关函数写为

$$R_{12}(t)=\int_{-\infty}^{\infty}f_1(\tau)f_2(\tau-t)\,\mathrm{d}\tau \tag{2.4-25}$$

比较式(2.4-24)与式(2.4-25)可见，卷积积分和相关函数的运算方法有许多相同之处。图2.4-13(a)和(b)分别画出了$f_1(t)$与$f_2(t)$的卷积积分和求相关函数的图解过程。由图2.4-13可见，两种运算的不同之处仅在于，卷积运算开始时需要将$f_2(\tau)$进行反折为$f_2(-\tau)$，而相关运算则不需反折，仍为$f_2(\tau)$。其他的移位、相乘和积分的运算方法相同。

根据卷积的定义

$$f_1(t)*f_2(-t)=\int_{-\infty}^{\infty}f_1(\tau)f_2[-(t-\tau)]\,\mathrm{d}\tau=\int_{-\infty}^{\infty}f_1(\tau)f_2(\tau-t)\,\mathrm{d}\tau$$

将上式与式(2.4-25)相比较可得

$$R_{12}(t)=f_1(t)*f_2(-t) \tag{2.4-26}$$

从图2.4-13也可看出以上结果。由上式可知，若$f_1(t)$和$f_2(t)$均为实偶函数，则卷积与相关完全相同。

例2.4-6　求图2.4-14(a)所示信号$f(t)$的自相关函数。

解　按自相关函数的定义式(2.4-22)

$$R(\tau)=\int_{-\infty}^{\infty}f(t)f(t-\tau)\,\mathrm{d}t$$

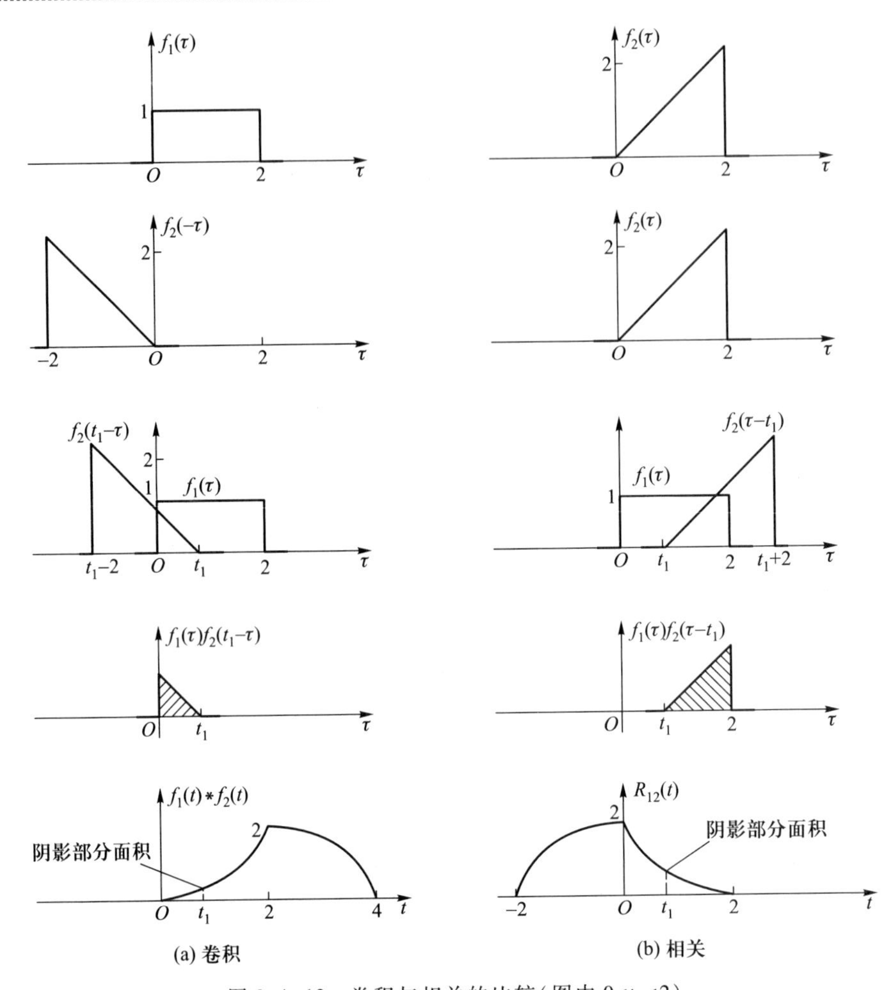

图 2.4-13 卷积与相关的比较(图中 $0<t_1<2$)

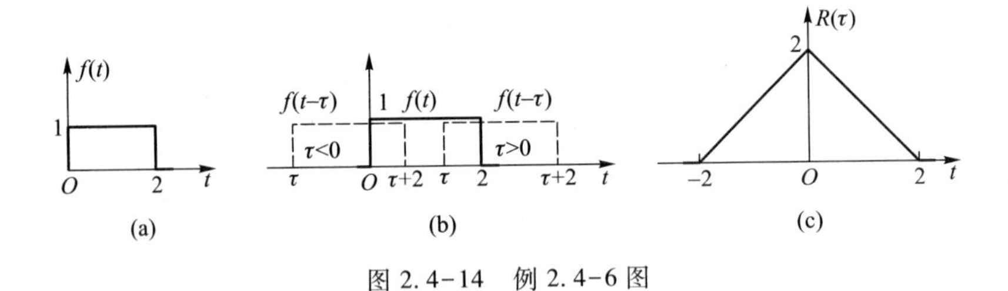

图 2.4-14 例 2.4-6 图

由图 2.4-14(a)可知

$$f(t)=\begin{cases}1, & 0<t<2\\ 0, & t<0;t>2\end{cases}$$

从而

$$f(t-\tau)=\begin{cases}1, & \tau<t<\tau+2\\ 0, & t<\tau;t>\tau+2\end{cases}$$

其波形如图 2.4-14(b)中虚线所示,其中左边的为 $\tau<0$,右边的为 $\tau>0$。

不难求得,信号 $f(t)$ 的自相关函数

当 $\tau<-2$ 和 $\tau>2$ 时

$$R(\tau)=0$$

当 $-2<\tau<0$ 时

$$R(\tau)=\int_{0}^{\tau+2}\mathrm{d}t=\tau+2$$

当 $0<\tau<2$ 时

$$R(\tau)=\int_{\tau}^{2}\mathrm{d}t=2-\tau$$

其波形如图 2.4-14(c)所示。可见,实函数 $f(t)$ 的自相关函数 $R(\tau)$ 是时移 τ 的偶函数,当 $\tau=0$ 时,$R(\tau)$ 有最大值,就是说,这时信号 $f(t)$ 与其自身相似程度最好。

例 2.4-7　求图 2.4-15 所示最上方的信号 $f_1(t)$ 与 $f_2(t)$ 的互相关函数 $R_{12}(\tau)$ 和 $R_{21}(\tau)$。

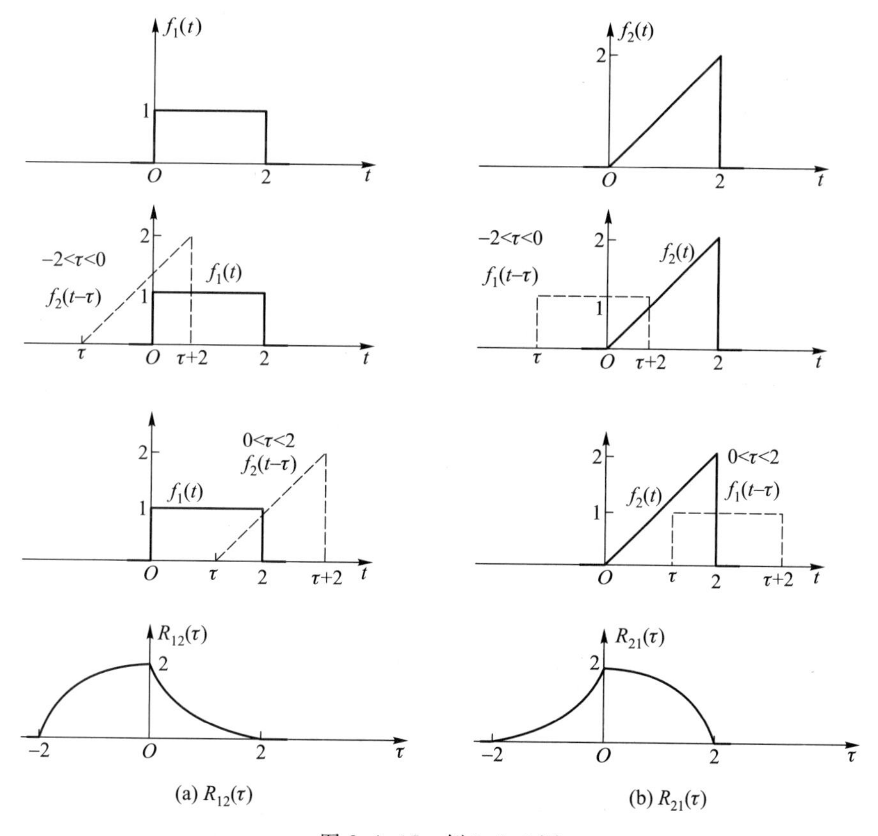

图 2.4-15　例 2.4-7 图

解　图 2.4-15 中最上方的信号可写为

$$f_1(t)=\begin{cases}1, & 0<t<2\\0, & t<0;t>2\end{cases}\tag{2.4-27a}$$

$$f_2(t)=\begin{cases}t, & 0<t<2\\0, & t<0;t>2\end{cases}\tag{2.4-27b}$$

(1) 求 $R_{12}(\tau)$

按互相关函数的定义式(2.4-19)

$$R_{12}(\tau)=\int_{-\infty}^{\infty}f_1(t)f_2(t-\tau)\mathrm{d}t \tag{2.4-28}$$

由式(2.4-27b),时移后的$f_2(t-\tau)$可写为

$$f_2(t-\tau)=\begin{cases}t-\tau, & \tau<t<2+\tau\\ 0, & t<\tau;t>\tau+2\end{cases}$$

图 2.4-15(a)中的中部画出了$f_1(t)$(实线)和$f_2(t-\tau)$(虚线)的波形,其中上图对应于$-2<\tau<0$,下图对应于$0<\tau<2$。

由图可见,当$\tau<-2$和$\tau>2$时,$R_{12}(\tau)=0$。将$f_1(t)$和$f_2(t-\tau)$代入式(2.4-28)可得

当$-2<\tau<0$时

$$R_{12}(\tau)=\int_{0}^{\tau+2}(t-\tau)\mathrm{d}t=\left(\frac{1}{2}t^2-\tau t\right)\Bigg|_{0}^{\tau+2}=2-\frac{1}{2}\tau^2$$

当$0<\tau<2$时

$$R_{12}(\tau)=\int_{\tau}^{2}(t-\tau)\mathrm{d}t=\frac{1}{2}\tau^2-2\tau+2$$

它的波形如图 2.4-15(a)下图所示。

(2) 求$R_{21}(\tau)$

按定义式(2.4-20)

$$R_{21}(\tau)=\int_{-\infty}^{\infty}f_1(t-\tau)f_2(t)\mathrm{d}t \tag{2.4-29}$$

由式(2.4-27a),时移后的$f_1(t-\tau)$可写为

$$f_1(t-\tau)=\begin{cases}1, & \tau<t<2+\tau\\ 0, & t<\tau;t>\tau+2\end{cases}$$

图 2.4-15(b)的中部画出了$f_1(t-\tau)$(虚线)和$f_2(t)$(实线)的波形。

由图可见,当$\tau<-2$和$\tau>2$时,$R_{21}(\tau)=0$。将$f_1(t-\tau)$和$f_2(t)$代入式(2.4-29)可得

当$-2<\tau<0$时

$$R_{21}(\tau)=\int_{0}^{\tau+2}t\mathrm{d}t=\left(\frac{1}{2}t^2\right)\Bigg|_{0}^{\tau+2}=\frac{1}{2}\tau^2+2\tau+2$$

当$0<\tau<2$时

$$R_{21}(\tau)=\int_{\tau}^{2}t\mathrm{d}t=2-\frac{1}{2}\tau^2$$

它的波形如图 2.4-15(b)下图所示。

由以上结果及图 2.4-15 可见,互相关函数$R_{12}(\tau)$与$R_{21}(\tau)$满足式(2.4-21)的关系,即$R_{12}(\tau)=R_{21}(-\tau)$。

习题二

2.1 已知描述系统的微分方程和初始状态如下,试求其零输入响应。

(1) $y''(t)+5y'(t)+6y(t)=f(t)$, $y(0_-)=1$, $y'(0_-)=-1$

(2) $y''(t)+2y'(t)+5y(t)=f(t)$, $y(0_-)=2$, $y'(0_-)=-2$

(3) $y''(t)+2y'(t)+y(t)=f(t)$, $y(0_-)=1$, $y'(0_-)=1$

(4) $y''(t)+y(t)=f(t)$, $y(0_-)=2$, $y'(0_-)=0$

(5) $y'''(t)+4y''(t)+5y'(t)+3y(t)=f(t)$, $y(0_-)=0$, $y'(0_-)=1$, $y''(0_-)=-1$

2.2 已知描述系统的微分方程和初始状态如下，试求其0_+值 $y(0_+)$ 和 $y'(0_+)$。

(1) $y''(t)+3y'(t)+2y(t)=f(t)$, $y(0_-)=1$, $y'(0_-)=1$, $f(t)=\varepsilon(t)$

(2) $y''(t)+6y'(t)+8y(t)=f''(t)$, $y(0_-)=1$, $y'(0_-)=1$, $f(t)=\delta(t)$

(3) $y''(t)+4y'(t)+3y(t)=f''(t)+f(t)$, $y(0_-)=2$, $y'(0_-)=-2$, $f(t)=\delta(t)$

(4) $y''(t)+4y'(t)+5y(t)=f'(t)$, $y(0_-)=1$, $y'(0_-)=2$, $f(t)=e^{-2t}\varepsilon(t)$

2.3 题 2.3 图所示 RC 电路中，已知 $R=1\ \Omega$，$C=0.5$ F，电容的初始状态 $u_C(0_-)=-1$ V，试求激励电压源 $u_S(t)$ 为下列函数时电容电压的全响应 $u_C(t)$。

(1) $u_S(t)=\varepsilon(t)$　　(2) $u_S(t)=e^{-t}\varepsilon(t)$

(3) $u_S(t)=e^{-2t}\varepsilon(t)$　　(4) $u_S(t)=t\varepsilon(t)$

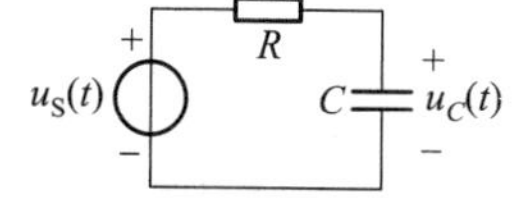

题 2.3 图

2.4 已知描述系统的微分方程和初始状态如下，试求其零输入响应、零状态响应和全响应。

(1) $y''(t)+4y'(t)+3y(t)=f(t)$, $y(0_-)=y'(0_-)=1$, $f(t)=\varepsilon(t)$

(2) $y''(t)+4y'(t)+4y(t)=f'(t)+3f(t)$, $y(0_-)=1$, $y'(0_-)=2$, $f(t)=e^{-t}\varepsilon(t)$

(3) $y''(t)+2y'(t)+2y(t)=f'(t)$, $y(0_-)=0$, $y'(0_-)=1$, $f(t)=\varepsilon(t)$

2.5 如题 2.5 图所示的电路，已知 $R_1=2\ \Omega$，$R_2=4\ \Omega$，$L=1$ H，$C=0.5$ F，$u_S(t)=2e^{-t}\varepsilon(t)$ V，列出 $i(t)$ 的微分方程，求其零状态响应。

2.6 如题 2.6 图所示的电路，已知 $R=3\ \Omega$，$L=1$ H，$C=0.5$ F，$u_S(t)=\cos t\varepsilon(t)$ V，若以 $u_C(t)$ 为输出，求其零状态响应。

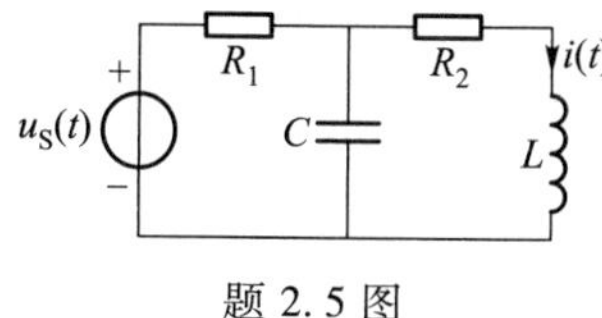

题 2.5 图

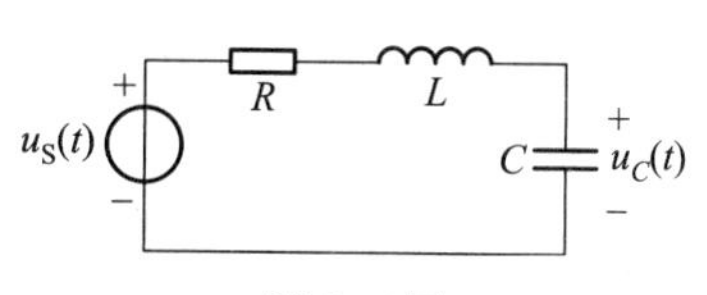

题 2.6 图

2.7 计算题 2.4 中各系统的冲激响应。

2.8 如题 2.8 图所示的电路，若以 $i_S(t)$ 为输入，$u_R(t)$ 为输出，试列出其微分方程，并求出冲激响应和阶跃响应。

2.9 如题 2.9 图所示的电路，若以 $u_S(t)$ 为输入，$u_C(t)$ 为输出，试列出其微分方程，并求出冲激响应和阶跃响应。

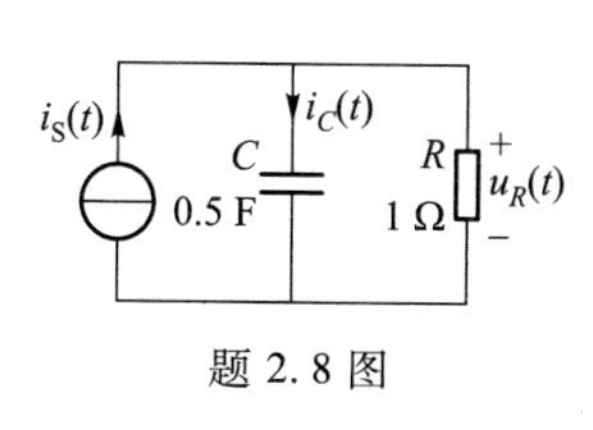

题 2.8 图

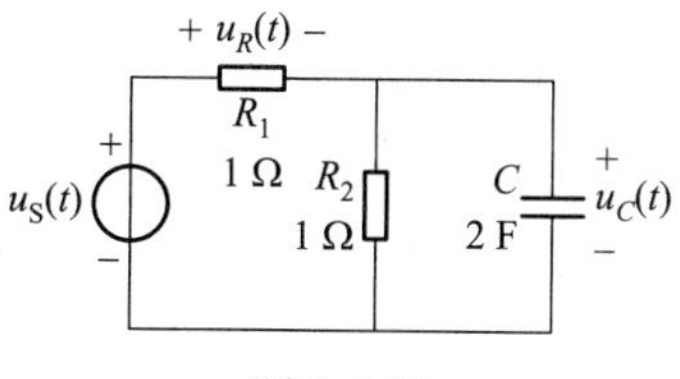

题 2.9 图

2.10 如题 2.8 图所示的电路，若以电容电流 $i_C(t)$ 为响应，试列出其微分方程，并求出冲激响应和阶跃响应。

2.11 如题 2.9 图所示的电路，若以电阻 R_1 上电压 $u_R(t)$ 为响应，试列出其微分方程，并求出冲激响应和阶跃响应。

2.12 如题 2.12 图所示的电路，以电容电压 $u_C(t)$ 为响应，试求其冲激响应和阶跃响应。

2.13 如题 2.13 图所示的电路，$L=0.2$ H，$C=1$ F，$R=0.5\ \Omega$，输出为 $i_L(t)$，求其冲激响应和阶跃响应。

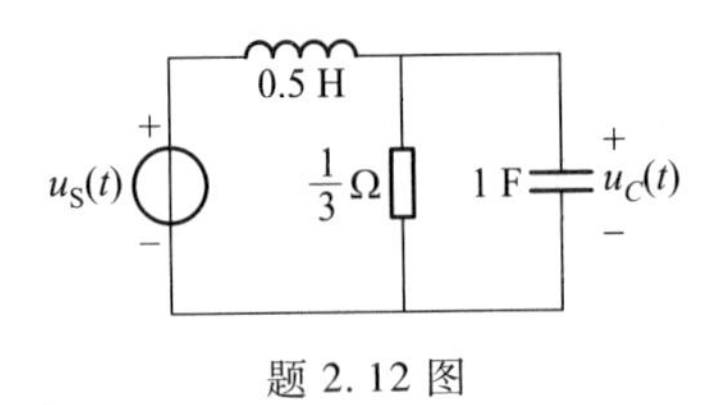

题 2.12 图

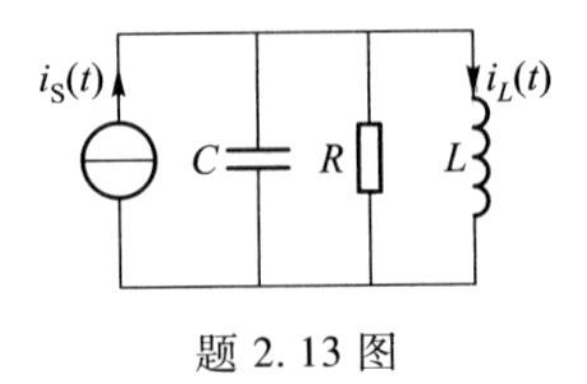

题 2.13 图

2.14 描述系统的方程为

$$y'(t)+2y(t)=f'(t)-f(t)$$

求其冲激响应和阶跃响应。

2.15 描述系统的方程为

$$y'(t)+2y(t)=f''(t)$$

求其冲激响应和阶跃响应。

2.16 各函数波形如题 2.16 图所示，图(b)(c)(d)中均为单位冲激函数，试求下列卷积，并画出波形图。

(1) $f_1(t)*f_2(t)$　　(2) $f_1(t)*f_3(t)$

(3) $f_1(t)*f_4(t)$　　(4) $f_1(t)*f_2(t)*f_2(t)$

(5) $f_1(t)*[2f_4(t)-f_3(t-3)]$

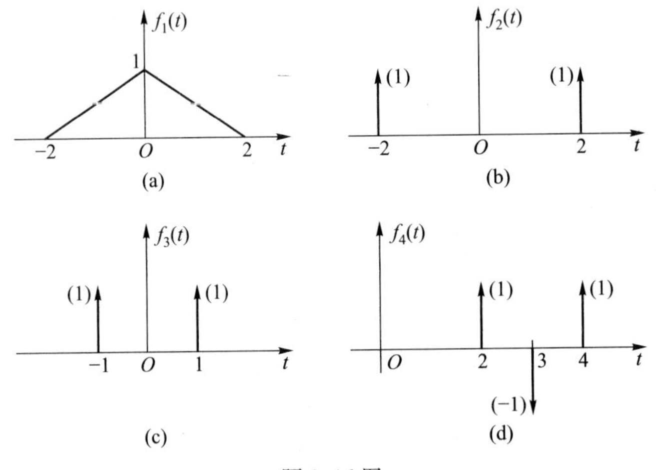

题 2.16 图

2.17 求下列函数的卷积积分 $f_1(t)*f_2(t)$。

(1) $f_1(t)=t\varepsilon(t)$, $f_2(t)=\varepsilon(t)$

(2) $f_1(t)=e^{-2t}\varepsilon(t)$, $f_2(t)=\varepsilon(t)$

(3) $f_1(t)=f_2(t)=e^{-2t}\varepsilon(t)$

(4) $f_1(t)=e^{-2t}\varepsilon(t)$, $f_2(t)=e^{-3t}\varepsilon(t)$

(5) $f_1(t)=t\varepsilon(t)$, $f_2(t)=e^{-2t}\varepsilon(t)$

(6) $f_1(t)=\varepsilon(t+2)$, $f_2(t)=\varepsilon(t-3)$

(7) $f_1(t)=\varepsilon(t)-\varepsilon(t-4)$, $f_2(t)=\sin(\pi t)\varepsilon(t)$

(8) $f_1(t)=t\varepsilon(t)$, $f_2(t)=\varepsilon(t)-\varepsilon(t-2)$

(9) $f_1(t)=t\varepsilon(t-1)$, $f_2(t)=\varepsilon(t+3)$

(10) $f_1(t)=e^{-2t}\varepsilon(t+1)$, $f_2(t)=\varepsilon(t-3)$

2.18 某 LTI 系统的冲激响应如题 2.18 图(a)所示，求输入为下列函数时的零状态响应(或画出波形图)。

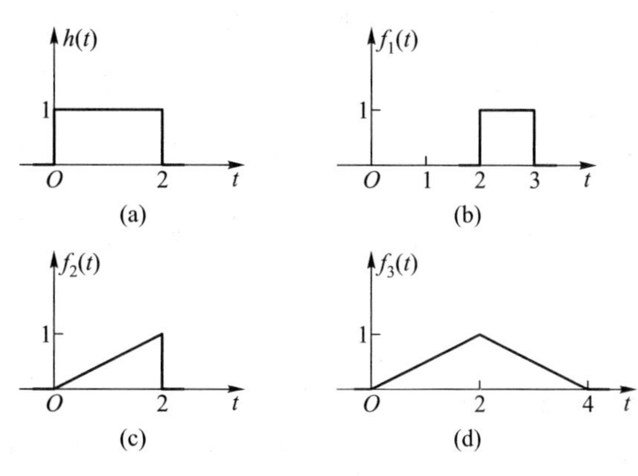

题 2.18 图

(1) 输入为单位阶跃函数 $\varepsilon(t)$。

(2) 输入为 $f_1(t)$，如图(b)所示。

(3) 输入为 $f_2(t)$，如图(c)所示。

(4) 输入为 $f_3(t)$，如图(d)所示。

(5) 输入为 $f_2(-t+2)$。

2.19　试求下列 LTI 系统的零状态响应，并画出波形图。

(1) 输入为 $f_1(t)$，如题 2.19(a)图所示，$h(t)=e^{t}\varepsilon(t-2)$。

(2) 输入为 $f_2(t)$，如图(b)所示，$h(t)=e^{-(t+1)}\varepsilon(t+1)$。

(3) 输入为 $f_3(t)$，如图(c)所示，$h(t)=e^{-t}\varepsilon(t)$。

(4) 输入为 $f_4(t)$，如图(d)所示，$h(t)=2[\varepsilon(t+1)-\varepsilon(t-1)]$。

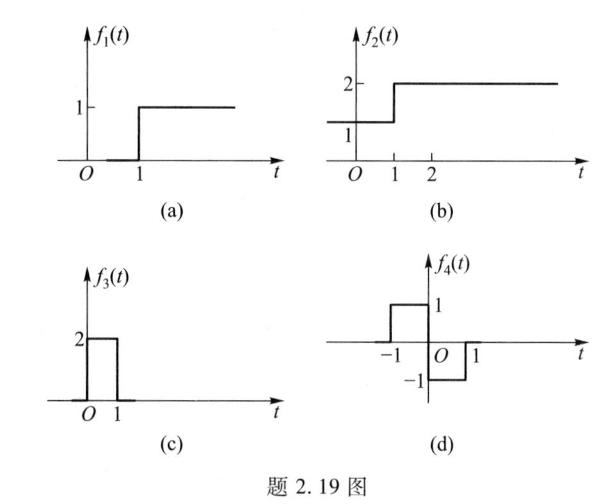

题 2.19 图

2.20　已知 $f_1(t)=t\varepsilon(t)$，$f_2(t)=\varepsilon(t)-\varepsilon(t-2)$，求 $y(t)=f_1(t)*f_2(t-1)*\delta'(t-2)$。

2.21　已知 $f(t)$ 的波形如题 2.21 图所示，求 $y(t)=f(t)*\delta'(2-t)$。

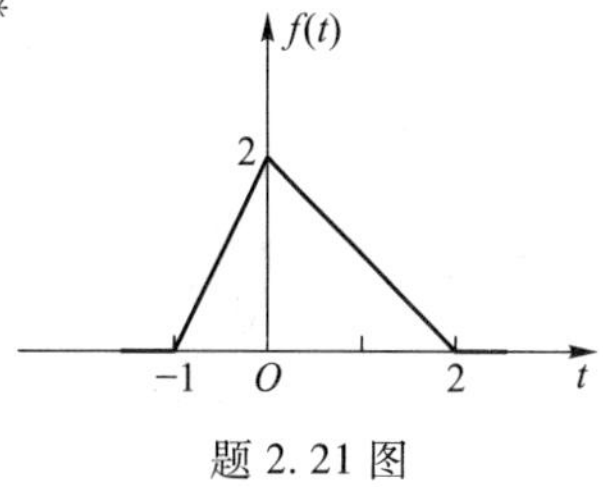

题 2.21 图

2.22　某 LTI 系统，其输入 $f(t)$ 与输出 $y(t)$ 的关系为

$$y(t)=\int_{t-1}^{\infty}e^{-2(t-x)}f(x-2)\,dx$$

求该系统的冲激响应 $h(t)$。

2.23　某 LTI 系统，其输入 $f(t)$ 与输出 $y(t)$ 由下列方程表示

$$y'(t)+3y(t)=f(t)*s(t)+2f(t)$$

式中 $s(t)=\mathrm{e}^{-2t}\varepsilon(t)+\delta(t)$，求该系统的冲激响应。

2.24　某 LTI 系统的冲激响应 $h(t)=\delta'(t)+2\delta(t)$，当输入为 $f(t)$ 时，其零状态响应 $y_{zs}(t)=\mathrm{e}^{-t}\varepsilon(t)$，求输入信号 $f(t)$。

2.25　某 LTI 系统的输入信号 $f(t)$ 和其零状态响应 $y_{zs}(t)$ 的波形如题 2.25 图所示。

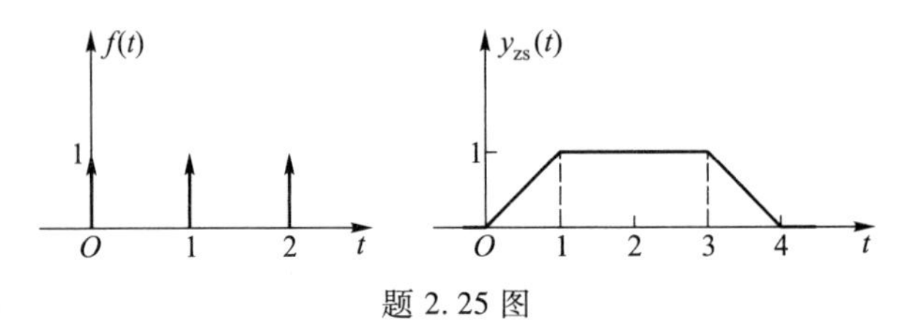

题 2.25 图

（1）求该系统的冲激响应 $h(t)$。

（2）用积分器、加法器和延时器（$T=1$）构成该系统。

2.26　试求题 2.26 图所示系统的冲激响应。

题 2.26 图　　　　题 2.27 图

2.27　如题 2.27 图所示的系统，试求当输入 $f(t)=\varepsilon(t)-\varepsilon(t-4\pi)$ 时，系统的零状态响应。

2.28　如题 2.28 图所示的系统，试求输入 $f(t)=\varepsilon(t)$ 时，系统的零状态响应。

2.29　如题 2.29 图所示的系统，它由几个子系统组合而成，各子系统的冲激响应分别为

$$h_a(t)=\delta(t-1)$$

$$h_b(t)=\varepsilon(t)-\varepsilon(t-3)$$

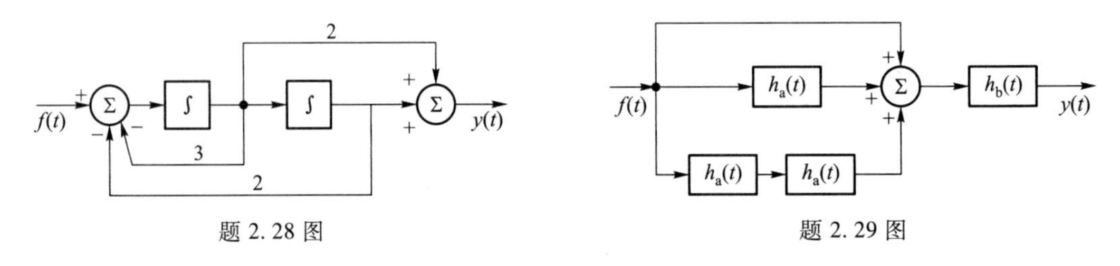

题 2.28 图　　　　题 2.29 图

求复合系统的冲激响应。

2.30　如题 2.30 图所示的系统，它由几个子系统所组成，各子系统的冲激响应分别为

$$h_1(t)=\varepsilon(t)\qquad（积分器）$$

$$h_2(t)=\delta(t-1)\qquad（单位延时）$$

$$h_3(t)=-\delta(t)\qquad（倒相器）$$

求复合系统的冲激响应。

2.31　求函数 $f(t)=\mathrm{e}^{-\alpha t}\varepsilon(t)\,(\alpha>0)$ 的自相关函数。

2.32　求函数 $f(t)=t[\varepsilon(t)-\varepsilon(t-1)]$ 的自相关函数。

2.33　函数 $f_1(t)$ 和 $f_2(t)$ 的波形如题 2.33 图所示，求互相关函数 $R_{12}(\tau)$ 和 $R_{21}(\tau)$。

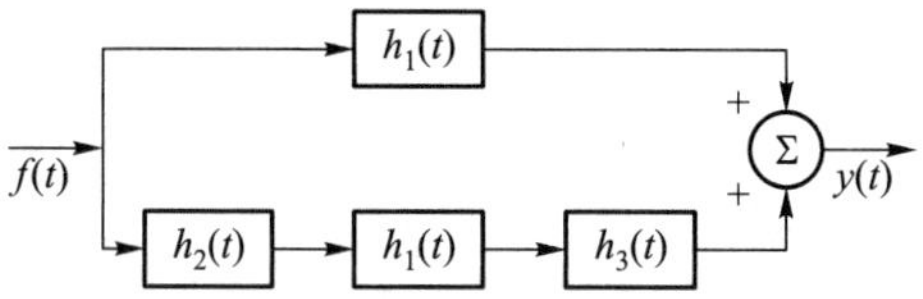

题 2.30 图

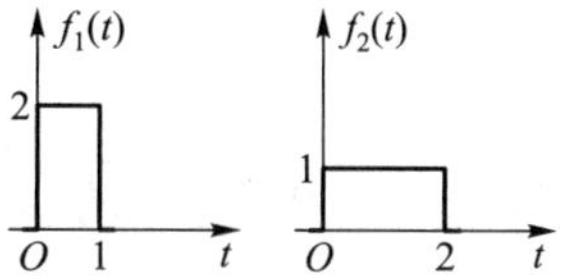

题 2.33 图

2.34　函数 $f_1(t)=\mathrm{e}^{-\alpha_1 t}\varepsilon(t)\,(\alpha_1>0)$，$f_2(t)=\mathrm{e}^{-\alpha_2 t}\varepsilon(t)\,(\alpha_2>0)$，求互相关函数 $R_{12}(\tau)$ 和 $R_{21}(\tau)$。

2.35　某连续 LTI 系统满足的微分方程为

$$y''(t)+6y'(t)+5y(t)=3f'(t)+2f(t)$$

（1）用 impulse 函数求系统的单位冲激响应。

（2）用 step 函数求系统的单位阶跃响应。

2.36　某线性时不变连续系统的微分方程为

$$y''(t)+4y'(t)+3y(t)=2f'(t)+f(t)$$

输入激励为 $f(t)=\mathrm{e}^{-t}\varepsilon(t)$，利用 lsim 函数求系统的零状态响应。

（说明：本章给出了微分方程的求解、冲激和阶跃响应求解的 MATLAB 例程，详见附录七，对应的教学视频可以扫描下面的二维码进行观看。）

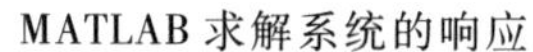

MATLAB 求解系统的响应

MATLAB 求解冲激响应和阶跃响应

离散系统的时域分析

第三章

离散系统分析与连续系统分析在许多方面是相互平行的，它们有许多类似之处。连续系统可用微分方程描述，离散系统可用差分方程描述。差分方程与微分方程的求解方法在很大程度上是相互对应的。在连续系统分析中，卷积积分具有重要意义；在离散系统分析中，卷积和也具有同等重要的地位。连续系统分析与离散系统分析的相似性为读者学习本章提供了有利条件，不过，读者应该十分注意它们之间存在着的重要差异，这包括数学模型的建立与求解、系统性能分析等。

在离散系统中，激励（输入）用 $f(k)$ 表示，响应（输出）用 $y(k)$ 表示，其中 k 为整数；初始状态用 $\{x(k_0)\}$ 表示，其中 k_0 为整常数，通常取 $k_0=0$。与连续系统类似，LTI 离散系统的全响应 $y(k)$ 也可分解为零输入响应 $y_{zi}(k)$ 和零状态响应 $y_{zs}(k)$ 两部分，即

$$y(k)=y_{zi}(k)+y_{zs}(k)$$

本章主要讨论离散系统的零状态响应。

对于时不变系统（或称为移位不变系统），若激励 $f(k)$ 引起的零状态响应为 $y_{zs}(k)$，那么，激励 $f(k-k_d)$ 引起的零状态响应为 $y_{zs}(k-k_d)$，其中 k_d 为延时或称移位。就是说，若激励延迟 k_d 个单位，那么响应也延迟 k_d 个单位。时不变系统的这种性质可以称为激励与响应之间的移位不变性（或称为时不变性）。

在 LTI 连续系统中，以冲激函数为基本信号，将任意信号分解，从而得到系统的零状态响应等于激励与系统冲激响应的卷积积分；在 LTI 离散系统中，以单位序列为基本信号来分析较复杂的信号，LTI 离散系统的零状态响应 $y_{zs}(k)$ 等于激励 $f(k)$ 与系统的单位序列响应 $h(k)$ 的卷积和。

下面，从离散系统的差分方程及其求解开始，研究 LTI 离散系统的时域分析。

§3.1 LTI 离散系统的响应

一、差分与差分方程

与连续时间信号的微分及积分运算相对应，离散时间信号有差分及序列求和运算。设有序列 $f(k)$，则称 $\cdots,f(k+2),f(k+1),\cdots,f(k-1),f(k-2),\cdots$ 为 $f(k)$ 的移位序列。序列的差分可分为前向差分和后向差分。一阶前向差分定义为

$$\Delta f(k) \overset{\text{def}}{=\!=} f(k+1) - f(k) \tag{3.1-1}$$

一阶后向差分定义为

$$\nabla f(k) \overset{\text{def}}{=\!=} f(k) - f(k-1) \tag{3.1-2}$$

式中 Δ 和∇称为差分算子。由式(3.1-1)和式(3.1-2)可见,前向差分与后向差分的关系为

$$\nabla f(k) = \Delta f(k-1) \tag{3.1-3}$$

二者仅移位不同,没有原则上的差别,因而它们的性质也相同。本书主要采用后向差分,并简称其为差分。

由差分的定义,若有序列 $f_1(k)$、$f_2(k)$ 和常数 a_1、a_2,则

$$\begin{aligned}\nabla[a_1 f_1(k) + a_2 f_2(k)] &= [a_1 f_1(k) + a_2 f_2(k)] - [a_1 f_1(k-1) + a_2 f_2(k-1)] \\ &= a_1[f_1(k) - f_1(k-1)] + a_2[f_2(k) - f_2(k-1)] \\ &= a_1 \nabla f_1(k) + a_2 \nabla f_2(k)\end{aligned} \tag{3.1-4}$$

这表明差分运算具有线性性质。

二阶差分可定义为

$$\begin{aligned}\nabla^2 f(k) &\overset{\text{def}}{=\!=} \nabla[\nabla f(k)] = \nabla[f(k) - f(k-1)] = \nabla f(k) - \nabla f(k-1) \\ &= f(k) - 2f(k-1) + f(k-2)\end{aligned} \tag{3.1-5}$$

类似地,可定义三阶、四阶、…、n 阶差分。一般地,n 阶差分

$$\nabla^n f(k) \overset{\text{def}}{=\!=} \nabla[\nabla^{n-1} f(k)] = \sum_{j=0}^{n} (-1)^j \binom{n}{j} f(k-j) \tag{3.1-6}$$

式中

$$\binom{n}{j} = \frac{n!}{(n-j)!\ j!}, j = 0,1,2,\cdots,n \tag{3.1-7}$$

为二项式系数。

序列 $f(k)$ 的求和运算为

$$\sum_{i=-\infty}^{k} f(i) \tag{3.1-8}$$

差分方程是包含关于变量 k 的未知序列 $y(k)$ 及其各阶差分的方程式,它的一般形式可写为

$$F[k, y(k), \nabla y(k), \cdots, \nabla^n y(k)] = 0 \tag{3.1-9a}$$

式中差分的最高阶为 n 阶,称为 n 阶差分方程。由式(3.1-6)可知,各阶差分均可写为 $y(k)$ 及其各移位序列的线性组合,故上式常写为

$$G[k, y(k), y(k-1), \cdots, y(k-n)] = 0 \tag{3.1-9b}$$

通常所说的差分方程是指式(3.1-9b)形式的方程。

若式(3.1-9b)中,$y(k)$ 及其各移位序列的系数均为常数,就称其为常系数差分方程;如果某些系数是变量 k 的函数,就称其为变系数差分方程。描述 LTI 离散系统的是常系数线性差分方程。

差分方程是具有递推关系的代数方程,若已知初始条件和激励,利用迭代法可求得差分方程的数值解。

例 3.1-1　若描述某离散系统的差分方程为

$$y(k)+3y(k-1)+2y(k-2)=f(k)$$

已知初始条件 $y(0)=0,y(1)=2$,激励 $f(k)=2^k\varepsilon(k)$,求 $y(k)$。

解 将差分方程中除 $y(k)$ 以外的各项都移到等号右端,得

$$y(k)=-3y(k-1)-2y(k-2)+f(k)$$

对于 $k=2$,将已知初始值 $y(0)=0,y(1)=2$ 代入上式,得

$$y(2)=-3y(1)-2y(0)+f(2)=-2$$

类似地,依次迭代可得

$$y(3)=-3y(2)-2y(1)+f(3)=10$$

$$y(4)=-3y(3)-2y(2)+f(4)=-10$$

…………

由上例可见,用迭代法求解差分方程思路清楚,便于用计算机求解。

二、差分方程的经典解

一般而言,如果单输入-单输出的 LTI 系统的激励 $f(k)$,其全响应为 $y(k)$,那么,描述该系统激励 $f(k)$ 与响应 $y(k)$ 之间关系的数学模型是 n 阶常系数线性差分方程,它可以写为

$$\begin{aligned}&y(k)+a_{n-1}y(k-1)+\cdots+a_0y(k-n)\\&=b_mf(k)+b_{m-1}f(k-1)+\cdots+b_0f(k-m)\end{aligned}\tag{3.1-10a}$$

式中 $a_j(j=0,1,\cdots,n-1)$、$b_i(i=0,1,\cdots,m)$ 都是常数。上式可缩写为

$$\sum_{j=0}^{n}a_{n-j}y(k-j)=\sum_{i=0}^{m}b_{m-i}f(k-i)\ (\text{式中 } a_n=1)\tag{3.1-10b}$$

与微分方程的经典解相类似,上述差分方程的解由齐次解和特解两部分组成。齐次解用 $y_h(k)$ 表示,特解用 $y_p(k)$ 表示,即

$$y(k)=y_h(k)+y_p(k)\tag{3.1-11}$$

齐次解

当式(3.1-10)中的 $f(k)$ 及其各移位项均为零时,齐次方程

$$y(k)+a_{n-1}y(k-1)+\cdots+a_0y(k-n)=0\tag{3.1-12}$$

的解称为齐次解。

首先分析最简单的一阶差分方程。若一阶差分方程的齐次方程为

$$y(k)+ay(k-1)=0\tag{3.1-13}$$

它可改写为

$$\frac{y(k)}{y(k-1)}=-a$$

$y(k)$ 与 $y(k-1)$ 之比等于 $-a$ 表明,序列 $y(k)$ 是一个公比为 $-a$ 的等比级数,因此 $y(k)$ 应有如下形式

$$y(k)=C(-a)^k\tag{3.1-14}$$

式中 C 是常数,由初始条件确定。

对于 n 阶齐次差分方程,它的齐次解由形式为 $C\lambda^k$ 的序列组合而成,将 $C\lambda^k$ 代入到式(3.1-12),得

$$C\lambda^{k} + a_{n-1}C\lambda^{k-1} + \cdots + a_{1}C\lambda^{k-n-1} + a_{0}C\lambda^{k-n} = 0$$

由于 $C\neq 0$，消去 C；且 $\lambda\neq 0$，以 λ^{k-n}除上式，得

$$\lambda^{n} + a_{n-1}\lambda^{n-1} + \cdots + a_{1}\lambda + a_{0} = 0 \tag{3.1-15}$$

上式称为差分方程式(3.1-10)和式(3.1-12)的特征方程，它有 n 个根 $\lambda_j(j=1,2,\cdots,n)$，称为差分方程的特征根。显然，形式为 $C_j\lambda_j^k$ 的序列都满足式(3.1-12)，因而它们是式(3.1-10)方程的齐次解。依特征根取值的不同，差分方程齐次解的形式见表 3-1，其中 C_j、D_j、A_j、θ_j 等为待定常数。

表 3-1 不同特征根所对应的齐次解

特征根 λ	齐次解 $y_{\mathrm{h}}(k)$
单实根	$C\lambda^k$
r 重实根	$(C_{r-1}k^{r-1}+C_{r-2}k^{r-2}+\cdots+C_1k+C_0)\lambda^k$
一对共轭复根 $\lambda_{1,2}=a+\mathrm{j}b=\rho\mathrm{e}^{\pm\mathrm{j}\beta}$	$\rho^k[C\cos(\beta k)+D\sin(\beta k)]$或 $A\rho^k\cos(\beta k-\theta)$ 其中 $A\mathrm{e}^{\mathrm{j}\theta}=C+\mathrm{j}D$
r 重共轭复根	$\rho^k[A_{r-1}k^{r-1}\cos(\beta k-\theta_{r-1})+A_{r-2}k^{r-2}\cos(\beta k-\theta_{r-2})+\cdots+A_0\cos(\beta k-\theta_0)]$

特解

特解的函数形式与激励的函数形式有关，表 3-2 列出了几种典型的激励 $f(k)$ 所对应的特解 $y_{\mathrm{p}}(k)$。选定特解后代入原差分方程，求出其待定系数 P_j(或 A、θ)等，就得出方程的特解。

表 3-2 不同激励所对应的特解

激励 $f(k)$	特解 $y_{\mathrm{p}}(k)$	
k^m	$P_mk^m+P_{m-1}k^{m-1}+\cdots+P_1k+P_0$ $k^r[P_mk^m+P_{m-1}k^{m-1}+\cdots+P_1k+P_0]$	所有特征根均不等于 1 时 当有 r 重等于 1 的特征根时
a^k	Pa^k $(Pk+P_0)a^k$ $[P_rk^r+P_{r-1}k^{r-1}+\cdots+P_1k+P_0]a^k$	当 a 不等于特征根时 当 a 是特征单根时 当 a 是 r 重特征根时
$\cos(\beta k)$或 $\sin(\beta k)$	$P\cos(\beta k)+Q\sin(\beta k)$ 或 $A\cos(\beta k-\theta)$，其中 $A\mathrm{e}^{\mathrm{j}\theta}=P+\mathrm{j}Q$	所有特征根均不等于 $\mathrm{e}^{\pm\mathrm{j}\beta}$

全解

式(3.1-10)的线性差分方程的全解是齐次解与特解之和。如果方程的特征根均为单根，则差分方程的全解为

$$y(k) = y_{\mathrm{h}}(k) + y_{\mathrm{p}}(k) = \sum_{j=1}^{n} C_j\lambda_j^k + y_{\mathrm{p}}(k) \tag{3.1-16}$$

如果特征根 λ_1 为 r 重根，而其余 $n-r$ 个特征根为单根时，差分方程的全解为

$$y(k) = \sum_{j=1}^{r} C_jk^{r-j}\lambda_j^k + \sum_{j=r+1}^{n} C_j\lambda_j^k + y_{\mathrm{p}}(k) \tag{3.1-17}$$

式中各系数 C_j 由初始条件确定。

如果激励信号是在 $k=0$ 时接入的,差分方程的解适合于 $k\geqslant 0$。对于 n 阶差分方程,用给定的 n 个初始条件 $y(0),y(1),\cdots,y(n-1)$ 就可确定全部待定系数 C_j。如果差分方程的特解都是单根,则方程的全解为式(3.1-16),将给定的初始条件 $y(0),y(1),\cdots,y(n-1)$ 分别代入式(3.1-16),可得

$$\left.\begin{aligned} y(0) &= C_1 + C_2 + \cdots + C_n + y_p(0) \\ y(1) &= \lambda_1 C_1 + \lambda_2 C_2 + \cdots + \lambda_n C_n + y_p(1) \\ &\cdots\cdots\cdots\cdots \\ y(n-1) &= \lambda_1^{n-1} C_1 + \lambda_2^{n-1} C_2 + \cdots + \lambda_n^{n-1} C_n + y_p(n-1) \end{aligned}\right\} \tag{3.1-18}$$

由以上方程可求得全部待定系数 $C_j(j=1,2,\cdots,n)$。

例 3.1-2 若描述某系统的差分方程为

$$y(k) + 4y(k-1) + 4y(k-2) = f(k) \tag{3.1-19}$$

已知初始条件 $y(0)=0,y(1)=-1$,激励 $f(k)=2^k,k\geqslant 0$。求方程的全解。

解 首先求齐次解。上述差分方程的特征方程为

$$\lambda^2 + 4\lambda + 4 = 0$$

可解得特征根 $\lambda_1=\lambda_2=-2$,为二重根,由表 3-1 可知,其齐次解

$$y_h(k) = C_1 k(-2)^k + C_2(-2)^k$$

其次求特解。由表 3-2,根据 $f(k)$ 的形式可知特解

$$y_p(k) = P \cdot 2^k,\ k \geqslant 0$$

将 $y_p(k)$、$y_p(k-1)$ 和 $y_p(k-2)$ 代入到式(3.1-19),得

$$P \cdot 2^k + 4P \cdot 2^{k-1} + 4P \cdot 2^{k-2} = f(k) = 2^k$$

上式中消去 2^k,可解得 $P=\dfrac{1}{4}$,于是得特解

$$y_p(k) = \frac{1}{4} \cdot 2^k,\ k \geqslant 0$$

微分方程的全解

$$y(k) = y_h(k) + y_p(k) = C_1 k(-2)^k + C_2(-2)^k + \frac{1}{4} \cdot 2^k,\ k \geqslant 0$$

将已知的初始条件代入上式,有

$$y(0) = C_2 + \frac{1}{4} = 0$$

$$y(1) = -2C_1 - 2C_2 + \frac{1}{4} \times 2 = -1$$

由上式可求得 $C_1=1$、$C_2=-\dfrac{1}{4}$。最后得方程的全解为

$$y(k) = k(-2)^k - \frac{1}{4}(-2)^k + \frac{1}{4} \cdot 2^k,\ k \geqslant 0 \tag{3.1-20}$$

差分方程的齐次解也称为系统的自由响应,特解也称为强迫响应。本例中由于 $|\lambda|>1$,故其自由响应随 k 的增大而增大。

例 3.1-3　若描述某离散系统的差分方程为

$$6y(k)-5y(k-1)+y(k-2)=f(k) \tag{3.1-21}$$

已知初始条件 $y(0)=0$、$y(1)=1$；激励为有始的周期序列 $f(k)=10\cos(0.5\pi k)$，$k\geqslant 0$，求其全解。

解　首先求齐次解。差分方程的特征方程为

$$6\lambda^2-5\lambda+1=0$$

可解得特征根 $\lambda_1=\dfrac{1}{2}$，$\lambda_2=\dfrac{1}{3}$，方程的齐次解

$$y_h(k)=C_1\left(\frac{1}{2}\right)^k+C_2\left(\frac{1}{3}\right)^k \tag{3.1-22}$$

其次求特解。由表 3-2 可知，特解

$$y_p(k)=P\cos(0.5\pi k)+Q\sin(0.5\pi k)$$

其移位序列

$$\begin{aligned}y_p(k-1)&=P\cos[0.5\pi(k-1)]+Q\sin[0.5\pi(k-1)]\\&=P\cos(0.5\pi k)-Q\sin(0.5\pi k)\\y_p(k-2)&=P\cos[0.5\pi(k-2)]+Q\sin[0.5\pi(k-2)]\\&=-P\cos(0.5\pi k)-Q\sin(0.5\pi k)\end{aligned}$$

将 $y_p(k)$、$y_p(k-1)$ 和 $y_p(k-2)$ 代入到式(3.1-21)并稍加整理，得

$$\begin{aligned}&(6P+5Q-P)\cos(0.5\pi k)+(6Q-5P-Q)\sin(0.5\pi k)\\&=f(k)=10\cos(0.5\pi k)\end{aligned}$$

由于上式对任何 $k\geqslant 0$ 均成立，因而等号两端的正、余弦序列的系数应相等，于是有

$$\begin{aligned}6P+5Q-P&=10\\6Q-5P-Q&=0\end{aligned}$$

由上式可解得 $P=Q=1$，于是特解

$$y_p(k)=\cos(0.5\pi k)+\sin(0.5\pi k)=\sqrt{2}\cos\left(0.5\pi k-\frac{\pi}{4}\right),\ k\geqslant 0 \tag{3.1-23}$$

方程的全解

$$y(k)=y_h(k)+y_p(k)=C_1\left(\frac{1}{2}\right)^k+C_2\left(\frac{1}{3}\right)^k+\cos(0.5\pi k)+\sin(0.5\pi k),\ k\geqslant 0$$

将已知的初始条件代入上式，有

$$\begin{aligned}y(0)&=C_1+C_2+1=0\\y(1)&=0.5C_1+\frac{1}{3}C_2+1=1\end{aligned}$$

由上式可解得 $C_1=2$、$C_2=-3$，最后得全解

$$\begin{aligned}y(k)&=2\left(\frac{1}{2}\right)^k-3\left(\frac{1}{3}\right)^k+\cos(0.5\pi k)+\sin(0.5\pi k)\\&=\underbrace{2\left(\frac{1}{2}\right)^k-3\left(\frac{1}{3}\right)^k}_{\substack{\text{自由响应}\\\text{(瞬态响应)}}}+\underbrace{\sqrt{2}\cos\left(0.5\pi k-\frac{\pi}{4}\right)}_{\substack{\text{强迫响应}\\\text{(稳态响应)}}},\ k\geqslant 0\end{aligned} \tag{3.1-24}$$

由上式可见,由于本例中特征根 $|\lambda_{1,2}|<1$,因而其自由响应是衰减的。一般而言,如果差分方程所有的特征根均满足 $|\lambda_j|<1(j=1,2,\cdots,n)$,那么其自由响应将随着 k 的增大而逐渐衰减趋近于零。这样的系统称为稳定系统(见第七章),这时的自由响应也称为瞬态响应。稳定系统在阶跃序列或有始周期序列作用下,其强迫响应也称为稳态响应。

三、零输入响应

系统的激励为零,仅由系统的初始状态引起的响应,称为零输入响应,用 $y_{zi}(k)$ 表示。在零输入条件下,式(3.1-10)等号右端为零,化为齐次方程,即

$$\sum_{j=0}^{n} a_{n-j} y_{zi}(k-j)=0 \tag{3.1-25}$$

一般设定激励是在 $k=0$ 时接入系统的,在 $k<0$ 时,激励尚未接入,故式(3.1-25)的几个初始状态满足

$$\left.\begin{array}{l} y_{zi}(-1)=y(-1) \\ y_{zi}(-2)=y(-2) \\ \cdots\cdots\cdots\cdots \\ y_{zi}(-n)=y(-n) \end{array}\right\} \tag{3.1-26}$$

式(3.1-26)中的 $y(-1),y(-2),\cdots,y(-n)$ 为系统的初始状态,由式(3.1-25)和式(3.1-26)可求得零输入响应 $y_{zi}(k)$。

例 3.1-4 若描述某离散系统的差分方程为

$$y(k)+3y(k-1)+2y(k-2)=f(k) \tag{3.1-27}$$

已知 $f(k)=0,k<0$,初始条件 $y(-1)=0,y(-2)=\frac{1}{2}$,求该系统的零输入响应。

解 根据定义,零输入响应满足

$$y_{zi}(k)+3y_{zi}(k-1)+2y_{zi}(k-2)=0 \tag{3.1-28}$$

其初始状态为

$$y_{zi}(-1)=y(-1)=0$$

$$y_{zi}(-2)=y(-2)=\frac{1}{2}$$

首先求出初始值 $y_{zi}(0),y_{zi}(1)$,式(3.1-28)可写为

$$y_{zi}(k)=-3y_{zi}(k-1)-2y_{zi}(k-2)$$

令 $k=0$、1,并将 $y_{zi}(-1),y_{zi}(-2)$ 代入,得

$$y_{zi}(0)=-3y_{zi}(-1)-2y_{zi}(-2)=-1$$

$$y_{zi}(1)=-3y_{zi}(0)-2y_{zi}(-1)=3$$

式(3.1-27)的特征方程为

$$\lambda^2+3\lambda+2=0$$

其特征根 $\lambda_1=-1$、$\lambda_2=-2$,其齐次解为

$$y_{zi}(k)=C_{zi1}(-1)^k+C_{zi2}(-2)^k \tag{3.1-29}$$

将初始值代入得

$$y_{zi}(0)=C_{zi1}+C_{zi2}=-1$$
$$y_{zi}(1)=-C_{zi1}-2C_{zi2}=3$$

可解得 $C_{zi1}=1$、$C_{zi2}=-2$，于是得系统的零输入响应为

$$y_{zi}(k)=(-1)^k-2(-2)^k,\ k\geqslant 0$$

实际上，式(3.1-29)满足齐次方程式(3.1-28)，而初始值 $y_{zi}(0)$，$y_{zi}(1)$也是由该方程递推出的，因而直接用 $y_{zi}(-1)$，$y_{zi}(-2)$确定待定常数 C_{zi1}，C_{zi2}将更加简便。即在式(3.1-29)中令 $k=-1$、-2，有

$$y_{zi}(-1)=-C_{zi1}-0.5C_{zi2}=0$$
$$y_{zi}(-2)=C_{zi1}+0.25C_{zi2}=0.5$$

可解得 $C_{zi1}=1$、$C_{zi2}=-2$，与前述结果相同。

四、零状态响应

当系统的初始状态为零，仅由激励 $f(k)$所产生的响应，称为零状态响应，用 $y_{zs}(k)$表示。在零状态情况下，式(3.1-10)仍是非齐次方程，其初始状态为零，即零状态响应满足

$$\left.\begin{aligned}&\sum_{j=0}^{n}a_{n-j}y_{zs}(k-j)=\sum_{i=0}^{m}b_{m-i}f(k-i)\\&y_{zs}(-1)=y_{zs}(-2)=\cdots=y_{zs}(-n)=0\end{aligned}\right\}\qquad(3.1-30)$$

的解。若其特征根均为单根，则其零状态响应为

$$y_{zs}(k)=\sum_{j=1}^{n}C_{zsj}\lambda_j^k+y_p(k)\qquad(3.1-31)$$

式中 C_{zsj}为待定常数，$y_p(k)$为特解。需要指出，零状态响应的初始状态 $y_{zs}(-1)$，$y_{zs}(-2)$，…，$y_{zs}(-n)$为零，但其初始值 $y_{zs}(0)$，$y_{zs}(1)$，…，$y_{zs}(n-1)$不一定等于零。

例 3.1-5 若例 3.1-4 的离散系统

$$y(k)+3y(k-1)+2y(k-2)=f(k)$$

中的 $f(k)=2^k$，$k\geqslant0$，求该系统的零状态响应。

解 根据定义，零状态响应满足

$$\left.\begin{aligned}&y_{zs}(k)+3y_{zs}(k-1)+2y_{zs}(k-2)=f(k)\\&y_{zs}(-1)=y_{zs}(-2)=0\end{aligned}\right\}\qquad(3.1-32)$$

首先求出初始值 $y_{zs}(0)$、$y_{zs}(1)$，将式(3.1-32)改写为

$$y_{zs}(k)=-3y_{zs}(k-1)-2y_{zs}(k-2)+f(k)$$

令 $k=0$、1，并代入 $y_{zs}(-1)=y_{zs}(-2)=0$ 和 $f(0)$，$f(1)$，得

$$\left.\begin{aligned}&y_{zs}(0)=-3y_{zs}(-1)-2y_{zs}(-2)+f(0)=1\\&y_{zs}(1)=-3y_{zs}(0)-2y_{zs}(-1)+f(1)=-1\end{aligned}\right\}\qquad(3.1-33)$$

式(3.1-32)为非齐次差分方程，其特征根 $\lambda_1=-1$、$\lambda_2=-2$，不难求得其特解 $y_p(k)=\frac{1}{3}\cdot2^k$，故零状态响应为

$$y_{zs}(k)=C_{zs1}(-1)^k+C_{zs2}(-2)^k+\frac{1}{3}(2)^k$$

将式(3.1-33)的初始值代入上式,有

$$y_{zs}(0)=C_{zs1}+C_{zs2}+\frac{1}{3}=1$$

$$y_{zs}(1)=-C_{zs1}-2C_{zs2}+\frac{2}{3}=-1$$

可解得 $C_{zs1}=-\frac{1}{3}$,$C_{zs2}=1$,于是得零状态响应为

$$y_{zs}(k)=-\frac{1}{3}(-1)^k+(-2)^k+\frac{1}{3}(2)^k,\ k\geqslant 0$$

由于是零状态响应,有 $k<0$ 时,$y_{zs}(k)=0$,可得

$$y_{zs}(k)=\left[-\frac{1}{3}(-1)^k+(-2)^k+\frac{1}{3}(2)^k\right]\varepsilon(k)$$

与连续系统类似,一个初始状态不为零的 LTI 离散系统,在外加激励作用下,其完全响应等于零输入响应与零状态响应之和,即

$$y(k)=y_{zi}(k)+y_{zs}(k) \tag{3.1-34}$$

若特征根均为单根,则全响应为

$$\begin{aligned}y(k)&=\underbrace{\sum_{j=1}^{n}C_{zij}\lambda_j^k}_{\text{零输入响应}}+\underbrace{\sum_{j=1}^{n}C_{zsj}\lambda_j^k+y_p(k)}_{\text{零状态响应}}\\&=\underbrace{\sum_{j=1}^{n}C_j\lambda_j^k}_{\text{自由响应}}+\underbrace{y_p(k)}_{\text{强迫响应}}\end{aligned} \tag{3.1-35}$$

式中

$$\sum_{j=1}^{n}C_j\lambda_j^k=\sum_{j=1}^{n}C_{zij}\lambda_j^k+\sum_{j=1}^{n}C_{zsj}\lambda_j^k \tag{3.1-36}$$

可见,系统的全响应有两种分解方式:可以分解为自由响应和强迫响应,也可分解为零输入响应和零状态响应。这两种分解方式有明显的区别。虽然自由响应与零输入响应都是齐次解的形式,但它们的系数并不相同,C_{zij} 仅由系统的初始状态所决定,而 C_j 是由初始状态和激励共同决定。

如果激励 $f(k)$ 是在 $k=0$ 时接入系统的,根据零状态响应的定义,有

$$y_{zs}(k)=0,\ k<0 \tag{3.1-37}$$

由式(3.1-34)有

$$y_{zi}(k)=y(k),\ k<0 \tag{3.1-38}$$

系统的初始状态是指 $y(-1),y(-2),\cdots,y(-n)$,它给出了该系统以往历史的全部信息。根据系统的初始状态和 $k\geqslant 0$ 时的激励,可以求得系统的全响应。

例 3.1-6 已知系统的差分方程为

$$y(k)-2y(k-1)+2y(k-2)=f(k) \tag{3.1-39}$$

其中 $f(k)=k,k\geqslant 0$,初始状态 $y(-1)=1,y(-2)=0.5$。求系统的零输入响应、零状态响应和全响应。

解 (1) 零输入响应

零输入响应满足

$$\left.\begin{aligned}&y_{zi}(k)-2y_{zi}(k-1)+2y_{zi}(k-2)=0\\&y_{zi}(-1)=y(-1)=1,\ y_{zi}(-2)=y(-2)=0.5\end{aligned}\right\}\tag{3.1-40}$$

式(3.1-40)的特征方程

$$\lambda^2-2\lambda+2=0$$

其特征根 $\lambda_{1,2}=1\pm\mathrm{j}1=\sqrt{2}\,\mathrm{e}^{\pm\mathrm{j}\frac{\pi}{4}}$。由表 3-1 可知,零输入响应

$$y_{zi}(k)=(\sqrt{2})^k\left[C_1\cos\left(\frac{k\pi}{4}\right)+D_1\sin\left(\frac{k\pi}{4}\right)\right]\tag{3.1-41}$$

下面计算初始值 $y_{zi}(0)$ 和 $y_{zi}(1)$。由式(3.1-40)得

$$y_{zi}(k)=2y_{zi}(k-1)-2y_{zi}(k-2)$$

令 $k=0$、1,并将 $y_{zi}(-1)$、$y_{zi}(-2)$ 代入,得

$$y_{zi}(0)=2y_{zi}(-1)-2y_{zi}(-2)=1$$

$$y_{zi}(1)=2y_{zi}(0)-2y_{zi}(-1)=0$$

将初始值代入式(3.1-41),得

$$y_{zi}(0)=C_1=1$$

$$y_{zi}(1)=\sqrt{2}\left(C_1\frac{\sqrt{2}}{2}+D_1\frac{\sqrt{2}}{2}\right)=0$$

解得 $C_1=1$、$D_1=-1$,得

$$y_{zi}(k)=(\sqrt{2})^k\left[\cos\left(\frac{k\pi}{4}\right)-\sin\left(\frac{k\pi}{4}\right)\right],\ k\geqslant 0$$

(2) 零状态响应

零状态响应满足

$$\left.\begin{aligned}&y_{zs}(k)-2y_{zs}(k-1)+2y_{zs}(-2)=k\\&y_{zs}(-1)=y_{zs}(-2)=0\end{aligned}\right\}\tag{3.1-42}$$

先求初始值 $y_{zs}(0)$ 和 $y_{zs}(1)$。由式(3.1-42)得

$$y_{zs}(k)=2y_{zs}(k-1)-2y_{zs}(-2)+k$$

令 $k=0$、1,由上式得

$$y_{zs}(0)=2y_{zs}(-1)-2y_{zs}(-2)=0$$

$$y_{zs}(1)=2y_{zs}(0)-2y_{zs}(-1)+1=1$$

由表 3-2 可知,令式(3.1-42)的特解为

$$y_p(k)=P_1k+P_0$$

式中 P_1、P_0 为待定常数。将 $y_p(k)$ 代入式(3.1-42)得

$$P_1k+P_0-2[P_1(k-1)+P_0]+2[P_1(k-2)+P_0]=k$$

将上式化简,得

$$P_1k+P_0-2P_1=k$$

根据上式等式两端相等,得

$$P_1 = 1$$
$$P_0 - 2P_1 = 0$$

解得 $P_1 = 1$、$P_0 = 2$,故

$$y_p(k) = k + 2,\ k \geqslant 0$$

式(3.1-42)的特征根与式(3.1-40)相同,故

$$y_{zs}(k) = (\sqrt{2})^k \left[C_2 \cos\left(\frac{k\pi}{4}\right) + D_2 \sin\left(\frac{k\pi}{4}\right) \right] + k + 2$$

令 $k = 0$、1,并将初始值代入上式,得

$$y_{zs}(0) = C_2 + 2 = 0$$
$$y_{zs}(1) = \sqrt{2}\left(C_2 \frac{\sqrt{2}}{2} + D_2 \frac{\sqrt{2}}{2} \right) + 3 = 1$$

解得 $C_2 = -2$、$D_2 = 0$。故

$$y_{zs}(k) = -2(\sqrt{2})^k \cos\left(\frac{k\pi}{4}\right) + k + 2,\ k \geqslant 0$$

全响应为

$$\begin{aligned} y(k) &= y_{zi}(k) + y_{zs}(k) \\ &= (\sqrt{2})^k \left[\cos\left(\frac{k\pi}{4}\right) - \sin\left(\frac{k\pi}{4}\right) \right] - 2(\sqrt{2})^k \cos\left(\frac{k\pi}{4}\right) + k + 2 \\ &= -(\sqrt{2})^{k+1} \cos\left(\frac{k\pi}{4} - \frac{\pi}{4}\right) + k + 2,\ k \geqslant 0 \end{aligned}$$

以上都是以后向差分方程为例进行讨论的,如果描述系统的是前向差分方程,其求解方法相同,需要注意的是,要根据已知条件细心、正确地确定初始值 $y_{zi}(j)$ 和 $y_{zs}(j)$ $(j = 0, 1, \cdots, n-1)$。也可将前向差分方程转换为后向差分方程求解。

§3.2 单位序列和单位序列响应

一、单位序列和单位阶跃序列

单位序列定义为

$$\delta(k) \overset{\text{def}}{=\!=} \begin{cases} 1, & k = 0 \\ 0, & k \neq 0 \end{cases} \tag{3.2-1}$$

它只在 $k = 0$ 处取值为 1,而在其余各点均为零,如图 3.2-1(a)所示。单位序列也称为单位样值(或取样)序列或单位脉冲序列。它是离散系统分析中最简单的,也是最重要的序列之一。它在离散时间系统中的作用,类似于冲激函数 $\delta(t)$ 在连续时间系统中的作用,因此在不致发生误解的情况下,也可称其为单位冲激序列。但是,作为连续时间信号的 $\delta(t)$ 可理解为脉宽趋近于零,幅度趋于无限大的信号,或由广义函数定义;而离散时间信号 $\delta(k)$,其幅度在 $k = 0$ 时为有限值,其值为 1。

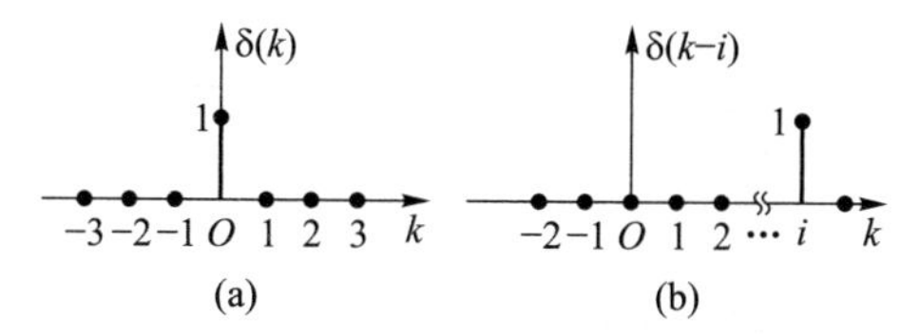

图 3.2-1 δ(k)与δ(k-i)的图形

若将 δ(k)平移 i 位,如图 3.2-1(b)所示(图中 i>0),得

$$\delta(k-i) \overset{\text{def}}{=\!=} \begin{cases} 1, & k=i \\ 0, & k \neq i \end{cases} \tag{3.2-2}$$

由于 δ(k-i)只在 k=i 时其值为 1,而取其他 k 值时为零,故有

$$f(k)\delta(k-i)=f(i)\delta(k-i) \tag{3.2-3}$$

上式也可称为 δ(k)的取样性质。

单位阶跃序列定义为

$$\varepsilon(k) \overset{\text{def}}{=\!=} \begin{cases} 0, & k<0 \\ 1, & k \geqslant 0 \end{cases} \tag{3.2-4}$$

它在 k<0 的各点为零,在 k≥0 的各点为 1,如图 3.2-2(a)所示。它类似于连续时间信号中的单位阶跃信号 ε(t)。但应注意,ε(t)在 t=0 处发生跃变,在此点常常不予定义;而单位阶跃序列 ε(k)在 k=0 处定义为 1。

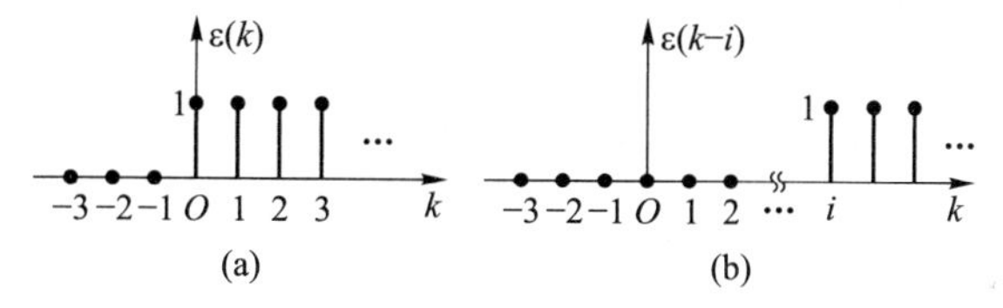

图 3.2-2 ε(k)与ε(k-i)的图形

若将 ε(k)平移 i 位,得

$$\varepsilon(k-i) \overset{\text{def}}{=\!=} \begin{cases} 0, & k<i \\ 1, & k \geqslant i \end{cases} \tag{3.2-5}$$

如图 3.2-2(b)所示(图中 i>0)。

若有序列

$$f(k)=\begin{cases} 2^k, & k \geqslant 2 \\ 0, & k<2 \end{cases}$$

那么利用移位的阶跃序列,可将 f(k)表示为

$$f(k)=2^k\varepsilon(k-2)$$

不难看出,单位序列 δ(k)与单位阶跃序列 ε(k)之间的关系是

$$\delta(k)=\nabla\varepsilon(k)=\varepsilon(k)-\varepsilon(k-1) \tag{3.2-6}$$

$$\varepsilon(k)=\sum_{i=-\infty}^{k}\delta(i) \tag{3.2-7}$$

式(3.2-7)中,令 $i=k-j$,则当 $i=-\infty$ 时,$j=\infty$;当 $i=k$ 时,$j=0$,故上式可写为

$$\varepsilon(k)=\sum_{i=-\infty}^{k}\delta(i)=\sum_{j=\infty}^{0}\delta(k-j)=\sum_{j=0}^{\infty}\delta(k-j)$$

即 $\varepsilon(k)$ 也可写为

$$\varepsilon(k)=\sum_{j=0}^{\infty}\delta(k-j) \tag{3.2-8}$$

二、单位序列响应和阶跃响应

单位序列响应

当 LTI 离散系统的激励为单位序列 $\delta(k)$ 时，系统的零状态响应称为单位序列响应（或单位样值响应、单位取样响应），用 $h(k)$ 表示，它的作用与连续系统中的冲激响应 $h(t)$ 相类似。

求解系统的单位序列响应可用求解差分方程法或 z 变换法（见第六章）。

由于单位序列 $\delta(k)$ 仅在 $k=0$ 处等于 1，而在 $k>0$ 时为零，因而在 $k>0$ 时，系统的单位序列响应与该系统的零输入响应的函数形式相同。这样就把求单位序列响应的问题转化为求差分方程齐次解的问题，而 $k=0$ 处的值 $h(0)$ 可按零状态的条件由差分方程确定。

在激励 $f(k)$ 的作用下，通常所分析的 LTI 系统有两种情况，一种是系统的差分方程右端仅含 $f(k)$，另一种是右端含有 $f(k)$ 及其移位序列。利用 LTI 系统零状态响应的线性和移位不变性，可把第二种情况转换成第一种情况进行分析，方法与连续系统冲激响应求解相同。

例 3.2-1 求图 3.2-3 所示离散系统的单位序列响应 $h(k)$。

解 (1) 列写差分方程，求初始值

根据图 3.2-3，左端加法器的输出为 $y(k)$，相应迟延单元的输出为 $y(k-1)$、$y(k-2)$。由加法器的输出可列出系统的方程为

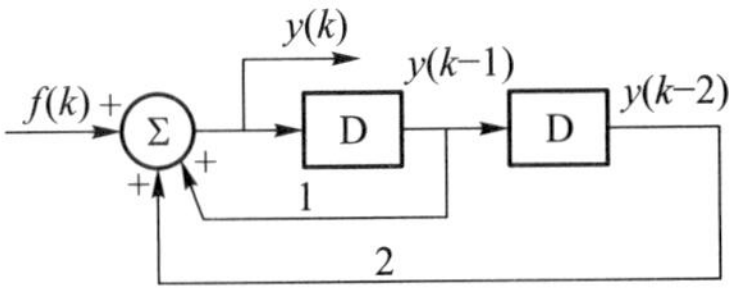

$$y(k)=y(k-1)+2y(k-2)+f(k)$$

图 3.2-3 例 3.2-1 图

或写为

$$y(k)-y(k-1)-2y(k-2)=f(k) \tag{3.2-9}$$

根据单位序列响应 $h(k)$ 的定义，它应满足方程

$$h(k)-h(k-1)-2h(k-2)=\delta(k) \tag{3.2-10}$$

且初始状态 $h(-1)=h(-2)=0$。将上式移项有

$$h(k)=h(k-1)+2h(k-2)+\delta(k)$$

令 $k=0$、1，并考虑 $\delta(0)=1$，$\delta(1)=0$，可求得单位序列响应 $h(k)$ 的初始值

$$\left.\begin{aligned}h(0)&=h(-1)+2h(-2)+\delta(0)=1\\h(1)&=h(0)+2h(-1)+\delta(1)=1\end{aligned}\right\} \tag{3.2-11}$$

(2) 求 $h(k)$

对于 $k>0$，由式(3.2-10)知 $h(k)$ 满足齐次方程

$$h(k)-h(k-1)-2h(k-2)=0$$

其特征方程为

$$\lambda^2-\lambda-2=0$$

其特征根 $\lambda_1=-1$、$\lambda_2=2$，得方程的齐次解为

$$h(k)=C_1(-1)^k+C_2(2)^k,\ k>0$$

将初始值[式(3.2-11)]代入，有

$$h(0)=C_1+C_2=1$$
$$h(1)=-C_1+2C_2=1$$

请注意，这时已将 $h(0)$ 代入，因而方程的解也满足 $k=0$。由上式可解得 $C_1=\frac{1}{3}$、$C_2=\frac{2}{3}$。于是得系统的单位序列响应为

$$h(k)=\frac{1}{3}(-1)^k+\frac{2}{3}(2)^k,\ k\geqslant 0$$

由于 $h(k)=0$，$k<0$，因此 $h(k)$ 可写为

$$h(k)=\left[\frac{1}{3}(-1)^k+\frac{2}{3}(2)^k\right]\varepsilon(k) \tag{3.2-12}$$

例 3.2-2 如图 3.2-4 的离散系统，求其单位序列响应。

解 (1) 列方程

根据图 3.2-4，设左端加法器的输出为 $x(k)$，相应迟延单元的输出为 $x(k-1)$、$x(k-2)$，如图 3.2-4 所示。由左端加法器的输出可列出方程

$$x(k)=x(k-1)+2x(k-2)+f(k)$$

它可写为

$$x(k)-x(k-1)-2x(k-2)=f(k) \tag{3.2-13}$$

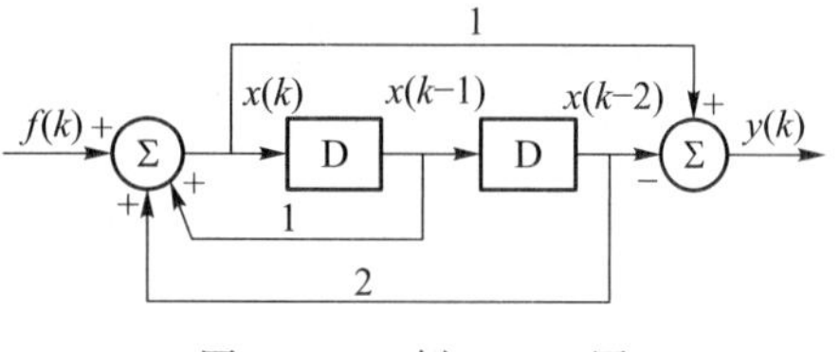

图 3.2-4 例 3.2-2 图

由右端加法器的输出端可列出方程

$$y(k)=x(k)-x(k-2) \tag{3.2-14}$$

为消除中间变量 $x(k)$，先求出 $y(k)$ 的移位序列为

$$y(k-1)=x(k-1)-x(k-3) \tag{3.2-15a}$$
$$y(k-2)=x(k-2)-x(k-4) \tag{3.2-15b}$$

将式(3.2-14)和式(3.2-15)中 $y(k)$ 及其移位序列按式(3.2-13)中 $x(k)$、$x(k-1)$、$x(k-2)$ 的系数配置相应的系数，并求和，即

$$\begin{aligned}&y(k)-y(k-1)-2y(k-2)\\&=[x(k)-x(k-2)]-[x(k-1)-x(k-3)]-2[x(k-2)-x(k-4)]\\&=[x(k)-x(k-1)-2x(k-2)]-[x(k-2)-x(k-3)-2x(k-4)]\end{aligned}$$

考虑到式(3.2-13)，得系统的差分方程

$$y(k)-y(k-1)-2y(k-2)=f(k)-f(k-2) \tag{3.2-16}$$

根据单位序列响应的定义，$h(k)$ 应满足方程

$$h(k)-h(k-1)-2h(k-2)=\delta(k)-\delta(k-2) \tag{3.2-17}$$

和初始状态 $h(-1)=h(-2)=0$。

（2）求 $h(k)$

式(3.2-17)中等号右端包含 $\delta(k)$ 和 $\delta(k-2)$，因而不能认为 $k>0$ 时输入为零。这给应用前述方法求系统的单位序列响应造成困难。不过，根据 LTI 系统的线性性质和移位不变性，$h(k)$ 的求解可以转换成简单系统单位序列响应的求解。

构造一简单 LTI 系统，其差分方程左端与式(3.2-16)相同，右端仅含 $f(k)$，即式(3.2-13)。设该系统的单位序列响应为 $h_1(k)$，显然它满足

$$h_1(k)-h_1(k-1)-2h_1(k-2)=\delta(k) \tag{3.2-18a}$$

由 LTI 系统的移位不变性

$$h_1(k-2)-h_1(k-3)-2h_1(k-4)=\delta(k-2) \tag{3.2-18b}$$

将式(3.2-18b)乘以-1 后，与式(3.2-18a)相加得

$$\begin{aligned}&[h_1(k)-h_1(k-2)]-[h_1(k-1)-h_1(k-3)]-2[h_1(k-2)-h_1(k-4)]\\&=\delta(k)-\delta(k-2)\end{aligned} \tag{3.2-19}$$

对比式(3.2-19)、式(3.2-17)可得

$$h(k)=h_1(k)-h_1(k-2) \tag{3.2-20}$$

可见 $h(k)$ 与 $h_1(k)$ 的关系由系统差分方程的右端确定，本例中系统差分方程如式(3.2-16)所示，这样求 $h(k)$ 的问题就转化为求简单系统 $h_1(k)$ 的问题。该方法与连续系统相同，后续无须再推导，可以直接使用。

本例中式(3.2-18a)与例 3.2-1 中式(3.2-10)相同，故由式(3.2 12)有

$$h_1(k)=\left[\frac{1}{3}(-1)^k+\frac{2}{3}(2)^k\right]\varepsilon(k)$$

移位后，有

$$h_1(k-2)=\left[\frac{1}{3}(-1)^{k-2}+\frac{2}{3}(2)^{k-2}\right]\varepsilon(k-2)$$

由式(3.2-20)得图 3.2-4 所示系统以 $y(k)$ 为输出时的单位序列响应为

$$\begin{aligned}h(k)&=h_1(k)-h_1(k-2)\\&=\left[\frac{1}{3}(-1)^k+\frac{2}{3}(2)^k\right]\varepsilon(k)-\left[\frac{1}{3}(-1)^{k-2}+\frac{2}{3}(2)^{k-2}\right]\varepsilon(k-2)\\&=\begin{cases}0, & k<0\\ \dfrac{1}{3}(-1)^k+\dfrac{2}{3}(2)^k, & k=0,1\\ \dfrac{1}{2}(2)^k, & k\geqslant 2\end{cases}\end{aligned} \tag{3.2-21}$$

阶跃响应

当 LTI 离散系统的激励为单位阶跃序列 $\varepsilon(k)$ 时，系统的零状态响应称为单位阶跃响应或阶跃响应，用 $g(k)$ 表示。若已知系统的差分方程，那么利用经典法可以求得系统的单位阶跃响应 $g(k)$。此外，由式(3.2-7)、式(3.2-8)知

$$\varepsilon(k)=\sum_{i=-\infty}^{k}\delta(i)=\sum_{j=0}^{\infty}\delta(k-j)$$

若已知系统的单位序列响应 $h(k)$，根据 LTI 系统的线性性质和移位不变性，系统的阶跃响

应为

$$g(k)=\sum_{i=-\infty}^{k}h(i)=\sum_{j=0}^{\infty}h(k-j) \tag{3.2-22}$$

类似地,由于

$$\delta(k)=\nabla\varepsilon(k)=\varepsilon(k)-\varepsilon(k-1)$$

若已知系统的阶跃响应 $g(k)$,那么系统的单位序列响应为

$$h(k)=\nabla g(k)=g(k)-g(k-1) \tag{3.2-23}$$

例 3.2-3 求例 3.2-1 中图 3.2-3 所示系统的单位阶跃响应。

解 (1) 经典法

前已求得图 3.2-3 所示系统的差分方程为

$$y(k)-y(k-1)-2y(k-2)=f(k)$$

根据阶跃响应的定义,$g(k)$满足方程

$$g(k)-g(k-1)-2g(k-2)=\varepsilon(k) \tag{3.2-24}$$

和初始状态 $g(-1)=g(-2)=0$。上式可写为

$$g(k)=g(k-1)+2g(k-2)+\varepsilon(k)$$

将 $k=0$、1 和 $\varepsilon(0)=\varepsilon(1)=1$ 代入上式,得初始值为

$$g(0)=g(-1)+2g(-2)+\varepsilon(0)=1$$
$$g(1)=g(0)+2g(-1)+\varepsilon(1)=2$$

式(3.2-24)的特征根 $\lambda_1=-1$、$\lambda_2=2$,容易求得它的特解 $g_p(k)=-\frac{1}{2}$,于是得

$$g(k)=C_1(-1)^k+C_2(2)^k-\frac{1}{2},\ k\geqslant 0$$

将初始值代入上式,可求得 $C_1=\frac{1}{6}$,$C_2=\frac{4}{3}$,最后得该系统的阶跃响应为

$$g(k)=\left[\frac{1}{6}(-1)^k+\frac{4}{3}(2)^k-\frac{1}{2}\right]\varepsilon(k) \tag{3.2-25}$$

(2) 利用单位序列响应

前已求得,系统的单位序列响应[见式(3.2-12)]为

$$h(k)=\left[\frac{1}{3}(-1)^k+\frac{2}{3}(2)^k\right]\varepsilon(k)$$

由式(3.2-22),系统的阶跃响应为

$$g(k)=\sum_{i=-\infty}^{k}h(i)=\left[\frac{1}{3}\sum_{i=0}^{k}(-1)^i+\frac{2}{3}\sum_{i=0}^{k}(2)^i\right]\varepsilon(k) \tag{3.2-26}$$

由几何级数求和公式得

$$\sum_{i=0}^{k}(-1)^i=\frac{1-(-1)^{k+1}}{1-(-1)}=\frac{1}{2}[1+(-1)^k]$$

$$\sum_{i=0}^{k}2^i=\frac{1-2^{k+1}}{1-2}=2^{k+1}-1$$

将它们代入到式(3.2-26),得

$$g(k)=\left[\frac{1}{3}\times\frac{1}{2}(1+(-1)^{k})+\frac{2}{3}(2\times 2^{k}-1)\right]\varepsilon(k)=\left[\frac{1}{6}(-1)^{k}+\frac{4}{3}(2)^{k}-\frac{1}{2}\right]\varepsilon(k)$$

与式(3.2-25)结果相同。

最后将常用的几何数列求和公式列于表 3-3,以便查阅。

表 3-3 几种数列的求和公式

序号	公　式	说　明
1	$\sum_{j=0}^{k}a^{j}=\begin{cases}\frac{1-a^{k+1}}{1-a}, & a\neq 1\\ k+1, & a=1\end{cases}$	$k\geqslant 0$
2	$\sum_{j=k_1}^{k_2}a^{j}=\begin{cases}\frac{a^{k_1}-a^{k_2+1}}{1-a}, & a\neq 1\\ k_2-k_1+1, & a=1\end{cases}$	k_1、k_2 可为正或负整数,但 $k_2\geqslant k_1$
3	$\sum_{j=0}^{\infty}a^{j}=\frac{1}{1-a},\quad \lvert a\rvert<1$	
4	$\sum_{j=k_1}^{\infty}a^{j}=\frac{a^{k_1}}{1-a},\quad \lvert a\rvert<1$	k_1 可为正或负整数
5	$\sum_{j=0}^{k}j=\frac{k(k+1)}{2}$	$k\geqslant 0$
6	$\sum_{j=k_1}^{k_2}j=\frac{(k_2+k_1)(k_2-k_1+1)}{2}$	k_1、k_2 可为正或负整数,但 $k_2\geqslant k_1$
7	$\sum_{j=0}^{k}j^{2}=\frac{k(k+1)(2k+1)}{6}$	$k\geqslant 0$

§3.3 零状态响应与卷积和

本节讨论 LTI 离散系统对任意输入的零状态响应。

一、任意激励下的零状态响应

在 LTI 连续时间系统中,把激励信号分解为一系列冲激函数,求出各冲激函数单独作用于系统时的冲激响应,然后将这些响应相加就得到系统对于该激励信号的零状态响应。这个相加的过程表现为求卷积积分。在 LTI 离散系统中,可用与上述大致相同的方法进行分析。由于离散信号本身是一个序列,因此,激励信号分解为单位序列的工作很容易完成。如果系统的单位序列响应为已知,那么,也不难求得每个单位序列单独作用于系统的响应。把这些响应相加就得到系统对于该激励信号的零状态响应,这个相加过程表现为求卷积和。

任意离散时间序列$f(k)$($k=\cdots,-2,-1,0,1,2,\cdots$)可以表示为

$$\begin{aligned}f(k)&=\cdots+f(-2)\delta(k+2)+f(-1)\delta(k+1)+f(0)\delta(k)+\\&\quad f(1)\delta(k-1)+\cdots+f(i)\delta(k-i)+\cdots\\&=\sum_{i=-\infty}^{\infty}f(i)\delta(k-i)\end{aligned}\tag{3.3-1}$$

如果LTI系统的单位序列响应为$h(k)$,那么,由线性系统的齐次性和时不变系统的移位不变性可知,系统对$f(i)\delta(k-i)$的响应为$f(i)h(k-i)$。根据系统的零状态线性性质,式(3.3-1)的序列$f(k)$作用于系统所引起的零状态响应$y_{zs}(k)$应为

$$\begin{aligned}y_{zs}(k)&=\cdots+f(-2)h(k+2)+f(-1)h(k+1)+f(0)h(k)+\\&\quad f(1)h(k-1)+\cdots+f(i)h(k-i)+\cdots\\&=\sum_{i=-\infty}^{\infty}f(i)h(k-i)\end{aligned}\tag{3.3-2}$$

式(3.3-2)称为序列$f(k)$与$h(k)$的卷积和,也简称为卷积。卷积常用符号“*”表示,即

$$y_{zs}(k)=f(k)*h(k)\overset{\text{def}}{=\!=}\sum_{i=-\infty}^{\infty}f(i)h(k-i)\tag{3.3-3}$$

式(3.3-3)表明,LTI系统对于任意激励的零状态响应是激励$f(k)$与系统单位序列响应$h(k)$的卷积和。

例3.3-1 如某LTI系统的冲激响应为$h(k)=(0.5)^k\varepsilon(k)$,求激励分别为$f_1(k)=1$,$f_2(k)=\varepsilon(k)$时系统的零状态响应。

解 (1)由式(3.3-3),考虑到$f_1(k-i)=1$得

$$y_{zs1}(k)=f_1(k)*h(k)=h(k)*f_1(k)=\sum_{i=-\infty}^{\infty}[(0.5)^i\varepsilon(i)\times 1]$$

上式中,$i<0$时$\varepsilon(i)=0$,故从$-\infty$到-1求和等于零,因而求和下限可改为$i=0$,在$i\geqslant 0$时$\varepsilon(i)=1$,于是有

$$y_{zs1}(k)=\sum_{i=0}^{\infty}(0.5)^i=\frac{1}{1-0.5}=2$$

即

$$y_{zs1}(k)=(0.5)^i\varepsilon(i)*1=2,\quad -\infty<k<\infty$$

利用卷积求零状态响应,其所求结果即为零状态响应的表达式,无须像差分方程求解那样最后加上$\varepsilon(k)$。

(2)由式(3.3-3)得

$$y_{zs2}(k)=f_2(k)*h(k)=h(k)*f_2(k)=\sum_{i=-\infty}^{\infty}(0.5)^i\varepsilon(i)\varepsilon(k-i)$$

上式中$\varepsilon(i)$不为零时有$i\geqslant 0$,$\varepsilon(k-i)$不为零时有$i\leqslant k$,故其乘积不为零的区间是$0\leqslant i\leqslant k$,因为$k\in(-\infty,+\infty)$,所以对k分区间讨论,得

$$y_{zs2}(k)=\begin{cases}\displaystyle\sum_{i=0}^{k}(0.5)^i=\frac{1-(0.5)^{k+1}}{1-0.5}=2[1-(0.5)^{k+1}], & k\geqslant 0\\0, & k<0\end{cases}$$

$$=2[1-(0.5)^{k+1}]\varepsilon(k)$$

上述过程中使用了卷积和代数运算中的交换律。随着后续卷积和性质的引入,会更便于卷积和的求解。

例 3.3-2 如例 3.1-5 的离散系统

$$y(k)+3y(k-1)+2y(k-2)=f(k)$$

求激励为 $f(k)=2^k\varepsilon(k)$ 时系统的零状态响应。

解 (1) 求 $h(k)$

冲激响应 $h(k)$ 满足

$$\left.\begin{array}{c}h(k)+3h(k-1)+2h(k-2)=\delta(k)\\ h(-1)=h_1(-2)=0\end{array}\right\}$$

将上式移项有

$$h(k)=-3h(k-1)-2h(k-2)+\delta(k)$$

令 $k=0$、1,并考虑 $\delta(0)=1,\delta(1)=0$,可求 $h(k)$ 的初始值

$$\left.\begin{array}{c}h(0)=-3h(-1)-2h(-2)+\delta(0)=1\\ h(1)=-3h(0)-2h(-1)+\delta(1)=-3\end{array}\right\}$$

当 $k>0$ 时,$h(k)$ 满足齐次方程

$$h(k)+3h(k-1)+2h(k-2)=0$$

其特征根 $\lambda_1=-1$ 、$\lambda_2=-2$,齐次解为

$$h(k)=C_1(-1)^k+C_2(-2)^k$$

将初始值代入得

$$h(0)=C_1+C_2=1$$

$$h(1)=C_1(-1)+C_2(-2)=-3$$

可解得 $C_1=-1$ 、$C_2=2$,则

$$h(k)=[-(-1)^k+2(-2)^k]\varepsilon(k)$$

(2) 求 $y_{zs}(k)$

$$y_{zs}(k)=f(k)*h(k)=h(k)*f(k)=\sum_{i=-\infty}^{+\infty}\{[-(-1)^i+2(-2)^i]\varepsilon(i)\cdot 2^{k-i}\varepsilon(k-i)\}$$

$$=\begin{cases}\sum\limits_{i=0}^{k}\{[-(-1)^i+2(-2)^i]\cdot 2^{k-i}\}, & k\geqslant 0\\ 0, & k<0\end{cases}$$

$$=\left[-\frac{1}{3}(-1)^k+(-2)^k+\frac{1}{3}2^k\right]\varepsilon(k)$$

在利用卷积和求任意激励作用下的零状态响应时,系统单位序列响应 $h(k)$ 的求解是关键。当差分方程右端含有 $f(k)$ 及其移位序列时,可先求简单系统的单位序列响应 $h_1(k)$,再利用差分方程右端得到 $h(k)$ 与 $h_1(k)$ 的关系,详细过程见 §3.2。

在附录二中列出了几种常用因果序列的卷积和,以备查阅。

二、卷积和

一般而言，若有两个序列 $f_1(k)$ 和 $f_2(k)$，其卷积和为

$$f(k)=f_1(k) * f_2(k) \overset{\text{def}}{=} \sum_{i=-\infty}^{\infty} f_1(i)f_2(k-i) \tag{3.3-4}$$

如果序列 $f_1(k)$ 是因果序列，即有 $k<0, f_1(k)=0$，则式(3.3-4)中求和下限可改写为零，即若 $k<0$，$f_1(k)=0$，则

$$f_1(k) * f_2(k) = \sum_{i=0}^{\infty} f_1(i)f_2(k-i) \tag{3.3-5}$$

如果 $f_1(k)$ 不受限制，而 $f_2(k)$ 为因果序列，那么式(3.3-4)中，当 $k-i<0$，即 $i>k$ 时，$f_2(k-i)=0$，因而求和的上限可改写为 k，即若 $f_2(k)=0, k<0$，则

$$f_1(k) * f_2(k) = \sum_{i=-\infty}^{k} f_1(i)f_2(k-i) \tag{3.3-6}$$

如果 $f_1(k)$，$f_2(k)$ 均为因果序列，即若 $f_1(k)=f_2(k)=0, k<0$，则

$$f_1(k) * f_2(k) = \sum_{i=0}^{k} f_1(i)f_2(k-i) \tag{3.3-7}$$

卷积和的计算方法有图解法、定义法、不进位乘法和性质法。卷积和的性质在下一节单独讨论，例 3.3-1 使用的是定义法，本节主要讨论图解法和不进位乘法。

在用式(3.3-4)计算卷积和时，正确地选定参变量 k 的适用区域以及确定相应的求和上限和下限是十分关键的步骤，这可借助于作图的方法解决。图解法也是求简单序列卷积和的有效方法。

用图解法计算序列 $f_1(k)$ 与 $f_2(k)$ 的卷积和的步骤为：

(1) 换元，将 $f_1(k)$ 和 $f_2(k)$ 的自变量 k 换成 i，得到 $f_1(i)$ 和 $f_2(i)$；

(2) 反转，将 $f_2(i)$ 以纵坐标为轴反转，得到 $f_2(-i)$；

(3) 平移，将 $f_2(-i)$ 沿坐标轴 i 平移 k 个单位，得到 $f_2(-(i-k))=f_2(k-i)$。需要注意的是 k 为反转后所得序列 $f_2(-i)$ 的平移量；

(4) 相乘后对 i 求和，将序列 $f_1(i)$ 与 $f_2(k-i)$ 相乘，得到 $f_1(i)f_2(k-i)$，再对乘积从 $i\in(-\infty,+\infty)$ 求和。

下面举例说明图解法计算卷积和的过程。

例 3.3-3 如有两个序列

$$f_1(k)=\begin{cases} k+1, & k=0,1,2 \\ 0, & \text{其余} \end{cases}$$

$$f_2(k)=\begin{cases} 1, & k=0,1,2,3 \\ 0, & \text{其余} \end{cases}$$

试求两序列的卷积和 $f(k)=f_1(k) * f_2(k)$。

解 将序列 $f_1(k)$、$f_2(k)$ 的自变量换为 i，序列 $f_1(i)$ 和 $f_2(i)$ 的图形如图 3.3-1(a)和(b)所示。

将 $f_2(i)$ 反转后，得 $f_2(-i)$，如图 3.3-1(c)所示。

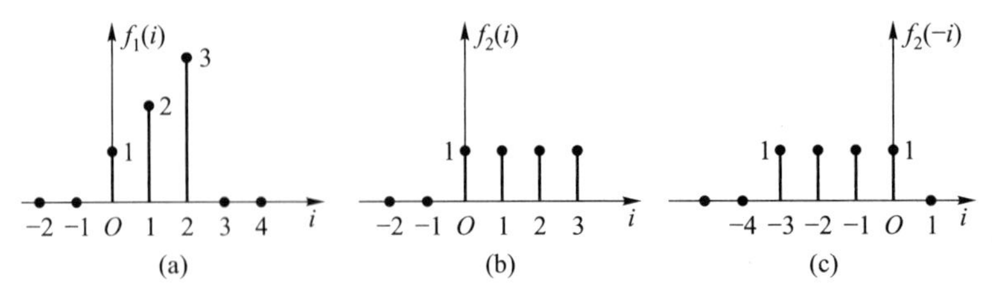

图 3.3-1 例 3.3-3 图

由于 $f_1(k)$、$f_2(k)$ 都是因果信号，可逐次令 $k=\cdots,-1,0,1,2,\cdots$，计算乘积，并按式(3.3-7)求各乘积之和。其计算过程如图 3.3-2 所示。

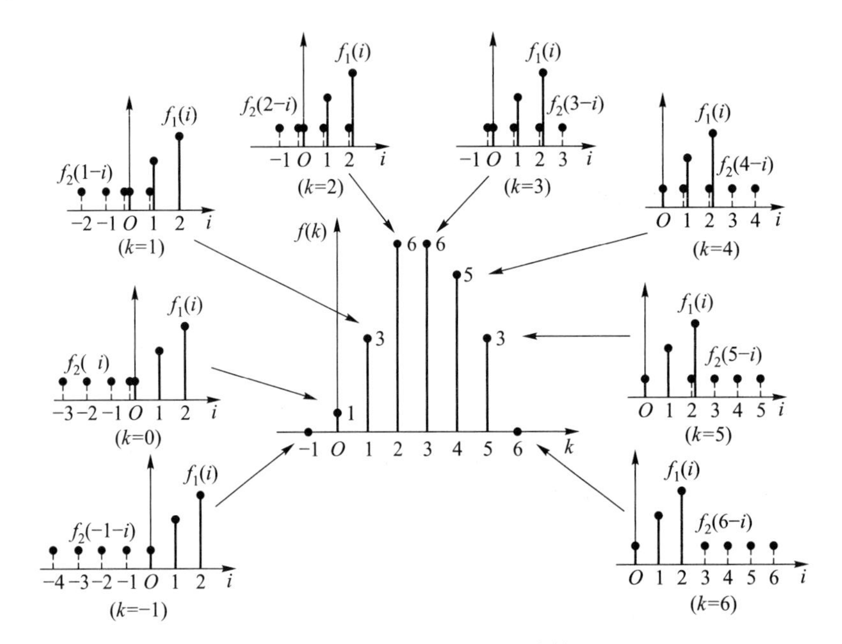

图 3.3-2 例 3.3-3 卷积和的计算过程

当 $k<0$ 时

$$f(k)=f_1(k)*f_2(k)=0$$

当 $k=0$ 时

$$f(0)=\sum_{i=-\infty}^{\infty}f_1(i)f_2(0-i)=f_1(0)f_2(0)=1$$

当 $k=1$ 时

$$f(1)=\sum_{i=-\infty}^{\infty}f_1(i)f_2(1-i)=f_1(0)f_2(1)+f_1(1)f_2(0)=3$$

如此，依次可得

$$f(2)=f_1(0)f_2(2)+f_1(1)f_2(1)+f_1(2)f_2(0)=6$$

$$f(3)=f_1(0)f_2(3)+f_1(1)f_2(2)+f_1(2)f_2(1)+f_1(3)f_2(0)=6$$

…………

计算结果如图 3.3-2 所示。

求卷积和 $f(k)=f_1(k)*f_2(k)$ 在某时刻的值，如 $t=3$ 时 $f(3)$ 的值，用图解法比较方便。需要注意的是，k 是 $f_2(-i)$ 的平移量。

利用不进位乘法，计算卷积和更加简便。由卷积和的定义式(3.3-4)可以看出，求和符号内相乘的两个样值 $f_1(i)$ 的序号 i 与 $f_2(k-i)$ 的序号 $k-i$ 之和恰等于 k。不进位乘法即是基于该原理，具体过程如例 3.3-4 所示。

例 3.3-4 求例 3.3-3 所示的序列 $f_1(k)$、$f_2(k)$ 的卷积和 $f(k)=f_1(k)*f_2(k)$。

解 序列 $f_1(k)$、$f_2(k)$ 可表示为

$$f_1(k)=\{\cdots 0,\underset{\substack{\uparrow\\k=0}}{1},2,3,0\cdots\}$$

$$f_2(k)=\{\cdots,0,\underset{\substack{\uparrow\\k=0}}{1},1,1,1,0\cdots\}$$

不进位乘法计算过程如图 3.3-3 所示，可得

$$f(k)=f_1(k)*f_2(k)=\{\cdots 0,\underset{\substack{\uparrow\\k=0}}{1},3,6,6,5,3,0\cdots\} \tag{3.3-8}$$

为便于理解，图 3.3-3 中使用下标表示出序列 $f_1(k)$、$f_2(k)$ 各样值的序号；乘积的下标，表示两相乘样值的序号之和。由图可见，相乘后获得的每一列数值的下标均相等，根据式(3.3-4)，将每一列相加即可得序列 $f(k)$。式(3.3-8)所示计算结果与例 3.3-3 相同。图 3.3-3 中下标仅为说明该方法的原理，使用时可不用标出。

$$\begin{array}{rrrrrrrl}
 & & & 1_0 & 2_1 & 3_2 & & \leftarrow f_1(k)\\
 & \times & 1_0 & 1_1 & 1_2 & 1_3 & & \leftarrow f_2(k)\\
\hline
 & & & 1_3 & 2_4 & 3_5 & & \\
 & & 1_2 & 2_3 & 3_4 & & & \\
 & 1_1 & 2_2 & 3_3 & & & & \\
+\ 1_0 & 2_1 & 3_2 & & & & & \\
\hline
1_0 & 3_1 & 6_2 & 6_3 & 5_4 & 3_5 & & \leftarrow f(k)
\end{array}$$

图 3.3-3 不进位乘法运算

三、卷积和的性质

离散信号卷积和的运算也服从某些代数运算规则，对式(3.3-4)进行变量代换，令 $i=k-j$，则式(3.3-4)可写为

$$\begin{aligned}
f_1(k)*f_2(k)&=\sum_{i=-\infty}^{\infty}f_1(i)f_2(k-i)=\sum_{j=\infty}^{-\infty}f_1(k-j)f_2(j)\\
&=\sum_{j=-\infty}^{\infty}f_2(j)f_1(k-j)=f_2(k)*f_1(k)
\end{aligned} \tag{3.3-9}$$

即离散序列的卷积和也服从交换律，类似地，也可证明两个序列的卷积和也服从分配律和结合律，即

$$f_1(k) * [f_2(k) + f_3(k)] = f_1(k) * f_2(k) + f_1(k) * f_3(k) \tag{3.3-10}$$

$$f_1(k) * [f_2(k) * f_3(k)] = [f_1(k) * f_2(k)] * f_3(k) \tag{3.3-11}$$

卷积和的代数运算规则在系统分析中的物理含义与连续时间系统类似,可参看§2.4,这里不多赘述。需要强调的是,两个子系统并联组成的复合系统,其单位序列响应等于两个系统的单位序列响应之和;两个子系统级联组成的复合系统,其单位序列响应等于两个系统的单位序列响应的卷积和,如图 3.3-4 所示。

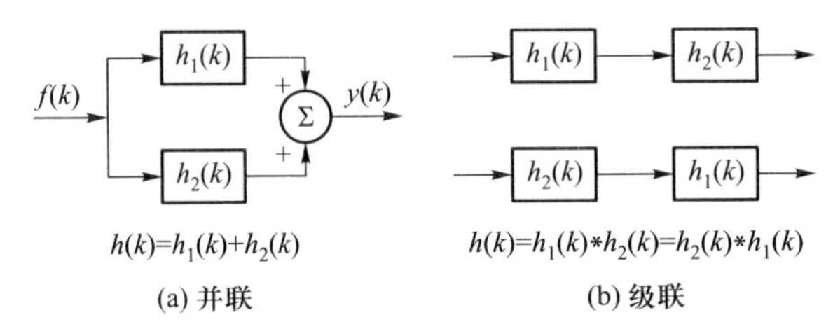

(a) 并联　(b) 级联

图 3.3-4 复合系统的单位序列响应

如果两序列之一是单位序列,由于 $\delta(k)$ 仅当 $k=0$ 时等于 1,$k\neq 0$ 时全为零,因而有

$$f(k) * \delta(k) = \delta(k) * f(k) = \sum_{i=-\infty}^{\infty} \delta(i) f(k-i) = f(k) \tag{3.3-12}$$

即序列 $f(k)$ 与单位序列 $\delta(k)$ 的卷积和就是序列 $f(k)$ 本身。

将式(3.3-12)推广,$f(k)$ 与移位序列 $\delta(k-k_1)$ 的卷积和

$$f(k) * \delta(k-k_1) = \sum_{i=-\infty}^{\infty} f(i)\delta(k-i-k_1)$$

由于仅当 $k-i-k_1=0$,即 $i=k-k_1$ 时 $\delta(k-i-k_1)=1$,而其余为零,故得

$$f(k) * \delta(k-k_1) = f(k-k_1)\delta(k-i-k_1)\big|_{i=k-k_1} = f(k-k_1)$$

考虑到交换律,有

$$f(k) * \delta(k-k_1) = \delta(k-k_1) * f(k) = f(k-k_1) \tag{3.3-13}$$

此外还有

$$f(k-k_1) * \delta(k-k_2) = f(k-k_2) * \delta(k-k_1) = f(k-k_1-k_2) \tag{3.3-14}$$

若

$$f(k) = f_1(k) * f_2(k)$$

则

$$f_1(k-k_1) * f_2(k-k_2) = f_1(k-k_2) * f_2(k-k_1) = f(k-k_1-k_2) \tag{3.3-15}$$

以上各式中 k_1、k_2 均为常整数,各式的证明和图示与连续系统相似(见§2.4),不多赘述。

例 3.3-5 如图 3.3-5 的复合系统由两个子系统级联组成,已知子系统的单位序列响应分别为 $h_1(k)=a^k\varepsilon(k)$,$h_2(k)=b^k\varepsilon(k)$(a、b 为常数),求复合系统的单位序列响应 $h(k)$。

解 根据单位序列响应的定义,复合系统的单位序列响应 $h(k)$ 是激励 $f(k)=\delta(k)$ 时系统的零状态响应,即 $y_{zs}(k)=h(k)$。

令 $f(k)=\delta(k)$,则子系统 1 的零状态响应为

$$x_{zs}(k) = f(k) * h_1(k) = \delta(k) * h_1(k) = h_1(k)$$

当子系统 2 的输入为 $x_{zs}(k)$ 时,子系统 2 的零状态响应亦即复合系统的零状态响应为

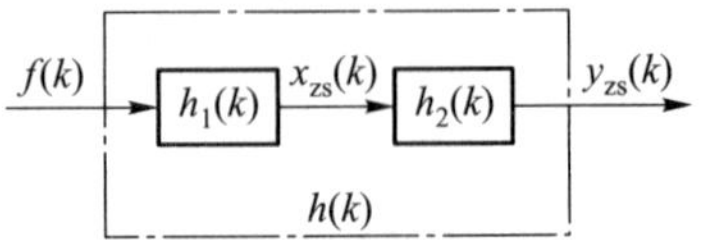

图 3.3-5 例 3.3-5 图

$$y_{zs}(k)=h(k)=x_{zs}(k)*h_2(k)=h_1(k)*h_2(k)$$

即复合系统的单位序列响应为

$$h(k)=h_1(k)*h_2(k)=\sum_{i=-\infty}^{\infty}a^i\varepsilon(i)b^{k-i}\varepsilon(k-i)$$

考虑到当 $i<0$ 时 $\varepsilon(i)=0$，$i>k$ 时 $\varepsilon(k-i)=0$ 以及在 $0\leqslant i\leqslant k$ 区间 $\varepsilon(i)=\varepsilon(k-i)=1$。

当 $a\neq b$ 时

$$h(k)=a^k\varepsilon(k)*[b^k\varepsilon(k)]=\begin{cases}\sum_{i=0}^{k}a^ib^{k-i}=b^k\sum_{i=0}^{k}\left(\frac{a}{b}\right)^i, & k\geqslant 0\\ 0, & k<0\end{cases}$$

$$=b^k\frac{1-\left(\frac{a}{b}\right)^{k+1}}{1-\frac{a}{b}}\varepsilon(k)=\frac{b^{k+1}-a^{k+1}}{b-a}\varepsilon(k)$$

当 $a=b$ 时

$$h(k)=\begin{cases}b^k\sum_{i=0}^{k}1, & k\geqslant 0\\ 0, & k<0\end{cases}=(k+1)b^k\varepsilon(k)$$

故得

$$h(k)=a^k\varepsilon(k)*[b^k\varepsilon(k)]=\begin{cases}\frac{b^{k+1}-a^{k+1}}{b-a}\varepsilon(k), & a\neq b\\ (k+1)b^k\varepsilon(k), & a=b\end{cases}\tag{3.3-16}$$

上式中，若 $a\neq 1$、$b=1$，则有

$$a^k\varepsilon(k)*\varepsilon(k)=\frac{1-a^{k+1}}{1-a}\varepsilon(k)\tag{3.3-17}$$

若 $a=1$、$b=1$，有

$$\varepsilon(k)*\varepsilon(k)=(k+1)\varepsilon(k)\tag{3.3-18}$$

在计算移位序列的卷积和时，利用式(3.3-13)～式(3.3-15)比较简便。例如

$$\begin{aligned}\varepsilon(k+2)*\varepsilon(k-5)&=[\varepsilon(k)*\delta(k+2)]*[\varepsilon(k)*\delta(k-5)]\\&=[\varepsilon(k)*\varepsilon(k)]*[\delta(k+2)*\delta(k-5)]\\&=(k+1)\varepsilon(k)*\delta(k-3)\\&=(k-2)\varepsilon(k-3)\end{aligned}$$

最后，举例说明时域分析求解 LTI 离散系统全响应的有关问题。

例 3.3-6 如图 3.3-6 所示的离散系统(它与例 3.2-1 的系统相同)，已知初始状态 $y(-1)=0$，$y(-2)=\frac{1}{6}$，激励 $f(k)=\cos(k\pi)\varepsilon(k)=(-1)^k\varepsilon(k)$，求系统的全响应。

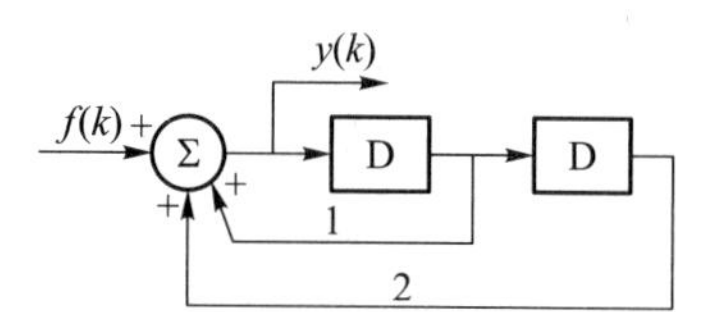

图 3.3-6 例 3.3-6 图

解 按图 3.3-6，不难列出描述该系统的差分方程为

$$y(k)-y(k-1)-2y(k-2)=f(k)\tag{3.3-19}$$

（1）求零输入响应

根据零输入响应的定义，它满足方程

$$y_{zi}(k)-y_{zi}(k-1)-2y_{zi}(k-2)=0 \tag{3.3-20}$$

和初始状态 $y_{zi}(-1)=y(-1)=0, y_{zi}(-2)=y(-2)=\frac{1}{6}$，可推得其初始条件

$$y_{zi}(0)=y_{zi}(-1)+2y_{zi}(-2)=\frac{1}{3}$$

$$y_{zi}(1)=y_{zi}(0)+2y_{zi}(-1)=\frac{1}{3}$$

式（3.3-20）的特征根为 $\lambda_1=-1$、$\lambda_2=2$，故有

$$y_{zi}(k)=C_{zi1}(-1)^k+C_{zi2}(2)^k$$

将初始条件代入，有

$$y_{zi}(0)=C_{zi1}+C_{zi2}=\frac{1}{3}$$

$$y_{zi}(1)=-C_{zi1}+2C_{zi2}=\frac{1}{3}$$

解得 $C_{zi1}=\frac{1}{9}$、$C_{zi2}=\frac{2}{9}$，得零输入响应为

$$y_{zi}(k)=\frac{1}{9}(-1)^k+\frac{2}{9}(2)^k,\ k\geqslant 0 \tag{3.3-21}$$

（2）求单位序列响应和零状态响应

根据单位序列响应的定义，系统的单位序列响应 $h(k)$ 满足方程

$$h(k)-h(k-1)-2h(k-2)=\delta(k)$$

和初始状态 $h(-1)=h(-2)=0$。例 3.2-1 中已求得[见式（3.2-12）]

$$h(k)=\left[\frac{1}{3}(-1)^k+\frac{2}{3}(2)^k\right]\varepsilon(k) \tag{3.3-22}$$

系统的零状态响应等于激励 $f(k)$ 与单位序列响应 $h(k)$ 的卷积和，即

$$y_{zs}(k)=h(k)*f(k)=\left[\frac{1}{3}(-1)^k+\frac{2}{3}(2)^k\right]\varepsilon(k)*[(-1)^k\varepsilon(k)] \tag{3.3-23}$$

由式（3.3-16）可得

$$(-1)^k\varepsilon(k)*[(-1)^k\varepsilon(k)]=(k+1)(-1)^k\varepsilon(k)$$

$$2^k\varepsilon(k)*[(-1)^k\varepsilon(k)]=\frac{(-1)^{k+1}-(2)^{k+1}}{-1-2}\varepsilon(k)=\left[\frac{2}{3}(2)^k+\frac{1}{3}(-1)^k\right]\varepsilon(k)$$

将它们代入式（3.3-23），得

$$\begin{aligned}y_{zs}(k)&=\frac{1}{3}(k+1)(-1)^k\varepsilon(k)+\frac{2}{3}\left[\frac{2}{3}(2)^k+\frac{1}{3}(-1)^k\right]\varepsilon(k)\\&=\left[\frac{1}{3}k(-1)^k+\frac{5}{9}(-1)^k+\frac{4}{9}(2)^k\right]\varepsilon(k)\end{aligned} \tag{3.3-24}$$

最后，得系统的全响应为

$$y(k)=y_{zi}(k)+y_{zs}(k)=\frac{1}{9}(-1)^k+\frac{2}{9}(2)^k+\frac{1}{3}k(-1)^k+\frac{5}{9}(-1)^k+\frac{4}{9}(2)^k$$

$$=\frac{1}{3}(k+2)(-1)^k+\frac{2}{3}(2)^k,\ k\geqslant 0 \tag{3.3-25}$$

顺便指出,对于图 3.3-7 所示含有前馈的离散系统,若求得以 $x(k)$ 为输出的单位序列响应,则以 $y(k)$ 为输出的单位序列响应为

$$\begin{aligned}h(k)&=ah_x(k)+bh_x(k-1)+ch_x(k-2)\\&=h_x(k)*[a\delta(k)+b\delta(k-1)+c\delta(k-2)]\end{aligned} \tag{3.3-26}$$

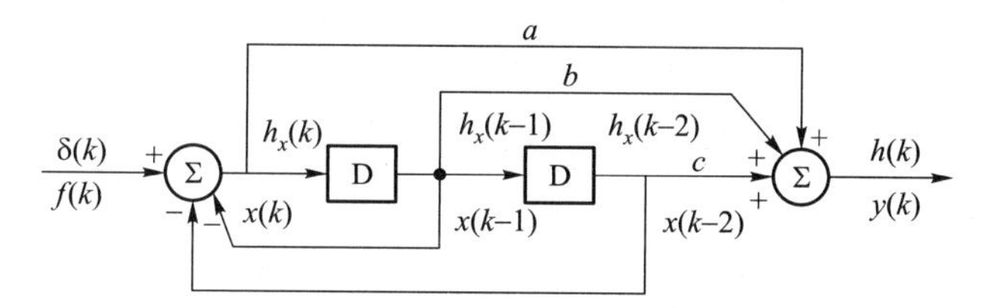

图 3.3-7 含有前馈的离散系统

*§3.4 反 卷 积

在前面的讨论中,若给定系统的激励 $f(k)\ (k\geqslant 0)$ 和单位序列响应 $h(k)$,则系统的零状态响应

$$y_{zs}(k)=h(k)*f(k)=\sum_{i=0}^{k}h(i)f(k-i) \tag{3.4-1}$$

而在一些实际应用(如地震信号处理、地质勘探或考古勘探等)中,往往是对待测目标发送信号 $f(k)$,测得反射回波 $y_{zs}(k)$,由此计算被测目标的特性 $h(k)$。也就是说,给定 $f(k)$ 和 $y_{zs}(k)$,求 $h(k)$,这称为反卷积,也称为解卷积或逆卷积。

由式(3.4-1)得

$$\left.\begin{aligned}&y_{zs}(0)=h(0)f(0)\\&y_{zs}(1)=h(0)f(1)+h(1)f(0)\\&y_{zs}(2)=h(0)f(2)+h(1)f(1)+h(2)f(0)\\&\cdots\cdots\cdots\cdots\end{aligned}\right\} \tag{3.4-2}$$

由式(3.4-2)得

$$\left.\begin{aligned}&h(0)=y_{zs}(0)/f(0)\\&h(1)=[y_{zs}(1)-h(0)f(1)]/f(0)\\&h(2)=[y_{zs}(2)-h(0)f(2)-h(1)f(1)]/f(0)\\&\cdots\cdots\cdots\cdots\end{aligned}\right\} \tag{3.4-3}$$

由式(3.4-3)可知,求 $h(k)$ 的过程是一个递推的过程,由 $h(0),h(1),\cdots$,逐步求出各时刻的 $h(k)$ 值。依此规律递推,可以求出 $h(k)$ 的表达式为

$$h(k)=\left[y_{zs}(k)-\sum_{i=0}^{k-1}h(i)f(k-i)\right]/f(0) \tag{3.4-4}$$

式(3.4-4)也可以这样推得,即由式(3.4-1),得

$$y_{zs}(k)=\sum_{i=0}^{k}h(i)f(k-i)=h(k)f(0)+\sum_{i=0}^{k-1}h(i)f(k-i) \tag{3.4-5}$$

由上式不难求得式(3.4-4)。

同理可求得给定 $h(k)$、$y_{zs}(k)$ 求 $f(k)$ 的表达式

$$f(k)=\left[y_{zs}(k)-\sum_{i=0}^{k-1}f(i)h(k-i)\right]/h(0) \tag{3.4-6}$$

式(3.4-6)也称为反卷积。利用计算机可以方便地求得式(3.4-4)和式(3.4-6)的数值解。

反卷积技术常用于"系统识别",以寻找系统模型。在第六章中将介绍利用变换域求 $h(k)$ 的方法。

例 3.4-1 已知某系统的激励 $f(k)=\varepsilon(k)$,其零状态响应为

$$y_{zs}(k)=2[1-(0.5)^{k+1}]\varepsilon(k)$$

求该系统的单位序列响应 $h(k)$。

解 由式(3.4-4)

$$h(0)=y_{zs}(0)/f(0)=1$$

$$h(1)=[y_{zs}(1)-h(0)f(1)]/f(0)=\frac{3}{2}-1\times1=\frac{1}{2}$$

$$h(2)=[y_{zs}(2)-h(0)f(2)-h(1)f(1)]/f(0)$$

$$=\frac{7}{4}-1-\frac{1}{2}=\frac{1}{4}$$

$$h(3)=[y_{zs}(3)-h(0)f(3)-h(1)f(2)-h(2)f(1)]/f(0)$$

$$=\frac{15}{8}-1-\frac{1}{2}-\frac{1}{4}=\frac{1}{8}$$

…………

以此类推,不难归纳出

$$h(k)=(0.5)^k\varepsilon(k)$$

习题三

3.1 试求下列各序列 $f(k)$ 的差分 $\Delta f(k)$、$\nabla f(k)$ 和 $\sum_{i=-\infty}^{k}f(i)$。

(1) $f(k)=\begin{cases}0, & k<0\\ \left(\frac{1}{2}\right)^k, & k\geqslant 0\end{cases}$

(2) $f(k)=\begin{cases}0, k<0\\ k, k\geqslant 0\end{cases}$

3.2 求下列齐次差分方程的解。

(1) $y(k)-0.5y(k-1)=0, y(0)=1$

(2) $y(k)-2y(k-1)=0, y(0)=2$

(3) $y(k)+3y(k-1)=0, y(1)=1$

(4) $y(k)+\frac{1}{3}y(k-1)=0, y(-1)=-1$

3.3　求下列齐次差分方程的解。

(1) $y(k)-7y(k-1)+16y(k-2)-12y(k-3)=0$,

$y(0)=0, y(1)=-1, y(2)=-3$

(2) $y(k)-2y(k-1)+26y(k-2)-2y(k-3)+y(k-4)=0$,

$y(0)=0, y(1)=1, y(2)=2, y(3)=5$

3.4　求下列差分方程所描述的 LTI 离散系统的零输入响应。

(1) $y(k)+3y(k-1)+2y(k-2)=f(k)$,

$y(-1)=0, y(-2)=1$

(2) $y(k)+2y(k-1)+y(k-2)=f(k)-f(k-1)$,

$y(-1)=1, y(-2)=-3$

(3) $y(k)+y(k-2)=f(k-2)$,

$y(-1)=-2, y(-2)=-1$

3.5　一个乒乓球从离地面 10 m 高处自由下落，设球落地后反弹的高度总是其落下高度的$\frac{1}{2}$，令 $y(k)$ 表示其第 k 次反弹所达的高度，列出其方程并求解 $y(k)$。

3.6　求下列差分方程所描述的 LTI 离散系统的零输入响应、零状态响应和全响应。

(1) $y(k)-2y(k-1)=f(k)$,

$f(k)=2\varepsilon(k), y(-1)=-1$

(2) $y(k)+2y(k-1)=f(k)$,

$f(k)=2^k\varepsilon(k), y(-1)=1$

(3) $y(k)+2y(k-1)=f(k)$,

$f(k)=(3k+4)\varepsilon(k), y(-1)=-1$

(4) $y(k)+3y(k-1)+2y(k-2)=f(k)$,

$f(k)=\varepsilon(k), y(-1)=1, y(-2)=0$

(5) $y(k)+2y(k-1)+y(k-2)=f(k)$,

$f(k)=3\left(\frac{1}{2}\right)^k\varepsilon(k), y(-1)=3, y(-2)=-5$

3.7　下列差分方程所描述的系统，若激励 $f(k)=2\cos\left(\frac{k\pi}{3}\right), k\geq 0$，求各系统的稳态响应。

(1) $y(k)+\frac{1}{2}y(k-1)=f(k)$

(2) $y(k)+\frac{1}{2}y(k-1)=f(k)+2f(k-1)$

3.8　求下列差分方程所描述的离散系统的单位序列响应。

(1) $y(k)+2y(k-1)=f(k-1)$

(2) $y(k)-y(k-2)=f(k)$

(3) $y(k)+y(k-1)+\frac{1}{4}y(k-2)=f(k)$

(4) $y(k)+4y(k-2)=f(k)$

(5) $y(k)-4y(k-1)+8y(k-2)=f(k)$

3.9　求题 3.9 图所示各系统的单位序列响应。

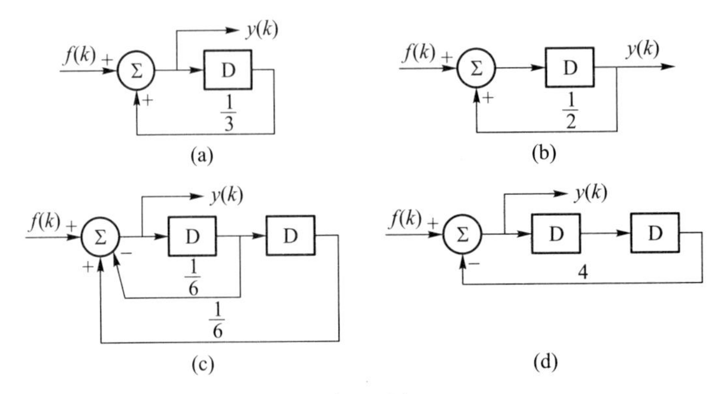

题 3.9 图

3.10　求题 3.10 图所示各系统的单位序列响应。

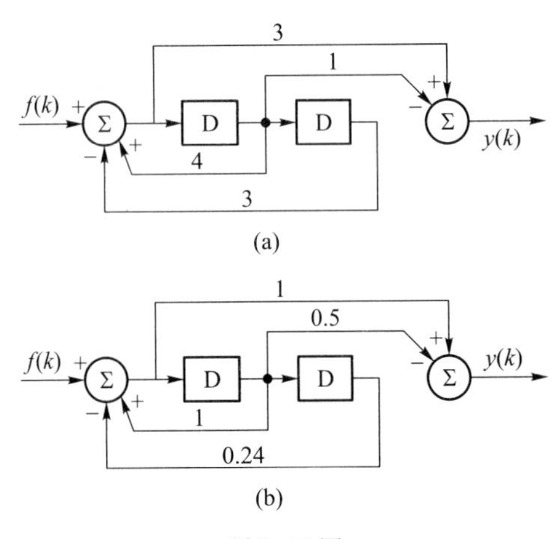

题 3.10 图

3.11　各序列的图形如题 3.11 图所示，求下列卷积和。

(1) $f_1(k)*f_2(k)$　(2) $f_2(k)*f_3(k)$　(3) $f_3(k)*f_4(k)$　(4) $[f_2(k)-f_1(k)]*f_3(k)$

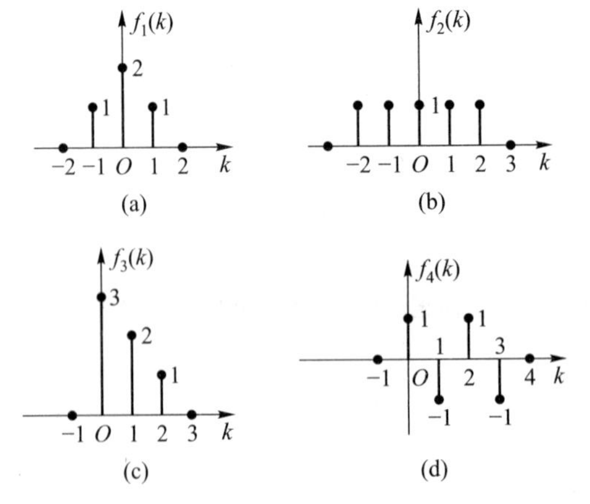

题 3.11 图

3.12　已知系统的激励 $f(k)$ 和单位序列响应 $h(k)$ 如下，求系统的零状态响应 $y_{zs}(k)$。

(1) $f(k)=h(k)=\varepsilon(k)$　　(2) $f(k)=\varepsilon(k),h(k)=\delta(k)-\delta(k-3)$

(3) $f(k)=h(k)=\varepsilon(k)-\varepsilon(k-4)$　　　　(4) $f(k)=(0.5)^{k}\varepsilon(k), h(k)=\varepsilon(k)-\varepsilon(k-5)$

3.13　求题 3.9 图(a)(b)(c)所示各系统的阶跃响应。

3.14　求题 3.14 图所示各系统的单位序列响应和阶跃响应。

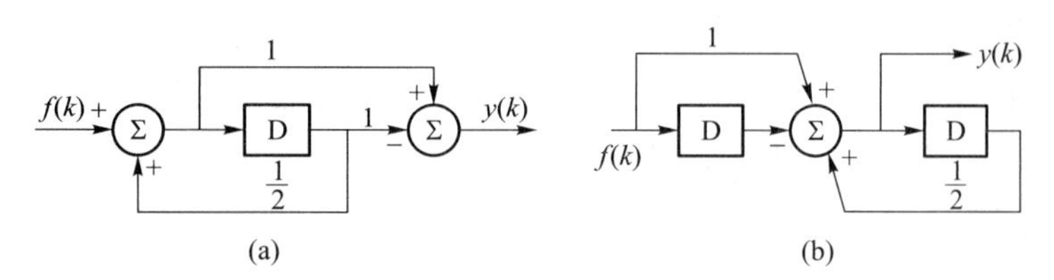

题 3.14 图

3.15　若 LTI 离散系统的阶跃响应 $g(k)=(0.5)^{k}\varepsilon(k)$，求其单位序列响应。

3.16　题 3.16 图所示系统，试求当激励分别为(1) $f(k)=\varepsilon(k)$，(2) $f(k)=(0.5)^{k}\varepsilon(k)$ 时的零状态响应。

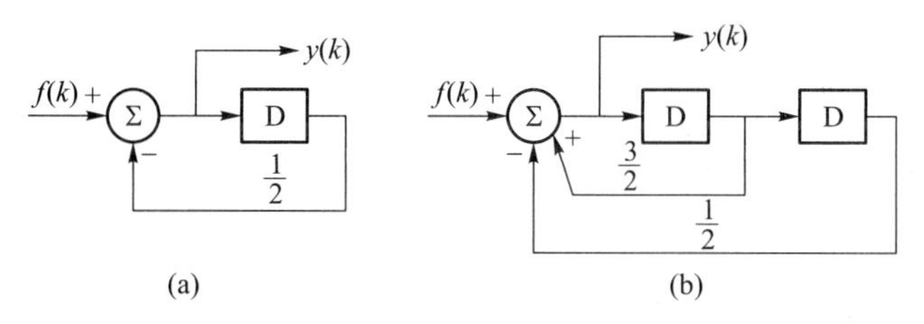

题 3.16 图

3.17　题 3.17 图所示系统，若激励 $f(k)=(0.5)^{k}\varepsilon(k)$，求系统的零状态响应。

3.18　题 3.18 图所示离散系统由两个子系统级联组成，已知 $h_1(k)=2\cos\left(\frac{k\pi}{4}\right)$，$h_2(k)=a^{k}\varepsilon(k)$，激励 $f(k)=\delta(k)-a\delta(k-1)$，求该系统的零状态响应 $y_{zs}(k)$。(提示：利用卷积和的结合律和交换律，可以简化运算。)

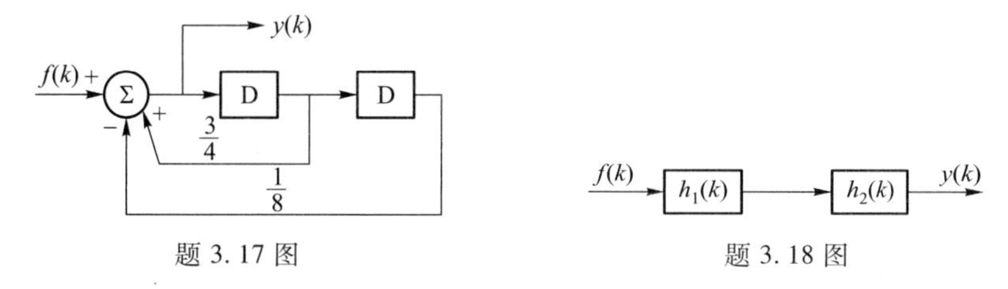

题 3.17 图　　　　题 3.18 图

3.19　如已知某 LTI 系统的输入为

$$f(k)=\begin{cases}1, & k=0\\ 4, & k=1,2\\ 0, & \text{其余}\end{cases}$$

时，其零状态响应为

$$y(k)=\begin{cases}0, & k<0\\ 9, & k\geqslant 0\end{cases}$$

求系统的单位序列响应。

3.20　如描述某二阶系统的差分方程为

$$y(k)-2ay(k-1)+y(k-2)=f(k)$$

式中 a 为常数，试讨论当 $|a|<1$、$a=1$、$a=-1$ 和 $|a|>1$ 四种情况时的单位序列响应。

3.21 如题3.21图所示的复合系统由三个子系统组成，它们的单位序列响应分别为 $h_1(k)=\delta(k)$，$h_2(k)=\delta(k-N)$，N 为常数，$h_3(k)=\varepsilon(k)$，求复合系统的单位序列响应。

3.22 题3.22图所示的复合系统由三个子系统组成，它们的单位序列响应分别为 $h_1(k)=\varepsilon(k)$，$h_2(k)=\varepsilon(k-5)$，求复合系统的单位序列响应。

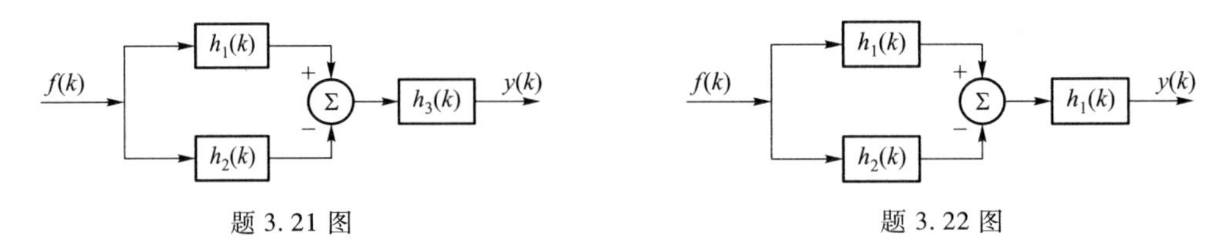

题3.21图　　　　题3.22图

3.23 某人向银行贷款 $M=10$ 万元，月利率 $\beta=1\%$，他定期于每月初还款 N 万元。设第 k 月初还款数为 $f(k)$，尚未还清的款数为 $y(k)$，列出 $y(k)$ 的差分方程［参见式(1.5-7)］。如果他从贷款后第一个月(可设为 $k=0$)还款，则有 $f(k)=N\varepsilon(k)$ 万元和 $y(-1)=M=10$ 万元。

(1) 如每月还款 $N=0.5$ 万元，求 $y(k)$。

(2) 他还清贷款需要几个月？

(3) 如他想在10个月内还清贷款，求每月还款数 N。

3.24 题3.24图为电阻梯形网络，图中 R、u_S 为常数。设各结点电压为 $u(k)$，其中 $k=0,1,2,\cdots,N$ 为各结点序号。显然其边界条件为 $u(0)=u_S$，$u(N)=0$。列出 $u(k)$ 的差分方程，求结点电压 $u(k)$。

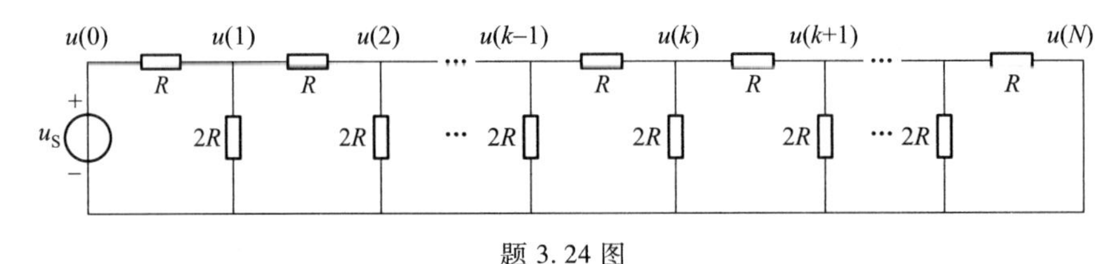

题3.24图

3.25 为用计算机求解微分方程，需要将连续信号离散化。若描述某系统的一阶微分方程为

$$\frac{\mathrm{d}y(t)}{\mathrm{d}t}+ay(t)=bf(t) \tag{1}$$

若在 $t=kT$ 各时刻激励和响应的取样值分别为 $f(kT)$，$y(kT)$，并假设时间间隔 T(称为取样周期)足够小，那么在 $t=kT$ 时刻 $y(t)$ 的导数可近似为

$$\left.\frac{\mathrm{d}y(t)}{\mathrm{d}t}\right|_{t=kT}\approx\frac{y[kT]-y[(k-1)T]}{T}$$

这样上述微分方程可写为

$$\frac{y[kT]-y[(k-1)T]}{T}+ay(kT)=bf(kT)$$

稍加整理，得

$$y(kT)-\frac{1}{1+aT}y[(k-1)T]=\frac{bT}{1+aT}f(kT)$$

或写为

$$y(k)-\frac{1}{1+aT}y(k-1)=\frac{bT}{1+aT}f(k) \tag{2}$$

若 $a=b=1$，$f(t)=\varepsilon(t)$，求微分方程式(1)的零状态响应；若取 $a=b=1$，$T=0.25\ \mathrm{s}$，$f(k)=\varepsilon(k)$，求差分方程式(2)的零状态响应，并将二者进行比较。

3.26 已知某离散系统的单位序列响应 $h(k)=\left(\frac{1}{3}\right)^k\varepsilon(k)$，其零状态响应

$$y_{zs}(k)=\left[\frac{6}{5}\cdot 2^{k}-\frac{1}{5}\left(\frac{1}{3}\right)^{k}\right]\varepsilon(k)$$

求该系统的激励 $f(k)$。

3.27 某离散系统的激励 $f(k)=\delta(k)+\delta(k-2)$，测出该系统的零状态响应如题 3.27 图所示。求该系统的单位序列响应 $h(k)$，并利用迟延单元、加法器、数乘器等基本单元实现该系统。

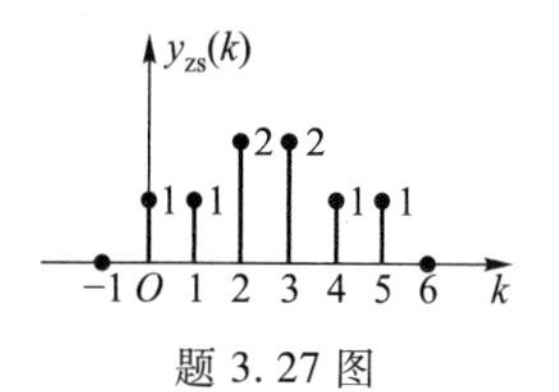

题 3.27 图

3.28 某线性时不变离散系统满足的差分方程为

$$y(k)-\frac{5}{6}y(k-1)+\frac{1}{6}y(k-2)=f(k)-f(k-1)$$

输入激励为 $f(k)=0.75^{k}\varepsilon(k)$，利用 filter 函数求系统的零状态响应。

3.29 已知序列 $f_1(k)=\{1,2,3,4;k=0,1,2,3\}$，$f_2(k)=\{1,1,1,1,1;k=0,1,2,3,4\}$，计算它们的卷积和，并画出卷积结果。

（说明：本章给出了差分方程的求解、卷积和二维图像卷积的 MATLAB 例程，详见附录七，对应的教学视频可以扫描下面的二维码进行观看。）

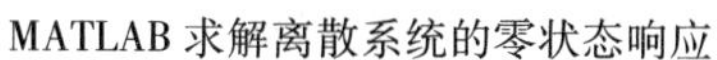

MATLAB 求解离散系统的零状态响应

卷积和的 MATLAB 求解

傅里叶变换和系统的频域分析

第四章

第二、三章分别讨论了连续时间系统和离散时间系统的时域分析。以冲激函数(连续时间系统)或单位序列(离散时间系统)为基本信号,任意输入信号可分解为一系列冲激函数(连续)或单位序列(离散),而系统的响应(零状态响应)是输入信号与系统冲激响应的卷积。本章着重讨论连续时间的傅里叶变换和连续时间系统的频域分析。它是以正弦函数(正弦和余弦函数可统称为正弦函数)或虚指数函数 $e^{j\omega t}$ 为基本信号,将任意连续时间信号表示为一系列不同频率的正弦函数或虚指数函数之和(对于周期信号)或积分(对于非周期信号)。

正弦函数或虚指数函数都是定义在区间$(-\infty,\infty)$的函数,根据欧拉公式,正弦或余弦函数均可表示为两个虚指数函数之和。具有一定幅度和相位,角频率为 ω 的虚指数函数 $Fe^{j\omega t}$ 作用于 LTI 系统时,所引起的响应是同频率的虚指数函数,它可表示为

$$Ye^{j\omega t}=H(j\omega)Fe^{j\omega t}$$

系统的影响表现为系统的频率响应函数 $H(j\omega)$,它是信号角频率 ω 的函数,而与时间无关。这里用于系统分析的独立变量是频率(角频率),故称之为频域分析。

本章的最后部分简要地介绍了离散时间信号的傅里叶变换(DTFT),它是以虚指数函数 $e^{j\frac{2\pi}{N}kn}$ 或 $e^{j\theta k}$ 为基本信号,将任意离散时间信号表示为 N 个不同频率的虚指数之和(对于周期信号)或积分(对于非周期信号)。同时,为了实现用数字计算机进行傅里叶变换的计算,定义了离散傅里叶变换(DFT)。

§4.1 信号分解为正交函数

信号分解为正交函数的原理与矢量分解为正交矢量的概念相似。譬如,在平面上的矢量 $\boldsymbol{A}$ 在直角坐标中可以分解为 x 方向分量和 y 方向分量,如图 4.1-1(a)所示。如令 $\boldsymbol{v}_x$、$\boldsymbol{v}_y$ 为各相应方向的正交单位矢量,则矢量 $\boldsymbol{A}$ 可写为

$$\boldsymbol{A}=C_1\boldsymbol{v}_x+C_2\boldsymbol{v}_y$$

为了便于研究矢量分解,将相互正交的单位矢量组成一个二维"正交矢量集"。这样,在此平面上的任意矢量都可用正交矢量集的分量组合表示。

对于一个三维空间的矢量,可以用一个三维正交矢量集$\{\boldsymbol{v}_x,\boldsymbol{v}_y,\boldsymbol{v}_z\}$的分量组合表示,它可写为

$$\boldsymbol{A}=C_1\boldsymbol{v}_x+C_2\boldsymbol{v}_y+C_3\boldsymbol{v}_z$$

如图 4.1-1(b)所示。

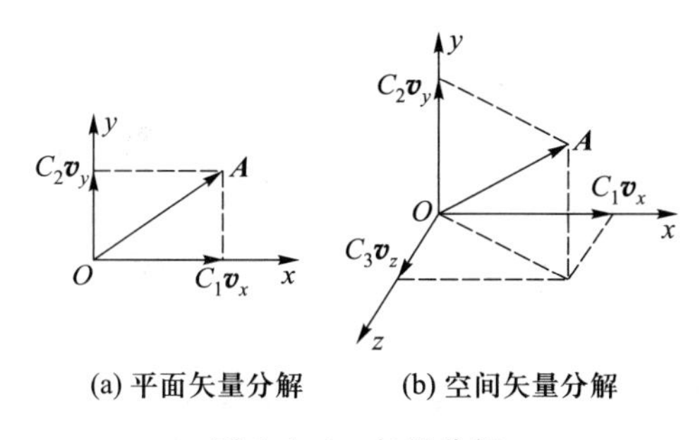

图 4.1-1　矢量分解

空间矢量正交分解的概念可以推广到信号空间,在信号空间找到若干个相互正交的信号作为基本信号,使得信号空间中任一信号均可表示成它们的线性组合。

一、正交函数集

如有定义在(t_1,t_2)区间的两个函数$\varphi_1(t)$和$\varphi_2(t)$,若满足

$$\int_{t_1}^{t_2}\varphi_1(t)\varphi_2(t)\,\mathrm{d}t = 0$$

则称$\varphi_1(t)$和$\varphi_2(t)$在区间(t_1,t_2)内正交。

如有n个函数$\varphi_1(t),\varphi_2(t),\cdots,\varphi_n(t)$构成一个函数集,当这些函数在区间$(t_1,t_2)$内满足

$$\int_{t_1}^{t_2}\varphi_i(t)\varphi_j(t)\,\mathrm{d}t = \begin{cases}0, & 当\ i \neq j\\ K_i \neq 0, & 当\ i = j\end{cases} \tag{4.1-1}$$

式中K_i为常数,则称此函数集为在区间(t_1,t_2)的正交函数集。在区间(t_1,t_2)内相互正交的n个函数构成正交信号空间。

如果在正交函数集$\{\varphi_1(t),\varphi_2(t),\cdots,\varphi_n(t)\}$之外,不存在函数$\phi(t)$ $\left(0<\int_{t_1}^{t_2}\phi^2(t)\,\mathrm{d}t<\infty\right)$满足等式

$$\int_{t_1}^{t_2}\phi(t)\varphi_i(t)\,\mathrm{d}t = 0 \quad (i = 1,2,\cdots,n) \tag{4.1-2}$$

则此函数集称为完备正交函数集。也就是说,如能找到一个函数$\phi(t)$,使得式(4.1-2)成立,即$\phi(t)$与函数集$\{\varphi_i(t)\}$的每个函数都正交,那么它本身就应属于此函数集。显然,不包含$\phi(t)$的集是不完备的。

例如,三角函数集$\{1,\cos(\Omega t),\cos(2\Omega t),\cdots,\cos(m\Omega t),\cdots,\sin(\Omega t),\sin(2\Omega t),\cdots,\sin(n\Omega t),\cdots\}$在区间$(t_0,t_0+T)$ $\left(式中\ T=\dfrac{2\pi}{\Omega}\right)$组成正交函数集,而且是完备的正交函数集。这是因为

$$\int_{t_0}^{t_0+T}\cos(m\Omega t)\cos(n\Omega t)\,\mathrm{d}t = \begin{cases}0, & 当\ m \neq n\\ \dfrac{T}{2}, & 当\ m = n \neq 0\\ T, & 当\ m = n = 0\end{cases} \tag{4.1-3a}$$

$$\int_{t_0}^{t_0+T}\sin(m\Omega t)\sin(n\Omega t)\,\mathrm{d}t=\begin{cases}0, & \text{当 } m\neq n\\ \dfrac{T}{2}, & \text{当 } m=n\neq 0\end{cases}\tag{4.1-3b}$$

$$\int_{t_0}^{t_0+T}\sin(m\Omega t)\cos(n\Omega t)\,\mathrm{d}t=0,\ \text{对于所有的 } m \text{ 和 } n\tag{4.1-3c}$$

即三角函数集满足正交特性式(4.1-1),因而是正交函数集。至于其完备性这里不去讨论。

集合$\{\sin(\Omega t),\sin(2\Omega t),\cdots,\sin(n\Omega t),\cdots\}$在区间$(t_0,t_0+T)$内也是正交函数集,但它是不完备的,因为还有许多函数,如$\cos(\Omega t),\cos(2\Omega t),\cdots$,也与此集中的函数正交。

此外,沃尔什(Walsh)函数集在区间(0,1)内是完备的正交函数集。沃尔什函数用 Wal(k,t)表示,其中k是沃尔什函数编号,为非负整数。图 4.1-2 画出了它的前 6 个波形。其他如勒让德多项式、切比雪夫多项式等也可构成正交函数集。

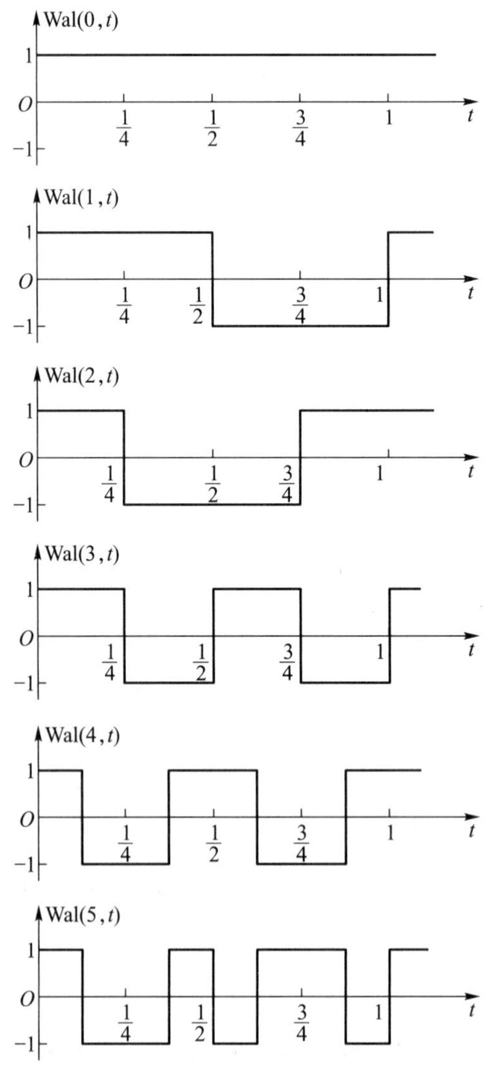

图 4.1-2 前 6 个沃尔什函数波形

如果是复函数集,正交是指:若复函数集$\{\varphi_i(t)\}$($i=1,2,\cdots,n$)在区间(t_1,t_2)满足

$$\int_{t_1}^{t_2}\varphi_i(t)\varphi_j^*(t)\,\mathrm{d}t=\begin{cases}0, & 当\ i\neq j\\ K_i\neq 0, & 当\ i=j\end{cases}\tag{4.1-4}$$

则称此复函数集为正交函数集。式中$\varphi_j^*(t)$为函数$\varphi_j(t)$的共轭复函数。

复函数集$\{\mathrm{e}^{\mathrm{j}n\Omega t}\}$($n=0,\pm1,\pm2,\cdots$)在区间($t_0$,$t_0+T$)内是完备正交函数集,式中$T=\dfrac{2\pi}{\Omega}$.它在区间($t_0$,$t_0+T$)内满足

$$\int_{t_0}^{t_0+T}\mathrm{e}^{\mathrm{j}m\Omega t}(\mathrm{e}^{\mathrm{j}n\Omega t})^*\,\mathrm{d}t=\int_{t_0}^{t_0+T}\mathrm{e}^{\mathrm{j}(m-n)\Omega t}\mathrm{d}t=\begin{cases}0, & 当\ m\neq n\\ T, & 当\ m=n\end{cases}\tag{4.1-5}$$

二、信号分解为正交函数

设有n个函数$\varphi_1(t),\varphi_2(t),\cdots,\varphi_n(t)$在区间($t_1$,$t_2$)构成一个正交函数空间。将任一函数$f(t)$用这$n$个正交函数的线性组合来近似,可表示为

$$f(t)\approx C_1\varphi_1(t)+C_2\varphi_2(t)+\cdots+C_n\varphi_n(t)=\sum_{j=1}^{n}C_j\varphi_j(t)\tag{4.1-6}$$

这里的问题是:如何选择C_j才能得到最佳近似。显然,应选取各系数C_j使实际函数与近似函数之间误差在区间(t_1,t_2)内为最小。这里“误差最小”不是指平均误差最小,因为在平均误差最小甚至等于零的情况下,也可能有较大的正误差和负误差在平均过程中相互抵消,以致不能正确反映两函数的近似程度。通常选择误差的均方值(或称方均值)最小,这时,可以认为已经得到了最好的近似。误差的均方值也称为均方误差,用符号$\overline{\varepsilon^2}$表示

$$\overline{\varepsilon^2}=\frac{1}{t_2-t_1}\int_{t_1}^{t_2}\left[f(t)-\sum_{j=1}^{n}C_j\varphi_j(t)\right]^2\mathrm{d}t\tag{4.1-7}$$

在$j=1,2,\cdots,i,\cdots,n$中,为求得使均方误差最小的第i个系数C_i,必须使

$$\frac{\partial\,\overline{\varepsilon^2}}{\partial C_i}=0$$

即

$$\frac{\partial}{\partial C_i}\left\{\int_{t_1}^{t_2}\left[f(t)-\sum_{j=1}^{n}C_j\varphi_j(t)\right]^2\mathrm{d}t\right\}=0\tag{4.1-8}$$

展开上式的被积函数,注意到由序号不同的正交函数相乘的各项,其积分均为零,而且所有不包含C_i的各项对C_i求导也等于零。这样,式(4.1-8)中只有两项不为零,它可以写为

$$\frac{\partial}{\partial C_i}\left\{\int_{t_1}^{t_2}[-2C_if(t)\varphi_i(t)+C_i^2\varphi_i^2(t)]\,\mathrm{d}t\right\}=0$$

交换微分与积分次序,得

$$-2\int_{t_1}^{t_2}f(t)\varphi_i(t)\,\mathrm{d}t+2C_i\int_{t_1}^{t_2}\varphi_i^2(t)\,\mathrm{d}t=0$$

于是可求得

$$C_i=\frac{\displaystyle\int_{t_1}^{t_2}f(t)\varphi_i(t)\,\mathrm{d}t}{\displaystyle\int_{t_1}^{t_2}\varphi_i^2(t)\,\mathrm{d}t}=\frac{1}{K_i}\int_{t_1}^{t_2}f(t)\varphi_i(t)\,\mathrm{d}t\tag{4.1-9}$$

式中

$$K_i=\int_{t_1}^{t_2}\varphi_i^2(t)\,\mathrm{d}t \tag{4.1-10}$$

这就是满足最小均方误差的条件下,式(4.1-6)中各系数 C_i 的表达式。此时,$f(t)$能获得最佳近似。

当按式(4.1-9)选取系数 C_i 时,将 C_i 代入式(4.1-7),可以得到最佳近似条件下的均方误差为

$$\begin{aligned}\overline{\varepsilon^2}&=\frac{1}{t_2-t_1}\int_{t_1}^{t_2}\left[f(t)-\sum_{j=1}^{n}C_j\varphi_j(t)\right]^2\mathrm{d}t\\&=\frac{1}{t_2-t_1}\left[\int_{t_1}^{t_2}f^2(t)\,\mathrm{d}t+\sum_{j=1}^{n}C_j^2\int_{t_1}^{t_2}\varphi_j^2(t)\,\mathrm{d}t-2\sum_{j=1}^{n}C_j\int_{t_1}^{t_2}f(t)\varphi_j(t)\,\mathrm{d}t\right]\end{aligned}$$

考虑到 $\int_{t_1}^{t_2}\varphi_j^2(t)\,\mathrm{d}t=K_j, C_j=\frac{1}{K_j}\int_{t_1}^{t_2}f(t)\varphi_j(t)\,\mathrm{d}t$,得

$$\begin{aligned}\overline{\varepsilon^2}&=\frac{1}{t_2-t_1}\left[\int_{t_1}^{t_2}f^2(t)\,\mathrm{d}t+\sum_{j=1}^{n}C_j^2K_j-2\sum_{j=1}^{n}C_j^2K_j\right]\\&=\frac{1}{t_2-t_1}\left[\int_{t_1}^{t_2}f^2(t)\,\mathrm{d}t-\sum_{j=1}^{n}C_j^2K_j\right]\end{aligned} \tag{4.1-11}$$

利用上式可直接求得在给定项数 n 的条件下的最小均方误差。

由均方误差的定义式(4.1-7)可见,由于函数平方后再积分,因而$\overline{\varepsilon^2}$不可能为负,即恒有$\overline{\varepsilon^2}\geqslant 0$。由式(4.1-11)可见,在用正交函数去近似(或逼近)$f(t)$时,所取的项数愈多,即 n 愈大,则均方误差愈小。当 $n\to\infty$ 时,$\overline{\varepsilon^2}=0$。由式(4.1-11)可得,如$\overline{\varepsilon^2}=0$,则有

$$\int_{t_1}^{t_2}f^2(t)\,\mathrm{d}t=\sum_{j=1}^{\infty}C_j^2K_j \tag{4.1-12}$$

式(4.1-12)称为帕塞瓦尔(Parseval)方程。

如果信号 $f(t)$是电压或电流,那么,式(4.1-12)等号左端就是在(t_1,t_2)区间信号的能量,等号右端是在(t_1,t_2)区间信号各正交分量的能量之和(这在§4.3中将更清楚地讲述)。式(4.1-12)表明:在区间(t_1,t_2)信号所含能量恒等于此信号在完备正交函数集中各正交分量能量的总和。与此相反,如果信号在正交函数集中的各正交分量能量总和小于信号本身的能量,这时式(4.1-12)不成立,该正交函数集不完备。

这样,当 $n\to\infty$ 时,均方误差$\overline{\varepsilon^2}=0$,式(4.1-6)可写为

$$f(t)=\sum_{j=1}^{\infty}C_j\varphi_j(t) \tag{4.1-13}$$

即函数 $f(t)$在区间(t_1,t_2)可分解为无穷多项正交函数之和。

当正交函数集为复函数集时,系数可如下确定:

$$C_j=\frac{\int_{t_1}^{t_2}f(t)\varphi_j^*(t)\,\mathrm{d}t}{\int_{t_1}^{t_2}\varphi_j(t)\varphi_j^*(t)\,\mathrm{d}t} \tag{4.1-14}$$

式(4.1-14)中,$f(t)$ 可以是实函数,也可以是复函数。其详细推导过程见参考文献 13。

§4.2　傅里叶级数

周期信号是定义在$(-\infty,\infty)$区间，每隔一定时间T，按相同规律重复变化的信号，如图4.2-1所示。它可表示为

$$f(t)=f(t+mT) \tag{4.2-1}$$

式中m为任意整数。时间T称为该信号的重复周期，简称周期。周期的倒数称为该信号的频率。

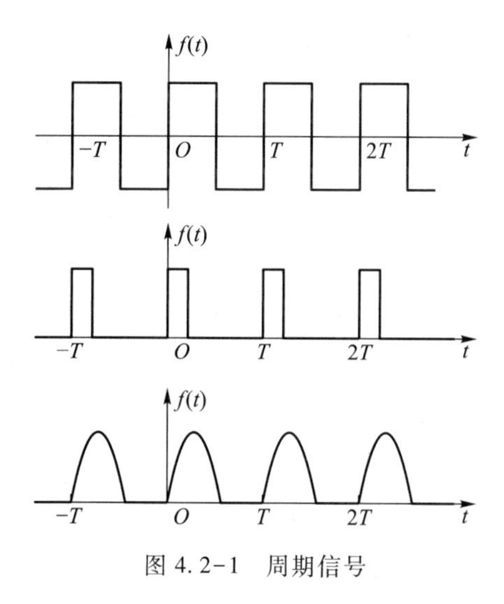

图4.2-1　周期信号

由式(4.1-13)可知，周期信号$f(t)$在区间(t_0,t_0+T)可以展开成在完备正交信号空间中的无穷级数。如果完备的正交函数集是三角函数集或指数函数集，那么，周期信号所展开的无穷级数就分别称为“三角型傅里叶级数”或“指数型傅里叶级数”，统称傅里叶级数。

需要指出，只有当周期信号满足狄利克雷条件①时，才能展开成傅里叶级数。通常遇到的周期信号都满足该条件，以后不再特别说明。

一、周期信号的分解

设有周期实信号$f(t)$，它的周期是T，角频率$\Omega=2\pi F=\dfrac{2\pi}{T}$，它可分解为

$$f(t)=\frac{a_0}{2}\cdot 1+a_1\cos(\Omega t)+a_2\cos(2\Omega t)+\cdots+b_1\sin(\Omega t)+b_2\sin(2\Omega t)+\cdots$$

---

①　狄利克雷(Dirichlet)条件是：a. 函数在任意有限区间内连续，或只有有限个第一类间断点(当t从左或右趋于这个间断点时，函数有有限的左极限和右极限)；b. 在一周期内，函数有有限个极大值或极小值。

$$= \frac{a_0}{2} + \sum_{n=1}^{\infty} a_n \cos(n\Omega t) + \sum_{n=1}^{\infty} b_n \sin(n\Omega t) \tag{4.2-2}$$

式(4.2-2)中的系数 a_n, b_n 称为傅里叶系数，它可由式(4.1-9)求得。为简便，式(4.1-9)的积分区间(t_0, t_0+T)取为$\left(-\frac{T}{2}, \frac{T}{2}\right)$或$(0, T)$。考虑到正、余弦函数的正交条件式(4.1-3)，由式(4.1-9)，可得傅里叶系数

$$\frac{a_0}{2} = \frac{\int_{-\frac{T}{2}}^{\frac{T}{2}} f(t) \cdot 1 \mathrm{d}t}{\int_{-\frac{T}{2}}^{\frac{T}{2}} 1^2 \mathrm{d}t} = \frac{1}{T} \int_{-\frac{T}{2}}^{\frac{T}{2}} f(t) \mathrm{d}t \tag{4.2-3a}$$

$$a_n = \frac{\int_{-\frac{T}{2}}^{\frac{T}{2}} f(t) \cos(n\Omega t) \mathrm{d}t}{\int_{-\frac{T}{2}}^{\frac{T}{2}} \cos^2(n\Omega t) \mathrm{d}t} = \frac{2}{T} \int_{-\frac{T}{2}}^{\frac{T}{2}} f(t) \cos(n\Omega t) \mathrm{d}t, n = 1,2,\cdots \tag{4.2-3b}$$

$$b_n = \frac{\int_{-\frac{T}{2}}^{\frac{T}{2}} f(t) \sin(n\Omega t) \mathrm{d}t}{\int_{-\frac{T}{2}}^{\frac{T}{2}} \sin^2(n\Omega t) \mathrm{d}t} = \frac{2}{T} \int_{-\frac{T}{2}}^{\frac{T}{2}} f(t) \sin(n\Omega t) \mathrm{d}t, n = 1,2,\cdots \tag{4.2-4}$$

式中 T 为函数 $f(t)$ 的周期，$\Omega = \frac{2\pi}{T}$为角频率。由式(4.2-3b)和式(4.2-4)可见，傅里叶系数 a_n 和 b_n 都是 n(或 $n\Omega$)的函数，其中 a_n 是 n(或 $n\Omega$)的偶函数，即 $a_{-n} = a_n$；而 b_n 是 n(或 $n\Omega$)的奇函数，即有 $b_{-n} = -b_n$。$\frac{a_0}{2}$为直流分量。

将式(4.2-2)中同频率项合并，可写成如下形式

$$f(t) = \frac{A_0}{2} + A_1 \cos(\Omega t + \varphi_1) + A_2 \cos(2\Omega t + \varphi_2) + \cdots$$

$$= \frac{A_0}{2} + \sum_{n=1}^{\infty} A_n \cos(n\Omega t + \varphi_n) \tag{4.2-5}$$

式中

$$\left.\begin{aligned} A_0 &= a_0 \\ A_n &= \sqrt{a_n^2 + b_n^2}, \ n = 1,2,\cdots \\ \varphi_n &= -\arctan\left(\frac{b_n}{a_n}\right) \end{aligned}\right\} \tag{4.2-6}$$

如将式(4.2-5)的形式化为式(4.2-2)的形式，它们系数之间的关系为

$$\left.\begin{aligned} a_0 &= A_0 \\ a_n &= A_n \cos \varphi_n, \quad n = 1,2,\cdots \\ b_n &= -A_n \sin \varphi_n, \end{aligned}\right\} \tag{4.2-7}$$

由式(4.2-6)可见,A_n 是 n(或 $n\Omega$)的偶函数,即有 $A_{-n}=A_n$;而 φ_n 是 n(或 $n\Omega$)的奇函数,即有 $\varphi_{-n}=-\varphi_n$。傅里叶系数的这些重要性质是很有用的。

式(4.2-5)表明,任何满足狄利克雷条件的周期函数可分解为直流和许多余弦(或正弦)分量。其中第一项 $\frac{A_0}{2}$ 是常数项,它是周期信号中所包含的直流分量;式中第二项 $A_1\cos(\Omega t+\varphi_1)$ 称为基波或一次谐波,它的角频率与原周期信号相同,A_1 是基波振幅,φ_1 是基波初相角;式中第三项 $A_2\cos(2\Omega t+\varphi_2)$ 称为二次谐波,它的频率是基波频率的二倍,A_2 是二次谐波振幅,φ_2 是其初相角。以此类推,还有三次、四次、…谐波。一般而言,$A_n\cos(n\Omega t+\varphi_n)$ 称为 n 次谐波,A_n 是 n 次谐波的振幅,φ_n 是其初相角。式(4.2-5)表明,周期信号可以分解为各次谐波分量。

例 4.2-1 将图 4.2-2 所示的方波信号 $f(t)$ 展开为傅里叶级数。

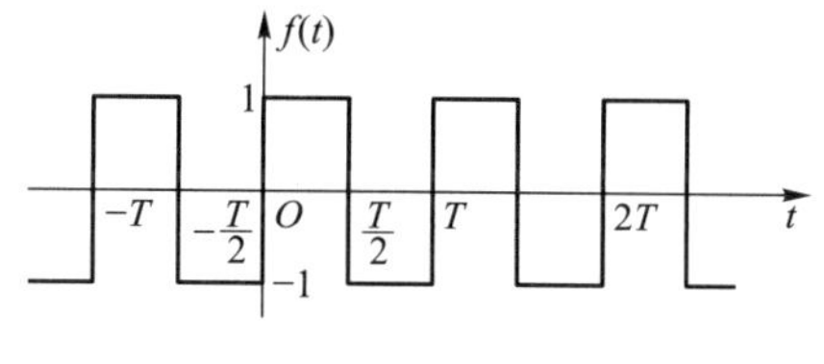

图 4.2-2 例 4.2-1 图

解 由式(4.2-3)和式(4.2-4)可得

$$a_n=\frac{2}{T}\int_{-\frac{T}{2}}^{\frac{T}{2}}f(t)\cos(n\Omega t)\,\mathrm{d}t$$

$$=\frac{2}{T}\int_{-\frac{T}{2}}^{0}(-1)\cos(n\Omega t)\,\mathrm{d}t+\frac{2}{T}\int_{0}^{\frac{T}{2}}(1)\cos(n\Omega t)\,\mathrm{d}t$$

$$=\frac{2}{T}\cdot\frac{1}{n\Omega}[-\sin(n\Omega t)]\Big|_{-\frac{T}{2}}^{0}+\frac{2}{T}\cdot\frac{1}{n\Omega}[\sin(n\Omega t)]\Big|_{0}^{\frac{T}{2}}$$

考虑到 $\Omega=\frac{2\pi}{T}$,可得

$$a_n=0$$

$$b_n=\frac{2}{T}\int_{-\frac{T}{2}}^{0}(-1)\sin(n\Omega t)\,\mathrm{d}t+\frac{2}{T}\int_{0}^{\frac{T}{2}}\sin(n\Omega t)\,\mathrm{d}t$$

$$=\frac{2}{T}\cdot\frac{1}{n\Omega}\cos(n\Omega t)\Big|_{-\frac{T}{2}}^{0}+\frac{2}{T}\cdot\frac{1}{n\Omega}[-\cos(n\Omega t)]\Big|_{0}^{\frac{T}{2}}$$

$$=\frac{2}{n\pi}[1-\cos(n\pi)]=\begin{cases}0, & n=2,4,6,\cdots\\ \frac{4}{n\pi}, & n=1,3,5,\cdots\end{cases}$$

将它们代入式(4.2-2),得图 4.2-2 所示信号的傅里叶级数展开式为

$$f(t)=\frac{4}{\pi}\left[\sin(\Omega t)+\frac{1}{3}\sin(3\Omega t)+\frac{1}{5}\sin(5\Omega t)+\cdots+\frac{1}{n}\sin(n\Omega t)+\cdots\right],\quad n=1,3,5,\cdots \tag{4.2-8}$$

它只含一、三、五、…奇次谐波分量。

这里顺便计算用有限项级数逼近 $f(t)$ 引起的均方误差。根据式(4.1-11),对于本例,考虑到 $t_2=\dfrac{T}{2}$、$t_1=-\dfrac{T}{2}$、$K_j=\dfrac{T}{2}$,均方误差为

$$\overline{\varepsilon^2}=\frac{1}{T}\left[\int_{-\frac{T}{2}}^{\frac{T}{2}}f^2(t)\,\mathrm{d}t-\sum_{j=1}^{n}b_j^2\cdot\frac{T}{2}\right]=\frac{1}{T}\left[\int_{-\frac{T}{2}}^{\frac{T}{2}}\mathrm{d}t-\frac{T}{2}\sum_{j=1}^{n}b_j^2\right]=1-\frac{1}{2}\sum_{j=1}^{n}b_j^2\qquad(4.2-9)$$

当只取基波时

$$\overline{\varepsilon_1^2}=1-\frac{1}{2}\left(\frac{4}{\pi}\right)^2=0.189$$

当取基波和三次谐波时

$$\overline{\varepsilon_2^2}=1-\frac{1}{2}\left(\frac{4}{\pi}\right)^2-\frac{1}{2}\left(\frac{4}{3\pi}\right)^2=0.099\ 4$$

当取一、三、五次谐波时

$$\overline{\varepsilon_3^2}=1-\frac{1}{2}\left(\frac{4}{\pi}\right)^2-\frac{1}{2}\left(\frac{4}{3\pi}\right)^2-\frac{1}{2}\left(\frac{4}{5\pi}\right)^2=0.066\ 9$$

当取一、三、五、七次谐波时

$$\overline{\varepsilon_4^2}=1-\frac{1}{2}\left(\frac{4}{\pi}\right)^2-\frac{1}{2}\left(\frac{4}{3\pi}\right)^2-\frac{1}{2}\left(\frac{4}{5\pi}\right)^2-\frac{1}{2}\left(\frac{4}{7\pi}\right)^2=0.050\ 4$$

图 4.2-3 画出了一个周期的方波组成情况。由图 4.2-3 可见,当它包含的谐波分量愈多时,波形愈接近于原来的方波信号 $f(t)$(如图 4.2-3 中虚线所示),其均方误差愈小。还可看出,频率较低的谐波,其振幅较大,它们组成方波的主体,而频率较高的高次谐波振幅较小,它们主要影响波形的细节,波形中所包含的高次谐波愈多,波形的边缘愈陡峭。

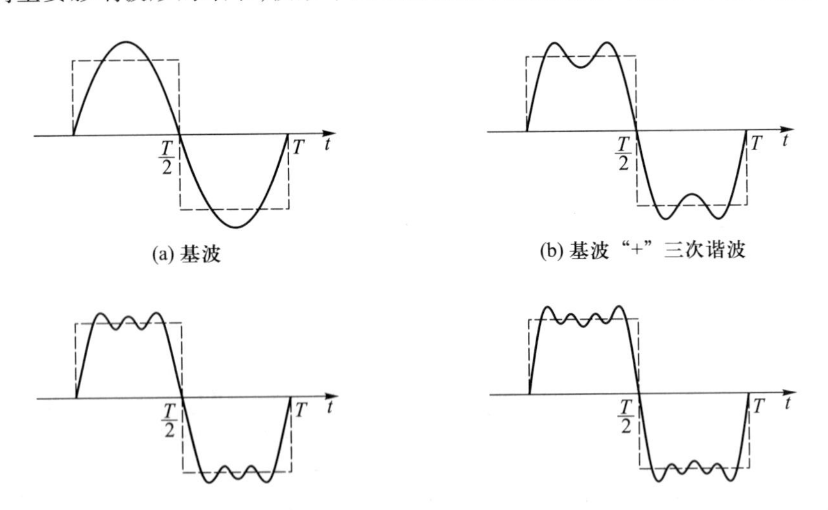

图 4.2-3 方波的组成

由图 4.2-3 还可以看出,合成波形所包含的谐波分量愈多时,除间断点附近外,它愈接近于原方波信号。在间断点附近,随着所含谐波次数的增高,合成波形的尖峰愈靠近间断点,但尖峰幅度并未明显减小。可以证明(见 §4.8),即使合成波形所含谐波次数 $n\to\infty$ 时,

在间断点处仍有约 9%的偏差，这种现象称为吉布斯（Gibbs）现象。在傅里叶级数的项数取得很大时，间断点处尖峰下的面积非常小以致趋近于零，因而在均方的意义上合成波形同原方波的真值之间没有区别。

二、奇、偶函数的傅里叶级数

若给定的函数 $f(t)$ 具有某些特点，那么，有些傅里叶系数将等于零，从而使傅里叶系数的计算较为简便。

（1）$f(t)$ 为偶函数

若函数 $f(t)$ 是时间 t 的偶函数，即 $f(-t)=f(t)$，则波形相对于纵坐标轴对称，如图 4.2-4 所示。

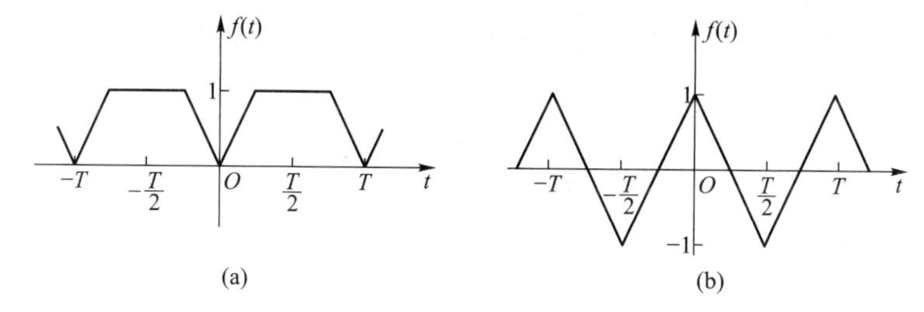

图 4.2-4　偶函数

当 $f(t)$ 是 t 的偶函数时，式（4.2-3）、式（4.2-4）中被积函数 $f(t)\cos(n\Omega t)$ 是 t 的偶函数，而 $f(t)\sin(n\Omega t)$ 是 t 的奇函数。当被积函数为偶函数时，在对称区间 $\left(-\frac{T}{2},\frac{T}{2}\right)$ 的积分等于其半区间 $\left(0,\frac{T}{2}\right)$ 积分的二倍；而当被积函数为奇函数时，在对称区间的积分为零，故由式（4.2-3）、式（4.2-4）得

$$\left.\begin{aligned} a_n &= \frac{4}{T}\int_0^{\frac{T}{2}} f(t)\cos(n\Omega t)\,\mathrm{d}t, \\ b_n &= 0, \end{aligned}\quad n=0,1,2,\cdots\right\} \tag{4.2-10}$$

进而由式（4.2-6）有

$$\left.\begin{aligned} A_n &= |a_n|, \\ \varphi_n &= m\pi\,(m\text{ 为整数}), \end{aligned}\quad n=0,1,2,\cdots\right\} \tag{4.2-11}$$

（2）$f(t)$ 为奇函数

若函数 $f(t)$ 是 t 的奇函数，即 $f(-t)=-f(t)$，则信号波形相对于原点对称，如图 4.2-5 所示。

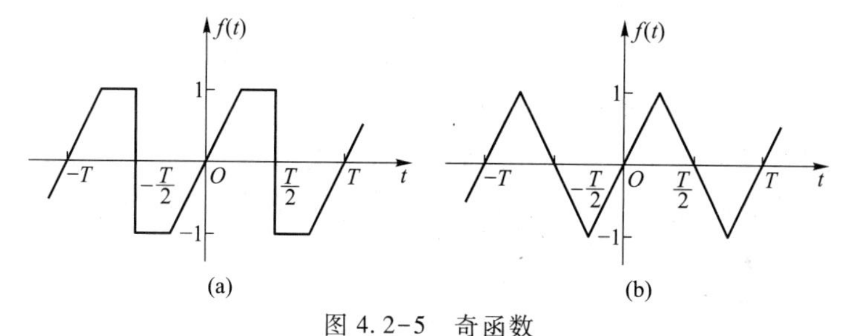

图 4.2-5　奇函数

这时有

$$\left.\begin{aligned} a_n &= 0, \\ b_n &= \frac{4}{T}\int_0^{\frac{T}{2}} f(t)\sin(n\Omega t)\,\mathrm{d}t, \end{aligned}\quad n = 0,1,2,\cdots\right\} \tag{4.2-12}$$

进而有

$$\left.\begin{aligned} A_n &= |b_n|, \\ \varphi_n &= \frac{(2m+1)\pi}{2}(m\text{ 为整数}), \end{aligned}\quad n = 0,1,2,\cdots\right\} \tag{4.2-13}$$

实际上，任意函数$f(t)$都可分解为奇函数和偶函数两部分，即

$$f(t) = f_{\mathrm{od}}(t) + f_{\mathrm{ev}}(t)$$

式中$f_{\mathrm{od}}(t)$表示奇函数部分，$f_{\mathrm{ev}}(t)$表示偶函数部分。由于

$$f(-t) = f_{\mathrm{od}}(-t) + f_{\mathrm{ev}}(-t) = -f_{\mathrm{od}}(t) + f_{\mathrm{ev}}(t)$$

所以有

$$\left.\begin{aligned} f_{\mathrm{od}}(t) &= \frac{f(t) - f(-t)}{2} \\ f_{\mathrm{ev}}(t) &= \frac{f(t) + f(-t)}{2} \end{aligned}\right\} \tag{4.2-14}$$

需要注意，某函数是否为奇（或偶）函数不仅与周期函数$f(t)$的波形有关，而且与时间坐标原点的选择有关。例如图 4.2-4(b)中的三角波是偶函数。如果将坐标原点左移$\dfrac{T}{4}$，它就变成了奇函数，如图 4.2-5(b)所示。如果将坐标原点移动某一常数t_0，而t_0又不等于$\dfrac{T}{4}$的整数倍，那么该函数既非奇函数又非偶函数。

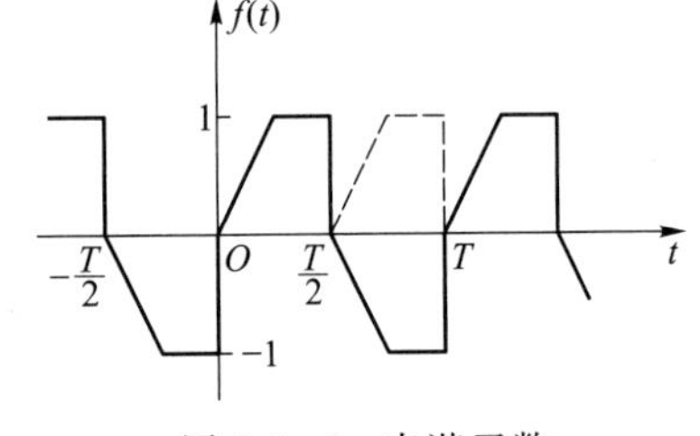

图 4.2-6 奇谐函数

(3) $f(t)$为奇谐函数

如果函数$f(t)$的前半周期波形移动$\dfrac{T}{2}$后，与后半周期波形相对于横轴对称，即满足$f(t) = -f\left(t \pm \dfrac{T}{2}\right)$，如图 4.2-6 所示，则这种函数称为半波对称函数或称为奇谐函数。

在这种情况下，其傅里叶级数展开式中将只含奇次谐波分量而不含偶次谐波分量，即有

$$a_0 = a_2 = a_4 = \cdots = b_2 = b_4 = b_6 = \cdots = 0$$

如例 4.2-1 中图 4.2-2 的方波是奇谐函数，它不含偶次谐波，只含奇次谐波。

例 4.2-2 正弦交流信号$E\sin(\omega_0 t)$经全波或半波整流后的波形分别如图 4.2-7(a)(b)所示。求它们的傅里叶级数展开式。

解 (1) 全波整流信号

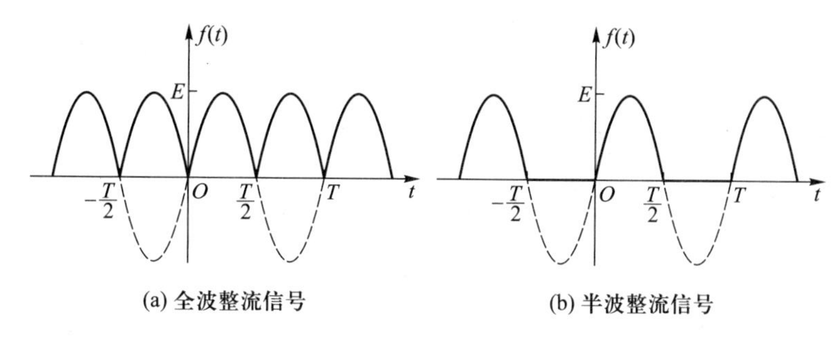

(a) 全波整流信号　　(b) 半波整流信号

图 4.2-7　例 4.2-2 图

图 4.2-7(a)的全波整流信号可写为$\left(其周期\ T=\dfrac{2\pi}{\omega_0},\omega_0\ 为原正弦信号角频率\right)$

$$f_1(t)=E\ |\sin(\omega_0 t)|=E\left|\sin\left(\frac{2\pi}{T}t\right)\right|$$

由于它是 t 的偶函数,故 $b_n=0$,由式(4.2-10),考虑到区间$\left(0,\dfrac{T}{2}\right)$,$f_1(t)$均为正,得

$$a_n=\frac{4}{T}\int_0^{\frac{T}{2}}E\ |\sin(\omega_0 t)|\cos(n\Omega t)\mathrm{d}t=\frac{4E}{T}\int_0^{\frac{T}{2}}\sin(\omega_0 t)\cos(n\Omega t)\mathrm{d}t$$

注意到,若设基波角频率 Ω $\left(\Omega=\dfrac{2\pi}{T}\right)$与信号角频率 ω_0 相等$\left(若令其周期为\dfrac{T}{2},则\ \Omega=2\omega_0\right)$,并令 $x=\Omega t=\omega_0 t$,对上式进行变量替换,得

$$\begin{aligned}a_n&=\frac{2E}{\pi}\int_0^{\pi}\sin x\cos(nx)\mathrm{d}x=\frac{2E}{\pi}\left[-\frac{\cos[(n+1)x]}{2(n+1)}+\frac{\cos[(n-1)x]}{2(n-1)}\right]\Bigg|_0^{\pi}\\&=-\frac{2E}{\pi}\cdot\frac{1+\cos(n\pi)}{n^2-1},\quad n=0,1,2,\cdots\end{aligned}$$

按式(4.2-2)得全波整流信号 $f_1(t)$ 的傅里叶级数为

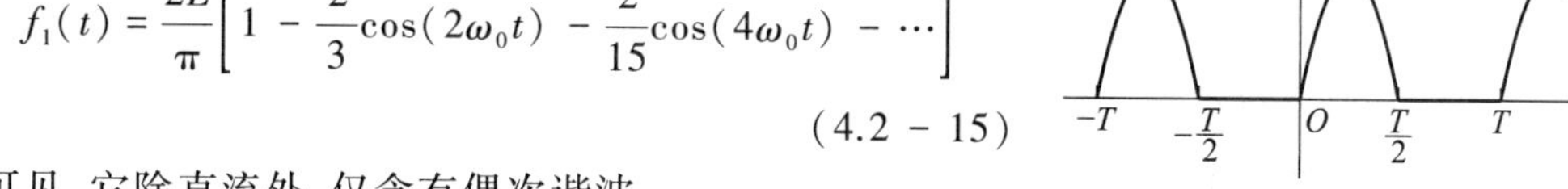

$$f_1(t)=\frac{2E}{\pi}\left[1-\frac{2}{3}\cos(2\omega_0 t)-\frac{2}{15}\cos(4\omega_0 t)-\cdots\right]\tag{4.2-15}$$

可见,它除直流外,仅含有偶次谐波。

(2) 半波整流信号

图 4.2-7(b)的半波整流信号可写为$\left(其周期\ T=\dfrac{2\pi}{\omega_0}\right)$

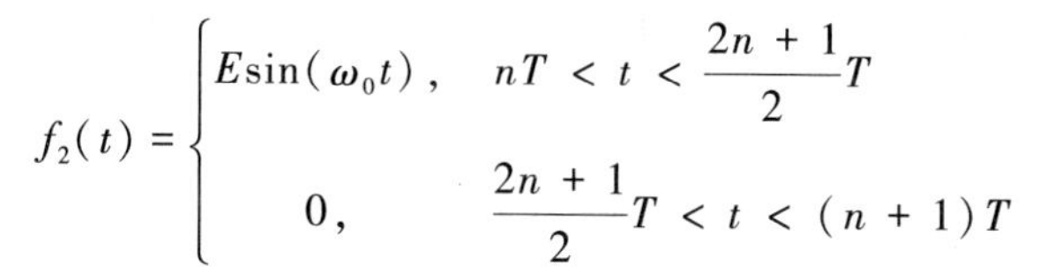

$$f_2(t)=\begin{cases}E\sin(\omega_0 t), & nT<t<\dfrac{2n+1}{2}T\\[2ex] 0, & \dfrac{2n+1}{2}T<t<(n+1)T\end{cases}$$

它的傅里叶系数可直接由式(4.2-3)、式(4.2-4)求得,也可将它分解为奇函数和偶函数两部分,如图 4.2-8 所

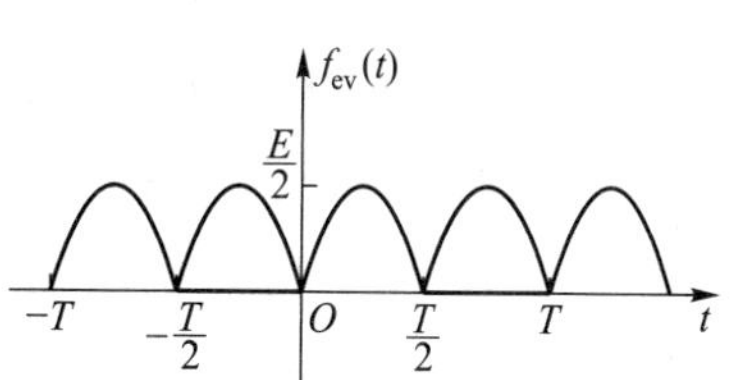

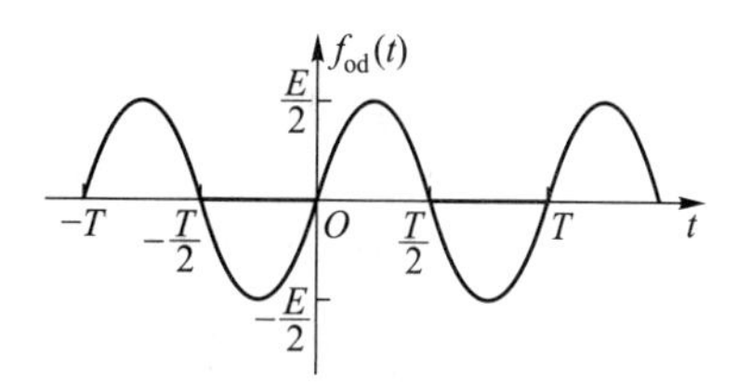

图 4.2-8　半波整流信号的分解

示。由图可见，其偶函数部分是幅度为$\frac{E}{2}$的全波整流信号，奇函数部分是幅度为$\frac{E}{2}$、角频率为$\omega_0\left(\omega_0=\frac{2\pi}{T}\right)$的正弦信号，于是半波整流信号可写为

$$f_2(t)=f_{\mathrm{ev}}(t)+f_{\mathrm{od}}(t)=\frac{1}{2}f_1(t)+\frac{E}{2}\sin(\omega_0 t)$$

将$f_1(t)$的展开式代入上式，得半波整流信号的傅里叶级数为

$$f_2(t)=\frac{E}{\pi}\left[1+\frac{\pi}{2}\sin(\omega_0 t)-\frac{2}{3}\cos(2\omega_0 t)-\frac{2}{15}\cos(4\omega_0 t)-\cdots\right] \qquad (4.2-16)$$

三、傅里叶级数的指数形式

周期信号分解时，如果使用的完备正交函数集是复指数函数集，那么周期信号所展开的无穷级数就称为指数型傅里叶级数，即

$$f(t)=\sum_{n=-\infty}^{\infty}F_n\mathrm{e}^{\mathrm{j}n\Omega t} \qquad (4.2-17)$$

式中F_n是指数型傅里叶级数的系数，它可由式(4.1-14)求得。同样为简便，式(4.1-14)的积分区间取为$\left(-\frac{T}{2},\frac{T}{2}\right)$或$(0,T)$，则

$$F_n=\frac{\int_{-\frac{T}{2}}^{\frac{T}{2}}f(t)\ (\mathrm{e}^{\mathrm{j}n\Omega t})^*\ \mathrm{d}t}{\int_{-\frac{T}{2}}^{\frac{T}{2}}\mathrm{e}^{\mathrm{j}n\Omega t}\ (\mathrm{e}^{\mathrm{j}n\Omega t})^*\ \mathrm{d}t}=\frac{1}{T}\int_{-\frac{T}{2}}^{\frac{T}{2}}f(t)\mathrm{e}^{-\mathrm{j}n\Omega t}\mathrm{d}t,n=0,\ \pm1,\ \pm2,\cdots \qquad (4.2-18)$$

其中F_n为复数，可表示为$F_n=|F_n|\mathrm{e}^{\mathrm{j}\phi_n}$。

指数型傅里叶级数中，$f(t)$可以是实函数也可以是复函数，而三角型傅里叶级数中$f(t)$只能为实函数。即周期复信号可以直接代入式(4.2-18)中进行傅里叶级数分解，无须对其实部、虚部分别分解再相加。由于指数型傅里叶级数的适用性广(实函数、复函数均可)，且运算简便，因此通常采用指数形式的傅里叶级数。

例 4.2-3 写出信号$f(t)=2\mathrm{e}^{\mathrm{j}\left(t+\frac{\pi}{3}\right)}+\mathrm{e}^{\mathrm{j}\left(-2t-\frac{\pi}{3}\right)}$的傅里叶级数的指数形式，并求$f(0)$。

解 根据式(4.2-17)的形式整理，得

$$f(t)=2\mathrm{e}^{\mathrm{j}\frac{\pi}{3}}\cdot\mathrm{e}^{\mathrm{j}t}+\mathrm{e}^{\mathrm{j}\left(-\frac{\pi}{3}\right)}\cdot\mathrm{e}^{\mathrm{j}(-2)t}=F_1\mathrm{e}^{\mathrm{j}\Omega t}+F_{-2}\mathrm{e}^{\mathrm{j}(-2)\Omega t}$$

该复信号含有两个频率成分，角频率分别为$\omega_1=1$ rad/s，$\omega_2=-2$ rad/s，可得基频为$\Omega=1$ rad/s ($\Omega>0$)。那么，这两个频率成分的阶次(n)分别是1、-2，也称为1次、-2次频率分量；系数分别是$F_1=2\mathrm{e}^{\mathrm{j}60^\circ}$、$F_{-2}=\mathrm{e}^{\mathrm{j}(-60^\circ)}$。

$$f(0)=F_1\mathrm{e}^{\mathrm{j}0}+F_{-2}\mathrm{e}^{\mathrm{j}0}=2\mathrm{e}^{\mathrm{j}60^\circ}+\mathrm{e}^{\mathrm{j}(-60^\circ)}=\frac{3}{2}+\mathrm{j}\frac{\sqrt{3}}{2}$$

当$f(t)$为实函数时，其具有三角、指数两种形式的傅里叶级数。下面讨论实函数这两种形式傅里叶级数之间的关系。根据欧拉公式

$$\cos x=\frac{e^{jx}+e^{-jx}}{2}$$

式(4.2-5)可以写为

$$\begin{aligned}f(t)&=\frac{A_0}{2}+\sum_{n=1}^{\infty}\frac{A_n}{2}\left[e^{j(n\Omega t+\varphi_n)}+e^{-j(n\Omega t+\varphi_n)}\right]\\&=\frac{A_0}{2}+\frac{1}{2}\sum_{n=1}^{\infty}A_n e^{j\varphi_n}e^{jn\Omega t}+\frac{1}{2}\sum_{n=1}^{\infty}A_n e^{-j\varphi_n}e^{-jn\Omega t}\end{aligned}$$

将上式第三项中的 n 用 $-n$ 代换，并考虑到 A_n 是 n 的偶函数，即 $A_{-n}=A_n$；φ_n 是 n 的奇函数，即 $\varphi_{-n}=-\varphi_n$，则上式可写为

$$\begin{aligned}f(t)&=\frac{A_0}{2}+\frac{1}{2}\sum_{n=1}^{\infty}A_n e^{j\varphi_n}e^{jn\Omega t}+\frac{1}{2}\sum_{n=-1}^{-\infty}A_{-n}e^{-j\varphi_{-n}}e^{jn\Omega t}\\&=\frac{A_0}{2}+\frac{1}{2}\sum_{n=1}^{\infty}A_n e^{j\varphi_n}e^{jn\Omega t}+\frac{1}{2}\sum_{n=-1}^{-\infty}A_n e^{j\varphi_n}e^{jn\Omega t}\end{aligned}$$

如将上式中的 A_0 写成 $A_0 e^{j\varphi_0}e^{j0\Omega t}$（其中 $\varphi_0=0$），则上式可以写为

$$f(t)=\sum_{n=-\infty}^{\infty}\frac{1}{2}A_n e^{j\varphi_n}e^{jn\Omega t}$$

对比式(4.2-17)得

$$F_n=\frac{1}{2}A_n e^{j\varphi_n} \tag{4.2-19}$$

由于 $F_n=|F_n|e^{j\phi_n}$，可得

$$\begin{cases}|F_n|=\dfrac{1}{2}A_n\\ \phi_n=\varphi_n\end{cases} \tag{4.2-20}$$

由于 $\phi_n=\varphi_n$，后续均使用 φ_n 表示。式(4.2-20)说明指数型傅里叶级数系数与三角型傅里叶级数系数的关系，可以看出指数型傅里叶级数系数的模 $|F_n|$ 是三角型傅里叶级数中振幅 A_n 的一半，相位相等（$n>0$ 时）。

由 $A_{-n}=A_n$、$\varphi_{-n}=-\varphi_n$ 及式(4.2-20)可得

$$\begin{cases}|F_{-n}|=|F_n|\\ \varphi_{-n}=-\varphi_n\end{cases} \tag{4.2-21}$$

即 F_n 与 F_{-n} 共轭（$F_{-n}=F_n^*$），$|F_n|$ 是 n 的偶函数，φ_n 是 n 的奇函数。

根据欧拉公式，一个余弦分量需要两个复频率分量才能合成。式(4.2-21)说明，这两个频率分量阶次分别为 n、$-n$，系数的模相等、幅角相反。对于实信号 $f(t)$，其两种形式的傅里叶级数可由式(4.2-20)、式(4.2-21)相互转换。指数型傅里叶级数中直流分量为 F_0，由式(4.2-19)可得 $F_0=\dfrac{A_0}{2}$，两者的直流分量是相同的。

例 4.2-4 求实信号 $f(t)=6+\cos(\Omega t)+A_3\cos(3\Omega t+\varphi_3)$ 傅里叶级数的指数形式。

解 设 $f_1(t)=\cos(\Omega t)$，$f_2(t)=A_3\cos(3\Omega t+\varphi_3)$，根据欧拉公式可得

$$f_1(t)=\cos(\Omega t)=\frac{e^{j\Omega t}+e^{-j\Omega t}}{2}=\frac{1}{2}e^{j\Omega t}+\frac{1}{2}e^{j(-1)\Omega t}=F_1 e^{j\Omega t}+F_{-1}e^{j(-1)\Omega t} \tag{4.2-22}$$

式中 $F_1=F_{-1}=1/2$。其具有两个频率分量，阶次分别为 +1、-1。

$$f_2(t)=A_3\cos(3\Omega t+\varphi_3)=\frac{A_3}{2}e^{j\varphi_3}\cdot e^{j3\Omega t}+\frac{A_3}{2}e^{j(-\varphi_3)}\cdot e^{j(-3)\Omega t}=F_3e^{j3\Omega t}+F_{-3}e^{j(-3)\Omega t} \tag{4.2-23}$$

式中 $F_3=\frac{A_3}{2}e^{j\varphi_3}$、$F_{-3}=\frac{A_3}{2}e^{j(-\varphi_3)}$。其具有两个频率分量，阶次分别为 +3、-3。

由式(4.2-22)和式(4.2-23)可以看出，每个余弦函数均分解得到两个频率分量，这两个频率的阶次一正一负，系数共轭（$F_{-1}=F_1^*$、$F_{-3}=F_3^*$），其中模是相应余弦函数振幅的一半，这就是式(4.2-20)、式(4.2-21)所表达的，则

$$f(t)=6+\frac{1}{2}e^{j\Omega t}+\frac{1}{2}e^{j(-1)\Omega t}+\frac{A_3}{2}e^{j\varphi_3}\cdot e^{j3\Omega t}+\frac{A_3}{2}e^{j(-\varphi_3)}\cdot e^{j(-3)\Omega t} \tag{4.2-24}$$

其具有 5 个频率分量，阶次分别为 0（直流分量）、+1、-1、+3、-3。本例中已知 $f(t)$ 的三角型傅里叶级数，可由式(4.2-20)、式(4.2-21)直接写出式(4.2-24)，使用时无须再进行类似推导。

下面说明指数型傅里叶级数的几何含义。正交集$\{e^{jn\Omega t}\}$中的复指数函数对应于复平面中的单位旋转矢量，角频率为 $n\Omega$，模均为 1，初始幅角均为 0°（$t=0$ 时的幅角），如图4.2-9 所示。当 $n>0$ 时，旋转矢量逆时针旋转，$n<0$ 时，旋转矢量顺时针旋转，它们在复平面内的轨迹都是单位圆，如图中虚线所示。指数型傅里叶级数定义式(4.2-17)表明周期信号可被分解为角频率不同的复指数函数（即旋转矢量）之和，旋转矢量的模为 $|F_n|$，初始幅角为 ϕ_n。

图 4.2-10 所示为例 4.2-3 中的复信号 $f(t)$ 分解的几何示意图。由例 4.2-3 可知，$f(t)$ 等于两个旋转矢量之和，傅里叶级数的系数分别为 $F_1=2e^{j60°}$、$F_{-2}=e^{j(-60°)}$，即两旋转矢量的模分别为 2、1，初始幅角分别为60°、-60°。图中类似三角形的曲线是信号 $f(t)$ 在复平面中的轨迹，可由各时刻这两个矢量相加获得[18]，比如图中给出的 $f(0)$。可以看出，复信号分解得到的旋转矢量一般不存在系数共轭、角频率大小相等及旋转方向相反的关系，这和实信号不同。对轨迹上各点的实部、虚部分别按时间 t 展开，可以得到 $f(t)$ 的实部、虚部波形。

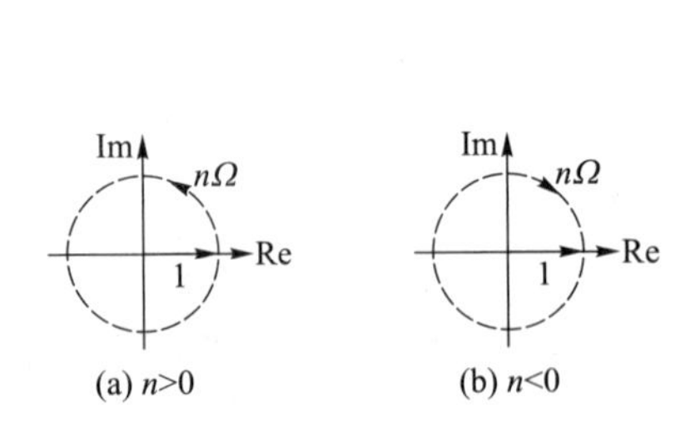

图 4.2-9 指数型傅里叶级数正交基的几何含义

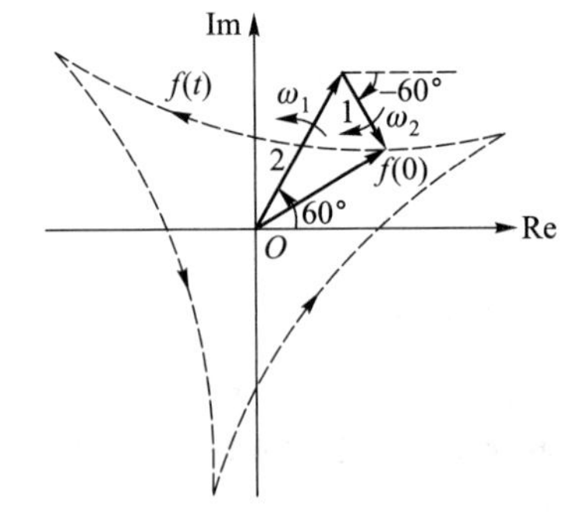

图 4.2-10 指数型傅里叶级数分解几何示意图

对周期信号进行指数型傅里叶级数分解，正、负阶次频率成分的出现（如例 4.2-3 中的 1 次、-2 次），是由傅里叶级数是正交分解决定的。正交分解要求所选函数集同时具有正交性和完备性，因此正交复指数函数集$\{e^{jn\Omega t}\}$中，整数 $n\in(-\infty,+\infty)$，即 n 取正值与取负值具有相同的意义，缺一不可（完备性）。

例 4.2-5 周期锯齿波信号如图 4.2-11 所示,求该信号的指数形式傅里叶级数。

解 $f(t)$在一个周期内的表达式为

$$f(t)=\frac{2}{T}t,\qquad -\frac{T}{2}<t<\frac{T}{2}$$

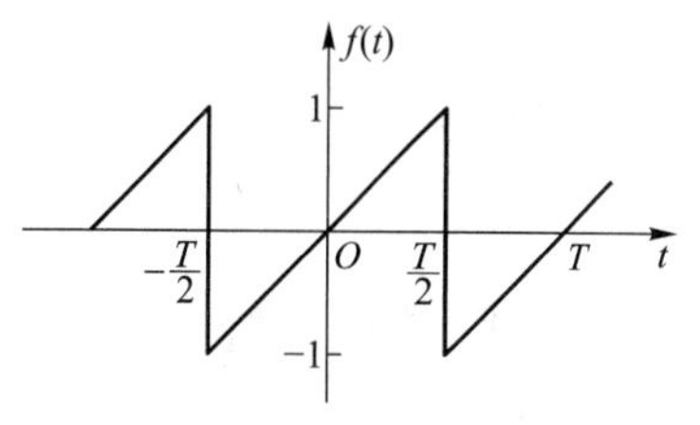

图 4.2-11 例 4.2-5 图

故其傅里叶系数

$$F_n=\frac{1}{T}\int_{-\frac{T}{2}}^{\frac{T}{2}}f(t)\mathrm{e}^{-\mathrm{j}n\Omega t}\mathrm{d}t=\frac{1}{T}\int_{-\frac{T}{2}}^{\frac{T}{2}}\frac{2}{T}t\mathrm{e}^{-\mathrm{j}n\Omega t}\mathrm{d}t \tag{4.2-25}$$

利用分部积分法对式(4.2-25)进行积分,得

$$F_n=\frac{2}{T^2}\left[\frac{t}{-\mathrm{j}n\Omega}\mathrm{e}^{-\mathrm{j}n\Omega t}\Big|_{-\frac{T}{2}}^{\frac{T}{2}}+\frac{1}{\mathrm{j}n\Omega}\int_{-\frac{T}{2}}^{\frac{T}{2}}\mathrm{e}^{-\mathrm{j}n\Omega t}\mathrm{d}t\right]$$

上式中的第二项积分等于零,故

$$F_n=\mathrm{j}\frac{1}{n\pi}\cos(n\pi)$$

故

$$f(t)=\sum_{n=-\infty}^{\infty}F_n\mathrm{e}^{\mathrm{j}n\Omega t}=\sum_{n=-\infty}^{\infty}\mathrm{j}\frac{1}{n\pi}\cos(n\pi)\mathrm{e}^{\mathrm{j}n\Omega t}$$

表 4-1 综合了三角型傅里叶级数和指数型傅里叶级数及其系数,以及各系数间的关系。几种常用信号的傅里叶系数见附录三。

表 4-1 周期函数展开为傅里叶级数

形式	展开式	傅里叶系数	系数间的关系(周期实函数)
指数形式	$f(t)=\sum_{n=-\infty}^{\infty}F_n\mathrm{e}^{\mathrm{j}n\Omega t}$ $F_n=\lvert F_n\rvert\mathrm{e}^{\mathrm{j}\varphi_n}$	$F_n=\frac{1}{T}\int_{-\frac{T}{2}}^{\frac{T}{2}}f(t)\mathrm{e}^{-\mathrm{j}n\Omega t}\mathrm{d}t$, $n=0,\pm1,\pm2,\cdots$	$F_n=\frac{1}{2}A_n\mathrm{e}^{\mathrm{j}\varphi_n}=\frac{1}{2}(a_n-\mathrm{j}b_n)$ $\lvert F_n\rvert=\frac{1}{2}A_n=\frac{1}{2}\sqrt{a_n^2+b_n^2}$ 是 n 的偶函数 $\varphi_n=-\arctan\left(\frac{b_n}{a_n}\right)$ 是 n 的奇函数
三角函数形式	$f(t)=\frac{a_0}{2}+\sum_{n=1}^{\infty}a_n\cos(n\Omega t)+\sum_{n=1}^{\infty}b_n\sin(n\Omega t)$ $=\frac{A_0}{2}+\sum_{n=1}^{\infty}A_n\cos(n\Omega t+\varphi_n)$	$a_n=\frac{2}{T}\int_{-\frac{T}{2}}^{\frac{T}{2}}f(t)\cos(n\Omega t)\mathrm{d}t$, $n=0,1,2,\cdots$ $b_n=\frac{2}{T}\int_{-\frac{T}{2}}^{\frac{T}{2}}f(t)\sin(n\Omega t)\mathrm{d}t$, $n=1,2,\cdots$ $A_n=\sqrt{a_n^2+b_n^2}$ $\varphi_n=-\arctan\left(\frac{b_n}{a_n}\right)$	$a_n=A_n\cos\varphi_n=F_n+F_{-n}$ 是 n 的偶函数 $b_n=-A_n\sin\varphi_n=\mathrm{j}(F_n+F_{-n})$ 是 n 的奇函数 $A_n=2\lvert F_n\rvert$

§4.3 周期信号的频谱

一、周期信号的频谱

如前所述,周期信号可以分解成一系列正弦信号或虚指数信号之和,即

$$f(t)=\frac{A_0}{2}+\sum_{n=1}^{\infty}A_n\cos(n\Omega t+\varphi_n) \tag{4.3-1}$$

或

$$f(t)=\sum_{n=-\infty}^{\infty}F_n\mathrm{e}^{\mathrm{j}n\Omega t} \tag{4.3-2}$$

只要确定了这些频率分量的幅值和相位,周期信号也就被唯一地表示出来了。以频率为横坐标,分别以幅值、相位为纵坐标得到的图就是频谱。其中以幅值为纵坐标的图称为幅度谱,以相位为纵坐标的图称为相位谱。

实信号的傅里叶级数有三角形式、指数形式两种,对应的频谱也有两种形式。其中三角型傅里叶级数,如式(4.3-1)所示,由于整数 $n\in[0,\infty)$($n=0$ 表示直流分量),其对应的频谱称为单边谱;而指数型傅里叶级数,如式(4.3-2)所示,由于整数 $n\in(-\infty,\infty)$,其对应的频谱称为双边谱。实信号这两种频谱的关系由式(4.2-20)、式(4.2-21)确定。

对复信号而言,其仅具有指数型傅里叶级数,故频谱无单双边之分。一般情况下不论对实信号还是复信号,常使用指数型傅里叶级数的频谱。

例 4.3-1 已知实信号 $f(t)=5-6\cos\left(\frac{\pi}{4}t-\frac{2\pi}{3}\right)+4\sin\left(\frac{\pi}{3}t-\frac{\pi}{6}\right)$,画出该信号的单边谱和双边谱。

解 首先根据式(4.3-1),将 $f(t)$ 表示成傅里叶级数的三角形式,即

$$f(t)=5+6\cos\left(\frac{\pi}{4}t+\frac{\pi}{3}\right)+4\cos\left(\frac{\pi}{3}t-\frac{2\pi}{3}\right)$$

$f(t)$ 含有两个余弦分量,角频率分别为 $\omega_1=\frac{\pi}{4}\mathrm{rad/s}$,$\omega_2=\frac{\pi}{3}\mathrm{rad/s}$,周期分别为 $T_1=8\ \mathrm{s}$,$T_2=6\ \mathrm{s}$,可得 $f(t)$ 的周期 $T=24\ \mathrm{s}$,则基波角频率 $\Omega=2\pi/T=\pi/12(\mathrm{rad/s})$。所以上式又可写为

$$f(t)=5+6\cos\left(3\Omega t+\frac{\pi}{3}\right)+4\cos\left(4\Omega t-\frac{2\pi}{3}\right)=\frac{A_0}{2}+A_3\cos(3\Omega t+\varphi_3)+A_4\cos(4\Omega t+\varphi_4) \tag{4.3-3}$$

可以看出,$f(t)$ 含有直流分量和三次、四次谐波。由式(4.3-3)可画出 $f(t)$ 的单边谱,如图 4.3-1(a)(b)所示。幅度谱[图 4.3-1(a)]中的谱线表示各谐波的振幅 A_n,相位谱[图 4.3-1(b)]则表示各谐波的初相位 φ_n,$\omega=0$ 为直流分量。

根据式(4.2-20)、式(4.2-21),可由单边谱直接得到 $f(t)$ 的双边谱。为便于理解,这里给出 $f(t)$ 傅里叶级数的指数形式

$$f(t)=5+3e^{j\frac{\pi}{3}}\cdot e^{j3\Omega t}+3e^{j\left(-\frac{\pi}{3}\right)}\cdot e^{j(-3)\Omega t}+2e^{j\left(-\frac{2\pi}{3}\right)}\cdot e^{j4\Omega t}+2e^{j\left(\frac{2\pi}{3}\right)}\cdot e^{j(-4)\Omega t}$$

$f(t)$有 5 个频率分量,其双边谱如图 4.3-1(c)(d)所示。幅度谱[如图 4.3-1(c)]中的谱线表示各频率分量的模$|F_n|$,相位谱[如图 4.3-1(d)]表示各频率分量的初始幅角 φ_n,$\omega=0$ 为直流分量。

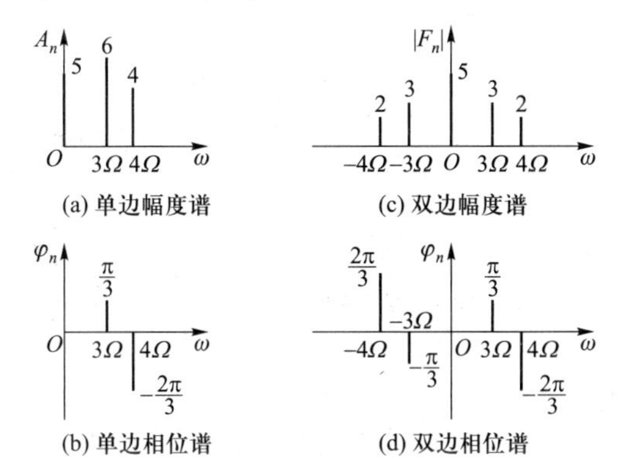

图 4.3-1 实信号的单、双边频谱

可以看出,实信号的双边谱具有对称性:双边幅度谱偶对称,即$|F_{-n}|=|F_n|$,且$|F_n|=\dfrac{1}{2}A_n$;双边相位谱奇对称,即 $\varphi_{-n}=-\varphi_n$,如图 4.3-1(c)(d)所示。这种对称性是由欧拉公式决定的,一个余弦分量需要两个复频率分量才能合成,这两个复频率分量旋转方向相反,系数共轭。对直流分量 $F_0=\dfrac{A_0}{2}$,单、双边频谱是相同的。如果 F_n 为实数,可用 F_n 的正负表示相位为 0 或 π,这时可把幅度谱和相位谱画在一张图上(参看图 4.3-4)。

例 4.3-2 已知复信号$f_1(t)=e^{j\Omega t}$,$f_2(t)=2e^{j(t+60^\circ)}+e^{j(-2t-60^\circ)}$,画出这两个信号的频谱。

解 $f_1(t)$、$f_2(t)$为复信号。将$f_1(t)$表示为式(4.3-2)的形式,有

$$f_1(t)=\sum_{n=-\infty}^{\infty}F_n e^{jn\Omega t}=1e^{j0^\circ}\cdot e^{j\Omega t}=F_1e^{j\Omega t}$$

其仅含一个频率分量,系数为 $F_1=1e^{j0^\circ}$,为 1 次频率分量,频谱如图 4.3-2(a)(b)所示。

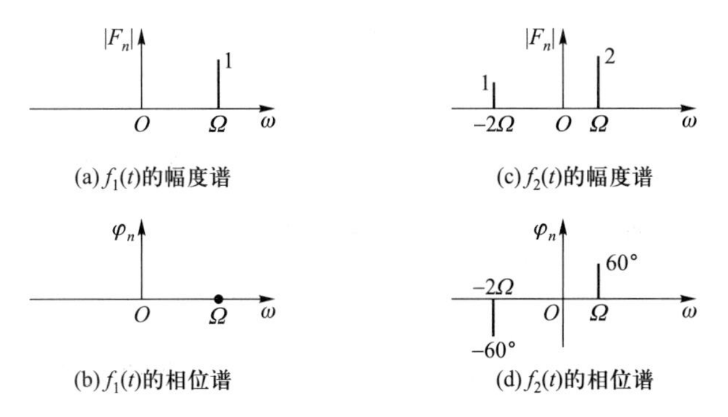

图 4.3-2 复信号的频谱

将$f_2(t)$表示为傅里叶级数的指数形式,由式(4.3-2)有

$$f_2(t)=\sum_{n=-\infty}^{\infty}F_n e^{j(n\Omega)t}=2e^{j60^\circ}\cdot e^{jt}+e^{j(-60^\circ)}\cdot e^{j(-2)t}=F_1e^{j\Omega t}+F_{-2}e^{j(-2)\Omega t}$$

基频 $\Omega=1\ \mathrm{rad/s}$，$f_2(t)$ 含有两个频率分量，分别为 1 次、-2 次频率分量，系数分别为 $F_1=2\mathrm{e}^{\mathrm{j}60^\circ}$、$F_{-2}=\mathrm{e}^{\mathrm{j}(-60^\circ)}$。

$f_2(t)$ 的频谱如图 4.3-2(c)(d)所示，分别表示各频率分量的模（$|F_1|=2$、$|F_{-2}|=1$）和初始幅角（$\varphi_1=60^\circ$、$\varphi_{-2}=-60^\circ$）。可以看出，复信号的频谱不具有对称性。

指数型傅里叶级数对实信号、复信号均适用，实信号的频谱具有对称性，复信号的频谱不具有对称性。复信号的频谱在通信、机械等领域均有应用，本书主要讨论的是实信号。

一般来说，周期信号的频谱具有离散性、谐波性和收敛性的特点。离散性是指周期信号频谱的谱线只出现在频率 $0,\Omega,2\Omega,\cdots$ 离散频率上；谐波性是指这些频率之间存在关系，均为 Ω 的整倍数；收敛性是指随着频率的增加，幅值存在减小的趋势。下面以周期矩形脉冲为例，说明周期信号频谱的这些特点。

二、周期矩形脉冲的频谱

设有一幅度为 1，脉冲宽度为 τ 的周期矩形脉冲，其周期为 T，如图 4.3-3 所示。根据式(4.2-18)，可以求得其复傅里叶系数

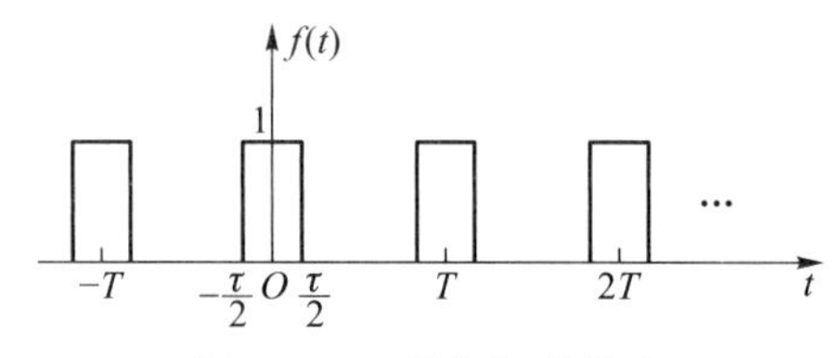

图 4.3-3 周期矩形脉冲

$$F_n=\frac{1}{T}\int_{-\frac{T}{2}}^{\frac{T}{2}}f(t)\mathrm{e}^{-\mathrm{j}n\Omega t}\mathrm{d}t=\frac{1}{T}\int_{-\frac{\tau}{2}}^{\frac{\tau}{2}}\mathrm{e}^{-\mathrm{j}n\Omega t}\mathrm{d}t=\frac{1}{T}\left.\frac{\mathrm{e}^{-\mathrm{j}n\Omega t}}{-\mathrm{j}n\Omega}\right|_{-\frac{\tau}{2}}^{\frac{\tau}{2}}$$

$$=\frac{2}{T}\frac{\sin\left(\frac{n\Omega\tau}{2}\right)}{n\Omega}=\frac{\tau}{T}\frac{\sin\left(\frac{n\Omega\tau}{2}\right)}{\frac{n\Omega\tau}{2}},n=0,\ \pm1,\ \pm2,\cdots \tag{4.3-4}$$

如令

$$\mathrm{Sa}(x)\overset{\mathrm{def}}{=\!=}\frac{\sin x}{x} \tag{4.3-5}$$

称其为取样函数[①]，它是偶函数，当 $x\to0$ 时，$\mathrm{Sa}(x)=1$。考虑到 $\Omega=\frac{2\pi}{T}$，式(4.3-4)可以写为

---

① 有些文献定义 sinc 函数为 $\mathrm{sinc}(x)=\frac{\sin(\pi x)}{\pi x}$

它与取样函数 $\mathrm{Sa}(x)$ 的关系为

$$\mathrm{sinc}(x)=\mathrm{Sa}(\pi x)$$

但有些文献将 $\frac{\sin x}{x}$ 定义为 sinc 函数，例如参考文献 11。

$$F_n=\frac{\tau}{T}\mathrm{Sa}\left(\frac{n\Omega\tau}{2}\right)=\frac{\tau}{T}\mathrm{Sa}\left(\frac{n\pi\tau}{T}\right),\quad n=0,\ \pm1,\ \pm2,\dots \tag{4.3-6}$$

根据式(4.2-17),可写出该周期性矩形脉冲的指数形式傅里叶级数展开式为

$$f(t)=\sum_{n=-\infty}^{\infty}F_n\mathrm{e}^{\mathrm{j}n\Omega t}=\frac{\tau}{T}\sum_{n=-\infty}^{\infty}\mathrm{Sa}\left(\frac{n\pi\tau}{T}\right)\mathrm{e}^{\mathrm{j}n\Omega t} \tag{4.3-7}$$

图 4.3-4 中画出了 $T=4\tau$ 的周期性矩形脉冲的频谱,由于本例中的 F_n 为实数,其相位为 0 或 π,故未另外画出其相位谱。

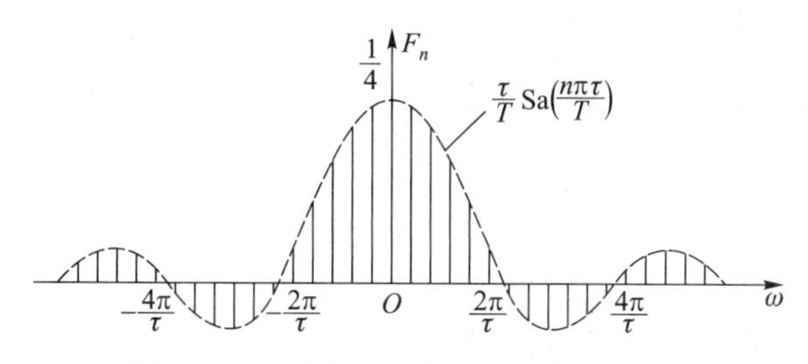

图 4.3-4　周期矩形脉冲的频谱($T=4\tau$)

由以上可见,周期性矩形脉冲信号的频谱具有一般周期信号频谱的共同特点,它们的频谱都是离散的。周期性矩形脉冲信号的频谱仅含有 $\omega=n\Omega$ 的各分量,其相邻两谱线的间隔是$\Omega\left(\Omega=\frac{2\pi}{T}\right)$,脉冲周期 T 愈长,谱线间隔愈小,频谱愈稠密;反之,则愈稀疏。

对于周期矩形脉冲而言,其各谱线的幅度按包络线 $\mathrm{Sa}\left(\frac{\omega\tau}{2}\right)$ 的规律变化。在$\frac{\omega\tau}{2}=m\pi$($m=\pm1,\pm2,\cdots$)各处,即 $\omega=\frac{2m\pi}{\tau}$的各处,包络为零,其相应的谱线,亦即相应的频率分量也等于零。

周期矩形脉冲信号包含无限多条谱线,也就是说,它可分解为无限多个频率分量。实际上,由于各分量的幅度随频率增高而减小,其信号能量主要集中在第一个零点$\left(\omega=\frac{2\pi}{\tau}或f=\frac{1}{\tau}\right)$以内。在允许一定失真的条件下,只需传送频率较低的那些分量就够了。通常把 $0\leqslant f\leqslant\frac{1}{\tau}\left(0\leqslant\omega\leqslant\frac{2\pi}{\tau}\right)$这段频率范围称为周期矩形脉冲信号的频带宽度或信号的带宽,用符号 ΔF 表示,即周期矩形脉冲信号的频带宽度(带宽)为

$$\Delta F=\frac{1}{\tau} \tag{4.3-8}$$

图 4.3-5 画出了周期相同,脉冲宽度不同的信号及其频谱。由图可见,由于周期相同,因而相邻谱线的间隔相同;脉冲宽度愈窄,其频谱包络线第一个零点的频率愈高,即信号带宽愈宽,频带内所含的分量愈多。可见,信号的频带宽度与脉冲宽度成反比。由式(4.3-6)可见,信号周期不变而脉冲宽度减小时,频谱的幅度也相应减小,图 4.3-5 中未按比例画出这种关系。

图 4.3-6 画出了脉冲宽度相同而周期不同的信号及其频谱。由图可见,这时频谱包络线的零点所在位置不变,而当周期增长时,相邻谱线的间隔减小,频谱变密。如果周期无限增长(这时就成为非周期信号),那么,相邻谱线的间隔将趋于零,周期信号的离散频谱就过渡为非周期信号的连续频谱。

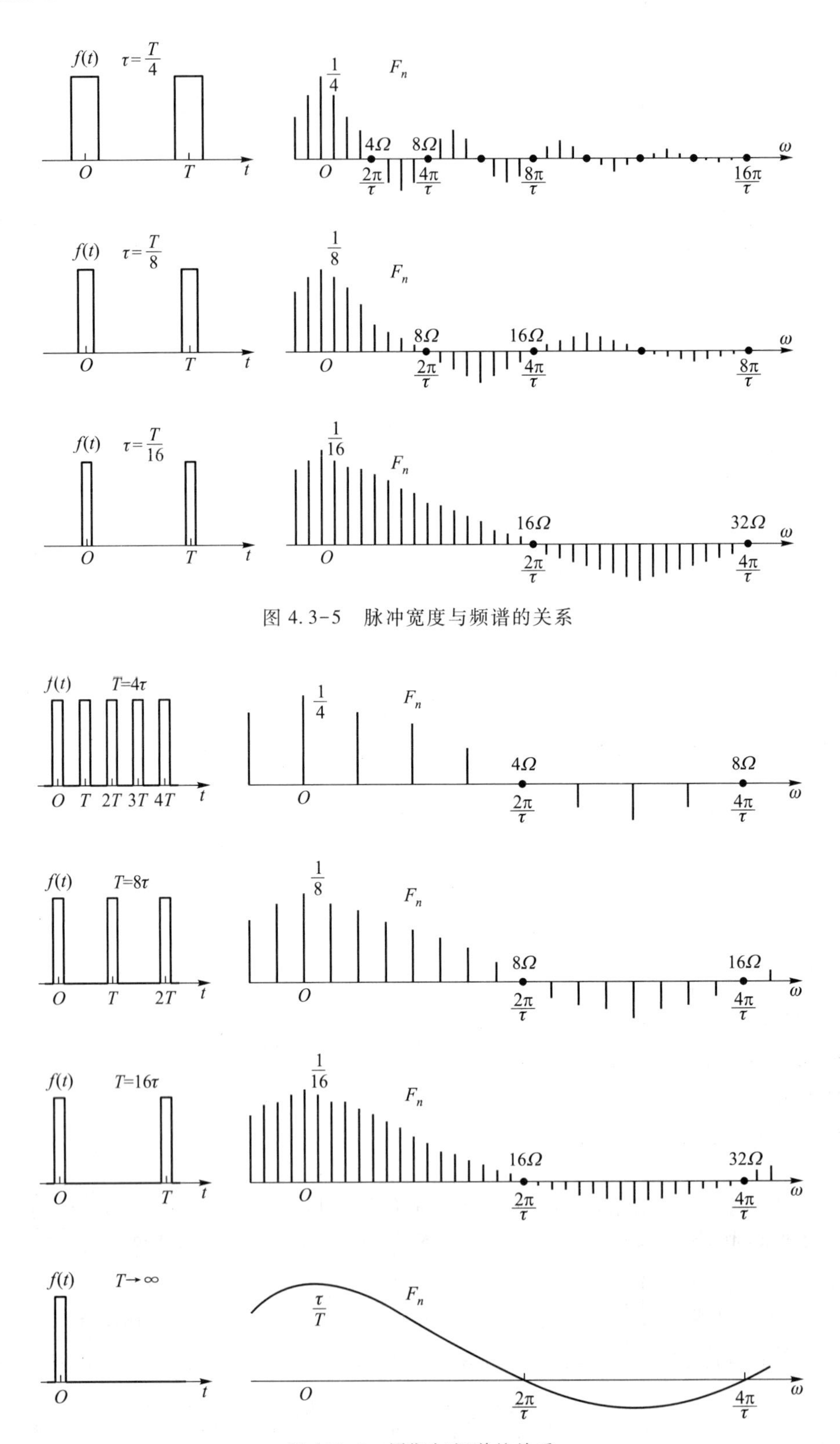

图 4.3-5 脉冲宽度与频谱的关系

图 4.3-6 周期与频谱的关系

由式(4.3-6)可知，随着周期的增长，各谐波分量的幅度也相应减小，图4.3-6为示意图，未按比例画出这种关系。

三、周期信号的功率

如第一章所述，周期信号是功率信号。为了方便，研究周期信号在1 Ω电阻上消耗的平均功率，称为归一化平均功率。如果周期信号$f(t)$是实函数，无论它是电压信号还是电流信号，其平均功率都为

$$P=\frac{1}{T}\int_{-\frac{T}{2}}^{\frac{T}{2}}f^2(t)\,\mathrm{d}t \tag{4.3-9}$$

将$f(t)$的傅里叶级数展开式代入上式，得

$$P=\frac{1}{T}\int_{-\frac{T}{2}}^{\frac{T}{2}}\left[\frac{A_0}{2}+\sum_{n=1}^{\infty}A_n\cos(n\Omega t+\varphi_n)\right]^2\mathrm{d}t \tag{4.3-10}$$

将上式被积函数展开，在展开式中具有$\cos(n\Omega t+\varphi_n)$形式的余弦项，其在一个周期内的积分等于零；具有$A_n\cos(n\Omega t+\varphi_n)A_m\cos(m\Omega t+\varphi_m)$形式的项[参见式(4.1-3)]，当$m\neq n$时，其积分值为零，对于$m=n$的项，其积分值为$\frac{T}{2}A_n^2$，因此，式(4.3-10)的积分为

$$P=\frac{1}{T}\int_{-\frac{T}{2}}^{\frac{T}{2}}f^2(t)\,\mathrm{d}t=\left(\frac{A_0}{2}\right)^2+\sum_{n=1}^{\infty}\frac{1}{2}A_n^2 \tag{4.3-11}$$

上式等号右端的第一项为直流功率，第二项为各次谐波的功率之和。式(4.3-11)表明，周期信号的功率等于直流功率与各次谐波功率之和。由于$|F_n|=\frac{1}{2}A_n$，式(4.3-11)可改写为

$$P=\frac{1}{T}\int_{-\frac{T}{2}}^{\frac{T}{2}}f^2(t)\,\mathrm{d}t=|F_0|^2+2\sum_{n=1}^{\infty}|F_n|^2=\sum_{n=-\infty}^{\infty}|F_n|^2 \tag{4.3-12}$$

式(4.3-11)和式(4.3-12)称为帕塞瓦尔恒等式。它表明，对于周期信号，在时域中求得的信号功率与在频域中求得的信号功率相等。

例4.3-3 试计算图4.3-7(a)所示信号在频谱第一个零点以内各分量的功率所占总功率的百分比。

解 由图4.3-7(a)可求得$f(t)$的功率为

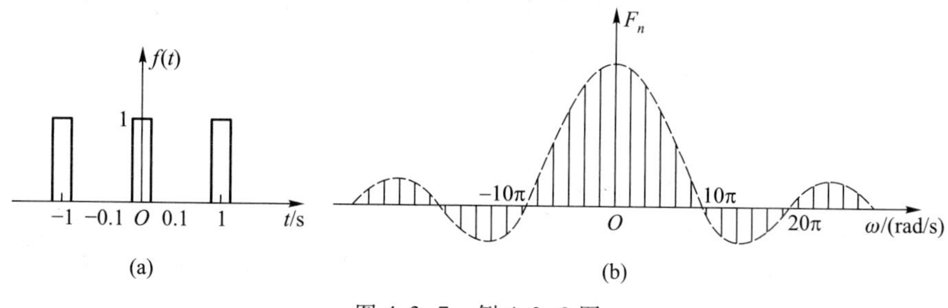

图4.3-7 例4.3-3图

$$P=\frac{1}{T}\int_{-\frac{T}{2}}^{\frac{T}{2}}f^2(t)\mathrm{d}t=\frac{1}{1}\int_{-0.1}^{0.1}(1)^2\mathrm{d}t=0.2$$

将 $f(t)$ 展开为指数型傅里叶级数

$$f(t)=\sum_{n=-\infty}^{\infty}F_n\mathrm{e}^{\mathrm{j}n\Omega t}$$

由式(4.3-6)知,其傅里叶系数为

$$F_n=\frac{\tau}{T}\mathrm{Sa}\left(\frac{n\pi\tau}{T}\right)=0.2\mathrm{Sa}(0.2n\pi)$$

其频谱如图4.3-7(b)所示,频谱的第一个零点在 $n=5$。这时 $\omega=5\Omega=\frac{10}{T}\pi=10\pi\ \mathrm{rad/s}$。根据式(4.3-12),在频谱第一个零点内的各分量的功率和为

$$P_{10\pi}=|F_0|^2+2\sum_{n=1}^{5}|F_n|^2$$

将 $|F_n|$ 代入,得

$$\begin{aligned}P_{10\pi}&=(0.2)^2+2(0.2)^2[\mathrm{Sa}^2(0.2\pi)+\mathrm{Sa}^2(0.4\pi)+\mathrm{Sa}^2(0.6\pi)+\mathrm{Sa}^2(0.8\pi)+\mathrm{Sa}^2(\pi)]\\&=0.04+0.08(0.875\ 1+0.572\ 8+0.254\ 6+0.054\ 70+0)\\&=0.180\ 6\end{aligned}$$

$$\frac{P_{10\pi}}{P}=\frac{0.180\ 6}{0.2}=90.3\%$$

即频谱第一个零点以内各分量的功率占总功率的90.3%。

§4.4 非周期信号的傅里叶变换

一、傅里叶变换与频谱

如果周期性脉冲的重复周期足够长,使得后一个脉冲到来之前,前一个脉冲的作用实际上早已消失,这样的信号即可作为非周期信号来处理。

前已指出,当周期 T 趋近于无限大时,相邻谱线的间隔 Ω 趋近于无穷小,从而信号的频谱密集成为连续频谱。同时,各频率分量的幅度也都趋近于无穷小,不过,这些无穷小量之间仍保持一定的比例关系。为了描述非周期信号的频谱特性,引入频谱密度的概念。令

$$F(\mathrm{j}\omega)=\lim_{T\to\infty}\frac{F_n}{1/T}=\lim_{T\to\infty}F_nT \tag{4.4-1}$$

称 $F(\mathrm{j}\omega)$ 为频谱密度函数,关于它的含义,稍后再予以说明。

由式(4.2-17)和式(4.2-18)可得

$$F_nT=\int_{-\frac{T}{2}}^{\frac{T}{2}}f(t)\mathrm{e}^{-\mathrm{j}n\Omega t}\mathrm{d}t \tag{4.4-2}$$

$$f(t)=\sum_{n=-\infty}^{\infty}F_nTe^{jn\Omega t}\cdot\frac{1}{T}\tag{4.4-3}$$

考虑到当周期 T 趋近于无限大时,Ω 趋近于无穷小,取其为 $d\omega$,而$\frac{1}{T}=\frac{\Omega}{2\pi}$将趋近于$\frac{d\omega}{2\pi}$,$n\Omega$ 是变量,当 $\Omega\neq 0$ 时,它是离散值,当 Ω 趋近于无穷小时,它就成为连续变量,取为 ω,同时求和符号应改写为积分。于是当 $T\to\infty$ 时,式(4.4-2)和式(4.4-3)成为

$$F(j\omega)=\lim_{T\to\infty}F_nT\overset{\text{def}}{=}\int_{-\infty}^{\infty}f(t)e^{-j\omega t}dt\tag{4.4-4}$$

$$f(t)\overset{\text{def}}{=}\frac{1}{2\pi}\int_{-\infty}^{\infty}F(j\omega)e^{j\omega t}d\omega\tag{4.4-5}$$

式(4.4-4)称为函数 $f(t)$ 的傅里叶变换(积分),式(4.4-5)称为函数 $F(j\omega)$ 的傅里叶逆变换(或反变换)。$F(j\omega)$ 称为 $f(t)$ 的频谱密度函数或频谱函数,而 $f(t)$ 称为 $F(j\omega)$ 的原函数。式(4.4-4)和式(4.4-5)也可用符号简记作

$$\left.\begin{aligned}F(j\omega)&=\mathscr{F}[f(t)]\\f(t)&=\mathscr{F}^{-1}[F(j\omega)]\end{aligned}\right\}\tag{4.4-6}$$

$f(t)$ 与 $F(j\omega)$ 的对应关系还可简记为

$$f(t)\longleftrightarrow F(j\omega)\tag{4.4-7}$$

如果上述变换中的自变量不用角频率 ω 而用频率 f,则由于 $\omega=2\pi f$,式(4.4-4)和式(4.4-5)可写为

$$\left.\begin{aligned}F(jf)&\overset{\text{def}}{=}\int_{-\infty}^{\infty}f(t)e^{-j2\pi ft}dt\\f(t)&\overset{\text{def}}{=}\int_{-\infty}^{\infty}F(j\omega)e^{j2\pi ft}df\end{aligned}\right\}\tag{4.4-8}$$

这时傅里叶变换与逆变换有很相似的形式。

频谱密度函数 $F(j\omega)$ 是一个复函数,它可写为

$$F(j\omega)=|F(j\omega)|e^{j\varphi(\omega)}=R(\omega)+jX(\omega)\tag{4.4-9}$$

式中 $|F(j\omega)|$ 和 $\varphi(\omega)$ 分别是频谱函数 $F(j\omega)$ 的模和相位。$R(\omega)$ 和 $X(\omega)$ 分别是它的实部和虚部。

式(4.4-5)也可写成三角形式

$$\begin{aligned}f(t)&=\frac{1}{2\pi}\int_{-\infty}^{\infty}F(j\omega)e^{j\omega t}d\omega=\frac{1}{2\pi}\int_{-\infty}^{\infty}|F(j\omega)|e^{j[\omega t+\varphi(\omega)]}d\omega\\&=\frac{1}{2\pi}\int_{-\infty}^{\infty}|F(j\omega)|\cos[\omega t+\varphi(\omega)]d\omega+j\frac{1}{2\pi}\int_{-\infty}^{\infty}|F(j\omega)|\sin[\omega t+\varphi(\omega)]d\omega\end{aligned}$$

由于上式第二个积分中的被积函数是 ω 的奇函数①,故积分值为零,而第一个积分中的被积函数是 ω 的偶函数,故有

$$f(t)=\frac{1}{\pi}\int_{0}^{\infty}|F(j\omega)|\cos[\omega t+\varphi(\omega)]d\omega\tag{4.4-10}$$

---

① 后面将证明,$|F(j\omega)|$ 是 ω 的偶函数,$\varphi(\omega)$ 是 ω 的奇函数,因此 $|F(j\omega)|\sin[\omega t+\varphi(\omega)]$ 是 ω 的奇函数,而 $|F(j\omega)|\cos[\omega t+\varphi(\omega)]$ 是 ω 的偶函数。

上式表明，非周期信号可看作是由不同频率的余弦“分量”所组成，它包含了频率从零到无限大的一切频率“分量”。由式(4.4-10)可见，$\frac{|F(\mathrm{j}\omega)|\mathrm{d}\omega}{\pi}=2|F(\mathrm{j}\omega)|\mathrm{d}f$ 相当于各“分量”的振幅，它是无穷小量。所以信号的频谱不能再用幅度表示，而改用密度函数来表示。类似于物质的密度是单位体积的质量，函数 $|F(\mathrm{j}\omega)|$ 可看作是单位频率的振幅，称函数 $F(\mathrm{j}\omega)$ 为频谱密度函数。

需要说明，前面在推导傅里叶变换时并未遵循数学上的严格步骤。数学证明指出，函数 $f(t)$ 的傅里叶变换存在的充分条件是在无限区间内 $f(t)$ 绝对可积，即

$$\int_{-\infty}^{\infty}|f(t)|\mathrm{d}t<\infty$$

但它并非必要条件。当引入广义函数的概念后，许多不满足绝对可积条件的函数也能进行傅里叶变换，这给信号与系统分析带来很大方便。

例 4.4-1 图 4.4-1(a)所示为门函数(或称矩形脉冲)，用符号 $g_\tau(t)$ 表示，其宽度为 τ，幅度为 1。求其频谱函数。

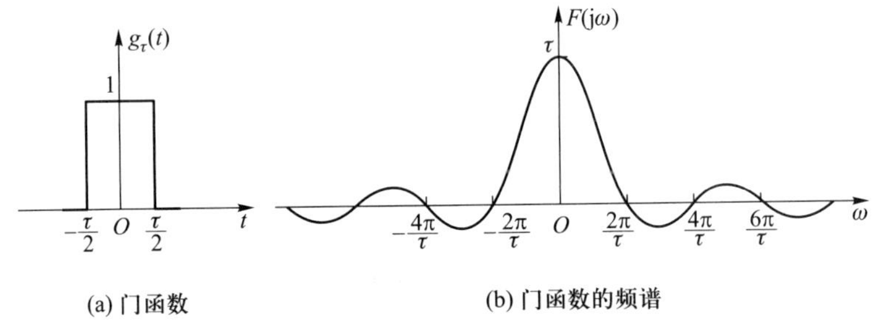

图 4.4-1 门函数及其频谱

解 图 4.4-1(a)的门函数可表示为

$$g_\tau(t)=\begin{cases}1, & |t|<\dfrac{\tau}{2}\\[2mm] 0, & |t|>\dfrac{\tau}{2}\end{cases} \tag{4.4-11}$$

由式(4.4-4)可求得其频谱函数为

$$F(\mathrm{j}\omega)=\int_{-\infty}^{\infty}f(t)\mathrm{e}^{-\mathrm{j}\omega t}\mathrm{d}t=\int_{-\frac{\tau}{2}}^{\frac{\tau}{2}}1\cdot\mathrm{e}^{-\mathrm{j}\omega t}\mathrm{d}t=\frac{\mathrm{e}^{-\mathrm{j}\frac{\omega\tau}{2}}-\mathrm{e}^{\mathrm{j}\frac{\omega\tau}{2}}}{-\mathrm{j}\omega}$$

$$=\frac{2\sin\left(\dfrac{\omega\tau}{2}\right)}{\omega}=\tau\mathrm{Sa}\left(\frac{\omega\tau}{2}\right) \tag{4.4-12}$$

图 4.4-1(b)是按式(4.4-12)画出的频谱图。一般而言，信号的频谱函数需要用幅度谱 $|F(\mathrm{j}\omega)|$ 和相位谱 $\varphi(\omega)$ 两个图形才能完全表示出来。但如果频谱函数 $F(\mathrm{j}\omega)$ 是实函数或是虚函数，那么只用一条曲线即可。如果将信号 $f(t)$ 看作是由余弦(或正弦)“分量”所组成，如同式(4.4-10)，则其频谱图是单边的(即 $0\leqslant\omega<\infty$)。如果将信号看作是由虚指数函数 $\mathrm{e}^{\mathrm{j}\omega t}$ 所组成，则由式(4.4-5)可见，它是对频率变量从 $-\infty$ 到 ∞ 积分，因此频谱图应为双

边谱。

由图 4.4-1(b)可见,频谱图中第一个零值的角频率为$\dfrac{2\pi}{\tau}\left(\text{频率为}\dfrac{1}{\tau}\right)$。当脉冲宽度减小时,第一个零值频率也相应增高。对于矩形脉冲,常取从零频率到第一个零值频率$\left(\dfrac{1}{\tau}\right)$之间的频段为信号的频带宽度。这样,门函数的带宽 $\Delta f=\dfrac{1}{\tau}$,脉冲宽度愈窄,其占有的频带愈宽。

例 4.4-2　求图 4.4-2 所示单边指数函数 $\mathrm{e}^{-\alpha t}\varepsilon(t)$的频谱函数。

解　将单边指数函数的表达式 $\mathrm{e}^{-\alpha t}\varepsilon(t)$代入式(4.4-4),得

$$F(\mathrm{j}\omega)=\int_{-\infty}^{\infty}f(t)\mathrm{e}^{-\mathrm{j}\omega t}\mathrm{d}t=\int_{0}^{\infty}\mathrm{e}^{-\alpha t}\cdot\mathrm{e}^{-\mathrm{j}\omega t}\mathrm{d}t=\frac{1}{\alpha+\mathrm{j}\omega},\quad \alpha>0 \tag{4.4-13}$$

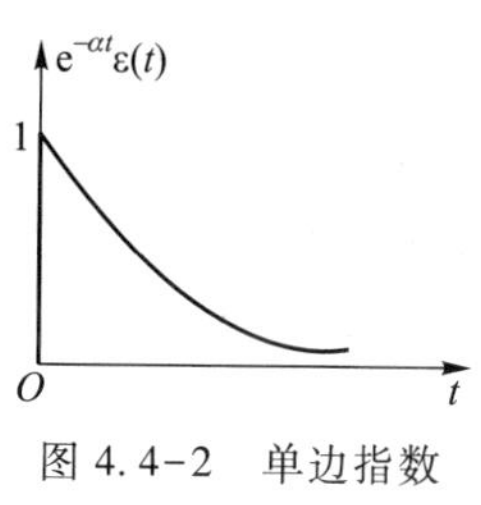

图 4.4-2　单边指数函数($\alpha>0$)

这是一个复函数,将它分为模和相角两部分

$$F(\mathrm{j}\omega)=\frac{1}{\alpha+\mathrm{j}\omega}=\frac{1}{\sqrt{\alpha^2+\omega^2}}\mathrm{e}^{-\mathrm{j}\arctan\left(\frac{\omega}{\alpha}\right)}=|F(\mathrm{j}\omega)|\mathrm{e}^{\mathrm{j}\varphi(\omega)}$$

可得振幅频谱和相位频谱分别为

$$|F(\mathrm{j}\omega)|=\frac{1}{\sqrt{\alpha^2+\omega^2}}$$

$$\varphi(\omega)=-\arctan\left(\frac{\omega}{\alpha}\right)$$

频谱图如图 4.4-3 所示。

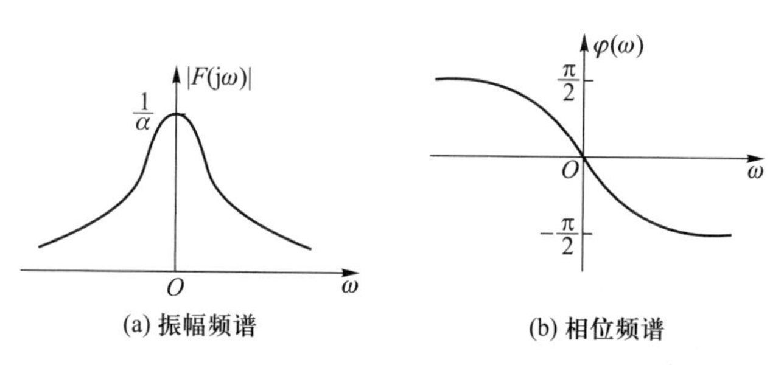

图 4.4-3　单边指数函数的频谱($\alpha>0$)

例 4.4-3　求图 4.4-4(a)所示双边指数函数的频谱函数。

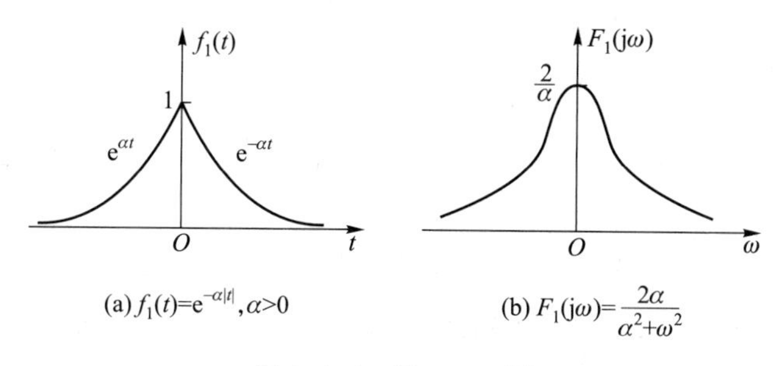

图 4.4-4　例 4.4-3 图

解 图 4.4-4(a)所示的信号可表示为

$$f_1(t)=\mathrm{e}^{-\alpha|t|},\quad \alpha>0 \tag{4.4-14a}$$

或者写为

$$f_1(t)=\begin{cases}\mathrm{e}^{\alpha t}, & t<0\\ \mathrm{e}^{-\alpha t}, & t>0\end{cases}\quad(\text{其中 }\alpha>0) \tag{4.4-14b}$$

将 $f_1(t)$ 代入式(4.4-4),可得其频谱函数为

$$F_1(\mathrm{j}\omega)=\int_{-\infty}^{0}\mathrm{e}^{\alpha t}\cdot\mathrm{e}^{-\mathrm{j}\omega t}\mathrm{d}t+\int_{0}^{\infty}\mathrm{e}^{-\alpha t}\cdot\mathrm{e}^{-\mathrm{j}\omega t}\mathrm{d}t=\frac{1}{\alpha-\mathrm{j}\omega}+\frac{1}{\alpha+\mathrm{j}\omega}=\frac{2\alpha}{\alpha^2+\omega^2} \tag{4.4-15}$$

函数 $f_1(t)$ 的频谱如图 4.4-4(b)所示。

例 4.4-4 求图 4.4-5(a)所示信号的频谱函数。

解 图 4.4-5(a)所示的信号可写为

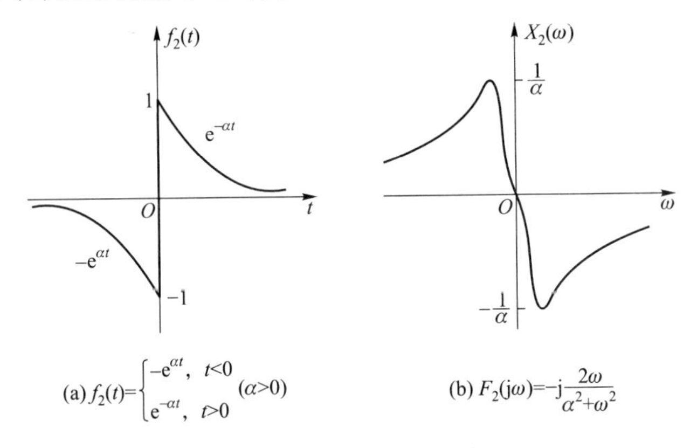

(a) $f_2(t)=\begin{cases}-\mathrm{e}^{\alpha t}, & t<0\\ \mathrm{e}^{-\alpha t}, & t>0\end{cases}(\alpha>0)$ (b) $F_2(\mathrm{j}\omega)=-\mathrm{j}\dfrac{2\omega}{\alpha^2+\omega^2}$

图 4.4-5 例 4.4-4 图

$$f_2(t)=\begin{cases}-\mathrm{e}^{\alpha t}, & t<0\\ \mathrm{e}^{-\alpha t}, & t>0\end{cases}\quad(\text{其中 }\alpha>0) \tag{4.4-16}$$

由式(4.4-4)可得其频谱函数为

$$F_2(\mathrm{j}\omega)=-\int_{-\infty}^{0}\mathrm{e}^{\alpha t}\cdot\mathrm{e}^{-\mathrm{j}\omega t}\mathrm{d}t+\int_{0}^{\infty}\mathrm{e}^{-\alpha t}\cdot\mathrm{e}^{-\mathrm{j}\omega t}\mathrm{d}t=-\frac{1}{\alpha-\mathrm{j}\omega}+\frac{1}{\alpha+\mathrm{j}\omega}=-\mathrm{j}\frac{2\omega}{\alpha^2+\omega^2} \tag{4.4-17}$$

$F_2(\mathrm{j}\omega)$ 的实部 $R_2(\mathrm{j}\omega)$ 和虚部 $X_2(\mathrm{j}\omega)$ 分别为

$$\left.\begin{aligned}R_2(\mathrm{j}\omega)&=0\\ X_2(\mathrm{j}\omega)&=-\frac{2\omega}{\alpha^2+\omega^2}\end{aligned}\right\} \tag{4.4-18}$$

$X_2(\mathrm{j}\omega)$ 如图 4.4-5(b)所示。

由以上可知,例 4.4-1 中门函数 $g_\tau(t)$ 的相位频谱 $\varphi(\omega)$ 等于 0 $\left[\text{当 }\sin\left(\dfrac{\omega\tau}{\alpha}\right)>0\text{ 时}\right]$ 或 π $\left[\text{当 }\sin\left(\dfrac{\omega\tau}{2}\right)<0\text{ 时}\right]$;例 4.4-3 中 $f_1(t)$ 的相位频谱 $\varphi(\omega)=0$;例 4.4-4 中 $f_2(t)$ 的相位频谱 $\varphi(\omega)$ 等于 $-\dfrac{3\pi}{2}$(当 $\omega>0$)或 $\dfrac{\pi}{2}$(当 $\omega<0$),因而只用一幅图就可表明其频谱特性,而例 4.4-2

中单边指数函数,必须用幅度谱和相位谱两幅图才能完全表述它的频谱特性。

二、奇异函数的傅里叶变换

(1) 冲激函数的频谱

根据傅里叶变换的定义式(4.4-4),并且考虑到冲激函数的取样性质,得

$$\mathscr{F}[\delta(t)]=\int_{-\infty}^{\infty}\delta(t)e^{-j\omega t}dt=1 \tag{4.4-19}$$

即单位冲激函数的频谱是常数 1,如图 4.4-6(b)所示。其频谱密度在 $-\infty<\omega<\infty$ 区间处处相等,常称为"均匀谱"或"白色频谱"。

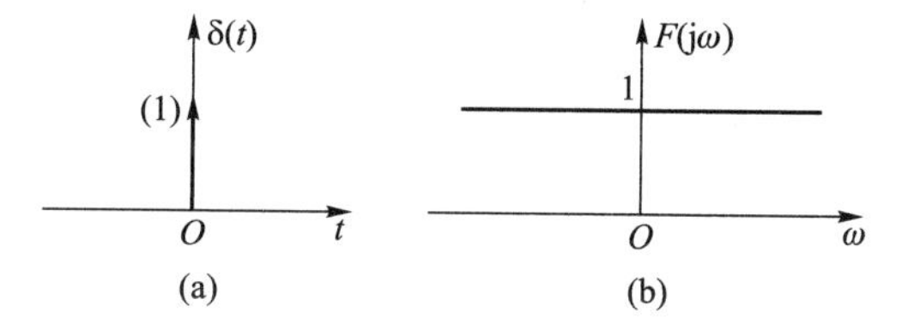

图 4.4-6 单位冲激函数及其频谱

如果应用广义极限的概念,从门函数及其频谱讨论也可得到相同的结果。单位冲激函数δ(t)是幅度为$\frac{1}{\tau}$,脉宽为 τ 的矩形脉冲当 $\tau\to 0$ 的广义极限。因而可以写为

$$\delta(t)=\lim_{\tau\to 0}\frac{1}{\tau}g_\tau(t) \tag{4.4-20}$$

由式(4.4-12)知,门函数的傅里叶变换

$$\mathscr{F}[g_\tau(t)]=\tau \mathrm{Sa}\left(\frac{\omega\tau}{2}\right)$$

因而

$$\mathscr{F}\left[\frac{1}{\tau}g_\tau(t)\right]=\mathrm{Sa}\left(\frac{\omega\tau}{2}\right)$$

所以

$$\mathscr{F}[\delta(t)]=\lim_{\tau\to 0}\mathrm{Sa}\left(\frac{\omega\tau}{2}\right)=1$$

这与式(4.4-19)相同。

(2) 冲激函数导数的频谱

根据定义,冲激函数的一阶导数 $\delta'(t)$ 的频谱函数为

$$\int_{-\infty}^{\infty}\delta'(t)e^{-j\omega t}dt$$

按照冲激函数导数的定义式(1.4-16),即

$$\int_{-\infty}^{\infty}\delta^{(n)}(t)\varphi(t)dt=(-1)^n\varphi^{(n)}(0)$$

可知

$$\int_{-\infty}^{\infty}\delta'(t)e^{-j\omega t}dt=-\frac{d}{dt}e^{-j\omega t}\Big|_{t=0}=j\omega$$

即 $\delta'(t)$ 的频谱函数为

$$\mathscr{F}[\delta'(t)] = \mathrm{j}\omega \tag{4.4-21}$$

同理可得

$$\mathscr{F}[\delta^{(n)}(t)] = (\mathrm{j}\omega)^n \tag{4.4-22}$$

(3) 单位直流信号的频谱

幅度等于 1 的直流信号可表示为

$$f(t) = 1, \quad -\infty < t < \infty \tag{4.4-23}$$

显然,该信号不满足绝对可积条件,但其傅里叶变换却存在。它可以看作是例 4.4-3 中的函数 $f_1(t)=\mathrm{e}^{-\alpha|t|}(\alpha>0)$ 在 $\alpha\to0$ 时的极限,如图 4.4-7(a)所示,图中 $\alpha_1>\alpha_2>\alpha_3>\alpha_4=0$。因此单位直流信号的频谱函数也应是 $f_1(t)$ 的频谱函数 $F_1(\mathrm{j}\omega)$ 在 $\alpha\to0$ 时的极限。在例 4.4-3 中已经求得 $f_1(t)$ 的频谱函数为

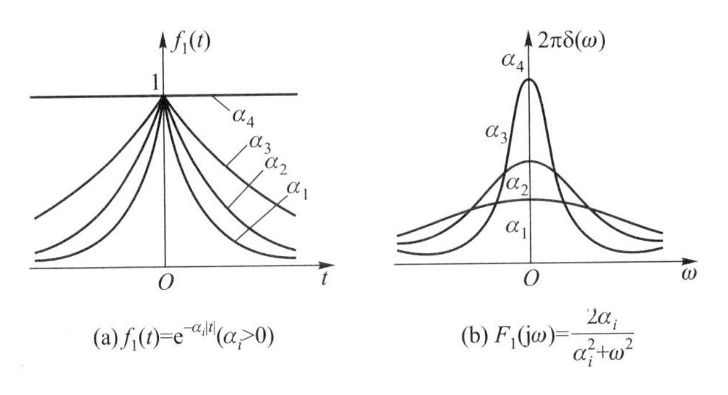

图 4.4-7 求 $\mathscr{F}[1]$ 的极限过程

$$F_1(\mathrm{j}\omega) = \frac{2\alpha}{\alpha^2+\omega^2}$$

当 α 逐渐减小时,其在 $\omega=0$ 处的值 $F_1(0)=\dfrac{2}{\alpha}$ 逐渐增大,在 $\omega\neq0$ 处,随 $|\omega|$ 的增大急剧减小,如图 4.4-7(b)所示。当 α 趋近于零时

$$\lim_{\alpha\to0}\frac{2\alpha}{\alpha^2+\omega^2}=\begin{cases}0, & \omega\neq0\\ \infty, & \omega=0\end{cases}$$

由上式可见,它是一个以 ω 为自变量的冲激函数。根据冲激函数的定义,该冲激函数的强度为

$$\lim_{\alpha\to0}\int_{-\infty}^{\infty}\frac{2\alpha}{\alpha^2+\omega^2}\mathrm{d}\omega = \lim_{\alpha\to0}\int_{-\infty}^{\infty}\frac{2}{1+\left(\dfrac{\omega}{\alpha}\right)^2}\mathrm{d}\left(\frac{\omega}{\alpha}\right) = \lim_{\alpha\to0}2\arctan\left(\frac{\omega}{\alpha}\right)\Bigg|_{-\infty}^{\infty} = 2\pi$$

所以有

$$\lim_{\alpha\to0}\frac{2\alpha}{\alpha^2+\omega^2} = 2\pi\delta(\omega) \tag{4.4-24}$$

于是幅度为 1 的直流信号的频谱函数为 $2\pi\delta(\omega)$,即

$$\mathscr{F}[1] = 2\pi\delta(\omega) \tag{4.4-25}$$

直流信号及其频谱如图 4.4-8 所示。

(4) 符号函数的频谱

符号函数记作 sgn(t),它的定义为

$$\operatorname{sgn}(t) \overset{\text{def}}{=} \begin{cases} -1, & t<0 \\ 0, & t=0 \\ 1, & t>0 \end{cases} \tag{4.4-26}$$

其波形如图 4.4-9(a)所示。显然,该函数也不满足绝对可积条件。

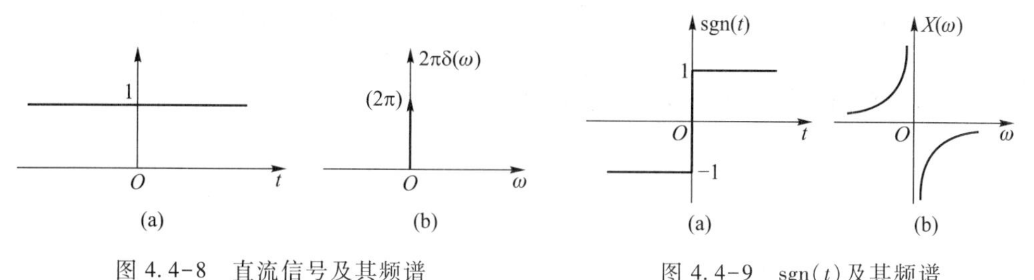

图 4.4-8 直流信号及其频谱

图 4.4-9 sgn(t)及其频谱

函数 sgn(t)可看作是例 4.4-4 中的函数

$$f_2(t)=\begin{cases} -\mathrm{e}^{\alpha t}, & t<0 \\ \mathrm{e}^{-\alpha t}, & t>0 \end{cases} \quad (\text{其中 } \alpha>0)$$

当 $\alpha \to 0$ 时的极限,如图 4.4-10(a)所示,图中 $\alpha_1>\alpha_2>\alpha_3>\alpha_4=0$。因此,它的频谱函数也是$f_2(t)$的频谱函数 $F_2(\mathrm{j}\omega)$在 $\alpha\to 0$ 时的极限。在例 4.4-4 中已经求得 $f_2(t)$的频谱函数为

$$F_2(\mathrm{j}\omega)=R_2(\omega)+\mathrm{j}X_2(\omega)=-\mathrm{j}\frac{2\omega}{\alpha^2+\omega^2}$$

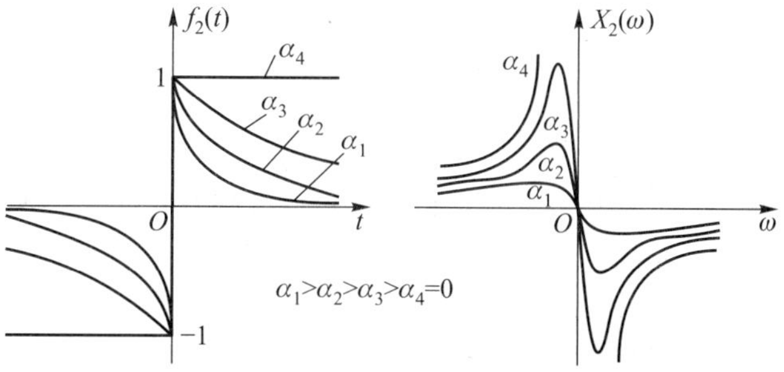

(a) $f_2(t)=\begin{cases} -\mathrm{e}^{\alpha_i t}, & t<0 \\ \mathrm{e}^{-\alpha_i t}, & t>0 \end{cases} (\alpha_i>0)$　(b) $F_2(\mathrm{j}\omega)=-\mathrm{j}\dfrac{2\omega}{\alpha_i^2+\omega^2}$

$\alpha_1>\alpha_2>\alpha_3>\alpha_4=0$

图 4.4-10 求 $\mathscr{F}$[sgn(t)]的极限过程

它是 ω 的奇函数,在 $\omega=0$ 处 $F_2(0)=0$。因此,当 α 趋近于零时,有

$$\lim_{\alpha\to 0}\left[-\mathrm{j}\frac{2\omega}{\alpha^2+\omega^2}\right]=\begin{cases} \dfrac{2}{\mathrm{j}\omega}, & \omega\neq 0 \\ 0, & \omega=0 \end{cases} \tag{4.4-27}$$

于是得

$$\mathscr{F}[\operatorname{sgn}(t)]=\frac{2}{\mathrm{j}\omega} \tag{4.4-28}$$

其频谱函数的虚部 $X(\omega)$ 如图 4.4-9(b) 所示。需要指出的是，$\operatorname{sgn}(t)$ 的频谱函数 $\frac{2}{\mathrm{j}\omega}$ 是 ω 的奇函数。

(5) 阶跃函数的频谱

单位阶跃函数 $\varepsilon(t)$ 也不满足绝对可积条件。它可看作是幅度为 $\frac{1}{2}$ 的直流信号与幅度为 $\frac{1}{2}$ 的符号函数之和，如图 4.4-11(a) 所示，即

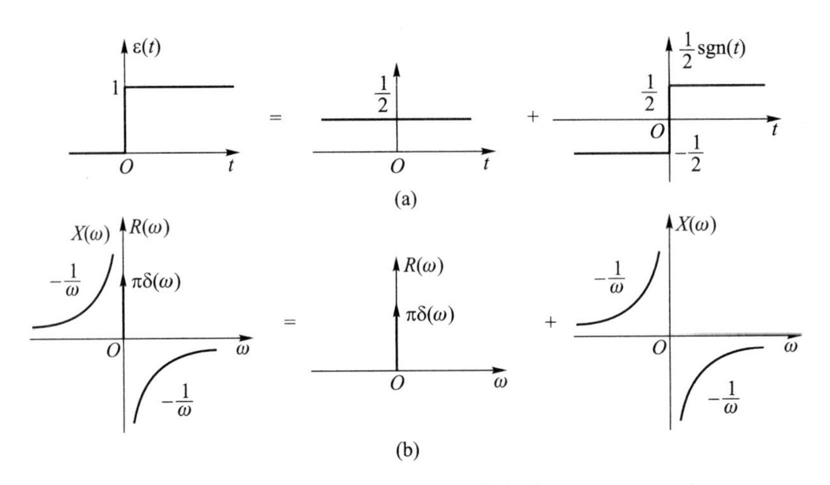

图 4.4-11　$\varepsilon(t)$ 及其频谱

$$\varepsilon(t)=\frac{1}{2}+\frac{1}{2}\operatorname{sgn}(t) \tag{4.4-29}$$

对上式两边进行傅里叶变换，得

$$\mathscr{F}[\varepsilon(t)]=\mathscr{F}\left[\frac{1}{2}\right]+\mathscr{F}\left[\frac{1}{2}\operatorname{sgn}(t)\right]$$

由式(4.4-25)和式(4.4-28)可得

$$\mathscr{F}[\varepsilon(t)]=\pi\delta(\omega)+\frac{1}{\mathrm{j}\omega}=\pi\delta(\omega)+\mathrm{j}\left(-\frac{1}{\omega}\right) \tag{4.4-30}$$

其频谱的实部和虚部分别为

$$\left.\begin{aligned}R(\omega)&=\pi\delta(\omega)\\X(\omega)&=-\frac{1}{\omega}\end{aligned}\right\} \tag{4.4-31}$$

单位阶跃函数频谱如图 4.4-11(b) 所示。需要注意的是，频谱的虚部为 $-\frac{1}{\omega}$，它是 ω 的奇函数。

附录四列出了常用信号的傅里叶变换。

三、信号与其傅里叶变换的奇偶性

通常遇到的实际信号都是实信号，即它们是时间的实函数。现在研究实时间函数 $f(t)$ 与其频谱 $F(\mathrm{j}\omega)$ 之间的虚实、奇偶关系。

如果 $f(t)$ 是时间 t 的实函数，那么根据 $\mathrm{e}^{-\mathrm{j}\omega t}=\cos(\omega t)-\mathrm{j}\sin(\omega t)$，式(4.4-4)可写为

$$F(\mathrm{j}\omega)=\int_{-\infty}^{\infty}f(t)\mathrm{e}^{-\mathrm{j}\omega t}\mathrm{d}t=\int_{-\infty}^{\infty}f(t)\cos(\omega t)\mathrm{d}t-\mathrm{j}\int_{-\infty}^{\infty}f(t)\sin(\omega t)\mathrm{d}t$$

$$=R(\omega)+\mathrm{j}X(\omega)=|F(\mathrm{j}\omega)|\mathrm{e}^{\mathrm{j}\varphi(\omega)} \tag{4.4-32}$$

式中频谱函数的实部和虚部分别为

$$\left.\begin{aligned}R(\omega)&=\int_{-\infty}^{\infty}f(t)\cos(\omega t)\mathrm{d}t\\X(\omega)&=-\int_{-\infty}^{\infty}f(t)\sin(\omega t)\mathrm{d}t\end{aligned}\right\} \tag{4.4-33}$$

频谱函数的模和相角分别为

$$\left.\begin{aligned}|F(\mathrm{j}\omega)|&=\sqrt{R^2(\omega)+X^2(\omega)}\\\varphi(\omega)&=\arctan\left[\frac{X(\omega)}{R(\omega)}\right]\end{aligned}\right\} \tag{4.4-34}$$

由式(4.4-33)可见，由于 $\cos[(-\omega)t]=\cos(\omega t)$，$\sin[(-\omega)t]=-\sin(\omega t)$，故若 $f(t)$ 是时间 t 的实函数，则频谱函数 $F(\mathrm{j}\omega)$ 的实部 $R(\omega)$ 是角频率 ω 的偶函数，虚部 $X(\omega)$ 是 ω 的奇函数。进而由式(4.4-34)可知，$|F(\mathrm{j}\omega)|$ 是 ω 的偶函数，而 $\varphi(\omega)$ 是 ω 的奇函数，即 $F(-\mathrm{j}\omega)=F^*(\mathrm{j}\omega)$。由此得实时间信号傅里叶变换有共轭对称。

由式(4.4-33)还可看出，如果 $f(t)$ 是时间 t 的实函数并且是偶函数，则 $f(t)\sin(\omega t)$ 是 t 的奇函数，因此式中第二个积分为零，即 $X(\omega)=0$；而 $f(t)\cos(\omega t)$ 是 t 的偶函数，于是有

$$F(\mathrm{j}\omega)=R(\omega)=\int_{-\infty}^{\infty}f(t)\cos(\omega t)\mathrm{d}t=2\int_{0}^{\infty}f(t)\cos(\omega t)\mathrm{d}t$$

这时频谱函数 $F(\mathrm{j}\omega)$ 等于 $R(\omega)$，它是 ω 的实、偶函数。

如果 $f(t)$ 是时间 t 的实函数并且是奇函数，则 $f(t)\cos(\omega t)$ 是 t 的奇函数，从而式(4.4-33)中的第一个积分为零，即 $R(\omega)=0$；而 $f(t)\sin(\omega t)$ 是 t 的偶函数，于是有

$$F(\mathrm{j}\omega)=\mathrm{j}X(\omega)=-\mathrm{j}\int_{-\infty}^{\infty}f(t)\sin(\omega t)\mathrm{d}t=-\mathrm{j}2\int_{0}^{\infty}f(t)\sin(\omega t)\mathrm{d}t$$

这时频谱函数 $F(\mathrm{j}\omega)$ 等于 $\mathrm{j}X(\omega)$，它是 ω 的虚、奇函数。

此外，由式(4.4-4)还可求得 $f(-t)$ 的傅里叶变换为

$$\mathscr{F}[f(-t)]=\int_{-\infty}^{\infty}f(-t)\mathrm{e}^{-\mathrm{j}\omega t}\mathrm{d}t$$

令 $\tau=-t$，得

$$\mathscr{F}[f(-t)]=\int_{\infty}^{-\infty}f(\tau)\mathrm{e}^{\mathrm{j}\omega\tau}\mathrm{d}(-\tau)=\int_{-\infty}^{\infty}f(\tau)\mathrm{e}^{-\mathrm{j}(-\omega)\tau}\mathrm{d}\tau=F(-\mathrm{j}\omega)$$

考虑到 $R(\omega)$ 是 ω 的偶函数，$X(\omega)$ 是 ω 的奇函数，故

$$F(-\mathrm{j}\omega)=R(-\omega)+\mathrm{j}X(-\omega)=R(\omega)-\mathrm{j}X(\omega)=F^*(\mathrm{j}\omega)$$

式中 $F^*(\mathrm{j}\omega)$ 是 $F(\mathrm{j}\omega)$ 的共轭复函数。于是 $f(-t)$ 的傅里叶变换

$$\mathscr{F}[f(-t)]=F(-\mathrm{j}\omega)=F^{*}(\mathrm{j}\omega)$$

将以上结论归纳起来是：

如果$f(t)$是t的实函数，且设

$$f(t)\longleftrightarrow F(\mathrm{j}\omega)=|F(\mathrm{j}\omega)|\mathrm{e}^{\mathrm{j}\varphi(\omega)}=R(\omega)+\mathrm{j}X(\omega)$$

则有

(1) $R(\omega)=R(-\omega),X(\omega)=-X(-\omega),\ |F(\mathrm{j}\omega)|=|F(-\mathrm{j}\omega)|,\varphi(\omega)=-\varphi(-\omega)$ (4.4-35)

(2) $f(-t)\longleftrightarrow F(-\mathrm{j}\omega)=F^{*}(\mathrm{j}\omega)$ (4.4-36)

(3) 如$f(t)=f(-t)$，则$X(\omega)=0,F(\mathrm{j}\omega)=R(\omega)$ (4.4-37)

如$f(t)=-f(-t)$，则$R(\omega)=0,F(\mathrm{j}\omega)=\mathrm{j}X(\omega)$ (4.4-38)

前面的许多实例可以作为以上性质的说明，这里不再重复。

以上结论适用于$f(t)$是时间t的实函数的情况。如$f(t)$是t的虚函数，则有

(1) $R(\omega)=-R(-\omega),X(\omega)=X(-\omega),\ |F(\mathrm{j}\omega)|=|F(-\mathrm{j}\omega)|,\varphi(\omega)=-\varphi(-\omega)$ (4.4-39)

(2) $f(-t)\longleftrightarrow F(-\mathrm{j}\omega)=-F^{*}(\mathrm{j}\omega)$ (4.4-40)

根据以上分析，读者不难推论出$f(t)$为复函数的一般情况。

§4.5 傅里叶变换的性质

时间函数(信号)$f(t)$可以用频谱函数(频谱密度)$F(\mathrm{j}\omega)$表示。也就是说，任一信号可以有两种描述方法：时域的描述和频域的描述。本节将研究在某一域中对函数进行某种运算，在另一域中所引起的效应。譬如，在时域中信号延迟一定的时间，它的频谱将发生何种变化等。

为简便计，用式(4.4-7)的符号，即

$$f(t)\longleftrightarrow F(\mathrm{j}\omega)$$

表示时域与频域之间的对应关系，它们二者之间的关系是

$$F(\mathrm{j}\omega)=\mathscr{F}[f(t)]=\int_{-\infty}^{\infty}f(t)\mathrm{e}^{-\mathrm{j}\omega t}\mathrm{d}t \tag{4.5-1}$$

$$f(t)=\mathscr{F}^{-1}[F(\mathrm{j}\omega)]=\frac{1}{2\pi}\int_{-\infty}^{\infty}F(\mathrm{j}\omega)\mathrm{e}^{\mathrm{j}\omega t}\mathrm{d}\omega \tag{4.5-2}$$

一、线性

若

$$f_1(t)\longleftrightarrow F_1(\mathrm{j}\omega)$$
$$f_2(t)\longleftrightarrow F_2(\mathrm{j}\omega)$$

则对任意常数a_1和a_2，有

$$a_1 f_1(t) + a_2 f_2(t) \longleftrightarrow a_1 F_1(\mathrm{j}\omega) + a_2 F_2(\mathrm{j}\omega) \tag{4.5-3}$$

以上关系很容易用式(4.5-1)证明,这里从略。傅里叶变换的上述线性性质不难推广到多个信号的情况。

线性性质有两个含义:

(1) 齐次性。它表明,若信号 $f(t)$ 乘以常数 a(即信号增大 a 倍),则其频谱函数也乘以相应的常数 a(即其频谱函数也增大 a 倍)。

(2) 可加性。它表明几个信号之和的频谱函数等于各个信号的频谱函数之和。

在求单位阶跃函数 $\varepsilon(t)$ 的频谱函数时已经利用了线性性质。

二、对称性

若

$$f(t) \longleftrightarrow F(\mathrm{j}\omega)$$

则

$$F(\mathrm{j}t) \longleftrightarrow 2\pi f(-\omega) \tag{4.5-4}$$

上式表明,如果函数 $f(t)$ 的频谱函数为 $F(\mathrm{j}\omega)$,那么时间函数 $F(\mathrm{j}t)$ 的频谱函数是 $2\pi f(-\omega)$。这称为傅里叶变换的对称性。它可证明如下:

傅里叶逆变换式

$$f(t) = \frac{1}{2\pi}\int_{-\infty}^{\infty} F(\mathrm{j}\omega)\mathrm{e}^{\mathrm{j}\omega t}\mathrm{d}\omega$$

将上式中的自变量 t 换为 $-t$ 得

$$f(-t) = \frac{1}{2\pi}\int_{-\infty}^{\infty} F(\mathrm{j}\omega)\mathrm{e}^{-\mathrm{j}\omega t}\mathrm{d}\omega$$

将上式中的 t 换为 ω,将原有的 ω 换为 t,得

$$f(-\omega) = \frac{1}{2\pi}\int_{-\infty}^{\infty} F(\mathrm{j}t)\mathrm{e}^{-\mathrm{j}\omega t}\mathrm{d}t$$

或

$$2\pi f(-\omega) = \int_{-\infty}^{\infty} F(\mathrm{j}t)\mathrm{e}^{-\mathrm{j}\omega t}\mathrm{d}t$$

上式表明,时间函数 $F(\mathrm{j}t)$ 的傅里叶变换为 $2\pi f(-\omega)$,即式(4.5-4)。

例如,时域冲激函数 $\delta(t)$ 的傅里叶变换为频域的常数 $1(-\infty<\omega<\infty)$;由对称性可得,时域的常数 $1(-\infty<t<\infty)$ 的傅里叶变换为 $2\pi\delta(-\omega)$,由于 $\delta(\omega)$ 是 ω 的偶函数,即 $\delta(\omega)=\delta(-\omega)$,故有

$$\delta(t) \longleftrightarrow 1$$

$$1(-\infty<t<\infty) \longleftrightarrow 2\pi\delta(\omega)$$

这与式(4.4-25)的结果相同。

例 4.5-1 求取样函数 $\mathrm{Sa}(t)=\dfrac{\sin t}{t}$ 的频谱函数。

解 直接利用式(4.5-1)不易求出 $\mathrm{Sa}(t)$ 的傅里叶变换,利用对称性则较为方便。

由式(4.4-12)知,宽度为 τ,幅度为 1 的门函数 $g_\tau(t)$ 的频谱函数为 $\tau\mathrm{Sa}\left(\frac{\omega\tau}{2}\right)$,即

$$g_\tau(t) \longleftrightarrow \tau\mathrm{Sa}\left(\frac{\omega\tau}{2}\right)$$

取 $\frac{\tau}{2}=1$,即 $\tau=2$,且幅度为 $\frac{1}{2}$。根据傅里叶变换的线性性质,脉宽为 2,幅度为 $\frac{1}{2}$ 的门函数[如图 4.5-1(a)所示]的傅里叶变换为

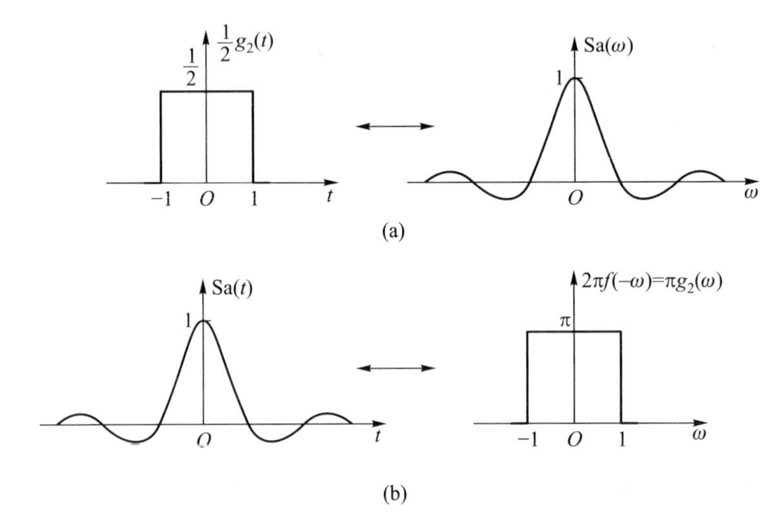

图 4.5-1 函数 Sa(t)及其频谱

$$\mathscr{F}\left[\frac{1}{2}g_2(t)\right] = \frac{1}{2} \times 2\mathrm{Sa}(\omega) = \mathrm{Sa}(\omega)$$

即

$$\frac{1}{2}g_2(t) \longleftrightarrow \mathrm{Sa}(\omega)$$

注意到 $g_2(t)$ 是偶函数,根据对称性可得

$$\mathrm{Sa}(t) \longleftrightarrow 2\pi \times \frac{1}{2}g_2(\omega) = \pi g_2(\omega) \tag{4.5-5}$$

即

$$\mathscr{F}[\mathrm{Sa}(t)] = \pi g_2(\omega) = \begin{cases} \pi, & |\omega| < 1 \\ 0, & |\omega| > 1 \end{cases}$$

其波形如图 4.5-1(b)所示。

例 4.5-2 求函数 t 和 $\frac{1}{t}$ 的频谱函数

解 (1) 函数 t

由式(4.4-21)知

$$\delta'(t) \longleftrightarrow \mathrm{j}\omega$$

由对称性并考虑到 $\delta'(\omega)$ 是 ω 的奇函数,即 $\delta'(-\omega)=-\delta'(\omega)$,可得

$$\mathrm{j}t \longleftrightarrow 2\pi\delta'(-\omega) = -2\pi\delta'(\omega)$$

根据线性性质,在时域乘以(-j),相应的频域也乘以(-j),得

$$t \longleftrightarrow \mathrm{j}2\pi\delta'(\omega) \tag{4.5-6}$$

(2) 函数$\dfrac{1}{t}$

由式(4.4-28)知

$$\mathrm{sgn}(t) \longleftrightarrow \frac{2}{\mathrm{j}\omega}$$

由对称性并考虑到 $\mathrm{sgn}(-\omega)=-\mathrm{sgn}(\omega)$,得

$$\frac{2}{\mathrm{j}t} \longleftrightarrow 2\pi\mathrm{sgn}(-\omega) = -2\pi\mathrm{sgn}(\omega)$$

根据线性性质,时域、频域分别乘以 $\mathrm{j}\dfrac{1}{2}$得

$$\frac{1}{t} \longleftrightarrow -\mathrm{j}\pi\mathrm{sgn}(\omega) \tag{4.5-7}$$

三、尺度变换

某信号$f(t)$的波形如图 4.5-2(a)所示,若将该信号波形沿时间轴压缩到原来的$\dfrac{1}{a}$$\left(例如\dfrac{1}{3}\right)$,就成为图 4.5-2(c)所示的波形,它可表示为$f(at)$。这里 a 是实常数。如果 $a>1$,则波形压缩;如果 $1>a>0$,则波形展宽;如果 $a<0$,则波形反转并压缩或展宽。

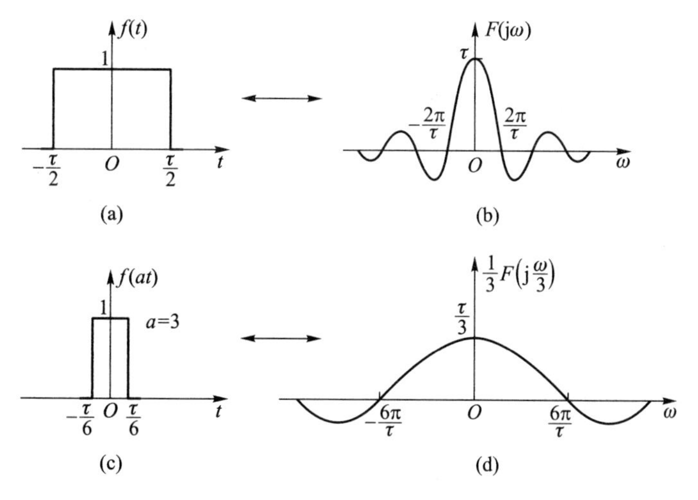

图 4.5-2 尺度变换

尺度变换特性为

若

$$f(t) \longleftrightarrow F(\mathrm{j}\omega)$$

则对于实常数 $a(a\neq0)$，有

$$f(at)\longleftrightarrow\frac{1}{|a|}F\left(\mathrm{j}\frac{\omega}{a}\right)\tag{4.5-8}$$

式(4.5-8)表明，若信号 $f(t)$ 在时间坐标上压缩到原来的 $\frac{1}{a}$，那么其频谱函数在频率坐标上将展宽 a 倍，同时其幅度减小到原来的 $\frac{1}{|a|}$。也就是说，在时域中信号占据时间的压缩对应于其频谱在频域中信号占有频带的扩展，或者反之，信号在时域中的扩展对应于其频谱在频域中压缩。这一规律称为尺度变换特性或时频展缩特性。图 4.5-2 画出了 $f(t)$ 为门函数，$a=3$ 时的时域波形及其频谱图。

式(4.5-8)可证明如下：

设 $f(t)\longleftrightarrow F(\mathrm{j}\omega)$，则展缩后的信号 $f(at)$ 的傅里叶变换为

$$\mathscr{F}[f(at)]=\int_{-\infty}^{\infty}f(at)\mathrm{e}^{-\mathrm{j}\omega t}\mathrm{d}t$$

令 $x=at$，则 $t=\frac{x}{a}$，$\mathrm{d}t=\frac{1}{a}\mathrm{d}x$。

当 $a>0$ 时

$$\mathscr{F}[f(at)]=\int_{-\infty}^{\infty}f(x)\mathrm{e}^{-\mathrm{j}\omega\frac{x}{a}}\frac{1}{a}\mathrm{d}x=\frac{1}{a}\int_{-\infty}^{\infty}f(x)\mathrm{e}^{-\mathrm{j}\frac{\omega}{a}x}\mathrm{d}x=\frac{1}{a}F\left(\mathrm{j}\frac{\omega}{a}\right)$$

当 $a<0$ 时

$$\mathscr{F}[f(at)]=\int_{\infty}^{-\infty}f(x)\mathrm{e}^{-\mathrm{j}\omega\frac{x}{a}}\frac{1}{a}\mathrm{d}x=-\frac{1}{a}\int_{-\infty}^{\infty}f(x)\mathrm{e}^{-\mathrm{j}\frac{\omega}{a}x}\mathrm{d}x=-\frac{1}{a}F\left(\mathrm{j}\frac{\omega}{a}\right)$$

综合以上两种情况，即得式(4.5-8)。

由尺度变换特性可知，信号的持续时间与信号的占有频带成反比。例如，对于门函数 $g_{\tau}(t)$，其频带宽度 $\Delta f=\frac{1}{\tau}$。在电子技术中，有时需要将信号持续时间缩短，以加快信息传输速度，这就不得不在频域内展宽频带。

顺便提及，式(4.5-8)中若令 $a=-1$，得

$$f(-t)\longleftrightarrow F(-\mathrm{j}\omega)$$

这正是式(4.4-36)。

四、时移特性

时移特性也称为延时特性。它可表述为

若

$$f(t)\longleftrightarrow F(\mathrm{j}\omega)$$

且 t_0 为常数，则有

$$f(t\pm t_0)\longleftrightarrow\mathrm{e}^{\pm\mathrm{j}\omega t_0}F(\mathrm{j}\omega)\tag{4.5-9}$$

式(4.5-9)表示，在时域中信号沿时间轴右移(即延时)t_0，其在频域中所有频率“分量”相应落后相位 ωt_0，而其幅度保持不变。

这可证明如下：

若 $f(t)\longleftrightarrow F(\mathrm{j}\omega)$，则延迟信号的傅里叶变换为

$$\mathscr{F}[f(t-t_0)]=\int_{-\infty}^{\infty}f(t-t_0)\mathrm{e}^{-\mathrm{j}\omega t}\mathrm{d}t$$

令 $x=t-t_0$，则上式可以写为

$$\mathscr{F}[f(t-t_0)]=\int_{-\infty}^{\infty}f(x)\mathrm{e}^{-\mathrm{j}\omega(x+t_0)}\mathrm{d}x=\mathrm{e}^{-\mathrm{j}\omega t_0}\int_{-\infty}^{\infty}f(x)\mathrm{e}^{-\mathrm{j}\omega x}\mathrm{d}x=\mathrm{e}^{-\mathrm{j}\omega t_0}F(\mathrm{j}\omega)$$

同理可得

$$\mathscr{F}[f(t+t_0)]=\mathrm{e}^{\mathrm{j}\omega t_0}F(\mathrm{j}\omega)$$

不难证明，如果信号既有时移又有尺度变换则有：

若

$$f(t)\longleftrightarrow F(\mathrm{j}\omega)$$

a 和 b 为实常数，但 $a\neq 0$，则

$$f(at-b)\longleftrightarrow \frac{1}{|a|}\mathrm{e}^{-\mathrm{j}\frac{b}{a}\omega}F\left(\mathrm{j}\frac{\omega}{a}\right)\tag{4.5-10}$$

显然，尺度变换和时移特性是上式的两种特殊情况，当 $b=0$ 时得式(4.5-8)，当 $a=1$ 时得式(4.5-9)。

例 4.5-3　如已知图 4.5-3(a)的函数是宽度为 2 的门函数，即 $f_1(t)=g_2(t)$，其傅里叶变换 $F_1(\mathrm{j}\omega)=2\mathrm{Sa}(\omega)=\dfrac{2\sin\omega}{\omega}$，求图 4.5-3(b)和 4.5-3(c)中函数 $f_2(t)$、$f_3(t)$ 的傅里叶变换。

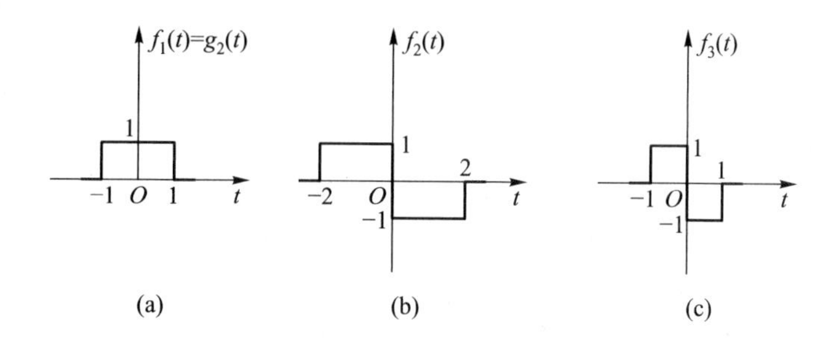

图 4.5-3　例 4.5-3 图

解　(1) 图 4.5-3(b)中函数 $f_2(t)$ 可写为时移信号 $f_1(t+1)$ 与 $f_1(t-1)$ 之差，即

$$f_2(t)=f_1(t+1)-f_1(t-1)$$

由傅里叶变换的线性和时移特性可得 $f_2(t)$ 的傅里叶变换

$$F_2(\mathrm{j}\omega)=F_1(\mathrm{j}\omega)\mathrm{e}^{\mathrm{j}\omega}-F_1(\mathrm{j}\omega)\mathrm{e}^{-\mathrm{j}\omega}=\frac{2\sin\omega}{\omega}(\mathrm{e}^{\mathrm{j}\omega}-\mathrm{e}^{-\mathrm{j}\omega})=\mathrm{j}4\frac{\sin^2\omega}{\omega}$$

(2) 图 4.5-3(c)中的函数 $f_3(t)$ 是 $f_2(t)$ 的压缩，可写为

$$f_3(t)=f_2(2t)$$

由尺度变换可得

$$F_3(\mathrm{j}\omega)=\frac{1}{2}F_2\left(\mathrm{j}\,\frac{\omega}{2}\right)=\frac{1}{2}\mathrm{j}4\,\frac{\sin^2\left(\frac{\omega}{2}\right)}{\frac{\omega}{2}}=\mathrm{j}4\,\frac{\sin^2\left(\frac{\omega}{2}\right)}{\omega}$$

显然$f_3(t)$也可写为

$$f_3(t)=f_1(2t+1)-f_1(2t-1)$$

由式(4.5-10)也可得到相同的结果。

例 4.5-4 若有 5 个波形相同的脉冲,其相邻间隔为 T,如图 4.5-4(a)所示,求其频谱函数。

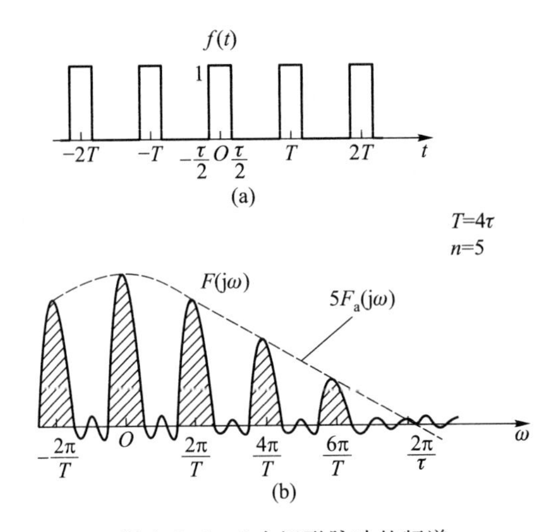

图 4.5-4 5 个矩形脉冲的频谱

解 设位于坐标原点的单个脉冲表示式为$f_{\mathrm{a}}(t)$,其频谱函数为 $F_{\mathrm{a}}(\mathrm{j}\omega)$,则图 4.5-4(a)中的信号可表示为

$$f(t)=f_{\mathrm{a}}(t+2T)+f_{\mathrm{a}}(t+T)+f_{\mathrm{a}}(t)+f_{\mathrm{a}}(t-T)+f_{\mathrm{a}}(t-2T)$$

根据线性和时移特性,它的频谱函数为

$$F(\mathrm{j}\omega)=F_{\mathrm{a}}(\mathrm{j}\omega)(\mathrm{e}^{\mathrm{j}2\omega T}+\mathrm{e}^{\mathrm{j}\omega T}+1+\mathrm{e}^{-\mathrm{j}\omega T}+\mathrm{e}^{-\mathrm{j}2\omega T}) \tag{4.5-11}$$

上式为等比数列,利用等比数列求和公式和欧拉公式得

$$F(\mathrm{j}\omega)=F_{\mathrm{a}}(\mathrm{j}\omega)\,\frac{\mathrm{e}^{\mathrm{j}2\omega T}-\mathrm{e}^{-\mathrm{j}3\omega T}}{1-\mathrm{e}^{-\mathrm{j}\omega T}}=F_{\mathrm{a}}(\mathrm{j}\omega)\,\frac{\sin\left(\frac{5\omega T}{2}\right)}{\sin\left(\frac{\omega T}{2}\right)} \tag{4.5-12}$$

由上式可以看出,当 $\omega=\frac{2m\pi}{T}$ $(m=0,\pm1,\pm2,\cdots)$时

$$\lim_{\omega\to\frac{2m\pi}{T}}\frac{\sin\left(\frac{5\omega T}{2}\right)}{\sin\left(\frac{\omega T}{2}\right)}=5$$

也就是说,在 $\omega=\frac{2m\pi}{T}$处,其频谱函数的幅度是 $F_{\mathrm{a}}(\mathrm{j}\omega)$在该处幅度的 5 倍。这是由于在这些

频率处 5 个单个脉冲的各频率“分量”同相，这只要将 $\omega=\frac{2m\pi}{T}$代入式(4.5-11)就可明显地看出。

由式(4.5-12)还可看出，当 $\omega=\frac{2m\pi}{5T}$(m 为整数，但不等于 5 的整数倍)时，式中分子为零，从而 $F(j\omega)=0$，这是由于 5 个单个脉冲的各频率“分量”相互抵消。图 4.5-4(b)中画出了脉冲个数 $n=5$，相邻脉冲间隔 $T=4\tau$ 时的频谱图。由图可见，当多个脉冲间隔为 T 重复排列时，信号的能量将向 $\omega=\frac{2m\pi}{T}$处集中，在该频率处频谱函数的幅度增大，而在其他频率处幅度减小，甚至等于零。当脉冲个数无限增多时(这时就成为周期信号)，则除 $\omega=\frac{2m\pi}{T}$的各谱线外，其余频率“分量”均等于零，从而变成离散频谱。

顺便指出，若有 N 个波形相同的脉冲$\left(N\text{ 为奇数，中间一个，即第}\frac{N+1}{2}\text{个位于原点}\right)$，其相邻间隔为 T，则其频谱函数为

$$F(j\omega)=F_a(j\omega)\frac{\sin\left(\frac{N\omega T}{2}\right)}{\sin\left(\frac{\omega T}{2}\right)} \tag{4.5-13}$$

式中 $F_a(j\omega)$为单个脉冲的频谱函数。

五、频移特性

频移特性也称为调制特性。它可表述为

若

$$f(t)\longleftrightarrow F(j\omega)$$

且 ω_0 为常数，则

$$f(t)e^{\pm j\omega_0 t}\longleftrightarrow F[j(\omega\mp\omega_0)] \tag{4.5-14}$$

式(4.5-14)表明，在时域中将信号 $f(t)$乘以因子 $e^{j\omega_0 t}$，对应于在频域中将频谱函数沿 ω 轴右移 ω_0；在时域中将信号 $f(t)$乘以因子 $e^{-j\omega_0 t}$，对应于在频域中将频谱函数左移 ω_0。式(4.5-14)容易证明，这里从略。

例 4.5-5　如已知信号 $f(t)$的傅里叶变换为 $F(j\omega)$，求信号 $e^{j4t}f(3-2t)$的傅里叶变换。

解　由已知 $f(t)\longleftrightarrow F(j\omega)$，利用时移特性有

$$f(t+3)\longleftrightarrow F(j\omega)e^{j3\omega}$$

根据尺度变换，令 $a=-2$，得

$$f(3-2t)\longleftrightarrow\frac{1}{|-2|}F\left(-j\frac{\omega}{2}\right)e^{j3\left(\frac{\omega}{-2}\right)}=\frac{1}{2}F\left(-j\frac{\omega}{2}\right)e^{-j\frac{3\omega}{2}}$$

由频移特性，得

$$e^{j4t}f(-2t+3)\longleftrightarrow\frac{1}{2}F\left(-j\frac{\omega-4}{2}\right)e^{-j\frac{3(\omega-4)}{2}}$$

频移特性在各类电子系统中应用广泛，如调幅、同步解调等都是在频谱搬移的基础上实现的。实现频谱搬移的原理如图 4.5-5 所示。它是将调制信号 $f(t)$ 乘以载频信号 $\cos(\omega_0 t)$ 或 $\sin(\omega_0 t)$，得到高频已调信号 $y(t)$，即

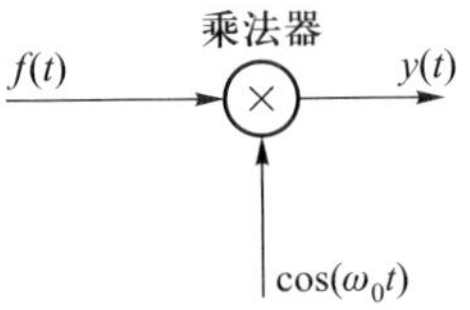

$$y(t)=f(t)\cos(\omega_0 t) \tag{4.5-15}$$

图 4.5-5 实现频谱搬移的原理图

例如，若 $f(t)$ 是幅度为 1 的门函数 $g_\tau(t)$，则

$$y(t)=g_\tau(t)\cos(\omega_0 t)=\frac{1}{2}g_\tau(t)\mathrm{e}^{-\mathrm{j}\omega_0 t}+\frac{1}{2}g_\tau(t)\mathrm{e}^{\mathrm{j}\omega_0 t}$$

$y(t)$ 又常称为高频脉冲信号，由于 $g_\tau(t)\longleftrightarrow\tau\mathrm{Sa}\left(\frac{\omega\tau}{2}\right)$，根据线性和频移特性，高频脉冲信号 $y(t)$ 的频谱函数

$$Y(\mathrm{j}\omega)=\frac{\tau}{2}\mathrm{Sa}\left[\frac{(\omega+\omega_0)\tau}{2}\right]+\frac{\tau}{2}\mathrm{Sa}\left[\frac{(\omega-\omega_0)\tau}{2}\right] \tag{4.5-16}$$

图 4.5-6(a)画出了门函数 $g_\tau(t)$ 及其频谱，图 4.5-6(b)画出了高频脉冲信号 $y(t)$ 及其频谱。

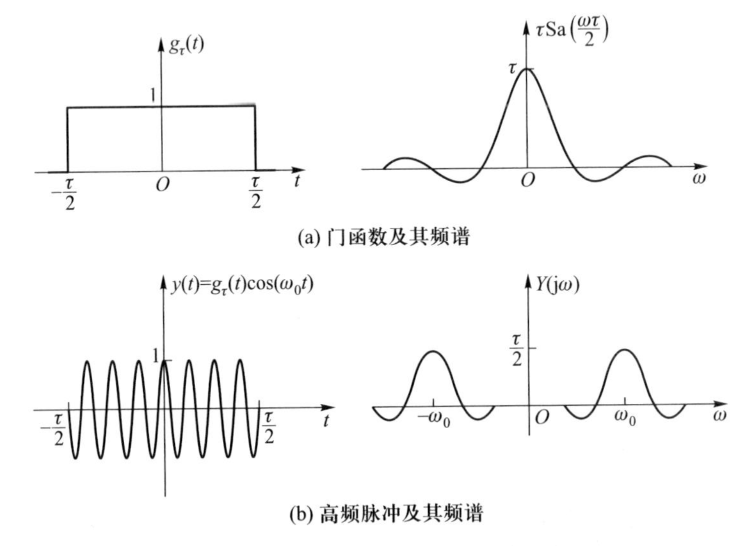

图 4.5-6 高频脉冲的频谱

显然，若信号 $f(t)$ 的频谱为 $F(\mathrm{j}\omega)$，则高频已调信号 $f(t)\cos(\omega_0 t)$ 或 $f(t)\sin(\omega_0 t)$ 的频谱函数为

$$\left.\begin{aligned}f(t)\cos(\omega_0 t)&\longleftrightarrow\frac{1}{2}F[\mathrm{j}(\omega+\omega_0)]+\frac{1}{2}F[\mathrm{j}(\omega-\omega_0)]\\f(t)\sin(\omega_0 t)&\longleftrightarrow\frac{1}{2}\mathrm{j}F[\mathrm{j}(\omega+\omega_0)]-\frac{1}{2}\mathrm{j}F[\mathrm{j}(\omega-\omega_0)]\end{aligned}\right\} \tag{4.5-17}$$

可见，当用某低频信号 $f(t)$ 去调制角频率为 ω_0 的余弦（或正弦）信号时，已调信号的频谱是包络线 $f(t)$ 的频谱 $F(\mathrm{j}\omega)$ 一分为二，分别向左和向右搬移 ω_0，在搬移过程中幅度谱的形式并未改变。

六、卷积定理

卷积定理在信号和系统分析中占有重要地位。它说明的是两个函数在时域(或频域)中卷积积分,对应于在频域(或时域)中两者的傅里叶变换(或逆变换)应具有的关系。

时域卷积定理

若

$$f_1(t) \longleftrightarrow F_1(\mathrm{j}\omega)$$
$$f_2(t) \longleftrightarrow F_2(\mathrm{j}\omega)$$

则

$$f_1(t) * f_2(t) \longleftrightarrow F_1(\mathrm{j}\omega)F_2(\mathrm{j}\omega) \tag{4.5-18}$$

上式表明,在时域中两个函数的卷积积分对应于在频域中两个函数频谱的乘积。

频域卷积定理

若

$$f_1(t) \longleftrightarrow F_1(\mathrm{j}\omega)$$
$$f_2(t) \longleftrightarrow F_2(\mathrm{j}\omega)$$

则

$$f_1(t)f_2(t) \longleftrightarrow \frac{1}{2\pi}F_1(\mathrm{j}\omega) * F_2(\mathrm{j}\omega) \tag{4.5-19}$$

式中

$$F_1(\mathrm{j}\omega) * F_2(\mathrm{j}\omega) = \int_{-\infty}^{\infty} F_1(\mathrm{j}\eta)F_2(\mathrm{j}\omega - \mathrm{j}\eta)\mathrm{d}\eta \tag{4.5-20}$$

式(4.5-19)表明,在时域中两个函数的乘积,对应于在频域中两个频谱函数之卷积积分的$\frac{1}{2\pi}$倍。

时域卷积定理证明如下:

根据卷积积分的定义

$$f_1(t) * f_2(t) = \int_{-\infty}^{\infty} f_1(\tau)f_2(t-\tau)\mathrm{d}\tau$$

其傅里叶变换为

$$\begin{aligned}\mathscr{F}[f_1(t) * f_2(t)] &= \int_{-\infty}^{\infty}\left[\int_{-\infty}^{\infty} f_1(\tau)f_2(t-\tau)\mathrm{d}\tau\right]\mathrm{e}^{-\mathrm{j}\omega t}\mathrm{d}t \\ &= \int_{-\infty}^{\infty} f_1(\tau)\left[\int_{-\infty}^{\infty} f_2(t-\tau)\mathrm{e}^{-\mathrm{j}\omega t}\mathrm{d}t\right]\mathrm{d}\tau\end{aligned}$$

由时移特性知

$$\int_{-\infty}^{\infty} f_2(t-\tau)\mathrm{e}^{-\mathrm{j}\omega t}\mathrm{d}t = F_2(\mathrm{j}\omega)\mathrm{e}^{-\mathrm{j}\omega\tau}$$

将它代入上式,得

$$\begin{aligned}\mathscr{F}[f_1(t) * f_2(t)] &= \int_{-\infty}^{\infty} f_1(\tau)F_2(\mathrm{j}\omega)\mathrm{e}^{-\mathrm{j}\omega\tau}\mathrm{d}\tau = F_2(\mathrm{j}\omega)\int_{-\infty}^{\infty} f_1(\tau)\mathrm{e}^{-\mathrm{j}\omega\tau}\mathrm{d}\tau \\ &= F_1(\mathrm{j}\omega)F_2(\mathrm{j}\omega)\end{aligned}$$

即式(4.5-18)。频域卷积定理的证明类似,这里从略。

例 4.5-6 求三角形脉冲

$$f_{\Delta}(t)=\begin{cases}1-\dfrac{2}{\tau}|t|, & |t|<\dfrac{\tau}{2}\\[2ex] 0, & |t|>\dfrac{\tau}{2}\end{cases} \tag{4.5-21}$$

的频谱函数。

解 两个完全相同的门函数卷积可得到三角形脉冲。这里三角形脉冲的宽度为 τ,幅度为 1,为此选宽度为$\dfrac{\tau}{2}$、幅度为$\sqrt{\dfrac{2}{\tau}}$的门函数,即令

$$f(t)=\sqrt{\frac{2}{\tau}}\ g_{\frac{\tau}{2}}(t)$$

两个波形相同的信号$f(t)$相卷积就得到三角形脉冲$f_{\Delta}(t)$(这请读者自己验证),如图 4.5-7(a)所示,即

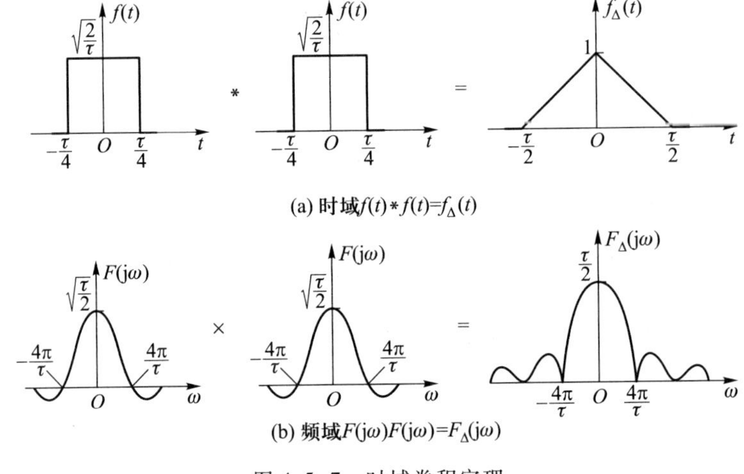

图 4.5-7 时域卷积定理

$$f(t)*f(t)=f_{\Delta}(t)$$

由于门函数 $g_{\tau}(t)$与其频谱函数的对应关系是

$$g_{\tau}(t)\longleftrightarrow\tau\mathrm{Sa}\left(\frac{\omega\tau}{2}\right)$$

利用尺度变换特性,令 $a=2$,将 $g_{\tau}(t)$压缩,得

$$g_{\frac{\tau}{2}}(t)\longleftrightarrow\frac{\tau}{2}\mathrm{Sa}\left(\frac{\omega\tau}{4}\right)$$

于是得信号$f(t)$的频谱函数为

$$F(\mathrm{j}\omega)=\mathscr{F}\left[\sqrt{\frac{2}{\tau}}\ g_{\frac{\tau}{2}}(t)\right]=\sqrt{\frac{\tau}{2}}\mathrm{Sa}\left(\frac{\omega\tau}{4}\right)$$

最后由时域卷积定理可得三角形脉冲$f_{\Delta}(t)$的频谱函数。

$$F_{\Delta}(\mathrm{j}\omega)=\mathscr{F}[f_{\Delta}(t)]=\mathscr{F}[f(t)*f(t)]=F(\mathrm{j}\omega)F(\mathrm{j}\omega)=\frac{\tau}{2}\mathrm{Sa}^2\left(\frac{\omega\tau}{4}\right)\tag{4.5-22}$$

其频谱如图4.5-7(b)所示。

例4.5-7 求斜升函数$r(t)=t\varepsilon(t)$和函数$|t|$的频谱函数。

解 (1) $t\varepsilon(t)$的频谱函数

由式(4.5-6)知

$$t\longleftrightarrow \mathrm{j}2\pi\delta'(\omega)$$

根据频域卷积定理,并利用卷积运算的规则,可得$t\varepsilon(t)$的频谱函数为

$$\begin{aligned}\mathscr{F}[t\varepsilon(t)]&=\frac{1}{2\pi}\mathscr{F}[t]*\mathscr{F}[\varepsilon(t)]=\frac{1}{2\pi}\times \mathrm{j}2\pi\delta'(\omega)*\left[\pi\delta(\omega)+\frac{1}{\mathrm{j}\omega}\right]\\&=\mathrm{j}\pi\delta'(\omega)*\delta(\omega)+\delta'(\omega)*\frac{1}{\omega}=\mathrm{j}\pi\delta'(\omega)-\frac{1}{\omega^2}\end{aligned}$$

即

$$t\varepsilon(t)\longleftrightarrow \mathrm{j}\pi\delta'(\omega)-\frac{1}{\omega^2}\tag{4.5-23}$$

(2) $|t|$的频谱函数

由于t的绝对值可写为

$$|t|=t\varepsilon(t)+(-t)\varepsilon(-t)$$

对式(4.5-23)利用尺度变换式(4.5-8)($a=-1$),有

$$(-t)\varepsilon(-t)\longleftrightarrow -\mathrm{j}\pi\delta'(\omega)-\frac{1}{\omega^2}$$

利用线性性质可得函数$|t|$与其频谱函数的对应关系为

$$|t|\longleftrightarrow -\frac{2}{\omega^2}\tag{4.5-24}$$

七、时域微分和积分

这里研究信号$f(t)$对时间t的微分和积分的傅里叶变换。$f(t)$的微分和积分可用下述符号表示:

$$f^{(n)}(t)=\frac{\mathrm{d}^n f(t)}{\mathrm{d}t^n}\tag{4.5-25}$$

$$f^{(-1)}(t)=\int_{-\infty}^{t}f(x)\mathrm{d}x\tag{4.5-26}$$

时域微分(定理)

若

$$f(t)\longleftrightarrow F(\mathrm{j}\omega)$$

则

$$f^{(n)}(t)\longleftrightarrow (\mathrm{j}\omega)^n F(\mathrm{j}\omega)\tag{4.5-27}$$

时域积分(定理)

若

$$f(t) \longleftrightarrow F(\mathrm{j}\omega)$$

则

$$f^{(-1)}(t) \longleftrightarrow \pi F(0)\delta(\omega) + \frac{F(\mathrm{j}\omega)}{\mathrm{j}\omega} \tag{4.5-28}$$

其中 $F(0)=F(\mathrm{j}\omega)\mid_{\omega=0}$,它也可由傅里叶变换定义式(4.5-1)中令 $\omega=0$ 得到,即

$$F(0)=F(\mathrm{j}\omega)\mid_{\omega=0}=\int_{-\infty}^{\infty} f(t)\,\mathrm{d}t \tag{4.5-29}$$

如果 $F(0)=0$,则式(4.5-28)可写为

$$f^{(-1)}(t) \longleftrightarrow \frac{F(\mathrm{j}\omega)}{\mathrm{j}\omega} \tag{4.5-30}$$

式(4.5-27)、式(4.5-28)可证明如下:

由第二章卷积的微分运算知,$f(t)$的一阶导数可写为

$$f^{(1)}(t)=f^{(1)}(t)*\delta(t)=f(t)*\delta^{(1)}(t)$$

根据时域卷积定理,考虑到 $\delta^{(1)}(t) \longleftrightarrow \mathrm{j}\omega$,有

$$\mathscr{F}[f^{(1)}(t)]=\mathscr{F}[f(t)]\mathscr{F}[\delta^{(1)}(t)]=\mathrm{j}\omega F(\mathrm{j}\omega)$$

重复运用以上结果,得

$$\mathscr{F}[f^{(n)}(t)]=(\mathrm{j}\omega)^n F(\mathrm{j}\omega)$$

即式(4.5-27)。

函数$f(t)$的积分可写为

$$f^{(-1)}(t)=f^{(-1)}(t)*\delta(t)=f(t)*\varepsilon(t)$$

根据时域卷积定理并考虑到冲激函数的取样性质,得

$$\begin{aligned}\mathscr{F}[f^{(-1)}(t)]&=\mathscr{F}[f(t)]\mathscr{F}[\varepsilon(t)]=F(\mathrm{j}\omega)\left[\pi\delta(\omega)+\frac{1}{\mathrm{j}\omega}\right]\\&=\pi F(0)\delta(\omega)+\frac{F(\mathrm{j}\omega)}{\mathrm{j}\omega}\end{aligned}$$

即式(4.5-28)。

例 4.5-8 求三角形脉冲

$$f_{\Delta}(t)=\begin{cases}1-\dfrac{2}{\tau}|t|, & |t|<\dfrac{\tau}{2}\\[2ex] 0, & |t|>\dfrac{\tau}{2}\end{cases}$$

的频谱函数。

解 三角形脉冲$f_{\Delta}(t)$及其一阶、二阶导数如图 4.5-8 所示。若令 $f(t)=f_{\Delta}^{(2)}(t)$,则三角形脉冲$f_{\Delta}(t)$是函数$f(t)$的二重积分,即

$$f_{\Delta}(t)=\int_{-\infty}^{t}\int_{-\infty}^{x} f(y)\,\mathrm{d}y\mathrm{d}x$$

式中 x,y 都是时间变量,引用它们是为了避免把积分限与被积函数变量相混淆。

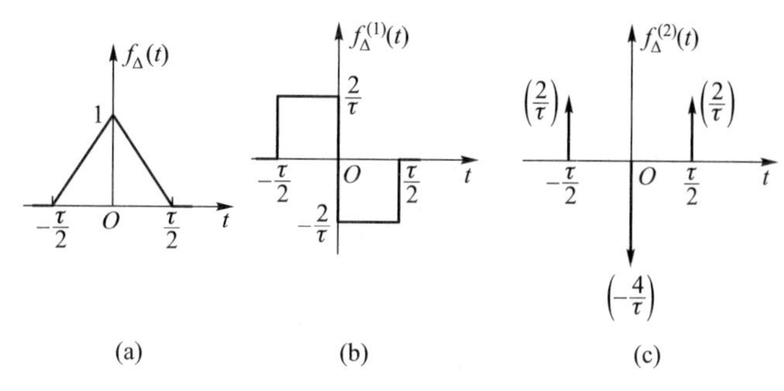

图 4.5-8 $f_\Delta(t)$及其导数

图 4.5-8(c)所示的函数由三个冲激函数组成,它可以写为

$$f(t)=\frac{2}{\tau}\delta\left(t+\frac{\tau}{2}\right)-\frac{4}{\tau}\delta(t)+\frac{2}{\tau}\delta\left(t-\frac{\tau}{2}\right)$$

由于 $\mathscr{F}[\delta(t)]=1$,根据时移特性,$f(t)$的频谱可以写为

$$F(\mathrm{j}\omega)=\frac{2}{\tau}\mathrm{e}^{\mathrm{j}\frac{\omega\tau}{2}}-\frac{4}{\tau}+\frac{2}{\tau}\mathrm{e}^{-\mathrm{j}\frac{\omega\tau}{2}}=\frac{2}{\tau}\left(\mathrm{e}^{\mathrm{j}\frac{\omega\tau}{2}}-2+\mathrm{e}^{-\mathrm{j}\frac{\omega\tau}{2}}\right)$$

$$=\frac{4}{\tau}\left[\cos\left(\frac{\omega\tau}{2}\right)-1\right]=-\frac{8\sin^2\left(\frac{\omega\tau}{4}\right)}{\tau}$$

由图 4.5-8(b)和(c)可见,显然有 $\int_{-\infty}^{\infty}f(t)\mathrm{d}t=0$ 和 $\int_{-\infty}^{\infty}f_\Delta^{(1)}(t)\mathrm{d}t=0$,利用式(4.5-30),得 $f_\Delta(t)$的频谱函数

$$F_\Delta(\mathrm{j}\omega)=\frac{1}{(\mathrm{j}\omega)^2}F(\mathrm{j}\omega)=\frac{8\sin^2\left(\frac{\omega\tau}{4}\right)}{\omega^2\tau}=\frac{\tau}{2}\frac{\sin^2\left(\frac{\omega\tau}{4}\right)}{\left(\frac{\omega\tau}{4}\right)^2}=\frac{\tau}{2}\mathrm{Sa}^2\left(\frac{\omega\tau}{4}\right)$$

可见结果与例 4.5-6 相同。

例 4.5-9 求门函数 $g_\tau(t)$的积分

$$f(t)=\frac{1}{\tau}\int_{-\infty}^{t}g_\tau(x)\mathrm{d}x$$

的频谱函数。

解 门函数 $g_\tau(t)$及其积分$\frac{1}{\tau}g_\tau^{(-1)}(t)$的波形如图 4.5-9 所示。门函数的频谱为

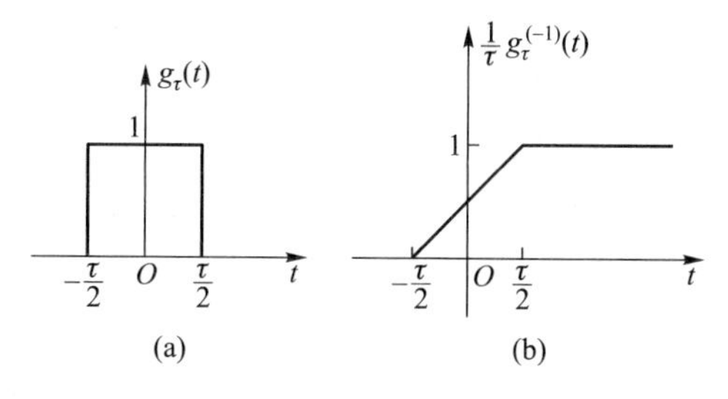

图 4.5-9 门函数及其积分

$$\mathscr{F}[g_\tau(t)] = \tau \mathrm{Sa}\left(\frac{\omega\tau}{2}\right)$$

由于 $\mathrm{Sa}(0)=1$，由式(4.5-28)得 $f(t)$ 的频谱函数为

$$\mathscr{F}[f(t)] = \mathscr{F}\left[\frac{1}{\tau}g_\tau^{(-1)}(t)\right] = \pi \mathrm{Sa}(0)\delta(\omega) + \frac{1}{\mathrm{j}\omega}\mathrm{Sa}\left(\frac{\omega\tau}{2}\right)$$
$$= \pi\delta(\omega) + \frac{1}{\mathrm{j}\omega}\mathrm{Sa}\left(\frac{\omega\tau}{2}\right) \tag{4.5-31}$$

需要指出，在欲求某函数 $g(t)$ 的傅里叶变换时，常可根据其导数的变换，利用积分特性求得 $\mathscr{F}[g(t)]$，如例 4.5-8、例 4.5-9。需要注意的是，对某些函数，虽然有 $f(t)=g'(t)$，但有可能

$$g(t) \neq f^{(-1)}(t) = \int_{-\infty}^{t} f(x)\,\mathrm{d}x$$

这是因为若设 $f(t)=\dfrac{\mathrm{d}g(t)}{\mathrm{d}t}$，则有

$$\mathrm{d}g(t) = f(t)\,\mathrm{d}t$$

对上式从 $-\infty$ 到 t 积分，有

$$g(t) - g(-\infty) = \int_{-\infty}^{t} f(x)\,\mathrm{d}x$$

即

$$g(t) = \int_{-\infty}^{t} f(x)\,\mathrm{d}x + g(-\infty) \tag{4.5-32}$$

上式表明，式(4.5-26)的约定中隐含着条件 $f^{(-1)}(-\infty)=0$。当常数 $g(-\infty)\neq 0$ 时，对式(4.5-32)进行傅里叶变换，得

$$G(\mathrm{j}\omega) = \pi F(0)\delta(\omega) + \frac{F(\mathrm{j}\omega)}{\mathrm{j}\omega} + 2\pi g(-\infty)\delta(\omega) \tag{4.5-33}$$

例 4.5-10 求图 4.5-10(a)(b)所示信号的傅里叶变换。

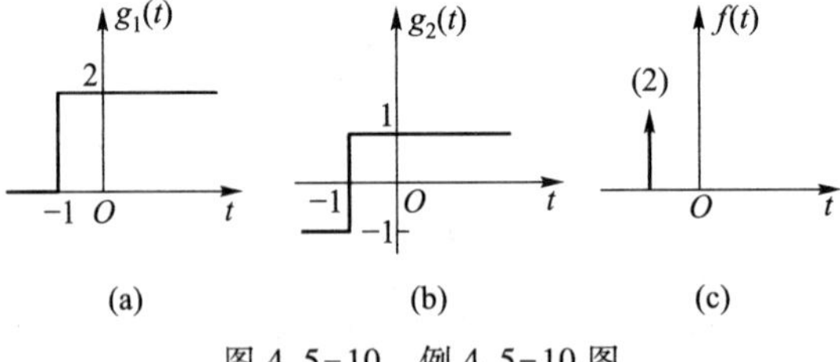

图 4.5-10 例 4.5-10 图

解 (1) 图 4.5-10(a)所示的函数可写为

$$g_1(t) = 2\varepsilon(t+1)$$

其导数 $g_1'(t)=f(t)=2\delta(t+1)$，如图(c)所示。容易求得 $f(t)\longleftrightarrow F(\mathrm{j}\omega)=2\mathrm{e}^{\mathrm{j}\omega}$，$F(0)=2$。故由式(4.5-28)得

$$G_1(\mathrm{j}\omega) = 2\pi\delta(\omega) + \frac{2}{\mathrm{j}\omega}\mathrm{e}^{\mathrm{j}\omega}$$

(2) 图 4.5-10(b)所示的函数可写为

$$g_2(t)=\operatorname{sgn}(t+1)=2\varepsilon(t+1)-1$$

其导数也是 $f(t)=2\delta(t+1)$。由图可见,$g_2(-\infty)=-1$,故由式(4.5-33)得

$$G_2(\mathrm{j}\omega)=2\pi\delta(\omega)+\frac{2}{\mathrm{j}\omega}\mathrm{e}^{\mathrm{j}\omega}-2\pi\delta(\omega)=\frac{2}{\mathrm{j}\omega}\mathrm{e}^{\mathrm{j}\omega}$$

八、频域微分和积分

设

$$F^{(n)}(\mathrm{j}\omega)=\frac{\mathrm{d}^nF(\mathrm{j}\omega)}{\mathrm{d}\omega^n} \tag{4.5-34}$$

$$F^{(-1)}(\mathrm{j}\omega)=\int_{-\infty}^{\omega}F(\mathrm{j}x)\mathrm{d}x \tag{4.5-35}$$

与前类似,式(4.5-35)也隐含条件 $F^{(-1)}(-\infty)=0$。

频域微分

若

$$f(t)\longleftrightarrow F(\mathrm{j}\omega)$$

则

$$(-\mathrm{j}t)^nf(t)\longleftrightarrow F^{(n)}(\mathrm{j}\omega) \tag{4.5-36}$$

频域积分

若

$$f(t)\longleftrightarrow F(\mathrm{j}\omega)$$

则

$$\pi f(0)\delta(t)+\frac{f(t)}{-\mathrm{j}t}\longleftrightarrow F^{(-1)}(\mathrm{j}\omega) \tag{4.5-37}$$

式中

$$f(0)=\frac{1}{2\pi}\int_{-\infty}^{\infty}F(\mathrm{j}\omega)\mathrm{d}\omega \tag{4.5-38}$$

如果 $f(0)=0$,则有

$$\frac{f(t)}{-\mathrm{j}t}\longleftrightarrow F^{(-1)}(\mathrm{j}\omega) \tag{4.5-39}$$

频域微分和积分的结果可用频域卷积定理证明,其方法与时域类似,这里从略。

例 4.5-11 求斜升函数 $t\varepsilon(t)$ 的频谱函数。

解 单位阶跃信号 $\varepsilon(t)$ 及其频谱函数为

$$\varepsilon(t)\longleftrightarrow\pi\delta(\omega)+\frac{1}{\mathrm{j}\omega}$$

由式(4.5-36)可得

$$-\mathrm{j}t\varepsilon(t)\longleftrightarrow\frac{\mathrm{d}}{\mathrm{d}t}\left[\pi\delta(\omega)+\frac{1}{\mathrm{j}\omega}\right]=\pi\delta'(\omega)-\frac{1}{\mathrm{j}\omega^2}$$

再根据线性性质,得

$$t\varepsilon(t) \longleftrightarrow \mathrm{j}\pi\delta'(\omega)-\frac{1}{\omega^2}$$

与例 4.5-7 完全相同。

例 4.5-12 求函数 $\mathrm{Sa}(t)=\dfrac{\sin t}{t}$的频谱函数。

解 首先求 sin t 的频谱函数,令

$$f(t)=\sin t=\frac{1}{2\mathrm{j}}(\mathrm{e}^{\mathrm{j}t}-\mathrm{e}^{-\mathrm{j}t})$$

由于 $\mathscr{F}[1]=2\pi\delta(\omega)$,根据线性和频移特性可得

$$\begin{aligned}\mathscr{F}[\sin t]&=\frac{1}{2\mathrm{j}}\{\mathscr{F}[\mathrm{e}^{\mathrm{j}t}]-\mathscr{F}[\mathrm{e}^{-\mathrm{j}t}]\}=\frac{1}{2\mathrm{j}}[2\pi\delta(\omega-1)-2\pi\delta(\omega+1)]\\&=\mathrm{j}\pi[\delta(\omega+1)-\delta(\omega-1)]\end{aligned}$$

由于 $f(t)=\sin t$,显然有 $f(0)=0$,故根据式(4.5-39)有

$$\begin{aligned}\mathscr{F}\left[\frac{f(t)}{-\mathrm{j}t}\right]=\mathscr{F}\left[\frac{\sin t}{-\mathrm{j}t}\right]&=\mathrm{j}\pi\int_{-\infty}^{\omega}[\delta(\eta+1)-\delta(\eta-1)]\mathrm{d}\eta\\&=\begin{cases}0, & \omega<-1\\ \mathrm{j}\pi, & -1<\omega<1\\ 0, & \omega>1\end{cases}\end{aligned}$$

时域、频域分别乘以(-j),得

$$\mathscr{F}\left[\frac{\sin t}{t}\right]=\begin{cases}0, & \omega<-1\\ \pi, & -1<\omega<1\\ 0, & \omega>1\end{cases}$$

或写为

$$\frac{\sin t}{t}\longleftrightarrow \pi g_2(\omega)$$

所得结果与例 4.5-1 相同。

例 4.5-13 求 $\displaystyle\int_0^{\infty}\frac{\sin(a\omega)}{\omega}\mathrm{d}\omega$ 的值。

解 在例 4.4-1 及式(4.4-12)中,令 $\tau=2a$(显然 $\tau=2a>0$),可得幅度为 1,宽度为 $2a$ 的门函数 $g_{2a}(t)$与其傅里叶变换的对应关系为

$$g_{2a}(t)\longleftrightarrow\frac{2\sin(a\omega)}{\omega}$$

根据傅里叶逆变换表示式(4.5-2)有

$$g_{2a}(t)=\frac{1}{2\pi}\int_{-\infty}^{\infty}\frac{2\sin(a\omega)}{\omega}\mathrm{e}^{\mathrm{j}\omega t}\mathrm{d}\omega=\frac{1}{\pi}\int_{-\infty}^{\infty}\frac{\sin(a\omega)}{\omega}\mathrm{e}^{\mathrm{j}\omega t}\mathrm{d}\omega$$

令 $t=0$,注意到 $g_{2a}(0)=1$,以及被积函数是 ω 的偶函数,得

$$1=g_{2a}(0)=\frac{1}{\pi}\int_{-\infty}^{\infty}\frac{\sin(a\omega)}{\omega}\mathrm{d}\omega=\frac{2}{\pi}\int_{0}^{\infty}\frac{\sin(a\omega)}{\omega}\mathrm{d}\omega$$

以上结果也可由式(4.5-38)直接求得。上式为 $a>0$ 的结果;若 $a<0$,则 $\sin(a\omega)=-\sin(|a|\omega)$,于是得到

$$\int_{0}^{\infty}\frac{\sin(a\omega)}{\omega}\mathrm{d}\omega=\begin{cases}\dfrac{\pi}{2}, & a>0\\ -\dfrac{\pi}{2}, & a<0\end{cases}\tag{4.5-40}$$

九、相关定理

第二章中讨论了实信号 $f_1(t)$ 与 $f_2(t)$ 的相关函数的定义及其计算方法。这里将介绍相关定理,它描述了相关函数的傅里叶变换与信号 $f_1(t)$ 和 $f_2(t)$ 的傅里叶变换之间的关系。

若

$$f_1(t)\longleftrightarrow F_1(\mathrm{j}\omega)$$
$$f_2(t)\longleftrightarrow F_2(\mathrm{j}\omega)$$

则

$$\mathscr{F}[R_{12}(\tau)]=F_1(\mathrm{j}\omega)F_2^*(\mathrm{j}\omega)\tag{4.5-41a}$$
$$\mathscr{F}[R_{21}(\tau)]=F_1^*(\mathrm{j}\omega)F_2(\mathrm{j}\omega)\tag{4.5-41b}$$

利用相关函数与卷积积分计算之间的关系 $R_{12}(t)=f_1(t)*f_2(-t)$ 和卷积定理,式(4.5-41a)可证明如下:

$$\mathscr{F}[R_{12}(\tau)]=\mathscr{F}[f_1(\tau)*f_2(-\tau)]=\mathscr{F}[f_1(\tau)]\mathscr{F}[f_2(-\tau)]$$

由于 $\mathscr{F}[f_2(-\tau)]=F_2(-\mathrm{j}\omega)=F_2^*(\mathrm{j}\omega)$,故

$$\mathscr{F}[R_{12}(\tau)]=F_1(\mathrm{j}\omega)F_2^*(\mathrm{j}\omega)$$

同理可证明式(4.5-41b)。

式(4.5-41)表明,两个信号相关函数的傅里叶变换等于其中一个信号的傅里叶变换与另一信号傅里叶变换的共轭之乘积,这就是相关定理。对于自相关函数,若 $f_1(t)=f_2(t)=f(t)$,$\mathscr{F}[f(t)]=F(\mathrm{j}\omega)$,则

$$\mathscr{F}[R(\tau)]=|F(\mathrm{j}\omega)|^2\tag{4.5-42}$$

即它的傅里叶变换等于原信号幅度谱的平方。

最后将傅里叶变换的性质归纳如表 4-2 作为本节的小结。

表 4-2　傅里叶变换的性质

<table>
<tr><td colspan="2">名称</td><td colspan="3">时域 $f(t) \longleftrightarrow F(\mathrm{j}\omega)$ 频域</td></tr>
<tr><td colspan="2">定义</td><td colspan="2">$f(t)=\dfrac{1}{2\pi}\int_{-\infty}^{\infty} F(\mathrm{j}\omega)\mathrm{e}^{\mathrm{j}\omega t}\mathrm{d}\omega$</td><td>$F(\mathrm{j}\omega)=\int_{-\infty}^{\infty} f(t)\mathrm{e}^{-\mathrm{j}\omega t}\mathrm{d}t$
$F(\mathrm{j}\omega)=|F(\mathrm{j}\omega)|\mathrm{e}^{\mathrm{j}\varphi(\omega)}=R(\omega)+\mathrm{j}X(\omega)$</td></tr>
<tr><td colspan="2">线性</td><td colspan="2">$a_1f_1(t)+a_2f_2(t)$</td><td>$a_1F_1(\mathrm{j}\omega)+a_2F_2(\mathrm{j}\omega)$</td></tr>
<tr><td colspan="2" rowspan="3">奇偶性</td><td rowspan="2">$f(t)$ 为实函数</td><td></td><td>$|F(\mathrm{j}\omega)|=|F(-\mathrm{j}\omega)|$，$\varphi(\omega)=-\varphi(-\omega)$
$R(\omega)=R(-\omega)$，　$X(\omega)=-X(-\omega)$，
$F(-\mathrm{j}\omega)=F^*(\mathrm{j}\omega)$</td></tr>
<tr><td>$f(t)=f(-t)$
$f(t)=-f(-t)$</td><td>$F(\mathrm{j}\omega)=R(\omega)$，　$X(\omega)=0$
$F(\mathrm{j}\omega)=\mathrm{j}X(\omega)$，　$R(\omega)=0$</td></tr>
<tr><td colspan="2">$f(t)$ 为虚函数</td><td>$|F(\mathrm{j}\omega)|=|F(-\mathrm{j}\omega)|$，　$\varphi(\omega)=-\varphi(-\omega)$
$X(\omega)=X(-\omega)$，　$R(\omega)=-R(-\omega)$
$F(-\mathrm{j}\omega)=-F^*(\mathrm{j}\omega)$</td></tr>
<tr><td colspan="2">反转</td><td colspan="2">$f(-t)$</td><td>$F(-\mathrm{j}\omega)$</td></tr>
<tr><td colspan="2">对称性</td><td colspan="2">$F(\mathrm{j}t)$</td><td>$2\pi f(-\omega)$</td></tr>
<tr><td colspan="2">尺度变换</td><td colspan="2">$f(at)$，　$a\neq 0$</td><td>$\dfrac{1}{|a|}F\left(\mathrm{j}\dfrac{\omega}{a}\right)$</td></tr>
<tr><td colspan="2">时移特性</td><td colspan="2">$f(t\pm t_0)$</td><td>$\mathrm{e}^{\pm\mathrm{j}\omega t_0}F(\mathrm{j}\omega)$</td></tr>
<tr><td colspan="2"></td><td colspan="2">$f(at-b)$，　$a\neq 0$</td><td>$\dfrac{1}{|a|}\mathrm{e}^{-\mathrm{j}\frac{b}{a}\omega}F\left(\mathrm{j}\dfrac{\omega}{a}\right)$</td></tr>
<tr><td colspan="2">频移特性</td><td colspan="2">$f(t)\mathrm{e}^{\pm\mathrm{j}\omega_0 t}$</td><td>$F[\mathrm{j}(\omega\mp\omega_0)]$</td></tr>
<tr><td rowspan="2">卷积定理</td><td>时域</td><td colspan="2">$f_1(t)*f_2(t)$</td><td>$F_1(\mathrm{j}\omega)F_2(\mathrm{j}\omega)$</td></tr>
<tr><td>频域</td><td colspan="2">$f_1(t)f_2(t)$</td><td>$\dfrac{1}{2\pi}F_1(\mathrm{j}\omega)*F_2(\mathrm{j}\omega)$</td></tr>
<tr><td colspan="2">时域微分</td><td colspan="2">$f^{(n)}(t)$</td><td>$(\mathrm{j}\omega)^nF(\mathrm{j}\omega)$</td></tr>
<tr><td colspan="2">时域积分</td><td colspan="2">$f^{(-1)}(t)$</td><td>$\pi F(0)\delta(\omega)+\dfrac{1}{\mathrm{j}\omega}F(\mathrm{j}\omega)$</td></tr>
<tr><td colspan="2">频域微分</td><td colspan="2">$(-\mathrm{j}t)^nf(t)$</td><td>$F^{(n)}(\mathrm{j}\omega)$</td></tr>
<tr><td colspan="2">频域积分</td><td colspan="2">$\pi f(0)\delta(t)+\dfrac{1}{-\mathrm{j}t}f(t)$</td><td>$F^{(-1)}(\mathrm{j}\omega)$</td></tr>
<tr><td colspan="2">相关定理</td><td colspan="2">$R_{12}(\tau)=\int_{-\infty}^{\infty} f_1(t)f_2(t-\tau)\mathrm{d}t$
$R_{21}(\tau)=\int_{-\infty}^{\infty} f_1(t-\tau)f_2(t)\mathrm{d}t$</td><td>$\mathscr{F}[R_{12}(\tau)]=F_1(\mathrm{j}\omega)F_2^*(\mathrm{j}\omega)$
$\mathscr{F}[R_{21}(\tau)]=F_1^*(\mathrm{j}\omega)F_2(\mathrm{j}\omega)$</td></tr>
</table>

§ 4.6 能量谱和功率谱

前面研究了信号的频谱(幅度谱和相位谱),它是在频域中描述信号特征的方法之一,它反映了信号所含频率分量的幅度和相位随频率的分布情况。此外还可以用能量谱或功率谱来描述信号。特别是对于随机信号,由于无法用确定的时间函数表示,也就不能用频谱表示。这时,往往用功率谱来描述它的频域特性。这里仅给出能量谱和功率谱的概念和初步知识。

一、能量谱

信号(电压或电流)$f(t)$在 1 Ω 电阻上的瞬时功率为$|f(t)|^2$,在区间$-T<t<T$的能量为

$$\int_{-T}^{T}|f(t)|^2\mathrm{d}t$$

信号能量定义为在时间$(-\infty,\infty)$区间上信号的能量,用字母 E 表示,即

$$E \xlongequal{\text{def}} \lim_{T\to\infty}\int_{-T}^{T}|f(t)|^2\mathrm{d}t \tag{4.6-1a}$$

如果信号$f(t)$是实函数,则上式可写为

$$E=\lim_{T\to\infty}\int_{-T}^{T}f^2(t)\mathrm{d}t$$

或简单地写为

$$E=\int_{-\infty}^{\infty}f^2(t)\mathrm{d}t \tag{4.6-1b}$$

如果信号能量有限,即$0<E<\infty$,信号称为能量有限信号,简称能量信号,例如门函数、三角形脉冲、单边或双边指数衰减信号等。

现在研究信号能量与频谱函数$F(\mathrm{j}\omega)$的关系。将式(4.5-2)代入式(4.6-1b),得

$$E=\int_{-\infty}^{\infty}f^2(t)\mathrm{d}t=\int_{-\infty}^{\infty}f(t)\left[\frac{1}{2\pi}\int_{-\infty}^{\infty}F(\mathrm{j}\omega)\mathrm{e}^{\mathrm{j}\omega t}\mathrm{d}\omega\right]\mathrm{d}t$$

交换积分次序,得

$$E=\frac{1}{2\pi}\int_{-\infty}^{\infty}F(\mathrm{j}\omega)\left[\int_{-\infty}^{\infty}f(t)\mathrm{e}^{\mathrm{j}\omega t}\mathrm{d}t\right]\mathrm{d}\omega=\frac{1}{2\pi}\int_{-\infty}^{\infty}F(\mathrm{j}\omega)F(-\mathrm{j}\omega)\mathrm{d}\omega$$

由式(4.4-36)知$F(-\mathrm{j}\omega)=F^*(\mathrm{j}\omega)$,所以上式积分号内的$F(\mathrm{j}\omega)F(-\mathrm{j}\omega)=F(\mathrm{j}\omega)F^*(\mathrm{j}\omega)=|F(\mathrm{j}\omega)|^2$。最后得

$$E=\int_{-\infty}^{\infty}f^2(t)\mathrm{d}t=\frac{1}{2\pi}\int_{-\infty}^{\infty}|F(\mathrm{j}\omega)|^2\mathrm{d}\omega \tag{4.6-2}$$

上式也常称为帕塞瓦尔方程或能量等式。

也可以从频域的角度来研究信号能量。为了表征能量在频域中的分布状况,可以借助于密度的概念,定义一个能量密度函数,简称为能量频谱或能量谱。能量频谱$\mathscr{E}(\omega)$定义为

单位频率的信号能量,在频带 $\mathrm{d}f$ 内信号的能量为 $\mathscr{E}(\omega)\mathrm{d}f$,因而信号在整个频率区间$(-\infty,\infty)$的总能量

$$E=\int_{-\infty}^{\infty}\mathscr{E}(\omega)\mathrm{d}f=\frac{1}{2\pi}\int_{-\infty}^{\infty}\mathscr{E}(\omega)\mathrm{d}\omega \tag{4.6-3}$$

根据能量守恒原理,对于同一信号 $f(t)$,式(4.6-1b)与式(4.6-3)应该相等。即

$$E=\int_{-\infty}^{\infty}f^{2}(t)\mathrm{d}t=\frac{1}{2\pi}\int_{-\infty}^{\infty}\mathscr{E}(\omega)\mathrm{d}\omega \tag{4.6-4}$$

比较式(4.6-2)和式(4.6-4)可知,能量密度谱

$$\mathscr{E}(\omega)=|F(\mathrm{j}\omega)|^{2} \tag{4.6-5}$$

由上式可见,信号的能量谱 $\mathscr{E}(\omega)$ 是 ω 的偶函数,它只决定于频谱函数的模量,而与相位无关。能量谱 $\mathscr{E}(\omega)$ 是单位频率的信号能量,它的单位是 J·s。

由式(4.5-42)和式(4.6-5)可知

$$\left.\begin{aligned}\mathscr{E}(\omega)&=\mathscr{F}[R(\tau)]\\R(\tau)&=\mathscr{F}^{-1}[\mathscr{E}(\omega)]\end{aligned}\right\} \tag{4.6-6}$$

式(4.6-6)表明,信号的能量谱与其自相关函数 $R(\tau)$ 是一对傅里叶变换。

图 4.6-1 画出了宽度为 2 的门函数 $g_2(t)$ 的 $F(\mathrm{j}\omega)$、$R(\tau)$ 及 $\mathscr{E}(\omega)$。

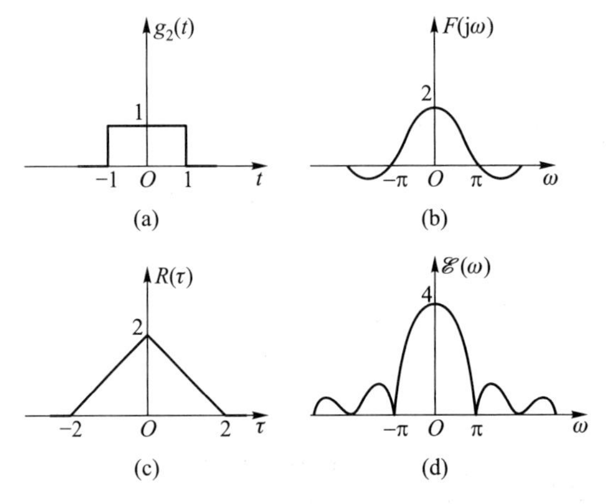

图 4.6-1 门函数 $g_2(t)$ 的能量谱

二、功率谱

信号功率定义为在时间区间$(-\infty,\infty)$信号 $f(t)$ 的平均功率,用 P 表示,即

$$P\overset{\text{def}}{=\!=\!=}\lim_{T\to\infty}\frac{1}{2T}\int_{-T}^{T}|f(t)|^{2}\mathrm{d}t \tag{4.6-7}$$

如果 $f(t)$ 是实函数。则平均功率可写为

$$P\overset{\text{def}}{=\!=\!=}\lim_{T\to\infty}\frac{1}{2T}\int_{-T}^{T}f^{2}(t)\mathrm{d}t \tag{4.6-8}$$

如果信号功率有限,即 $0<P<\infty$,则称信号为功率有限信号或称功率信号,如阶跃信号、周期信号等。

需要指出,由信号能量和功率的定义可知,若信号能量有限,则 $P=0$;若信号功率 P 有限,则 $E=\infty$ 。

功率有限信号的能量趋于无穷大,即 $\int_{-\infty}^{\infty} f^2(t)\,\mathrm{d}t \to \infty$ 。为此从 $f(t)$ 中截取 $|t| \leqslant \frac{T}{2}$ 的一段,得到一个截尾函数 $f_T(t)$,它可以表示为

$$f_T(t)=f(t)\left[\varepsilon\left(t+\frac{T}{2}\right)-\varepsilon\left(t-\frac{T}{2}\right)\right] \tag{4.6-9}$$

如果 T 是有限值,则 $f_T(t)$ 的能量也是有限的。令

$$F_T(\mathrm{j}\omega)=\mathscr{F}[f_T(t)] \tag{4.6-10}$$

由式(4.6-2)可知,$f_T(t)$ 的能量 E_T 可表示为

$$E_T=\int_{-\infty}^{\infty} f_T^2(t)\,\mathrm{d}t=\frac{1}{2\pi}\int_{-\infty}^{\infty} |F_T(\mathrm{j}\omega)|^2\mathrm{d}\omega \tag{4.6-11}$$

由于

$$\int_{-\infty}^{\infty} f_T^2(t)\,\mathrm{d}t=\int_{-\frac{T}{2}}^{\frac{T}{2}} f^2(t)\,\mathrm{d}t$$

由式(4.6-8)和式(4.6-11)得 $f(t)$ 的平均功率

$$P\xlongequal{\text{def}}\lim_{T\to\infty}\frac{1}{T}\int_{-\frac{T}{2}}^{\frac{T}{2}} f^2(t)\,\mathrm{d}t=\frac{1}{2\pi}\int_{-\infty}^{\infty}\lim_{T\to\infty}\frac{|F_T(\mathrm{j}\omega)|^2}{T}\mathrm{d}\omega \tag{4.6-12}$$

当 T 增加时,$f_T(t)$ 的能量增加,$|F_T(\mathrm{j}\omega)|^2$ 也增加。当 $T\to\infty$ 时,$f_T(t)\to f(t)$,此时 $|F_T(\mathrm{j}\omega)|/T$ 可能趋于一极限。类似于能量密度函数,定义功率密度函数 $\mathscr{P}(\omega)$ 为单位频率的信号功率,从而信号的平均功率

$$P=\int_{-\infty}^{\infty}\mathscr{P}(\omega)\,\mathrm{d}f=\frac{1}{2\pi}\int_{-\infty}^{\infty}\mathscr{P}(\omega)\,\mathrm{d}\omega \tag{4.6-13}$$

比较式(4.6-13)和式(4.6-12),得

$$\mathscr{P}(\omega)=\lim_{T\to\infty}\frac{|F_T(\mathrm{j}\omega)|^2}{T} \tag{4.6-14}$$

由上式可见,功率谱 $\mathscr{P}(\omega)$ 是 ω 的偶函数,它只决定于频谱函数的模量,而与相位无关。功率谱反映了信号功率在频域中的分布情况,显然,$\mathscr{P}(\omega)$ 曲线所覆盖的面积在数值上等于信号的总功率。$\mathscr{P}(\omega)$ 的单位是 W · s。

下面讨论信号的功率谱函数与自相关函数的关系。

若 $f_1(t)$ 和 $f_2(t)$ 是功率有限信号,式(2.4-19)与式(2.4-20)相关函数的定义就失去意义,此时相关函数定义为

$$R_{12}(\tau)=\lim_{T\to\infty}\left[\frac{1}{T}\int_{-\frac{T}{2}}^{\frac{T}{2}} f_1(t)f_2(t-\tau)\,\mathrm{d}t\right] \tag{4.6-15a}$$

$$R_{21}(\tau)=\lim_{T\to\infty}\left[\frac{1}{T}\int_{-\frac{T}{2}}^{\frac{T}{2}} f_1(t-\tau)f_2(t)\,\mathrm{d}t\right] \tag{4.6-15b}$$

以及

$$R(\tau)=\lim_{T\to\infty}\left[\frac{1}{T}\int_{-\frac{T}{2}}^{\frac{T}{2}} f(t)f(t-\tau)\,\mathrm{d}t\right] \tag{4.6-16}$$

对式(4.6-16)两边取傅里叶变换,得

$$
\begin{aligned}
\mathscr{F}[R(\tau)] &= \mathscr{F}\left[\lim_{T\to\infty}\frac{1}{T}\int_{-\frac{T}{2}}^{\frac{T}{2}} f(t)f(t-\tau)\,\mathrm{d}t\right] \\
&= \mathscr{F}\left[\lim_{T\to\infty}\frac{1}{T}\int_{-\infty}^{\infty} f_T(t)f_T(t-\tau)\,\mathrm{d}t\right] \\
&= \mathscr{F}\left\{\lim_{T\to\infty}\frac{1}{T}[f_T(\tau) * f_T(-\tau)]\right\} \\
&= \lim_{T\to\infty}\frac{1}{T}|F_T(\mathrm{j}\omega)|^2
\end{aligned}
\tag{4.6-17}
$$

比较式(4.6-14)和式(4.6-17),得

$$
\left.
\begin{aligned}
\mathscr{P}(\omega) &= \mathscr{F}[R(\tau)] \\
R(\tau) &= \mathscr{F}^{-1}[\mathscr{P}(\omega)]
\end{aligned}
\right\}
\tag{4.6-18}
$$

由式(4.6-18)可知,功率有限信号的功率谱函数与自相关函数是一对傅里叶变换。式(4.6-18)称为维纳-辛钦(Wiener-Khintchine)关系。由于随机信号不能用频谱表示,但是利用自相关函数可以求得其功率谱。这样就可以用功率谱来描述随机信号的频域特性。

例 4.6-1 图 4.6-2 所示 RC 低通电路,已知输入端电压 $f(t)=U_{\mathrm{m}}\cos(\omega_0 t)$,输出为电容两端电压 $y(t)$。求

(1) $f(t)$ 的自相关函数 $R_f(\tau)$ 和功率谱 $\mathscr{P}_f(\omega)$。

(2) 输出 $y(t)$ 的功率谱 $\mathscr{P}_y(\omega)$、自相关函数 $R_y(\tau)$ 和平均功率 P_y。

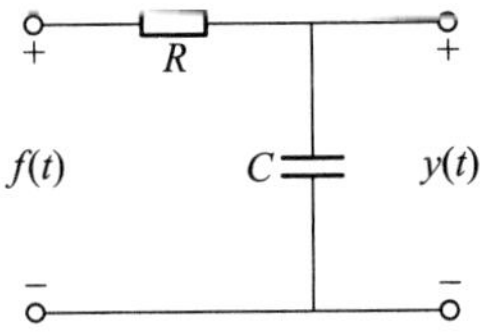

图 4.6-2 RC 低通电路

解 (1) 求 $R_f(\tau)$ 和 $\mathscr{P}_f(\omega)$

激励 $f(t)$ 为功率有限信号,由式(4.6-16)得

$$
\begin{aligned}
R_f(\tau) &= \lim_{T\to\infty}\left[\frac{1}{T}\int_{-\frac{T}{2}}^{\frac{T}{2}} f(t)f(t-\tau)\,\mathrm{d}t\right] \\
&= \lim_{T\to\infty}\frac{U_{\mathrm{m}}^2}{T}\int_{-\frac{T}{2}}^{\frac{T}{2}}\cos(\omega_0 t)\cos[\omega_0(t-\tau)]\,\mathrm{d}t \\
&= \lim_{T\to\infty}\frac{U_{\mathrm{m}}^2}{T}\int_{-\frac{T}{2}}^{\frac{T}{2}}\cos(\omega_0 t)[\cos(\omega_0 t)\cos(\omega_0\tau)+\sin(\omega_0 t)\sin(\omega_0\tau)]\,\mathrm{d}t \\
&= \lim_{T\to\infty}\frac{U_{\mathrm{m}}^2}{T}\cos(\omega_0\tau)\int_{-\frac{T}{2}}^{\frac{T}{2}}\cos^2(\omega_0 t)\,\mathrm{d}t = \frac{U_{\mathrm{m}}^2}{2}\cos(\omega_0\tau)
\end{aligned}
$$

由式(4.6-18)得

$$
\mathscr{P}_f(\omega) = \mathscr{F}[R_f(\tau)] = \frac{U_{\mathrm{m}}^2\pi}{2}[\delta(\omega-\omega_0)+\delta(\omega+\omega_0)]
$$

(2) 求 $\mathscr{P}_y(\omega)$、$R_y(\tau)$ 和 P_y

由时域分析可知

$$
y(t) = h(t) * f(t)
$$

令 $f(t)\leftrightarrow F(\mathrm{j}\omega)$，$y(t)\leftrightarrow Y(\mathrm{j}\omega)$，$h(t)\leftrightarrow H(\mathrm{j}\omega)$，由卷积定理得

$$Y(\mathrm{j}\omega)=H(\mathrm{j}\omega)F(\mathrm{j}\omega) \tag{4.6-19}$$

由于

$$\mathscr{E}_f(\omega)=|F(\mathrm{j}\omega)|^2$$
$$\mathscr{E}_y(\omega)=|Y(\mathrm{j}\omega)|^2$$

由式(4.6-19)不难得到

$$|Y(\mathrm{j}\omega)|^2=|H(\mathrm{j}\omega)|^2|F(\mathrm{j}\omega)|^2$$

故

$$\mathscr{E}_y(\omega)=|H(\mathrm{j}\omega)|^2\mathscr{E}_f(\omega) \tag{4.6-20}$$

用类似的方法可推出

$$\mathscr{P}_y(\omega)=|H(\mathrm{j}\omega)|^2\mathscr{P}_f(\omega) \tag{4.6-21}$$

由图 4.6-2 电路求得

$$Y(\mathrm{j}\omega)=\frac{\dfrac{1}{\mathrm{j}\omega C}}{R+\dfrac{1}{\mathrm{j}\omega C}}F(\mathrm{j}\omega)$$

故

$$H(\mathrm{j}\omega)=\frac{Y(\mathrm{j}\omega)}{F(\mathrm{j}\omega)}=\frac{1}{1+\mathrm{j}\omega RC}$$
$$|H(\mathrm{j}\omega)|=\frac{1}{\sqrt{1+(\omega RC)^2}}$$

由式(4.6-21)得输出 $y(t)$ 的功率谱

$$\mathscr{P}_y(\omega)=|H(\mathrm{j}\omega)|^2\mathscr{P}_f(\omega)=\frac{1}{1+(\omega RC)^2}\frac{U_\mathrm{m}^2\pi}{2}[\delta(\omega-\omega_0)+\delta(\omega+\omega_0)]$$
$$=\frac{U_\mathrm{m}^2\pi}{2[1+(\omega_0RC)^2]}[\delta(\omega-\omega_0)+\delta(\omega+\omega_0)]$$

由于 $\cos(\omega_0t)\leftrightarrow\pi[\delta(\omega-\omega_0)+\delta(\omega+\omega_0)]$，故 $y(t)$ 的自相关函数

$$R_y(\tau)=\mathscr{F}^{-1}[\mathscr{P}_y(\omega)]=\frac{U_\mathrm{m}^2}{2[1+(\omega_0RC)^2]}\cos(\omega_0\tau)$$

$y(t)$ 的平均功率

$$P_y=\frac{1}{2\pi}\int_{-\infty}^{\infty}\mathscr{P}_y(\omega)\mathrm{d}\omega$$
$$=\frac{U_\mathrm{m}^2\pi}{4[1+(\omega_0RC)^2]}\int_{-\infty}^{\infty}[\delta(\omega-\omega_0)+\delta(\omega+\omega_0)]\mathrm{d}\omega$$
$$=\frac{U_\mathrm{m}^2\pi}{2[1+(\omega_0RC)^2]}$$

§4.7 周期信号的傅里叶变换

在前面讨论周期信号的傅里叶级数和非周期信号的傅里叶变换基础上，本节将讨论周期信号的傅里叶变换，以及傅里叶级数与傅里叶变换之间的关系。这样，就能把周期信号与非周期信号的分析方法统一起来，使傅里叶变换的应用范围更加广泛。

一、正、余弦函数的傅里叶变换

由于常数 1(即幅值为 1 的直流信号)的傅里叶变换

$$\mathscr{F}[1]=2\pi\delta(\omega) \tag{4.7-1}$$

根据频移特性可得

$$\mathscr{F}[\mathrm{e}^{\mathrm{j}\omega_0 t}]=2\pi\delta(\omega-\omega_0) \tag{4.7-2}$$

$$\mathscr{F}[\mathrm{e}^{-\mathrm{j}\omega_0 t}]=2\pi\delta(\omega+\omega_0) \tag{4.7-3}$$

利用式(4.7-2)和式(4.7-3)，可得正、余弦函数的傅里叶变换为

$$\mathscr{F}[\cos(\omega_0 t)]=\mathscr{F}\left[\frac{1}{2}(\mathrm{e}^{\mathrm{j}\omega_0 t}+\mathrm{e}^{-\mathrm{j}\omega_0 t})\right]=\pi[\delta(\omega-\omega_0)+\delta(\omega+\omega_0)] \tag{4.7-4}$$

$$\mathscr{F}[\sin(\omega_0 t)]=\mathscr{F}\left[\frac{1}{2\mathrm{j}}(\mathrm{e}^{\mathrm{j}\omega_0 t}-\mathrm{e}^{-\mathrm{j}\omega_0 t})\right]=\mathrm{j}\pi[\delta(\omega+\omega_0)-\delta(\omega-\omega_0)] \tag{4.7-5}$$

正、余弦信号的波形及频谱如图 4.7-1 所示。

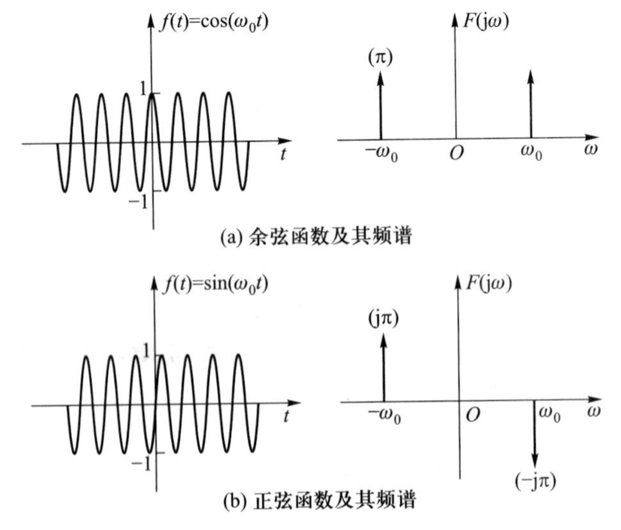

图 4.7-1 正、余弦函数及其频谱

二、一般周期函数的傅里叶变换

现在考虑一个周期为 T 的周期函数 $f_T(t)$。如前所述(参看§4.2),周期信号 $f_T(t)$ 可展开成指数形式的傅里叶级数

$$f_T(t)=\sum_{n=-\infty}^{\infty}F_n\mathrm{e}^{\mathrm{j}n\Omega t} \tag{4.7-6}$$

式中 $\Omega=\frac{2\pi}{T}$ 是基波角频率,F_n 是傅里叶系数。

$$F_n=\frac{1}{T}\int_{-\frac{T}{2}}^{\frac{T}{2}}f(t)\mathrm{e}^{-\mathrm{j}n\Omega t}\mathrm{d}t \tag{4.7-7}$$

对式(4.7-6)的等号两端取傅里叶变换,应用傅里叶变换的线性性质,并考虑到 F_n 不是时间 t 的函数,以及式(4.7-2),得

$$\mathscr{F}[f_T(t)]=\mathscr{F}\left[\sum_{n=-\infty}^{\infty}F_n\mathrm{e}^{\mathrm{j}n\Omega t}\right]=\sum_{n=-\infty}^{\infty}F_n\mathscr{F}[\mathrm{e}^{\mathrm{j}n\Omega t}]=2\pi\sum_{n=-\infty}^{\infty}F_n\delta(\omega-n\Omega) \tag{4.7-8}$$

上式表明,周期信号的傅里叶变换(频谱密度)由无穷多个冲激函数组成,这些冲激函数位于信号的各谐波角频率 $n\Omega(n=0,\pm1,\pm2,\cdots)$ 处,其强度为各相应幅度 F_n 的 2π 倍。

例 4.7-1 周期性矩形脉冲信号 $p_T(t)$ 如图 4.7-2(a)所示,其周期为 T,脉冲宽度为 τ,幅度为 1,试求其频谱函数。

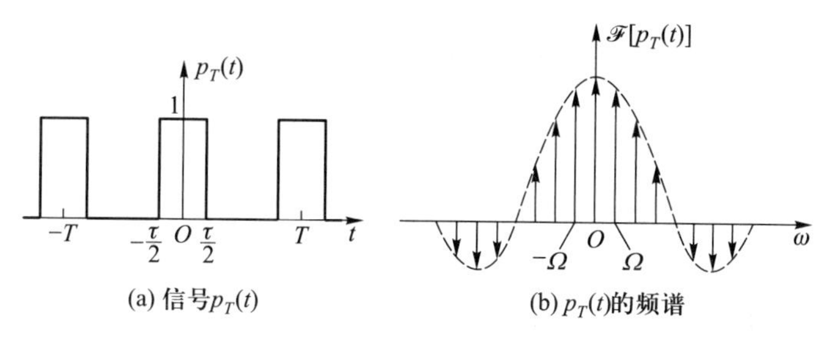

图 4.7-2 周期矩形脉冲的傅里叶变换

解 在§4.3 中,已求得如图 4.7-2(a)所示的周期性矩形脉冲的傅里叶系数[见式(4.3-6)]为

$$F_n=\frac{\tau}{T}\mathrm{Sa}\left(\frac{n\Omega\tau}{2}\right) \tag{4.7-9}$$

将它代入式(4.7-8),得

$$\mathscr{F}[p_T(t)]=\frac{2\pi\tau}{T}\sum_{n=-\infty}^{\infty}\mathrm{Sa}\left(\frac{n\Omega\tau}{2}\right)\delta(\omega-n\Omega)=\sum_{n=-\infty}^{\infty}\frac{2\sin\left(\frac{n\Omega\tau}{2}\right)}{n}\delta(\omega-n\Omega) \tag{4.7-10}$$

式中 $\Omega=\frac{2\pi}{T}$ 是基波角频率。由式(4.7-10)可见,周期性矩形脉冲信号 $p_T(t)$ 的傅里叶变换

(频谱密度)由位于 $\omega=0,\pm\Omega,\pm2\Omega,\cdots$ 处的冲激函数所组成,其在 $\omega=\pm n\Omega$ 处的强度为 $\dfrac{2\sin\left(\dfrac{n\Omega\tau}{2}\right)}{n}$。图 4.7-2(b)中画出了 $T=4\tau$ 情况下的频谱图。由图可见,周期信号的频谱密度是离散的。

需要注意的是,虽然从频谱的图形上看,这里的 $F(\mathrm{j}\omega)$ 与 § 4.3 中的 F_n 是极相似的,但二者含义不同。当对周期函数进行傅里叶变换时,得到的是频谱密度;而将该函数展开为傅里叶级数时,得到的是傅里叶系数,它代表虚指数分量的幅度和相位。

在引入了冲激函数以后,对周期函数也能进行傅里叶变换,从而对周期函数和非周期函数可以用相同的观点和方法进行分析运算,这给信号和系统分析带来很大方便。

例 4.7-2 图 4.7-3(a)画出了周期为 T 的周期性单位冲激函数序列 $\delta_T(t)$

$$\delta_T(t)=\sum_{m=-\infty}^{\infty}\delta(t-mT) \tag{4.7-11}$$

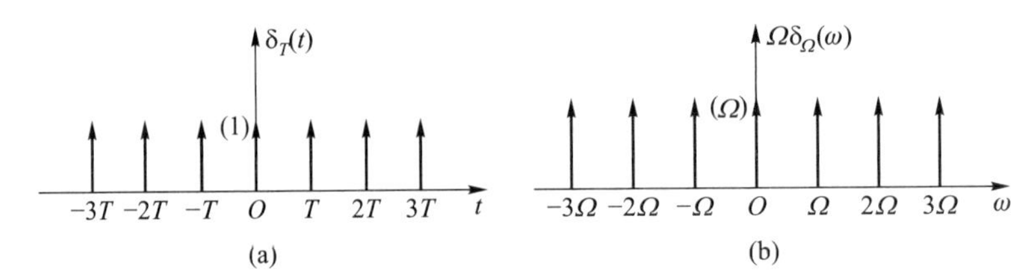

图 4.7-3 周期冲激序列及其傅里叶变换

式中 m 为整数。求其傅里叶变换。

解 首先求出周期性冲激函数序列的傅里叶系数。由式(4.7-7)知

$$F_n=\frac{1}{T}\int_{-\frac{T}{2}}^{\frac{T}{2}}f(t)\mathrm{e}^{-\mathrm{j}n\Omega t}\mathrm{d}t=\frac{1}{T}\int_{-\frac{T}{2}}^{\frac{T}{2}}\delta_T(t)\mathrm{e}^{-\mathrm{j}n\Omega t}\mathrm{d}t$$

由图 4.7-3(a)可见,函数 $\delta_T(t)$ 在区间 $\left(-\dfrac{T}{2},\dfrac{T}{2}\right)$ 只有一个冲激函数 $\delta(t)$。考虑到冲激函数的取样性质,上式可写为

$$F_n=\frac{1}{T}\int_{-\frac{T}{2}}^{\frac{T}{2}}\delta_T(t)\mathrm{e}^{-\mathrm{j}n\Omega t}\mathrm{d}t=\frac{1}{T} \tag{4.7-12}$$

将它代入式(4.7-8),得 $\delta_T(t)$ 的傅里叶变换为

$$\mathscr{F}[\delta_T(t)]=\frac{2\pi}{T}\sum_{n=-\infty}^{\infty}\delta(\omega-n\Omega)=\Omega\sum_{n=-\infty}^{\infty}\delta(\omega-n\Omega) \tag{4.7-13}$$

令

$$\delta_\Omega(\omega)=\sum_{n=-\infty}^{\infty}\delta(\omega-n\Omega) \tag{4.7-14}$$

它是在频域内,周期为 Ω 的冲激函数序列。这样,时域周期为 T 的单位冲激函数序列 $\delta_T(t)$ 与其傅里叶变换的关系为

$$\delta_T(t)\leftrightarrow\Omega\delta_\Omega(\omega) \tag{4.7-15}$$

上式表明,在时域中,周期为 T 的单位冲激函数序列 $\delta_T(t)$ 的傅里叶变换是一个在频域中周

期为 Ω,强度为 Ω 的冲激序列。图 4.7-3 中画出了 $\delta_T(t)$ 及其频谱函数。

如有周期信号 $f_T(t)$,从该信号中截取一个周期$\left(例如-\frac{T}{2}\sim\frac{T}{2}\right)$,就得到单脉冲信号,令其为 $f_0(t)$,如图 4.7-4 所示。

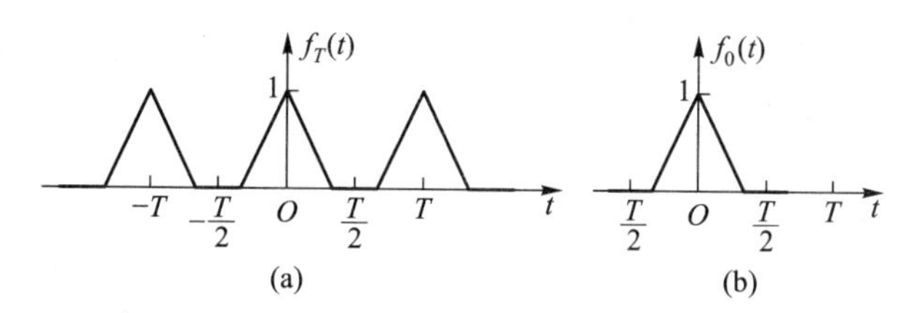

图 4.7-4 从周期信号中截取一个周期

由 § 2.4 知,周期为 T 的周期信号 $f_T(t)$ 可看成 $f_0(t)$ 与周期为 T 的冲激序列 $\delta_T(t)$ 的卷积,即

$$f_T(t)=f_0(t)*\delta_T(t) \tag{4.7-16}$$

式中 $\delta_T(t)=\sum_{n=-\infty}^{\infty}\delta(t-nT)$。设 $f_0(t)$ 的傅里叶变换为 $F_0(\mathrm{j}\omega)$,根据时域卷积定理可得周期信号 $f_T(t)$ 的傅里叶变换为

$$\begin{aligned}\mathscr{F}[f_T(t)]&=F_0(\mathrm{j}\omega)\Omega\delta_\Omega(\omega)=F_0(\mathrm{j}\omega)\Omega\sum_{n=-\infty}^{\infty}\delta(\omega-n\Omega)\\&=\Omega\sum_{n=-\infty}^{\infty}F_0(\mathrm{j}n\Omega)\delta(\omega-n\Omega)\end{aligned} \tag{4.7-17}$$

式(4.7-17)表明,利用信号 $f_0(t)$ 的傅里叶变换 $F_0(\mathrm{j}\omega)$,很容易求得周期信号 $f_T(t)$ 的傅里叶变换。

例 4.7-3 求例 4.7-1 中周期脉冲 $p_T(t)$ 的频谱函数。

解 由图 4.7-2(a)容易看出,$p_T(t)$ 在$\left(-\frac{T}{2},\frac{T}{2}\right)$内的信号 $p_0(t)$ 是幅度为 1,宽度为 τ 的门函数。因而有

$$\mathscr{F}[p_0(t)]=\frac{2\sin\left(\frac{\omega\tau}{2}\right)}{\omega}$$

将它代入式(4.7-17)得

$$\mathscr{F}[p_T(t)]=\Omega\sum_{n=-\infty}^{\infty}\frac{2\sin\left(\frac{n\Omega\tau}{2}\right)}{n\Omega}\delta(\omega-n\Omega)=\sum_{n=-\infty}^{\infty}\frac{2\sin\left(\frac{n\Omega\tau}{2}\right)}{n}\delta(\omega-n\Omega)$$

与式(4.7-10)的结果相同。

三、傅里叶系数与傅里叶变换

式(4.7-8)和式(4.7-17)都是周期信号 $f_T(t)$ 的傅里叶变换表示式。比较两式可得,周期信号 $f_T(t)$ 的傅里叶系数 F_n 与其第一个周期的单脉冲信号频谱 $F_0(\mathrm{j}\omega)$ 的关系为

$$F_n=\frac{1}{T}F_0(\mathrm{j}n\Omega)=\frac{1}{T}F_0(\mathrm{j}\omega)\Big|_{\omega=n\Omega}\tag{4.7-18}$$

上式表明，周期信号的傅里叶系数 F_n 等于 $F_0(\mathrm{j}\omega)$ 在频率为 $n\Omega$ 处的值乘以$\frac{1}{T}$。

由傅里叶系数的定义式(4.2-18)有

$$F_n=\frac{1}{T}\int_{-\frac{T}{2}}^{\frac{T}{2}}f(t)\mathrm{e}^{-\mathrm{j}n\Omega t}\mathrm{d}t=\frac{1}{T}\int_{-\frac{T}{2}}^{\frac{T}{2}}f_0(t)\mathrm{e}^{-\mathrm{j}n\Omega t}\mathrm{d}t$$

由傅里叶变换的定义式(4.4-4)得

$$F_0(\mathrm{j}\omega)=\int_{-\infty}^{\infty}f_0(t)\mathrm{e}^{-\mathrm{j}\omega t}\mathrm{d}t=\int_{-\frac{T}{2}}^{\frac{T}{2}}f_0(t)\mathrm{e}^{-\mathrm{j}\omega t}\mathrm{d}t$$

比较以上二式也可得到式(4.7-18)的结果。这表明，傅里叶变换中的许多性质、定理也可用于傅里叶级数，这提供了一种求周期信号傅里叶系数的方法。

例 4.7-4 将图 4.7-5(a)所示周期信号 $f_T(t)$ 展开成指数型傅里叶级数。

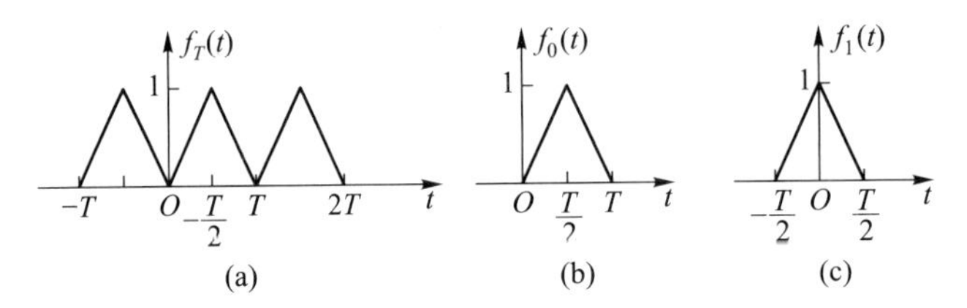

图 4.7-5 例 4.7-4 图

解 周期信号 $f_T(t)$ 的一个周期波形 $f_0(t)$ 如图 4.7-5(b)所示。

由例 4.5-6 和式(4.5-22)可知，图 4.7-5(c)所示信号 $f_1(t)$ 的傅里叶变换为

$$F_1(\mathrm{j}\omega)=\frac{T}{2}\mathrm{Sa}^2\left(\frac{\omega T}{4}\right)$$

图 4.7-5(b)所示的信号 $f_0(t)$ 比 $f_1(t)$ 在时间上延迟$\frac{T}{2}$，即

$$f_0(t)=f_1\left(t-\frac{T}{2}\right)$$

根据时移特性，信号 $f_0(t)$ 的傅里叶变换为

$$F_0(\mathrm{j}\omega)=F_1(\mathrm{j}\omega)\mathrm{e}^{-\mathrm{j}\frac{\omega T}{2}}=\frac{T}{2}\mathrm{Sa}^2\left(\frac{\omega T}{4}\right)\mathrm{e}^{-\mathrm{j}\frac{\omega T}{2}}$$

由式(4.7-18)可得周期信号 $f_T(t)$ 的傅里叶系数

$$F_n=\frac{1}{T}F_0(\mathrm{j}\omega)\Big|_{\omega=n\Omega}=\frac{1}{2}\mathrm{Sa}^2\left(\frac{n\Omega T}{4}\right)\mathrm{e}^{-\mathrm{j}\frac{n\Omega T}{2}}=\frac{1}{2}\mathrm{Sa}^2\left(\frac{n\pi}{2}\right)\mathrm{e}^{-\mathrm{j}n\pi}$$

即

$$F_n=2\frac{\sin^2\left(\frac{n\pi}{2}\right)}{n^2\pi^2}\mathrm{e}^{-\mathrm{j}n\pi}$$

于是据式(4.2-17)得周期信号 $f_T(t)$ 的傅里叶展开式为

$$f_T(t)=\sum_{n=-\infty}^{\infty}2\frac{\sin^2\left(\frac{n\pi}{2}\right)}{n^2\pi^2}e^{-jn\pi}e^{jn\Omega t}$$

§4.8 LTI 系统的频域分析

前面讨论了信号的傅里叶分析,本节将研究系统的激励与响应在频域中的关系。

一、频率响应

傅里叶分析是将信号分解为无穷多项不同频率的虚指数函数之和,这里首先研究虚指数函数作用于系统所引起的响应。

设 LTI 系统的冲激响应为 $h(t)$,则当激励是角频率为 ω 的虚指数函数 $f(t)=e^{j\omega t}(-\infty<t<\infty)$ 时,其响应①(零状态响应)为

$$y(t)=h(t)*f(t) \tag{4.8-1}$$

根据卷积的定义

$$y(t)=\int_{-\infty}^{\infty}h(\tau)e^{j\omega(t-\tau)}d\tau=\int_{-\infty}^{\infty}h(\tau)e^{-j\omega\tau}d\tau\cdot e^{j\omega t}$$

令 $H(j\omega)=\int_{-\infty}^{\infty}h(\tau)e^{-j\omega\tau}d\tau$(称为频率响应函数),则上式可写为

$$y(t)=H(j\omega)e^{j\omega t}=|H(j\omega)|e^{j[\omega t+\varphi(\omega)]} \tag{4.8-2}$$

式(4.8-2)表明,当激励是幅度为 1 的虚指数函数 $e^{j\omega t}$ 时,系统的响应是系数为 $H(j\omega)$ 的同频率虚指数函数,$H(j\omega)$ 反映了响应 $y(t)$ 的幅度和相位。

当激励为任意信号 $f(t)$ 时,由式(4.5-2)有

$$f(t)=\frac{1}{2\pi}\int_{-\infty}^{\infty}F(j\omega)e^{j\omega t}d\omega=\int_{-\infty}^{\infty}\frac{F(j\omega)d\omega}{2\pi}\cdot e^{j\omega t}$$

即信号 $f(t)$ 可看作是无穷多不同频率的虚指数分量之和,其中频率为 ω 的分量为 $\frac{F(j\omega)d\omega}{2\pi}\cdot e^{j\omega t}$。由式(4.8-2),对应于该分量的响应为 $\frac{F(j\omega)d\omega}{2\pi}H(j\omega)e^{j\omega t}$,将所有这些响应分量求和(积分),就得到系统的响应,即

$$y(t)=\int_{-\infty}^{\infty}\frac{F(j\omega)d\omega}{2\pi}H(j\omega)e^{j\omega t}=\frac{1}{2\pi}\int_{-\infty}^{\infty}F(j\omega)H(j\omega)e^{j\omega t}d\omega$$

若令响应 $y(t)$ 的频谱函数为 $Y(j\omega)$,则由上式得

$$Y(j\omega)=H(j\omega)F(j\omega) \tag{4.8-3}$$

① 在频域分析中,信号的定义域为$(-\infty,\infty)$,而在 $t=-\infty$ 总可认为系统的状态为零。因此,频域分析中的响应是指零状态响应,输出常写为 $y(t)$。

对照式(4.8-1)与式(4.8-3)可见,二者正是傅里叶变换时域卷积定理的内容。冲激响应 $h(t)$ 反映了系统的时域特性,而频率响应 $H(\mathrm{j}\omega)$ 反映了系统的频域特性,二者的关系为

$$h(t) \leftrightarrow H(\mathrm{j}\omega) \tag{4.8-4}$$

通常,频率响应(函数)(有时也称为系统函数)可定义为系统响应(零状态响应)的傅里叶变换 $Y(\mathrm{j}\omega)$ 与激励的傅里叶变换 $F(\mathrm{j}\omega)$ 之比,即

$$H(\mathrm{j}\omega) \xlongequal{\text{def}} \frac{Y(\mathrm{j}\omega)}{F(\mathrm{j}\omega)} \tag{4.8-5}$$

它是频率(角频率)的复函数,可写为

$$H(\mathrm{j}\omega) = |H(\mathrm{j}\omega)| \mathrm{e}^{\mathrm{j}\varphi(\omega)} \tag{4.8-6}$$

如令 $Y(\mathrm{j}\omega) = |Y(\mathrm{j}\omega)| \mathrm{e}^{\mathrm{j}\theta_y(\omega)}$,$F(\mathrm{j}\omega) = |F(\mathrm{j}\omega)| \mathrm{e}^{\mathrm{j}\theta_f(\omega)}$,则有

$$|H(\mathrm{j}\omega)| = \frac{|Y(\mathrm{j}\omega)|}{|F(\mathrm{j}\omega)|}$$

$$\varphi(\omega) = \theta_y(\omega) - \theta_f(\omega)$$

可见 $|H(\mathrm{j}\omega)|$ 是角频率为 ω 的输出与输入信号幅度之比,称为幅频特性(或幅频响应);$\varphi(\omega)$ 是输出与输入信号的相位差,称为相频特性(或相频响应)。由于 $H(\mathrm{j}\omega)$ 是函数 $h(t)$ 的傅里叶变换,当 $h(t)$ 为实函数时,有 $H(-\mathrm{j}\omega) = H^*(\mathrm{j}\omega)$,即 $|H(\mathrm{j}\omega)|$ 是 ω 的偶函数,$\varphi(\omega)$ 是 ω 的奇函数。$|H(\mathrm{j}\omega)|$、$\varphi(\omega)$ 分别反映了频率为 ω 的信号经过系统后幅值和相位的变化。

二、频域分析

利用频域函数分析系统问题的方法常称为频域分析法或傅里叶变换法。时域分析与频域分析的关系如图 4.8-1 所示。

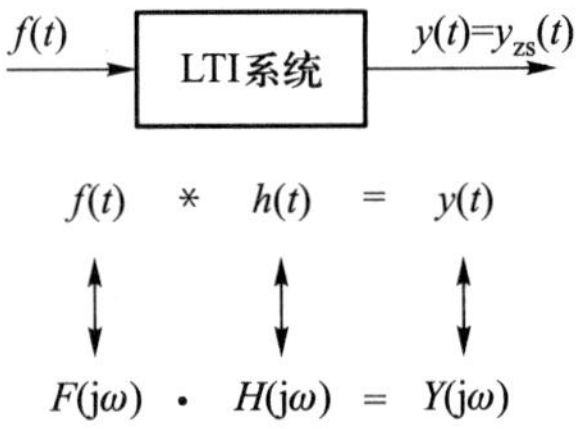

$$
\begin{array}{ccccc}
f(t) & * & h(t) & = & y(t) \\
\updownarrow & & \updownarrow & & \updownarrow \\
F(\mathrm{j}\omega) & \cdot & H(\mathrm{j}\omega) & = & Y(\mathrm{j}\omega)
\end{array}
$$

$f(t)$ → LTI系统 → $y(t)=y_{zs}(t)$

图 4.8-1　时域和频域分析示意图

时域分析和频域分析是以不同的观点对 LTI 系统进行分析的两种方法。时域分析是在时间域内进行的,它可以比较直观地得出系统响应的波形,而且便于进行数值计算;频域分析是在频率域内进行的,它是信号分析和处理的有效工具。

在频域内信号被分解成三角函数、虚指数函数之和,式(4.8-2)给出了输入为虚指数信号时系统的响应。当输入为三角函数时,先根据欧拉公式将三角函数表示成虚指数函数之和,再根据式(4.8-2)及 LTI 系统线性性质,即可求得系统的响应。

当 $f(t) = \cos(\omega t) = \frac{1}{2}\mathrm{e}^{\mathrm{j}\omega t} + \frac{1}{2}\mathrm{e}^{\mathrm{j}(-\omega t)}$ 时,有

$$y(t) = \frac{1}{2}H(\mathrm{j}\omega)\mathrm{e}^{\mathrm{j}\omega t} + \frac{1}{2}H(-\mathrm{j}\omega)\mathrm{e}^{\mathrm{j}(-\omega)t} = \frac{1}{2}|H(\mathrm{j}\omega)|\mathrm{e}^{\mathrm{j}\varphi(\omega)} \cdot \mathrm{e}^{\mathrm{j}\omega t} + \frac{1}{2}|H(\mathrm{j}\omega)|\mathrm{e}^{\mathrm{j}[-\varphi(\omega)]}\mathrm{e}^{\mathrm{j}(-\omega)t}$$

$$= \frac{1}{2}|H(\mathrm{j}\omega)|\{\mathrm{e}^{\mathrm{j}[\omega t+\varphi(\omega)]} + \mathrm{e}^{-\mathrm{j}[\omega t+\varphi(\omega)]}\} = |H(\mathrm{j}\omega)|\cos[\omega t + \varphi(\omega)] \tag{4.8-7}$$

由式(4.8-7)可以看出,频率为 ω 的三角函数输入系统时,其响应也是同频率的三角函数,振幅和相位改变同样也由 $H(\mathrm{j}\omega)$ 的模和幅角确定。当系统 $H(\mathrm{j}\omega)$ 存在时,如果激励是周期信号,其引起的响应既为零状态响应,也为稳态响应。

例 4.8-1 某 LTI 系统的幅频特性 $|H(\mathrm{j}\omega)|$ 和相频特性 $\varphi(\omega)$ 如图 4.8-2 所示。若系统的激励 $f(t)=2+4\cos(5t)+4\cos(10t)$，求系统的响应。

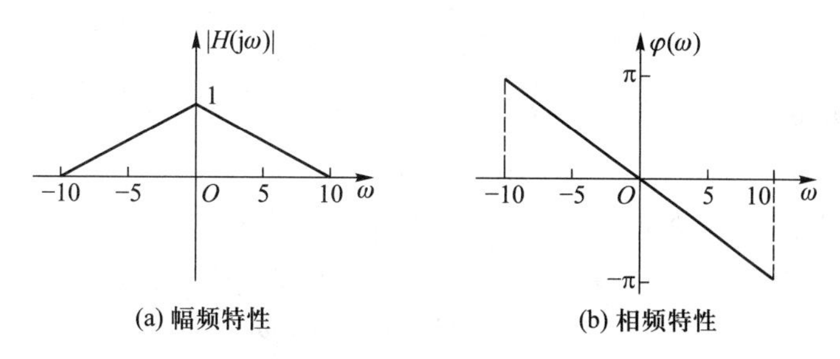

(a) 幅频特性　　(b) 相频特性

图 4.8-2　例 4.8-1 图

解　(1) 用傅里叶级数法

由题可知信号 $f(t)$ 含有直流分量($\omega=0$)，以及频率分别为 5 rad/s、10 rad/s 的谐波，则根据图 4.8-2 可得

$$H(\mathrm{j}0)=1$$

$$H(\mathrm{j}5)=|H(\mathrm{j}5)|\mathrm{e}^{\mathrm{j}\varphi(5)}=0.5\mathrm{e}^{\mathrm{j}(-90^\circ)}$$

$$H(\mathrm{j}10)=|H(\mathrm{j}10)|\mathrm{e}^{\mathrm{j}\varphi(10)}=0$$

由式(4.8-7)有

$$\begin{aligned}y(t)&=|H(\mathrm{j}0)|\cdot 2+|H(\mathrm{j}5)|\cdot 4\cos[5t+\varphi(5)]+|H(\mathrm{j}10)|\cdot 4\cos[10t+\varphi(10)]\\&=2+2\cos(5t-90^\circ)\end{aligned}$$

当然，也可以利用欧拉公式，将输入信号写为指数形式的傅里叶级数

$$f(t)=2+2\mathrm{e}^{\mathrm{j}5t}+2\mathrm{e}^{\mathrm{j}(-5)t}+2\mathrm{e}^{\mathrm{j}10t}+2\mathrm{e}^{\mathrm{j}(-10)t}$$

可知 $f(t)$ 含有 5 个频率分量。由图 4.8-2 可得，$H(\mathrm{j}0)=1$，$H(\mathrm{j}5)=0.5\mathrm{e}^{\mathrm{j}(-90^\circ)}$，$H(\mathrm{j}(-5))=0.5\mathrm{e}^{\mathrm{j}(90^\circ)}$，$H(\mathrm{j}10)=0$，$H(\mathrm{j}(-10))=0$，由式(4.8-2)有

$$\begin{aligned}y(t)=&H(\mathrm{j}0)\cdot 2+H(\mathrm{j}5)\cdot 2\mathrm{e}^{\mathrm{j}5t}+H(\mathrm{j}(-5))\cdot 2\mathrm{e}^{\mathrm{j}(-5)t}+H(\mathrm{j}10)\cdot 2\mathrm{e}^{\mathrm{j}10t}+\\&H(\mathrm{j}(-10))\cdot 2\mathrm{e}^{\mathrm{j}(-10)t}=2+2\cos(5t-90^\circ)\end{aligned}$$

可见，$f(t)$ 两种形式傅里叶级数的运算结果是相同的。

(2) 用傅里叶变换法

取输入信号 $f(t)$ 的傅里叶变换，得($\Omega=5$)

$$\begin{aligned}F(\mathrm{j}\omega)&=4\pi\delta(\omega)+4\pi[\delta(\omega+\Omega)+\delta(\omega-\Omega)]+4\pi[\delta(\omega+2\Omega)+\delta(\omega-2\Omega)]\\&=4\pi\sum_{n=-2}^{2}\delta(\omega-n\Omega)\end{aligned}$$

由式(4.8-3)，输出信号 $y(t)$ 的频谱函数

$$\begin{aligned}Y(\mathrm{j}\omega)&=H(\mathrm{j}\omega)\times 4\pi\sum_{n=-2}^{2}\delta(\omega-n\Omega)=4\pi\sum_{n=-2}^{2}H(\mathrm{j}\omega)\delta(\omega-n\Omega)\\&=4\pi\sum_{n=-2}^{2}H(\mathrm{j}n\Omega)\delta(\omega-n\Omega)\\&=4\pi[0.5\mathrm{e}^{\mathrm{j}90^\circ}\delta(\omega+\Omega)+\delta(\omega)+\mathrm{e}^{-\mathrm{j}90^\circ}\delta(\omega-\Omega)]\end{aligned}$$

取上式的傅里叶逆变换，得

$$y(t)=\mathrm{e}^{-\mathrm{j}(\Omega t-90^\circ)}+2+\mathrm{e}^{\mathrm{j}(\Omega t-90^\circ)}=2+2\cos(\Omega t-90^\circ)$$

可见，输入信号 $f(t)$ 经过系统后，直流分量不变[因 $H(0)=1$]，基波分量幅度衰减为原信号的$\frac{1}{2}$，且相移 90°，二次谐波分量被完全滤除。

例 4.8-2　描述某系统的微分方程为

$$y'(t)+2y(t)=f(t)$$

求输入 $f(t)=\mathrm{e}^{-t}\varepsilon(t)$ 时系统的响应。

解　令 $f(t)\leftrightarrow F(\mathrm{j}\omega)$，$y(t)\leftrightarrow Y(\mathrm{j}\omega)$，对方程取傅里叶变换，得

$$\mathrm{j}\omega Y(\mathrm{j}\omega)+2Y(\mathrm{j}\omega)=F(\mathrm{j}\omega)$$

由上式可得该系统的频率响应函数

$$H(\mathrm{j}\omega)=\frac{Y(\mathrm{j}\omega)}{F(\mathrm{j}\omega)}=\frac{1}{\mathrm{j}\omega+2}$$

由于 $f(t)=\mathrm{e}^{-t}\varepsilon(t)\leftrightarrow F(\mathrm{j}\omega)=\frac{1}{\mathrm{j}\omega+1}$，故有

$$Y(\mathrm{j}\omega)=H(\mathrm{j}\omega)F(\mathrm{j}\omega)=\frac{1}{(\mathrm{j}\omega+2)(\mathrm{j}\omega+1)} \tag{4.8-8a}$$

$$=\frac{1}{\mathrm{j}\omega+1}-\frac{1}{\mathrm{j}\omega+2} \tag{4.8-8b}$$

取傅里叶逆变换，得

$$y(t)=(\mathrm{e}^{-t}-\mathrm{e}^{-2t})\varepsilon(t)$$

关于将式(4.8-8a)展开为式(4.8-8b)的一般方法将在§5.3中讨论。

例 4.8-3　如图 4.8-3 所示的 RC 电路，若激励电压源 $u_S(t)$ 为单位阶跃函数 $\varepsilon(t)$，求电容电压 $u_C(t)$ 的零状态响应。

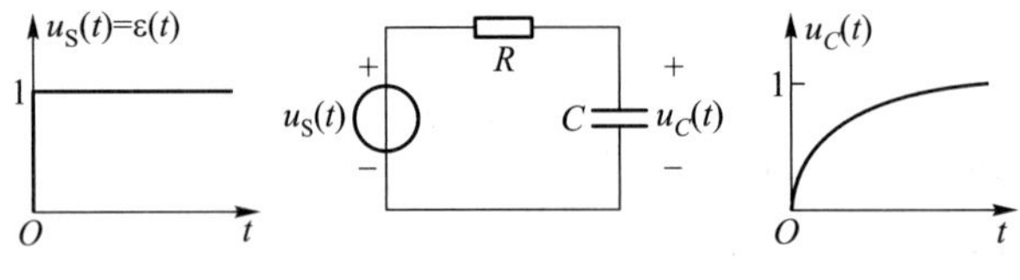

图 4.8-3　例 4.8-3 图

解　图 4.8-3 所示 RC 网络的频率响应函数(或称转移函数)为

$$H(\mathrm{j}\omega)=\frac{U_C(\mathrm{j}\omega)}{U_S(\mathrm{j}\omega)}=\frac{\frac{1}{\mathrm{j}\omega C}}{R+\frac{1}{\mathrm{j}\omega C}}=\frac{\frac{1}{RC}}{\mathrm{j}\omega+\frac{1}{RC}}=\frac{\alpha}{\alpha+\mathrm{j}\omega}$$

式中 $\alpha=\frac{1}{RC}$。单位阶跃函数 $\varepsilon(t)$ 的傅里叶变换为

$$u_S(t)=\varepsilon(t)\leftrightarrow\pi\delta(\omega)+\frac{1}{\mathrm{j}\omega}$$

将它们代入式(4.8-3)，得该网络零状态响应 $u_C(t)$ 的频谱函数为

$$U_C(\mathrm{j}\omega)=Y(\mathrm{j}\omega)=H(\mathrm{j}\omega)F(\mathrm{j}\omega)=\frac{\alpha}{\alpha+\mathrm{j}\omega}\left[\pi\delta(\omega)+\frac{1}{\mathrm{j}\omega}\right]$$

$$=\frac{\alpha\pi}{\alpha+\mathrm{j}\omega}\delta(\omega)+\frac{\alpha}{\mathrm{j}\omega(\alpha+\mathrm{j}\omega)}$$

考虑到冲激函数的取样性质，并将上式第二项展开，得

$$U_C(\mathrm{j}\omega)=\pi\delta(\omega)+\frac{1}{\mathrm{j}\omega}-\frac{1}{\alpha+\mathrm{j}\omega}$$

对上式进行傅里叶逆变换，得输出电压

$$u_C(t)=\mathscr{F}^{-1}\left[\pi\delta(\omega)+\frac{1}{\mathrm{j}\omega}-\frac{1}{\alpha+\mathrm{j}\omega}\right]=\frac{1}{2}+\frac{1}{2}\mathrm{sgn}\ (t)-\mathrm{e}^{-\alpha t}\varepsilon(t)$$

$$=(1-\mathrm{e}^{-\alpha t})\varepsilon(t)$$

式中 $\alpha=\frac{1}{RC}$。上式是大家熟知的结果，这里只是用它来说明频域分析的基本方法。

例 4.8-4　如图 4.8-4(a)所示的系统，已知乘法器的输入 $f(t)=\frac{\sin(2t)}{t}$，$s(t)=\cos(3t)$，系统的频率响应为

$$H(\mathrm{j}\omega)=\begin{cases}1, & |\omega|<3\ \mathrm{rad/s}\\ 0, & |\omega|>3\ \mathrm{rad/s}\end{cases}$$

求输出 $y(t)$。

解　由图 4.8-4(a)可知，乘法器的输出信号 $x(t)=f(t)s(t)$，依据频域卷积定理可知，其频谱函数为

$$X(\mathrm{j}\omega)=\frac{1}{2\pi}F(\mathrm{j}\omega)*S(\mathrm{j}\omega)\qquad(4.8-9)$$

式中 $f(t)\leftrightarrow F(\mathrm{j}\omega)$，$s(t)\leftrightarrow S(\mathrm{j}\omega)$。由于宽度为 τ 的门函数与其频谱函数的关系是

$$g_\tau(t)\leftrightarrow\frac{2\sin\left(\frac{\tau}{2}\omega\right)}{\omega}$$

令 $\tau=4$，根据对称性可得

$$\frac{2\sin(2t)}{t}\leftrightarrow 2\pi g_4(-\omega)=2\pi g_4(\omega)$$

故得 $f(t)$ 的频谱函数为

$$F(\mathrm{j}\omega)=\pi g_4(\omega)$$

$s(t)$ 的频谱函数为

$$S(\mathrm{j}\omega)=\pi[\delta(\omega+3)+\delta(\omega-3)]$$

将它们代入式(4.8-9)，得

$$X(\mathrm{j}\omega)=\frac{1}{2\pi}\times\pi g_4(\omega)*\pi[\delta(\omega+3)+\delta(\omega-3)]$$

$$=\frac{\pi}{2}[g_4(\omega+3)+g_4(\omega-3)]$$

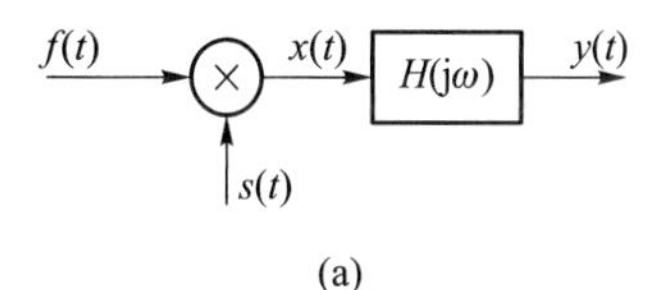

(a)

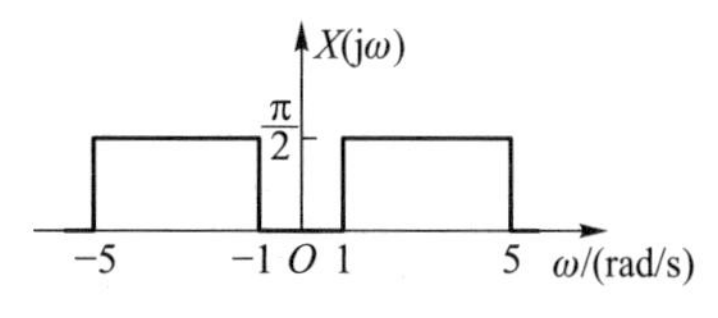

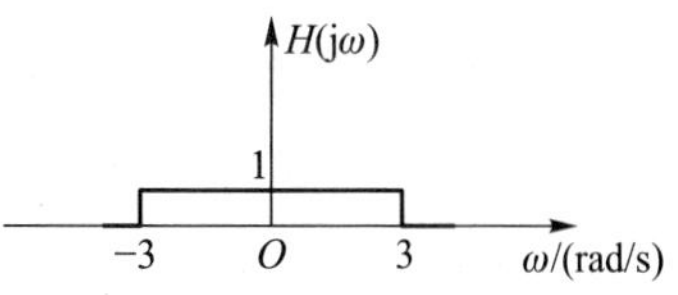

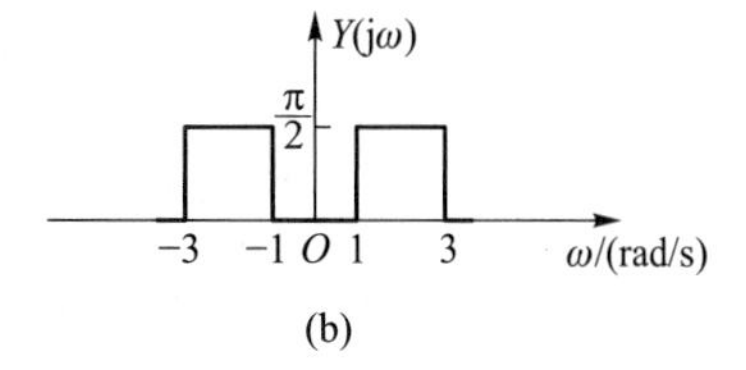

(b)

图 4.8-4　例 4.8-4 图

其频谱如图 4.8-4(b)所示。系统的频率响应函数可写为

$$H(\mathrm{j}\omega)=g_6(\omega)$$

按式(4.8-3),系统响应 $y(t)$ 的频谱函数[参看图 4.8-4(b)]为

$$Y(\mathrm{j}\omega)=H(\mathrm{j}\omega)X(\mathrm{j}\omega)=g_6(\omega)\times\frac{\pi}{2}[g_4(\omega+3)+g_4(\omega-3)]$$

$$=\frac{\pi}{2}[g_2(\omega+2)+g_2(\omega-2)]$$

显然它可以写为

$$Y(\mathrm{j}\omega)=\frac{1}{2\pi}\times\pi g_2(\omega)*\pi[\delta(\omega+2)+\delta(\omega-2)]$$

取上式的傅里叶逆变换,得

$$y(t)=\frac{\sin t}{t}\cos(2t)$$

例 4.8-5 已知 $f(t)$ 为实信号,其傅里叶变换为 $F(\mathrm{j}\omega)$,$h(t)=\dfrac{1}{\pi t}$,$\hat{f}(t)=f(t)*h(t)$,求 $\hat{F}(\mathrm{j}\omega)$。

解 由题意可得

$$\hat{F}(\mathrm{j}\omega)=F(\mathrm{j}\omega)\cdot H(\mathrm{j}\omega)$$

由式(4.5-7)可得

$$\frac{1}{\pi t}\longleftrightarrow-\mathrm{j}\,\mathrm{sgn}(\omega)$$

即 $H(\mathrm{j}\omega)=-\mathrm{j}\,\mathrm{sgn}(\omega)$,所以

$$\hat{F}(\mathrm{j}\omega)=F(\mathrm{j}\omega)\cdot(-\mathrm{j}\,\mathrm{sgn}(\omega))=\begin{cases}-\mathrm{j}F(\mathrm{j}\omega), & \omega>0\\ \mathrm{j}F(\mathrm{j}\omega), & \omega<0\end{cases}=\begin{cases}|F(\mathrm{j}\omega)|\mathrm{e}^{\mathrm{j}[\varphi(\omega)-90^\circ]}, & \omega>0\\ |F(\mathrm{j}\omega)|\mathrm{e}^{\mathrm{j}[\varphi(\omega)+90^\circ]}, & \omega<0\end{cases}$$

可以看出频谱中幅度不变,仅相位发生改变,$\omega>0$ 的频率成分相位滞后90°,$\omega<0$ 的相位超前90°。当 $f(t)=\cos(\omega t)$ 时,可求得 $\hat{f}(t)=\sin(\omega t)$,这两个信号正交。

使用 $\hat{f}(t)=f(t)*\dfrac{1}{\pi t}$ 可以得到实信号 $f(t)$ 的正交信号 $\hat{f}(t)$,这就是通信领域常使用的希尔伯特(Hilbert)变换。

更进一步,可获得"通信原理"课程中的解析信号

$$z(t)=f(t)+\mathrm{j}\hat{f}(t)$$

$z(t)$ 是复信号,其傅里叶变换 $Z(\mathrm{j}\omega)$ 与 $F(\mathrm{j}\omega)$ 的关系为

$$Z(\mathrm{j}\omega)=F(\mathrm{j}\omega)+\mathrm{j}\hat{F}(\mathrm{j}\omega)=\begin{cases}F(\mathrm{j}\omega)+\mathrm{j}[-\mathrm{j}F(\mathrm{j}\omega)], & \omega>0\\ F(\mathrm{j}\omega)+\mathrm{j}[\mathrm{j}F(\mathrm{j}\omega)], & \omega<0\end{cases}$$

$$=2F(\mathrm{j}\omega)\varepsilon(\omega)$$

解析信号 $z(t)$ 的频谱是实信号 $f(t)$ 频谱的右半侧(单边带,$\omega>0$),幅度扩大一倍,如图 4.8-5 所示,复信号 $z(t)$ 的频谱不具有对称性。

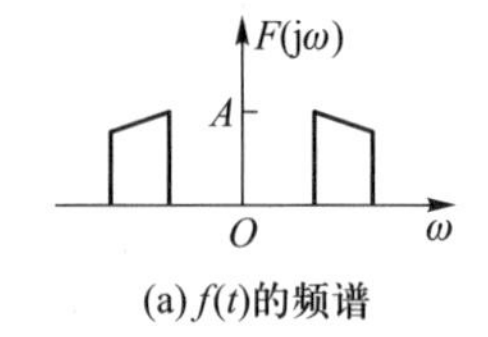

(a) $f(t)$的频谱

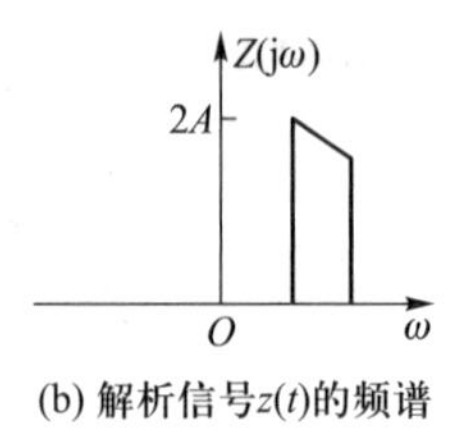

(b) 解析信号$z(t)$的频谱

图 4.8-5 实信号与其解析信号的频谱

三、无失真传输

所谓信号无失真传输是指系统的输出信号与输入信号相比,只有幅度的大小和出现时间的先后不同,而没有波形上的变化。设输入信号为 $f(t)$,那么经过无失真传输后,输出信号应为

$$y(t)=Kf(t-t_{\mathrm{d}}) \tag{4.8-10}$$

即输出信号 $y(t)$ 的幅度是输入信号的 K 倍,而且比输入信号延时了 t_{d} 秒。设输出信号 $y(t)$ 的频谱函数为 $Y(\mathrm{j}\omega)$,输入信号 $f(t)$ 的频谱函数为 $F(\mathrm{j}\omega)$,取式(4.8-10)的傅里叶变换,则根据时移特性可知,输出与输入信号频谱之间的关系为

$$Y(\mathrm{j}\omega)=K\mathrm{e}^{-\mathrm{j}\omega t_{\mathrm{d}}}F(\mathrm{j}\omega)$$

由上式可见,为使信号传输无失真,系统的频率响应函数应为

$$H(\mathrm{j}\omega)=K\mathrm{e}^{-\mathrm{j}\omega t_{\mathrm{d}}} \tag{4.8-11a}$$

其幅频特性和相频特性分别为

$$\left.\begin{aligned}|H(\mathrm{j}\omega)|&=K\\ \varphi(\omega)&=-\omega t_{\mathrm{d}}\end{aligned}\right\} \tag{4.8-11b}$$

式(4.8-11)就是为使信号无失真传输,对频率响应函数提出的要求,即在全部频带内,系统的幅频特性 $|H(\mathrm{j}\omega)|$ 应为一常数,而相频特性 $\varphi(\omega)$ 应为通过原点的直线。无失真传输的幅频、相频特性如图 4.8-6 所示。

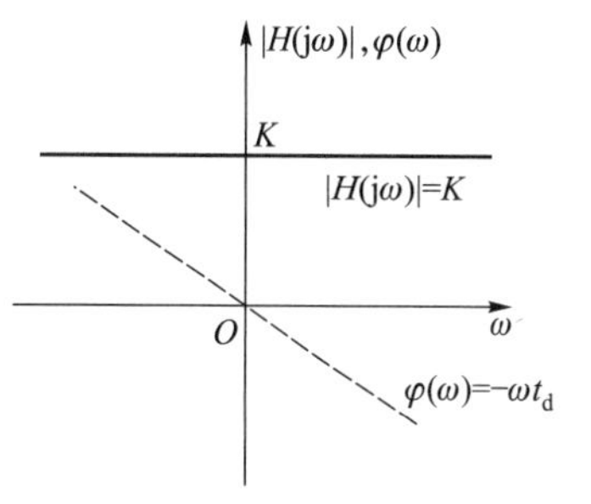

图 4.8-6 无失真传输系统的幅频特性和相频特性

由式(4.8-11)还可看出,信号通过系统的延迟时间 t_{d} 是系统相频特性 $\varphi(\omega)$ 斜率的负值,即

$$t_{\mathrm{d}}=-\frac{\mathrm{d}\varphi(\omega)}{\mathrm{d}\omega} \tag{4.8-12}$$

式(4.8-11)是信号无失真传输的理想条件。根据信号传输系统的具体情况或要求,以上条件可以适当放宽,例如,在传输有限带宽的信号时,只要在信号占有频带范围内,系统的幅频、相频特性满足以上条件即可。

由于系统的冲激响应 $h(t)$ 是 $H(\mathrm{j}\omega)$ 的傅里叶逆变换。对式(4.8-11a)取傅里叶逆变换,得

$$h(t)=K\delta(t-t_{\mathrm{d}}) \tag{4.8-13}$$

上式表明,无失真传输系统的冲激响应也应是冲激函数,只是它是输入冲激函数的 K 倍并延时了 t_{d} 时间。

四、理想低通滤波器的响应

具有图 4.8-7 所示幅频、相频特性的系统称为理想低通滤波器,它将低于某一角频率 ω_{c} 的信号无失真地传送,而阻止角频率高于 ω_{c} 的信号通过,其中 ω_{c} 称为截止角频率。信

号能通过的频率范围称为通带;阻止信号通过的频率范围称为止带或阻带。

设理想低通滤波器的截止角频率为 ω_c,通带内幅频特性 $|H(j\omega)|=1$,相频特性 $\varphi(\omega)=-\omega t_d$。则理想低通滤波器的频率响应可写为

$$H(j\omega)=\begin{cases}e^{-j\omega t_d}, & |\omega|<\omega_c\\ 0, & |\omega|>\omega_c\end{cases} \quad (4.8-14a)$$

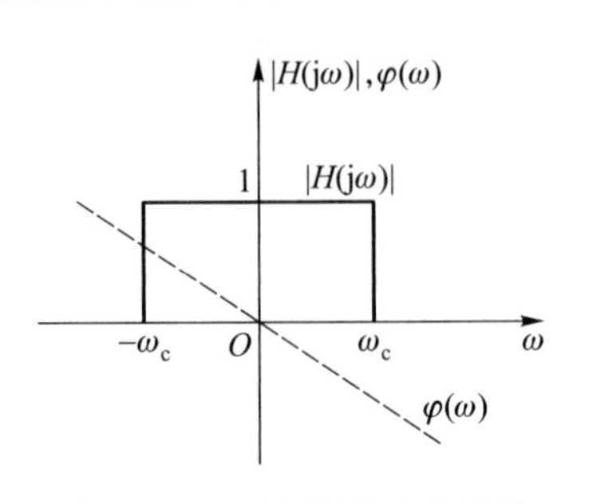

图 4.8-7 理想低通滤波器的幅频特性和相频特性

它可看作是在频域中宽度为 $2\omega_c$ 的门函数,可写作

$$H(j\omega)=e^{-j\omega t_d}g_{2\omega_c}(\omega) \quad (4.8-14b)$$

冲激响应

根据式(4.8-4),系统的冲激响应是 $H(j\omega)$ 的傅里叶逆变换,因此,理想低通滤波器的冲激响应为

$$h(t)=\mathscr{F}^{-1}[e^{-j\omega t_d}g_{2\omega_c}(\omega)]$$

根据傅里叶变换的对称性可知,由

$$g_\tau(t)\leftrightarrow\tau\mathrm{Sa}\left(\frac{\tau}{2}\omega\right)$$

则

$$\tau\mathrm{Sa}\left(\frac{\tau}{2}t\right)\leftrightarrow2\pi g_\tau(-\omega)=2\pi g_\tau(\omega)$$

令 $\frac{\tau}{2}=\omega_c$,得

$$2\omega_c\mathrm{Sa}(\omega_c t)\leftrightarrow2\pi g_{2\omega_c}(\omega)$$

于是得

$$\mathscr{F}^{-1}[g_{2\omega_c}(\omega)]=\frac{\omega_c}{\pi}\mathrm{Sa}(\omega_c t)$$

再由时移特性,得理想低通滤波器的冲激响应为

$$h(t)=\mathscr{F}^{-1}[e^{-j\omega t_d}g_{2\omega_c}(\omega)]=\frac{\omega_c}{\pi}\mathrm{Sa}[\omega_c(t-t_d)]=\frac{\omega_c}{\pi}\frac{\sin[\omega_c(t-t_d)]}{\omega_c(t-t_d)} \quad (4.8-15)$$

其波形如图 4.8-8(a)所示。由图可见,理想低通滤波器冲激响应的峰值比输入的 $\delta(t)$ 延迟了 t_d,而且输出脉冲在其建立之前就已出现。对于实际的物理系统,当 $t<0$ 时,输入信号尚未接入,当然不可能有输出。这里的结果是由于采用了实际上不可能实现的理想化传输特性所致的。

阶跃响应

设理想低通滤波器的阶跃响应为 $g(t)$,它等于 $h(t)$ 与单位阶跃函数的卷积积分,即

$$g(t)=h(t)*\varepsilon(t)=\int_{-\infty}^{t}h(\tau)d\tau$$

将式(4.8-15)代入上式,得

$$g(t)=\int_{-\infty}^{t}\frac{\omega_c}{\pi}\frac{\sin[\omega_c(\tau-t_d)]}{\omega_c(\tau-t_d)}d\tau$$

令 $\omega_c(\tau-t_d)=x$,则 $\omega_c d\tau=dx$,积分上限令为 x_c,$x_c=\omega_c(t-t_d)$,进行变量替换后,得

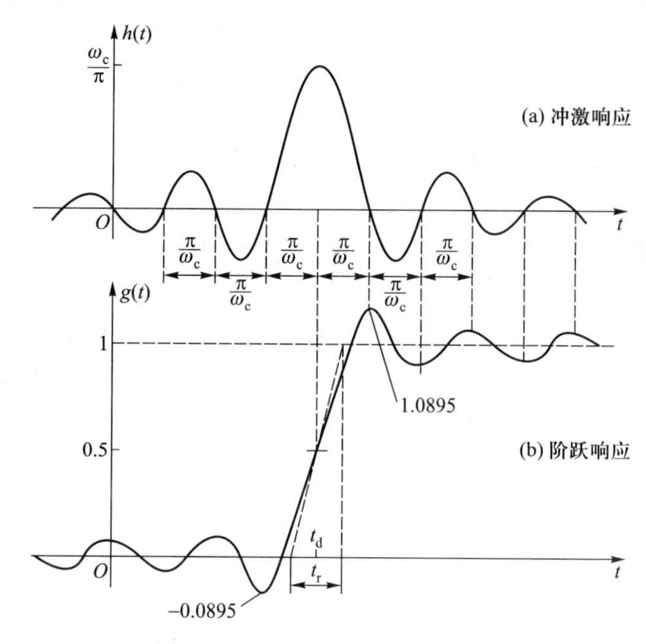

图 4.8-8　理想低通滤波器的响应

$$g(t)=\frac{1}{\pi}\int_{-\infty}^{x_c}\frac{\sin x}{x}\mathrm{d}x=\frac{1}{\pi}\int_{-\infty}^{0}\frac{\sin x}{x}\mathrm{d}x+\frac{1}{\pi}\int_{0}^{x_c}\frac{\sin x}{x}\mathrm{d}x \tag{4.8-16}$$

由式(4.5-40)可得$\left(考虑到\dfrac{\sin x}{x}是偶函数\right)$

$$\frac{1}{\pi}\int_{-\infty}^{0}\frac{\sin x}{x}\mathrm{d}x=\frac{1}{\pi}\int_{0}^{\infty}\frac{\sin x}{x}\mathrm{d}x=\frac{1}{2} \tag{4.8-17}$$

函数$\dfrac{\sin\eta}{\eta}$的定积分称为正弦积分,用符号 $\mathrm{Si}(x)$ 表示,即

$$\mathrm{Si}(x)\overset{\mathrm{def}}{=\!=\!=}\int_{0}^{x}\frac{\sin\eta}{\eta}\mathrm{d}\eta \tag{4.8-18}$$

其函数值可以从正弦积分表中查得。将式(4.8-17)、式(4.8-18)代入式(4.8-16),得理想低通滤波器的阶跃响应为

$$g(t)=\frac{1}{2}+\frac{1}{\pi}\mathrm{Si}(x_c)=\frac{1}{2}+\frac{1}{\pi}\mathrm{Si}[\omega_c(t-t_d)] \tag{4.8-19}$$

其波形如图 4.8-8(b)所示。由图可见,理想低通滤波器的阶跃响应不像阶跃信号那样陡直上升,而且在 $-\infty<t<0$ 区间就已出现,这同样是采用理想化频率响应所致。

理想低通滤波器阶跃响应的导数为

$$\frac{\mathrm{d}g(t)}{\mathrm{d}t}=h(t) \tag{4.8-20}$$

它在 $t=t_d$ 处的极大值等于$\dfrac{\omega_c}{\pi}$,是所有极值中最大的,此处阶跃响应上升得最快。如果定义

信号的上升时间(或称建立时间)t_r 为 $g(t)$ 在 $t=t_d$ 处的斜率的倒数[①],则上升时间为

$$t_r=\frac{\pi}{\omega_c}=\frac{0.5}{f_c}=\frac{0.5}{B} \tag{4.8-21}$$

式中 f_c 为理想低通滤波器的截止频率,B 为滤波器的通带宽度,这里 $B=f_c-0=f_c(\text{Hz})$。由式(4.8-21)可见,滤波器的通带愈宽,即截止频率愈高,其阶跃响应的上升时间愈短,波形愈陡直。也就是说,阶跃响应的上升(或建立)时间与系统的通带宽度成反比。

当从某信号的傅里叶变换恢复或逼近原信号时,如果原信号包含间断点,那么,在各间断点处,其恢复信号将出现过冲,这种现象称为吉布斯现象。图 4.8-8(b)所示的阶跃响应是用 $\varepsilon(t)$ 的频谱 $|f|<f_c$ 的有限部分恢复信号,而滤除了 $|f|>f_c$ 的部分。人们曾经以为,如果在恢复过程中使其包含足够多的频谱分量,这种现象将会减弱或消失。实际上,由图 4.8-8(b)可知,阶跃响应的第一个极大值发生在 $t=t_d+\dfrac{\pi}{\omega_c}$,将它代入式(4.8-19),得阶跃响应的极大值为

$$g_{\max}=\frac{1}{2}+\frac{1}{\pi}\text{Si}[\omega_c(t-t_d)]=\frac{1}{2}+\frac{1}{\pi}\text{Si}(\pi)=1.089\ 5$$

它与理想低通滤波器的通带宽度 ω_c 无关。可见,增大理想低通滤波器的通带宽度 $B\left(B=f_c=\dfrac{\omega_c}{2\pi}\right)$,可以使阶跃响应的上升时间 t_r 缩短,其过冲更靠近 $t=t_d$ 处,但不能减小过冲的幅度。由上式可见,过冲幅度约为信号跃变值的 9%。

虽然理想低通滤波器是物理不可实现的,但传输特性接近于理想特性的电路却不难构成。图 4.8-9(a)是二阶低通滤波器,其中 $R=\sqrt{\dfrac{L}{2C}}$。电路的频率响应函数为

$$H(\mathrm{j}\omega)=\frac{U_R(\mathrm{j}\omega)}{U_S(\mathrm{j}\omega)}=\frac{\dfrac{1}{\dfrac{1}{R}+\mathrm{j}\omega C}}{\mathrm{j}\omega L+\dfrac{1}{\dfrac{1}{R}+\mathrm{j}\omega C}}=\frac{1}{1-\omega^2LC+\mathrm{j}\omega\dfrac{L}{R}}$$

考虑到 $R=\sqrt{\dfrac{L}{2C}}$,并令截止角频率 $\omega_c=\dfrac{1}{\sqrt{LC}}$,上式可写为

$$H(\mathrm{j}\omega)=\frac{1}{1-\left(\dfrac{\omega}{\omega_c}\right)^2+\mathrm{j}\sqrt{2}\dfrac{\omega}{\omega_c}}=|H(\mathrm{j}\omega)|\mathrm{e}^{\mathrm{j}\varphi(\omega)} \tag{4.8-22}$$

其幅频和相频特性分别为

---

① 上升时间 t_r 在各种文献中有不同的定义。如定义 t_r 为由阶跃响应 $g(t)$ 的最小值上升到最大值的时间,则 $t_r=\dfrac{1}{B}$。如定义 t_r 为由零(t_d 以左的第一个零点)上升到 1(t_d 以右的第一个等于 1 的点)的时间,则 $t_r=\dfrac{0.613}{B}$。如上升时间定义为 $g(t)$ 从稳态值 1 的 10%上升到 90%所需的时间,则 $t_r=\dfrac{0.446}{B}$。在所有这些定义中,上升时间 t_r 与滤波器的通带宽度(或截止频率 f_c)成反比。

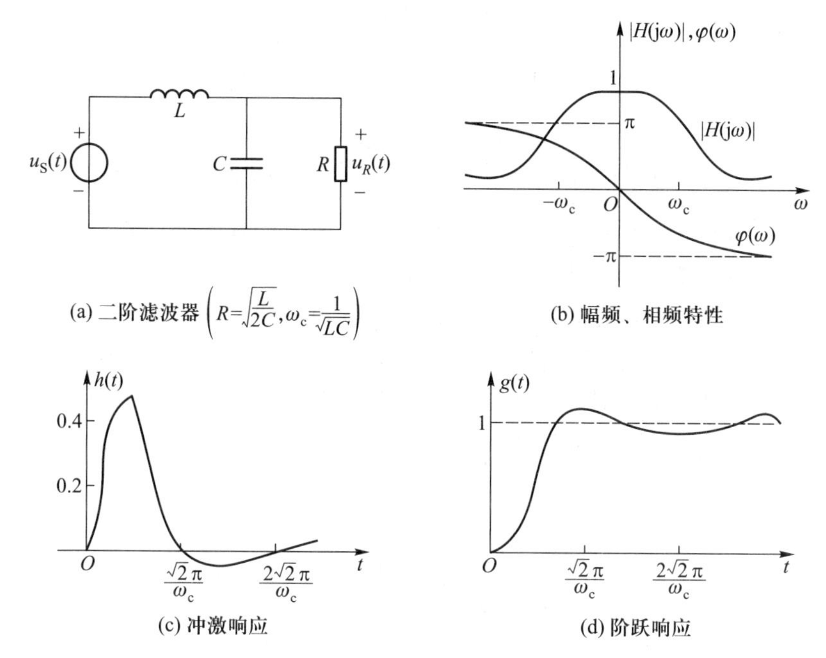

(a) 二阶滤波器 $\left(R=\sqrt{\frac{L}{2C}},\omega_c=\frac{1}{\sqrt{LC}}\right)$　(b) 幅频、相频特性

(c) 冲激响应　(d) 阶跃响应

图 4.8-9　二阶低通滤波器的特性

$$|H(j\omega)|=\frac{1}{\sqrt{1+\left(\frac{\omega}{\omega_c}\right)^4}}$$

$$\varphi(\omega)=-\arctan\left[\frac{\sqrt{2}\frac{\omega}{\omega_c}}{1-\left(\frac{\omega}{\omega_c}\right)^2}\right]$$

图 4.8-9(b)画出了图 4.8-9(a)电路的幅频和相频特性。在 $\omega=\pm\omega_c$ 处，$|H(\pm j\omega_c)|=\frac{1}{\sqrt{2}}$，$\varphi(\pm\omega_c)=\mp\frac{\pi}{2}$。由图可见，图 4.8-9(a)电路的幅频、相频特性与理想低通滤波器相似。实际上，电路的阶数愈高，其幅频、相频特性愈逼近理想特性。

用傅里叶逆变换求图 4.8-9(a)电路的冲激响应比较烦琐(以后可用拉普拉斯逆变换求解)，这里直接利用 §2.2 的结果。图 2.2-5(b)就是图 4.8-9(a)的电路，其中参数$\left(\text{注意到 } R=\sqrt{\frac{L}{2C}}\right)$为

$$\omega_0=\frac{1}{\sqrt{LC}}=\omega_c$$

$$\alpha=\frac{1}{2RC}=\frac{1}{2C}\cdot\sqrt{\frac{2C}{L}}=\frac{1}{\sqrt{2}}\omega_c$$

可见 $\alpha<\omega_c$，属于欠阻尼情况。由表 2-3，将参数代入欠阻尼情况$\left(\text{其中 } \beta=\sqrt{\omega_0^2-\alpha^2}=\frac{1}{\sqrt{2}}\omega_c\right)$，

得图 4.8-9(a)电路的冲激响应和阶跃响应分别为

$$h(t)=\left[\sqrt{2}\omega_c e^{-\frac{\omega_c}{\sqrt{2}}t}\sin\left(\frac{\omega_c}{\sqrt{2}}t\right)\right]\varepsilon(t) \tag{4.8-23}$$

$$g(t)=\left[1-\sqrt{2}e^{-\frac{\omega_c}{\sqrt{2}}t}\sin\left(\frac{\omega_c}{\sqrt{2}}t+\frac{\pi}{4}\right)\right]\varepsilon(t) \tag{4.8-24}$$

图 4.8-9(c)和(d)分别画出了图 4.8-9(a)所示电路的冲激响应和阶跃响应。由图可见，冲激响应和阶跃响应也与理想特性相似。不过，这里的响应是从 $t=0$ 开始的，在 $t<0$ 时 $h(t)=g(t)=0$。这是由于图 4.8-9(a)所示的电路是物理可实现的。

为了能根据系统(或电路)的幅频、相频特性或冲激、阶跃响应判断系统(或电路)是否是物理可实现的，需要找到物理可实现系统所应满足的条件。

就时域特性而言，一个物理可实现的系统(电路)，其冲激响应和阶跃响应在 $t<0$ 时必须为零，即

$$\left.\begin{aligned} h(t)=0,\quad t<0 \\ g(t)=0,\quad t<0 \end{aligned}\right\} \tag{4.8-25}$$

也就是说，响应不应在激励作用之前出现，这一要求称为“因果条件”。

就频域特性来说，佩利(Paley)和维纳(Wiener)证明了物理可实现的系统的幅频特性 $|H(j\omega)|$ 必须是平方可积的，即

$$\int_{-\infty}^{\infty}|H(j\omega)|^2 d\omega<\infty$$

而且满足

$$\int_{-\infty}^{\infty}\frac{|\ln|H(j\omega)||}{1+\omega^2}d\omega<\infty \tag{4.8-26}$$

式(4.8-26)称为佩利-维纳准则(定理)①。不满足此准则的幅频特性，其相应系统(或电路)是非因果的，其响应将在激励之前出现。由佩利-维纳准则可以看出，如果系统的幅频特性在某一有限频带内为零，则在此频带范围内 $|\ln|H(j\omega)||\to\infty$，从而不满足式(4.8-26)，这样的系统是非因果的，像图 4.8-7 那样的理想滤波器是物理不可实现的，对于物理可实现的系统，其幅频特性可以在某些孤立的频率点上为零，但不能在某个有限频带内为零。

§4.9　取 样 定 理

取样定理论述了在一定条件下，一个连续时间信号完全可以用该信号在等时间间隔上的瞬时值(或称样本值)表示。这些样本值包含了该连续时间信号的全部信息，利用这些样本值可以恢复原信号。可以说，取样定理在连续时间信号与离散时间信号之间架起了一座桥梁。由于离散时间信号(或数字信号)的处理更为灵活、方便，在许多实际应用中(如数字通信系统等)，首先将连续信号转换为相应的离散信号，并进行加工处理，然后再将处理后

① 河田龙夫.FOURIER 分析[M].周民强，译.北京：高等教育出版社，1984。

的离散信号转换为连续信号。取样定理为连续时间信号与离散时间信号的相互转换提供了理论依据。

下面首先讨论信号的取样,即从连续时间信号得到离散取样信号,然后讨论将取样信号恢复为原信号的过程,并引出取样定理。

一、信号的取样

所谓“取样”就是利用取样脉冲序列 $s(t)$ 从连续时间信号 $f(t)$ 中“抽取”一系列离散样本值的过程。这样得到的离散信号称为取样信号。如图 4.9-1 所示的取样信号 $f_s(t)$ 可写为

$$f_s(t)=f(t)s(t) \tag{4.9-1}$$

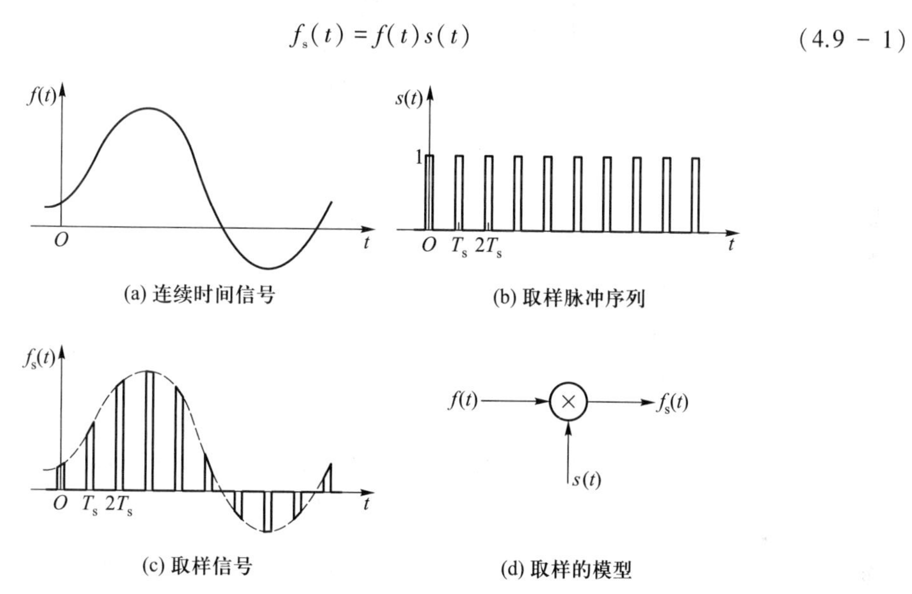

(a) 连续时间信号 (b) 取样脉冲序列

(c) 取样信号 (d) 取样的模型

图 4.9-1 信号的取样

式中取样脉冲序列 $s(t)$ 也称为开关函数。如果其各脉冲间隔的时间相同,均为 T_s,就称为均匀取样。T_s 称为取样周期,$f_s=\dfrac{1}{T_s}$称为取样频率或取样率,$\omega_s=2\pi f_s=\dfrac{2\pi}{T_s}$称为取样角频率。

如果 $f(t)\leftrightarrow F(\mathrm{j}\omega)$,$s(t)\leftrightarrow S(\mathrm{j}\omega)$,则由频域卷积定理,得取样信号 $f_s(t)$ 的频谱函数

$$F_s(\mathrm{j}\omega)=\frac{1}{2\pi}F(\mathrm{j}\omega)*S(\mathrm{j}\omega) \tag{4.9-2}$$

冲激取样

如果取样脉冲序列 $s(t)$ 是周期为 T_s 的冲激函数序列 $\delta_{T_s}(t)$,则称为冲激取样。由式(4.7-13)知,冲激序列 $\delta_{T_s}(t)$ $\left(\text{这里 } T=T_s,\Omega=\dfrac{2\pi}{T_s}=\omega_s\right)$ 的频谱函数也是周期冲激序列,即

$$\mathscr{F}[s(t)]=\mathscr{F}[\delta_{T_s}(t)]=\mathscr{F}\left[\sum_{n=-\infty}^{\infty}\delta(t-nT_s)\right]=\omega_s\sum_{n=-\infty}^{\infty}\delta(\omega-n\omega_s) \tag{4.9-3}$$

函数 $\delta_{T_s}(t)$ 及其频谱如图 4.9-2(b)和(e)所示。

如果信号 $f(t)$ 的频带是有限的,就是说,信号 $f(t)$ 的频谱只在区间$(-\omega_m,\omega_m)$为有限

值,而在此区间外为零,这样的信号称为频带有限信号,简称带限信号,$f(t)$及其频谱如图 4.9-2(a)和(d)所示。

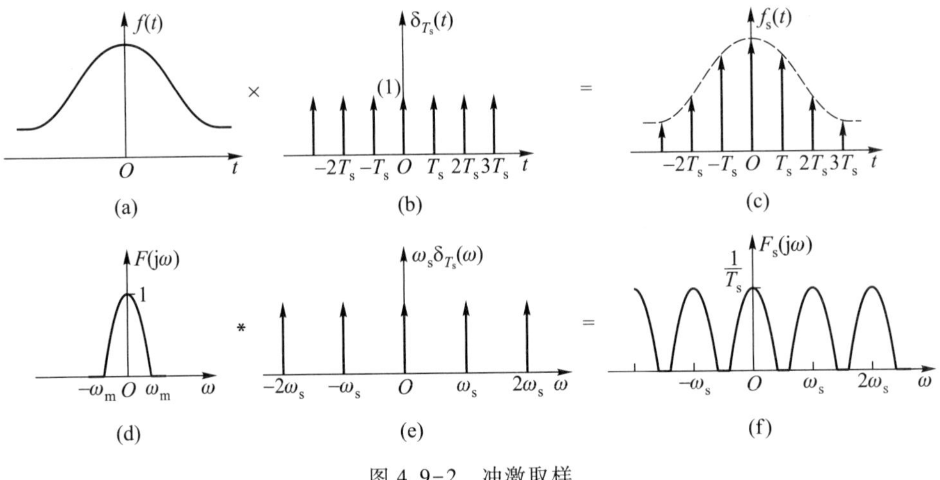

图 4.9-2 冲激取样

设$f(t) \leftrightarrow F(\mathrm{j}\omega)$,将式(4.9-3)代入式(4.9-2),得取样信号$f_s(t)$的频谱函数

$$F_s(\mathrm{j}\omega)=\frac{1}{2\pi}F(\mathrm{j}\omega)*\omega_s\sum_{n=-\infty}^{\infty}\delta(\omega-n\omega_s)=\frac{1}{T_s}\sum_{n=-\infty}^{\infty}F(\mathrm{j}\omega)*\delta(\omega-n\omega_s)$$

$$=\frac{1}{T_s}\sum_{n=-\infty}^{\infty}F[\mathrm{j}(\omega-n\omega_s)] \tag{4.9-4}$$

冲激取样信号$f_s(t)$及其频谱如图 4.9-2(c)和(f)所示。由图(f)和式(4.9-4)可知,取样信号$f_s(t)$的频谱由原信号频谱$F(\mathrm{j}\omega)$的无限个频移项组成,其频移的角频率分别为$n\omega_s(n=0,\pm1,\pm2,\cdots)$,其幅值为原频谱的$\frac{1}{T_s}$。图 4.9-2 画出了时域中的冲激取样信号及其频谱。

由取样信号$f_s(t)$的频谱可以看出,如果$\omega_s>2\omega_m\left(即 f_s>2f_m 或 T_s<\frac{1}{2f_m}\right)$,那么各相邻频移后的频谱不会发生重叠,如图 4.9-3(a)所示。这时就能设法(如利用低通滤波器)从取样信号的频谱$F_s(\mathrm{j}\omega)$中得到原信号的频谱,即从取样信号$f_s(t)$中恢复原信号$f(t)$。如果$\omega_s<2\omega_m$,那么频移后的各相邻频谱将相互重叠,如图 4.9-3(b)所示。这样就无法将它们分开,因而也不能再恢复原信号。频谱重叠的这种现象常称为混叠现象。可见,为了不发生混叠现象,必须满足$\omega_s\geqslant2\omega_m$。

矩形脉冲取样

如果取样脉冲序列$s(t)$是幅度为 1,脉宽为$\tau(\tau<T_s)$的矩形脉冲序列$p_{T_s}(t)$,如图 4.9-4(b)所示。则由式(4.7-10)知取样脉冲序列$s(t)$的频谱函数为$\left(这里 T=T_s,\Omega=\frac{2\pi}{T_s}=\omega_s\right)$

$$S(\mathrm{j}\omega)=P(\mathrm{j}\omega)=\mathscr{F}[p_{T_s}(t)]=\frac{2\pi\tau}{T_s}\sum_{n=-\infty}^{\infty}\mathrm{Sa}\left(\frac{n\omega_s\tau}{2}\right)\delta(\omega-n\omega_s) \tag{4.9-5}$$

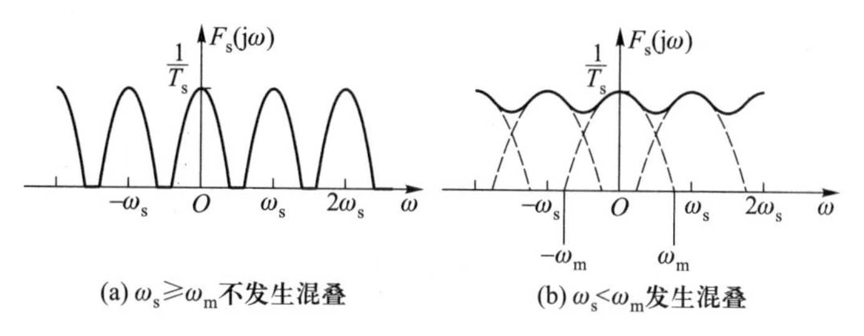

图 4.9-3 混叠现象

设$f(t) \leftrightarrow F(j\omega)$，将上式代入式(4.9-2)，得取样信号$f_s(t)$的频谱函数为

$$\begin{aligned} F_s(j\omega) &= \frac{1}{2\pi} F(j\omega) * \frac{2\pi\tau}{T_s} \sum_{n=-\infty}^{\infty} \mathrm{Sa}\left(\frac{n\omega_s \tau}{2}\right) \delta(\omega - n\omega_s) \\ &= \frac{\tau}{T_s} \sum_{n=-\infty}^{\infty} \mathrm{Sa}\left(\frac{n\omega_s \tau}{2}\right) F[j(\omega - n\omega_s)] \end{aligned} \quad (4.9-6)$$

图 4.9-4 画出了矩形脉冲取样信号及其频谱。

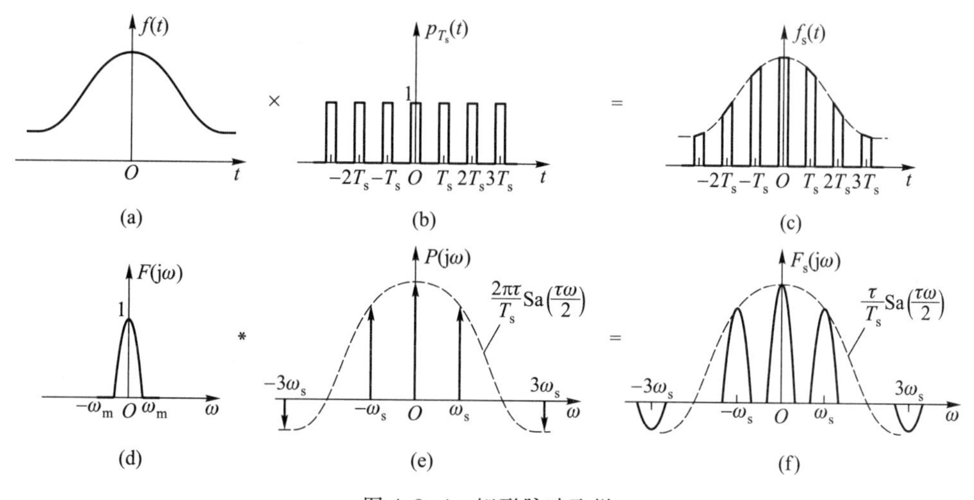

图 4.9-4 矩形脉冲取样

比较式(4.9-4)与式(4.9-6)以及图 4.9-2(f)与图 4.9-4(f)可见，经过冲激取样或矩形脉冲取样后，其取样信号$f_s(t)$的频谱相似。因此当$\omega_s > 2\omega_m$时矩形脉冲取样信号的频谱$F_s(j\omega)$也不会出现混叠，从而能从取样信号$f_s(t)$中恢复原信号$f(t)$。

二、时域取样定理

现在以冲激取样为例，研究如何从取样信号$f_s(t)$恢复原信号$f(t)$并引出取样定理。

设有冲激取样信号$f_s(t)$，其取样角频率$\omega_s > 2\omega_m$（ω_m为原信号的最高角频率）。$f_s(t)$及其频谱$F_s(j\omega)$如图 4.9-5(d)和(a)所示。为了从$F_s(j\omega)$中无失真地恢复$F(j\omega)$，选择一个理想低通滤波器，其频率响应的幅度为T_s，截止角频率为$\omega_c\left(\omega_m < \omega_c \leqslant \frac{\omega_s}{2}\right)$，即

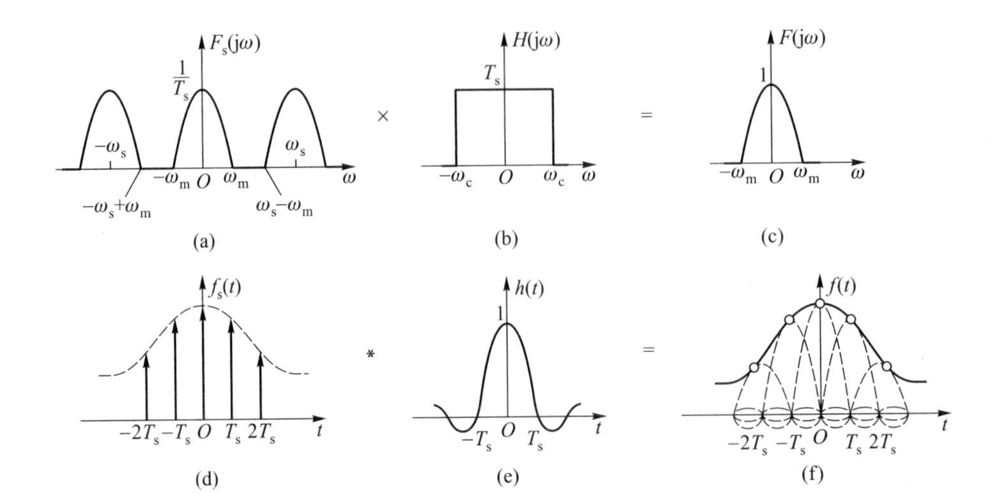

图 4.9-5 由取样信号恢复连续信号 $\omega_c=\frac{\omega_s}{2}$

$$H(j\omega)=\begin{cases}T_s, & |\omega|<\omega_c\\ 0, & |\omega|>\omega_c\end{cases}\tag{4.9-7}$$

如图 4.9-5(b)所示。由图 4.9-5(a)(b)(c)可见

$$F(j\omega)=F_s(j\omega)H(j\omega)\tag{4.9-8}$$

即恢复了原信号的频谱函数 $F(j\omega)$。

根据时域卷积定理,式(4.9-8)相应于时域为

$$f(t)=f_s(t)*h(t)\tag{4.9-9}$$

由于冲激取样信号

$$\begin{aligned}f_s(t)=f(t)s(t)&=f(t)\sum_{n=-\infty}^{\infty}\delta(t-nT_s)\\&=\sum_{n=-\infty}^{\infty}f(nT_s)\delta(t-nT_s)\end{aligned}\tag{4.9-10}$$

利用对称性,不难求得低通滤波器的冲激响应为

$$h(t)=\mathscr{F}^{-1}[H(j\omega)]=T_s\frac{\omega_c}{\pi}\mathrm{Sa}(\omega_c t)$$

为简便,选 $\omega_c=\frac{\omega_s}{2}$,则 $T_s=\frac{2\pi}{\omega_s}=\frac{\pi}{\omega_c}$,得

$$h(t)=\mathrm{Sa}\left(\frac{\omega_s t}{2}\right)\tag{4.9-11}$$

将式(4.9-10)、式(4.9-11)代入式(4.9-9)得

$$\begin{aligned}f(t)=&\sum_{n=-\infty}^{\infty}f(nT_s)\delta(t-nT_s)*\mathrm{Sa}\left(\frac{\omega_s t}{2}\right)=\sum_{n=-\infty}^{\infty}f(nT_s)\mathrm{Sa}\left[\frac{\omega_s}{2}(t-nT_s)\right]\\=&\sum_{n=-\infty}^{\infty}f(nT_s)\mathrm{Sa}\left(\frac{\omega_s t}{2}-n\pi\right)\end{aligned}\tag{4.9-12}$$

上式表明，连续信号 $f(t)$ 可以展开成正交取样函数（Sa 函数）的无穷级数，该级数的系数等于取样值 $f(nT_s)$。也就是说，若在取样信号 $f_s(t)$ 的每个样点处，画一个最大峰值为 $f(nT_s)$ 的Sa 函数波形，那么其合成波形就是原信号 $f(t)$，如图 4.9-5(f) 所示。因此，只要已知各取样值 $f(nT_s)$，就能唯一地确定出原信号 $f(t)$。

通过以上讨论，可以较为深入地理解如下重要定理。

时域取样定理

一个频谱在区间 $(-\omega_m, \omega_m)$ 以外为零的频带有限信号 $f(t)$，可唯一地由其在均匀间隔 $T_s\left(T_s<\dfrac{1}{2f_m}\right)$ 上的样点值 $f(nT_s)$ 确定。

需要注意的是，为了能从取样信号 $f_s(t)$ 中恢复原信号 $f(t)$，需满足两个条件：$f(t)$ 必须是带限信号，其频谱函数在 $|\omega|>\omega_m$ 各处为零；取样频率不能过低，必须满足 $f_s>2f_m$（即 $\omega_s>2\omega_m$），或者说取样间隔不能太长，必须满足 $T_s<\dfrac{1}{2f_m}$，否则将会发生混叠。通常把最低允许取样频率 $f_s=2f_m$ 称为奈奎斯特（Nyquist）频率，把最大允许取样间隔 $T_s=\dfrac{1}{2f_m}$ 称为奈奎斯特间隔。

顺便指出，对于频带有限的周期信号 $f(t)$［设其频谱函数为 $F(\mathrm{j}\omega)$，周期为 T］，适当选取取样周期 $T_s(T_s>T)$，则经过滤波能从混叠的取样信号频谱 $F_s(\mathrm{j}\omega)$ 中选得原信号的压缩频谱 $F\left(\mathrm{j}\dfrac{\omega}{a}\right)$ $(0<a<1)$，从而得到与原信号波形相同但时域展宽的信号 $f(at)$。图 4.9-6 中信号 $f(t)$（实线）的周期为 T，取样周期 $T_s=\dfrac{5}{4}T$，经取样后，可得到时域展宽的信号 $y(t)=f\left(\dfrac{t}{5}\right)$（虚线）。取样示波器就是利用这一原理把不便于显示的高频信号展宽为容易显示的低频信号。

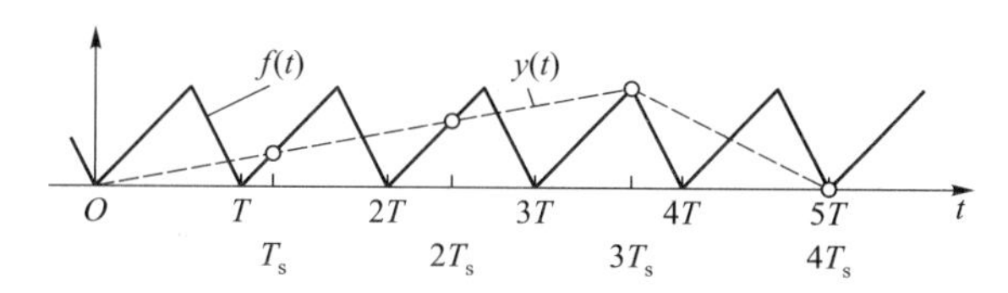

图 4.9-6 利用混叠展宽信号的示意图

三、频域取样定理

根据时域与频域的对称性，可推出频域取样定理。

如果信号 $f(t)$ 为有限时间信号（简称时限信号），即它在时间区间 $(-t_m, t_m)$ 以外为零。$f(t)$ 的频谱函数 $F(\mathrm{j}\omega)$ 为连续谱。

在频域中对 $F(\mathrm{j}\omega)$ 进行等间隔 ω_s 的冲激取样，即用

$$\delta_{\omega_s}(\omega)=\sum_{n=-\infty}^{\infty}\delta(\omega-n\omega_s)$$

对 $F(\mathrm{j}\omega)$ 取样，得取样后的频谱函数

$$F_s(j\omega)=F(j\omega)\sum_{n=-\infty}^{\infty}\delta(\omega-n\omega_s)=\sum_{n=-\infty}^{\infty}F(jn\omega_s)\delta(\omega-n\omega_s) \tag{4.9-13}$$

其频域取样过程如图 4.9-7(a)(b)(c)所示。

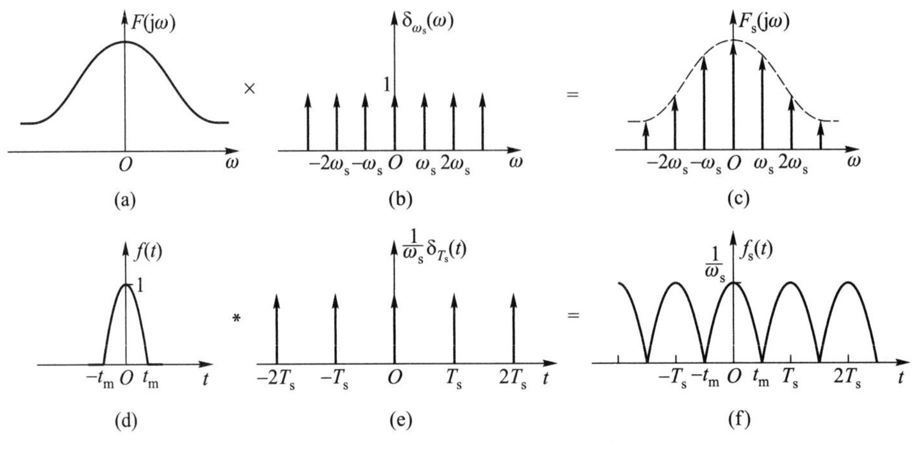

图 4.9-7　频域取样

由式(4.9-3)知

$$\mathscr{F}^{-1}[\delta_{\omega_s}(\omega)]-\frac{1}{\omega_s}\sum_{n=-\infty}^{\infty}\delta(t-nT_s) \tag{4.9-14}$$

式中 $T_s=\frac{2\pi}{\omega_s}$。根据时域卷积定理,被取样后的频谱函数 $F_s(j\omega)$[即式(4.9-13)]所对应的时间函数

$$\begin{aligned}f_s(t)&=\mathscr{F}^{-1}[F_s(j\omega)]=\mathscr{F}^{-1}[F(j\omega)]*\mathscr{F}^{-1}[\delta_{\omega_s}(\omega)]\\&=f(t)*\frac{1}{\omega_s}\sum_{n=-\infty}^{\infty}\delta(t-nT_s)=\frac{1}{\omega_s}\sum_{n=-\infty}^{\infty}f(t)*\delta(t-nT_s)\\&=\frac{1}{\omega_s}\sum_{n=-\infty}^{\infty}f(t-nT_s)\end{aligned} \tag{4.9-15}$$

其相应的时域关系如图 4.9-7(d)(e)(f)所示。由上式可知,假如有限时间信号 $f(t)$ 的频谱函数 $F(j\omega)$ 在频域中被间隔为 ω_s 的冲激序列取样,则被取样后频谱 $F_s(j\omega)$ 所对应的时域信号 $f_s(t)$ 以 T_s 为周期而重复,如图 4.9-7(f)所示。由图可知,若选 $T_s>2t_m\left(\text{或} f_s=\frac{1}{T_s}<\frac{1}{2t_m}\right)$,则在时域中 $f_s(t)$ 的波形不会产生混叠。若在时域用矩形脉冲作为选通信号就可以无失真地恢复原信号。这就是下面的频域取样定理。

频域取样定理

一个在时域区间 $(-t_m,t_m)$ 以外为零的有限时间信号 $f(t)$ 的频谱函数 $F(j\omega)$,可唯一地由其在均匀频率间隔 $f_s\left(f_s<\frac{1}{2t_m}\right)$ 上的样点值 $F(jn\omega_s)$ 确定。类似于式(4.9-12)有

$$F(j\omega)=\sum_{n=-\infty}^{\infty}F\left(j\frac{n\pi}{t_m}\right)\mathrm{Sa}\,(\omega t_m-n\pi) \tag{4.9-16}$$

式中 $t_m=\dfrac{1}{2f_s}$。

关于频域取样的进一步研究，有兴趣的读者可参看有关书籍。

§ 4.10 序列的傅里叶分析

傅里叶分析用以从频域的角度研究连续时间信号。类似地，将傅里叶级数和傅里叶变换的分析方法应用于离散时间信号称为序列的傅里叶分析，它对于信号分析和处理技术的实现具有十分重要的意义。

一、周期序列的离散傅里叶级数(DFS)

具有周期性的离散时间信号可表示为 $f_N(k)$，其下标 N 表示其周期为 N，即有

$$f_N(k)=f_N(k+lN)\quad (l\text{ 为任意整数})$$

对于连续时间信号，周期信号 $f_T(t)$ 可分解为一系列角频率为 $n\Omega(n=0,\pm1,\pm2,\cdots)$ 的虚指数 $\mathrm{e}^{\mathrm{j}n\Omega t}\left(\text{其中 }\Omega=\dfrac{2\pi}{T}\text{为基波角频率}\right)$之和。类似地，周期为 N 的序列 $f_N(k)$ 也可展开为许多虚指数 $\mathrm{e}^{\mathrm{j}n\Omega k}=\mathrm{e}^{\mathrm{j}n\frac{2\pi}{N}k}\left(\text{其中 }\Omega=\dfrac{2\pi}{N}\text{为基波数字角频率}\right)$之和。需要注意的是，这些虚指数序列满足

$$\mathrm{e}^{\mathrm{j}n\frac{2\pi}{N}k}=\mathrm{e}^{\mathrm{j}(n+lN)\frac{2\pi}{N}k}\quad (l\text{ 为整数})$$

即它们也是周期为 N 的周期序列。因此，周期序列 $f_N(k)$ 的傅里叶级数展开式仅为有限项（N 项），若取其第一个周期 $n=0,1,2,\cdots,N-1$，则 $f_N(k)$ 的展开式可写为

$$f_N(k)=\sum_{n=0}^{N-1}C_n\mathrm{e}^{\mathrm{j}n\Omega k}=\sum_{n=0}^{N-1}C_n\mathrm{e}^{\mathrm{j}n\frac{2\pi}{N}k}\tag{4.10 - 1}$$

式中 C_n 为待定系数。将上式两端同乘以 $\mathrm{e}^{-\mathrm{j}m\Omega k}$ 并在一个周期内对 k 求和，有（右端交换求和次序）

$$\begin{aligned}\sum_{k=0}^{N-1}f_N(k)\mathrm{e}^{-\mathrm{j}m\Omega k}&=\sum_{k=0}^{N-1}\mathrm{e}^{-\mathrm{j}m\Omega k}\left[\sum_{n=0}^{N-1}C_n\mathrm{e}^{\mathrm{j}n\Omega k}\right]\\&=\sum_{n=0}^{N-1}C_n\left[\sum_{k=0}^{N-1}\mathrm{e}^{\mathrm{j}(n-m)\Omega k}\right]\end{aligned}$$

上式右端对 k 求和时，仅当 $n=m$ 时为非零且等于 N①，故上式可写为

---

① 按指数级数求和公式 $\sum\limits_{k=0}^{N-1}a^k=\dfrac{1-a^N}{1-a}$，令 $p=n-m$，并注意到 $\Omega=\dfrac{2\pi}{N}$，可得

$$\sum_{k=0}^{N-1}\mathrm{e}^{\mathrm{j}(n-m)\Omega k}=\sum_{k=0}^{N-1}\mathrm{e}^{\mathrm{j}p\Omega k}=\frac{1-\mathrm{e}^{\mathrm{j}p\Omega N}}{1-\mathrm{e}^{\mathrm{j}p\Omega}}=\frac{1-\mathrm{e}^{\mathrm{j}p2\pi}}{1-\mathrm{e}^{\mathrm{j}p\frac{2\pi}{N}}}=\begin{cases}N, & p=0,\pm N,\cdots\\0, & \text{其余 }p\text{ 值}\end{cases}$$

$$\sum_{k=0}^{N-1} f_N(k)\mathrm{e}^{-\mathrm{j}m\Omega k} = C_m N$$

得

$$C_m = \frac{1}{N}\sum_{k=0}^{N-1} f_N(k)\mathrm{e}^{-\mathrm{j}m\Omega k}$$

即

$$C_n = \frac{1}{N}\sum_{k=0}^{N-1} f_N(k)\mathrm{e}^{-\mathrm{j}n\Omega k} = \frac{1}{N}F_N(n)$$

式中

$$F_N(n) = \sum_{k=0}^{N-1} f_N(k)\mathrm{e}^{-\mathrm{j}n\Omega k} \tag{4.10-2}$$

称为离散傅里叶系数。将 C_n 代入式(4.10-1),得

$$f_N(k) = \frac{1}{N}\sum_{n=0}^{N-1} F_N(n)\mathrm{e}^{\mathrm{j}n\Omega k} \tag{4.10-3}$$

式中 $\Omega=\frac{2\pi}{N}$。式(4.10-3)称为周期序列的离散傅里叶级数(discrete Fourier series, DFS)。为书写方便,令

$$W = \mathrm{e}^{-\mathrm{j}\Omega} = \mathrm{e}^{-\mathrm{j}\frac{2\pi}{N}} \tag{4.10-4}$$

并用 DFS[·]表示求离散傅里叶系数(正变换),以 IDFS[·]表示求离散傅里叶级数展开式(逆变换),则式(4.10-2)、式(4.10-3)可写为

$$\mathrm{DFS}[f_N(k)] = F_N(n) = \sum_{k=0}^{N-1} f_N(k)W^{nk} \tag{4.10-5}$$

$$\mathrm{IDFS}[F_N(n)] = f_N(k) = \frac{1}{N}\sum_{n=0}^{N-1} F_N(n)W^{-nk} \tag{4.10-6}$$

式(4.10-5)与式(4.10-6)称为离散傅里叶级数变换对,很明显,它们都便于用计算机求取。

由上可见,与连续周期信号不同(它有无限项谐波分量),由于 $\mathrm{e}^{\mathrm{j}n\Omega k}=\mathrm{e}^{\mathrm{j}n\frac{2\pi}{N}k}$ 也是周期为 N 的序列,因而离散周期序列 $f_N(k)$ 只有 N 个独立的谐波分量,即离散序列直流,基波 $\mathrm{e}^{\mathrm{j}\Omega k}\left(\Omega=\frac{2\pi}{N}\right)$,二次谐波 $\mathrm{e}^{\mathrm{j}2\Omega k}$,…,$(N-1)$次谐波 $\mathrm{e}^{\mathrm{j}(N-1)\Omega k}$。可以证明,这 N 个谐波之间是相互正交的。

例 4.10-1 求图 4.10-1(a)所示周期脉冲序列的离散傅里叶级数展开式。

解 周期 $N=4$,$\Omega=2\pi/N=\pi/2$,求和范围取为[0,3],根据式(4.10-2)得

$$F_N(n) = \sum_{k=0}^{3} f_N(k)\mathrm{e}^{-\mathrm{j}\frac{\pi}{2}nk}$$

$$F_N(0) = \sum_{k=0}^{3} f_N(k) = 1 + 1 = 2$$

$$F_N(1) = \sum_{k=0}^{3} f_N(k)\mathrm{e}^{-\mathrm{j}\frac{\pi}{2}k} = 1 - \mathrm{j}1$$

$$F_N(2)=\sum_{k=0}^{3}f_N(k)\mathrm{e}^{-\mathrm{j}\pi k}=0$$

$$F_N(3)=\sum_{k=0}^{3}f_N(k)\mathrm{e}^{-\mathrm{j}\frac{3\pi}{2}k}=1+\mathrm{j}1$$

由式(4.10-3)得

$$f_N(k)=\frac{1}{4}\left[2+(1-\mathrm{j}1)\mathrm{e}^{\mathrm{j}\frac{\pi}{2}k}+(1+\mathrm{j}1)\mathrm{e}^{\mathrm{j}\frac{3\pi}{2}k}\right]$$

利用 $\mathrm{e}^{\mathrm{j}\frac{3\pi}{2}k}=\mathrm{e}^{-\mathrm{j}\frac{\pi}{2}k}$ 及欧拉公式，将上式表示为

$$f_N(k)=\frac{1}{2}+\frac{1}{2}\cos\left(\frac{\pi}{2}k\right)+\frac{1}{2}\sin\left(\frac{\pi}{2}k\right)$$

其直流和各分量的波形如图 4.10-1(b)(c)和(d)所示。

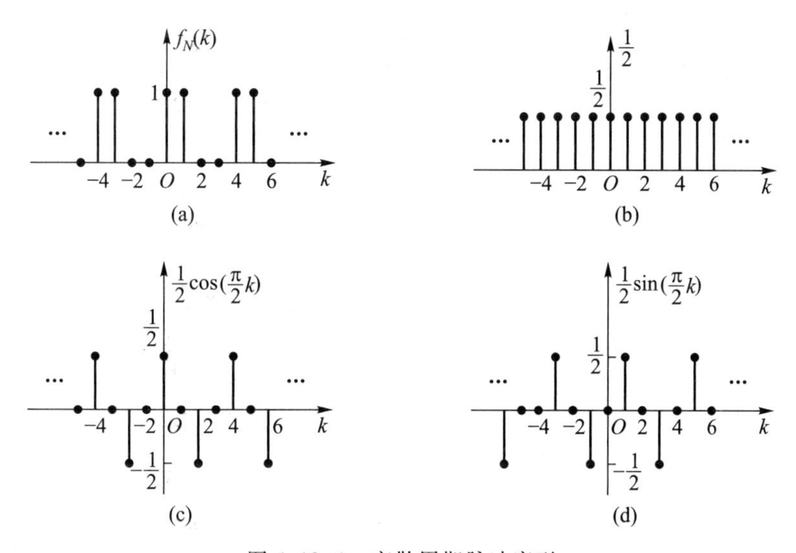

图 4.10-1　离散周期脉冲序列

二、非周期序列的离散时间傅里叶变换(DTFT)

与连续时间信号类似，周期序列 $f_N(k)$ 在周期 $N\to\infty$ 时，将变为非周期序列 $f(k)$，如图 4.10-2 所示。同时 $F_N(n)$ 的谱线间隔$\left(\Omega=\frac{2\pi}{N}\right)$趋于无穷小，成为连续谱。

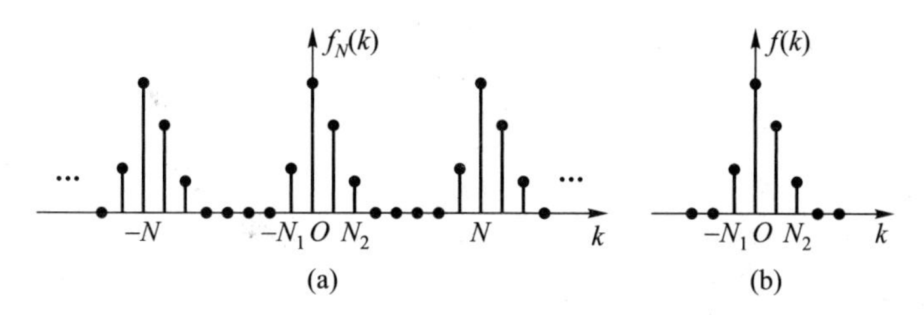

图 4.10-2　周期序列与非周期序列

当 $N\to\infty$ 时，$n\Omega=n\dfrac{2\pi}{N}$趋于连续变量 θ(数字角频率，单位为 rad)，式(4.10-2)是在一个周期内求和，这时可扩展为区间$(-\infty,\infty)$，我们定义非周期序列 $f(k)$ 的离散时间傅里叶变换(discrete time Fourier transform，DTFT)为

$$F(\mathrm{e}^{\mathrm{j}\theta})=\lim_{N\to\infty}\sum_{k=\langle N\rangle}f_N(k)\mathrm{e}^{-\mathrm{j}n\frac{2\pi}{N}k}$$

式中求和符号下的 $k=\langle N\rangle$ 表示在一周期内求和。当 $N\to\infty$ 时 $f_N(k)\to f(k)$，$n\dfrac{2\pi}{N}\to\theta$，于是

$$F(\mathrm{e}^{\mathrm{j}\theta})=\sum_{k=-\infty}^{\infty}f(k)\mathrm{e}^{-\mathrm{j}k\theta}\tag{4.10-7}$$

可见，非周期序列的离散时间傅里叶变换 $F(\mathrm{e}^{\mathrm{j}\theta})$ 是 θ 的连续周期函数，周期为 2π。通常它是复函数，可表示为

$$F(\mathrm{e}^{\mathrm{j}\theta})=|F(\mathrm{e}^{\mathrm{j}\theta})|\mathrm{e}^{\mathrm{j}\varphi(\theta)}\tag{4.10-8}$$

其中 $|F(\mathrm{e}^{\mathrm{j}\theta})|$ 称为幅频特性，$\varphi(\theta)$ 称为相频特性。

周期序列的傅里叶级数展开式(4.10-3)可写为

$$\begin{aligned}f_N(k)&=\frac{1}{N}\sum_{n=0}^{N-1}F_N(n)\mathrm{e}^{\mathrm{j}n\frac{2\pi}{N}k}\\&=\frac{1}{2\pi}\sum_{n=0}^{N-1}F_N(n)\mathrm{e}^{\mathrm{j}n\frac{2\pi}{N}k}\cdot\frac{2\pi}{N}\end{aligned}$$

当 $N\to\infty$ 时，$n\dfrac{2\pi}{N}\to\theta$，$\dfrac{2\pi}{N}$趋于无穷小，取其为 $\mathrm{d}\theta$，$f_N(k)\to f(k)$，$F_N(n)$ 换为 $F(\mathrm{e}^{\mathrm{j}\theta})$。由于 n 的取值周期为 N，$n\dfrac{2\pi}{N}$的周期为 2π。故当 $n\to\infty$ 时，上式的求和变为在 2π 区间对 θ 的积分。因此，当 $N\to\infty$ 时，上式变为

$$f(k)=\frac{1}{2\pi}\int_{-\pi}^{\pi}F(\mathrm{e}^{\mathrm{j}\theta})\mathrm{e}^{\mathrm{j}\theta k}\mathrm{d}\theta\tag{4.10-9}$$

它是非周期序列的离散时间傅里叶逆变换。

通常用以下符号表示对序列 $f(k)$ 求离散时间傅里叶正变换和逆变换

$$\mathrm{DTFT}[f(k)]=F(\mathrm{e}^{\mathrm{j}\theta})=\sum_{k=-\infty}^{\infty}f(k)\mathrm{e}^{-\mathrm{j}\theta k}\tag{4.10-10}$$

$$\mathrm{IDTFT}[F(\mathrm{e}^{\mathrm{j}\theta})]=f(k)=\frac{1}{2\pi}\int_{-\pi}^{\pi}F(\mathrm{e}^{\mathrm{j}\theta})\mathrm{e}^{\mathrm{j}\theta k}\mathrm{d}\theta\tag{4.10-11}$$

离散时间傅里叶变换存在的充分条件是 $f(k)$ 要满足绝对可和，即

$$\sum_{k=-\infty}^{\infty}|f(k)|<\infty\tag{4.10-12}$$

例 4.10-2　求下列序列的离散时间傅里叶变换。

(1) 单位样值序列 $\delta(k)$。

(2) 单边指数衰减序列

$$f_1(k)=\begin{cases}a^k, & k\geqslant 0\\ 0, & k<0\end{cases}\quad (0<a<1)$$

（3）方波序列

$$f_2(k)=\begin{cases}1, & |k|\leqslant 2\\ 0, & |k|>2\end{cases}$$

解　（1）$F(\mathrm{e}^{\mathrm{j}\theta})=\mathrm{DTFT}[\delta(k)]=\sum\limits_{k=-\infty}^{\infty}\delta(k)\mathrm{e}^{-\mathrm{j}\theta k}=1$

（2）$F_1(\mathrm{e}^{\mathrm{j}\theta})=\mathrm{DTFT}[f_1(k)]=\sum\limits_{k=0}^{\infty}a^k\mathrm{e}^{-\mathrm{j}\theta k}$

$$=\frac{1}{1-a\mathrm{e}^{\mathrm{j}\theta}}=|F_1(\mathrm{e}^{\mathrm{j}\theta})|\mathrm{e}^{\mathrm{j}\varphi_1(\theta)}$$

幅频和相频特性分别为

$$|F_1(\mathrm{e}^{\mathrm{j}\theta})|=\frac{1}{\sqrt{1+a^2-2a\cos\theta}}$$

$$\varphi_1(\theta)=-\arctan\left(\frac{a\sin\theta}{1-a\cos\theta}\right)$$

图 4.10-3 画出了 $f_1(k)$ 及其幅频特性 $|F_1(\mathrm{e}^{\mathrm{j}\theta})|$。

（3）
$$F_2(\mathrm{e}^{\mathrm{j}\theta})=\mathrm{DTFT}[f_2(k)]=\sum_{k=-2}^{2}\mathrm{e}^{-\mathrm{j}\theta k}=\frac{\sin\left(\dfrac{5\theta}{2}\right)}{\sin\left(\dfrac{\theta}{2}\right)}\tag{4.10-13}$$

$F_2(\mathrm{e}^{\mathrm{j}\theta})$ 是 θ 的实函数，图 4.10-4 画出了 $f_2(k)$ 及其频率特性 $F_2(\mathrm{e}^{\mathrm{j}\theta})$。

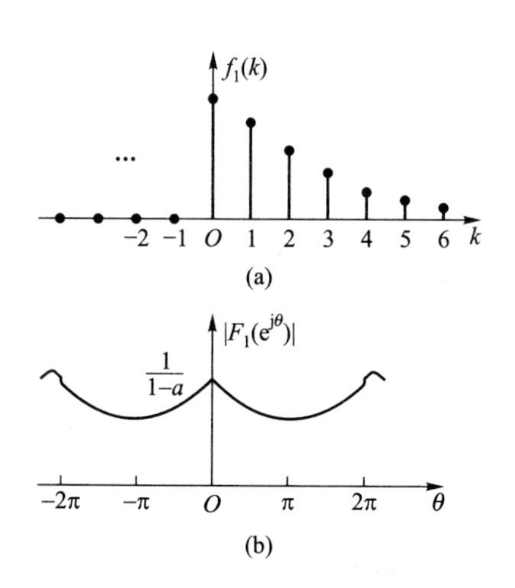

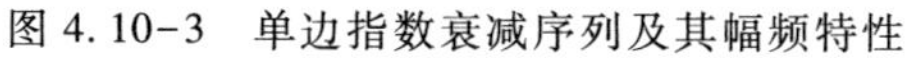
图 4.10-3　单边指数衰减序列及其幅频特性

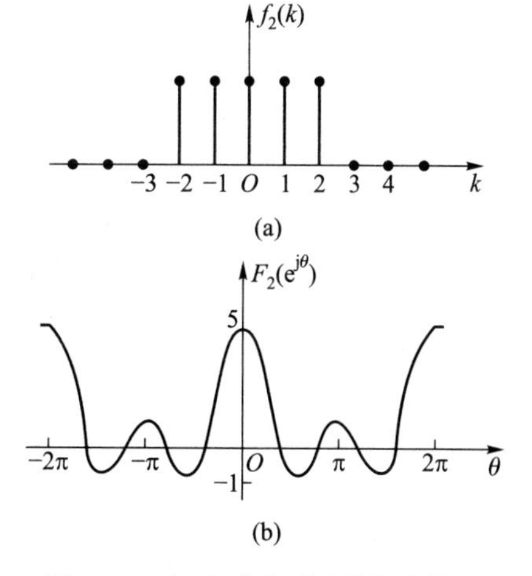

图 4.10-4　方波序列及其频率特性

四种傅里叶变换的时域、频域特点如表 4-3 所示。一般来说，在一个域中为“连续”，在另一个域中就是“非周期”；与此对比，在一个域中为“离散”，在另一个域中就是“周期”。

表 4-3 四种傅里叶变换的特点

类别	时域特点	频域特点
(连续)傅里叶级数(CFS)	连续、周期信号 $f_T(t)$ (周期为 T)	离散、非周期频谱 F_n (离散间隔为 $\Omega=2\pi/T$)
(连续时间)傅里叶变换(CTFT)	连续、非周期信号 $f(t)$	连续、非周期频谱 $F(\mathrm{j}\omega)$
离散傅里叶级数(DFS)	离散、周期序列 $f_N(k)$ (周期为 N)	离散、周期频谱 $F_N(n)$ (周期为 N,离散间隔为 $\Omega=2\pi/N$)
离散时间傅里叶变换(DTFT)	离散、非周期序列 $f(k)$	连续、周期频谱 $F(\mathrm{e}^{\mathrm{j}\theta})$ (周期为 2π)

§4.11 离散傅里叶变换及其性质

离散信号分析和处理的主要手段是利用计算机去实现,然而序列 $f(k)$ 的离散时间傅里叶变换 $F(\mathrm{e}^{\mathrm{j}\theta})$ 是 θ 的连续函数,而其逆变换为积分运算,因此,无法直接用计算机实现。显然,要在数字计算机上完成这些变换,必须把连续函数改换为离散数据。同时,把求和范围从无限宽收缩到一个有限区间。前述离散傅里叶级数变换时,无论是在时域还是频域,只对 N 项求和,故可以利用数字计算机进行计算,因此,可以借助离散傅里叶级数的概念,把有限长序列作为周期性离散信号的一个周期来处理,从而定义了离散傅里叶变换(discrete Fourier transform,DFT)。这样,在允许一定程度近似的条件下,有限长序列的离散时间傅里叶变换可以用数字计算机实现。

一、离散傅里叶变换(DFT)

现借助周期序列离散傅里叶级数的概念推导出有限长序列的离散傅里叶变换。

设长度为 N 的有限长序列 $f(k)$ 的区间为[0,$N-1$],其余各处皆为零,即

$$f(k)=\begin{cases}f(k), & 0\leqslant k\leqslant N-1\\ 0, & k\ \text{为其余值}\end{cases} \tag{4.11-1}$$

为了引用周期序列的有关概念,将有限长序列 $f(k)$ 延拓成周期为 N 的周期序列 $f_N(k)$,即

$$f_N(k)=\sum_{l=-\infty}^{\infty}f(k+lN)\quad(l\ \text{取整数}) \tag{4.11-2}$$

或者把有限长序列 $f(k)$ 看成周期序列 $f_N(k)$ 的一个周期,即

$$f(k)=\begin{cases}f_N(k), & 0\leqslant k\leqslant N-1\\ 0, & k\ \text{为其余值}\end{cases} \tag{4.11-3}$$

图 4.11-1 画出了 $f(k)$ 与 $f_N(k)$ 的对应关系。

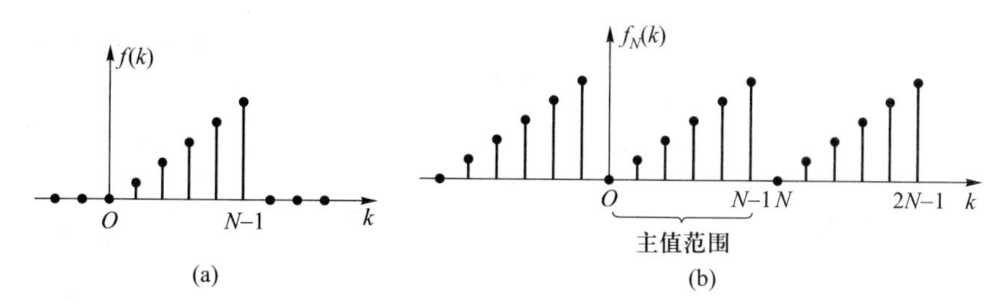

图 4.11-1　有限长序列延拓为周期序列

对于周期序列 $f_N(k)$，其第一个周期 $k=0$ 到 $N-1$ 的范围定义为"主值区间"，故 $f(k)$ 可以看成 $f_N(k)$ 的主值区间序列。

考察式(4.10-5)和式(4.10-6)容易看出，周期序列的离散傅里叶级数变换对的两个求和公式都只限于"主值区间"。因而，可把这种变换方法引申到与主值序列相同的有限长序列，定义为有限长序列的离散傅里叶变换。

设有限长序列的长度为 N(在 $0 \leqslant k \leqslant N-1$ 范围内)，则 $f(k)$ 离散傅里叶变换和其逆变换的定义分别为

$$F(n)=\mathrm{DFT}[f(k)]=\sum_{k=0}^{N-1} f(k) \mathrm{e}^{-\mathrm{j}\frac{2\pi}{N}kn}=\sum_{k=0}^{N-1} f(k) W^{kn} \quad (0 \leqslant n \leqslant N-1) \tag{4.11-4}$$

$$f(k)=\mathrm{IDFT}[F(n)]=\frac{1}{N} \sum_{n=0}^{N-1} F(n) \mathrm{e}^{\mathrm{j}\frac{2\pi}{N}kn}=\frac{1}{N} \sum_{n=0}^{N-1} F(n) W^{-kn} \quad (0 \leqslant k \leqslant N-1) \tag{4.11-5}$$

其中 DFT 和 IDFT 是英文缩写名称。

需要指出，若将 $f(k)$，$F(n)$ 分别理解为 $f_N(k)$，$F_N(n)$ 的主值序列，那么，DFT 变换对与 DFS 变换对的表达式完全相同。实际上，DFS 是按傅里叶分析严格定义的，而有限长序列的离散时间傅里叶变换 $F(\mathrm{e}^{\mathrm{j}\theta})$ 是连续的、周期为 2π 的频率函数。为了使傅里叶变换可以利用计算机实现，人为地把 $f(k)$ 延拓成周期序列 $f_N(k)$，使 $f(k)$ 成为主值序列，这样，将 $f_N(k)$ 的离散、周期性的频率函数 $F_N(n)$ 的主值序列定义为 $f(k)$ 的离散傅里叶变换 $F(n)$。所以，离散傅里叶变换(DFT)并非指对任意离散信号进行傅里叶变换，而是为了利用计算机对有限长序列进行傅里叶变换而规定的一种专门运算。

将式(4.11-4)和式(4.11-5)写成矩阵形式，即

$$\begin{bmatrix} F(0) \\ F(1) \\ \vdots \\ F(N-1) \end{bmatrix}=\begin{bmatrix} W^0 & W^0 & W^0 & \cdots & W^0 \\ W^0 & W^{1\times 1} & W^{2\times 1} & \cdots & W^{(N-1)\times 1} \\ \vdots & \vdots & \vdots & & \vdots \\ W^0 & W^{1\times(N-1)} & W^{2\times(N-1)} & \cdots & W^{(N-1)\times(N-1)} \end{bmatrix} \cdot \begin{bmatrix} f(0) \\ f(1) \\ \vdots \\ f(N-1) \end{bmatrix} \tag{4.11-6}$$

和

$$\begin{bmatrix} f(0) \\ f(1) \\ \vdots \\ f(N-1) \end{bmatrix}=\frac{1}{N}\begin{bmatrix} W^0 & W^0 & W^0 & \cdots & W^0 \\ W^0 & W^{-1\times 1} & W^{-1\times 2} & \cdots & W^{-1\times(N-1)} \\ \vdots & \vdots & \vdots & & \vdots \\ W^0 & W^{-(N-1)\times 1} & W^{-(N-1)\times 2} & \cdots & W^{-(N-1)\times(N-1)} \end{bmatrix} \cdot \begin{bmatrix} F(0) \\ F(1) \\ \vdots \\ F(N-1) \end{bmatrix} \tag{4.11-7}$$

简记为

$$\boldsymbol{F}(n)=\boldsymbol{W}^{kn}\boldsymbol{f}(k) \tag{4.11-8}$$

$$\boldsymbol{f}(k)=\frac{1}{N}\boldsymbol{W}^{-kn}\boldsymbol{F}(n) \tag{4.11-9}$$

其中 $\boldsymbol{F}(n)$ 与 $\boldsymbol{f}(k)$ 分别为 N 列的列矩阵，$\boldsymbol{W}^{kn}$ 与 $\boldsymbol{W}^{-kn}$ 分别为 $N\times N$ 方阵，这两个方阵均为对称矩阵，即

$$\boldsymbol{W}^{kn}=[\boldsymbol{W}^{kn}]^{\mathrm{T}} \tag{4.11-10}$$

$$\boldsymbol{W}^{-kn}=[\boldsymbol{W}^{-kn}]^{\mathrm{T}} \tag{4.11-11}$$

下面讨论有限长序列 $f(k)$ 的离散傅里叶变换 $F(n)$（DFT）与其离散时间傅里叶变换 $F(\mathrm{e}^{\mathrm{j}\theta})$（DTFT）的关系。

由于将有限长序列 $f(k)$ 看作周期为 N 的周期序列 $f_N(k)$ 的主值序列，故可将式(4.10-7)中 k 的求和区间改为 $[0,N-1]$，即

$$F(\mathrm{e}^{\mathrm{j}\theta})=\sum_{k=0}^{N-1}f(k)\mathrm{e}^{-\mathrm{j}\theta k} \tag{4.11-12}$$

将式(4.11-12)与式(4.11-4)比较，可得

$$F(n)=F(\mathrm{e}^{\mathrm{j}\theta})\Big|_{\theta=\frac{2\pi}{N}n} \tag{4.11-13}$$

式(4.11-13)表明，$F(n)$ 是对 $F(\mathrm{e}^{\mathrm{j}\theta})$ 离散化的结果。$F(\mathrm{e}^{\mathrm{j}\theta})$ 是周期为 2π 的连续函数，$F(n)$ 是对 $F(\mathrm{e}^{\mathrm{j}\theta})$ 在 2π 的周期内进行 N 次均匀取样的样值。

例 4.11-1 求图 4.11-2(a)所示矩形脉冲序列 $f(k)$ 的离散傅里叶变换（设 $N=10$）。

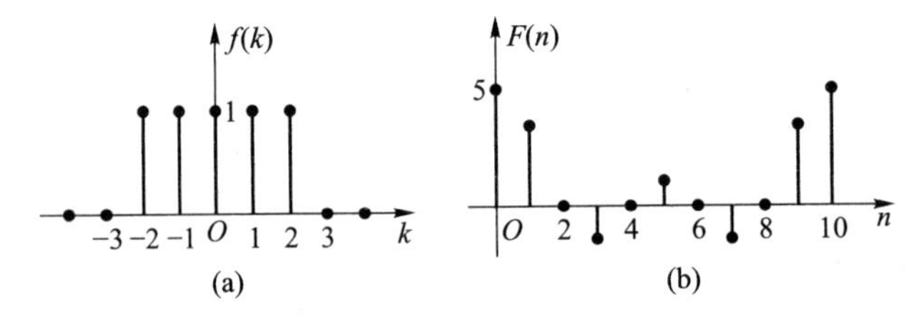

图 4.11-2 例 4.11-1 图

解

$$F(n)=\sum_{k=0}^{N-1}f(k)\mathrm{e}^{-\mathrm{j}\frac{\pi}{5}kn}=\sum_{k=-2}^{2}\left(\mathrm{e}^{-\mathrm{j}\frac{\pi}{5}n}\right)^{k}$$

$$=\frac{\mathrm{e}^{\mathrm{j}\frac{2\pi}{5}n}-\mathrm{e}^{-\mathrm{j}\frac{3\pi}{5}n}}{1-\mathrm{e}^{-\mathrm{j}\frac{\pi}{5}n}}=\frac{\mathrm{e}^{-\mathrm{j}\frac{\pi}{10}n}(\mathrm{e}^{\mathrm{j}\frac{\pi}{2}n}-\mathrm{e}^{-\mathrm{j}\frac{\pi}{2}n})}{\mathrm{e}^{-\mathrm{j}\frac{\pi}{10}n}(\mathrm{e}^{\mathrm{j}\frac{\pi}{10}n}-\mathrm{e}^{-\mathrm{j}\frac{\pi}{10}n})}$$

故

$$F(n)=\frac{\sin\left(\dfrac{\pi}{2}n\right)}{\sin\left(\dfrac{\pi}{10}n\right)} \tag{4.11-14}$$

离散频谱 $F(n)$ 如图 4.11-2(b)所示。例 4.10-2 中 $F_2(\mathrm{e}^{\mathrm{j}\theta})$ 即与本例 $f(k)$ 的离散傅里叶变换 $F(n)$ 对应，将图 4.11-2 与图 4.10-4 比较可以看出，式(4.11-14)的 $F(n)$ 是对式(4.10-13)的 $F_2(\mathrm{e}^{\mathrm{j}\theta})$ 以 $N=10$ 进行取样的样值。

二、离散傅里叶变换的性质

下面将介绍离散傅里叶变换的一些重要性质。为简便利用符号

$$f(k) \leftrightarrow F(n)$$

表示时域与频域之间的对应关系,即

$$F(n) = \mathrm{DFT}[f(k)]$$
$$f(k) = \mathrm{IDFT}[F(n)]$$

1. 线性

若

$$f_1(k) \leftrightarrow F_1(n)$$
$$f_2(k) \leftrightarrow F_2(n)$$

则对于任意常数 a_1 和 a_2,有

$$a_1 f_1(k) + a_2 f_2(k) \leftrightarrow a_1 F_1(n) + a_2 F_2(n) \tag{4.11-15}$$

以上关系很容易由式(4.11-4)证明,这里从略。

2. 对称性

若

$$f(k) \leftrightarrow F(n)$$

则

$$\frac{1}{N} F(k) \leftrightarrow f(-n) \tag{4.11-16}$$

其含义与连续时间信号傅里叶变换的对称性类似。它的证明如下:

由傅里叶逆变换式(4.11-5)得

$$f(-k) = \frac{1}{N}\sum_{n=0}^{N-1} F(n) \mathrm{e}^{\mathrm{j}\frac{2\pi}{N}n(-k)} = \sum_{n=0}^{N-1} \frac{F(n)}{N} \mathrm{e}^{-\mathrm{j}\frac{2\pi}{N}kn}$$

将上式中的 k 与 n 互换,得

$$f(-n) = \sum_{k=0}^{N-1} \frac{F(k)}{N} \mathrm{e}^{-\mathrm{j}\frac{2\pi}{N}kn}$$

由上式可得

$$\frac{1}{N} F(k) \leftrightarrow f(-n)$$

3. 时移特性

位于 $0 \leqslant k \leqslant N-1$ 区间的有限长序列 $f(k)$,其时移序列 $f(k-m)$ 是将序列 $f(k)$ 向右移动 m 位(位于 $m \leqslant k \leqslant N+m-1$ 区间),如图 4.11-3(b)所示。由于 DFT 的求和区间是在 0 到 $N-1$,这给时移序列的 DFT 分析带来困难。为解决这一问题,在 DFT 中的时间位移采用"圆周移位"。所谓圆周移位是先将有限长序列 $f(k)$ 周期延拓构成周期序列 $f_N(k)$,然后向右移动 m 位,得到时移序列 $f_N(k-m)$,如图 4.11-3(c)所示,最后取 $f_N(k-m)$ 的主值,这样就得到有限长序列 $f(k)$ 的圆周移位序列,如图 4.11-3(d)所示。圆周移位一般写作

$$f((k-m))_N G_N(k) \tag{4.11-17}$$

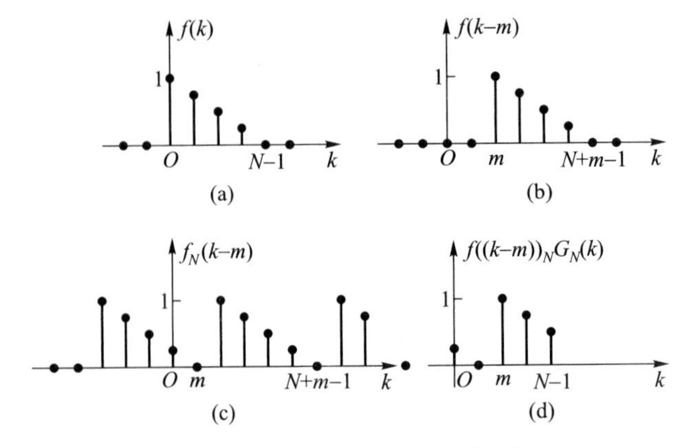

图 4.11-3 有限长序列圆周移位

其中 $f((k-m))_N$ 表示对 $f(k)$ 进行圆周移位 m 位，$G_N(k)$ 表示长度为 N 的矩形脉冲序列，即

$$G_N(k)=\varepsilon(k)-\varepsilon(k-N)$$

故式(4.11-17)表示对 $f(k)$ 进行圆周移位 m 位后取主值区间的值。

圆周移位也可称为循环移位，或简称圆移位。

时移特性的定理内容为

若

$$f(k)\leftrightarrow F(n)$$

则

$$f((k-m))_N G_N(k)\leftrightarrow W^{mn}F(n) \tag{4.11-18}$$

式(4.11-18)表明，$f(k)$ 进行圆周移位 m 位后，其 DFT 是将 $F(n)$ 乘上相移因子 W^{mn}。其证明如下：

$$\begin{aligned}\mathrm{DFT}[f((k-m))_N G_N(k)] &= \mathrm{DFT}[f_N(k-m)G_N(k)]\\ &=\sum_{k=0}^{N-1}f_N(k-m)\mathrm{e}^{-\mathrm{j}\frac{2\pi}{N}kn}\end{aligned}$$

令 $i=k-m$，对上式进行换元，得

$$\mathrm{DFT}[f((k-m))_N G_N(k)]=\left[\sum_{i=-m}^{N-m-1}f_N(i)\mathrm{e}^{-\mathrm{j}\frac{2\pi}{N}in}\right]\mathrm{e}^{-\mathrm{j}\frac{2\pi}{N}mn} \tag{4.11-19}$$

由于 $f_N(i)$ 和 $\mathrm{e}^{-\mathrm{j}\frac{2\pi}{N}in}$ 都是以 N 为周期的周期函数，因而上式方括号内求和范围可改为从 $i=0$ 到 $i=N-1$，即

$$\sum_{i=-m}^{N-m-1}f_N(i)\mathrm{e}^{-\mathrm{j}\frac{2\pi}{N}in}=\sum_{i=0}^{N-1}f_N(i)\mathrm{e}^{-\mathrm{j}\frac{2\pi}{N}in}=F(n)$$

故由式(4.11-19)得

$$\mathrm{DFT}[f((k-m))_N G_N(k)]=W^{mn}F(n)$$

4. 频移特性

若

$$f(k)\leftrightarrow F(n)$$

则

$$f(k)W^{-lk} \leftrightarrow F((n-l))_N G_N(n) \tag{4.11-20}$$

频移特性表明,若时间序列乘以指数项 W^{-lk},则其离散傅里叶变换就向右圆周移位 l 单位。与连续时间信号类似,可以看作调制信号的频谱搬移,因而也称为“调制定理”。本定理的证明与时移特性的证明类似,留给读者练习。

5. 时域循环卷积(圆卷积)定理

若有限长序列 $f_1(k)$ 和 $f_2(k)$ 的长度分别为 N 和 M,那么,两序列的卷积和 $f(k)$ 仍为有限长序列,即

$$f(k)=f_1(k)*f_2(k)=\sum_{m=-\infty}^{\infty}f_1(m)f_2(k-m)=\sum_{m=-\infty}^{\infty}f_2(m)f_1(k-m) \tag{4.11-21}$$

由于上式中 $f_1(m)$ 和 $f_2(k-m)$ 的非零区间分别为

$$0 \leqslant m \leqslant N-1 \tag{4.11-22a}$$

$$0 \leqslant k-m \leqslant M-1 \tag{4.11-22b}$$

联解上面两个不等式,得

$$0 \leqslant k \leqslant N+M-2 \tag{4.11-23}$$

上式即为有限长序列 $f(k)$ 的非零区间,即 $f(k)$ 的长度 L 为

$$L=N+M-1 \tag{4.11-24}$$

为了与将要讨论的循环卷积(圆卷积)相区别,式(4.11-21)的卷积称为线卷积。图4.11-4(a)和(b)所示的 $f_1(k)$ 和 $f_2(k)$ 的长度分别为 $N=4$ 和 $M=5$,其卷积和如图4.11-4(c)所示,长度 $L=8$。

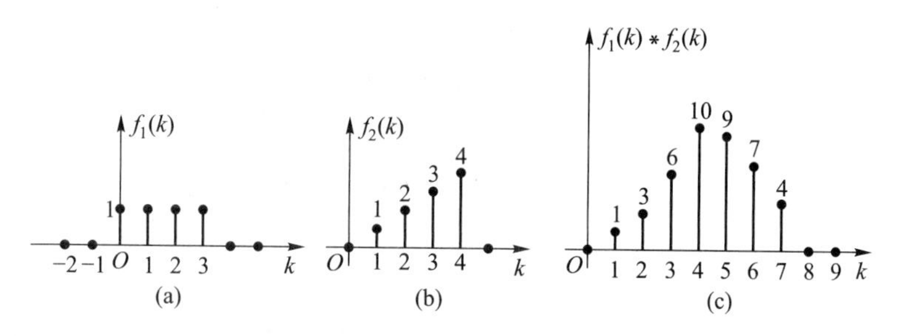

图 4.11-4　线卷积

若有限长序列 $f_1(k)$ 与 $f_2(k)$ 的长度相等,均为 N,而且式(4.11-21)中的 $f_2(k-m)$ 或 $f_1(k-m)$ 圆周移位,则该卷积称为循环卷积,用⊛表示,即

$$f_1(k) \circledast f_2(k)=\sum_{m=0}^{N-1}f_1(m)f_2((k-m))_N=\sum_{m=0}^{N-1}f_2(m)f_1((k-m))_N \tag{4.11-25}$$

式(4.11-25)循环卷积的取值在主值区间,即 $0\leqslant m\leqslant N-1$,故循环卷积的结果仍为长度为 N 的有限长序列。如果两序列长度不等,可将长度较短的序列补一些零值点,构成两个长度相等的序列再作循环卷积。

循环卷积的图解步骤可按反褶、圆移、求和的步骤进行。

例 4.11-2　求图4.11-4(a)和(b)所示 $f_1(k)$ 与 $f_2(k)$ 的循环卷积 $f(k)$。

解　由于 $f_1(k)$ 的长度 $N=4$,$f_2(k)$ 的长度 $M=5$,故将 $f_1(k)$ 补一个零点,使 $f_1(k)$ 与 $f_2(k)$ 的长度均为5。根据

$$f(k)=\sum_{m=0}^{4}f_1(m)f_2((k-m))_5G_5(k) \tag{4.11-26}$$

得
$$\begin{aligned}f(0)&=\sum_{m=0}^{4}f_1(m)f_2((-m))_5G_5(0)\\&=f_1(0)f_2((0))+f_1(1)f_2((-1))+f_1(2)f_2((-2))+\\&\quad f_1(3)f_2((-3))+f_1(4)f_2((-4))=0+4+3+2+0=9\end{aligned}$$

$f_2((-m))_5G_5(0)$ [$G_5(0)=1$] 如图 4.11-5(a)所示。

$$f(1)=\sum_{m=0}^{4}f_1(m)f_2((1-m))_5G_5(1)$$

$f_2((1-m))_5G_5(1)$ [$G_5(1)=1$] 如图 4.11-5(b)所示,故

$$f(1)=1+0+4+3=8$$

…………

$f_1(k)$与$f_2(k)$的循环卷积的结果如图 4.11-5(c)所示。

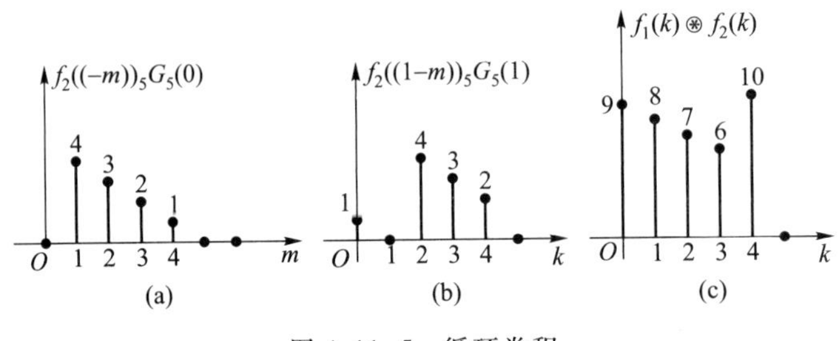

图 4.11-5 循环卷积

比较图 4.11-5(c)和图 4.11-4(c)可见,循环卷积的结果与线卷积是不同的。这是因为在线卷积的过程中,序列经反褶再向右平移,在左端将依次留出空位,而在循环卷积过程中,序列经反褶作圆周移位,从右端移去的样值又从左端循环出现,造成两种卷积的结果截然不同。

线卷积是系统分析的重要方法,而循环卷积可以利用数字计算机进行计算。为了借助循环卷积求线卷积,要使循环卷积的结果与线卷积结果相同,可以采用补零的方法,使$f_1(k)$与$f_2(k)$的长度均为$L\geqslant N+M-1$,这样使得做循环卷积时,向右端移出去的是零值,从而使左端循环出现的也是零值,保证了循环卷积与线卷积的情况相同,例如图 4.11-4 中的$f_1(k)$和$f_2(k)$采用补零的方法,使它们的长度均为$L=8$,则循环卷积与线卷积的结果相同,即为图 4.11-4(c)。

时域循环卷积定理:

若

$$f_1(k)\leftrightarrow F_1(n)$$
$$f_2(k)\leftrightarrow F_2(n)$$

则

$$f_1(k)\circledast f_2(k)\leftrightarrow F_1(n)F_2(n) \tag{4.11-27}$$

式(4.11-27)表明,时域中两个函数的循环卷积对应于频域中两个频谱函数的乘积,证明

从略。

6. 频域循环卷积(频域圆卷积)定理

若

$$f_1(k) \leftrightarrow F_1(n)$$
$$f_2(k) \leftrightarrow F_2(n)$$

则

$$f_1(k)f_2(k) \leftrightarrow \frac{1}{N}F_1(n) \circledast F_2(n) \tag{4.11-28}$$

其中 $F_1(n) \circledast F_2(n) = \sum_{l=0}^{N-1} F_1(l)F_2((n-l))_N G_N(n)$。式(4.11-28)表明,时域中 $f_1(k)$ 与 $f_2(k)$ 相乘对应于频域中 $F_1(n)$ 与 $F_2(n)$ 循环卷积并乘以 $\frac{1}{N}$。

7. 帕塞瓦尔定理

若

$$f(k) \leftrightarrow F(n)$$

则

$$\sum_{k=0}^{N-1} |f(k)|^2 = \frac{1}{N}\sum_{n=0}^{N-1} |F(n)|^2 \tag{4.11-29}$$

若 $f(k)$ 为实序列,则

$$\sum_{k=0}^{N-1} f^2(k) = \frac{1}{N}\sum_{n=0}^{N-1} |F(n)|^2 \tag{4.11-30}$$

式(4.11-29)和式(4.11-30)称为帕塞瓦尔定理,它表明,在一个频域带限之内,功率谱之和与信号的能量成比例。

上述借助离散傅里叶级数的概念,把有限长序列延拓为周期性离散信号,从而引入了离散傅里叶变换(DFT),为使用计算机进行傅里叶分析提供了理论依据。但是如果利用计算机直接按定义来计算 DFT,其计算速度很慢,特别是随着样点数 N 的增加,矛盾十分突出,致使这种计算失去了实际价值。为此,1965 年,库利与图基(Cooley, J.W.和 Tukey, J.W.)提出了一种快速、通用的 DFT 计算方法,称为“快速傅里叶变换(FFT)”。FFT 内容已超出本书范畴,读者可参阅其他有关参考书。

习题四

4.1 证明 $\cos t, \cos(2t), \cdots, \cos(nt)$($n$ 为正整数)是在区间$(0, 2\pi)$的正交函数集。它是否是完备的正交函数集?

4.2 上题中的函数集在区间$(0, \pi)$是否是正交函数集?

4.3 讨论图 4.1-2 所示的前 6 个沃尔什函数在(0,1)区间内是否是正交函数集。

4.4 前 4 个勒让德(Legendre)多项式为

$$P_0(t) = 1$$

$$P_1(t)=t$$

$$P_2(t)=\left(\frac{3}{2}t^2-\frac{1}{2}\right)$$

$$P_3(t)=\left(\frac{5}{2}t^3-\frac{3}{2}t\right)$$

证明它们在区间(-1,1)内是正交函数集。

4.5 实周期信号$f(t)$在区间$\left(-\frac{T}{2},\frac{T}{2}\right)$内的能量定义为

$$E=\int_{-\frac{T}{2}}^{\frac{T}{2}}f^2(t)\,\mathrm{d}t$$

如有和信号$f(t)=f_1(t)+f_2(t)$。

(1) 若$f_1(t)$与$f_2(t)$在区间$\left(-\frac{T}{2},\frac{T}{2}\right)$内相互正交[例如$f_1(t)=\cos(\omega t)$,$f_2(t)=\sin(\omega t)$],证明和信号$f(t)$的总能量等于各信号的能量之和。

(2) 若$f_1(t)$与$f_2(t)$不是互相正交的[例如$f_1(t)=\cos(\omega t)$,$f_2(t)=\sin(\omega t+60°)$],求和信号的总能量。

4.6 求下列周期信号的基波角频率Ω和周期T。

(1) $\mathrm{e}^{\mathrm{j}100t}$

(2) $\cos\left[\frac{\pi}{2}(t-3)\right]$

(3) $\cos(2t)+\sin(4t)$

(4) $\cos(2\pi t)+\cos(3\pi t)+\cos(5\pi t)$

(5) $\cos\left(\frac{\pi}{2}t\right)+\sin\left(\frac{\pi}{4}t\right)$

(6) $\cos\left(\frac{\pi}{2}t\right)+\cos\left(\frac{\pi}{3}t\right)+\cos\left(\frac{\pi}{5}t\right)$

4.7 用直接计算傅里叶系数的方法,求题4.7图所示周期函数的傅里叶系数(三角形式或指数形式)。

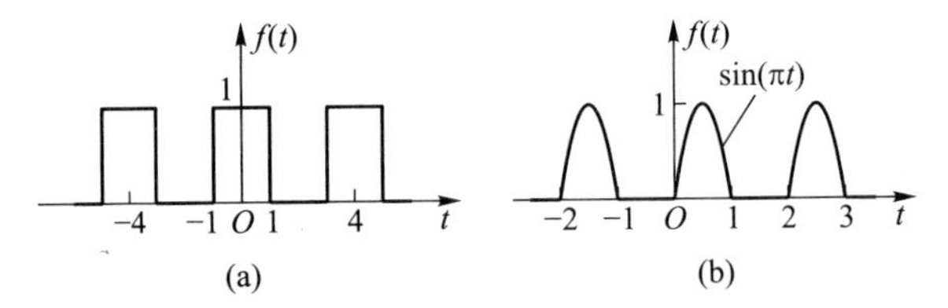

题4.7图

4.8 题4.8图所示是4个周期相同的信号。

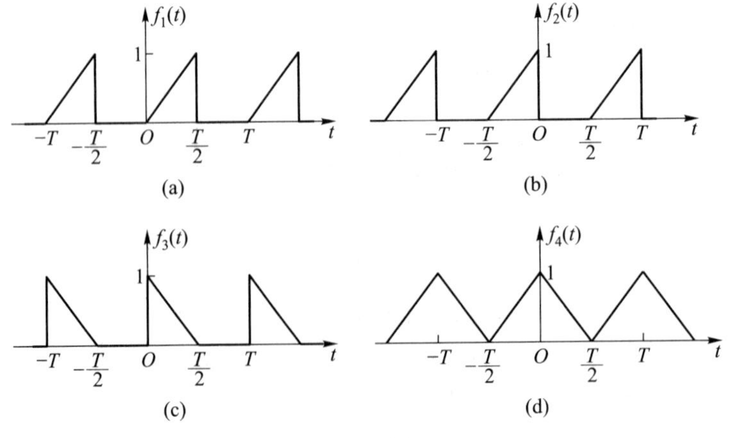

题4.8图

（1）用直接求傅里叶系数的方法求图（a）所示信号的傅里叶级数（三角形式）。

（2）将图（a）的函数 $f_1(t)$ 左（或右）移 $\frac{T}{2}$，就得图（b）的函数 $f_2(t)$，利用（1）的结果求 $f_2(t)$ 的傅里叶级数。

（3）利用以上结果求图（c）的函数 $f_3(t)$ 的傅里叶级数。

（4）利用以上结果求图（d）的信号 $f_4(t)$ 的傅里叶级数。

4.9　试画出题 4.9 图所示信号的奇分量和偶分量。

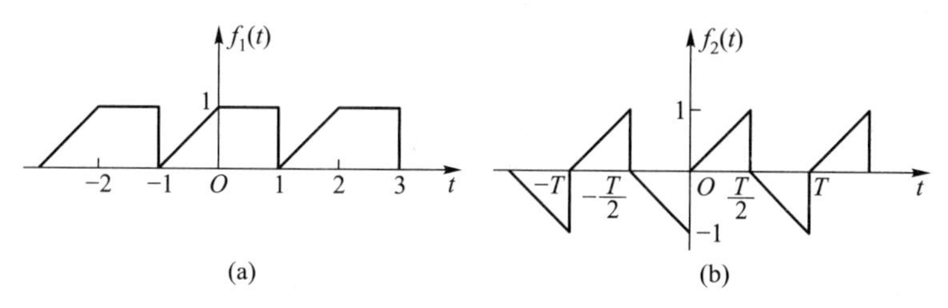

题 4.9 图

4.10　利用奇偶性判断题 4.10 图所示各周期信号的傅里叶级数中所含的频率分量。

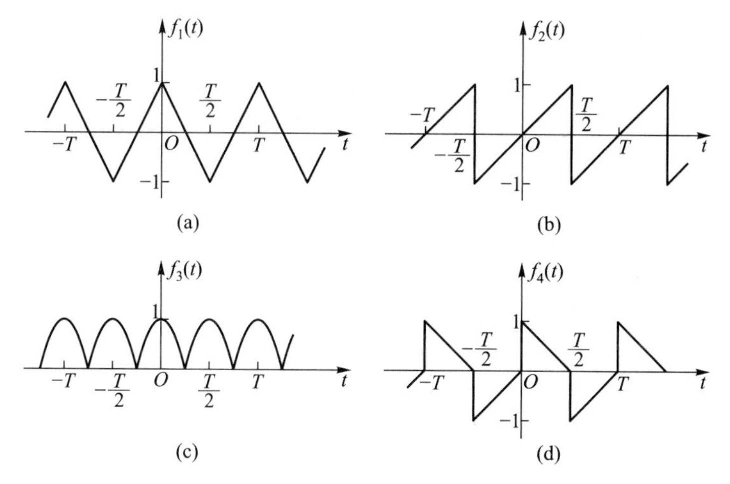

题 4.10 图

4.11　某 1 Ω 电阻两端的电压 $u(t)$ 如题 4.11 图所示。

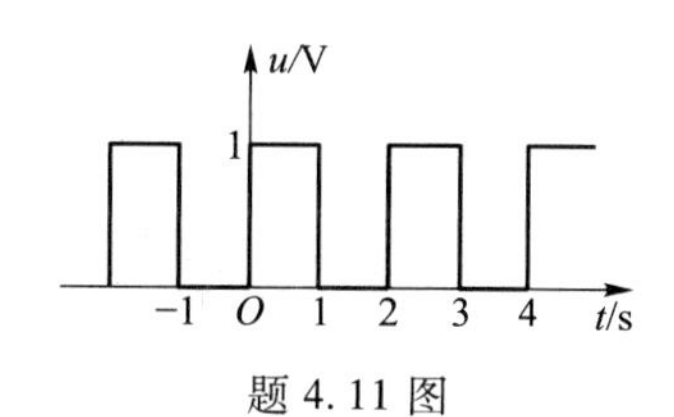

题 4.11 图

（1）求 $u(t)$ 的三角形式傅里叶级数。

（2）利用（1）的结果和 $u\left(\frac{1}{2}\right)=1$，求下列无穷级数之和

$$S = 1 - \frac{1}{3} + \frac{1}{5} - \frac{1}{7} + \cdots$$

（3）求 1 Ω 电阻上的平均功率和电压有效值。

（4）利用（3）的结果求下列无穷级数之和

$$S = 1 + \frac{1}{3^2} + \frac{1}{5^2} + \frac{1}{7^2} + \cdots$$

4.12　题 4.12 图所示的周期性方波电压作用于 RL 电路，试求电流 $i(t)$ 的前五次谐波。

4.13　求题 4.13 图所示各信号的傅里叶变换。

4.14　依据上题（a）（b）的结果，利用傅里叶变换的性质，求题 4.14 图所示各信号的傅里叶变换。

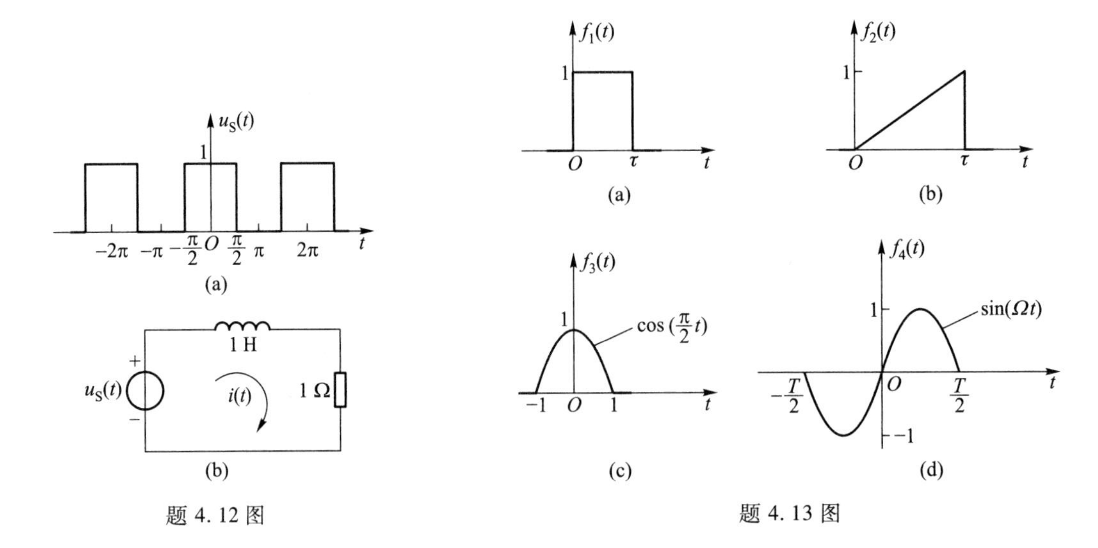

题 4.12 图　　　　题 4.13 图

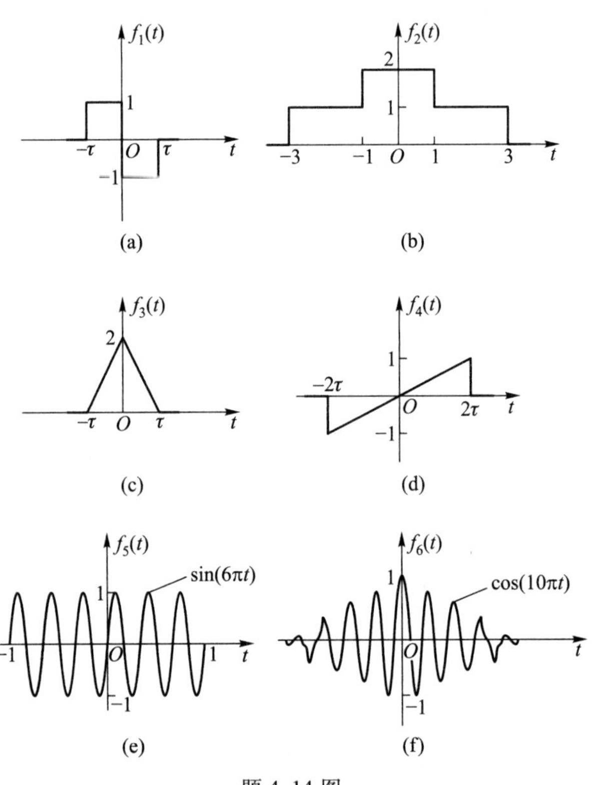

题 4.14 图

4.15　若 $f(t)$ 为虚函数，且 $\mathscr{F}[f(t)]=F(\mathrm{j}\omega)=R(\omega)+\mathrm{j}X(\omega)$，试证：

(1) $R(\omega)=-R(-\omega)$，$X(\omega)=X(-\omega)$

(2) $F(-\mathrm{j}\omega)=-F^*(\mathrm{j}\omega)$

4.16　若 $f(t)$ 为复函数，可表示为

$$f(t)=f_r(t)+\mathrm{j}f_i(t)$$

且 $\mathscr{F}[f(t)]=F(\mathrm{j}\omega)$。式中 $f_r(t)$、$f_i(t)$ 均为实函数，证明：

(1) $\mathscr{F}[f^*(t)]=F^*(-\mathrm{j}\omega)$

(2) $\mathscr{F}[f_r(t)]=\frac{1}{2}[F(\mathrm{j}\omega)+F^*(-\mathrm{j}\omega)]$，$\mathscr{F}[f_i(t)]=\frac{1}{2\mathrm{j}}[F(\mathrm{j}\omega)-F^*(-\mathrm{j}\omega)]$

4.17　利用对称性求下列函数的傅里叶变换。

(1) $f(t)=\frac{\sin[2\pi(t-2)]}{\pi(t-2)}, -\infty<t<\infty$

(2) $f(t)=\frac{2\alpha}{\alpha^2+t^2}, -\infty<t<\infty$

(3) $f(t)=\left[\frac{\sin(2\pi t)}{2\pi t}\right]^2, -\infty<t<\infty$

4.18　求下列信号的傅里叶变换。

(1) $f(t)=\mathrm{e}^{-\mathrm{j}t}\delta(t-2)$

(2) $f(t)=\mathrm{e}^{-3(t-1)}\delta'(t-1)$

(3) $f(t)=\mathrm{sgn}\,(t^2-9)$

(4) $f(t)=\mathrm{e}^{-2t}\varepsilon(t+1)$

(5) $f(t)=\varepsilon\left(\frac{1}{2}t-1\right)$

4.19　试用时域微积分性质，求题 4.19 图所示信号的频谱。

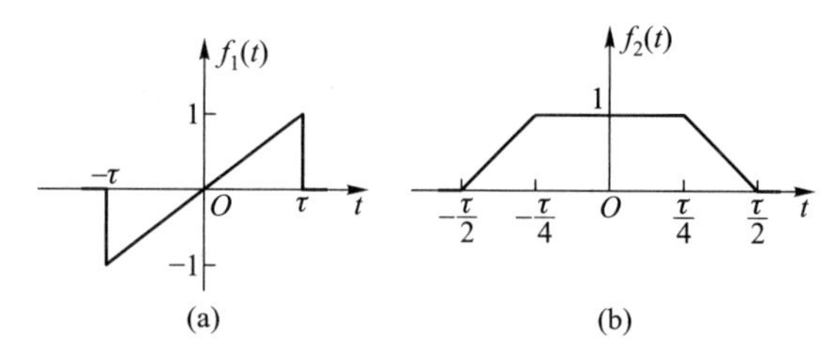

题 4.19 图

4.20　若已知 $f(t)\leftrightarrow F(\mathrm{j}\omega)$，试求下列函数的频谱。

(1) $tf(2t)$　　(2) $(t-2)f(t)$　　(3) $t\frac{\mathrm{d}f(t)}{\mathrm{d}t}$

(4) $f(1-t)$　　(5) $(1-t)f(1-t)$　　(6) $f(2t-5)$

(7) $\int_{-\infty}^{1-\frac{1}{2}t}f(\tau)\mathrm{d}\tau$　　(8) $\mathrm{e}^{\mathrm{j}t}f(3-2t)$　　(9) $\frac{\mathrm{d}f(t)}{\mathrm{d}t}*\frac{1}{\pi t}$

4.21　求下列函数的傅里叶逆变换。

(1) $F(\mathrm{j}\omega)=\begin{cases}1, & |\omega|<\omega_0\\0, & |\omega|>\omega_0\end{cases}$

(2) $F(\mathrm{j}\omega)=\delta(\omega+\omega_0)-\delta(\omega-\omega_0)$

(3) $F(\mathrm{j}\omega)=2\cos(3\omega)$

(4) $F(\mathrm{j}\omega)=[\varepsilon(\omega)-\varepsilon(\omega-2)]\mathrm{e}^{-\mathrm{j}\omega}$

(5) $F(\mathrm{j}\omega)=\sum_{n=0}^{2}\frac{2\sin\omega}{\omega}\mathrm{e}^{-\mathrm{j}(2n+1)\omega}$

4.22　利用傅里叶变换性质，求题 4.22 图所示函数的傅里叶逆变换。

4.23　试用下列方法求题 4.23 图所示信号的频谱函数。

(1) 利用延时和线性性质(门函数的频谱可利用已知结果)。

(2) 利用时域的积分定理。

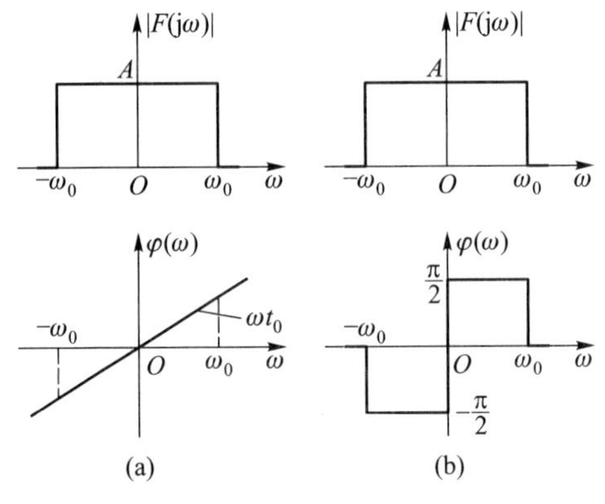

题 4.22 图

(3) 将 $f(t)$ 看作门函数 $g_2(t)$ 与冲激函数 $\delta(t+2)$、$\delta(t-2)$ 的卷积之和。

4.24 试用下列方法求题 4.24 图所示余弦脉冲的频谱函数。

(1) 利用傅里叶变换定义。

(2) 利用微分、积分特性。

(3) 将它看作门函数 $g_2(t)$ 与周期余弦函数 $\cos\left(\frac{\pi}{2}t\right)$ 的乘积。

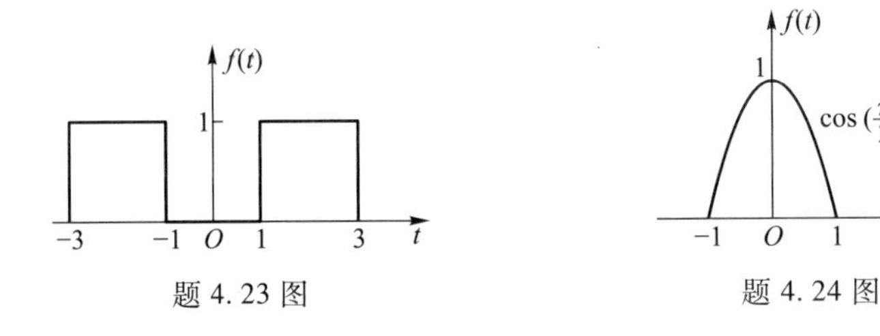

题 4.23 图　　题 4.24 图

4.25 试求题 4.25 图所示周期信号的频谱函数。图(b)中冲激函数的强度均为 1。

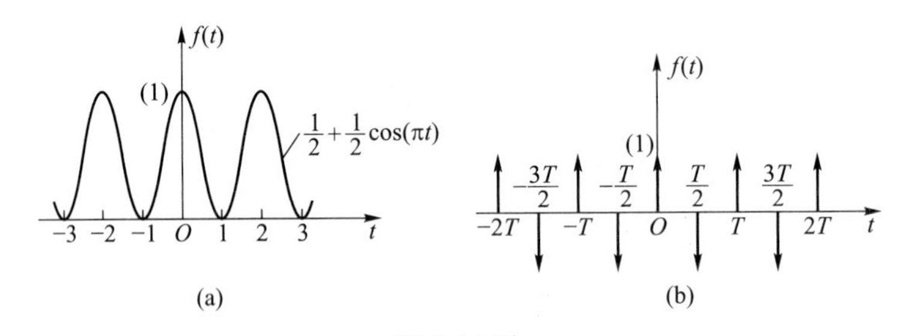

题 4.25 图

4.26 题 4.26 图所示升余弦脉冲可表示为

$$f(t)=\begin{cases}\dfrac{1}{2}[1+\cos(\pi t)], & |t|<1\\ 0, & |t|>1\end{cases}$$

试用以下方法求其频谱函数。

(1) 利用傅里叶变换的定义。

(2) 利用微分、积分特性。

(3) 将它看作是门函数 $g_2(t)$ 与题 4.25(a)图函数的乘积。

4.27　题 4.27 图所示信号 $f(t)$ 的频谱函数为 $F(\mathrm{j}\omega)$，求下列各值[不必求出 $F(\mathrm{j}\omega)$]。

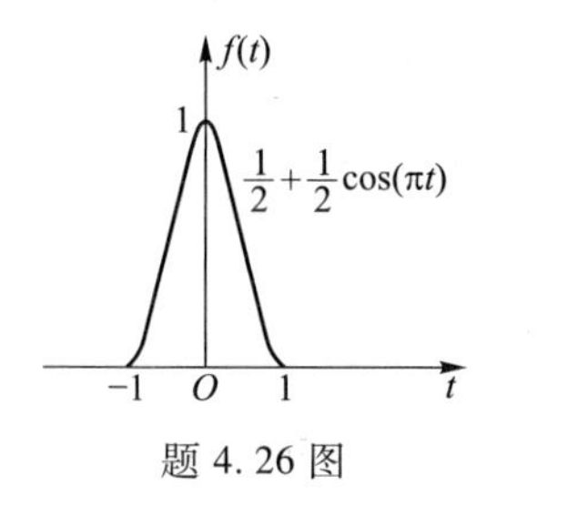

题 4.26 图

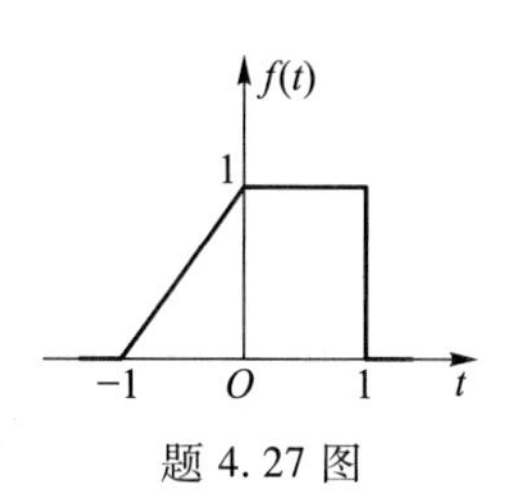

题 4.27 图

(1) $F(0) = F(\mathrm{j}\omega)\big|_{\omega=0}$

(2) $\int_{-\infty}^{\infty} F(\mathrm{j}\omega)\,\mathrm{d}\omega$

(3) $\int_{-\infty}^{\infty} |F(\mathrm{j}\omega)|^2\mathrm{d}\omega$

4.28　利用能量等式

$$\int_{-\infty}^{\infty} f^2(t)\,\mathrm{d}t = \frac{1}{2\pi}\int_{-\infty}^{\infty} |F(\mathrm{j}\omega)|^2\mathrm{d}\omega$$

计算下列积分的值。

(1) $\int_{-\infty}^{\infty}\left[\frac{\sin t}{t}\right]^2\mathrm{d}t$

(2) $\int_{-\infty}^{\infty}\frac{\mathrm{d}x}{(1+x^2)^2}$

4.29　一个周期为 T 的周期信号 $f(t)$，已知其指数形式的傅里叶系数为 F_n，求下列周期信号的傅里叶系数。

(1) $f_1(t)=f(t-t_0)$

(2) $f_2(t)=f(-t)$

(3) $f_3(t)=\frac{\mathrm{d}f(t)}{\mathrm{d}t}$

(4) $f_4(t)=f(at)$，$a>0$

4.30　求下列微分方程所描述系统的频率响应 $H(\mathrm{j}\omega)$。

(1) $y''(t)+3y'(t)+2y(t)=f'(t)$

(2) $y''(t)+5y'(t)+6y(t)=f'(t)+4f(t)$

4.31　求题 4.31 图所示电路中，输出电压 $u_2(t)$ 对输入电流 $i_S(t)$ 的频率响应 $H(\mathrm{j}\omega)=\frac{U_2(\mathrm{j}\omega)}{I_S(\mathrm{j}\omega)}$，为了能无失真的传输，试确定 R_1、R_2 的值。

4.32　题 4.32 图所示电路为由电阻 R_1、R_2 组成的分压器，分布电容并接于 R_1 和 R_2 两端，求频率响应 $H(\mathrm{j}\omega)=\frac{U_2(\mathrm{j}\omega)}{U_1(\mathrm{j}\omega)}$；为了能无失真的传输，$R$ 和 C 应满足何种关系？

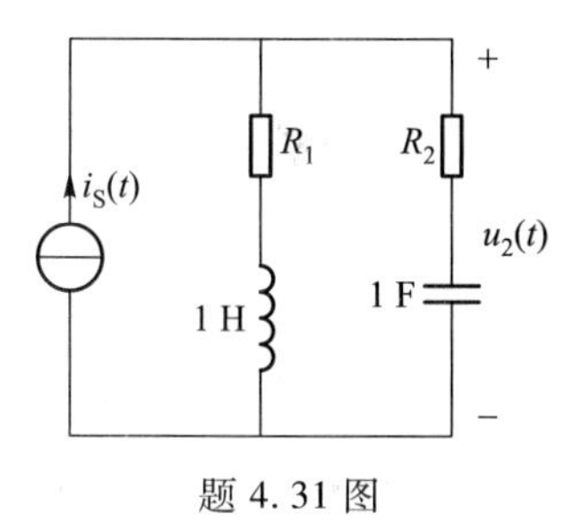

题 4.31 图

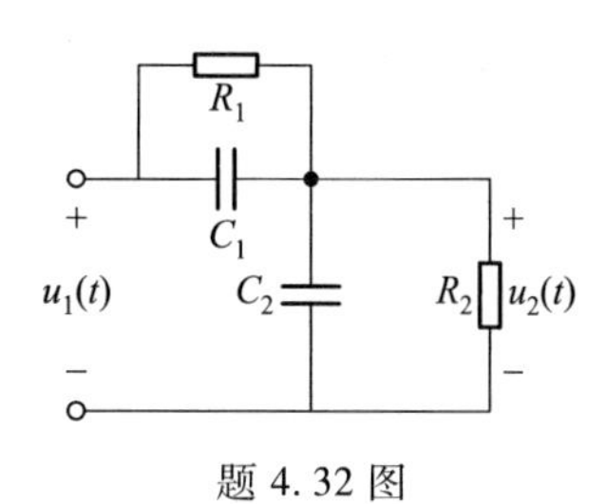

题 4.32 图

4.33 某 LTI 系统,其输入为 $f(t)$,输出为

$$y(t)=\frac{1}{a}\int_{-\infty}^{\infty}s\left(\frac{x-t}{a}\right)f(x-2)\,\mathrm{d}x$$

式中 $a>0$ 为常数,且已知 $s(t)\leftrightarrow S(\mathrm{j}\omega)$,求该系统的频率响应 $H(\mathrm{j}\omega)$。

4.34 某 LTI 系统的频率响应

$$H(\mathrm{j}\omega)=\frac{2-\mathrm{j}\omega}{2+\mathrm{j}\omega}$$

若系统输入 $f(t)=\cos(2t)$,求该系统的输出 $y(t)$。

4.35 一理想低通滤波器的频率响应

$$H(\mathrm{j}\omega)=\begin{cases}1-\dfrac{|\omega|}{3}, & |\omega|<3\ \mathrm{rad/s}\\ 0, & |\omega|>3\ \mathrm{rad/s}\end{cases}$$

若输入 $f(t)=\sum\limits_{n=-\infty}^{\infty}3\mathrm{e}^{\mathrm{j}n\left(\Omega t-\frac{\pi}{2}\right)}$,其中 $\Omega=1$ rad/s,求输出 $y(t)$。

4.36 一个 LTI 系统的频率响应

$$H(\mathrm{j}\omega)=\begin{cases}\mathrm{e}^{\mathrm{j}\frac{\pi}{2}}, & -6\ \mathrm{rad/s}<\omega<0\\ \mathrm{e}^{-\mathrm{j}\frac{\pi}{2}}, & 0<\omega<6\ \mathrm{rad/s}\\ 0, & \text{其余}\end{cases}$$

若输入 $f(t)=\dfrac{\sin(3t)}{t}\cos(5t)$,求该系统的输出 $y(t)$。

4.37 一理想低通滤波器的频率响应如题 4.37 图所示,其相频特性 $\varphi(\omega)=0$。试画出输入为下列函数时,输出信号的频谱图。

(1) $f(t)=\dfrac{\sin(\pi t)}{\pi t}$

(2) $f(t)=\begin{cases}1, & |t|<1\\ 0, & |t|>1\end{cases}$

4.38 题 4.38 图所示的调幅系统,当输入 $f(t)$ 和载频信号 $s(t)$ 加到乘法器后,其输出 $y(t)=f(t)s(t)$。该系统是线性的吗?

(1) 如 $f(t)=5+2\cos(10t)+3\cos(20t)$,$s(t)=\cos(200t)$,试画出 $y(t)$ 的频谱图。

(2) 如 $f(t)=\dfrac{\sin t}{t}$,$s(t)=\cos(3t)$,画出 $y(t)$ 的频谱图。

4.39 题 4.39 图所示的系统,其输出是输入的平方,即 $y(t)=f^2(t)$[设 $f(t)$ 为实函数]。该系统是线性的吗?

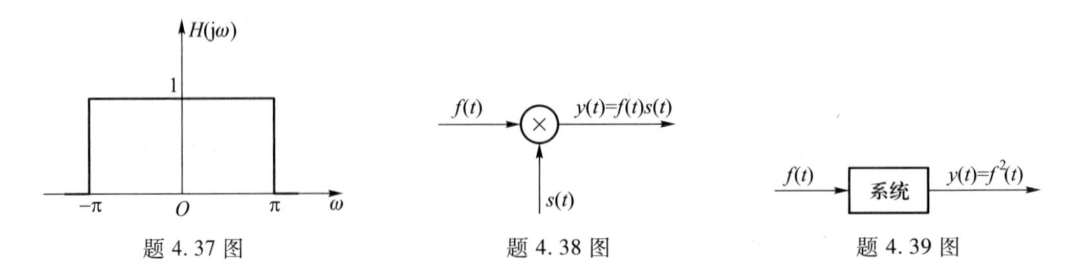

题 4.37 图　　题 4.38 图　　题 4.39 图

（1）如$f(t)=\frac{\sin t}{t}$，求$y(t)$的频谱函数（或画出频谱图）。

（2）如$f(t)=\frac{1}{2}+\cos t+\cos(2t)$，求$y(t)$的频谱函数（或画出频谱图）。

4.40 为了通信保密，可将语音信号在传输前进行倒频（scramble），接收端收到倒频信号后，再设法恢复原频谱。题4.40图(b)是一个倒频系统。如输入带限信号$f(t)$的频谱如图(a)所示，其最高角频率为ω_m。已知$\omega_b>\omega_m$，图(b)中HP是理想高通滤波器，其截止角频率为ω_b，即

$$H_1(j\omega)=\begin{cases}K_1, & |\omega|>\omega_b\\ 0, & |\omega|<\omega_b\end{cases}$$

图中LP为理想低通滤波器，截止角频率为ω_m，即

$$H_2(j\omega)=\begin{cases}K_2, & |\omega|<\omega_m\\ 0, & |\omega|>\omega_m\end{cases}$$

画出$x(t)$和$y(t)$的频谱图。

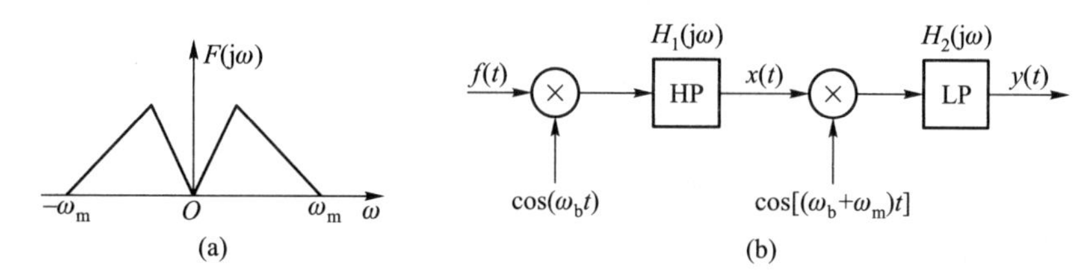

题4.40图

4.41 一个理想滤波器的频率响应如题4.41图(a)所示，其相频特性$\varphi(\omega)=0$，若输入信号为图(b)的锯齿波，求输出信号$y(t)$。

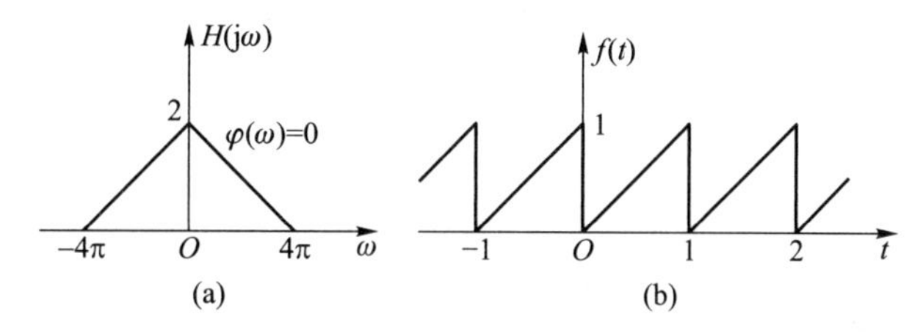

题4.41图

4.42 如理想滤波器的频率响应同题4.41[即题4.41图(a)]，求输入$f(t)=\frac{\sin(4\pi t)}{\pi t}$时的输出$y(t)$。

4.43 题4.43图所示并联谐振电路，以$i_S(t)$为输入，$u(t)$为输出，其频率响应

$$H(j\omega)=\frac{H_0}{1+jQ\left(\frac{\omega}{\omega_0}-\frac{\omega_0}{\omega}\right)}$$

式中H_0为常数。电路的输入$i_S(t)=[10+12\cos(\omega t)+5\cos(3\omega t)]$ mA，其中ω为常数。为了取得三倍频信号，电路的谐振角频率为$\omega_0=3\omega$。若要求输出的基波分量的幅度小于三次谐波幅度的1%，求谐振电路的品质因数Q应满足的条件。

4.44 题4.44图所示系统，已知$f(t)=\frac{2}{\pi}\mathrm{Sa}(2t)$，$H(j\omega)=j\mathrm{sgn}(\omega)$，求系统的输出$y(t)$。

4.45 题4.45图(a)的系统，带通滤波器的频率响应如图(b)所示，其相频特性$\varphi(\omega)=0$，若输入为

$$f(t)=\frac{\sin(2\pi t)}{2\pi t},\quad s(t)=\cos(1\,000t)$$

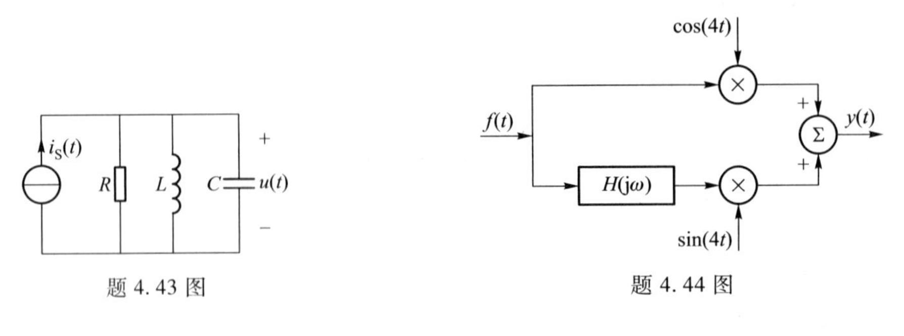

题 4.43 图　　　　题 4.44 图

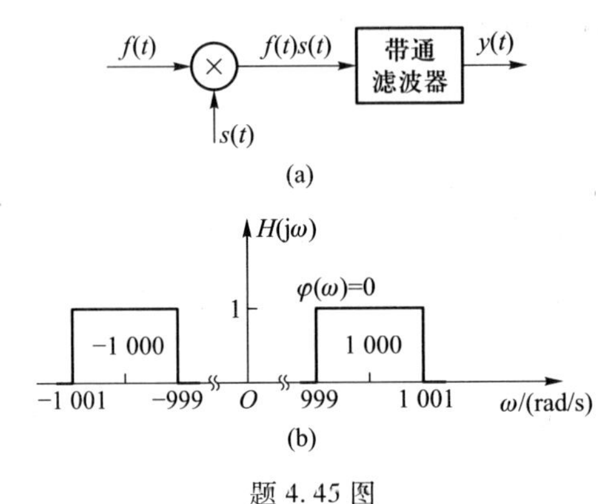

题 4.45 图

求输出信号 $y(t)$。

4.46　题 4.46 图(a)是抑制载波振幅调制的接收系统。若输入信号

$$f(t)=\frac{\sin t}{\pi t}\cos(1\ 000t),\quad s(t)=\cos(1\ 000t)$$

低通滤波器的频率响应如图(b)所示,其相位特性 $\varphi(\omega)=0$。试求其输出信号 $y(t)$。

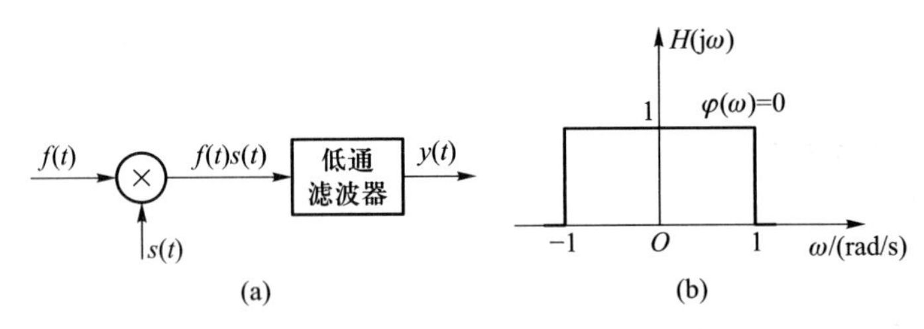

题 4.46 图

4.47　题 4.47 图所示系统,已知

$$f(t)=\sum_{n=-\infty}^{\infty}e^{jn\Omega t}\quad(\text{其中 }\Omega=1\text{ rad/s}, n=0,\pm1,\pm2,\cdots)$$

$$s(t)=\cos t$$

频率响应

$$H(j\omega)=\begin{cases}e^{-j\frac{\pi}{3}\omega}, & |\omega|<1.5\text{ rad/s}\\ 0, & |\omega|>1.5\text{ rad/s}\end{cases}$$

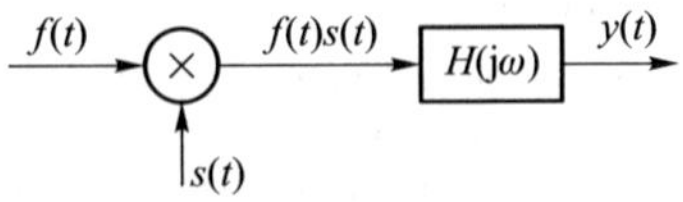

试求系统的响应。

f(t)　f(t)s(t)　H(jω)　y(t)　s(t)

题 4.47 图

4.48　有限频带信号 $f(t)$ 的最高频率为 100 Hz,若对下列信号

进行时域取样,求最小取样频率f_s。

(1) $f(3t)$　(2) $f^2(t)$　(3) $f(t)*f(2t)$　(4) $f(t)+f^2(t)$

4.49 有限频带信号 $f(t)=5+2\cos(2\pi f_1 t)+\cos(4\pi f_1 t)$,其中 $f_1=1$ kHz,用 $f_s=5$ kHz 的冲激函数序列 $\delta_{T_s}(t)$ 进行取样。

(1) 画出 $f(t)$ 及取样信号 $f_s(t)$ 在频率区间(−10 kHz,10 kHz)的频谱图。

(2) 若由 $f_s(t)$ 恢复原信号,理想低通滤波器的截止频率 f_c 应如何选择。

4.50 有限频带信号 $f(t)=5+2\cos(2\pi f_1 t)+\cos(4\pi f_1 t)$,其中 $f_1=1$ kHz,用 $f_s=800$ Hz 的冲激函数序列 $\delta_{T_s}(t)$ 进行取样(请注意 $f<f_1$)。

(1) 画出 $f(t)$ 及取样信号 $f_s(t)$ 在频率区间(−2 kHz,2 kHz)的频谱图。

(2) 若将取样信号 $f_s(t)$ 输入到截止频率 $f_c=500$ Hz,幅度为 T_s 的理想低通滤波器,即其频率响应

$$H(\mathrm{j}\omega)=H(\mathrm{j}2\pi f)=\begin{cases}T_s, & |f|<500\ \mathrm{Hz}\\ 0, & |f|>500\ \mathrm{Hz}\end{cases}$$

画出滤波器的输出信号的频谱,并求出输出信号 $y(t)$。

4.51 若已知 $F(\mathrm{j}\omega)=\mathscr{F}[f(t)]$,令 $Y(\mathrm{j}\omega)=2F(\mathrm{j}\omega)\varepsilon(\omega)$,试证明:

$$y(t)=\mathscr{F}^{-1}[Y(\mathrm{j}\omega)]=f(t)+\mathrm{j}\frac{1}{\pi}\int_{-\infty}^{\infty}\frac{f(\tau)}{t-\tau}\mathrm{d}\tau$$

4.52 可以产生单边带信号的系统框图如题 4.52(b)图所示。已知信号 $f(t)$ 的频谱 $F(\mathrm{j}\omega)$ 如图(a)中所示,$H(\mathrm{j}\omega)=-\mathrm{j}\,\mathrm{sgn}(\omega)$,且 $\omega_0\gg\omega_m$。试求输出信号 $y(t)$ 的频谱 $Y(\mathrm{j}\omega)$,并画出其频谱图。

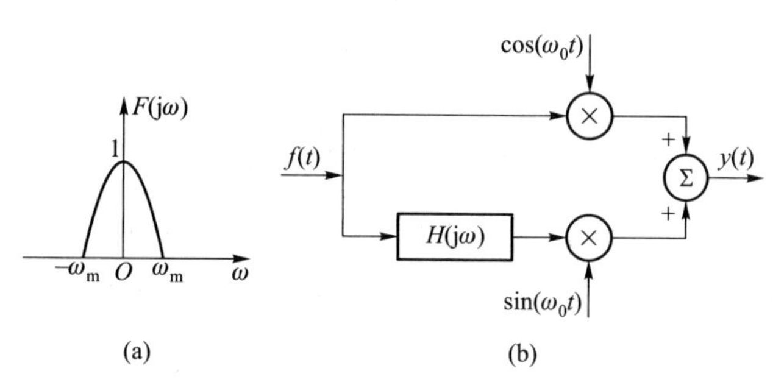

题 4.52 图

4.53 求下列离散周期信号的傅里叶系数。

(1) $f(k)=\sin\left[\frac{(k-1)\pi}{6}\right]$

(2) $f(k)=\left(\frac{1}{2}\right)^k$　$(0\leqslant k\leqslant 3)(N=4)$

4.54 求下列序列的离散时间傅里叶变换(DTFT)

(1) $f_1(k)=\varepsilon(k)-\varepsilon(k-6)$

(2) $f_2(k)=k[\varepsilon(k)-\varepsilon(k-4)]$

(3) $f_3(k)=\left(\frac{1}{2}\right)^k\varepsilon(k)$

(4) $f_4(k)=\begin{cases}a^k, & k\geqslant 0\\ a^{-k}, & k<0\end{cases}$　$(0<a<1)$

4.55 用闭式写出下列有限长序列的 DFT。

(1) $f(k)=\delta(k)$　　(2) $f(k)=\delta(k-k_0)\ (0<k_0<N)$

(3) $f(k)=1$　　(4) $f(k)=a^kG_N(k)$

(5) $f(k)=\mathrm{e}^{\mathrm{j}\theta_0 k}G_N(k)$

4.56 若有限长序列 $f(k)$ 如下式

$$f(k)=\begin{cases}1, & k=0\\ 2, & k=1\\ -1, & k=2\\ 3, & k=3\end{cases}$$

求 $f(k)$ 的 DFT,并由所得的结果验证 IDFT。

4.57 有限长序列 $f(k)$ 如题 4.57 图所示,画出下列序列 $f_1(k)$ 和 $f_2(k)$。

(1) $f_1(k)=f((k-2))_4 G_4(k)$　　(2) $f_2(k)=f((-k))_4 G_4(k)$

4.58 已知下列 $F(n)$,求 $f(k)=\mathrm{IDFT}[F(n)]$。

$$F(n)=\begin{cases}\dfrac{N}{2}\mathrm{e}^{\mathrm{j}\varphi}, & n=m\\ \dfrac{N}{2}\mathrm{e}^{-\mathrm{j}\varphi}, & n=N-m\\ 0, & \text{其余}\end{cases}$$

4.59 两有限长序列 $f_1(k)$ 和 $f_2(k)$ 如题 4.59 图(a)(b)所示,试求 $f(k)=f_1(k)\circledast f_2(k)$。

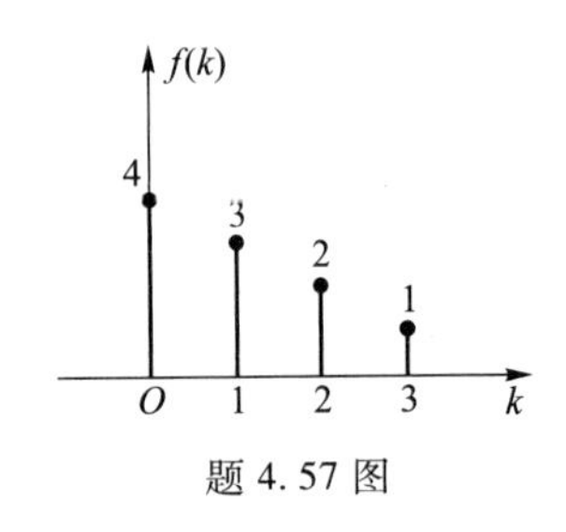

题 4.57 图

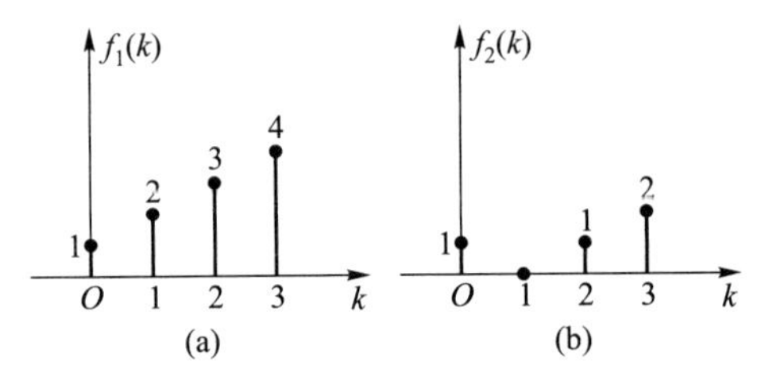

题 4.59 图

4.60 有限长序列 $f_1(k)$ 和 $f_2(k)$ 如题 4.60 图所示,试画图解答下列问题。

(1) 求 $f_1(k)$ 与 $f_2(k)$ 的线卷积 $f(k)=f_1(k)*f_2(k)$。

(2) 求 $N=4$ 时的 $f_1(k)$ 与 $f_2(k)$ 的圆卷积 $f(k)=f_1(k)\circledast f_2(k)$。

(3) 求 $N=5$ 时的 $f_1(k)$ 与 $f_2(k)$ 的圆卷积(采用补零)。若要使 $f_1(k)$ 与 $f_2(k)$ 的圆卷积与线卷积相同,求长度 L 的最小值。

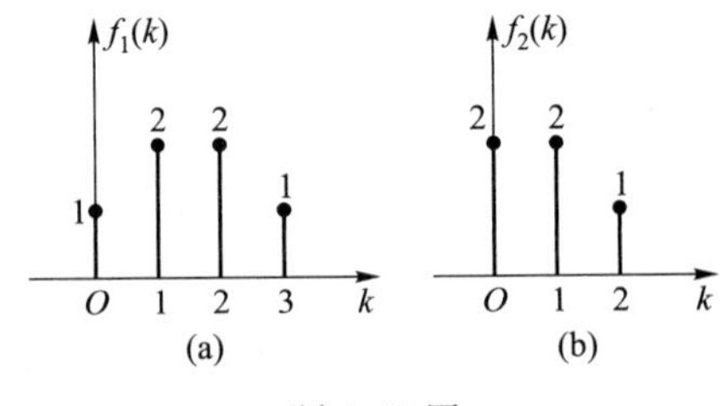

题 4.60 图

4.61 求题 4.61 图所示周期矩形脉冲信号的 Fourier 级数表示式,并用 MATLAB 画出由前 3、5、7、21、99 项 Fourier 级数系数得出的信号近似波形。

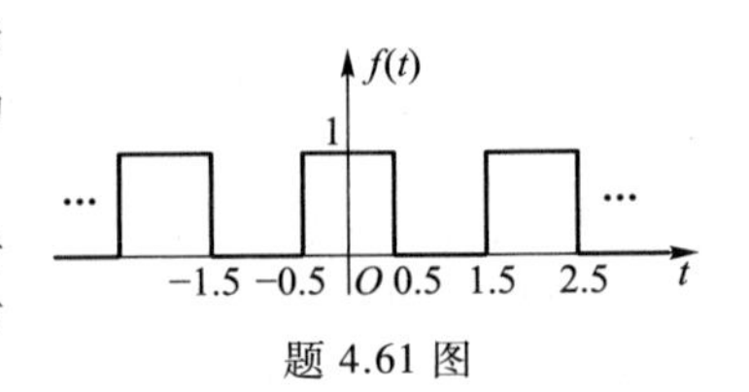

题 4.61 图

4.62 音频信号的取样率是 44 kHz,利用 MATLAB 对一段语音或者音乐信号分别测试在 22 kHz,11 kHz 和5.5 kHz 不同取样率下的输出效果。

(说明:本章给出了信号的傅里叶变换求解、信号的取样和恢复的 MATLAB 例程,详见附录七,对应的教学视频可以扫描下面的二维码进行观看。)

MATLAB 求解系统响应

MATLAB 实现 Sa 信号的取样和恢复

第五章

连续系统的 s 域分析

第四章研究了连续系统的频域分析。在那里以虚指数 $e^{j\omega t}$(ω 为实角频率)为基本信号,任意信号可分解为众多不同频率的虚指数分量,而 LTI 系统的响应是输入信号各分量所引起响应的积分(傅里叶逆变换)。这种分析方法在信号分析和处理等领域占有重要地位。不过这种方法也有局限性,譬如,虽然大多数实际信号都存在傅里叶变换,但也有些重要信号不存在傅里叶变换,如按指数增长的信号,对于给定初始状态的线性系统也难以用这种方法分析。

本章引入复频率 $s=\sigma+j\omega$(σ,ω 均为实数),以复指数函数 e^{st} 为基本信号,任意信号可分解为众多不同复频率的复指数分量,而 LTI 系统的零状态响应是输入信号各分量引起响应的积分(拉普拉斯变换),而且若考虑到系统的初始状态,则系统的零输入响应也可同时求得,从而得到系统的全响应。这里用于系统分析的独立变量是复频率 s,称为 s 域分析或复频域分析。

§5.1　拉普拉斯变换

一、从傅里叶变换到拉普拉斯变换

用频域法分析各种问题时,需要求得信号 $f(t)$ 的傅里叶变换,即频谱函数

$$F(j\omega)=\int_{-\infty}^{\infty}f(t)e^{-j\omega t}dt \tag{5.1-1}$$

但有些函数,例如单位阶跃函数 $\varepsilon(t)$ 虽然存在傅里叶变换,却很难用式(5.1-1)求得;而另一些函数,例如指数增长函数 $e^{\alpha t}\varepsilon(t)$ $(\alpha>0)$,不存在傅里叶变换。一些函数不便于用傅里叶变换的原因是当 $t\to\infty$ 时信号的幅度不衰减,甚至增长。

为了克服以上困难,可以用衰减因子 $e^{-\sigma t}$ (σ 为实常数)乘信号 $f(t)$,根据不同信号的特性,适当选取 σ 的值,使乘积信号 $f(t)e^{-\sigma t}$ 在 $t\to\pm\infty$ 时信号幅度趋于 0,从而使积分

$$\mathscr{F}[f(t)e^{-\sigma t}]=\int_{-\infty}^{\infty}f(t)e^{-\sigma t}e^{-j\omega t}dt=\int_{-\infty}^{\infty}f(t)e^{-(\sigma+j\omega)t}dt$$

收敛。上式积分结果是$(\sigma+j\omega)$的函数,令其为 $F_b(\sigma+j\omega)$,即

$$F_b(\sigma+j\omega)=\int_{-\infty}^{\infty}f(t)e^{-(\sigma+j\omega)t}dt \tag{5.1-2}$$

相应的傅里叶逆变换为

$$f(t)\mathrm{e}^{-\sigma t}=\frac{1}{2\pi}\int_{-\infty}^{\infty}F_{\mathrm{b}}(\sigma+\mathrm{j}\omega)\mathrm{e}^{\mathrm{j}\omega t}\mathrm{d}\omega$$

上式两端同乘以 $\mathrm{e}^{-\sigma t}$,得

$$f(t)=\frac{1}{2\pi}\int_{-\infty}^{\infty}F_{\mathrm{b}}(\sigma+\mathrm{j}\omega)\mathrm{e}^{(\sigma+\mathrm{j}\omega)t}\mathrm{d}\omega \tag{5.1-3}$$

令 $s=\sigma+\mathrm{j}\omega$,其中 σ 为常数,则 $\mathrm{d}\omega=\frac{\mathrm{d}s}{\mathrm{j}}$,代入式(5.1-2)和(5.1-3),得

$$F_{\mathrm{b}}(s)=\int_{-\infty}^{\infty}f(t)\mathrm{e}^{-st}\mathrm{d}t \tag{5.1-4}$$

$$f(t)=\frac{1}{2\pi\mathrm{j}}\int_{\sigma-\mathrm{j}\infty}^{\sigma+\mathrm{j}\infty}F_{\mathrm{b}}(s)\mathrm{e}^{st}\mathrm{d}s \tag{5.1-5}$$

式(5.1-4)和式(5.1-5)称为双边拉普拉斯变换对或复傅里叶变换对。式中复变函数 $F_{\mathrm{b}}(s)$ 称为 $f(t)$ 的双边拉普拉斯变换(或像函数),时间函数 $f(t)$ 称为 $F_{\mathrm{b}}(s)$ 的双边拉普拉斯逆变换(或原函数)。

二、收敛域

如前所述,选择适当的 σ 值才可能使式(5.1-4)的积分收敛,信号 $f(t)$ 的双边拉普拉斯变换 $F_{\mathrm{b}}(s)$ 存在。能使式(5.1-4)的积分收敛,复变量 s 在复平面上的取值区域称为像函数的收敛域(region of convergence),简记为 ROC。为简便,分别研究因果信号[在 $t<0$ 区间 $f(t)=0$]和反因果信号[在 $t>0$ 区间 $f(t)=0$]两种情形。

例 5.1-1 设因果信号

$$f_1(t)=\mathrm{e}^{\alpha t}\varepsilon(t)=\begin{cases}0, & t<0\\ \mathrm{e}^{\alpha t}, & t>0\end{cases}\quad(\alpha\text{ 为实数})$$

求其拉普拉斯变换。

解 将 $f_1(t)$ 代入式(5.1-4),有

$$F_{\mathrm{b1}}(s)=\int_0^{\infty}\mathrm{e}^{\alpha t}\mathrm{e}^{-st}\mathrm{d}t=\left.\frac{\mathrm{e}^{-(s-\alpha)t}}{-(s-\alpha)}\right|_0^{\infty}=\frac{1}{s-\alpha}[1-\lim_{t\to\infty}\mathrm{e}^{-(\sigma-\alpha)t}\cdot\mathrm{e}^{-\mathrm{j}\omega t}]$$

$$=\begin{cases}\dfrac{1}{s-\alpha}, & \mathrm{Re}[s]=\sigma>\alpha\\ \text{不定}, & \sigma=\alpha\\ \text{无界}, & \sigma<\alpha\end{cases}$$

可见,对于因果信号,仅当 $\mathrm{Re}[s]=\sigma>\alpha$ 时,其拉普拉斯变换存在,即因果信号像函数的收敛域为 s 平面 $\mathrm{Re}[s]>\alpha$ 的区域,如图 5.1-1(a)所示。

例 5.1-2 设反因果信号

$$f_2(t)=\mathrm{e}^{\beta t}\varepsilon(-t)=\begin{cases}\mathrm{e}^{\beta t}, & t<0\\ 0, & t>0\end{cases}\quad(\beta\text{ 为实数})$$

求其拉普拉斯变换。

解 将 $f_2(t)$ 代入到式(5.1-4),有

$$F_{b2}(s)=\int_{-\infty}^{0}\mathrm{e}^{\beta t}\mathrm{e}^{-st}\mathrm{d}t=\left.\frac{\mathrm{e}^{-(s-\beta)t}}{-(s-\beta)}\right|_{-\infty}^{0}=\begin{cases}\text{无界}, & \mathrm{Re}[s]=\sigma>\beta\\ \text{不定}, & \sigma=\beta\\ \dfrac{1}{-(s-\beta)}, & \sigma<\beta\end{cases}\tag{5.1-6}$$

可见,对反因果信号,仅当 $\mathrm{Re}[s]=\sigma<\beta$ 时积分收敛,即反因果信号像函数的收敛域为 s 平面 $\mathrm{Re}[s]<\beta$ 的区域,如图 5.1-1(b)所示。

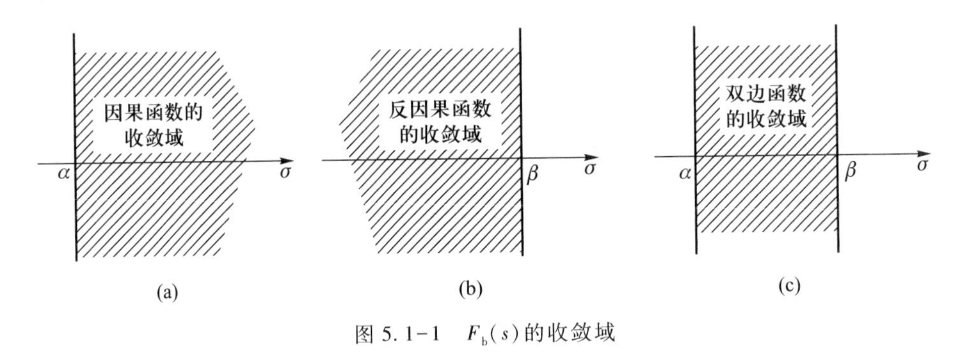

图 5.1-1 $F_b(s)$ 的收敛域

如果有双边函数

$$f(t)=f_1(t)+f_2(t)=\begin{cases}\mathrm{e}^{\beta t}, & t<0\\ \mathrm{e}^{\alpha t}, & t>0\end{cases}$$

其双边拉普拉斯变换

$$F_b(s)=F_{b1}(s)+F_{b2}(s)$$

由以上讨论可知双边函数像函数的收敛域为 $\alpha<\mathrm{Re}[s]<\beta$ 的带状区域,如图 5.1-1(c)所示,就是说,当 $\beta>\alpha$ 时,$f(t)$ 的像函数在该区域内存在,如果 $\beta\leqslant\alpha$,$F_{b1}(s)$ 与 $F_{b2}(s)$ 没有共同的收敛域,因而 $F_b(s)$ 不存在。双边拉普拉斯变换便于分析双边信号,但其收敛条件较为苛刻,这也限制了它的应用。

通常遇到的信号都有初始时刻,不妨设其初始时刻为坐标的原点。这样,在 $t<0$ 时有 $f(t)=0$,从而式(5.1-4)可写为

$$F(s)=\int_{0}^{\infty}f(t)\mathrm{e}^{-st}\mathrm{d}t\tag{5.1-7}$$

称为单边拉普拉斯变换。单边拉普拉斯变换运算简便,用途广泛,它也是研究双边拉普拉斯变换的基础。单边拉普拉斯变换简称为拉普拉斯变换,本书主要讨论单边拉普拉斯变换。

三、(单边)拉普拉斯变换

因果信号 $f(t)$,或者更明确地写为 $f(t)\varepsilon(t)$,其拉普拉斯变换简记为 $\mathscr{L}[f(t)]$,像函数用 $F(s)$ 表示,其逆变换简记为 $\mathscr{L}^{-1}[F(s)]$,单边拉普拉斯变换对可写为

$$F(s)=\mathscr{L}[f(t)]\xlongequal{\mathrm{def}}\int_{0_-}^{\infty}f(t)\mathrm{e}^{-st}\mathrm{d}t\tag{5.1-8}$$

$$f(t)=\mathscr{L}^{-1}[F(s)]\xlongequal{\text{def}}\begin{cases}0, & t<0\\ \dfrac{1}{2\pi\mathrm{j}}\displaystyle\int_{\sigma-\mathrm{j}\infty}^{\sigma+\mathrm{j}\infty}F(s)\mathrm{e}^{st}\mathrm{d}s, & t>0\end{cases} \tag{5.1-9}$$

其变换与逆变换的关系也简记作

$$f(t)\leftrightarrow F(s) \tag{5.1-10}$$

式(5.1-8)中积分下限取为 0_- 是考虑到 $f(t)$ 中可能包含 $\delta(t)$，$\delta'(t)$，…奇异函数，今后未注明的 $t=0$，均指 0_-。

为使像函数 $F(s)$ 存在，积分式(5.1-8)必须收敛，对此有如下定理：

如因果函数 $f(t)$ 满足：(1) 在有限区间 $a<t<b$ 内(其中 $0\leqslant a<b<\infty$)可积，(2) 对于某个 σ_0 有

$$\lim_{t\to\infty}|f(t)|\mathrm{e}^{-\sigma t}=0,\quad \sigma>\sigma_0 \tag{5.1-11}$$

则对于 $\mathrm{Re}[s]=\sigma>\sigma_0$，拉普拉斯积分式(5.1-8)绝对且一致收敛。

现对定理作一些说明：

条件(1)表明，$f(t)$ 可以包含有限个间断点，只要求它在有限区间可积(即 $f(t)$ 曲线下的面积为有限值)。譬如，$\dfrac{1}{\sqrt{t}}\varepsilon(t)$，显然它满足条件(2)，并且积分 $\displaystyle\int_0^b\frac{1}{\sqrt{t}}\mathrm{d}t=2\sqrt{b}$ 有界，其拉普拉斯变换存在 $\left(\text{实际上}\dfrac{1}{\sqrt{t}}\leftrightarrow\sqrt{\dfrac{\pi}{s}}\right)$；而 $\dfrac{1}{t}\varepsilon(t)$ 显然也满足条件(2)，但积分 $\displaystyle\int_0^b\frac{1}{t}\mathrm{d}t$ 无界，因而其拉普拉斯变换不存在。

条件(2)表明，$f(t)$ 可以是随 t 的增大而增大的，只要它比某些指数函数增长得慢即可。譬如 $t\varepsilon(t)$，若选 $\sigma>\sigma_0=0$，显然有 $\lim\limits_{t\to\infty}t\varepsilon(t)\mathrm{e}^{-\sigma t}=0$，其拉普拉斯变换存在；而 e^{t^2} 不满足条件(2)，不存在拉普拉斯变换。如果函数 $f(t)$ 满足式(5.1-11)，就称其为 σ_0 指数阶的。

定理表明，满足条件(1)和(2)的因果函数 $f(t)$ 存在拉普拉斯变换，其收敛域为 σ_0(σ_0 称为收敛坐标)以右，即 $\mathrm{Re}[s]>\sigma_0$ 的半平面，而且积分是一致收敛的，因而多重积分可改变积分顺序，微分、积分也可交换次序。

例 5.1-3 求矩形脉冲信号

$$f(t)=g_\tau\left(t-\frac{\tau}{2}\right)=\begin{cases}1, & 0<t<\tau\\ 0, & \text{其余}\end{cases}$$

的像函数。

解 上述信号显然是可积的，而且由于 $f(\infty)=0$，无论 $\sigma(\sigma>-\infty)$ 取任何值，均有

$$\lim_{t\to\infty}f(t)\mathrm{e}^{-\sigma t}=0$$

从而积分式(5.1-8)收敛，就是说，其收敛域为 $\mathrm{Re}[s]>-\infty$。不难求得

$$\mathscr{L}[f(t)]=\int_{0_-}^{\infty}f(t)\mathrm{e}^{-st}\mathrm{d}t=\int_0^{\tau}\mathrm{e}^{-st}\mathrm{d}t=\frac{1-\mathrm{e}^{-s\tau}}{s}$$

即矩形脉冲的像函数为

$$g_\tau\left(t-\frac{\tau}{2}\right)\leftrightarrow\frac{1-\mathrm{e}^{-s\tau}}{s},\quad \mathrm{Re}[s]>-\infty \tag{5.1-12}$$

由此不难推论：仅在有限区间 $0\leqslant a<t<b<\infty$ 不等于零，而在此区间外为零[即当 $t<a$ 或 $t>b$，

$f(t)=0$]的可积信号(即为可积的时间有限信号),其像函数在全 s 平面收敛。

例 5.1-4 求函数 $\delta(t)$,$\delta'(t)$ 的像函数。

解 显然 $\delta(t)$,$\delta'(t)$ 都是时限信号。将它们代入式(5.1-8),考虑到冲激函数及其导数的广义函数定义,得

$$\mathscr{L}[\delta(t)]=\int_{0_-}^{\infty}\delta(t)\mathrm{e}^{-st}\mathrm{d}t=\int_{0_-}^{\infty}\delta(t)\mathrm{d}t=1$$

$$\mathscr{L}[\delta'(t)]=\int_{0_-}^{\infty}\delta'(t)\mathrm{e}^{-st}\mathrm{d}t=-(-s)\mathrm{e}^{-st}\Big|_{t=0}=s$$

即

$$\delta(t)\leftrightarrow 1,\quad \mathrm{Re}[s]>-\infty \tag{5.1-13}$$

$$\delta'(t)\leftrightarrow s,\quad \mathrm{Re}[s]>-\infty \tag{5.1-14}$$

例 5.1-5 求复指数函数(式中 s_0 为复常数)

$$f(t)=\mathrm{e}^{s_0t}\varepsilon(t)$$

的像函数。

解 由式(5.1-8)可得

$$\mathscr{L}[\mathrm{e}^{s_0t}\varepsilon(t)]=\int_{0_-}^{\infty}\mathrm{e}^{s_0t}\mathrm{e}^{-st}\mathrm{d}t=\int_{0_-}^{\infty}\mathrm{e}^{-(s-s_0)t}\mathrm{d}t=\frac{1}{s-s_0},\mathrm{Re}[s]>\mathrm{Re}[s_0]$$

即

$$\mathrm{e}^{s_0t}\varepsilon(t)\leftrightarrow\frac{1}{s-s_0},\quad \mathrm{Re}[s]>\mathrm{Re}[s_0] \tag{5.1-15}$$

若 s_0 为实数,令 $s_0=\pm\alpha(\alpha>0)$,得实指数函数的拉普拉斯变换为

$$\mathrm{e}^{\alpha t}\varepsilon(t)\leftrightarrow\frac{1}{s-\alpha},\quad \mathrm{Re}[s]>\alpha \tag{5.1-16a}$$

$$\mathrm{e}^{-\alpha t}\varepsilon(t)\leftrightarrow\frac{1}{s+\alpha},\quad \mathrm{Re}[s]>-\alpha \tag{5.1-16b}$$

若 s_0 为虚数,令 $s_0=\pm\mathrm{j}\beta$,得虚指数函数的拉普拉斯变换为

$$\mathrm{e}^{\mathrm{j}\beta t}\varepsilon(t)\leftrightarrow\frac{1}{s-\mathrm{j}\beta},\quad \mathrm{Re}[s]>0 \tag{5.1-17a}$$

$$\mathrm{e}^{-\mathrm{j}\beta t}\varepsilon(t)\leftrightarrow\frac{1}{s+\mathrm{j}\beta},\quad \mathrm{Re}[s]>0 \tag{5.1-17b}$$

若令 $s_0=0$,得单位阶跃函数的像函数为

$$\varepsilon(t)\leftrightarrow\frac{1}{s},\quad \mathrm{Re}[s]>0 \tag{5.1-18}$$

例 5.1-6 求信号 $f(t)=t\varepsilon(t)$ 的像函数 $F(s)$。

解
$$\begin{aligned}F(s)&=\int_{-\infty}^{\infty}f(t)\mathrm{e}^{-st}\mathrm{d}t=\int_{0}^{\infty}t\mathrm{e}^{-st}\mathrm{d}t\\&=-\frac{1}{s}\mathrm{e}^{-st}t\Big|_0^{\infty}+\int_0^{\infty}\frac{1}{s}\mathrm{e}^{-st}\mathrm{d}t\\&=-\frac{1}{s}\mathrm{e}^{-st}t\Big|_0^{\infty}-\frac{1}{s^2}\mathrm{e}^{-st}\Big|_0^{\infty}\end{aligned}$$

若 $\mathrm{Re}[s]>0$,则

$$F(s)=\frac{1}{s^{2}}$$

即

$$t\varepsilon(t)\leftrightarrow\frac{1}{s^{2}},\quad \mathrm{Re}[s]>0 \tag{5.1-19}$$

由双边拉普拉斯变换定义式(5.1-4)与单边拉普拉斯变换定义式(5.1-8),不难看出:① 对于因果信号 $f(t)$,若拉普拉斯变换存在,则 $F_b(s)=F(s)$,且收敛域相同,均为 $\mathrm{Re}[s]>\sigma_{01}$ 以右的半 s 平面(σ_{01}为收敛坐标)。② 对于反因果信号 $f(t)$,若其双边拉普拉斯变换$F_b(s)$存在,则收敛域为 $\mathrm{Re}[s]<\sigma_{02}$($\sigma_{02}$亦称为收敛坐标)以左的半 s 平面,而任何反因果信号的单边拉普拉斯变换均为零,没有研究的意义。③ 对于双边信号 $f(t)$,若它的单、双边拉普拉斯变换存在,$F_b(s)$($\sigma_{01}<\mathrm{Re}[s]<\sigma_{02}$)与单边拉普拉斯变换 $F(s)$($\mathrm{Re}[s]>\sigma_{01}$)不相等,即

$$F_b(s)\neq F(s)$$

其收敛域亦不相同。而存在双边拉普拉斯变换 $F_b(s)$ 的双边信号一定存在单边拉普拉斯变换$F(s)$,但存在单边拉普拉斯变换 $F(s)$ 的双边信号不一定存在双边拉普拉斯变换 $F_b(s)$(例如 $e^{\alpha t},-\infty<t<\infty$)。④ 单边拉普拉斯变换的收敛域只是双边拉普拉斯变换收敛域的一种特殊情况,而且单边拉普拉斯变换像函数 $F(s)$ 与时域原函数 $f(t)$ 总是一对一的变换,所以在以后各节问题的讨论中,经常不标单边拉普拉斯变换的收敛域。

顺便指出,由于单边拉普拉斯变换的积分区间是由 0 到∞ ,$f(t)\varepsilon(t)$ 与 $f(t)$ 的拉普拉斯变换相同,为简便,时间函数中的 $\varepsilon(t)$ 也常略去不写。

由以上讨论可见,与傅里叶变换相比,拉普拉斯变换对时间函数 $f(t)$ 的限制要宽松得多,像函数 $F(s)$ 是复变函数,它存在于收敛域的半平面内,而傅里叶变换 $F(\mathrm{j}\omega)$ 仅是 $F(s)$ 收敛域中虚轴($s=\mathrm{j}\omega$)上的函数。因此就能用复变函数理论研究线性系统的各种问题,从而扩大了人们的"视野",使过去不易解决或不能解决的问题得到较满意的结果。但是,拉普拉斯变换也有不足之处,单边拉普拉斯变换只适用于研究因果信号,而双边变换常需将双边信号分解为因果与反因果信号,并分别进行运算,而且它们的物理含义常常很不明显,譬如角频率 ω 有明确的物理含义,而复频率 s 就没有明显的意义。

§5.2 拉普拉斯变换的性质

拉普拉斯变换的性质反映了信号的时域特性与 s 域特性的关系,熟悉它们对于掌握复频域分析方法是十分重要的。

一、线性

若

$$f_1(t)\leftrightarrow F_1(s),\quad \mathrm{Re}[s]>\sigma_1$$

$$f_2(t) \leftrightarrow F_2(s), \quad \mathrm{Re}[s] > \sigma_2$$

且有常数 a_1, a_2，则

$$a_1 f_1(t) + a_2 f_2(t) \leftrightarrow a_1 F_1(s) + a_2 F_2(s), \quad \mathrm{Re}[s] > \max(\sigma_1, \sigma_2) \qquad (5.2-1)$$

这由拉普拉斯变换定义式（5.1-8）容易证明，这里从略。式（5.2-1）中收敛域 $\mathrm{Re}[s] > \max(\sigma_1, \sigma_2)$ 是两个函数收敛域相重叠的部分。实际上，如果是两个函数之差，其收敛域可能扩大（参看例 5.2-2）。

例 5.2-1 求单边正弦函数 $\sin(\beta t)\varepsilon(t)$ 和单边余弦函数 $\cos(\beta t)\varepsilon(t)$ 的像函数。

解 由于

$$\sin(\beta t) = \frac{1}{2\mathrm{j}}(\mathrm{e}^{\mathrm{j}\beta t} - \mathrm{e}^{-\mathrm{j}\beta t})$$

根据线性性质并利用式（5.1-17），得

$$\sin(\beta t)\varepsilon(t) \leftrightarrow \mathscr{L}\left[\frac{1}{2\mathrm{j}}(\mathrm{e}^{\mathrm{j}\beta t} - \mathrm{e}^{-\mathrm{j}\beta t})\varepsilon(t)\right] = \frac{1}{2\mathrm{j}}\mathscr{L}[\mathrm{e}^{\mathrm{j}\beta t}\varepsilon(t)] - \frac{1}{2\mathrm{j}}\mathscr{L}[\mathrm{e}^{-\mathrm{j}\beta t}\varepsilon(t)]$$

$$= \frac{1}{2\mathrm{j}} \cdot \frac{1}{s - \mathrm{j}\beta} - \frac{1}{2\mathrm{j}} \cdot \frac{1}{s + \mathrm{j}\beta} = \frac{\beta}{s^2 + \beta^2}, \quad \mathrm{Re}[s] > 0 \qquad (5.2-2)$$

同理可得

$$\cos(\beta t)\varepsilon(t) \leftrightarrow \mathscr{L}\left[\frac{1}{2}(\mathrm{e}^{\mathrm{j}\beta t} + \mathrm{e}^{-\mathrm{j}\beta t})\varepsilon(t)\right] = \frac{s}{s^2 + \beta^2}, \quad \mathrm{Re}[s] > 0 \qquad (5.2-3)$$

二、尺度变换

若

$$f(t) \leftrightarrow F(s), \quad \mathrm{Re}[s] > \sigma_0$$

且有实常数 $a>0$，则

$$f(at) \leftrightarrow \frac{1}{a}F\left(\frac{s}{a}\right), \quad \mathrm{Re}[s] > a\sigma_0 \qquad (5.2-4)$$

这可证明如下：

$f(at)$ 的拉普拉斯变换为

$$\mathscr{L}[f(at)] = \int_{0_-}^{\infty} f(at)\mathrm{e}^{-st}\mathrm{d}t$$

令 $x = at$，则 $t = \dfrac{x}{a}$，于是

$$\mathscr{L}[f(at)] = \int_{0_-}^{\infty} f(x)\mathrm{e}^{-\left(\frac{s}{a}\right)x}\frac{\mathrm{d}x}{a} = \frac{1}{a}F\left(\frac{s}{a}\right)$$

由上式可见，若 $F(s)$ 的收敛域为 $\mathrm{Re}[s]>\sigma_0$，则 $F\left(\dfrac{s}{a}\right)$ 的收敛域为 $\mathrm{Re}\left[\dfrac{s}{a}\right]>\sigma_0$，即 $\mathrm{Re}[s]>a\sigma_0$。

三、时移(延时)特性

若

$$f(t) \leftrightarrow F(s), \quad \mathrm{Re}[s] > \sigma_0$$

且有正实常数 t_0,则

$$f(t-t_0)\varepsilon(t-t_0) \leftrightarrow \mathrm{e}^{-st_0}F(s), \quad \mathrm{Re}[s] > \sigma_0 \tag{5.2-5}$$

这可证明如下:

$$\mathscr{L}[f(t-t_0)\varepsilon(t-t_0)] = \int_{0_-}^{\infty} f(t-t_0)\varepsilon(t-t_0)\mathrm{e}^{-st}\mathrm{d}t = \int_{t_0}^{\infty} f(t-t_0)\mathrm{e}^{-st}\mathrm{d}t$$

令 $x=t-t_0$,则 $t=x+t_0$,于是上式可写为

$$\mathscr{L}[f(t-t_0)\varepsilon(t-t_0)] = \int_0^{\infty} f(x)\mathrm{e}^{-sx}\mathrm{e}^{-st_0}\mathrm{d}x = \mathrm{e}^{-st_0}\int_0^{\infty} f(x)\mathrm{e}^{-sx}\mathrm{d}x = \mathrm{e}^{-st_0}F(s)$$

由上式可见,只要 $F(s)$ 存在,则 $\mathrm{e}^{-st_0}F(s)$ 也存在,故二者收敛域相同。

需要强调指出,式(5.2-5)中延时信号 $f(t-t_0)\varepsilon(t-t_0)$ 是指因果信号 $f(t)\varepsilon(t)$ 延时 t_0 后的信号,而并非 $f(t-t_0)\varepsilon(t)$。例如,若有函数 $\sin(\beta t)$,显然 $\sin[\beta(t-t_0)]\varepsilon(t-t_0)$ 与 $\sin[\beta(t-t_0)]\varepsilon(t)$ 不同,因而其像函数也不相同。

如果函数 $f(t)\varepsilon(t)$ 既延时又变换时间的尺度,则有:若

$$f(t)\varepsilon(t) \leftrightarrow F(s), \quad \mathrm{Re}[s] > \sigma_0$$

且有实常数 $a>0, b\geqslant 0$,则

$$f(at-b)\varepsilon(at-b) \leftrightarrow \frac{1}{a}\mathrm{e}^{-\frac{b}{a}s}F\left(\frac{s}{a}\right), \quad \mathrm{Re}[s] > a\sigma_0 \tag{5.2-6}$$

例 5.2-2 求矩形脉冲

$$f(t) = g_\tau\left(t-\frac{\tau}{2}\right) = \begin{cases} 1, & 0<t<\tau \\ 0, & \text{其余} \end{cases}$$

的像函数。

解 由于

$$f(t) = g_\tau\left(t-\frac{\tau}{2}\right) = \varepsilon(t) - \varepsilon(t-\tau)$$

根据拉普拉斯变换的线性和时移特性,并利用式(5.1-18)的结果,得

$$\mathscr{L}\left[g_\tau\left(t-\frac{\tau}{2}\right)\right] = \mathscr{L}[\varepsilon(t)] - \mathscr{L}[\varepsilon(t-\tau)] = \frac{1-\mathrm{e}^{-s\tau}}{s}$$

结果与式(5.1-12)相同,其收敛域为 $\mathrm{Re}[s]>-\infty$。

由上例可见,两个阶跃函数的收敛域均为 $\mathrm{Re}[s]>0$,而二者之差的收敛域比其中任何一个都大。就是说,在应用拉普拉斯变换的线性性质后,其收敛域可能扩大。

例 5.2-3 求在 $t=0_-$ 时接入的周期性单位冲激序列 $\sum\limits_{n=0}^{\infty}\delta(t-nT)$ 的像函数。

解 在 $t=0_-$ 时接入的周期性冲激序列可写为

$$\sum_{n=0}^{\infty}\delta(t-nT) = \delta(t) + \delta(t-T) + \cdots + \delta(t-nT) + \cdots$$

由式(5.1-13)和时移特性可得

$$\delta(t) \leftrightarrow 1, \delta(t-T) \leftrightarrow \mathrm{e}^{-Ts}, \cdots, \delta(t-nT) \leftrightarrow \mathrm{e}^{-nTs}, \cdots$$

根据线性性质可得

$$\mathscr{L}\left[\sum_{n=0}^{\infty} \delta(t-nT)\right] = 1 + \mathrm{e}^{-Ts} + \cdots + \mathrm{e}^{-nTs} + \cdots$$

这是等比级数。当 $\mathrm{Re}[s]>0$ 时 $|\mathrm{e}^{-Ts}|<1$,该级数收敛。由等比级数求和公式可得

$$\sum_{n=0}^{\infty} \delta(t-nT) \leftrightarrow \frac{1}{1-\mathrm{e}^{-Ts}}, \quad \mathrm{Re}[s] > 0 \tag{5.2-7}$$

这里像函数的收敛域比任何一个冲激函数的收敛域(各冲激函数的收敛域为 $\mathrm{Re}[s]>-\infty$)都要小,这是由于该函数包含无限多个冲激函数,而式(5.2-1)关于收敛域的说明只适用于有限个函数求和的情形。

四、复频移(s 域平移)特性

若

$$f(t) \leftrightarrow F(s), \quad \mathrm{Re}[s] > \sigma_0$$

且有复常数 $s_a=\sigma_a+\mathrm{j}\omega_a$,则

$$f(t)\mathrm{e}^{s_a t} \leftrightarrow F(s-s_a), \quad \mathrm{Re}[s] > \sigma_0 + \sigma_a \tag{5.2-8}$$

证明从略。

例 5.2-4 求衰减的正弦函数 $\mathrm{e}^{-\alpha t}\sin(\beta t)\varepsilon(t)$ 和衰减的余弦函数 $\mathrm{e}^{-\alpha t}\cos(\beta t)\varepsilon(t)$ 的像函数。

解 设 $f(t)=\sin(\beta t)\varepsilon(t)$,由式(5.2-2)知

$$\sin(\beta t)\varepsilon(t) \leftrightarrow F(s) = \frac{\beta}{s^2+\beta^2}, \quad \mathrm{Re}[s] > 0$$

由复频移特性可得

$$\mathrm{e}^{-\alpha t}\sin(\beta t)\varepsilon(t) \leftrightarrow F(s+\alpha) = \frac{\beta}{(s+\alpha)^2+\beta^2}, \quad \mathrm{Re}[s] > -\alpha \tag{5.2-9}$$

其收敛域为 $\mathrm{Re}[s]>\sigma_0+\sigma_a=0-\alpha=-\alpha$,即 $\mathrm{Re}[s]>-\alpha$。

同理可得

$$\mathrm{e}^{-\alpha t}\cos(\beta t)\varepsilon(t) \leftrightarrow \frac{s+\alpha}{(s+\alpha)^2+\beta^2}, \quad \mathrm{Re}[s] > -\alpha \tag{5.2-10}$$

例 5.2-5 已知因果函数 $f(t)$ 的像函数

$$F(s) = \frac{s}{s^2+1}$$

求 $\mathrm{e}^{-t}f(3t-2)$ 的像函数。

解 由于

$$f(t) \leftrightarrow \frac{s}{s^2+1}$$

由平移特性有

$$f(t-2) \leftrightarrow \frac{s}{s^2+1}\mathrm{e}^{-2s}$$

由尺度变换

$$f(3t-2) \leftrightarrow \frac{1}{3}\cdot\frac{\frac{s}{3}}{\left(\frac{s}{3}\right)^2+1}\mathrm{e}^{-\frac{2s}{3}} = \frac{s}{s^2+9}\mathrm{e}^{-\frac{2}{3}s}$$

再由复频移特性，得

$$\mathrm{e}^{-t}f(3t-2) \leftrightarrow \frac{s+1}{(s+1)^2+9}\mathrm{e}^{-\frac{2}{3}(s+1)}$$

五、时域微分特性（定理）

时域微分和时域积分（见六）特性主要用于研究具有初始条件的微分、积分方程。这里将考虑函数的初始值 $f(0_-)\neq 0$ 的情形。

微分定理

若

$$f(t) \leftrightarrow F(s),\quad \mathrm{Re}[s] > \sigma_0$$

则

$$\left.\begin{aligned}
&f^{(1)}(t) \leftrightarrow sF(s) - f(0_-)\\
&f^{(2)}(t) \leftrightarrow s^2F(s) - sf(0_-) - f^{(1)}(0_-)\\
&\cdots\\
&f^{(n)}(t) \leftrightarrow s^nF(s) - \sum_{m=0}^{n-1} s^{n-1-m}f^{(m)}(0_-)
\end{aligned}\right\} \tag{5.2-11}$$

上列各像函数的收敛域至少是 $\mathrm{Re}[s]>\sigma_0$。

这可证明如下：

根据拉普拉斯变换的定义

$$\mathscr{L}[f^{(1)}(t)] = \int_{0_-}^{\infty}\frac{\mathrm{d}f(t)}{\mathrm{d}t}\mathrm{e}^{-st}\mathrm{d}t = \int_{0_-}^{\infty}\mathrm{e}^{-st}\mathrm{d}f(t)$$

令 $u=\mathrm{e}^{-st}$，则 $\mathrm{d}u=-s\mathrm{e}^{-st}\mathrm{d}t$，设 $v=f(t)$，则 $\mathrm{d}v=\mathrm{d}f(t)$，对上式进行分部积分，得

$$\mathscr{L}[f^{(1)}(t)] = \mathrm{e}^{-st}f(t)\Big|_{0-}^{\infty} + s\int_{0_-}^{\infty}f(t)\mathrm{e}^{-st}\mathrm{d}t = \lim_{t\to\infty}\mathrm{e}^{-st}f(t) - f(0_-) + sF(s)$$

因 $f(t)$ 是指数阶函数，在收敛域内 $\lim\limits_{t\to\infty}\mathrm{e}^{-st}f(t)=0$，所以

$$\mathscr{L}[f^{(1)}(t)] = sF(s) - f(0_-) \tag{5.2-12}$$

式中 $f(0_-)$ 是函数 $f(t)$ 在 $t=0_-$ 时的值。由式（5.2-12）可见，在 $F(s)$ 的收敛域内 $\mathscr{L}[f^{(1)}(t)]$ 必定收敛。由于式（5.2-12）第一项为 $sF(s)$，因而其收敛域可能扩大。例如若 $F(s)=\frac{1}{s}$，其收敛域为 $\mathrm{Re}[s]>0$，而 $sF(s)=1$，其收敛域为 $\mathrm{Re}[s]>-\infty$。所以式（5.2-12）的收敛域至少是 $\mathrm{Re}[s]>\sigma_0$，即至少与 $F(s)$ 收敛域相同。

反复应用式（5.2-12）可推广至高阶导数。例如二阶导数 $f^{(2)}(t)=\frac{\mathrm{d}}{\mathrm{d}t}[f^{(1)}(t)]$，应用

式(5.2-12),得

$$\mathscr{L}[f^{(2)}(t)] = s\mathscr{L}[f^{(1)}(t)] - f^{(1)}(0_-) = s[sF(s) - f(0_-)] - f^{(1)}(0_-)$$

$$= s^2F(s) - sf(0_-) - f^{(1)}(0_-) \tag{5.2-13}$$

其 n 阶导数的拉普拉斯变换如式(5.2-11)。

如果 $f(t)$ 是因果函数,那么 $f(t)$ 及其各阶导数的值 $f^{(n)}(0_-)=0(n=0,1,2,\cdots)$,这时微分特性具有更简洁的形式

$$f^{(n)}(t)\leftrightarrow s^nF(s),\quad \mathrm{Re}[s]>\sigma_0 \tag{5.2-14}$$

例 5.2-6　若已知 $f(t)=\cos t\varepsilon(t)$ 的像函数 $F(s)=\dfrac{s}{s^2+1}$,求 $\sin t\varepsilon(t)$ 的像函数。

解　根据导数的运算规则,并考虑到冲激函数的取样性质,有

$$f^{(1)}(t) = \frac{\mathrm{d}f(t)}{\mathrm{d}t} = \cos t\frac{\mathrm{d}\varepsilon(t)}{\mathrm{d}t} + \frac{\mathrm{d}\cos t}{\mathrm{d}t}\varepsilon(t) = \cos t\delta(t) - \sin t\varepsilon(t)$$

$$= \delta(t) - \sin t\varepsilon(t)$$

即

$$\sin t\varepsilon(t) = \delta(t) - f^{(1)}(t)$$

对上式取拉普拉斯变换,利用微分特性并考虑到 $f(0_-)=\cos t\varepsilon(t)\big|_{t=0_-}=0$,得

$$\mathscr{L}[\sin t\varepsilon(t)] = \mathscr{L}[\delta(t)] - \mathscr{L}[f^{(1)}(t)] = 1 - \left[s\cdot\frac{s}{s^2+1} - 0\right] = \frac{1}{s^2+1}$$

需要注意,对于(单边)拉普拉斯变换,$\cos t$ 与 $\cos t\varepsilon(t)$ 的像函数相同,如果利用 $\sin t = -\dfrac{\mathrm{d}\cos t}{\mathrm{d}t}$ 的关系求 $\sin t$ 的像函数,就应考虑到 $f(0_-)=\cos t\big|_{t=0_-}=1$。即

$$\mathscr{L}[\sin t] = -\mathscr{L}\left[\frac{\mathrm{d}\cos t}{\mathrm{d}t}\right] = -[sF(s) - f(0_-)] = -\left[s\cdot\frac{s}{s^2+1} - 1\right] = \frac{1}{s^2+1}$$

六、时域积分特性(定理)

这里用符号 $f^{(-n)}(t)$ 表示对函数 $f(x)$ 从 $-\infty$ 到 t 的 n 重积分,它也可表示为 $\left(\int_{-\infty}^{t}\right)^n f(x)\mathrm{d}x$,如果该积分的下限是 0,就表示为 $\left(\int_0^t\right)^n f(x)\mathrm{d}x$。

积分定理

若

$$f(t)\leftrightarrow F(s),\quad \mathrm{Re}[s]>\sigma_0$$

则

$$\left(\int_{0_-}^{t}\right)^n f(x)\mathrm{d}x \leftrightarrow \frac{1}{s^n}F(s) \tag{5.2-15}$$

$$\left.\begin{aligned} f^{(-1)}(t) &= \int_{-\infty}^{t} f(x)\mathrm{d}x \leftrightarrow \frac{1}{s}F(s) + \frac{1}{s}f^{(-1)}(0_-) \\ &\cdots\cdots\cdots\cdots \\ f^{(-n)}(t) &= \left(\int_{-\infty}^{t}\right)^n f(x)\mathrm{d}x \leftrightarrow \frac{1}{s^n}F(s) + \sum_{m=1}^{n}\frac{1}{s^{n-m+1}}f^{(-m)}(0_-) \end{aligned}\right\} \tag{5.2-16}$$

其收敛域至少是 $\mathrm{Re}[s]>\sigma_0$ 与 $\mathrm{Re}[s]>0$ 相重叠的部分。

首先研究式(5.2-15),设 $n=1$,则 $f(x)$ 积分的拉普拉斯变换为

$$\mathscr{L}\left[\int_{0_-}^{t} f(x)\,\mathrm{d}x\right]=\int_{0}^{\infty}\left[\int_{0_-}^{t} f(x)\,\mathrm{d}x\right]\mathrm{e}^{-st}\mathrm{d}t$$

令 $u=\int_{0_-}^{t} f(x)\,\mathrm{d}x$、$\mathrm{d}v=\mathrm{e}^{-st}\mathrm{d}t$,则 $\mathrm{d}u=f(t)\,\mathrm{d}t$、$v=-\dfrac{1}{s}\mathrm{e}^{-st}$,对上式进行分部积分,得

$$\begin{aligned}\mathscr{L}\left[\int_{0_-}^{t} f(x)\,\mathrm{d}x\right]&=-\frac{\mathrm{e}^{-st}}{s}\int_{0_-}^{t} f(x)\,\mathrm{d}x\Big|_{0_-}^{\infty}+\frac{1}{s}\int_{0_-}^{\infty} f(x)\,\mathrm{e}^{-st}\mathrm{d}x\\&=-\frac{1}{s}\lim_{t\to\infty}\mathrm{e}^{-st}\int_{0_-}^{t} f(x)\,\mathrm{d}x+\frac{1}{s}\int_{0_-}^{0_-} f(x)\,\mathrm{d}x+\frac{1}{s}F(s)\end{aligned}$$

如果 $f(t)$ 是指数阶的,那么它的积分也是指数阶的。因而上式中第一项为零,上式中第二项是从 0_- 到 0_- 的积分,显然为零,于是得

$$\mathscr{L}\left[\int_{0_-}^{t} f(x)\,\mathrm{d}x\right]=\frac{1}{s}F(s)\tag{5.2-17}$$

反复利用上式就可得到式(5.2-15)。

如果积分下限是$-\infty$,则有

$$\begin{aligned}f^{(-1)}(t)&=\int_{-\infty}^{t} f(x)\,\mathrm{d}x=\int_{-\infty}^{0_-} f(x)\,\mathrm{d}x+\int_{0_-}^{t} f(x)\,\mathrm{d}x\\&=f^{(-1)}(0_-)+\int_{0_-}^{t} f(x)\,\mathrm{d}x\end{aligned}\tag{5.2-18}$$

式中 $f^{(-1)}(0_-)=\int_{-\infty}^{0_-} f(x)\,\mathrm{d}x$ 是函数 $f(t)$ 积分在 $t=0_-$ 时的值[请注意,这里隐含 $f(-\infty)=0$]。由于它是常数,故

$$\mathscr{L}[f^{(-1)}(0_-)]=\frac{1}{s}f^{(-1)}(0_-)\tag{5.2-19}$$

对式(5.2-18)取拉普拉斯变换并将式(5.2-17)、式(5.2-19)代入,得

$$\mathscr{L}[f^{(-1)}(t)]=\mathscr{L}[f^{(-1)}(0_-)]+\mathscr{L}\left[\int_{0_-}^{t} f(x)\,\mathrm{d}x\right]=\frac{1}{s}f^{(-1)}(0_-)+\frac{1}{s}F(s)\tag{5.2-20}$$

反复利用式(5.2-20)就可得到式(5.2-16)。由式(5.2-20)可见,其收敛域至少为 $\mathrm{Re}[s]>\sigma_0$ 和 $\mathrm{Re}[s]>0$ 相重叠的部分。

顺便指出,若 $f(t)$ 为因果函数,显然 $f(t)$ 及其积分在 $t=0_-$ 时为零,即 $f^{(-n)}(0_-)=0$ $(n=0,1,2,\cdots)$。这时其积分的像函数为式(5.2-15)。

下面说明应用微分、积分特性时应注意的问题。图 5.2-1 画出了 $f_i(t)\,(i=1,2,3)$ 和它们的导数 $f_j(t)\,(j=4,5,6)$ 的波形。

(1) 对于(单边)拉普拉斯变换,由于 $f_1(t)=f_2(t)\varepsilon(t)$,故二者像函数相同,即

$$F_1(s)=F_2(s)=\frac{3}{s}$$

(2) 虽然 $F_1(s)=F_2(s)$,但由于 $f_1(t)\neq f_2(t)$,因而

$$\mathscr{L}[f_4(t)]=\mathscr{L}[f_1^{(1)}(t)]\neq\mathscr{L}[f_2^{(1)}(t)]=\mathscr{L}[f_5(t)]$$

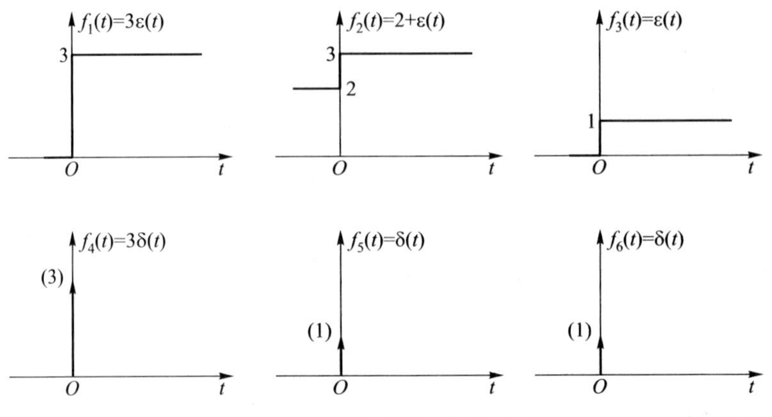

图 5.2-1 微分与积分特性的应用

对于 $f_1(t)$，由于 $f_1(0_-)=0$，故

$$F_4(s)=\mathscr{L}[f_1^{(1)}(t)]=sF_1(s)-0=3$$

对于 $f_2(t)$，由于 $f_2(0_-)=2$，故

$$F_5(s)=\mathscr{L}[f_2^{(1)}(t)]=sF_2(s)-2=1$$

(3) 虽然 $f_2(t)$ 和 $f_3(t)$ 的一阶导数 $f_5(t)=f_6(t)=\delta(t)$，但 $f_2(0_-)=2$，$f_3(0_-)=0$，因此

$$f_2(t)=\int_{0_-}^{t}f_5(x)\mathrm{d}x+f_2(0_-)=\int_{0_-}^{t}\delta(x)\mathrm{d}x+2$$

$$f_3(t)=\int_{0_-}^{t}f_6(x)\mathrm{d}x+f_3(0_-)=\int_{0_-}^{t}\delta(x)\mathrm{d}x$$

因而

$$F_2(s)=\frac{1}{s}F_5(s)+\frac{1}{s}f_2(0_-)=\frac{3}{s}$$

$$F_3(s)=\frac{1}{s}F_6(s)+0=\frac{1}{s}$$

这些在应用微分、积分特性时应特别注意。

例 5.2-7 求图 5.2-2(a)中三角形脉冲

$$f_\Delta\left(t-\frac{\tau}{2}\right)=\begin{cases}\dfrac{2}{\tau}t, & 0<t<\dfrac{\tau}{2}\\ 2-\dfrac{2}{\tau}t, & \dfrac{\tau}{2}<t<\tau\\ 0, & t<0,t>\tau\end{cases}\tag{5.2-21}$$

的像函数。

解 如果信号的波形仅由直线段组成，信号导数的像函数容易求得，这时利用积分特性比较简便。

图 5.2-2(a)的三角形脉冲，其一阶、二阶导数如图(b)和(c)所示。

令 $f(t)=f_\Delta^{(2)}\left(t-\dfrac{\tau}{2}\right)$，则

$$f^{(-1)}(t)=f_\Delta^{(1)}\left(t-\frac{\tau}{2}\right)$$

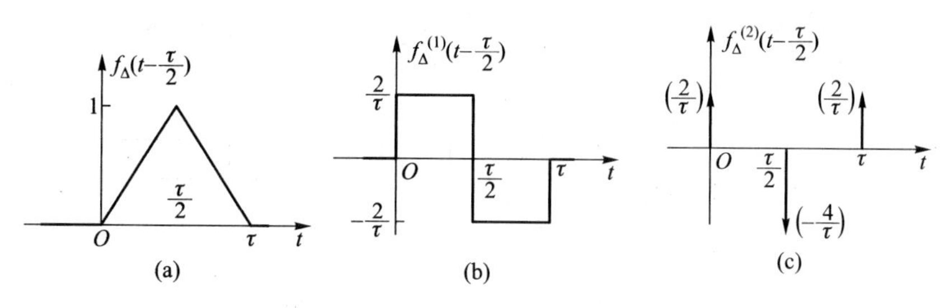

图 5.2-2 例 5.2-7 图

$$f^{(-2)}(t)=f_\Delta\left(t-\frac{\tau}{2}\right)$$

由于 $\delta(t)\leftrightarrow 1$,应用时移特性可得 $f(t)$ 的像函数

$$F(s)=\frac{2}{\tau}-\frac{4}{\tau}\mathrm{e}^{-\frac{\tau}{2}s}+\frac{2}{\tau}\mathrm{e}^{-\tau s}=\frac{2}{\tau}(1-\mathrm{e}^{-\frac{\tau}{2}s})^2$$

应用积分特性,考虑到 $f^{(-1)}(0_-)=f^{(-2)}(0_-)=0$,得

$$\mathscr{L}\left[f_\Delta\left(t-\frac{\tau}{2}\right)\right]=\mathscr{L}[f^{(-2)}(t)]=\frac{1}{s^2}F(s)=\frac{2}{\tau}\cdot\frac{(1-\mathrm{e}^{-\frac{\tau}{2}s})^2}{s^2}\tag{5.2-22}$$

例 5.2-8 已知 $\mathscr{L}[\varepsilon(t)]=\frac{1}{s}$,利用阶跃函数的积分求 $t^n\varepsilon(t)$ 的像函数。

解 由于

$$\int_0^t\varepsilon(x)\mathrm{d}x=t\varepsilon(t)$$

$$\left(\int_0^t\right)^2\varepsilon(x)\mathrm{d}x=\int_0^t x\varepsilon(x)\mathrm{d}x=\frac{1}{2}t^2\varepsilon(t)$$

$$\left(\int_0^t\right)^3\varepsilon(x)\mathrm{d}x=\int_0^t\frac{1}{2}x^2\varepsilon(x)\mathrm{d}x=\frac{1}{3\times 2}t^3\varepsilon(t)$$

…………

可以推得

$$\left(\int_0^t\right)^n\varepsilon(x)\mathrm{d}x=\frac{1}{n!}t^n\varepsilon(t)$$

利用积分特性式(5.2-15),考虑到 $\mathscr{L}[\varepsilon(t)]=\frac{1}{s}$,得

$$\mathscr{L}\left[\frac{1}{n!}t^n\varepsilon(t)\right]=\mathscr{L}\left[\left(\int_0^t\right)^n\varepsilon(x)\mathrm{d}x\right]=\frac{1}{s^{n+1}}$$

即

$$t^n\varepsilon(t)\leftrightarrow\frac{n!}{s^{n+1}}\tag{5.2-23}$$

七、卷积定理

类似于傅里叶变换中的卷积定理,在拉普拉斯变换中也有时域和复频域卷积定理,时域卷

积定理在系统分析中更为重要。

时域卷积定理

若因果函数

$$f_1(t) \leftrightarrow F_1(s), \quad \mathrm{Re}[s] > \sigma_1$$
$$f_2(t) \leftrightarrow F_2(s), \quad \mathrm{Re}[s] > \sigma_2$$

则

$$f_1(t) * f_2(t) \leftrightarrow F_1(s) F_2(s) \tag{5.2-24}$$

其收敛域至少是 $F_1(s)$ 收敛域与 $F_2(s)$ 收敛域的公共部分。

卷积定理可证明如下：

单边拉普拉斯变换中所讨论的时间函数都是因果函数，为了更加明确，可将 $f_1(t)$、$f_2(t)$ 写成 $f_1(t)\varepsilon(t)$ 和 $f_2(t)\varepsilon(t)$，二者的卷积积分写为

$$f_1(t) * f_2(t) = \int_{-\infty}^{\infty} f_1(\tau)\varepsilon(\tau) f_2(t-\tau)\varepsilon(t-\tau)\mathrm{d}\tau$$
$$= \int_0^{\infty} f_1(\tau) f_2(t-\tau)\varepsilon(t-\tau)\mathrm{d}\tau$$

取上式的拉普拉斯变换，并交换积分的顺序，得

$$\mathscr{L}[f_1(t) * f_2(t)] = \int_0^{\infty} \left[\int_0^{\infty} f_1(\tau) f_2(t-\tau)\varepsilon(t-\tau)\mathrm{d}\tau\right] \mathrm{e}^{-st}\mathrm{d}t$$
$$= \int_0^{\infty} f_1(\tau) \left[\int_0^{\infty} f_2(t-\tau)\varepsilon(t-\tau)\mathrm{e}^{-st}\mathrm{d}t\right] \mathrm{d}\tau$$

由时移特性可知，上式括号中的积分

$$\int_0^{\infty} f_2(t-\tau)\varepsilon(t-\tau)\mathrm{e}^{-st}\mathrm{d}t = \mathrm{e}^{-s\tau} F_2(s)$$

于是有

$$\mathscr{L}[f_1(t) * f_2(t)] = \int_0^{\infty} f_1(\tau)\mathrm{e}^{-s\tau} F_2(s)\mathrm{d}\tau = F_1(s) F_2(s)$$

复频域（s 域）卷积定理

用类似的方法可证得

$$f_1(t) f_2(t) \leftrightarrow \frac{1}{2\pi \mathrm{j}} \int_{c-\mathrm{j}\infty}^{c+\mathrm{j}\infty} F_1(\eta) F_2(s-\eta)\mathrm{d}\eta, \quad \mathrm{Re}[s] > \sigma_1 + \sigma_2, \sigma_1 < c < \mathrm{Re}[s] - \sigma_2 \tag{5.2-25}$$

式中积分 $\sigma=c$ 是 $F_1(\eta)$ 和 $F_2(s-\eta)$ 收敛域重叠部分内与虚轴平行的直线。这里对积分路线的限制较严，而该积分的计算也比较复杂，因而复频域卷积定理较少应用。

例 5.2-9 如图 5.2-3(a) 所示为 $t=0$ 接入的（也称为有始的）周期性矩形脉冲 $f(t)$，求其像函数。

解 取有始周期函数 $f(t)$ 在第一周期内 $(0 \leqslant t < T)$ 的函数为 $f_0(t)$，即

$$f_0(t) = \begin{cases} 0, & t < 0, t > T \\ f(t), & 0 \leqslant t < T \end{cases}$$

其像函数为 $F_0(s)$，则由卷积积分的原理（参见 §2.4）可知，有始周期函数可写为

$$f(t) = f_0(t) * \sum_{n=0}^{\infty} \delta(t-nT)$$

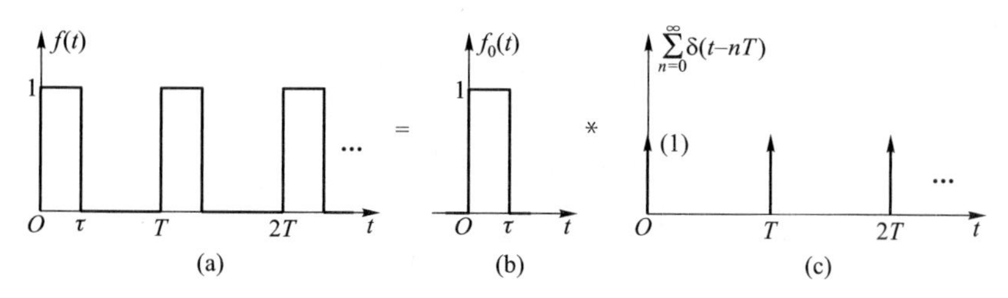

图 5.2-3 例 5.2-9 图

如图 5.2-3(b)和(c)所示。由式(5.2-7)并应用卷积定理,得

$$\mathscr{L}[f(t)] = \mathscr{L}\left[f_0(t) * \sum_{n=0}^{\infty}\delta(t-nT)\right] = \frac{F_0(s)}{1-\mathrm{e}^{-Ts}} \tag{5.2-26}$$

对于本例,宽度为 τ 的矩形脉冲的像函数为

$$f_0(t) = g_\tau\left(t-\frac{\tau}{2}\right) \leftrightarrow \frac{1-\mathrm{e}^{-s\tau}}{s}$$

故有始周期脉冲 $f(t)$ 的像函数

$$f(t) \leftrightarrow \frac{1-\mathrm{e}^{-s\tau}}{s(1-\mathrm{e}^{-Ts})} \tag{5.2-27}$$

图 5.2-3(a)中,若脉冲宽度 $\tau=\dfrac{T}{2}$,就得到方波信号 $f_{\mathrm{sq1}}(t)$,如图 5.2-4(a)所示,将 $\tau=\dfrac{T}{2}$ 代入式(5.2-27),得其像函数

$$F_{\mathrm{sq1}}(s) = \frac{1-\mathrm{e}^{-\frac{T}{2}s}}{s(1-\mathrm{e}^{-Ts})} = \frac{1}{s\left(1+\mathrm{e}^{-\frac{T}{2}s}\right)} \tag{5.2-28}$$

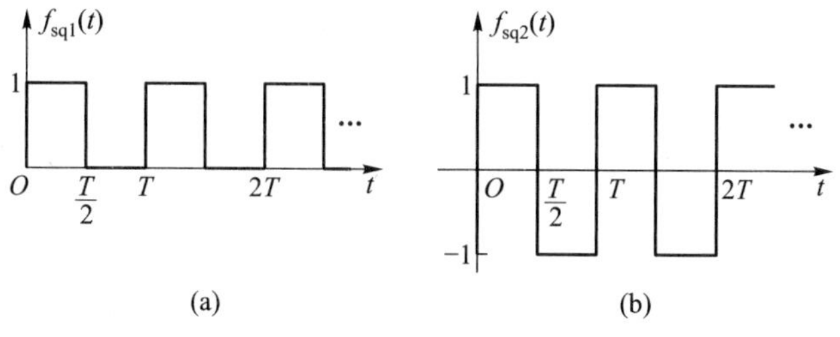

图 5.2-4 方波信号

图 5.2-4(b)的对称方波信号

$$f_{\mathrm{sq2}}(t) = f_{\mathrm{sq1}}(t) - f_{\mathrm{sq1}}\left(t-\frac{T}{2}\right)$$

由时移特性,其像函数

$$F_{\mathrm{sq2}}(s) = \frac{1-\mathrm{e}^{-\frac{T}{2}s}}{s\left(1+\mathrm{e}^{-\frac{T}{2}s}\right)} \tag{5.2-29}$$

例 5.2-10 已知某 LTI 系统的冲激响应 $h(t)=\mathrm{e}^{-t}\varepsilon(t)$,求输入 $f(t)=\varepsilon(t)$ 时的零状态响应 $y_{\mathrm{zs}}(t)$。

解 由第二章可知,LTI 系统的零状态响应为

$$y_{zs}(t)=f(t)*h(t)$$

据卷积定理有

$$Y_{zs}(s)=F(s)H(s)$$

式中 $H(s)=\mathscr{L}[h(t)]$称为系统函数。由于

$$f(t)\leftrightarrow F(s)=\frac{1}{s}$$

$$h(t)\leftrightarrow H(s)=\frac{1}{s+1}$$

故

$$Y_{zs}(s)=F(s)H(s)=\frac{1}{s}\cdot\frac{1}{s+1}=\frac{1}{s}-\frac{1}{s+1}$$

对上式取拉普拉斯逆变换,得

$$y_{zs}(t)=\varepsilon(t)-\mathrm{e}^{-t}\varepsilon(t)=(1-\mathrm{e}^{-t})\varepsilon(t)$$

关于求解系统响应的问题将在 §5.4 中详细讨论。

八、s 域微分和积分

若

$$f(t)\leftrightarrow F(s),\quad \mathrm{Re}[s]>\sigma_0$$

则

$$\left.\begin{aligned}(-t)f(t)&\leftrightarrow\frac{\mathrm{d}F(s)}{\mathrm{d}s}\\(-t)^n f(t)&\leftrightarrow\frac{\mathrm{d}^n F(s)}{\mathrm{d}s^n},\quad \mathrm{Re}[s]>\sigma_0\end{aligned}\right\}\tag{5.2-30}$$

$$\frac{f(t)}{t}\leftrightarrow\int_s^{\infty}F(\eta)\mathrm{d}\eta,\quad \mathrm{Re}[s]>\sigma_0\tag{5.2-31}$$

微分特性证明如下:

由于

$$F(s)=\int_0^{\infty}f(t)\mathrm{e}^{-st}\mathrm{d}t$$

上式对 s 求导数,并交换微分、积分顺序,得

$$\begin{aligned}\frac{\mathrm{d}F(s)}{\mathrm{d}s}&=\frac{\mathrm{d}}{\mathrm{d}s}\int_0^{\infty}f(t)\mathrm{e}^{-st}\mathrm{d}t=\int_0^{\infty}f(t)\frac{\mathrm{d}}{\mathrm{d}s}\mathrm{e}^{-st}\mathrm{d}t\\&=\int_0^{\infty}(-t)f(t)\mathrm{e}^{-st}\mathrm{d}t=\mathscr{L}[(-t)f(t)]\end{aligned}$$

重复运用上述结果可得式(5.2-30)。通常,若 $f(t)$ 是 σ_0 指数阶的,那么乘以 t 仍是 σ_0 指数阶的,故式(5.2-30)的收敛域仍为 $\mathrm{Re}[s]>\sigma_0$。

现在证明积分特性如下:

将 $F(s)$ 的定义式代入式(5.2-31)的右端,并交换积分顺序,得

$$\int_s^\infty F(\eta)\mathrm{d}\eta=\int_s^\infty\left[\int_0^\infty f(t)\mathrm{e}^{-\eta t}\mathrm{d}t\right]\mathrm{d}\eta=\int_0^\infty f(t)\left[\int_s^\infty \mathrm{e}^{-\eta t}\mathrm{d}\eta\right]\mathrm{d}t$$
$$=\int_0^\infty \frac{f(t)}{t}\mathrm{e}^{-st}\mathrm{d}t=\mathscr{L}\left[\frac{f(t)}{t}\right]$$

显然,这里$\frac{f(t)}{t}$的拉普拉斯变换应该存在,即$\frac{f(t)}{t}$应在有限区间可积并且是指数阶的。

例 5.2-11 求函数 $t^2\mathrm{e}^{-\alpha t}\varepsilon(t)$的像函数。

解法一

令 $f_1(t)=\mathrm{e}^{-\alpha t}\varepsilon(t)$,则 $F_1(s)=\frac{1}{s+\alpha}$。由 s 域微分性质,得

$$t^2\mathrm{e}^{-\alpha t}\varepsilon(t)=(-t)^2 f_1(t)\leftrightarrow\frac{\mathrm{d}^2F_1(s)}{\mathrm{d}s^2}=\frac{2}{(s+\alpha)^3}$$

即

$$t^2\mathrm{e}^{-\alpha t}\varepsilon(t)\leftrightarrow\frac{2}{(s+\alpha)^3}\tag{5.2-32}$$

解法二

令 $f_2(t)=t^2\varepsilon(t)$,则 $F_2(s)=\frac{2}{s^3}$。由 s 域移位性质,得

$$\mathrm{e}^{-\alpha t}t^2\varepsilon(t)=\mathrm{e}^{-\alpha t}f_2(t)\leftrightarrow F_2(s+\alpha)=\frac{2}{(s+\alpha)^3}$$

例 5.2-12 求函数$\frac{\sin t}{t}\varepsilon(t)$的像函数。

解 由于

$$\sin t\varepsilon(t)\leftrightarrow\frac{1}{s^2+1}$$

由 s 域积分性质可得

$$\mathscr{L}\left[\frac{\sin t}{t}\varepsilon(t)\right]=\int_s^\infty\frac{1}{\eta^2+1}\mathrm{d}\eta=\arctan\eta\Big|_s^\infty=\frac{\pi}{2}-\arctan s=\arctan\left(\frac{1}{s}\right)\tag{5.2-33}$$

如再利用时域积分特性式(5.2-15),可得正弦积分函数 Si(t)的像函数

$$\mathrm{Si}(t)=\int_0^t\frac{\sin x}{x}\mathrm{d}x\leftrightarrow\frac{1}{s}\arctan\left(\frac{1}{s}\right)\tag{5.2-34}$$

九、初值定理和终值定理

初值和终值定理常用于由 $F(s)$直接求 $f(0_+)$和 $f(\infty)$的值,而不必求出原函数 $f(t)$。

初值定理

为简单起见,设函数 $f(t)$,不包含 $\delta(t)$及其各阶导数,且

$$f(t)\leftrightarrow F(s),\quad \mathrm{Re}[s]>\sigma_0$$

则有

$$\left.\begin{aligned}f(0_+) &= \lim_{t\to 0_+} f(t) = \lim_{s\to\infty} sF(s)\\ f'(0_+) &= \lim_{s\to\infty} s[sF(s) - f(0_+)]\\ f''(0_+) &= \lim_{s\to\infty} s[s^2F(s) - sf(0_+) - f'(0_+)]\end{aligned}\right\}\tag{5.2-35}$$

上式可证明如下：

由时域微分特性知

$$f'(t)\leftrightarrow sF(s) - f(0_-)\tag{5.2-36}$$

另一方面

$$\int_{0_-}^{\infty} f'(t)\mathrm{e}^{-st}\mathrm{d}t = \int_{0_-}^{0_+} f'(t)\mathrm{e}^{-st}\mathrm{d}t + \int_{0_+}^{\infty} f'(t)\mathrm{e}^{-st}\mathrm{d}t\tag{5.2-37}$$

考虑到在$(0_-,0_+)$区间 $\mathrm{e}^{-st}=1$，故

$$\int_{0_-}^{0_+} f'(t)\mathrm{e}^{-st}\mathrm{d}t = \int_{0_-}^{0_+} f'(t)\mathrm{d}t = f(0_+) - f(0_-)$$

将它代入式(5.2-37)，得

$$\int_{0_-}^{\infty} f'(t)\mathrm{e}^{-st}\mathrm{d}t = f(0_+) - f(0_-) + \int_{0_+}^{\infty} f'(t)\mathrm{e}^{-st}\mathrm{d}t\tag{5.2-38}$$

显然，式(5.2-36)与式(5.2-38)应相等，于是有

即

$$sF(s) = f(0_+) + \int_{0_+}^{\infty} f'(t)\mathrm{e}^{-st}\mathrm{d}t\tag{5.2-39}$$

对上式取 $s\to\infty$ 的极限，考虑到$\lim\limits_{s\to\infty}\mathrm{e}^{-st}=0$，得

$$\lim_{s\to\infty} sF(s) = f(0_+) + \lim_{s\to\infty}\int_{0_+}^{\infty} f'(t)\mathrm{e}^{-st}\mathrm{d}t = f(0_+) + \int_{0_+}^{\infty} f'(t)\left[\lim_{s\to\infty}\mathrm{e}^{-st}\right]\mathrm{d}t = f(0_+)$$

即式(5.2-35)的第一式，类似地可推得其他二式。

终值定理

若函数 $f(t)$ 在 $t\to\infty$ 时的极限存在，即 $f(\infty)=\lim\limits_{t\to\infty} f(t)$，且

$$f(t)\leftrightarrow F(s),\quad \mathrm{Re}[s] > \sigma_0, \sigma_0 < 0$$

则有

$$f(\infty) = \lim_{s\to 0} sF(s)\tag{5.2-40}$$

上式可证明如下：

对式(5.2-39)取 $s\to 0$ 的极限，由于

$$\lim_{s\to 0}\int_{0_+}^{\infty} f'(t)\mathrm{e}^{-st}\mathrm{d}t = \int_{0_+}^{\infty} f'(t)[\lim_{s\to 0}\mathrm{e}^{-st}]\mathrm{d}t = \int_{0_+}^{\infty} f'(t)\mathrm{d}t = f(\infty) - f(0_+)$$

故

$$\lim_{s\to 0} sF(s) = f(0_+) + \lim_{s\to 0}\int_{0_+}^{\infty} f'(t)\mathrm{e}^{-st}\mathrm{d}t = f(0_+) + f(\infty) - f(0_+) = f(\infty)$$

即式(5.2-40)。

需要注意的是，终值定理是取 $s\to 0$ 的极限，因而 $s=0$ 的点应在 $sF(s)$ 的收敛域内，否则不能应用终值定理。

例 5.2-13 如果函数 $f(t)$ 的像函数为

$$F(s)=\frac{1}{s+\alpha},\quad \mathrm{Re}[s]>-\alpha$$

求原函数 $f(t)$ 的初值和终值。

解 由初值定理，得

$$f(0_+)=\lim_{s\to\infty}sF(s)=\lim_{s\to\infty}\frac{s}{s+\alpha}=1$$

由 $F(s)$ 的原函数 $f(t)=\mathrm{e}^{-\alpha t}\varepsilon(t)$，显然以上结果对于正负 α 值都是正确的。

由终值定理，得

$$f(\infty)=\lim_{s\to 0}sF(s)=\lim_{s\to 0}\frac{s}{s+\alpha}=\begin{cases}0, & \alpha>0 & ①\\ 1, & \alpha=0 & ②\\ 0, & \alpha<0 & ③\end{cases}$$

对于 $\alpha\geqslant 0$，$sF(s)=\dfrac{s}{s+\alpha}$ 的收敛域分别为 $\mathrm{Re}[s]>-\alpha(\alpha>0)$ 和 $\mathrm{Re}[s]>-\infty(\alpha=0)$，显然 $s=0$ 在收敛域内，因而结果①、②正确；而对 $\alpha<0$，$sF(s)$ 的收敛域为 $\mathrm{Re}[s]>-\alpha=|\alpha|$，$s=0$ 不在收敛域内，因而结果③不正确，由 $F(s)$ 的原函数容易验证以上的结果。

最后，将拉普拉斯变换的性质归纳如表 5-1 作为小结，以便查阅。

表 5-1 单边拉普拉斯变换的性质

名称	时域 $f(t)\leftrightarrow F(s)$	s 域
定义	$f(t)=\dfrac{1}{2\pi\mathrm{j}}\int_{\sigma-\mathrm{j}\infty}^{\sigma+\mathrm{j}\infty}F(s)\mathrm{e}^{st}\mathrm{d}s$	$F(s)=\int_{-\infty}^{\infty}f(t)\mathrm{e}^{-st}\mathrm{d}t,\sigma>\sigma_0$
线性	$a_1f_1(t)+a_2f_2(t)$	$a_1F_1(s)+a_2F_2(s),\sigma>\max(\sigma_1,\sigma_2)$
尺度变换	$f(at)$	$\dfrac{1}{a}F\left(\dfrac{s}{a}\right),\sigma>a\sigma_0$
时移	$f(t-t_0)\varepsilon(t-t_0)$	$\mathrm{e}^{-st_0}F(s),\sigma>\sigma_0$
	$f(at-b)\varepsilon(at-b),a>0,b\geqslant 0$	$\dfrac{1}{a}\mathrm{e}^{-\frac{b}{a}s}F\left(\dfrac{s}{a}\right),\sigma>a\sigma_0$
复频移	$f(t)\mathrm{e}^{s_at}$	$F(s-s_a),\sigma>\sigma_0+\sigma_a$
时域微分	$f^{(1)}(t)$	$sF(s)-f(0_-),\sigma>\sigma_0$
	$f^{(n)}(t)$	$s^nF(s)-\sum_{m=0}^{n-1}s^{n-1-m}f^{(m)}(0_-)$
时域积分	$\left(\int_{0_-}^{t}\right)^nf(x)\mathrm{d}x$	$\dfrac{1}{s^n}F(s),\sigma>\max(\sigma_0,0)$
	$f^{(-1)}(t)$	$\dfrac{1}{s}F(s)+\dfrac{1}{s}f^{(-1)}(0_-)$
	$f^{(-n)}(t)$	$\dfrac{1}{s^n}F(s)+\sum_{m=1}^{n}\dfrac{1}{s^{n-m+1}}f^{(-m)}(0_-)$

续表

名称	时域 $f(t)\leftrightarrow F(s)$	s 域
时域卷积	$f_1(t)*f_2(t)$	$F_1(s)F_2(s),\sigma>\max(\sigma_1,\sigma_2)$
时域相乘	$f_1(t)f_2(t)$	$\frac{1}{2\pi j}\int_{c-j\infty}^{c+j\infty}F_1(\eta)F_2(s-\eta)d\eta$, $\sigma>\sigma_1+\sigma_2,\sigma_1<c<\sigma-\sigma_2$
s 域微分	$(-t)^n f(t)$	$\frac{d^n F(s)}{ds^n},\sigma>\sigma_0$
s 域积分	$\frac{f(t)}{t}$	$\int_s^\infty F(\eta)d\eta,\ \sigma>\sigma_0$
初值定理	$f(0_+)=\lim\limits_{s\to\infty}sF(s)$,$F(s)$ 为真分式	
终值定理	$f(\infty)=\lim\limits_{s\to 0}sF(s)$,$s=0$ 在 $sF(s)$ 的收敛域内	

注：① 表中 σ_0 为收敛坐标。② $f^{(n)}(t)\overset{\text{def}}{=\!=}\frac{d^n f(t)}{dt^n}$,$F^{(n)}(s)\overset{\text{def}}{=\!=}\frac{d^n F(s)}{ds^n}$,$f^{(-n)}(t)\overset{\text{def}}{=\!=}\left(\int_{-\infty}^{t}\right)^n f(x)dx$。

§5.3 拉普拉斯逆变换

对于单边拉普拉斯变换，由式(5.1-9)知，像函数 $F(s)$ 的拉普拉斯逆变换为

$$f(t)=\begin{cases}0, & t<0\\ \dfrac{1}{2\pi j}\displaystyle\int_{\sigma-j\infty}^{\sigma+j\infty}F(s)e^{st}ds, & t>0\end{cases} \tag{5.3-1}$$

上述积分应在收敛域内进行，若选常数 $\sigma>\sigma_0$［σ_0 为 $F(s)$ 的收敛坐标］，则积分路线是横坐标为 σ，平行于纵坐标轴的直线。实用中，常设法将积分路线变为适当的闭合路径，应用复变函数中的留数定理求得原函数。若 $F(s)$ 是 s 的有理分式，可将 $F(s)$ 展开为部分分式，然后求得其原函数。若直接利用拉普拉斯逆变换表（见附录五），将更为简便。

如果像函数 $F(s)$ 是 s 的有理分式，它可写为

$$F(s)=\frac{b_m s^m+b_{m-1}s^{m-1}+\cdots+b_1 s+b_0}{s^n+a_{n-1}s^{n-1}+\cdots+a_1 s+a_0} \tag{5.3-2}$$

式中各系数 $a_i(i=0,1,\cdots,n)$，$b_j(j=0,1,\cdots,m)$ 均为实数，为简便且不失一般性，设 $a_n=1$。若 $m\geqslant n$，可用多项式除法将像函数 $F(s)$ 分解为有理多项式 $P(s)$ 与有理真分式之和，即

$$F(s)=P(s)+\frac{B(s)}{A(s)} \tag{5.3-3}$$

式中 $B(s)$ 的幂次小于 $A(s)$ 的幂次。例如

$$F(s)=\frac{s^4+8s^3+25s^2+31s+15}{s^3+6s^2+11s+6}=s+2+\frac{2s^2+3s+3}{s^3+6s^2+11s+6}$$

由于 $\mathscr{L}^{-1}[1]=\delta(t)$，$\mathscr{L}^{-1}[s]=\delta'(t)$，…，故上面多项式 $P(s)$ 的拉普拉斯逆变换由冲激函数及其各阶导数组成，容易求得。下面主要讨论像函数为有理真分式的情形。

一、查表法

附录五是适用于求拉普拉斯逆变换的表，下面举例说明它的用法。

例 5.3-1 求 $F(s)=\dfrac{2s+5}{s^2+3s+2}$ 的原函数 $f(t)$。

解 $F(s)$ 分母多项式 $A(s)=0$ 的根为 $s_1=-1$，$s_2=-2$，故 $F(s)$ 可写为

$$F(s)=\frac{2s+5}{s^2+3s+2}=\frac{2s+5}{(s+1)(s+2)}$$

由附录五查得，编号为 2-12 的像函数与本例 $F(s)$ 相同，其中 $b_1=2$，$b_0=5$，$\alpha=1$，$\beta=2$。将以上数据代入到相应的原函数表示式，得

$$f(t)=3\mathrm{e}^{-t}-\mathrm{e}^{-2t},\quad t\geqslant 0$$

或写为

$$f(t)=(3\mathrm{e}^{-t}-\mathrm{e}^{-2t})\varepsilon(t)$$

例 5.3-2 求 $F(s)=\dfrac{3s+3}{s^2+2s+10}$ 的原函数 $f(t)$。

解 $F(s)$ 分母多项式 $A(s)=0$ 的根为 $s_{1,2}=-1\pm\mathrm{j}3$，故 $A(s)$ 可以写为

$$A(s)=s^2+2s+10=(s+1)^2+3^2$$

于是 $F(s)$ 可写为

$$F(s)=\frac{3s+3}{s^2+2s+10}=\frac{3(s+1)}{(s+1)^2+3^2}$$

查表可得，编号 2-6 的像函数形式与本例相同，只是本例的系数为 3，故得

$$f(t)=3\mathrm{e}^{-t}\cos(3t)\varepsilon(t)$$

二、部分分式展开法

如果 $F(s)$ 是 s 的实系数有理真分式（式中 $m<n$），则可写为

$$F(s)=\frac{B(s)}{A(s)}=\frac{b_m s^m+b_{m-1}s^{m-1}+\cdots+b_1 s+b_0}{s^n+a_{n-1}s^{n-1}+\cdots+a_1 s+a_0}\qquad(5.3-4)$$

式中分母多项式 $A(s)$ 称为 $F(s)$ 的特征多项式，方程 $A(s)=0$ 称为特征方程，它的根称为特征根，也称为 $F(s)$ 的固有频率（或自然频率）。

为将 $F(s)$ 展开为部分分式，要先求出特征方程的 n 个特征根 $s_i(i=1,2,\cdots,n)$，s_i 称为 $F(s)$ 的极点。特征根可能是实根（含零根），也可能是复根（含虚根）；可能是单根，也可能是重根。下面分几种情况讨论。

（1）$F(s)$ 有单极点（特征根为单根）。

如果方程 $A(s)=0$ 的根都是单根，其 n 个根 $s_1,s_2,\cdots,s_n$ 都互不相等，那么根据代数理论，$F(s)$ 可展开为如下的部分分式

$$F(s)=\frac{B(s)}{A(s)}=\frac{K_1}{s-s_1}+\frac{K_2}{s-s_2}+\cdots+\frac{K_i}{s-s_i}+\cdots+\frac{K_n}{s-s_n}=\sum_{i=1}^{n}\frac{K_i}{s-s_i} \tag{5.3-5}$$

待定系数 K_i 可用如下方法求得:

将式(5.3-5)等号两端同乘以$(s-s_i)$,得

$$(s-s_i)F(s)=\frac{(s-s_i)B(s)}{A(s)}=\frac{(s-s_i)K_1}{s-s_1}+\cdots+K_i+\cdots+\frac{(s-s_i)K_n}{s-s_n}$$

当 $s\to s_i$ 时,由于各根均不相等,故等号右端除 K_i 一项外均趋近于零,于是得

$$K_i=(s-s_i)F(s)\Big|_{s=s_i}=\lim_{s\to s_i}\left[(s-s_i)\frac{B(s)}{A(s)}\right] \tag{5.3-6}$$

系数 K_i 也可用另一方法确定:

由于 s_i 是 $A(s)=0$ 的根,故有 $A(s_i)=0$,这样上式可改写

$$K_i=\lim_{s\to s_i}\frac{B(s)}{\dfrac{A(s)-A(s_i)}{s-s_i}}$$

根据导数的定义,当 $s\to s_i$ 时,上式的分母为

$$\lim_{s\to s_i}\frac{A(s)-A(s_i)}{s-s_i}=\frac{\mathrm{d}}{\mathrm{d}s}A(s)\Big|_{s=s_i}=A'(s_i)$$

所以

$$K_i=\frac{B(s_i)}{A'(s_i)} \tag{5.3-7}$$

由 $\mathscr{L}^{-1}\left[\dfrac{1}{s-s_i}\right]=\mathrm{e}^{s_it}$,并利用线性性质,可得式(5.3-5)的原函数为

$$f(t)=\mathscr{L}^{-1}[F(s)]=\sum_{i=1}^{n}K_i\mathrm{e}^{s_it}\varepsilon(t) \tag{5.3-8}$$

式中系数 K_i 由式(5.3-6)或式(5.3-7)求得。

例 5.3-3 求 $F(s)=\dfrac{s+4}{s^3+3s^2+2s}$的原函数$f(t)$。

解 像函数 $F(s)$的分母多项式

$$A(s)=s^3+3s^2+2s=s(s+1)(s+2)$$

方程 $A(s)=0$ 有三个单实根 $s_1=0,s_2=-1,s_3=-2$,用式(5.3-6)可求得各系数[也可由式(5.3-7)求得]

$$K_1=s\cdot\frac{s+4}{s(s+1)(s+2)}\Big|_{s=0}=2$$

$$K_2=(s+1)\frac{s+4}{s(s+1)(s+2)}\Big|_{s=-1}=-3$$

$$K_3=(s+2)\frac{s+4}{s(s+1)(s+2)}\Big|_{s=-2}=1$$

所以

$$F(s)=\frac{s+4}{s(s+1)(s+2)}=\frac{2}{s}-\frac{3}{s+1}+\frac{1}{s+2}$$

取其逆变换,得

$$f(t) = 2 - 3e^{-t} + e^{-2t}, \quad t \geqslant 0$$

或写为

$$f(t) = (2 - 3e^{-t} + e^{-2t})\varepsilon(t)$$

(2) $F(s)$有共轭单极点(特征根为共轭单根)。

方程 $A(s)=0$ 若有复数根(或虚根),它们必共轭成对,否则,多项式 $A(s)$的系数中必有一部分是复数或虚数,而不可能全为实数。

例 5.3-4 求 $F(s)=\dfrac{s+2}{s^2+2s+2}$的原函数$f(t)$。

解 像函数 $F(s)$的分母多项式

$$A(s) = s^2 + 2s + 2 = (s + 1 - \mathrm{j})(s + 1 + \mathrm{j})$$

方程 $A(s)=0$ 有一对共轭复根 $s_{1,2}=-1\pm \mathrm{j}1$,用式(5.3-7)可求得各系数为

$$K_1 = \frac{B(s_1)}{A'(s_1)} = \frac{s + 2}{2s + 2}\bigg|_{s=-1+\mathrm{j}1} = \frac{1 + \mathrm{j}1}{\mathrm{j}2} = \frac{\sqrt{2}}{2}e^{-\mathrm{j}\frac{\pi}{4}}$$

$$K_2 = \frac{B(s_2)}{A'(s_2)} = \frac{s + 2}{2s + 2}\bigg|_{s=-1-\mathrm{j}1} = \frac{1 - \mathrm{j}1}{-\mathrm{j}2} = \frac{\sqrt{2}}{2}e^{\mathrm{j}\frac{\pi}{4}}$$

系数 K_1、K_2 也互为共轭复数。$F(s)$可展开为

$$F(s) = \frac{s + 2}{s^2 + 2s + 2} = \frac{\frac{\sqrt{2}}{2}e^{-\mathrm{j}\frac{\pi}{4}}}{s + 1 - \mathrm{j}} + \frac{\frac{\sqrt{2}}{2}e^{\mathrm{j}\frac{\pi}{4}}}{s + 1 + \mathrm{j}}$$

取逆变换,得

$$\begin{aligned} f(t) &= \left[\frac{\sqrt{2}}{2}e^{-\mathrm{j}\frac{\pi}{4}}e^{(-1+\mathrm{j})t} + \frac{\sqrt{2}}{2}e^{\mathrm{j}\frac{\pi}{4}}e^{(-1-\mathrm{j})t}\right]\varepsilon(t) \\ &= \frac{\sqrt{2}}{2}e^{-t}\left[e^{\mathrm{j}\left(t-\frac{\pi}{4}\right)} + e^{-\mathrm{j}\left(t-\frac{\pi}{4}\right)}\right]\varepsilon(t) \\ &= \sqrt{2}\,e^{-t}\cos\left(t - \frac{\pi}{4}\right)\varepsilon(t) \end{aligned}$$

由本例可见,当 $A(s)=0$ 有共轭复根时,计算比较复杂,下面将导出较为简便实用的关系式。

设 $A(s)=0$ 有一对共轭单根 $s_{1,2}=-\alpha\pm \mathrm{j}\beta$,将 $F(s)$的展开式分为两个部分

$$\begin{aligned} F(s) &= \frac{B(s)}{A(s)} = \frac{B(s)}{(s + \alpha - \mathrm{j}\beta)(s + \alpha + \mathrm{j}\beta)A_2(s)} \\ &= \frac{K_1}{s + \alpha - \mathrm{j}\beta} + \frac{K_2}{s + \alpha + \mathrm{j}\beta} + \frac{B_2(s)}{A_2(s)} = F_1(s) + F_2(s) \end{aligned} \qquad (5.3-9)$$

式中 $F_1(s)=\dfrac{K_1}{s+\alpha-\mathrm{j}\beta}+\dfrac{K_2}{s+\alpha+\mathrm{j}\beta}$;$F_2(s)=\dfrac{B_2(s)}{A_2(s)}$。$F_2(s)$展开式的形式由 $A_2(s)=0$ 的根 $s_3,\cdots,s_n$ 具体情况确定。

应用式(5.3-7),可求得

$$K_1=\frac{B(s_1)}{A'(s_1)}=\frac{B(-\alpha+\mathrm{j}\beta)}{A'(-\alpha+\mathrm{j}\beta)}$$

$$K_2=\frac{B(s_2)}{A'(s_2)}=\frac{B(-\alpha-\mathrm{j}\beta)}{A'(-\alpha-\mathrm{j}\beta)}=\frac{B(s_1^*)}{A'(s_1^*)}$$

由于 $B(s)$ 和 $A'(s)$ 都是 s 的实系数多项式，故 $B(s_1^*)=B^*(s_1)$，$A'(s_1^*)=A^{*\prime}(s_1)$，因而上述系数 K_1 与 K_2 互为共轭复数，即 $K_2=K_1^*$。令

$$\left.\begin{aligned}K_1&=\frac{B(s_1)}{A'(s_1)}=|K_1|\mathrm{e}^{\mathrm{j}\theta}\\K_2&=\frac{B(s_2)}{A'(s_2)}=|K_1|\mathrm{e}^{-\mathrm{j}\theta}\end{aligned}\right\}\tag{5.3-10}$$

式中 $s_1=-\alpha+\mathrm{j}\beta$，$s_2=s_1^*$。这样，式(5.3-9)中的 $F_1(s)$ 可写为

$$F_1(s)=\frac{|K_1|\mathrm{e}^{\mathrm{j}\theta}}{s+\alpha-\mathrm{j}\beta}+\frac{|K_1|\mathrm{e}^{-\mathrm{j}\theta}}{s+\alpha+\mathrm{j}\beta}\tag{5.3-11}$$

取逆变换，得

$$\begin{aligned}f_1(t)&=[\,|K_1|\mathrm{e}^{\mathrm{j}\theta}\mathrm{e}^{(-\alpha+\mathrm{j}\beta)t}+|K_1|\mathrm{e}^{-\mathrm{j}\theta}\mathrm{e}^{(-\alpha-\mathrm{j}\beta)t}]\varepsilon(t)\\&=|K_1|\mathrm{e}^{-\alpha t}[\mathrm{e}^{\mathrm{j}(\beta t+\theta)}+\mathrm{e}^{-\mathrm{j}(\beta t+\theta)}]\varepsilon(t)\\&=2|K_1|\mathrm{e}^{-\alpha t}\cos(\beta t+\theta)\varepsilon(t)\end{aligned}\tag{5.3-12}$$

这样，只需求得一个系数 K_1，就可按式(5.3-12)写出相应的结果。

例 5.3-5　求像函数

$$F(s)=\frac{s^3+s^2+2s+4}{s(s+1)(s^2+1)(s^2+2s+2)}$$

的原函数 $f(t)$。

解　本例中 $A(s)=0$ 有 6 个单根，它们分别为 $s_1=0$，$s_2=-1$，$s_{3,4}=\pm\mathrm{j}1$，$s_{5,6}=-1\pm\mathrm{j}1$，故 $F(s)$ 的展开式为

$$F(s)=\frac{K_1}{s}+\frac{K_2}{s+1}+\frac{K_3}{s-\mathrm{j}}+\frac{K_4}{s+\mathrm{j}}+\frac{K_5}{s+1-\mathrm{j}}+\frac{K_6}{s+1+\mathrm{j}}$$

按式(5.3-6)可求得各系数为

$$K_1=sF(s)\Big|_{s=0}=2$$

$$K_2=(s+1)F(s)\Big|_{s=-1}=-1$$

$$K_3=(s-\mathrm{j})F(s)\Big|_{s=\mathrm{j}}=\frac{1}{2}\mathrm{e}^{\mathrm{j}\frac{\pi}{2}}$$

$$K_5=(s+1-\mathrm{j})F(s)\Big|_{s=-1+\mathrm{j}}=\frac{2+\mathrm{j}1}{-1-\mathrm{j}3}=\frac{1}{\sqrt{2}}\mathrm{e}^{\mathrm{j}\frac{3\pi}{4}}$$

于是 $F(s)$ 的展开式可写为

$$F(s)=\frac{2}{s}-\frac{1}{s+1}+\frac{\frac{1}{2}\mathrm{e}^{\mathrm{j}\frac{\pi}{2}}}{s-\mathrm{j}}+\frac{\frac{1}{2}\mathrm{e}^{-\mathrm{j}\frac{\pi}{2}}}{s+\mathrm{j}}+\frac{\frac{1}{\sqrt{2}}\mathrm{e}^{\mathrm{j}\frac{3\pi}{4}}}{s+1-\mathrm{j}}+\frac{\frac{1}{\sqrt{2}}\mathrm{e}^{-\mathrm{j}\frac{3\pi}{4}}}{s+1+\mathrm{j}}$$

取其逆变换，得

$$f(t)=\left[2-\mathrm{e}^{-t}+\cos\left(t+\frac{\pi}{2}\right)+\frac{2}{\sqrt{2}}\mathrm{e}^{-t}\cos\left(t+\frac{3\pi}{4}\right)\right]\varepsilon(t)$$

$$=\left[2-\mathrm{e}^{-t}+\cos\left(t+\frac{\pi}{2}\right)+\sqrt{2}\,\mathrm{e}^{-t}\cos\left(t+\frac{3\pi}{4}\right)\right]\varepsilon(t)$$

（3）$F(s)$有重极点（特征根为重根）。

如果 $A(s)=0$ 在 $s=s_1$ 处有 r 重根，即 $s_1=s_2=\cdots=s_r$，而其余$(n-r)$个根 $s_{r+1},\cdots,s_n$ 都不等于 s_1。则像函数 $F(s)$的展开式可写为

$$F(s)=\frac{B(s)}{A(s)}=\frac{K_{11}}{(s-s_1)^r}+\frac{K_{12}}{(s-s_1)^{r-1}}+\cdots+\frac{K_{1r}}{s-s_1}+\frac{B_2(s)}{A_2(s)}$$

$$=\sum_{i=1}^{r}\frac{K_{1i}}{(s-s_1)^{r+1-i}}+\frac{B_2(s)}{A_2(s)}$$

$$=F_1(s)+F_2(s) \qquad (5.3-13)$$

式中 $F_2(s)=\dfrac{B_2(s)}{A_2(s)}$是除重根以外的项，且当 $s=s_1$ 时 $A_2(s_1)\neq 0$。各系数 $K_{1i}(i=1,2,\cdots,r)$可这样求得，将式（5.3-13）等号两端同乘以$(s-s_1)^r$，得

$$(s-s_1)^rF(s)=K_{11}+(s-s_1)K_{12}+\cdots+(s-s_1)^{i-1}K_{1i}+\cdots+$$
$$(s-s_1)^{r-1}K_{1r}+(s-s_1)^r\frac{B_2(s)}{A_2(s)} \qquad (5.3-14)$$

令 $s=s_1$，得

$$K_{11}=[(s-s_1)^rF(s)]\big|_{s=s_1} \qquad (5.3-15)$$

将式（5.3-14）对 s 求导数，得

$$\frac{\mathrm{d}}{\mathrm{d}s}[(s-s_1)^rF(s)]=K_{12}+\cdots+(i-1)(s-s_1)^{i-2}K_{1i}+\cdots+$$
$$(r-1)(s-s_1)^{r-2}K_{1r}+\frac{\mathrm{d}}{\mathrm{d}s}\left[(s-s_1)^r\frac{B_2(s)}{A_2(s)}\right]$$

令 $s=s_1$，得

$$K_{12}=\frac{\mathrm{d}}{\mathrm{d}s}[(s-s_1)^rF(s)]\big|_{s=s_1} \qquad (5.3-16)$$

依此类推，可得

$$K_{1i}=\frac{1}{(i-1)!}\frac{\mathrm{d}^{i-1}}{\mathrm{d}s^{i-1}}[(s-s_1)^rF(s)]\big|_{s=s_1} \qquad (5.3-17)$$

（式中 $i=1,2,\cdots,r$）

由式（5.2-23）知，$\mathscr{L}[t^n\varepsilon(t)]=\dfrac{n!}{s^{n+1}}$，利用复频移特性，可得

$$\mathscr{L}^{-1}\left[\frac{1}{(s-s_1)^{n+1}}\right]=\frac{1}{n!}t^n\mathrm{e}^{s_1t}\varepsilon(t) \qquad (5.3-18)$$

于是，式（5.3-13）中重根部分像函数 $F_1(s)$的原函数为

$$f_1(t)=\mathscr{L}^{-1}\left[\sum_{i=1}^{r}\frac{K_{1i}}{(s-s_1)^{r+1-i}}\right]=\left[\sum_{i=1}^{r}\frac{K_{1i}}{(r-i)!}t^{r-i}\right]\mathrm{e}^{s_1t}\varepsilon(t) \qquad (5.3-19)$$

例 5.3-6 求像函数 $F(s)=\dfrac{s+3}{(s+1)^3(s+2)}$的原函数$f(t)$。

解 $A(s)=0$ 有三重根 $s_1=s_2=s_3=-1$ 和单根 $s_4=-2$。故 $F(s)$可展开为

$$F(s)=\frac{s+3}{(s+1)^3(s+2)}=\frac{K_{11}}{(s+1)^3}+\frac{K_{12}}{(s+1)^2}+\frac{K_{13}}{s+1}+\frac{K_4}{s+2}$$

按式(5.3-17)和式(5.3-6)可分别求得系数 $K_{1i}(i=1,2,3)$和 K_4。

$$K_{11}=[(s+1)^3F(s)]\big|_{s=-1}=2$$

$$K_{12}=\frac{\mathrm{d}}{\mathrm{d}s}[(s+1)^3F(s)]\big|_{s=-1}=-1$$

$$K_{12}=\frac{1}{2!}\cdot\frac{\mathrm{d}^2}{\mathrm{d}s^2}[(s+1)^3F(s)]\big|_{s=-1}=1$$

$$K_4=[(s+2)F(s)]\big|_{s=-2}=-1$$

所以

$$F(s)=\frac{2}{(s+1)^3}-\frac{1}{(s+1)^2}+\frac{1}{s+1}-\frac{1}{s+2}$$

取逆变换,得

$$f(t)=[(t^2-t+1)\mathrm{e}^{-t}-\mathrm{e}^{-2t}]\varepsilon(t)$$

如果 $A(s)=0$ 有复重根,可以用类似于复单根的方法导出相应的逆变换关系式。譬如,$A(s)=0$有二重根 $s_{1,2}=-\alpha\pm\mathrm{j}\beta$,则 $F(s)$可展开为

$$F(s)=\frac{K_{11}}{(s+\alpha-\mathrm{j}\beta)^2}+\frac{K_{12}}{(s+\alpha-\mathrm{j}\beta)}+\frac{K_{21}}{(s+\alpha+\mathrm{j}\beta)^2}+\frac{K_{22}}{(s+\alpha+\mathrm{j}\beta)}+\frac{B_2(s)}{A_2(s)}$$

可以证明,$K_{21}=K_{11}^*$,$K_{22}=K_{12}^*$,系数 K_{11}、K_{12}的求法同上。求得系数后,可用下式求得其逆变换。

$$\mathscr{L}^{-1}\left[\frac{|K_{11}|\mathrm{e}^{\mathrm{j}\theta_{11}}}{(s+\alpha-\mathrm{j}\beta)^2}+\frac{|K_{11}|\mathrm{e}^{-\mathrm{j}\theta_{11}}}{(s+\alpha+\mathrm{j}\beta)^2}\right]=2|K_{11}|t\mathrm{e}^{-\alpha t}\cos(\beta t+\theta_{11})\varepsilon(t) \qquad (5.3-20)$$

$$\mathscr{L}^{-1}\left[\frac{|K_{12}|\mathrm{e}^{\mathrm{j}\theta_{12}}}{(s+\alpha-\mathrm{j}\beta)}+\frac{|K_{12}|\mathrm{e}^{-\mathrm{j}\theta_{12}}}{(s+\alpha+\mathrm{j}\beta)}\right]=2|K_{12}|\mathrm{e}^{-\alpha t}\cos(\beta t+\theta_{12})\varepsilon(t) \qquad (5.3-21)$$

例 5.3-7 求像函数 $F(s)=\dfrac{s+1}{[(s+2)^2+1]^2}$的原函数$f(t)$。

解 $A(s)=0$ 有二重根 $s_{1,2}=-2\pm\mathrm{j}1$,故 $F(s)$可展开为

$$F(s)=\frac{K_{11}}{(s+2-\mathrm{j}1)^2}+\frac{K_{12}}{(s+2-\mathrm{j}1)}+\frac{K_{21}}{(s+2+\mathrm{j}1)^2}+\frac{K_{22}}{(s+2+\mathrm{j}1)}$$

由式(5.3-17)可求得

$$K_{11}=[(s+2-\mathrm{j}1)^2F(s)]\big|_{s=-2+\mathrm{j}1}=\frac{\sqrt{2}}{4}\mathrm{e}^{-\mathrm{j}\frac{\pi}{4}}$$

$$K_{12}=\frac{\mathrm{d}}{\mathrm{d}s}[(s+2-\mathrm{j}1)^2F(s)]\big|_{s=-2+\mathrm{j}1}=\frac{1}{4}\mathrm{e}^{\mathrm{j}\frac{\pi}{2}}$$

利用式(5.3-20)和式(5.3-21),得

$$f(t)=\left[\frac{\sqrt{2}}{2}te^{-2t}\cos\left(t-\frac{\pi}{4}\right)+\frac{1}{2}e^{-2t}\cos\left(t+\frac{\pi}{2}\right)\right]\varepsilon(t)$$

特别需要强调的是,在根据已知像函数求原函数时,应注意运用拉普拉斯变换的各种性质和常用的变换对。

例 5.3-8 求像函数 $F(s)=\dfrac{1-e^{-2s}}{s+1}$ 的原函数 $f(t)$。

解 将 $F(s)$ 改写为

$$F(s)=\frac{1}{s+1}-\frac{1}{s+1}e^{-2s}$$

上式第二项有延时因子 e^{-2t},它对应的原函数也延迟 2 个单位。由单边指数函数变换对,得

$$\frac{1}{s+1}\leftrightarrow e^{-t}\varepsilon(t)$$

根据延时特性,有

$$\frac{1}{s+1}e^{-2s}\leftrightarrow e^{-(t-2)}\varepsilon(t-2)$$

再应用线性性质,得所求原函数为

$$f(t)=e^{-t}\varepsilon(t)-e^{-(t-2)}\varepsilon(t-2)$$

例 5.3-9 求像函数 $F(s)=\dfrac{s+2}{s^2+2s+2}$ 的原函数 $f(t)$。

解 将 $F(s)$ 改写为

$$F(s)=\frac{s+2}{s^2+2s+2}=\frac{s+1}{(s+1)^2+1^2}+\frac{1}{(s+1)^2+1^2}$$

由余弦、正弦函数的拉普拉斯变换对及复频移特性,得

$$f(t)=e^{-t}\cos t\varepsilon(t)+e^{-t}\sin t\varepsilon(t)=\sqrt{2}e^{-t}\cos\left(t-\frac{\pi}{4}\right)\varepsilon(t)$$

例 5.3-10 求像函数 $F(s)=\dfrac{[1-e^{-(s+1)}]^2}{(s+1)[1-e^{-2(s+1)}]}$ 的原函数 $f(t)$。

解 观察 $F(s)$ 的形式可见,若将 $F(s)$ 在 s 域右移一个单位,即令 $F(s-1)=F_1(s)$[显然 $F(s)=F_1(s+1)$],则有

$$F(s-1)=F_1(s)=\frac{(1-e^{-s})^2}{s(1-e^{-2s})}=\frac{1-2e^{-s}+e^{-2s}}{s}\cdot\frac{1}{1-e^{-2s}}=F_2(s)F_3(s)$$

式中,$F_2(s)=\dfrac{1-2e^{-s}+e^{-2s}}{s}$,$F_3(s)=\dfrac{1}{1-e^{-2s}}$。若设 $F_1(s)\leftrightarrow f_1(t)$,$F_2(s)\leftrightarrow f_2(t)$,$F_3(s)\leftrightarrow f_3(t)$,则根据卷积定理和复频移特性可得

$$f(t)=e^{-t}f_1(t)=e^{-t}[f_2(t)*f_3(t)]$$

$F_2(s)$ 的原函数为 $f_2(t)=\varepsilon(t)-2\varepsilon(t-1)+\varepsilon(t-2)$,其波形如图 5.3-1(a)所示,$F_3(s)$ 的原函数是周期 $T=2$ 的有始冲激函数列

$$f_3(t)=\sum_{m=0}^{\infty}\delta(t-2m)$$

根据卷积定理，得

$$f_1(t)=f_2(t)*f_3(t)=\sum_{m=0}^{\infty}[\varepsilon(t-2m)-2\varepsilon(t-2m-1)+\varepsilon(t-2m-2)]$$

其波形是周期为 2 的有始方波，如图 5.3-1(b)所示。最后根据复频移特性，得

$$f(t)=\mathrm{e}^{-t}f_1(t)=\mathrm{e}^{-t}\sum_{m=0}^{\infty}[\varepsilon(t-2m)-2\varepsilon(t-2m-1)+\varepsilon(t-2m-2)]$$

其波形如图 5.3-1(c)所示。

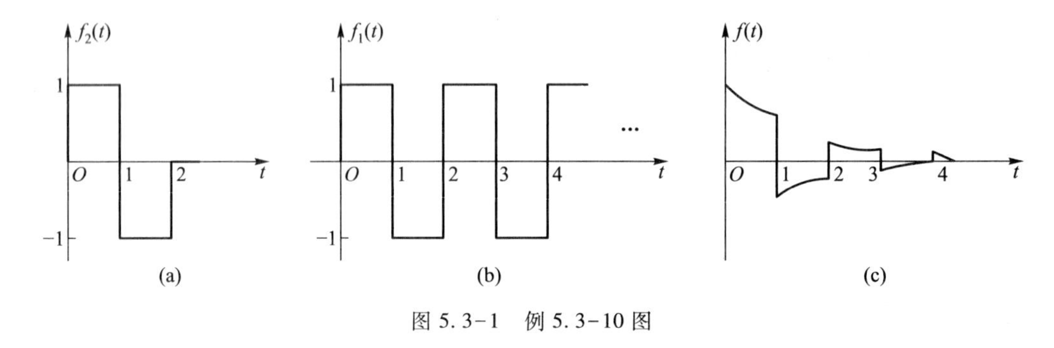

图 5.3-1 例 5.3-10 图

§5.4 复频域分析

拉普拉斯变换是分析线性连续系统的有力数学工具，它将描述系统的时域微积分方程变换为 s 域的代数方程，便于运算和求解；同时它将系统的初始状态自然地包含于像函数方程中，既可分别求得零输入响应、零状态响应，也可一举求得系统的全响应。本节讨论拉普拉斯变换用于 LTI 系统分析的一些问题。

一、微分方程的变换解

LTI 连续系统的数学模型是常系数微分方程。在第二章中讨论了微分方程的时域解法，求解过程较为烦琐。而这里是用拉普拉斯变换求解微分方程，求解简单明了，方便易行。

设 LTI 系统的激励为 $f(t)$，响应为 $y(t)$，描述 n 阶系统的微分方程的一般形式可写为

$$\sum_{i=0}^{n}a_i y^{(i)}(t)=\sum_{j=0}^{m}b_j f^{(j)}(t) \tag{5.4-1}$$

式中，系数 $a_i(i=0,1,\cdots,n)$、$b_j(j=0,1,\cdots,m)$ 均为实数，设系统的初始状态为 $y(0_-)$，$y^{(1)}(0_-)$，$\cdots$，$y^{(n-1)}(0_-)$。

令 $\mathscr{L}[y(t)]=Y(s)$，$\mathscr{L}[f(t)]=F(s)$。根据时域微分定理，$y(t)$ 及其各阶导数的拉普拉斯变换为

$$\mathscr{L}[y^{(i)}(t)]=s^iY(s)-\sum_{p=0}^{i-1}s^{i-1-p}y^{(p)}(0_-)\quad(i=0,1,\cdots,n) \tag{5.4-2}$$

如果$f(t)$是$t=0$时接入的，则在$t=0_-$时$f(t)$及其各阶导数均为零，即$f^{(j)}(0_-)=0$ $(j=0,1,\cdots,m)$。因而$f(t)$及其各阶导数的拉普拉斯变换为

$$\mathscr{L}[f^{(j)}(t)] = s^j F(s) \tag{5.4-3}$$

取式(5.4-1)的拉普拉斯变换并将式(5.4-2)、式(5.4-3)代入，得

$$\sum_{i=0}^{n} a_i \left[s^i Y(s) - \sum_{p=0}^{i-1} s^{i-1-p} y^{(p)}(0_-) \right] = \sum_{j=0}^{m} b_j s^j F(s)$$

即

$$\left[\sum_{i=0}^{n} a_i s^i \right] Y(s) - \sum_{i=0}^{n} a_i \left[\sum_{p=0}^{i-1} s^{i-1-p} y^{(p)}(0_-) \right] = \left[\sum_{j=0}^{m} b_j s^j \right] F(s) \tag{5.4-4}$$

由上式可解得

$$Y(s) = \frac{M(s)}{A(s)} + \frac{B(s)}{A(s)} F(s) \tag{5.4-5}$$

式中，$A(s)=\sum_{i=0}^{n} a_i s^i$是方程式(5.4-1)的特征多项式；$B(s)=\sum_{j=0}^{m} b_j s^j$，多项式$A(s)$和$B(s)$的系数仅与微分方程的系数$a_i$、$b_j$有关；$M(s)=\sum_{i=0}^{n} a_i \left[\sum_{p=0}^{i-1} s^{i-1-p} y^{(p)}(0_-) \right]$，它也是$s$的多项式，其系数与$a_i$和响应的各初始状态$y^{(p)}(0_-)$有关而与激励无关。

由式(5.4-5)可以看出，其第一项仅与初始状态有关而与输入无关，因而是零输入响应$y_{zi}(t)$的像函数，记为$Y_{zi}(s)$；其第二项仅与激励有关而与初始状态无关，因而是零状态响应$y_{zs}(t)$的像函数，记为$Y_{zs}(s)$。于是式(5.4-5)可写为

$$Y(s) = Y_{zi}(s) + Y_{zs}(s) = \frac{M(s)}{A(s)} + \frac{B(s)}{A(s)} F(s) \tag{5.4-6}$$

式中，$Y_{zi}(s)=\dfrac{M(s)}{A(s)}$，$Y_{zs}(s)=\dfrac{B(s)}{A(s)}F(s)$。取上式逆变换，得系统的全响应

$$y(t) = y_{zi}(t) + y_{zs}(t) \tag{5.4-7}$$

例 5.4-1 描述某 LTI 连续系统的微分方程为

$$y''(t) + 3y'(t) + 2y(t) = 2f'(t) + 6f(t)$$

已知输入$f(t)=\varepsilon(t)$，初始状态$y(0_-)=2$，$y'(0_-)=1$。求系统的零输入响应、零状态响应和全响应。

解 对微分方程取拉普拉斯变换，有

$$s^2 Y(s) - sy(0_-) - y'(0_-) + 3sY(s) - 3y(0_-) + 2Y(s) = 2sF(s) + 6F(s)$$

即

$$(s^2 + 3s + 2) Y(s) - [sy(0_-) + y'(0_-) + 3y(0_-)] = 2(s+3) F(s)$$

可解得

$$Y(s) = Y_{zi}(s) + Y_{zs}(s) = \frac{sy(0_-) + y'(0_-) + 3y(0_-)}{s^2 + 3s + 2} + \frac{2(s+3)}{s^2 + 3s + 2} F(s) \tag{5.4-8}$$

将$F(s)=\mathscr{L}[\varepsilon(t)]=\dfrac{1}{s}$和各初始值代入上式，得

$$Y_{zi}(s)=\frac{2s+7}{s^2+3s+2}=\frac{2s+7}{(s+1)(s+2)}=\frac{5}{s+1}-\frac{3}{s+2}$$

$$Y_{zs}(s)=\frac{2(s+3)}{s^2+3s+2}\cdot\frac{1}{s}=\frac{2(s+3)}{s(s+1)(s+2)}=\frac{3}{s}-\frac{4}{s+1}+\frac{1}{s+2}$$

对以上二式取逆变换,得零输入响应和零状态响应分别为

$$y_{zi}(t)=\mathscr{L}^{-1}[Y_{zi}(s)]=(5e^{-t}-3e^{-2t})\varepsilon(t)$$

$$y_{zs}(t)=\mathscr{L}^{-1}[Y_{zs}(s)]=(3-4e^{-t}+e^{-2t})\varepsilon(t)$$

系统的全响应为

$$y(t)=y_{zi}(t)+y_{zs}(t)=(3+e^{-t}-2e^{-2t})\varepsilon(t)$$

本题如果只求全响应,可将有关初始状态和 $F(s)$ 代入式(5.4-8),整理后可得

$$Y(s)=\frac{2s^2+9s+6}{s(s+1)(s+2)}=\frac{3}{s}+\frac{1}{s+1}-\frac{2}{s+2}$$

取逆变换就得到全响应 $y(t)$,结果同上。

在系统分析中,有时已知 $t=0_+$ 时刻的初始值,由于激励已经接入,而 $y_{zs}(t)$ 及其各阶导数在 $t=0_+$ 时刻的值常不等于零,这时应设法求得初始状态 $y^{(i)}(0_-)=y_{zi}^{(i)}(0_-)$ $(i=0,1,\cdots,n-1)$。

由于式(5.4-7)对任何 $t\geqslant 0$ 成立,故有

$$y^{(i)}(0_+)=y_{zi}^{(i)}(0_+)+y_{zs}^{(i)}(0_+) \tag{5.4-9}$$

在 0_- 时刻,显然有 $y_{zs}^{(i)}(0_-)=0$,因而 $y^{(i)}(0_-)=y_{zi}^{(i)}(0_-)$,对于零输入响应,应该有 $y_{zi}^{(i)}(0_-)=y_{zi}^{(i)}(0_+)$,于是

$$y^{(i)}(0_-)=y_{zi}^{(i)}(0_-)=y_{zi}^{(i)}(0_+)=y^{(i)}(0_+)-y_{zs}^{(i)}(0_+) \tag{5.4-10}$$

式中 $i=0,1,\cdots,n-1$。

例 5.4-2　描述某 LTI 系统的微分方程为

$$y''(t)+3y'(t)+2y(t)=2f'(t)+6f(t) \tag{5.4-11}$$

已知输入 $f(t)=\varepsilon(t)$,$y(0_+)=2$,$y'(0_+)=2$。求 $y(0_-)$ 和 $y'(0_-)$。

解　由于零状态响应与初始状态无关,故本题的零状态响应与例 5.4-1 相同(因微分方程相同,输入也相同),即有

$$y_{zs}(t)=(3-4e^{-t}+e^{-2t})\varepsilon(t)$$

不难求得 $y_{zs}(0_+)=0$,$y'_{zs}(0_+)=2$。

由式(5.4-10)可求得

$$y(0_-)=y(0_+)-y_{zs}(0_+)=2$$

$$y'(0_-)=y'(0_+)-y'_{zs}(0_+)=0$$

例 5.4-3　描述某 LTI 系统的微分方程为

$$y''(t)+4y'(t)+4y(t)=f'(t)+3f(t)$$

已知输入 $f(t)=e^{-t}\varepsilon(t)$,$y(0_+)=1$,$y'(0_+)=3$。求该系统的零输入响应 $y_{zi}(t)$ 和零状态响应 $y_{zs}(t)$。

解　在应用单边拉普拉斯变换对方程取拉普拉斯变换时,不能把本问题中已知的"0_+"条件当作"0_-"条件直接代入方程。正确的处理方法有两种。其一,如例 5.4-2 那样,先将"0_+"条件转换为"0_-"条件,然后再按例 5.4-1 一样的过程求解。其二,首先求零状态响应。

对方程取拉普拉斯变换，有

$$s^2Y_{zs}(s) + 4sY_{zs}(s) + 4Y_{zs}(s) = sF(s) + 3F(s)$$

解得

$$Y_{zs}(s) = \frac{s+3}{s^2+4s+4}F(s)$$

而 $F(s)=\mathscr{L}[f(t)]=\dfrac{1}{s+1}$代入上式，得

$$Y_{zs}(s) = \frac{s+3}{s^2+4s+4}\cdot\frac{1}{s+1} = \frac{s+3}{(s+1)(s+2)^2}$$

部分分式展开上式，有

$$Y_{zs}(s) = \frac{2}{s+1} - \frac{1}{(s+2)^2} - \frac{2}{s+2}$$

所以

$$y_{zs}(t) = [2e^{-t} - (t+2)e^{-2t}]\varepsilon(t) \tag{5.4-12}$$

由式(5.4-12)得

$$\left.\begin{aligned} y_{zs}(0_+) &= 0 \\ y'_{zs}(0_+) &= 1 \end{aligned}\right\} \tag{5.4-13}$$

将式(5.4-13)代入式(5.4-9)，得

$$\left.\begin{aligned} y_{zi}(0_+) &= y(0_+) - y_{zs}(0_+) = 1-0 = 1 \\ y'_{zi}(0_+) &= y'(0_+) - y'_{zs}(0_+) = 3-1 = 2 \end{aligned}\right\} \tag{5.4-14}$$

设零输入响应

$$y_{zi}(t) = C_{zi1}e^{-2t} + C_{zi2}te^{-2t}$$

将式(5.4-14)条件代入上式，得

$$C_{zi1} = 1,\quad C_{zi2} = 4$$

所以

$$y_{zi}(t) = e^{-2t} + 4te^{-2t},\quad t \geqslant 0$$

或写为

$$y_{zi}(t) = (e^{-2t} + 4te^{-2t})\varepsilon(t)$$

在第二章中，曾就系统的时域响应讨论了全响应中的自由响应与强迫响应、瞬态响应与稳态响应的概念，这里从 s 域的角度研究这一问题。

例 5.4-4　描述某 LTI 系统的微分方程为

$$y''(t) + 5y'(t) + 6y(t) = 2f(t)$$

已知激励 $f(t)=5\cos t\varepsilon(t)$，初始状态 $y(0_-)=1$、$y'(0)=-1$。求系统的全响应 $y(t)$。

解　对方程进行拉普拉斯变换，可求得全响应 $y(t)$ 的像函数为

$$\begin{aligned} Y(s) &= Y_{zi}(s) + Y_{zs}(s) = \frac{M(s)}{A(s)} + \frac{B(s)}{A(s)}F(s) \\ &= \frac{sy(0_-) + y'(0_-) + 5y(0_-)}{s^2+5s+6} + \frac{2}{s^2+5s+6}F(s) \end{aligned} \tag{5.4-15}$$

将 $F(s)=\mathscr{L}[f(t)]=\dfrac{5s}{s^2+1}$ 和各初始状态代入上式，得

$$Y(s)=Y_{zi}(s)+Y_{zs}(s)=\overbrace{\frac{s+4}{(s+2)(s+3)}}^{Y_{zi}(s)}+\overbrace{\frac{2}{(s+2)(s+3)}\cdot\frac{5s}{s^2+1}}^{Y_{zs}(s)}$$

$$=\underbrace{\frac{2}{s+2}+\frac{-1}{s+3}+\frac{-4}{s+2}+\frac{3}{s+3}}_{Y_{自由}(s)}+\underbrace{\frac{\frac{1}{\sqrt{2}}e^{-j\frac{\pi}{4}}}{s-j}+\frac{\frac{1}{\sqrt{2}}e^{j\frac{\pi}{4}}}{s+j}}_{Y_{强迫}(s)} \tag{5.4-16a}$$

取逆变换，得

$$y(t)=\Big[\underbrace{\overbrace{2e^{-2t}-e^{-3t}}^{Y_{zi}(t)}\overbrace{-4e^{-2t}+3e^{-3t}}_{y_{自由}(t)}+\sqrt{2}\cos\left(t-\frac{\pi}{4}\right)}^{Y_{zs}(t)}_{y_{强迫}(t)}\Big]\varepsilon(t) \tag{5.4-16b}$$

由式(5.4-16a)可见，$Y(s)$ 的极点由两部分组成，一部分是系统的特征根所形成的极点 -2、-3，另一部分是激励信号像函数 $F(s)$ 的极点 j、$-j$。对照式(5.4-16)可知，系统自由响应 $y_{自由}(t)$ 的像函数 $Y_{自由}(s)$ 的极点等于系统的特征根（固有频率）。可以说，系统自由响应的函数形式由系统的固有频率确定。系统强迫响应 $y_{强迫}(t)$ 的像函数 $Y_{强迫}(s)$ 的极点就是 $F(s)$ 的极点，因而系统强迫响应的函数形式由激励函数确定。

本例中，系统的特征根为负值，自由响应就是瞬态响应；激励像函数的极点实部为零，强迫响应就是稳态响应。

一般而言，若系统特征根的实部都小于零，那么自由响应函数都呈衰减形式，这时自由响应就是瞬态响应。若 $F(s)$ 极点的实部为零，则强迫响应函数都为等幅振荡（或阶跃函数）形式，这时强迫响应就是稳态响应。如果激励信号本身是衰减函数[如 $e^{-\alpha t}$，$e^{-\alpha t}\cos(\beta t)$ 等]，当 $t\to\infty$ 时，强迫响应也趋近于零，这时强迫响应与自由响应一起组成瞬态响应，而系统的稳态响应等于零。如果系统有实部大于零的特征根，其响应函数随时间 t 的增大而增长，这时不能再分为瞬态响应和稳态响应。

二、系统函数

如前所述，描述 n 阶 LTI 系统的微分方程一般可写为

$$\sum_{i=0}^{n}a_i y^{(i)}(t)=\sum_{j=0}^{m}b_j f^{(j)}(t) \tag{5.4-17}$$

设 $f(t)$ 是 $t=0$ 时接入的，则其零状态响应的像函数为

$$Y_{zs}(s)=\frac{B(s)}{A(s)}F(s) \tag{5.4-18}$$

式中 $F(s)$ 为激励 $f(t)$ 的像函数，$A(s)$、$B(s)$ 分别为

$$\left.\begin{aligned}A(s) &= \sum_{i=0}^{n} a_i s^i \\ B(s) &= \sum_{j=0}^{m} b_j s^j\end{aligned}\right\} \tag{5.4-19}$$

它们很容易根据微分方程写出。

系统零状态响应的像函数 $Y_{zs}(s)$ 与激励的像函数 $F(s)$ 之比称为系统函数，用 $H(s)$ 表示，即

$$H(s)=\frac{Y_{zs}(s)}{F(s)}=\frac{B(s)}{A(s)} \tag{5.4-20}$$

由描述系统的微分方程容易写出该系统的系统函数 $H(s)$，反之亦然。由式(5.4-20)以及式(5.4-19)可见，系统函数 $H(s)$ 只与描述系统的微分方程系数 a_i、b_j 有关，即只与系统的结构、元件参数等有关，而与外界因素(激励、初始状态等)无关。

引入系统函数的概念后，系统零状态响应 $y_{zs}(t)$ 的像函数可写为

$$Y_{zs}(s)=H(s)F(s) \tag{5.4-21}$$

由前文已知，冲激响应 $h(t)$ 是输入 $f(t)=\delta(t)$ 时系统的零状态响应，由于 $\mathscr{L}[\delta(t)]=1$，故由式(5.4-21)知，系统冲激响应 $h(t)$ 的拉普拉斯变换

$$\mathscr{L}[h(t)]=H(s)$$

即系统的冲激响应 $h(t)$ 与系统函数 $H(s)$ 是拉普拉斯变换对，即

$$h(t)\leftrightarrow H(s) \tag{5.4-22}$$

系统的阶跃响应 $g(t)$ 是输入 $f(t)=\varepsilon(t)$ 时的零状态响应，由于 $\mathscr{L}[\varepsilon(t)]=\frac{1}{s}$，故有

$$g(t)\leftrightarrow \frac{1}{s}H(s) \tag{5.4-23}$$

一般情况下，若输入为 $f(t)$，其像函数为 $F(s)$，则零状态响应的像函数

$$Y_{zs}(s)=H(s)F(s)$$

取上式的逆变换，并由时域卷积定理，有

$$\begin{aligned}y_{zs}(t)&=\mathscr{L}^{-1}[Y_{zs}(s)]=\mathscr{L}^{-1}[H(s)F(s)]=\mathscr{L}^{-1}[H(s)]*\mathscr{L}^{-1}[F(s)]\\&=h(t)*f(t)\end{aligned} \tag{5.4-24}$$

这正是时域分析 § 2.4 中所得的重要结论。可见，时域卷积定理将连续系统的时域分析与复频域(s 域)分析紧密地联系起来，使系统分析方法更加丰富，手段更加灵活。

例 5.4-5　描述 LTI 系统的微分方程为

$$y''(t)+2y'(t)+2y(t)=f'(t)+3f(t)$$

求系统的冲激响应 $h(t)$。

解　令零状态响应的像函数为 $Y_{zs}(s)$，对方程取拉普拉斯变换(注意到初始状态为零)，得

$$s^2Y_{zs}(s)+2sY_{zs}(s)+2Y_{zs}(s)=sF(s)+3F(s)$$

于是得系统函数为

$$H(s)=\frac{Y_{zs}(s)}{F(s)}=\frac{s+3}{s^2+2s+2}=\frac{s+3}{(s+1)^2+1^2}=\frac{s+1}{(s+1)^2+1^2}+\frac{2}{(s+1)^2+1^2}$$

由正、余弦函数的变换对,并应用复频移特性可得

$$\mathscr{L}^{-1}\left[\frac{s+1}{(s+1)^2+1^2}\right]=\mathrm{e}^{-t}\cos t\varepsilon(t)$$

$$\mathscr{L}^{-1}\left[\frac{2}{(s+1)^2+1^2}\right]=2\mathrm{e}^{-t}\sin t\varepsilon(t)$$

所以系统的冲激响应

$$h(t)=\mathscr{L}^{-1}[H(s)]=\mathrm{e}^{-t}(\cos t+2\sin t)\varepsilon(t)$$

或写为

$$h(t)=\sqrt{5}\mathrm{e}^{-t}[\cos(t-63.4^\circ)]\varepsilon(t)$$

例 5.4-6 已知当输入 $f(t)=\mathrm{e}^{-t}\varepsilon(t)$ 时,某 LTI 系统的零状态响应为

$$y_{zs}(t)=(3\mathrm{e}^{-t}-4\mathrm{e}^{-2t}+\mathrm{e}^{-3t})\varepsilon(t)$$

求该系统的冲激响应和描述该系统的微分方程。

解 为求得冲激响应 $h(t)$ 及系统的方程,应首先求得系统函数 $H(s)$。由给定的 $f(t)$ 和 $y_{zs}(t)$ 可得

$$F(s)=\mathscr{L}[f(t)]=\frac{1}{s+1}$$

$$Y_{zs}(s)=\mathscr{L}[y_{zs}(t)]=\frac{3}{s+1}-\frac{4}{s+2}+\frac{1}{s+3}=\frac{2(s+4)}{(s+1)(s+2)(s+3)}$$

由式(5.4-20),得

$$H(s)=\frac{Y_{zs}(s)}{F(s)}=\frac{2(s+4)}{(s+2)(s+3)}=\frac{4}{s+2}-\frac{2}{s+3}$$

对上式取逆变换,得系统的冲激响应为

$$h(t)=\mathscr{L}^{-1}[H(s)]=(4\mathrm{e}^{-2t}-2\mathrm{e}^{-3t})\varepsilon(t)$$

上述 $H(s)$ 也可写为

$$H(s)=\frac{B(s)}{A(s)}=\frac{2(s+4)}{(s+2)(s+3)}=\frac{2s+8}{s^2+5s+6}$$

由式(5.4-17)、式(5.4-19)可知,$H(s)$ 的分母、分子多项式的系数与系统微分方程的系数一一对应,故得描述该系统的微分方程为

$$y''(t)+5y'(t)+6y(t)=2f'(t)+8f(t)$$

三、系统的 s 域框图

系统分析中也常遇到用时域框图描述的系统,这时可根据系统框图中各基本运算部件的运算关系列出描述该系统的微分方程,然后求该方程的解(用时域法或拉普拉斯变换法)。如果根据系统的时域框图画出其相应的 s 域框图,就可直接按 s 域框图列写有关像函数的代数方程,然后解出响应的像函数,取其逆变换求得系统的响应,这将使运算简化。

对各种基本运算部件[数乘器(标量乘法器)、加法器、积分器]的输入、输出取拉普拉斯变换,并利用线性、积分等性质,可得各部件的 s 域模型如表 5-2 所示。

表 5-2　基本运算部件的 s 域模型

名称	时域模型	s 域模型
数乘器（标量乘法器）	$f(t) \rightarrow \boxed{a} \rightarrow af(t)$ 或 $f(t) \xrightarrow{a} af(t)$	$F(s) \rightarrow \boxed{a} \rightarrow aF(s)$ 或 $F(s) \xrightarrow{a} aF(s)$
加法器	$f_1(t)$（+）、$f_2(t)$（±）$\rightarrow \Sigma \rightarrow f_1(t) \pm f_2(t)$	$F_1(s)$（+）、$F_2(s)$（±）$\rightarrow \Sigma \rightarrow F_1(s) \pm F_2(s)$
积分器	$f(t) \rightarrow \boxed{\int} \rightarrow \int_{-\infty}^{t} f(x)\mathrm{d}x$	$f(s) \rightarrow \boxed{\frac{1}{s}} \rightarrow \Sigma$（+），$\frac{f^{(-1)}(0_-)}{s}$（+）$\rightarrow \Sigma$；输出 $\frac{F(s)}{s} + \frac{f^{(-1)}(0_-)}{s}$
积分器（零状态）	$f(t) \rightarrow \boxed{\int} \rightarrow \int_{0}^{t} f(x)\mathrm{d}x$；$g'(t) \rightarrow \boxed{\int} \rightarrow g(t)$	$F(s) \rightarrow \boxed{\frac{1}{s}} \rightarrow \frac{F(s)}{s}$；$sG(s) \rightarrow \boxed{\frac{1}{s}} \rightarrow G(s)$

由于含初始状态的框图比较复杂，而且通常最关心的是系统的零状态响应，所以常采用零状态的 s 域框图。这时系统的时域框图与其 s 域框图形式上相同，因而使用简便，当然也给求零输入响应带来不便。

例 5.4-7　某 LTI 系统的时域框图如图 5.4-1(a)所示，已知输入 $f(t)=\varepsilon(t)$，求冲激响应 $h(t)$ 和零状态响应 $y_{zs}(t)$。

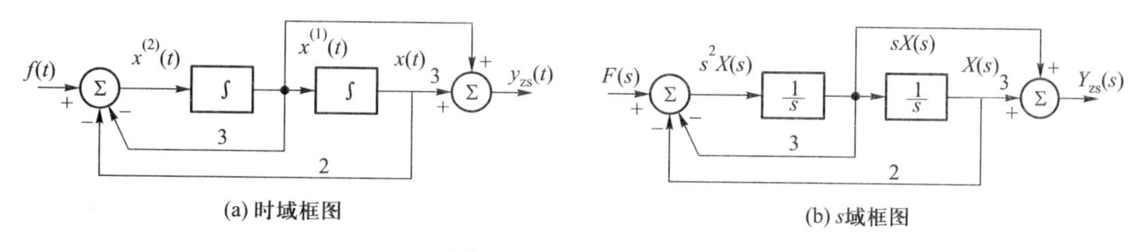

图 5.4-1　例 5.4-7 图

解　考虑到零状态，按表 5-2 中各部件的 s 域模型可画出该系统 s 域的框图如图 5.4-1(b)所示。

设图 5.4-1(b)中右端积分器$\left(\text{相应于}\frac{1}{s}\right)$的输出信号为 $X(s)$，则其输入为 $sX(s)$，它也是左端积分器的输出，因而左端积分器的输入为 $s^2X(s)$。由左端加法器的输出可列出像函数方程为

$$s^2X(s) = -3sX(s) - 2X(s) + F(s)$$

即

$$(s^2+3s+2)X(s)=F(s)$$

由右端加法器的输出端可列出方程为

$$Y_{zs}(s)=sX(s)+3X(s)=(s+3)X(s)$$

从以上二式消去中间变量 $X(s)$,得

$$Y_{zs}(s)=\frac{s+3}{s^2+3s+2}F(s)=H(s)F(s)$$

式中系统函数

$$H(s)=\frac{s+3}{s^2+3s+2}=\frac{2}{s+1}-\frac{1}{s+2}$$

故系统的冲激响应

$$h(t)=(2\mathrm{e}^{-t}-\mathrm{e}^{-2t})\varepsilon(t)$$

由于 $F(s)=\mathscr{L}[f(t)]=\frac{1}{s}$,故

$$Y_{zs}(s)=H(s)F(s)=\frac{s+3}{s^2+3s+2}\cdot\frac{1}{s}=\frac{\frac{3}{2}}{s}-\frac{2}{s+1}+\frac{\frac{1}{2}}{s+2}$$

故输入 $f(t)=\varepsilon(t)$时的零状态响应为

$$y_{zs}(t)=\left(\frac{3}{2}-2\mathrm{e}^{-t}+\frac{1}{2}\mathrm{e}^{-2t}\right)\varepsilon(t)$$

例 5.4-8 若已知例 5.4-7 系统的初始状态 $y(0_-)=1,y'(0_-)=2$,求系统的零输入响应 $y_{zi}(t)$。

解 由例 5.4-7 可知,系统函数 $H(s)$ 的分母多项式 $A(s)=s^2+3s+2$,因而零输入响应满足微分方程

$$y''_{zi}(t)+3y'_{zi}(t)+2y_{zi}(t)=0$$

取上式的拉普拉斯变换,得

$$s^2Y_{zi}(s)-sy_{zi}(0_-)-y'_{zi}(0_-)+3sY_{zi}(s)-3y_{zi}(0_-)+2Y_{zi}(s)=0$$

可解得

$$Y_{zi}(s)=\frac{sy_{zi}(0_-)+y_{zi}^{(1)}(0_-)+3y_{zi}(0_-)}{s^2+3s+2}$$

由于 $y_{zs}(0_-)=y'_{zs}(0_-)=0$,故在 0_-时刻 $y_{zi}(0_-)=y(0_-),y'_{zi}(0_-)=y'(0_-)$,将数据代入,得

$$Y_{zi}(s)=\frac{s+5}{s^2+3s+2}=\frac{4}{s+1}-\frac{3}{s+2}$$

于是得零输入响应为

$$y_{zi}(t)=(4\mathrm{e}^{-t}-3\mathrm{e}^{-2t})\varepsilon(t)$$

例 5.4-9 设某 LTI 系统的初始状态一定,已知当输入 $f(t)=f_1(t)=\delta(t)$时,系统的全响应 $y_1(t)=3\mathrm{e}^{-t}\varepsilon(t)$;当 $f(t)=f_2(t)=\varepsilon(t)$时,系统的全响应 $y_2(t)=(1+\mathrm{e}^{-t})\varepsilon(t)$;当输入 $f(t)=t\varepsilon(t)$时,求系统的全响应。

解 设系统的零输入响应 $y_{zi}(t)$和零状态响应 $y_{zs}(t)$的像函数分别为 $Y_{zi}(s)$和 $Y_{zs}(s)$。

系统全响应 $y(t)$ 的像函数可写为

$$Y(s)=Y_{zi}(s)+Y_{zs}(s)=Y_{zi}(s)+H(s)F(s)$$

由已知条件，当输入为 $f_1(t)=\delta(t)$ 时，$F_1(s)=1$，故有

$$\mathscr{L}[y_1(t)]=Y_1(s)=Y_{zi}(s)+H(s)=\frac{3}{s+1}$$

当输入为 $f_2(t)=\varepsilon(t)$ 时，$F_2(s)=\frac{1}{s}$，故有

$$\mathscr{L}[y_2(t)]=Y_2(s)=Y_{zi}(s)+H(s)\frac{1}{s}=\frac{1}{s}+\frac{1}{s+1}=\frac{2s+1}{s(s+1)}$$

由以上方程可解得

$$H(s)=\frac{1}{s+1}$$

$$Y_{zi}(s)=\frac{2}{s+1}$$

所以得零输入响应

$$y_{zi}(t)=\mathscr{L}^{-1}[Y_{zi}(s)]=2e^{-t}\varepsilon(t)$$

当输入 $f(t)=t\varepsilon(t)$ 时，$F(s)=\frac{1}{s^2}$，故这时的零状态响应 $y_{zs}(t)$ 的像函数

$$Y_{zs}(s)=H(s)F(s)=\frac{1}{s^2(s+1)}=\frac{1}{s^2}-\frac{1}{s}+\frac{1}{s+1}$$

故得零状态响应

$$y_{zs}(t)=(t-1+e^{-t})\varepsilon(t)$$

系统的全响应

$$y(t)=y_{zi}(t)+y_{zs}(t)=(t-1+3e^{-t})\varepsilon(t)$$

四、电路的 s 域模型

研究电路问题的基本依据是描述互连各支路(或元件)电流、电压相互关系的基尔霍夫定律(KCL 和 KVL)和电路元件端电压与流经该元件电流的电压电流关系(VCR)。现讨论它们在 s 域的形式。

KCL 方程 $\sum i(t)=0$ 描述了在任意时刻流入(或流出)任一结点(或割集)各电流关系的方程，它是各电流的一次函数(线性函数)，若各电流 $i_j(t)$ 的像函数为 $I_j(s)$(称其为像电流)，则由线性性质有

$$\sum I(s)=0 \qquad (5.4-25a)$$

上式表明，对任一结点(或割集)，流入(或流出)该结点的像电流的代数和恒等于零。在此仍称式(5.4-25a)为 KCL。

同理，KVL 方程 $\sum u(t)=0$ 也是回路中各支路电压的一次函数，若各支路电压 $u_j(t)$ 的像函数为 $U_j(s)$(称其为像电压)，则由线性性质有

$$\sum U(s)=0 \qquad (5.4-25b)$$

上式表明,对任一回路,各支路像电压的代数和恒等于零。在此仍称式(5.4-25b)为 KVL。

对于线性时不变二端元件 R、L、C,若规定其端电压 $u(t)$ 与电流 $i(t)$ 为关联参考方向,其相应的像函数分别为 $U(s)$ 和 $I(s)$,那么由拉普拉斯变换的线性性质及微分性质、积分性质可得到它们的 s 域模型。

(1) 电阻 $R\left(R=\dfrac{1}{G}\right)$

电阻 R 的时域电压电流关系为 $u(t)=Ri(t)$,取拉普拉斯变换有

$$U(s)=RI(s) \quad 或 \quad I(s)=GU(s) \tag{5.4-26}$$

(2) 电感 L

对于含有初始值 $i_L(0_-)$ 的电感 L,其时域的电压电流关系为 $u(t)=L\dfrac{\mathrm{d}i(t)}{\mathrm{d}t}$,根据时域微分定理有

$$U(s)=sLI(s)-Li_L(0_-) \tag{5.4-27a}$$

这可称为电感 L 的 s 域模型。

由上式可见,电感端电压的像函数(在不致混淆的情况下也简称为电压)等于两项之差。根据 KVL,它是两部分电压相串联,其第一项是 s 域感抗(简称感抗)sL 与像电流 $I(s)$ 的乘积;其第二项相当于某电压源的像函数 $Li_L(0_-)$,可称之为内部像电压源。这样,电感 L 的 s 域模型是由感抗 sL 与内部像电压源 $Li_L(0_-)$ 串联组成,如表 5-3 所示。

表 5-3 电路元件的 s 域模型

		电阻	电感	电容
基本关系		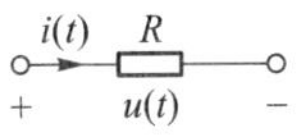 $i(t)$ R + $u(t)$ −	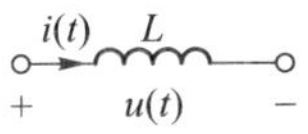 $i(t)$ L + $u(t)$ −	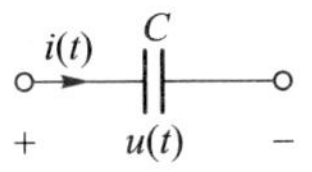 $i(t)$ C + $u(t)$ −
		$u(t)=Ri(t)$ $i(t)=\dfrac{1}{R}u(t)$	$u(t)=L\dfrac{\mathrm{d}i(t)}{\mathrm{d}t}$ $i(t)=\dfrac{1}{L}\int_{0_-}^{t}u(x)\mathrm{d}x+i_L(0_-)$	$u(t)=\dfrac{1}{C}\int_{0_-}^{t}i(x)\mathrm{d}x+u_C(0_-)$ $i(t)=C\dfrac{\mathrm{d}u(t)}{\mathrm{d}t}$
s 域模型	串联形式	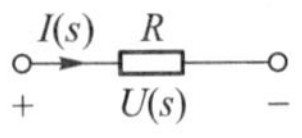 $I(s)$ R + $U(s)$ −	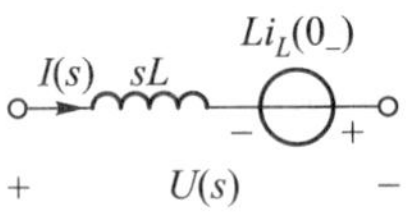 $I(s)$ sL $Li_L(0_-)$ − + + $U(s)$ −	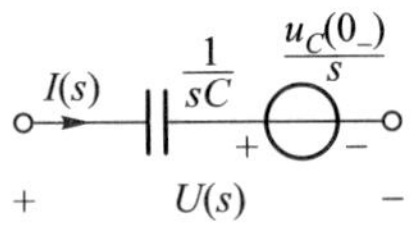 $I(s)$ $\frac{1}{sC}$ $\frac{u_C(0_-)}{s}$ + − + $U(s)$ −
		$U(s)=RI(s)$	$U(s)=sLI(s)-Li_L(0_-)$	$U(s)=\dfrac{1}{sC}I(s)+\dfrac{u_C(0_-)}{s}$
	并联形式	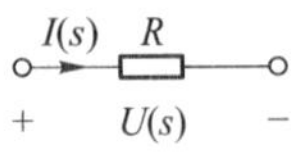 $I(s)$ R + $U(s)$ −	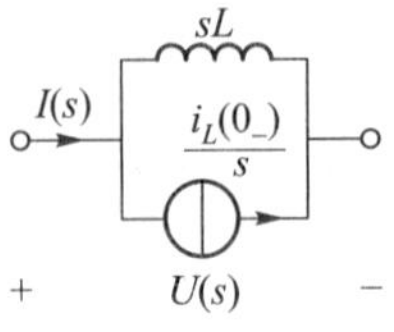 sL $I(s)$ $\frac{i_L(0_-)}{s}$ + $U(s)$ −	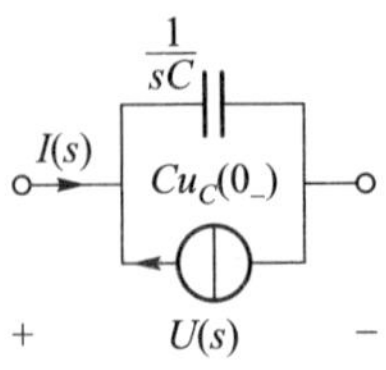 $\frac{1}{sC}$ $I(s)$ $Cu_C(0_-)$ + $U(s)$ −
		$I(s)=\dfrac{1}{R}U(s)$	$I(s)=\dfrac{1}{sL}U(s)+\dfrac{i_L(0_-)}{s}$	$I(s)=sCU(s)-Cu_C(0_-)$

如将式(5.4-27a)同除以 sL 并移项$\left[\right.$或对 $i(t)=i_L(0_-)+\frac{1}{L}\int_{0_-}^{t}u(x)\mathrm{d}x$ 等号两边取拉普拉斯变换$\left.\right]$,得

$$I(s)=\frac{1}{sL}U(s)+\frac{i_L(0_-)}{s} \tag{5.4-27b}$$

上式表明,像电流 $I(s)$ 等于两项之和。根据 KCL,它由两部分电流并联组成,其第一项是感纳$\frac{1}{sL}$与像电压 $U(s)$ 的乘积,其第二项为内部像电流源$\frac{i_L(0_-)}{s}$。

(3) 电容 C

对于含有初始值 $u_C(0_-)$ 的电容 C,用与分析电感 s 域模型类似的方法,可得电容 C 的 s 域模型为

$$U(s)=\frac{1}{sC}I(s)+\frac{u_C(0_-)}{s} \tag{5.4-28a}$$

$$I(s)=sCU(s)-Cu_C(0_-) \tag{5.4-28b}$$

三种元件(R、L、C)的时域和 s 域关系都列在表 5-3 中。

由以上讨论可见,经过拉普拉斯变换,可以将时域中用微分、积分形式描述的元件端电压$u(t)$与电流 $i(t)$的关系,变换为 s 域中用代数方程描述的 $U(s)$与 $I(s)$的关系,而且在 s 域中 KCL、KVL 也成立。这样,在分析电路的各种问题时,将原电路中已知电压源、电流源都变换为相应的像函数;未知电压、电流也用其像函数表示;各电路元件都用其 s 域模型替代(初始状态变换为相应的内部像电源),则可画出原电路的 s 域电路模型。对该 s 域电路而言,用以分析计算正弦稳态电路的各种方法(如无源支路的串、并联,电压源与电流源的等效变换,等效电源定理以及回路法,结点法等)都适用。这样,可按 s 域的电路模型解出所需未知响应的像函数,取其逆变换就得到所需的时域响应。需要注意的是,在做电路的s 域模型时,应画出其所有的内部像电源,并特别注意其参考方向。

例 5.4-10 如图 5.4-2(a)所示的电路,已知 $u_S(t)=12\ \mathrm{V}$,$L=1\ \mathrm{H}$,$C=1\ \mathrm{F}$,$R_1=3\ \Omega$,$R_2=2\ \Omega$,$R_3=1\ \Omega$。原电路已处于稳定状态,当 $t=0$ 时,开关 S 闭合,求 S 闭合后 R_3 两端电压的零输入响应 $y_{zi}(t)$和零状态响应 $y_{zs}(t)$。

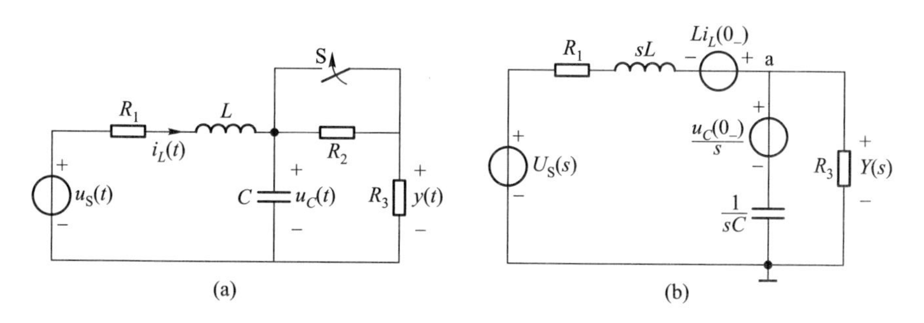

图 5.4-2 例 5.4-10 图

解 首先求出电容电压和电感电流的初始值 $u_C(0_-)$和 $i_L(0_-)$。在 $t=0_-$时,开关尚未闭合,由图 5.4-2(a)可求得

$$u_C(0_-)=\frac{R_2+R_3}{R_1+R_2+R_3}u_S=6\text{ V}$$

$$i_L(0_-)=\frac{1}{R_1+R_2+R_3}u_S=2\text{ A}$$

其次,画出图 5.4-2(a)所示电路的 s 域模型如图 5.4-2(b)所示。由图可见,选定参考点后,a 点的电位就是 $Y(s)$。列出 a 点的结点方程,有

$$\left(\frac{1}{sL+R_1}+sC+\frac{1}{R_3}\right)Y(s)=\frac{Li_L(0_-)}{sL+R_1}+\frac{u_C(0_-)/s}{1/(sC)}+\frac{U_S(s)}{sL+R_1}$$

将 L、C、R_1、R_2 的数据代入上式,得

$$\left(\frac{1}{s+3}+s+1\right)Y(s)=\frac{i_L(0_-)}{s+3}+u_C(0_-)+\frac{U_S(s)}{s+3}$$

由上式可解得

$$Y(s)=\frac{i_L(0_-)+(s+3)u_C(0_-)}{s^2+4s+4}+\frac{U_S(s)}{s^2+4s+4}$$

由上式可见,其第一项仅与各初始值有关,因而是零输入响应的像函数 $Y_{zi}(s)$;其第二项仅与输入的像函数 $U_S(s)$有关,因而是零状态响应的像函数 $Y_{zs}(s)$,即

$$Y_{zi}(s)=\frac{i_L(0_-)+(s+3)u_C(0_-)}{s^2+4s+4} \tag{5.4-29}$$

$$Y_{zs}(s)=\frac{U_S(s)}{s^2+4s+4} \tag{5.4-30}$$

将 $i_L(0_-)$,$u_C(0_-)$代入到式(5.4-29),有

$$Y_{zi}(s)=\frac{2+(s+3)\times 6}{s^2+4s+4}=\frac{6s+20}{(s+2)^2}=\frac{8}{(s+2)^2}-\frac{6}{s+2}$$

取逆变换,得图 5.4-2(a)中 R_2 两端电压的零输入响应为

$$y_{zi}(t)=(8t-6)\mathrm{e}^{-2t}\varepsilon(t)\text{ V}$$

由于 $\mathscr{L}[u_S(t)]=\mathscr{L}[12]=\frac{12}{s}=U_S(s)$,将它代入式(5.4-30),得

$$Y_{zs}(s)=\frac{12}{s(s+2)^2}=\frac{3}{s}-\frac{6}{(s+2)^2}-\frac{3}{s+2}$$

取逆变换,得 R_3 两端电压的零状态响应为

$$y_{zs}(t)=[3-(6t+3)\mathrm{e}^{-2t}]\varepsilon(t)\text{ V}$$

例 5.4-11 图 5.4-3(a)是一种常用的分压电路,若以 $u_1(t)$为输入,$u_2(t)$为输出,试分析为使输出不失真,电路各元件应满足的条件。

解 如果电路中各初始值 $u_C(0_-)$、$i_L(0_-)$等均为零,则其时域电路图与其 s 域电路模型具有相同的形式,只是各电流、电压变换为相应的像函数,各元件变换为相应的 s 域模型(零状态),如图 5.4-3(b)所示。

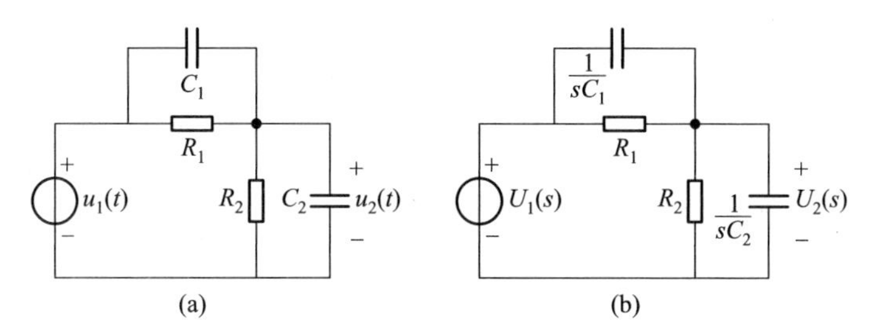

图 5.4-3　例 5.4-11 图

在图 5.4-3(b)中，令 R_1 与$\frac{1}{sC_1}$并联的阻抗为 $Z_1(s)$，导纳为 $Y_1(s)$；R_2 与$\frac{1}{sC_2}$并联的阻抗为 $Z_2(s)$，导纳为 $Y_2(s)$，则有

$$Y_1(s)=\frac{1}{Z_1(s)}=\frac{1}{R_1}+sC_1,\quad Y_2(s)=\frac{1}{Z_2(s)}=\frac{1}{R_2}+sC_2$$

可求得系统函数(或称为网络函数)为

$$H(s)=\frac{U_2(s)}{U_1(s)}=\frac{Z_2(s)}{Z_1(s)+Z_2(s)}=\frac{Y_1(s)}{Y_1(s)+Y_2(s)}=\frac{C_1\left(s+\frac{1}{R_1C_1}\right)}{(C_1+C_2)s+\frac{1}{R_1}+\frac{1}{R_2}}$$

$$=\frac{C_1}{C_1+C_2}+\frac{R_2C_2-R_1C_1}{R_1R_2(C_1+C_2)^2}\cdot\frac{1}{s+\alpha}\tag{5.4-31}$$

式中 $\alpha=\frac{R_1+R_2}{R_1R_2(C_1+C_2)}$。由式(4.8-13)知，不失真传输的条件是系统的冲激响应也是冲激函数，这就要求系统函数 $H(s)$ 是常数。由式(5.4-31)可知，仅当 $R_1C_1=R_2C_2$ 时(在此条件下有$\frac{C_1}{C_1+C_2}=\frac{R_2}{R_1+R_2}$)，系统函数为常数，即

$$H(s)=\frac{U_2(s)}{U_1(s)}=\frac{C_1}{C_1+C_2}=\frac{R_2}{R_1+R_2}$$

这时，系统的冲激响应为

$$h(t)=\frac{R_2}{R_1+R_2}\delta(t)$$

由卷积定理可知，在 $R_1C_1=R_2C_2$ 的条件下，对任意输入信号 $u_1(t)$，图 5.4-3(a)电路的零状态响应为

$$u_2(t)=u_1(t)*h(t)=\frac{R_2}{R_1+R_2}u_1(t)$$

即该电路的输出 $u_2(t)$ 与输入 $u_1(t)$ 波形相同，且为输入信号的$\frac{R_2}{R_1+R_2}$倍，因此，许多设备、仪器中常用它作为分压电路。

例 5.4-12　如图 5.4-4(a)电路是最平幅度型[也称为巴特沃思(Butterworth)型]三阶低通滤波器，它接于电源(含内阻 R)与负载 R 之间。已知 $L=1$ H，$C=2$ F，$R=1$ Ω，求系统函数$H(s)=\frac{U_2(s)}{U_1(s)}$(电压比函数)及其阶跃响应。

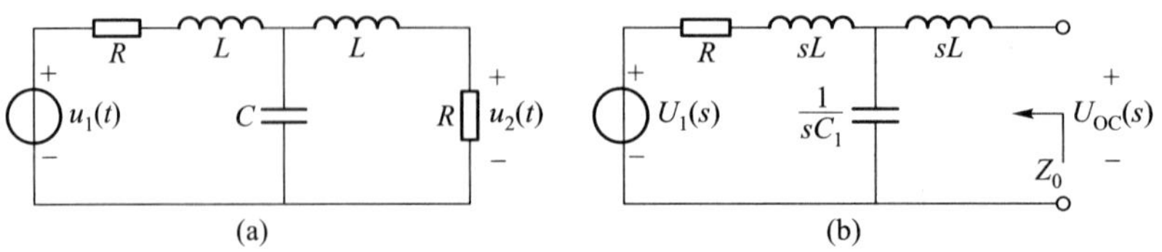

(a) (b)

图 5.4-4 例 5.4-12 图

解 本题的 s 域电路模型与原电路形式相同,不再重画。若用等效电源定理求解,可将负载 R 断开,其相应的 s 域电路模型如图 5.4-4(b)所示。不难求得,其开路电压像函数(将 R、L、C 的值代入)为

$$U_{\mathrm{OC}}(s)=\frac{\dfrac{1}{sC}}{sL+R+\dfrac{1}{sC}}U_1(s)=\frac{1}{2s^2+2s+1}U_1(s)$$

等效阻抗为

$$Z_0(s)=sL+\frac{(sL+R)\dfrac{1}{sC}}{sL+R+\dfrac{1}{sC}}=s+\frac{s+1}{2s^2+2s+1}=\frac{2s^3+2s^2+2s+1}{2s^2+2s+1}$$

于是可求得输出电压 $u_2(t)$ 的像函数

$$U_2(s)=\frac{R}{Z_0(s)+R}U_{\mathrm{OC}}(s)=\frac{1}{2(s^3+2s^2+2s+1)}U_1(s)$$

该滤波器的系统函数

$$H(s)=\frac{U_2(s)}{U_1(s)}=\frac{1}{2(s^3+2s^2+2s+1)}=\frac{1}{2(s+1)(s^2+s+1)} \tag{5.4-32}$$

再求该电路的阶跃响应。按阶跃响应的定义,当输入 $u_1(t)=\varepsilon(t)$(V)时,其像函数 $U_1(s)=\dfrac{1}{s}$,故其零状态响应的像函数为

$$\begin{aligned}Y_{\mathrm{zs}}(s)=G(s)=H(s)\frac{1}{s}&=\frac{1}{2s(s+1)(s^2+s+1)}\\&=\frac{1}{2}\left(\frac{1}{s}-\frac{1}{s+1}-\frac{1}{s^2+s+1}\right)\\&=\frac{1}{2}\left[\frac{1}{s}-\frac{1}{s+1}-\frac{2}{\sqrt{3}}\cdot\frac{\dfrac{\sqrt{3}}{2}}{\left(s+\dfrac{1}{2}\right)^2+\left(\dfrac{\sqrt{3}}{2}\right)^2}\right]\end{aligned}$$

取上式的逆变换,得图 5.4-4(a)滤波器的阶跃响应

$$g(t)=\frac{1}{2}\left[1-\mathrm{e}^{-t}-\frac{2}{\sqrt{3}}\mathrm{e}^{-\frac{t}{2}}\sin\left(\frac{\sqrt{3}}{2}t\right)\right]\varepsilon(t)\,(\mathrm{V})$$

五、拉普拉斯变换与傅里叶变换

单边拉普拉斯变换与傅里叶变换的定义分别为

$$F(s)=\int_{0}^{\infty}f(t)\mathrm{e}^{-st}\mathrm{d}t,\quad \mathrm{Re}[s]>\sigma_0 \tag{5.4-33}$$

$$F(\mathrm{j}\omega)=\int_{-\infty}^{\infty}f(t)\mathrm{e}^{-\mathrm{j}\omega t}\mathrm{d}t \tag{5.4-34}$$

应该注意到，单边拉普拉斯变换中的信号 $f(t)$ 是因果信号，即当 $t<0$ 时，$f(t)=0$，因而只能研究因果信号的傅里叶变换与其拉普拉斯变换的关系。

设拉普拉斯变换的收敛域为 $\mathrm{Re}[s]>\sigma_0$，依据收敛坐标 σ_0 的值可分为以下三种情况。

1. $\sigma_0>0$

如果 $f(t)$ 的像函数 $F(s)$ 的收敛坐标 $\sigma_0>0$，则其收敛域在虚轴以右，因而在 $s=\mathrm{j}\omega$ 处，即在虚轴上，式(5.4-33)不收敛。在这种情况下，函数 $f(t)$ 的傅里叶变换不存在。例如，函数 $f(t)=\mathrm{e}^{\alpha t}\varepsilon(t)\ (\alpha>0)$，其收敛域为 $\mathrm{Re}[s]>\alpha$。

2. $\sigma_0<0$

如果像函数 $F(s)$ 的收敛坐标 $\sigma_0<0$，则其收敛坐标在虚轴以左，在这种情况下，式(5.4-33)在虚轴上也收敛。因而在式(5.4-33)中令 $s=\mathrm{j}\omega$，就得到相应的傅里叶变换。所以，若收敛坐标 $\sigma_0<0$，则因果函数 $f(t)$ 的傅里叶变换

$$F(\mathrm{j}\omega)=F(s)\Big|_{s=\mathrm{j}\omega} \tag{5.4-35}$$

例如 $f(t)=\mathrm{e}^{-\alpha t}\varepsilon(t)\ (\alpha>0)$，其拉普拉斯变换为

$$F(s)=\frac{1}{s+\alpha},\quad \mathrm{Re}[s]>-\alpha$$

其傅里叶变换为

$$F(\mathrm{j}\omega)=F(s)\Big|_{s=\mathrm{j}\omega}=\frac{1}{\mathrm{j}\omega+\alpha}$$

3. $\sigma_0=0$

如果像函数 $F(s)$ 的收敛坐标 $\sigma_0=0$，那么式(5.4-33)在虚轴上不收敛，因此不能直接利用式(5.4-35)求得其傅里叶变换。

如果函数 $f(t)$ 的像函数 $F(s)$ 的收敛坐标 $\sigma_0=0$，那么它必然在虚轴上有极点，即 $F(s)$ 的分母多项式 $A(s)=0$ 必有虚根。设 $A(s)=0$ 有 N 个虚根(单根) $\mathrm{j}\omega_1$、$\mathrm{j}\omega_2$、…、$\mathrm{j}\omega_N$，将 $F(s)$ 展开成部分分式，并把它分为两部分，令其中极点在左半开平面的部分为 $F_{\mathrm{a}}(s)$。这样，像函数 $F(s)$ 可以写为

$$F(s)=F_{\mathrm{a}}(s)+\sum_{i=1}^{N}\frac{K_i}{s-\mathrm{j}\omega_i} \tag{5.4-36}$$

如令 $\mathscr{L}^{-1}[F_{\mathrm{a}}(s)]=f_{\mathrm{a}}(t)$，则上式的拉普拉斯逆变换为

$$f(t)=f_{\mathrm{a}}(t)+\sum_{i=1}^{N}K_i\mathrm{e}^{\mathrm{j}\omega_i t}\varepsilon(t) \tag{5.4-37}$$

现在求 $f(t)$ 的傅里叶变换，由于 $F_{\mathrm{a}}(s)$ 的极点均在左半平面，因而它在虚轴上收敛。那

么由式(5.4-35)知

$$\mathscr{F}[f_a(t)] = F_a(s)\Big|_{s=j\omega}$$

由于 $e^{j\omega_i t}$ 的傅里叶变换为 $\pi\delta(\omega-\omega_i)+\dfrac{1}{j(\omega-\omega_i)}$，所以式(5.4-37)中第二项的傅里叶变换为

$$\sum_{i=1}^{N} K_i\left[\pi\delta(\omega-\omega_i)+\frac{1}{j\omega-j\omega_i}\right]$$

于是得式(5.4-37)的傅里叶变换为

$$\begin{aligned}\mathscr{F}[f(t)] &= F_a(s)\Big|_{s=j\omega} + \sum_{i=1}^{N} K_i\left[\pi\delta(\omega-\omega_i)+\frac{1}{j\omega-j\omega_i}\right]\\ &= F_a(s)\Big|_{s=j\omega} + \sum_{i=1}^{N}\frac{K_i}{j\omega-j\omega_i} + \sum_{i=1}^{N}\pi K_i\delta(\omega-\omega_i)\end{aligned}$$

与式(5.4-36)比较可见，上式的前两项之和正是 $F(s)\Big|_{s=j\omega}$。于是得，在 $F(s)$ 的收敛坐标 $\sigma_0=0$ 的情况下，函数 $f(t)$ 的傅里叶变换为

$$F(j\omega) = F(s)\Big|_{s=j\omega} + \sum_{i=1}^{N}\pi K_i\delta(\omega-\omega_i) \tag{5.4-38}$$

如果 $F(s)$ 在 $j\omega$ 轴上有多重极点，可用与上面类似的方法处理。譬如，若 $F(s)$ 在 $s=j\omega_1$ 处有 r 重极点，而其余极点均在左半开平面，$F(s)$ 的部分分式展开为

$$F(s) = F_a(s) + \frac{K_{11}}{(s-j\omega_1)^r} + \frac{K_{12}}{(s-j\omega_1)^{r-1}} + \cdots + \frac{K_{1r}}{(s-j\omega_1)}$$

式中 $F_a(s)$ 的极点全在左半开平面，则与 $F(s)$ 相应的傅里叶变换为

$$\begin{aligned}F(j\omega) = F(s)\Big|_{s=j\omega} &+ \frac{\pi K_{11}(j)^{r-1}}{(r-1)!}\delta^{(r-1)}(\omega-\omega_1) + \\ &\frac{\pi K_{12}(j)^{r-2}}{(r-2)!}\delta^{(r-2)}(\omega-\omega_1) + \cdots + \pi K_{1r}\delta(\omega-\omega_1)\end{aligned} \tag{5.4-39}$$

例 5.4-13　已知 $\cos(\omega_0 t)\varepsilon(t)$ 的像函数为

$$F(s) = \frac{s}{s^2+\omega_0^2}$$

求其傅里叶变换。

解　将 $F(s)$ 展开为部分分式，得

$$F(s) = \frac{\frac{1}{2}}{s+j\omega_0} + \frac{\frac{1}{2}}{s-j\omega_0}$$

由式(5.4-38)得 $\cos(\omega_0 t)\varepsilon(t)$ 的傅里叶变换为

$$F(j\omega) = F(s)\Big|_{s=j\omega} + \sum_{i=1}^{2}\pi K_i\delta(\omega-\omega_i) = \frac{j\omega}{\omega_0^2-\omega^2} + \frac{\pi}{2}[\delta(\omega+\omega_0)+\delta(\omega-\omega_0)]$$

例 5.4-14　已知 $t\varepsilon(t)$ 的像函数为

$$F(s)=\frac{1}{s^2}$$

求其傅里叶变换。

解　由式(5.4-39)知,其傅里叶变换为

$$F(\mathrm{j}\omega)=\left.\frac{1}{s^2}\right|_{s=\mathrm{j}\omega}+\mathrm{j}\pi\delta'(\omega)=-\frac{1}{\omega^2}+\mathrm{j}\pi\delta'(\omega)$$

*§ 5.5　双边拉普拉斯变换

前面讨论的单边拉普拉斯变换适用于因果函数(即 $t<0$ 时,$f(t)=0$)。这对于许多实际应用问题是合适的。如果函数 $f(t)$ 是双边函数,那么用双边拉普拉斯变换将比较方便。将单边变换中所讨论的问题稍加修改,就适用于双边变换。

在 § 5.1 中已导出了双边拉普拉斯变换对[式(5.1-4),式(5.1-5)]为

$$F_{\mathrm{b}}(\mathrm{s})=\mathscr{L}_{\mathrm{b}}[f(t)]=\int_{-\infty}^{\infty}f(t)\mathrm{e}^{-st}\mathrm{d}t \tag{5.5-1}$$

$$f(t)=\mathscr{L}_{\mathrm{b}}^{-1}[F_{\mathrm{b}}(\mathrm{s})]=\frac{1}{2\pi\mathrm{j}}\int_{\sigma-\mathrm{j}\infty}^{\sigma+\mathrm{j}\infty}F_{\mathrm{b}}(s)\mathrm{e}^{st}\mathrm{d}s \tag{5.5-2}$$

当采用单边变换时,只限于 $t>0$,因而式(5.5-1)中,若选 $\mathrm{Re}[s]=\sigma>\sigma_1$($\sigma_1$ 为收敛坐标),那么当 $t\to\infty$ 时,$f(t)\mathrm{e}^{-\sigma t}\to 0$,该积分收敛。对于双边变换还应考虑 $t<0$ 的情况,这时 $\mathrm{e}^{-\sigma t}$ 将随着 $|t|$ 的增大而增长,因此 σ 又不能选得过大。为了使式(5.5-1)的积分收敛,σ 应小于另一收敛坐标 σ_2,使 $\lim\limits_{t\to-\infty}f(t)\mathrm{e}^{-\sigma t}=0$。所以双边拉普拉斯变换 $F_{\mathrm{b}}(\mathrm{s})$ 存在的条件为:

如果函数 $f(t)$ 在有限区间内可积,且对于实常数 σ_1,σ_2,有

$$\left.\begin{aligned}\lim_{t\to\infty}|f(t)|\mathrm{e}^{-\sigma t}=0,\quad \mathrm{Re}[s]>\sigma_1\\ \lim_{t\to-\infty}|f(t)|\mathrm{e}^{-\sigma t}=0,\quad \mathrm{Re}[s]<\sigma_2\end{aligned}\right\} \tag{5.5-3}$$

则在 $\sigma_1<\mathrm{Re}[s]<\sigma_2$ 的带状区域内,拉普拉斯积分式(5.5-1)绝对且一致收敛。

满足式(5.5-3)的函数 $f(t)$ 称为指数阶函数。在复平面上带状区域 $\sigma_1<\mathrm{Re}[s]<\sigma_2$ 称为双边拉普拉斯变换的收敛域。

由以上讨论可知,双边拉普拉斯变换仅在其收敛域内收敛,因而式(5.5-1)和式(5.5-2)应更确切地写为

$$F_{\mathrm{b}}(\mathrm{s})=\mathscr{L}_{\mathrm{b}}[f(t)]\overset{\mathrm{def}}{=\!=\!=}\int_{-\infty}^{\infty}f(t)\mathrm{e}^{-st}\mathrm{d}t,\quad \sigma_1<\mathrm{Re}[s]<\sigma_2 \tag{5.5-4}$$

$$f(t)=\mathscr{L}_{\mathrm{b}}^{-1}[F_{\mathrm{b}}(\mathrm{s})]\overset{\mathrm{def}}{=\!=\!=}\frac{1}{2\pi\mathrm{j}}\int_{\sigma-\mathrm{j}\infty}^{\sigma+\mathrm{j}\infty}F_{\mathrm{b}}(s)\mathrm{e}^{st}\mathrm{d}s,\quad \sigma_1<\mathrm{Re}[s]<\sigma_2 \tag{5.5-5}$$

例 5.5-1　求门函数

$$g_\tau(t)=\begin{cases}1, & |t|<\dfrac{\tau}{2}\\ 0, & |t|>\dfrac{\tau}{2}\end{cases}$$

的双边拉普拉斯变换。

解 根据式(5.5-4),门函数的双边拉普拉斯变换为

$$G_b(s)=\int_{-\infty}^{\infty}f(t)e^{-st}dt=\int_{-\frac{\tau}{2}}^{\frac{\tau}{2}}e^{-st}dt=\frac{e^{\frac{s\tau}{2}}-e^{-\frac{s\tau}{2}}}{s}$$

$$=\frac{2}{s}\sin h\left(\frac{s\tau}{2}\right),\quad -\infty<\mathrm{Re}[s]<\infty$$

它在全平面收敛。

例 5.5-2 求函数

$$f(t)=\begin{cases}e^{\alpha_2 t}, & t<0\\ e^{\alpha_1 t}, & t>0\end{cases}=e^{\alpha_2 t}\varepsilon(-t)+e^{\alpha_1 t}\varepsilon(t)\tag{5.5-6}$$

的双边拉普拉斯变换。

解 根据式(5.5-4)可得

$$F_b(s)=\int_{-\infty}^{\infty}f(t)e^{-st}dt=\int_{-\infty}^{0}e^{\alpha_2 t}e^{-st}dt+\int_{0}^{\infty}e^{\alpha_1 t}e^{-st}dt$$

$$=\frac{e^{-(s-\alpha_2)t}}{-(s-\alpha_2)}\Bigg|_{-\infty}^{0}+\frac{e^{-(s-\alpha_1)t}}{-(s-\alpha_1)}\Bigg|_{0}^{\infty}$$

显然,当 $\mathrm{Re}[s-\alpha_2]<0$,即 $\mathrm{Re}[s]<\alpha_2$,上式第一项存在;当 $\mathrm{Re}[s-\alpha_1]>0$,即 $\mathrm{Re}[s]>\alpha_1$,上式第二项存在。这时

$$F_b(s)=\frac{1}{-(s-\alpha_2)}+\frac{1}{s-\alpha_1}=\frac{\alpha_1-\alpha_2}{(s-\alpha_1)(s-\alpha_2)},\quad \alpha_1<\mathrm{Re}[s]<\alpha_2\tag{5.5-7}$$

如果 $\alpha_2>\alpha_1$,其收敛域是 $\alpha_1<\mathrm{Re}[s]<\alpha_2$ 的带状区域。如果 $\alpha_2<\alpha_1$,则式(5.5-7)不收敛,函数 $f(t)$ 的双边拉普拉斯变换不存在。图 5.5-1 画出了 α_1 和 α_2 为不同数值时收敛域的情况。图(a)是 $\alpha_2>\alpha_1>0$ 的情形,其收敛域是在右半平面中 $\alpha_1<\mathrm{Re}[s]<\alpha_2$ 的区域。图(b)是 $\alpha_1<\alpha_2<0$ 的情形,其收敛域是在左半平面中 $\alpha_1<\mathrm{Re}[s]<\alpha_2$ 的区域。图(c)是 $\alpha_1=-\alpha,\alpha_2=\alpha$ 的情形,其收敛域为 $-\alpha<\mathrm{Re}[s]<\alpha$。如果 $\alpha_2=\infty$,则有 $t<0$ 时 $f(t)=0$,于是就变为单边拉普拉斯变换。如果 $\alpha_1=-\infty$,函数 $f(t)$ 也是单边信号,不过它只存在于 $0>t>-\infty$ 区间,而在 $t>0$ 时,$f(t)=0$。

在求函数 $f(t)$ 的双边拉普拉斯变换时,可将 $f(t)$ 分为因果函数 $f_1(t)$ 和反因果函数 $f_2(t)$ 两部分,分别求出它们的像函数后再相加。

令双边函数

$$f(t)=f_2(t)+f_1(t)=f(t)\varepsilon(-t)+f(t)\varepsilon(t)\tag{5.5-8}$$

式中 $f_1(t)=f(t)\varepsilon(t)$,$f_2(t)=f(t)\varepsilon(-t)$。因果函数 $f_1(t)$ 的像函数就是它的单边拉普拉斯变换。令

$$f_1(t)=f(t)\varepsilon(t)\leftrightarrow F_1(s),\quad \mathrm{Re}[s]>\sigma_1\tag{5.5-9}$$

反因果函数 $f_2(t)$ 的像函数为

$$F_2(s)=\int_{-\infty}^{0}f(t)\varepsilon(-t)e^{-st}dt$$

将 t 换为 $-t$ 上式可写为

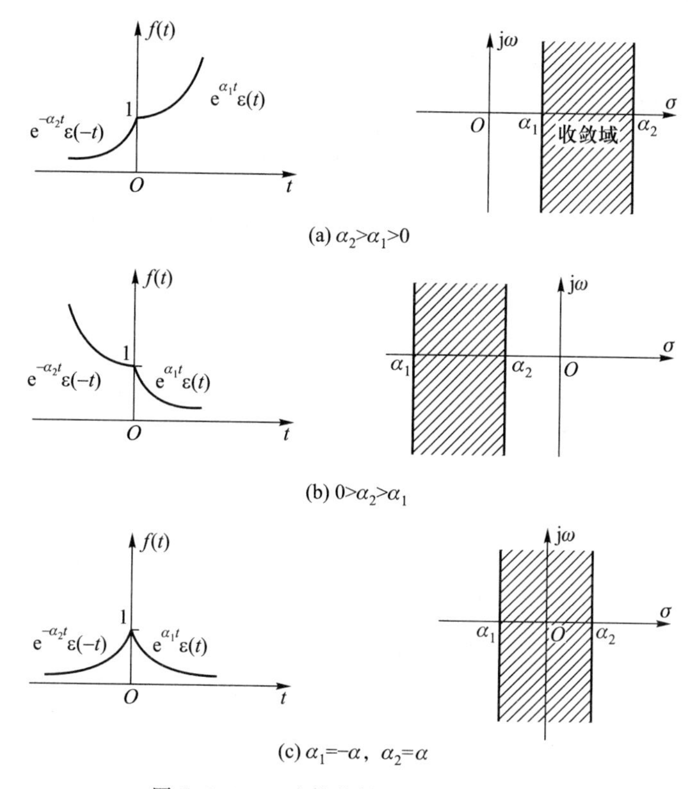

图 5.5-1 双边拉普拉斯变换的收敛域

$$F_2(s)=-\int_{\infty}^{0}f(-t)\varepsilon(t)\mathrm{e}^{-(-s)t}\mathrm{d}t=\int_{0}^{\infty}f(-t)\varepsilon(t)\mathrm{e}^{-(-s)t}\mathrm{d}t \tag{5.5-10}$$

它也是单边变换。如令$f(-t)\varepsilon(t)$的单边拉普拉斯变换为

$$F_3(s)=\mathscr{L}[f(-t)\varepsilon(t)]=\int_{0}^{\infty}f(-t)\varepsilon(t)\mathrm{e}^{-st}\mathrm{d}t,\quad \mathrm{Re}[s]>\sigma_2$$

则式(5.5-10)中反因果函数$f_2(t)$的像函数可写为

$$F_2(s)=\int_{0}^{\infty}f(-t)\varepsilon(t)\mathrm{e}^{-(-s)t}\mathrm{d}t=F_3(-s),\quad \mathrm{Re}[s]<-\sigma_2 \tag{5.5-11}$$

于是双边函数$f(t)$的像函数（双边拉普拉斯变换）为

$$F_b(s)=F_1(s)+F_2(s)=F_1(s)+F_3(-s),\quad \sigma_1<\mathrm{Re}[s]<-\sigma_2 \tag{5.5-12}$$

式中$F_1(s)$、$F_3(s)$分别是$f_1(t)$、$f_2(-t)$的单边拉普拉斯变换，即

$$f_1(t)=f(t)\varepsilon(t)\leftrightarrow F_1(s),\quad \mathrm{Re}[s]>\sigma_1 \tag{5.5-13}$$

$$f(-t)\varepsilon(t)\leftrightarrow F_3(s),\quad \mathrm{Re}[s]>\sigma_2 \tag{5.5-14}$$

而$F_2(s)=F_3(-s)$，$\mathrm{Re}[s]<-\sigma_2$。

例 5.5-3 求函数$f(t)=\mathrm{e}^{3t}\varepsilon(-t)+\mathrm{e}^{-2t}\varepsilon(t)$的双边拉普拉斯变换。

解 双边函数$f(t)$的因果函数部分$f_1(t)=\mathrm{e}^{-2t}\varepsilon(t)$，其像函数为

$$F_1(s)=\frac{1}{s+2},\quad \mathrm{Re}[s]>-2$$

$f(t)$的反因果函数部分$f_2(t)=\mathrm{e}^{3t}\varepsilon(-t)$，从而$f_3(t)=f_2(-t)=\mathrm{e}^{-3t}\varepsilon(t)$，其单边拉普拉斯变换为

$$F_3(s)=\frac{1}{s+3}, \quad \mathrm{Re}[s]>-3$$

由式(5.5-11),$f_2(t)$的像函数为

$$F_2(s)=F_3(-s)=\frac{1}{-s+3}, \quad \mathrm{Re}[s]<3$$

最后得双边函数$f(t)$的双边拉普拉斯变换

$$F_b(s)=F_1(s)+F_2(s)=\frac{1}{s+2}+\frac{1}{-s+3}=\frac{-5}{(s+2)(s-3)}, \quad -2<\mathrm{Re}[s]<3$$

表 5-4 列出了几种因果函数和反因果函数的像函数 $F_b(s)$,以备查阅。

表 5-4 双边拉普拉斯变换简表

序号	反因果信号		像函数 $F_b(s)$	因果信号	
	$f(t)$	收敛域		收敛域	$f(t)$
1	$-\varepsilon(-t)$	$\mathrm{Re}[s]<0$	$\frac{1}{s}$	$\mathrm{Re}[s]>0$	$\varepsilon(t)$
2	$-t\varepsilon(-t)$	$\mathrm{Re}[s]<0$	$\frac{1}{s^2}$	$\mathrm{Re}[s]>0$	$t\varepsilon(t)$
3	$-t^n\varepsilon(-t)$	$\mathrm{Re}[s]<0$	$\frac{n!}{s^{n+1}}$	$\mathrm{Re}[s]>0$	$t^n\varepsilon(t)$
4	$-\mathrm{e}^{-\alpha t}\varepsilon(-t)$	$\mathrm{Re}[s]<-\alpha$	$\frac{1}{s+\alpha}$	$\mathrm{Re}[s]>-\alpha$	$\mathrm{e}^{-\alpha t}\varepsilon(t)$
5	$-t\mathrm{e}^{-\alpha t}\varepsilon(-t)$	$\mathrm{Re}[s]<-\alpha$	$\frac{1}{(s+\alpha)^2}$	$\mathrm{Re}[s]>-\alpha$	$t\mathrm{e}^{-\alpha t}\varepsilon(t)$
6	$-t^n\mathrm{e}^{-\alpha t}\varepsilon(-t)$	$\mathrm{Re}[s]<-\alpha$	$\frac{n!}{(s+\alpha)^{n+1}}$	$\mathrm{Re}[s]>-\alpha$	$t^n\mathrm{e}^{-\alpha t}\varepsilon(t)$
7	$-\cos(\beta t)\varepsilon(-t)$	$\mathrm{Re}[s]<0$	$\frac{s}{s^2+\beta^2}$	$\mathrm{Re}[s]>0$	$\cos(\beta t)\varepsilon(t)$
8	$-\sin(\beta t)\varepsilon(-t)$	$\mathrm{Re}[s]<0$	$\frac{\beta}{s^2+\beta^2}$	$\mathrm{Re}[s]>0$	$\sin(\beta t)\varepsilon(t)$
9	$-\mathrm{e}^{-\alpha t}\cos(\beta t)\varepsilon(-t)$	$\mathrm{Re}[s]<-\alpha$	$\frac{s+\alpha}{(s+\alpha)^2+\beta^2}$	$\mathrm{Re}[s]>-\alpha$	$\mathrm{e}^{-\alpha t}\cos(\beta t)\varepsilon(t)$
10	$-\mathrm{e}^{-\alpha t}\sin(\beta t)\varepsilon(-t)$	$\mathrm{Re}[s]<-\alpha$	$\frac{\beta}{(s+\alpha)^2+\beta^2}$	$\mathrm{Re}[s]>-\alpha$	$\mathrm{e}^{-\alpha t}\sin(\beta t)\varepsilon(t)$

注:α、β 均为实数。

在求取双边拉普拉斯逆变换时，要注意根据收敛域，区分像函数 $F_b(s)$ 的极点中哪些属于因果函数 $f_1(t)$ 的像函数 $F_1(s)$，哪些属于反因果函数 $f_2(t)$ 的像函数 $F_2(s)$，并分别求得其原函数。

例 5.5-4 已知像函数

$$F_b(s)=\frac{2s+3}{(s+1)(s+2)}$$

分别求出其收敛域为以下三种情况的原函数：

（1）Re[s]>-1。

（2）Re[s]<-2。

（3）-2<Re[s]<-1。

解 首先将 $F_b(s)$ 展开为部分分式，有

$$F_b(s)=\frac{2s+3}{(s+1)(s+2)}=\frac{1}{s+1}+\frac{1}{s+2}$$

（1）收敛域为 Re[s]>-1，如图 5.5-2(a)所示。其原函数为因果函数，取逆变换，得

$$f(t)=(\mathrm{e}^{-t}+\mathrm{e}^{-2t})\varepsilon(t)$$

（2）收敛域为 Re[s]<-2，如图 5.5-2(b)所示。其原函数为反因果函数，取逆变换，得

$$f(t)=-(\mathrm{e}^{-t}+\mathrm{e}^{-2t})\varepsilon(-t)$$

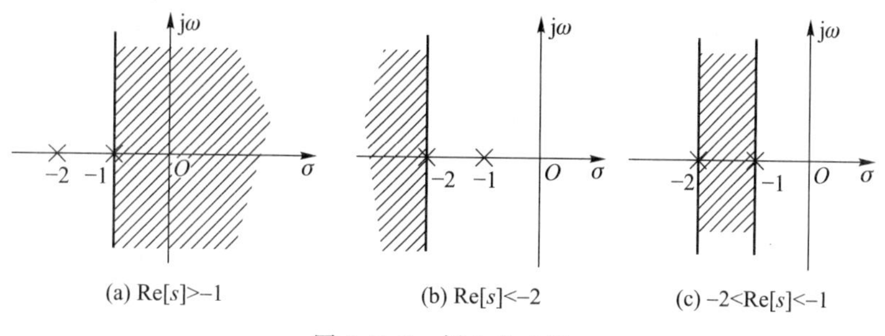

图 5.5-2 例 5.5-4 图

（3）收敛域为-2<Re[s]<-1，如图 5.5-2(c)所示。不难判断，极点 $s=-2$ 属于因果函数 $f_1(t)$ 的像函数 $F_1(s)$，极点 $s=-1$ 属于反因果函数 $f_2(t)$ 的像函数 $F_2(s)$。分别取它们的逆变换，得

$$f_1(t)=\mathrm{e}^{-2t}\varepsilon(t)$$

$$f_2(t)=-\mathrm{e}^{-t}\varepsilon(-t)$$

于是得原函数

$$f(t)=f_2(t)+f_1(t)=-\mathrm{e}^{-t}\varepsilon(-t)+\mathrm{e}^{-2t}\varepsilon(t)$$

双边拉普拉斯变换的性质与单边拉普拉斯变换类似，这里不做详细讨论。仅将双边拉普拉斯变换的性质列于表 5-5 以便查阅，有兴趣的读者可参阅有关书籍①。

① 参考文献 4 第七章或参考文献 7 第六章。

表 5-5 双边拉普拉斯变换的性质

名称	时域 $f(t)\leftrightarrow F_b(s)$	s 域
定义	$f(t)=\dfrac{1}{2\pi j}\int_{\sigma-j\infty}^{\sigma+j\infty}F_b(s)e^{st}ds$	$F_b(s)=\int_{-\infty}^{\infty}f(t)e^{-st}dt,\alpha<\sigma<\beta$
线性	$a_1f_1(t)+a_2f_2(t)$	$a_1F_{b1}(s)+a_2F_{b2}(s)$ $\max(\alpha_1,\alpha_2)<\sigma<\max(\beta_1,\beta_2)$
尺度变换	$f(at)$	$\dfrac{1}{\lvert a\rvert}F_b\left(\dfrac{s}{a}\right),\alpha<\dfrac{\sigma}{\lvert a\rvert}<\beta$
时移	$f(t-t_0)$	$e^{-st_0}F_b(s),\alpha<\sigma<\beta$
复频移	$e^{-s_at_0}f(t)$	$F_b(s+s_a)$, $\alpha-\mathrm{Re}[s_a]<\sigma<\beta-\mathrm{Re}[s_a]$
时域微分	$\dfrac{df(t)}{dt}$	$sF_b(s),\alpha<\sigma<\beta$
时域积分	$\int_{-\infty}^{t}f(x)dx$ $\int_{0}^{t}f(x)dx$	$\dfrac{1}{s}F_b(s),\max(\alpha,0)<\sigma<\beta$ $\dfrac{1}{s}F_b(s),\alpha<\sigma<\max(\beta,0)$
时域卷积	$f_1(t)*f_2(t)$	$F_{b1}(s)F_{b2}(s)$, $\max(\alpha_1,\alpha_2)<\sigma<\max(\beta_1,\beta_2)$
频域卷积	$f_1(t)f_2(t)$	$\dfrac{1}{2\pi j}\int_{c-j\infty}^{c+j\infty}F_{b1}(\eta)F_{b2}(s-\eta)d\eta$, $\alpha_1+\alpha_2<\sigma<\beta_1+\beta_2,\alpha<c<\beta$
s 域微分	$(-t)^nf(t)$	$\dfrac{d^nF_b(s)}{ds^n},\alpha<\sigma<\beta$

习题五

5.1 求下列函数的单边拉普拉斯变换，并注明收敛域。

(1) $1-e^{-t}$　(2) $1-2e^{-t}+e^{-2t}$　(3) $3\sin t+2\cos t$

(4) $\cos(2t+45°)$　(5) $e^{t}+e^{-t}$　(6) $e^{-t}\sin(2t)$

(7) te^{-2t}　(8) $2\delta(t)-e^{-t}$

5.2 求题 5.2 图所示各信号拉普拉斯变换，并注明收敛域。

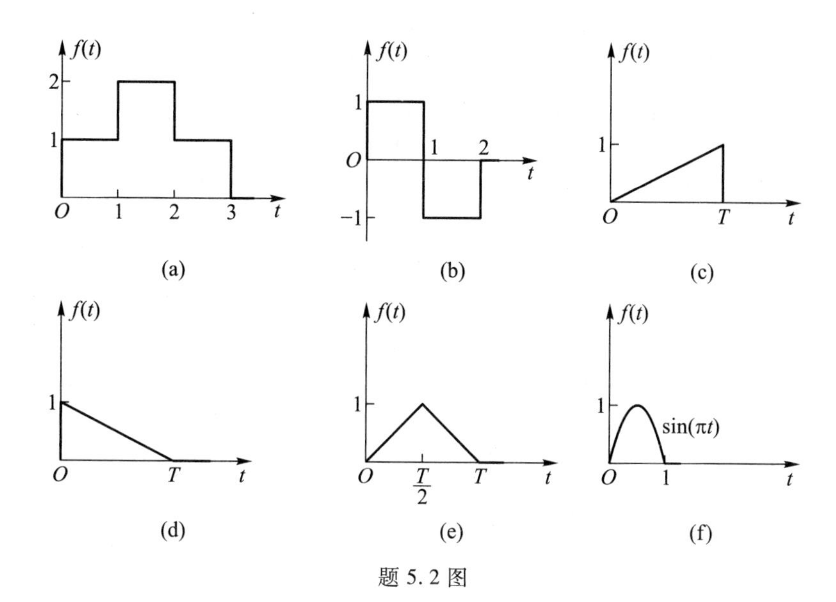

题 5.2 图

5.3 利用常用函数[例如 $\varepsilon(t)$,$e^{-\alpha t}\varepsilon(t)$,$\sin(\beta t)\varepsilon(t)$,$\cos(\beta t)\varepsilon(t)$等]的像函数及拉普拉斯变换的性质,求下列函数 $f(t)$ 的拉普拉斯变换 $F(s)$。

(1) $e^{-t}\varepsilon(t)-e^{-(t-2)}\varepsilon(t-2)$　　(2) $e^{-t}[\varepsilon(t)-\varepsilon(t-2)]$

(3) $\sin(\pi t)[\varepsilon(t)-\varepsilon(t-1)]$　　(4) $\sin(\pi t)\varepsilon(t)-\sin[\pi(t-1)]\varepsilon(t-1)$

(5) $\delta(4t-2)$　　(6) $\cos(3t-2)\varepsilon(3t-2)$

(7) $\sin\left(2t-\dfrac{\pi}{4}\right)\varepsilon(t)$　　(8) $\sin\left(2t-\dfrac{\pi}{4}\right)\varepsilon\left(2t-\dfrac{\pi}{4}\right)$

(9) $\int_0^t \sin(\pi x)\mathrm{d}x$　　(10) $\int_0^t\int_0^\tau \sin(\pi x)\mathrm{d}x\cdot\mathrm{d}\tau$

(11) $\dfrac{\mathrm{d}^2}{\mathrm{d}t^2}[\sin(\pi t)\varepsilon(t)]$　　(12) $\dfrac{\mathrm{d}^2\sin(\pi t)}{\mathrm{d}t^2}\varepsilon(t)$

(13) $t^2e^{-2t}\varepsilon(t)$　　(14) $t^2\cos t\varepsilon(t)$

(15) $te^{-(t-3)}\varepsilon(t-1)$　　(16) $te^{-\alpha t}\cos(\beta t)\varepsilon(t)$

5.4 如已知因果函数 $f(t)$ 的像函数 $F(s)=\dfrac{1}{s^2-s+1}$,求下列函数 $y(t)$ 的像函数 $Y(s)$。

(1) $e^{-t}f\left(\dfrac{t}{2}\right)$　　(2) $e^{-3t}f(2t-1)$

(3) $te^{-2t}f(3t)$　　(4) $tf(2t-1)$

5.5 设 $f(t)\varepsilon(t)\leftrightarrow F(s)$,且有实常数 $a>0,b>0$,试证

(1) $f(at-b)\varepsilon(at-b)\leftrightarrow\dfrac{1}{a}e^{-\frac{b}{a}s}F\left(\dfrac{s}{a}\right)$

(2) $\dfrac{1}{a}e^{-\frac{b}{a}t}f\left(\dfrac{t}{a}\right)\varepsilon(t)\leftrightarrow F(as+b)$

5.6 求下列像函数 $F(s)$ 原函数的初值 $f(0_+)$ 和终值 $f(\infty)$。

(1) $F(s)=\dfrac{2s+3}{(s+1)^2}$　　(2) $F(s)=\dfrac{3s+1}{s(s+1)}$

5.7 求题 5.7 图所示在 $t=0$ 时接入的有始周期信号 $f(t)$ 的像函数 $F(s)$。

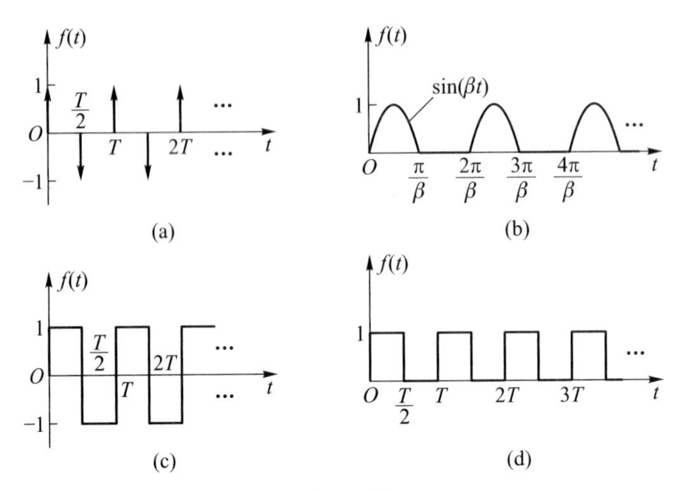

题 5.7 图

5.8 求下列各像函数 $F(s)$ 的拉普拉斯逆变换 $f(t)$。

(1) $\dfrac{1}{(s+2)(s+4)}$ (2) $\dfrac{s}{(s+2)(s+4)}$ (3) $\dfrac{s^2+4s+5}{s^2+3s+2}$

(4) $\dfrac{(s+1)(s+4)}{s(s+2)(s+3)}$ (5) $\dfrac{2s+4}{s(s^2+4)}$ (6) $\dfrac{s^2+4s}{(s+1)(s^2-4)}$

(7) $\dfrac{1}{s(s-1)^2}$ (8) $\dfrac{1}{s^2(s+1)}$ (9) $\dfrac{s+5}{s(s^2+2s+5)}$

(10) $\dfrac{s^2-4}{(s^2+4)^2}$ (11) $\dfrac{1}{s^3+2s^2+2s+1}$ (12) $\dfrac{5}{s^3+s^2+4s+4}$

5.9 求下列像函数 $F(s)$ 的拉普拉斯逆变换 $f(t)$，并粗略画出它们的波形图。

(1) $\dfrac{1-e^{-Ts}}{s+1}$ (2) $\left(\dfrac{1-e^{-s}}{s}\right)^2$ (3) $\dfrac{e^{-2(s+3)}}{s+3}$

(4) $\dfrac{e^{-(s-1)}}{s-1}$ (5) $\dfrac{\pi(1+e^{-s})}{s^2+\pi^2}$ (6) $\dfrac{\pi(1-e^{-2s})}{s^2+\pi^2}$

5.10 下列像函数 $F(s)$ 的原函数 $f(t)$ 是 $t=0$ 时刻接入的有始周期信号，求周期 T 并写出其第一个周期 $(0<t<T)$ 的时间函数表达式 $f_0(t)$。

(1) $\dfrac{1}{1+e^{-s}}$ (2) $\dfrac{1}{s(1+e^{-2s})}$

(3) $\dfrac{\pi(1+e^{-s})}{(s^2+\pi^2)(1-e^{-2s})}$ (4) $\dfrac{\pi(1+e^{-s})}{(s^2+\pi^2)(1-e^{-s})}$

5.11 用拉普拉斯变换法解微分方程

$$y'(t)+2y(t)=f(t)$$

(1) 已知 $f(t)=\varepsilon(t)$，$y(0_-)=1$。

(2) 已知 $f(t)=\sin(2t)\varepsilon(t)$，$y(0_-)=0$。

5.12 用拉普拉斯变换法解微分方程

$$y''(t)+5y'(t)+6y(t)=3f(t)$$

的零输入响应和零状态响应。

(1) 已知 $f(t)=\varepsilon(t)$，$y(0_-)=1$，$y'(0_-)=2$。

（2）已知$f(t)=e^{-t}\varepsilon(t)$，$y(0_-)=0$，$y'(0_-)=1$。

5.13　描述某系统输出$y_1(t)$和$y_2(t)$的联立微分方程为

$$y'_1(t)+y_1(t)-2y_2(t)=4f(t)$$
$$y'_2(t)-y_1(t)+2y_2(t)=-f(t)$$

（1）已知$f(t)=0$，$y_1(0_-)=1$，$y_2(0_-)=2$，求零输入响应$y_{1zi}(t)$，$y_{2zi}(t)$。

（2）已知$f(t)=e^{-t}\varepsilon(t)$，$y_1(0_-)=y_2(0_-)=0$，求零状态响应$y_{1zs}(t)$，$y_{2zs}(t)$。

5.14　描述某LTI系统的微分方程

$$y'(t)+2y(t)=f'(t)+f(t)$$

求在下列激励下的零状态响应。

（1）$f(t)=\varepsilon(t)$　　（2）$f(t)=e^{-t}\varepsilon(t)$

（3）$f(t)=e^{-2t}\varepsilon(t)$　　（4）$f(t)=t\varepsilon(t)$

5.15　描述某LTI系统的微分方程为

$$y''(t)+3y'(t)+2y(t)=f'(t)+4f(t)$$

求在下列条件下的零输入响应和零状态响应。

（1）$f(t)=\varepsilon(t)$，$y(0_-)=0$，$y'(0_-)=1$。

（2）$f(t)=e^{-2t}\varepsilon(t)$，$y(0_-)=1$，$y'(0_-)=1$。

5.16　描述某LTI系统的微分方程为

$$y''(t)+3y'(t)+2y(t)=f'(t)+4f(t)$$

求在下列条件下的零输入响应和零状态响应。

（1）$f(t)=\varepsilon(t)$，$y(0_+)=1$，$y'(0_+)=3$。

（2）$f(t)=e^{-2t}\varepsilon(t)$，$y(0_+)=1$，$y'(0_+)=2$。

5.17　求下列方程所描述LTI系统的冲激响应$h(t)$和阶跃响应$g(t)$。

（1）$y''(t)+4y'(t)+3y(t)=f'(t)-3f(t)$

（2）$y''(t)+y'(t)+y(t)=f'(t)+f(t)$

5.18　已知系统函数和初始状态如下，求系统的零输入响应$y_{zi}(t)$。

（1）$H(s)=\dfrac{s+6}{s^2+5s+6}$，$y(0_-)=y'(0_-)=1$

（2）$H(s)=\dfrac{s}{s^2+4}$，$y(0_-)=0$，$y'(0_-)=1$

（3）$H(s)=\dfrac{s+4}{s(s^2+3s+2)}$，$y(0_-)=y'(0_-)=y''(0_-)=1$

5.19　已知某LTI系统的阶跃响应$g(t)=(1-e^{-2t})\varepsilon(t)$，欲使系统的零状态响应

$$y_{zs}(t)=(1-e^{-2t}+te^{-2t})\varepsilon(t)$$

求系统的输入信号$f(t)$。

5.20　某LTI系统，当输入$f(t)=e^{-t}\varepsilon(t)$时其零状态响应

$$y_{zs}(t)=(e^{-t}-2e^{-2t}+3e^{-3t})\varepsilon(t)$$

求该系统的阶跃响应$g(t)$。

5.21　写出题5.21图所示各s域框图所描述系统的系统函数$H(s)$[题5.21图(d)中e^{-Ts}为延迟T的延时器的s域模型]。

5.22　如题5.22图所示的复合系统，由4个子系统连接组成，若各子系统的系统函数或冲激响应分别为$H_1(s)=\dfrac{1}{s+1}$，$H_2(s)=\dfrac{1}{s+2}$，$h_3(t)=\varepsilon(t)$，$h_4(t)=e^{-2t}\varepsilon(t)$，求复合系统的冲激响应$h(t)$。

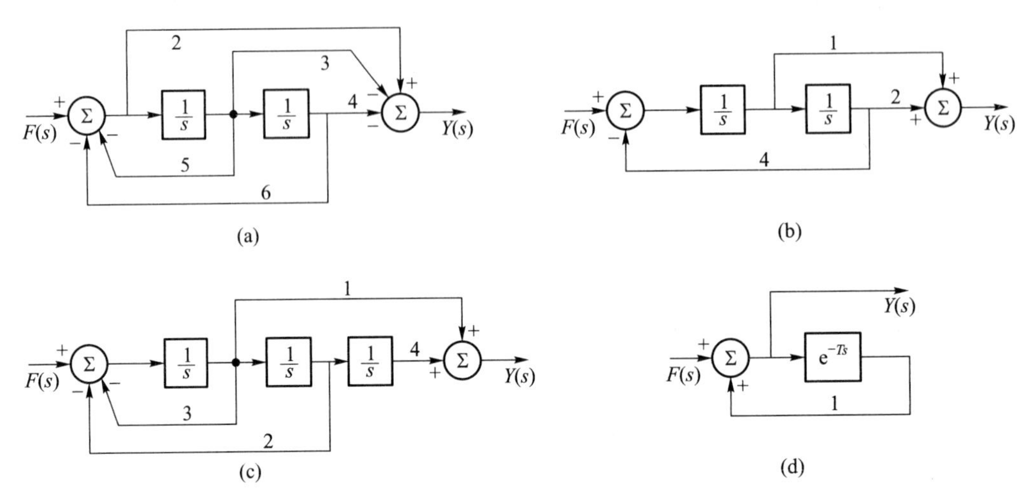

题 5.21 图

5.23 若题 5.22 图所示系统中子系统的系统函数 $H_1(s)=\dfrac{1}{s+1}$，$H_2(s)=\dfrac{2}{s}$，冲激响应 $h_4(t)=e^{-4t}\varepsilon(t)$，且已知复合系统的冲激响应 $h(t)=(2-e^{-t}-e^{-4t})\varepsilon(t)$，求子系统的冲激响应 $h_3(t)$。

5.24 如题 5.24 图所示的复合系统是由 2 个子系统组成，子系统的系统函数或冲激响应如下，求复合系统的冲激响应。

(1) $H_1(s)=\dfrac{1}{s+1}$，$h_2(t)=2e^{-2t}\varepsilon(t)$

(2) $H_1(s)=1$，$h_2(t)=\delta(t-T)$，T 为常数

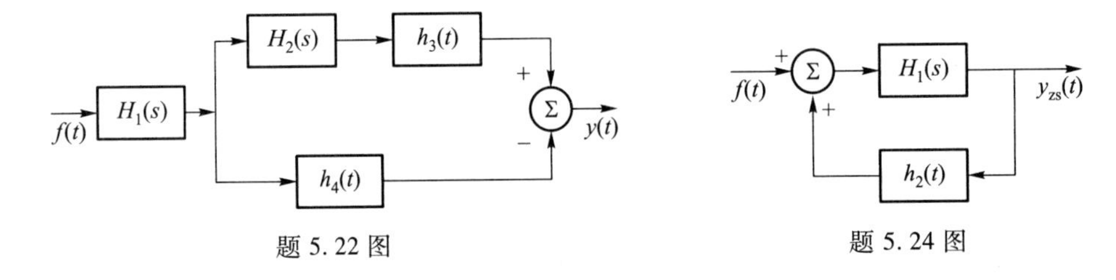

题 5.22 图　　题 5.24 图

5.25 若题 5.24 图中 $H_1(s)=\dfrac{1}{s-2}$（这样的系统是不稳定的），为使复合系统的冲激响应 $h(t)=e^{-3t}\varepsilon(t)$，求 $h_2(t)$。

5.26 如题 5.26 图所示系统，已知当 $f(t)=\varepsilon(t)$ 时，系统的零状态响应 $y_{zs}(t)=(1-5e^{-2t}+5e^{-3t})\varepsilon(t)$，求系数 a、b、c。

5.27 系统如题 5.26 图所示，已知当 $f(t)=\varepsilon(t)$ 时，其全响应 $y(t)=(1-e^{-t}+2e^{-2t})$，$t\geqslant 0$。求系数 a、b、c 和系统的零输入响应 $y_{zi}(t)$。

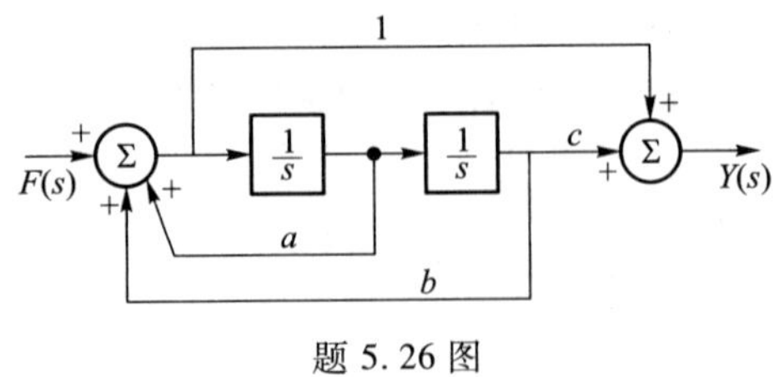

题 5.26 图

5.28 某 LTI 系统，在以下各种情况下其初始状态相同。已知当激励 $f_1(t)=\delta(t)$ 时，其全响应 $y_1(t)=\delta(t)+e^{-t}\varepsilon(t)$；当激励 $f_2(t)=\varepsilon(t)$ 时，其全响应 $y_2(t)=3e^{-t}\varepsilon(t)$。

(1) 如 $f_3(t)=e^{-2t}\varepsilon(t)$，求系统的全响应。

(2) 如 $f_4(t)=t[\varepsilon(t)-\varepsilon(t-1)]$，求系统的全响应。

5.29　如题 5.29 图所示电路，其输入均为单位阶跃函数 $\varepsilon(t)$，求电压 $u(t)$ 的零状态响应。

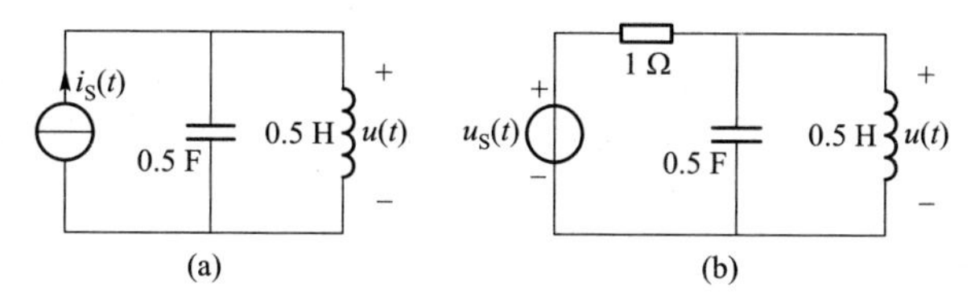

题 5.29 图

5.30　如题 5.30 图所示电路，激励电流源 $i_S(t)=\varepsilon(t)$ A，求下列情况的零状态响应 $u_{Czs}(t)$。

(1) $L=0.1$ H，$C=0.1$ F，$G=2.5$ S。

(2) $L=0.1$ H，$C=0.1$ F，$G=2$ S。

(3) $L=0.1$ H，$C=0.1$ F，$G=1.2$ S。

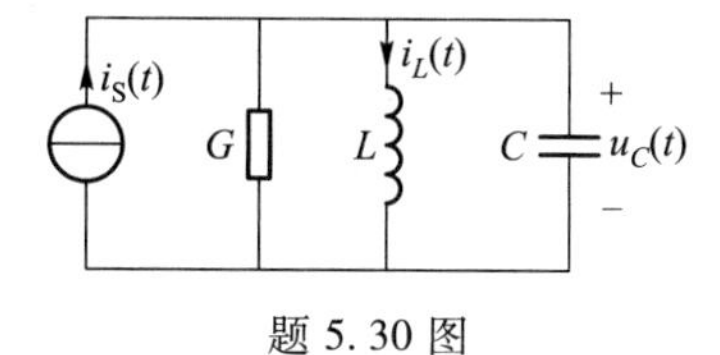

题 5.30 图

5.31　如果上题中 $i_L(0_-)=1$ A，$u_C(0_-)=1$ V，求以上三种情况的零输入响应 $u_{Czi}(t)$。

5.32　题 5.32 图所示含受控源的电路中，设 $k=2$，若以 $u_1(t)$ 为输入，以 $u_2(t)$ 为输出，求冲激响应 $h(t)$。

5.33　如题 5.33 图所示电路，求输入电压源 $f(t)$ 为下列信号时的零状态响应 $y_{zs}(t)$。

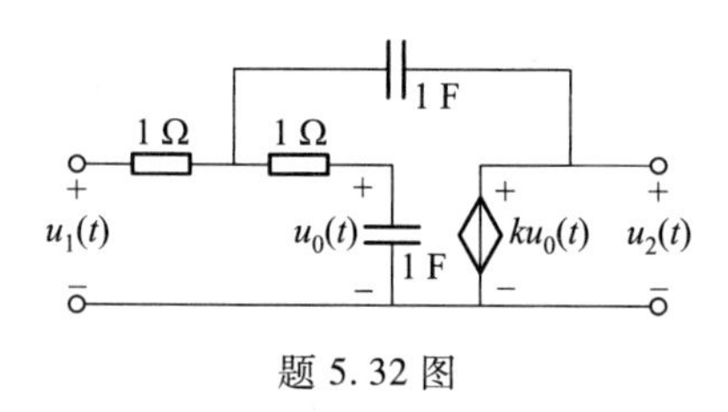

题 5.32 图

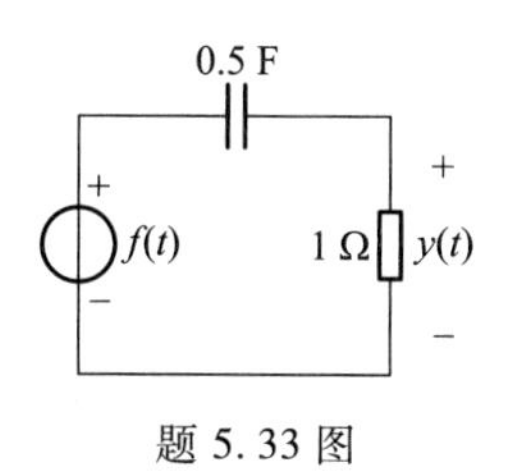

题 5.33 图

(1) $f(t)=\varepsilon(t)$ V

(2) $f(t)=(1-e^{-t})\varepsilon(t)$ V

(3) $f(t)=\begin{cases}0, & t<0\\ \dfrac{t}{T}, & 0\leqslant t<T\\ 1, & t>T\end{cases}$ V

(4) $f(t)=\sin(2t)\varepsilon(t)$ V

(5) $f(t)=\dfrac{t}{T}[\varepsilon(t)-\varepsilon(t-T)]$ V

5.34　如题 5.34 图所示的互感耦合电路，若以 $u_S(t)$ 为输入，$u(t)$ 为输出，求其冲激响应 $h(t)$ 和阶跃响应 $g(t)$。

5.35　如题 5.35 图所示的互感耦合电路，若以 $u_S(t)$ 为输入，$u(t)$ 为输出，求下列情况下的冲激响应 $h(t)$ 和阶跃响应 $g(t)$。

(1) $R=0.5$ Ω　　　(2) $R=1$ Ω

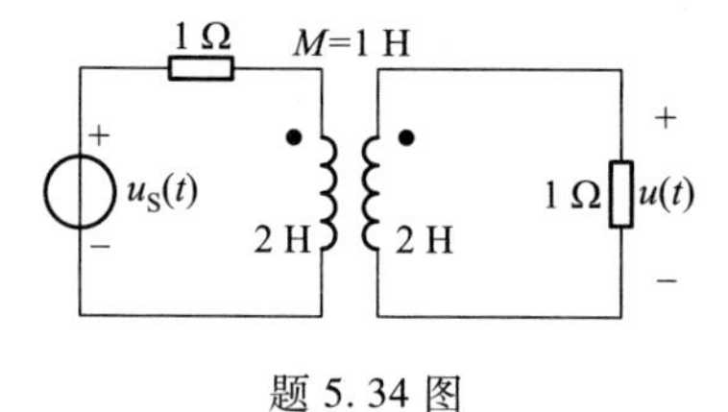

题 5.34 图

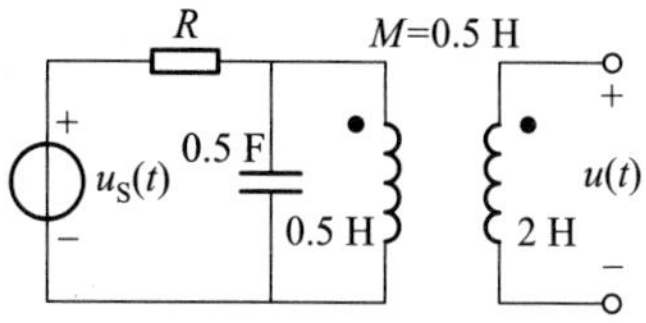

题 5.35 图

5.36 电路如题5.36图所示，已知 $C_1=1\text{ F}, C_2=2\text{ F}, R=1\ \Omega$，若 C_1 上的初始电压 $u_C(0_-)=U_0$，C_2 上的初始电压为零。当 $t=0$ 时开关 S 闭合，求 $i(t)$ 和 $u_R(t)$。

5.37 电路如题5.37图所示，已知 $L_1=3\text{ H}, L_2=6\text{ H}, R=9\ \Omega$。若以 $i_S(t)$ 为输入，$u(t)$ 为输出，求其冲激响应 $h(t)$ 和阶跃响应 $g(t)$。

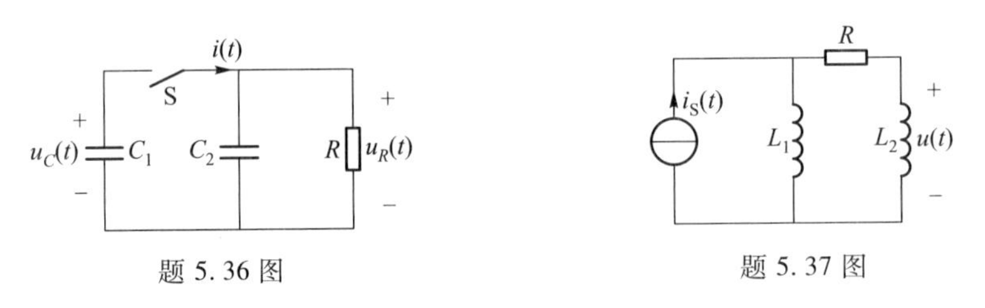

题5.36图　　题5.37图

5.38 电路如题5.38图所示，已知 $R=1\ \Omega, C=0.5\text{ F}$。若以 $u_1(t)$ 为输入，$u_2(t)$ 为输出，求

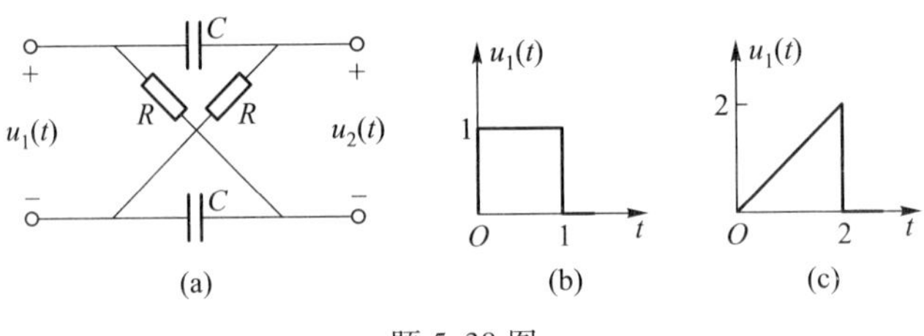

题5.38图

(1) 系统函数 $H(s)=\dfrac{U_2(s)}{U_1(s)}$。

(2) 冲激响应和阶跃响应。

(3) 输入为图(b)所示的矩形脉冲时的零状态响应 $y_{zs}(t)$。

(4) 输入为图(c)所示的锯齿波时的零状态响应 $y_{zs}(t)$。

5.39 如题5.39图所示为最平幅度型二阶低通滤波器，接于电源与负载之间，试求其系统函数 $H(s)=\dfrac{U_2(s)}{U_1(s)}$ 和阶跃响应。

5.40 如题5.40图是二阶有源滤波器，其输出端开路，图中理想放大器 K 的输入阻抗为无限大，输出阻抗为零，放大倍数为 K。当 $R_1=R_2=1\ \Omega, C_1=C_2=1\text{ F}, K=3-\sqrt{2}$ 时幅频响应 $|H(\mathrm{j}\omega)|$ 是最平幅度特性。试求其系统函数 $H(s)=\dfrac{U_2(s)}{U_1(s)}$ 和阶跃响应。

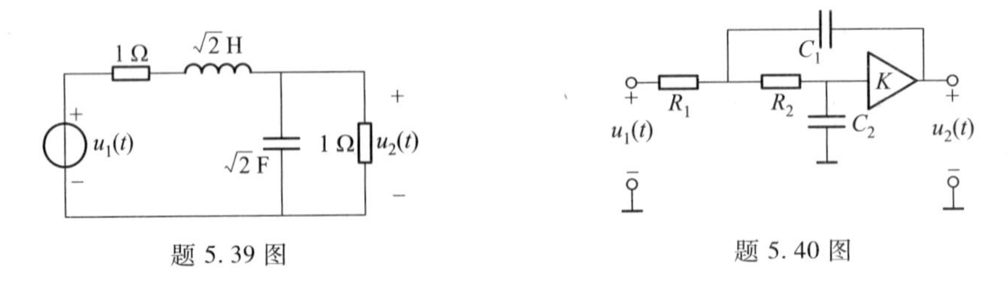

题5.39图　　题5.40图

5.41 根据以下函数 $f(t)$ 的像函数 $F(s)$，求 $f(t)$ 的傅里叶变换。

(1) $f(t)=\varepsilon(t)-\varepsilon(t-2)$

(2) $f(t)=t[\varepsilon(t)-\varepsilon(t-1)]$

(3) $f(t)=\cos(\beta t)\varepsilon(t)$

(4) $f(t)=\begin{cases}0, & t<0\\ t, & 0<t<1\\ 1, & t>1\end{cases}$

5.42 某系统的频率响应 $H(\mathrm{j}\omega)=\dfrac{1-\mathrm{j}\omega}{1+\mathrm{j}\omega}$，求当输入 $f(t)$ 为下列函数时的零状态响应 $y_{zs}(t)$。

(1) $f(t)=\varepsilon(t)$

(2) $f(t)=\sin t\varepsilon(t)$

5.43 如题 5.43 图所示的网络称为全通网络，已知 $\sqrt{\dfrac{L}{C}}=R$，若以 $u_1(t)$ 为输入，$u_2(t)$ 为输出，求

(1) 系统函数 $H(s)$。

(2) 阶跃响应。

(3) 幅频特性 $|H(\mathrm{j}\omega)|$ 和相频特性 $\varphi(\omega)$。

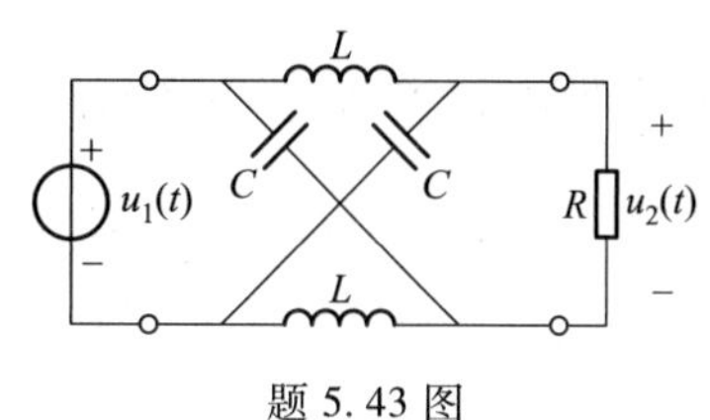

题 5.43 图

5.44 设 $f(t)$ 为因果信号，已知

$$f(t)*f'(t)=(1-t)\mathrm{e}^{-t}\varepsilon(t)$$

求 $f(t)$。

5.45 某 LTI 连续系统，当输入 $f_1(t)$ 时零状态响应为 $y_{1zs}(t)$。$f_1(t)$ 与 $y_{1zs}(t)$ 的波形如题 5.45(a) 和 (b) 图所示。若输入 $f_2(t)=\varepsilon(t)+0.5\varepsilon(t-1)$ 时，求系统的零状态响应 $y_{2zs}(t)$。

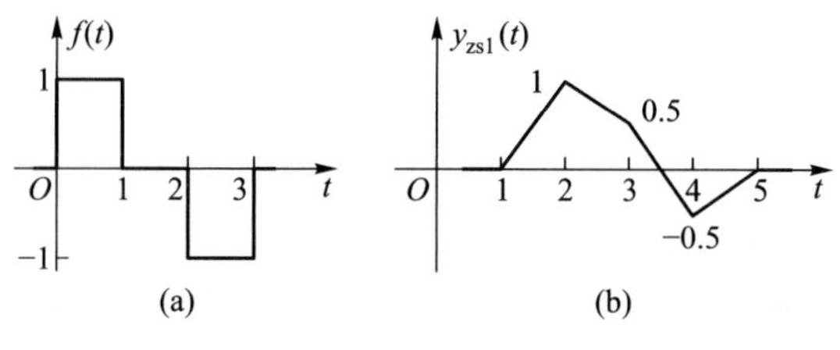

题 5.45 图

5.46 设已知一 LTI 因果系统的系统函数 $H(s)$ 及其单位阶跃响应 $g(t)$，试证具有系统函数 $H_a(s)=H(s+a)$ 的另一系统的单位阶跃响应 $g_a(t)=\mathrm{e}^{-t}g(t)+a\int_0^t \mathrm{e}^{-a\tau}g(\tau)\mathrm{d}\tau$。

5.47 如题 5.47 图所示电路，已知 $u_C(0_-)=1\ \mathrm{V}$，$i_L(0_-)=1\ \mathrm{A}$，激励 $i_1(t)=\varepsilon(t)\ \mathrm{A}$，$u_2(t)=\varepsilon(t)\ \mathrm{V}$，求响应 $i_R(t)$。

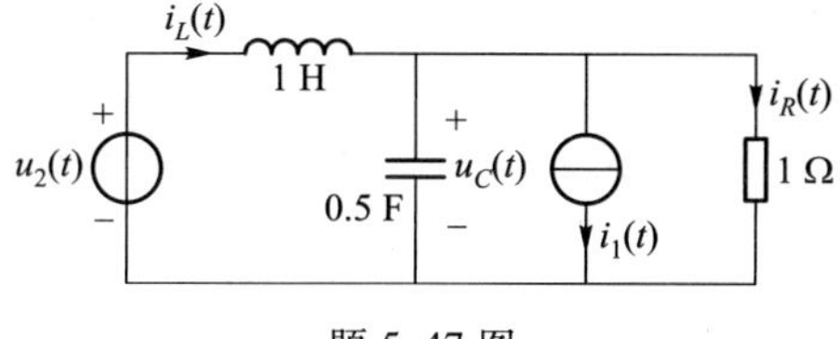

题 5.47 图

5.48 一 LTI 因果系统，已知当输入 $f(t)$ 如题 5.48(a) 图所示时，其零状态响应

$$y_{zs}(t)=\begin{cases}|\sin(\pi t)|, & 0<t<2\\ 0, & \text{其余}\end{cases}$$

求该系统的单位阶跃响应 $g(t)$，并画其波形。

5.49 求下列函数的双边拉普拉斯变换，并注明其收敛域。

(1) $\delta(t)$　　(2) $\varepsilon(t)$　　(3) $-\varepsilon(-t)$

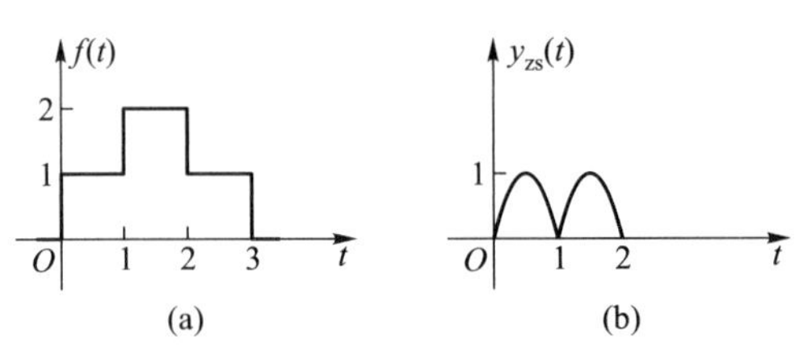

题 5.48 图

(4) $f(t)=\begin{cases} e^{2t}, & t<0 \\ e^{-3t}, & t>0 \end{cases}$　　(5) $f(t)=\begin{cases} e^{4t}, & t<0 \\ e^{3t}, & t>0 \end{cases}$

5.50 求下列像函数的双边拉普拉斯逆变换。

(1) $\dfrac{-2}{(s-1)(s-3)}, 1<\mathrm{Re}[s]<3$

(2) $\dfrac{2}{(s+1)(s+3)}, -3<\mathrm{Re}[s]<-1$

(3) $\dfrac{4}{s^2+4}, \mathrm{Re}[s]<0$

(4) $\dfrac{-s+4}{(s^2+4)(s+1)}, -1<\mathrm{Re}[s]<0$

5.51 分别用 laplace 和 ilaplace 函数求

(1) $f(t)=e^{-t}\sin(at)\varepsilon(t)$ 的 Laplace 变换。

(2) $F(s)=\dfrac{s^2}{s^2+1}$ 的 Laplace 反变换。

5.52 已知连续 LTI 系统的系统函数如下，利用 freqs 函数画出系统的幅频响应和相频响应曲线。

$$H(s)=\frac{s+1}{s^2+3s+2}$$

（说明：本章给出了信号的拉普拉斯变换求解、连续系统的频率响应图的 MATLAB 例程，详见附录七，对应的教学视频可以扫描下面的二维码进行观看。）

拉普拉斯变换的 MATLAB 求解

MATLAB 求频率响应函数、判断稳定

第六章

离散系统的 z 域分析

与连续系统类似，线性离散系统也可用变换法进行分析，其中傅里叶分析已在第四章§4.10和§4.11讨论过，本章讨论 z 变换分析法。在LTI离散系统分析中，z 变换的作用类似于连续系统分析中的拉普拉斯变换，它将描述系统的差分方程变换为代数方程，而且代数方程中包括了系统的初始状态，从而能求得系统的零输入响应和零状态响应以及全响应。这里用于分析的独立变量是复变量 z，故称为 z 域分析。

§6.1 z 变换

一、从拉普拉斯变换到 z 变换

由§4.9知，对连续时间信号进行均匀冲激取样后，可以得到离散时间信号。

设有连续时间信号 $f(t)$，每隔时间 T 取样一次，这相当于连续时间信号 $f(t)$ 乘以冲激序列 $\delta_T(t)$。考虑到冲激函数的取样性质，取样信号 $f_s(t)$ 可写为

$$f_s(t)=f(t)\delta_T(t)=f(t)\sum_{k=-\infty}^{\infty}\delta(t-kT)=\sum_{k=-\infty}^{\infty}f(kT)\delta(t-kT) \tag{6.1-1}$$

取上式的双边拉普拉斯变换，考虑到 $\mathscr{L}_b[\delta(t-kT)]=e^{-ksT}$，可得取样信号 $f_s(t)$ 的双边拉普拉斯变换为

$$F_s(s)=\mathscr{L}_b[f_s(t)]=\sum_{k=-\infty}^{\infty}f(kT)e^{-kTs} \tag{6.1-2a}$$

令 $z=e^{sT}$，上式将成为复变量 z 的函数，用 $F(z)$ 表示，即

$$F(z)=\sum_{k=-\infty}^{\infty}f(kT)z^{-k} \tag{6.1-2b}$$

上式称为序列 $f(kT)$ 的双边 z 变换。

比较式(6.1-2a)和式(6.1-2b)可知，当令 $z=e^{sT}$ 时，序列 $f(kT)$ 的 z 变换就等于取样信号 $f_s(t)$ 的拉普拉斯变换，即

$$F(z)\big|_{z=e^{sT}}=F_s(s) \tag{6.1-3}$$

复变量 z 与 s 的关系是

$$z=e^{sT} \tag{6.1-4}$$

$$s=\frac{1}{T}\ln z \tag{6.1-5}$$

式(6.1-3)～式(6.1-5)反映了连续时间系统与离散时间系统以及 s 域与 z 域间的重要关系。

为了简便,序列仍用 $f(k)$ 表示,如果序列是由连续信号 $f(t)$ 经取样得到的,那么

$$f(k)=f(kT)=f(t)\mid_{t=kT} \tag{6.1-6}$$

式中 T 为取样周期(或间隔),对 T 归 1 处理,即令 $T=1$,显然上式也成立。

二、z 变换

如果有离散序列 $f(k)(k=0,\pm1,\pm2,\cdots)$,$z$ 为复变量,则函数

$$F(z)=\sum_{k=-\infty}^{\infty}f(k)z^{-k} \tag{6.1-7}$$

称为序列 $f(k)$ 的双边 z 变换。上式求和是在正、负 k 域(或称序域)进行的。如果求和只在 k 的非负值域进行[无论在 $k<0$ 时 $f(k)$ 是否为零],即

$$F(z)=\sum_{k=0}^{\infty}f(k)z^{-k} \tag{6.1-8a}$$

称为序列 $f(k)$ 的单边 z 变换。不难看出,上式等于 $f(k)\varepsilon(k)$ 的双边 z 变换,因而 $f(k)$ 的单边 z 变换也可写为

$$F(z)=\sum_{k=-\infty}^{\infty}f(k)\varepsilon(k)z^{-k} \tag{6.1-8b}$$

由以上定义可见,如果 $f(k)$ 是因果序列[即有 $f(k)=0,k<0$],则单边、双边 z 变换相等,否则二者不等。今后在不致混淆的情况下,统称它们为 z 变换。

若 $F(z)$ 已知,根据复变函数的理论,原序列 $f(k)$ 可由以下围线积分确定

$$f(k)=\frac{1}{2\pi\mathrm{j}}\oint_{C}F(z)z^{k-1}\mathrm{d}z \tag{6.1-9}$$

C 是包围 $F(z)z^{k-1}$ 所有极点的逆时针闭合积分路线,上式称为 $F(z)$ 的逆 z 变换。

为书写简便,将 $f(k)$ 的 z 变换简记为 $\mathscr{Z}[f(k)]$,像函数 $F(z)$ 的逆 z 变换简记为 $\mathscr{Z}^{-1}[F(z)]$。$f(k)$ 与 $F(z)$ 之间的关系简记为

$$f(k)\longleftrightarrow F(z) \tag{6.1-10}$$

三、收敛域

按式(6.1-7)或式(6.1-8)所定义的 z 变换是 z 的幂级数,显然仅当该幂级数收敛,z 变换存在。

能使式(6.1-7)或式(6.1-8)幂级数收敛的复变量 z 在 z 平面上的取值区域,称为 z 变换的收敛域,也常用 ROC 表示。

由数学幂级数收敛的判定方法可知,当满足

$$\sum_{k=-\infty}^{\infty}\left|f(k)z^{-k}\right|<\infty \tag{6.1-11}$$

时式(6.1-7)或式(6.1-8)一定收敛。式(6.1-11)是序列 $f(k)$ 的 z 变换存在的充分条件。

下面用实例来研究 z 变换的收敛域问题。

例 6.1-1 求以下有限长序列的 z 变换：(1) $\delta(k)$，(2) $f(k)=\{1,2,3,2,1\}$。

$$\uparrow k=0$$

解 (1) 按式(6.1-7)[或式(6.1-8)]，单位(样值)序列的 z 变换为

$$F(z)=\sum_{k=-\infty}^{\infty}\delta(k)z^{-k}=\sum_{k=0}^{\infty}\delta(k)z^{-k}=1$$

即

$$\delta(k)\longleftrightarrow 1 \tag{6.1-12}$$

可见，其单边、双边 z 变换相等。由于其 z 变换是与 z 无关的常数 1，因而在 z 的全平面收敛。

(2) 序列 $f(k)$ 的双边 z 变换为

$$F(z)=\sum_{k=-\infty}^{\infty}f(k)z^{-k}=z^2+2z+3+\frac{2}{z}+\frac{1}{z^2}$$

其单边 z 变换

$$F(z)=\sum_{k=0}^{\infty}f(k)z^{-k}=3+\frac{2}{z}+\frac{1}{z^2}$$

可见，单边与双边 z 变换不同。容易看出，对于双边变换，除 $z=0$ 和 ∞ 外，对任意 z，$F(z)$ 有界，故其收敛域为 $0<|z|<\infty$；对于单边变换，其收敛域为 $|z|>0$。

可见，如果序列 $f(k)$ 是有限长的，即当 $k<K_1$ 和 $k>K_2$（K_1,K_2 为整常数，且 $K_1<K_2$）时 $f(k)=0$，那么其像函数 $F(z)$ 是 z 的有限次幂 $z^{-k}(K_1\leqslant k\leqslant K_2)$ 的加权和，除 $z=0$ 和 ∞ 外 $F(z)$ 有界，因此，有限长序列 z 变换的收敛域一般为 $0<|z|<\infty$，有时它在 0 或/和 ∞ 也收敛。

例 6.1-2 求因果序列

$$f_1(k)=a^k\varepsilon(k)=\begin{cases}0, & k<0\\ a^k, & k\geqslant 0\end{cases}$$

的 z 变换（式中 a 为常数）。

解 将 $f_1(k)$ 代入式(6.1-7)，有

$$F_1(z)=\sum_{k=-\infty}^{\infty}a^k\varepsilon(k)z^{-k}=\sum_{k=0}^{\infty}(az^{-1})^k$$

为研究上式的收敛情况，利用等比级数求和公式，上式可写为

$$F_1(z)=\lim_{N\to\infty}\sum_{k=0}^{N}(az^{-1})^k=\lim_{N\to\infty}\frac{1-(az^{-1})^{N+1}}{1-az^{-1}}$$

$$=\begin{cases}\dfrac{z}{z-a}, & |az^{-1}|<1，\text{即 }|z|>|a|\\ \text{不定}, & |az^{-1}|=1，\text{即 }|z|=|a|\\ \text{无界}, & |az^{-1}|>1，\text{即 }|z|<|a|\end{cases}$$

可见，对于因果序列，仅当 $|z|>|a|$ 时，其 z 变换存在。这样，序列与其像函数的关系为

$$a^k\varepsilon(k)\longleftrightarrow\frac{z}{z-a},\quad |z|>|a| \tag{6.1-13}$$

在 z 平面上，收敛域 $|z|>|a|$ 是半径为 $|a|$ 的圆外区域，如图 6.1-1(a)所示。显然它也是单边 z 变换的收敛域。

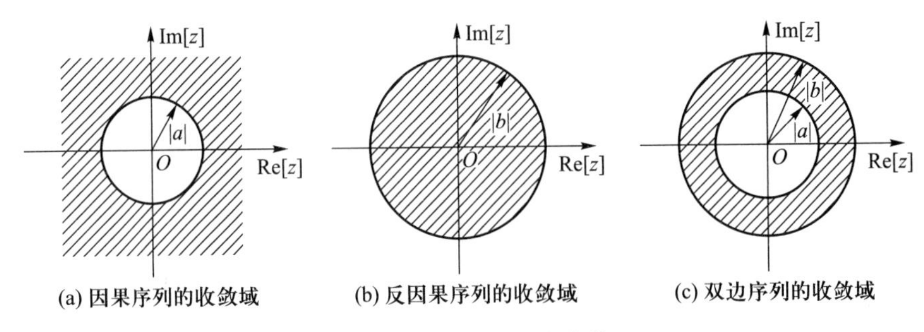

图 6.1-1 z 变换的收敛域

例 6.1-3 求反因果序列

$$f_2(k)=b^k\varepsilon(-k-1)=\begin{cases}b^k, & k<0\\ 0, & k\geqslant 0\end{cases}$$

的 z 变换（式中 b 为常数）。

解 将 $f_2(k)$ 代入式(6.1-7)，有

$$F_2(z)=\sum_{k=-\infty}^{\infty}b^k\varepsilon(-k-1)z^{-k}=\sum_{k=-\infty}^{-1}(bz^{-1})^k$$

令 $m=-k$，代入上式，得

$$F_2(z)=\sum_{m=1}^{\infty}(b^{-1}z)^m=\lim_{N\to\infty}\sum_{m=1}^{N}(b^{-1}z)^m=\lim_{N\to\infty}\frac{b^{-1}z-(b^{-1}z)^{N+1}}{1-b^{-1}z}$$

$$=\begin{cases}\dfrac{-z}{z-b}, & |b^{-1}z|<1,\text{即}|z|<|b|\\ \text{不定}, & |b^{-1}z|=1,\text{即}|z|=|b|\\ \text{无界}, & |b^{-1}z|>1,\text{即}|z|>|b|\end{cases}$$

可见，对于反因果序列，仅当 $|z|<|b|$ 时，其 z 变换存在，即有

$$b^k\varepsilon(-k-1)\longleftrightarrow\frac{-z}{z-b},\ |z|<|b| \tag{6.1-14}$$

在 z 平面上，收敛域 $|z|<|b|$ 是半径为 $|b|$ 的圆内区域，如图 6.1-1(b)所示。

如果有双边序列

$$f(k)=f_2(k)+f_1(k)=b^k\varepsilon(-k-1)+a^k\varepsilon(k)$$

其双边 z 变换

$$F(z)=F_2(z)+F_1(z)=\frac{-z}{z-b}+\frac{z}{z-a} \tag{6.1-15}$$

其收敛域为 $|a|<|z|<|b|$，它是一个环状区域，如图 6.1-1(c)所示。就是说，在 $|b|>|a|$ 时，式(6.1-15)序列的双边 z 变换在该区域存在；显然若 $|b|<|a|$，$F_1(z)$ 与 $F_2(z)$ 没有共同的收敛域，因而 $f(k)$ 的双边 z 变换不存在。可见，对于双边序列，其双边 z 变换的收敛条件比单边 z 变换要苛刻。

还要指出，对于双边 z 变换必须标明其收敛域，否则其对应的序列将不是唯一的。

关于 $F(z)$ 存在，即式(6.1-7)或式(6.1-8)收敛，有以下定理和推论：

如序列 $f(k)$ 在有限区间 $M \leqslant k \leqslant N$（$M,N$ 为整数）内有界，且对于正实数 α,β，满足以下指数阶条件

$$\lim_{k \to -\infty} |f(k)| \beta^{k} = 0 \tag{6.1-16a}$$

$$\lim_{k \to \infty} |f(k)| \alpha^{-k} = 0 \tag{6.1-16b}$$

则在环状区域 $\alpha < |z| < \beta$ 内 $f(k)$ 的双边 z 变换式(6.1-7)绝对且一致收敛，$F(z)$ 存在。因此对式(6.1-7)的级数可以逐项求导、积分，也可以任意改变各项的排列次序等。

对于有限长序列，其双边 z 变换在整个平面（可能除 $z=0$ 或/和 ∞）收敛。

因果序列 $f(k)$ 的像函数 $F(z)$ 的收敛域为 $|z|>\alpha$ 的圆外区域。$|z|=\alpha$ 称为收敛圆半径。

反因果序列 $f(k)$ 的像函数 $F(z)$ 的收敛域为 $|z|<\beta$ 的圆内区域。$|z|=\beta$ 也称为收敛圆半径。

最后，给出几种常用序列的 z 变换。式(6.1-13)的因果序列中，若令 a 为正实数，则有

$$a^{k}\varepsilon(k) \longleftrightarrow \frac{z}{z-a}, \quad |z| > |a| \tag{6.1-17a}$$

$$(-a)^{k}\varepsilon(k) \longleftrightarrow \frac{z}{z+a}, \quad |z| > |a| \tag{6.1-17b}$$

若令 $a=1$，则得单位阶跃序列的 z 变换为

$$\varepsilon(k) \longleftrightarrow \frac{z}{z-1}, \quad |z| > 1 \tag{6.1-18}$$

若令式(6.1-13)中 $a=\mathrm{e}^{\pm\mathrm{j}\beta}$，则有

$$\mathrm{e}^{\mathrm{j}\beta k}\varepsilon(k) \longleftrightarrow \frac{z}{z-\mathrm{e}^{\mathrm{j}\beta}}, \quad |z| > 1 \tag{6.1-19a}$$

$$\mathrm{e}^{-\mathrm{j}\beta k}\varepsilon(k) \longleftrightarrow \frac{z}{z-\mathrm{e}^{-\mathrm{j}\beta}}, \quad |z| > 1 \tag{6.1-19b}$$

式(6.1-14)的反因果序列中，若令 b 为正实常数，则有

$$b^{k}\varepsilon(-k-1) \longleftrightarrow \frac{-z}{z-b}, \quad |z| < b \tag{6.1-20a}$$

$$(-b)^{k}\varepsilon(-k-1) \longleftrightarrow \frac{-z}{z+b}, \quad |z| < b \tag{6.1-20b}$$

若令 $b=1$，则得

$$\varepsilon(-k-1) \longleftrightarrow \frac{-z}{z-1}, \quad |z| < 1 \tag{6.1-21}$$

由上讨论可知：

（1）对于因果序列，若 z 变换存在，则单、双边 z 变换像函数相同，收敛域亦相同，均为 $|z|>\rho_{01}$（ρ_{01} 为收敛半径）圆的外部。

（2）对于反因果序列，它的双边 z 变换可能存在，其收敛域为 $|z|<\rho_{02}$（ρ_{02} 亦称为收敛半径），而任何反因果序列的单边 z 变换均为零，无研究意义。

（3）对于双边序列，它的单、双边 z 变换均存在时，它的单、双边 z 变换的像函数不相

等,收敛域也不同,双边 z 变换的收敛域为环状收敛域,而单边 z 变换的收敛域为 ρ_{01} 圆的外部。存在双边 z 变换的双边序列也一定存在单边 z 变换,而存在单边 z 变换的双边序列却不一定存在双边 z 变换(譬如序列 $a^k,-\infty<k<\infty$)

(4) 单边 z 变换的收敛域只是双边 z 变换的一种特殊情况,而且单边 z 变换的像函数 $F(z)$ 与时域序列 $f(k)$ 总是一一对应的,所以在以后各节问题的讨论中经常不标注单边 z 变换的收敛域。

§6.2　z 变换的性质

本节将讨论 z 变换的一些基本性质和定理,这对于熟悉和掌握 z 变换方法,用以分析离散系统等都是很重要的。下面的一些性质若无特别说明,既适用于单边也适用于双边 z 变换。

一、线性

若
$$f_1(k)\longleftrightarrow F_1(z),\quad \alpha_1<|z|<\beta_1$$
$$f_2(k)\longleftrightarrow F_2(z),\quad \alpha_2<|z|<\beta_2$$
且有任意常数 a_1,a_2,则
$$a_1f_1(k)+a_2f_2(k)\longleftrightarrow a_1F_1(z)+a_2F_2(z)\tag{6.2-1}$$
其收敛域至少是 $F_1(z)$ 与 $F_2(z)$ 收敛域的相交部分。

根据 z 变换的定义容易证明以上结论,这里从略。

例 6.2-1　设有阶跃序列 $f_1(k)=\varepsilon(k)$ 和双边指数衰减序列
$$f_2(k)=(2)^k\varepsilon(-k-1)+\left(\frac{1}{2}\right)^k\varepsilon(k)=\begin{cases}2^k, & k<0\\ \left(\frac{1}{2}\right)^k, & k\geqslant 0\end{cases}$$
求 $f(k)=f_1(k)-f_2(k)$ 的 z 变换。

解　由式(6.1-18)知
$$f_1(k)=\varepsilon(k)\longleftrightarrow\frac{z}{z-1},\quad |z|>1$$
其图形及收敛域如图 6.2-1(a)所示。

由式(6.1-17a)和式(6.1-20a)得
$$\left(\frac{1}{2}\right)^k\varepsilon(k)\longleftrightarrow\frac{z}{z-\frac{1}{2}},\quad |z|>\frac{1}{2}$$
$$(2)^k\varepsilon(-k-1)\longleftrightarrow\frac{-z}{z-2},\quad |z|<2$$
根据线性性质,得

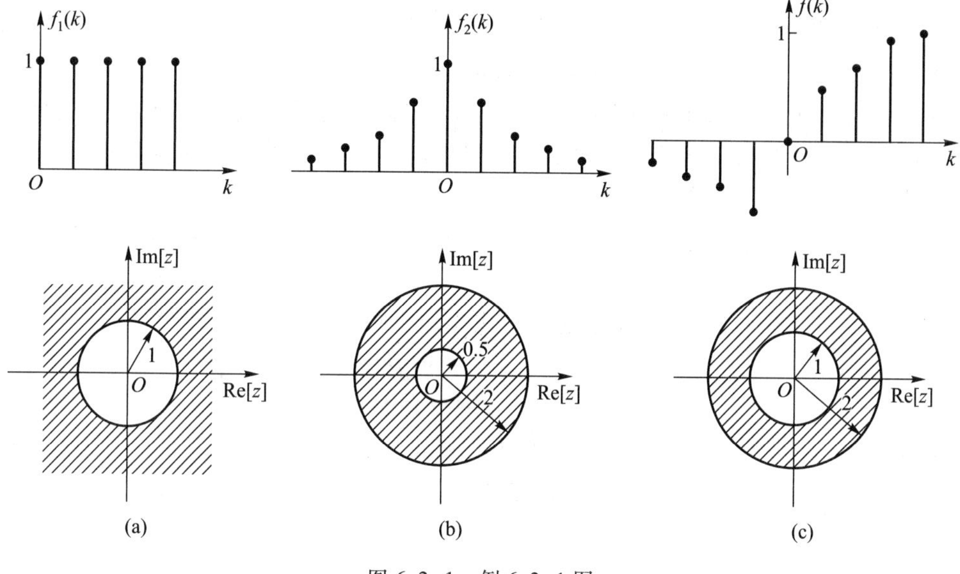

图 6.2-1　例 6.2-1 图

$$f_2(k)=(2)^k\varepsilon(-k-1)+\left(\frac{1}{2}\right)^k\varepsilon(k)\longleftrightarrow\frac{z}{z-\frac{1}{2}}+\frac{-z}{z-2}$$

$$=\frac{-\frac{3}{2}z}{\left(z-\frac{1}{2}\right)(z-2)},\frac{1}{2}<|z|<2$$

其收敛域是 $|z|>\frac{1}{2}$ 和 $|z|<2$ 的公共区域，即 $\frac{1}{2}<|z|<2$。$f_2(k)$ 图形及其收敛域如图 6.2-1(b)所示。

最后，根据线性性质，$f(k)$ 的 z 变换

$$F(z)=\mathscr{Z}[f_1(k)]-\mathscr{Z}[f_2(k)]=\frac{z}{z-1}-\frac{-\frac{3}{2}z}{\left(z-\frac{1}{2}\right)(z-2)}$$

$$=\frac{z\left(z^2-z-\frac{1}{2}\right)}{(z-1)\left(z-\frac{1}{2}\right)(z-2)},1<|z|<2$$

其收敛域是 $|z|>1$ 和 $\frac{1}{2}<|z|<2$ 的公共区域，即 $1<|z|<2$。$f(k)$ 的图形及收敛域如图 6.2-1(c)所示。

例 6.2-2　求单边余弦序列 $\cos(\beta k)\varepsilon(k)$ 和正弦序列 $\sin(\beta k)\varepsilon(k)$ 的 z 变换。

解　显然，因果序列的双边与单边 z 变换相同。由于

$$\cos(\beta k)=\frac{1}{2}(e^{j\beta k}+e^{-j\beta k}),\quad \sin(\beta k)=\frac{1}{2j}(e^{j\beta k}-e^{-j\beta k})$$

根据线性性质得

$$\mathscr{Z}[\cos(\beta k)\varepsilon(k)]=\mathscr{Z}\left[\frac{1}{2}(e^{j\beta k}+e^{-j\beta k})\varepsilon(k)\right]=\frac{1}{2}\mathscr{Z}[e^{j\beta k}\varepsilon(k)]+\frac{1}{2}\mathscr{Z}[e^{-j\beta k}\varepsilon(k)]$$

将式(6.1-19)的结果代入上式，得

$$\mathscr{Z}[\cos(\beta k)\varepsilon(k)]=\frac{1}{2}\cdot\frac{z}{z-e^{j\beta}}+\frac{1}{2}\cdot\frac{z}{z-e^{-j\beta}}=\frac{z^2-z\cos\beta}{z^2-2z\cos\beta+1}$$

即

$$\cos(\beta k)\varepsilon(k)\longleftrightarrow\frac{z^2-z\cos\beta}{z^2-2z\cos\beta+1},\quad |z|>1 \qquad (6.2-2)$$

其收敛域为两个虚指数序列像函数收敛域的公共区域 $|z|>1$。

同理得

$$\sin(\beta k)\varepsilon(k)\longleftrightarrow\frac{z\sin\beta}{z^2-2z\cos\beta+1},\quad |z|>1 \qquad (6.2-3)$$

二、移位(移序)特性

单边与双边 z 变换的移位特性有重要差别，这是因为二者定义中求和下限不同。例如图 6.2-2(a)中双边序列

$$f(k)=\begin{cases}5-|k|, & -5\leqslant k\leqslant 5\\ 0, & k<-5,k>5\end{cases}$$

其向右和向左移位序列 $f(k-2)$、$f(k+2)$ 如图 6.2-2(a)所示。对于双边 z 变换，定义式(6.1-7)中求和在 $-\infty\sim\infty$ 的 k 域(或称序域)进行，移位后的序列没有丢失原序列的信息；而对于单边 z 变换，定义式(6.1-8)中求和在 $0\sim\infty$ 的 k 域进行，它舍去了序列中 $k<0$ 的部分，因而其移位后的序列 $f(k-2)\varepsilon(k)$、$f(k+2)\varepsilon(k)$ 较原序列 $f(k)\varepsilon(k)$ 的长度有所增减，如图 6.2-2(b)所示。

双边 z 变换的移位

若

$$f(k)\longleftrightarrow F(z),\quad \alpha<|z|<\beta$$

且有整数 $m>0$，则

$$f(k\pm m)\longleftrightarrow z^{\pm m}F(z),\quad \alpha<|z|<\beta \qquad (6.2-4)$$

这可证明如下：

由双边 z 变换定义式(6.1-7)，有

$$\mathscr{Z}[f(k+m)]=\sum_{k=-\infty}^{\infty}f(k+m)z^{-k}=\sum_{k=-\infty}^{\infty}f(k+m)z^{-(k+m)}\cdot z^{m}$$

令 $n=k+m$，则上式可写为

$$\mathscr{Z}[f(k+m)]=\sum_{n=-\infty}^{\infty}f(n)z^{-n}\cdot z^{m}=z^{m}F(z)$$

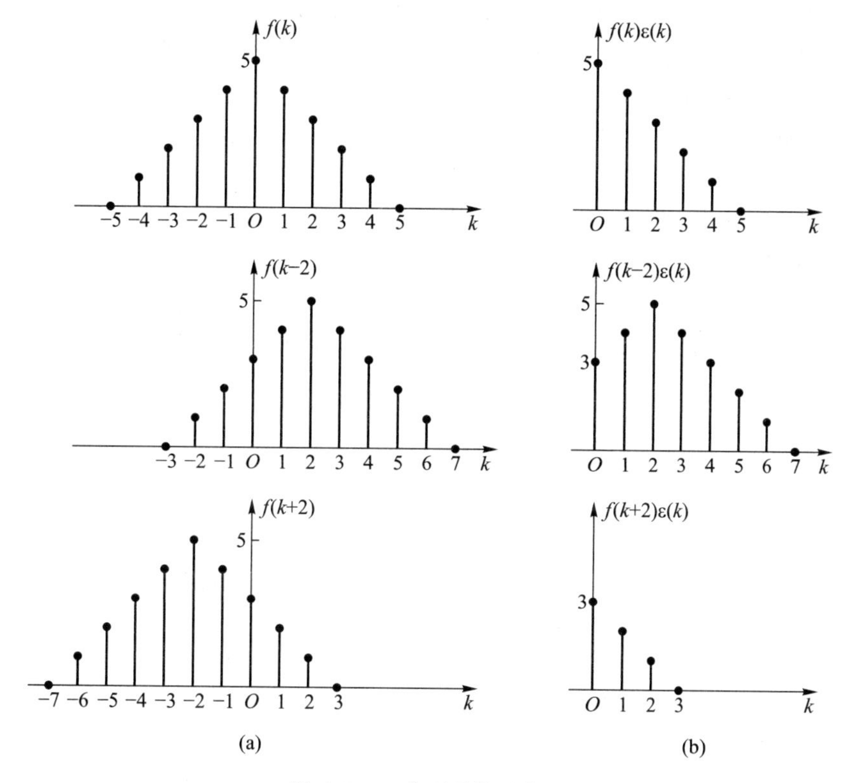

图 6. 2-2　序列移位示意图

容易看出上式中对 $-m$ 也成立。

例 6. 2-3　求图 6. 2-3 所示长度为 $2M+1$ 的矩形序列

$$p_{2M+1}(k)=\begin{cases}1, & -M\leqslant k\leqslant M\\ 0, & k<-M,k>M\end{cases}\qquad(6.2-5)$$

的 z 变换。

图 6. 2-3　例 6. 2-3 图

解　由图 6. 2-3 可见,矩形序列可写为

$$p_{2M+1}(k)=\varepsilon(k+M)-\varepsilon[k-(M+1)]$$

由于

$$\varepsilon(k)\longleftrightarrow\frac{z}{z-1},\quad |z|>1$$

据移位特性可得

$$\varepsilon(k+M)\longleftrightarrow z^{M}\frac{z}{z-1},\quad 1<|z|<\infty$$

由于该序列移到了 $k<0$ 区域,成为双边序列,故在 $z=\infty$ 也不收敛,其收敛域为 $1<|z|<\infty$,而

$$\varepsilon[k-(M+1)]\longleftrightarrow z^{-(M+1)}\frac{z}{z-1},\quad |z|>1$$

根据线性性质,矩形序列 $p_{2M+1}(k)$ 的 z 变换为

$$p_{2M+1}(k)\longleftrightarrow z^{M}\frac{z}{z-1}-z^{-(M+1)}\frac{z}{z-1}=\frac{z}{z-1}\cdot\frac{z^{2M+1}-1}{z^{M+1}},0<|z|<\infty\qquad(6.2-6)$$

注意，这里 $p_{2M+1}(k)$ 的像函数收敛域，比 $\varepsilon(k+M)$、$\varepsilon[k-(M+1)]$ 所对应的像函数收敛域都要大，验证了线性性质中所述的关于收敛域的结论：和序列 z 变换的收敛域至少是相加两序列 z 变换收敛域的相交部分。

单边 z 变换的移位

若

$$f(k) \longleftrightarrow F(z), \quad |z| > \alpha(\alpha \text{ 为正实数})$$

且有整数 $m>0$，则

$$\left.\begin{array}{l} f(k-1) \longleftrightarrow z^{-1}F(z) + f(-1) \\ f(k-2) \longleftrightarrow z^{-2}F(z) + f(-2) + f(-1)z^{-1} \\ \cdots\cdots\cdots\cdots \\ f(k-m) \longleftrightarrow z^{-m}F(z) + \sum\limits_{k=0}^{m-1} f(k-m)z^{-k} \end{array}\right\} \tag{6.2-7}$$

而

$$\left.\begin{array}{l} f(k+1) \longleftrightarrow zF(z) - f(0)z \\ f(k+2) \longleftrightarrow z^{2}F(z) - f(0)z^{2} - f(1)z \\ \cdots\cdots\cdots\cdots \\ f(k+m) \longleftrightarrow z^{m}F(z) - \sum\limits_{k=0}^{m-1} f(k)z^{m-k} \end{array}\right\} \tag{6.2-8}$$

其收敛域为 $|z|>\alpha$。

以上两式可证明如下：

按单边 z 变换定义式(6.1-8)得

$$\mathscr{Z}[f(k-m)] = \sum_{k=0}^{\infty} f(k-m)z^{-k} = \sum_{k=0}^{m-1} f(k-m)z^{-k} + \sum_{k=m}^{\infty} f(k-m)z^{-(k-m)} \cdot z^{-m}$$

上式第二项中令 $k-m=n$，上式可写为

$$\mathscr{Z}[f(k-m)] = \sum_{k=0}^{m-1} f(k-m)z^{-k} + z^{-m}\sum_{n=0}^{\infty} f(n)z^{-n} = \sum_{k=0}^{m-1} f(k-m)z^{-k} + z^{-m}F(z)$$

即式(6.2-7)。对式(6.2-8)，有

$$\mathscr{Z}[f(k+m)] = \sum_{k=0}^{\infty} f(k+m)z^{-k} = \sum_{k=0}^{\infty} f(k+m)z^{-(k+m)} \cdot z^{m}$$

令 $k+m=n$，上式可写为

$$\mathscr{Z}[f(k+m)] = z^{m}\sum_{n=m}^{\infty} f(n)z^{-n} = z^{m}\left[\sum_{n=0}^{\infty} f(n)z^{-n} - \sum_{n=0}^{m-1} f(n)z^{-n}\right]$$

$$= z^{m}F(z) - \sum_{n=0}^{m-1} f(n)z^{m-n}$$

将上式第二项中的 n 换为 k 就得到式(6.2-8)。

例 6.2-4 已知 $f(k)=a^{k}$（a 为实数）的单边 z 变换为

$$F(z) = \frac{z}{z-a}, \quad |z| > |a| \tag{6.2-9}$$

求 $f_1(k)=a^{k-2}$ 和 $f_2(k)=a^{k+2}$ 的单边 z 变换。

解 由于 $f_1(k)=f(k-2)$，由式(6.2-7)得其单边 z 变换为

$$F_1(z)=z^{-2}F(z)+f(-2)+z^{-1}f(-1)=z^{-2}\frac{z}{z-a}+a^{-2}+a^{-1}z^{-1}$$

$$=\frac{a^{-2}z}{z-a},\ |z|>|a|$$

实际上 $f_1(k)=a^{k-2}=a^{-2}a^k=a^{-2}f(k)$，故 $F_1(z)=a^{-2}F(z)=\frac{a^{-2}z}{z-a}$。

由于 $f_2(k)=f(k+2)$，由式(6.2-8)得其单边 z 变换为

$$F_2(z)=z^2F_2(z)-f(0)z^2-f(1)z=z^2\frac{z}{z-a}-z^2-az=\frac{a^2z}{z-a},\ |z|>|a|$$

实际上 $f_2(k)=a^{k+2}=a^2a^k=a^2f(k)$，故 $F_2(z)=a^2F(z)=\frac{a^2z}{z-a}$。

例 6.2-5 求周期为 N 的有始周期性单位(样值)序列

$$\delta_N(k)\varepsilon(k)=\sum_{m=0}^{\infty}\delta(k-mN) \tag{6.2-10}$$

的 z 变换。

解 由 $\delta(k)\longleftrightarrow 1$，根据移位特性，$\delta(k)$ 的各右移序列的 z 变换为

$$\delta(k-mN)\longleftrightarrow z^{-mN}$$

由线性性质，有始周期性单位序列的 z 变换为

$$\mathscr{Z}[\delta_N(k)\varepsilon(k)]=1+z^{-N}+z^{-2N}+\cdots=\frac{1}{1-z^{-N}}=\frac{z^N}{z^N-1}$$

即

$$\delta_N(k)\varepsilon(k)\longleftrightarrow\frac{z^N}{z^N-1},\ |z|>1 \tag{6.2-11}$$

不难看出上式的收敛域为 $|z|>1$。这里像函数的收敛域比其中任何一个单位序列的收敛域[各 $\delta(k-mN)$ 的像函数收敛域为 $|z|>0$]都要小，这是因为 $\delta_N(k)\varepsilon(k)$ 包含无限多个单位序列，而式(6.2-1)线性性质关于收敛域的说明只适用于有限个序列相加的情形。

三、z 域尺度变换(序列乘 a^k)

若

$$f(k)\longleftrightarrow F(z),\quad \alpha<|z|<\beta$$

且有常数 $a\neq 0$，则

$$a^kf(k)\longleftrightarrow F\left(\frac{z}{a}\right),\quad \alpha|a|<|z|<\beta|a| \tag{6.2-12}$$

即序列 $f(k)$ 乘以指数序列 a^k 相应于在 z 域的展缩。

这可证明如下：

$$\mathscr{Z}[a^kf(k)]=\sum_{k=-\infty}^{\infty}a^kf(k)z^{-k}=\sum_{k=-\infty}^{\infty}f(k)\left(\frac{z}{a}\right)^{-k}=F\left(\frac{z}{a}\right)$$

由于 $F(z)$ 的收敛域为 $\alpha<|z|<\beta$，故 $F\left(\frac{z}{a}\right)$ 的收敛域为 $\alpha<\left|\frac{z}{a}\right|<\beta$，即 $\alpha|a|<|z|<\beta|a|$。

式(6.2-12)中若 a 换为 a^{-1},得

$$a^{-k}f(k) \longleftrightarrow F(az), \quad \frac{\alpha}{|a|} < |z| < \frac{\beta}{|a|} \tag{6.2-13}$$

式(6.2-12)中若 $a=-1$,得

$$(-1)^k f(k) \longleftrightarrow F(-z), \quad \alpha < |z| < \beta \tag{6.2-14}$$

例 6.2-6　求指数衰减正弦序列 $a^k\sin(k\beta)\varepsilon(k)$ 的 z 变换(式中 $0<a<1$)。

解　由式(6.2-3)知

$$\sin(k\beta)\varepsilon(k) \longleftrightarrow \frac{z\sin\beta}{z^2-2z\cos\beta+1}, \quad |z|>1$$

由式(6.2-12)可得

$$a^k\sin(k\beta)\varepsilon(k) \longleftrightarrow \frac{\dfrac{z}{a}\sin\beta}{\left(\dfrac{z}{a}\right)^2-2\left(\dfrac{z}{a}\right)\cos\beta+1} = \frac{az\sin\beta}{z^2-2az\cos\beta+a^2}, \quad |z|>a \tag{6.2-15}$$

图 6.2-4 画出了 $\beta=\frac{\pi}{6}$ 的正弦序列和 $a=0.9,\beta=\frac{\pi}{6}$ 的衰减正弦序列的波形及收敛域。

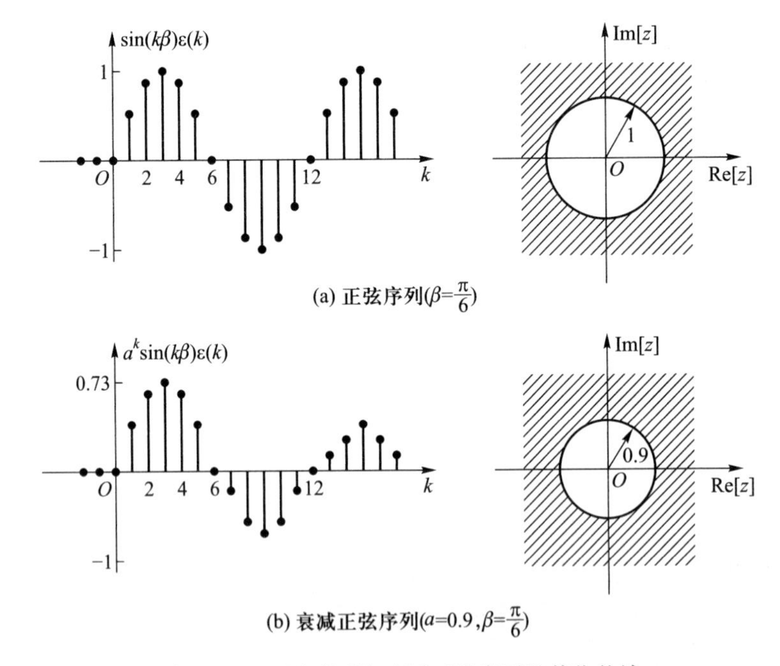

图 6.2-4　正弦序列与衰减正弦序列及其收敛域

四、卷积定理

类似于连续系统分析,在离散系统分析中也有 k 域(序域)卷积定理和 z 域卷积定理,其中 k 域卷积定理在系统分析中占有重要地位,而 z 域卷积定理应用较少,这里从略。

若

$$f_1(k) \longleftrightarrow F_1(z),\quad \alpha_1 < |z| < \beta_1$$
$$f_2(k) \longleftrightarrow F_2(z),\quad \alpha_2 < |z| < \beta_2$$

则

$$f_1(k) * f_2(k) \longleftrightarrow F_1(z)F_2(z) \tag{6.2-16}$$

其收敛域至少是 $F_1(z)$ 与 $F_2(z)$ 收敛域的相交部分。

卷积定理证明如下：

序列 $f_1(k)$ 与 $f_2(k)$ 卷积和的 z 变换为

$$\mathscr{Z}[f_1(k) * f_2(k)] = \sum_{k=-\infty}^{\infty}\left[\sum_{i=-\infty}^{\infty} f_1(i)f_2(k-i)\right]z^{-k}$$

在 $F_1(z)$ 与 $F_2(z)$ 收敛域的相交部分内，两个级数都绝对且一致收敛，从而可以逐项相乘，也可以交换求和次序。上式交换求和次序并利用移位特性，得

$$\mathscr{Z}[f_1(k) * f_2(k)] = \sum_{i=-\infty}^{\infty} f_1(i)\left[\sum_{k=-\infty}^{\infty} f_2(k-i)z^{-k}\right] = \sum_{i=-\infty}^{\infty} f_1(i)z^{-i}F_2(z) = F_1(z)F_2(z)$$

即式(6.2-16)。

例 6.2-7　求单边序列 $(k+1)\varepsilon(k)$ 和 $(k+1)a^k\varepsilon(k)$ 的 z 变换。

解　由第三章式(3.3-16)有

$$a^k\varepsilon(k) * b^k\varepsilon(k) = \begin{cases} \dfrac{b^{k+1}-a^{k+1}}{b-a}\varepsilon(k), & a \neq b \\ (k+1)a^k\varepsilon(k), & a = b \end{cases} \tag{6.2-17}$$

令 $a=b=1$，得

$$\varepsilon(k) * \varepsilon(k) = (k+1)\varepsilon(k)$$

由 $\varepsilon(k) \longleftrightarrow \dfrac{z}{z-1}$，$a^k\varepsilon(k) \longleftrightarrow \dfrac{z}{z-a}$，并利用卷积定理得

$$(k+1)\varepsilon(k) = \varepsilon(k) * \varepsilon(k) \longleftrightarrow \left(\frac{z}{z-1}\right)^2,\quad |z| > 1 \tag{6.2-18}$$

$$(k+1)a^k\varepsilon(k) = a^k\varepsilon(k) * a^k\varepsilon(k) \longleftrightarrow \left(\frac{z}{z-a}\right)^2,\quad |z| > |a| \tag{6.2-19}$$

将式(6.2-18)右移一个单位，则由移位特性得

$$k\varepsilon(k-1) \longleftrightarrow \frac{z}{(z-1)^2}$$

由于上式左端当 $k=0$ 时为零，因而也可写作 $k\varepsilon(k)$，即

$$k\varepsilon(k) = k\varepsilon(k-1) \longleftrightarrow \frac{z}{(z-1)^2} \tag{6.2-20}$$

例 6.2-8　求图 6.2-5(c)所示双边三角形序列 $f_\Delta(k)$ 的 z 变换。

解　按卷积的运算规则不难验证图 6.2-5(c)的三角形序列 $f_\Delta(k)$ 等于图 6.2-5(a)和(b)所示的长度为 5 的矩形序列的卷积和，即

$$f_\Delta(k) = p_5(k) * p_5(k)$$

在式(6.2-6)中令 $M=2$，可得

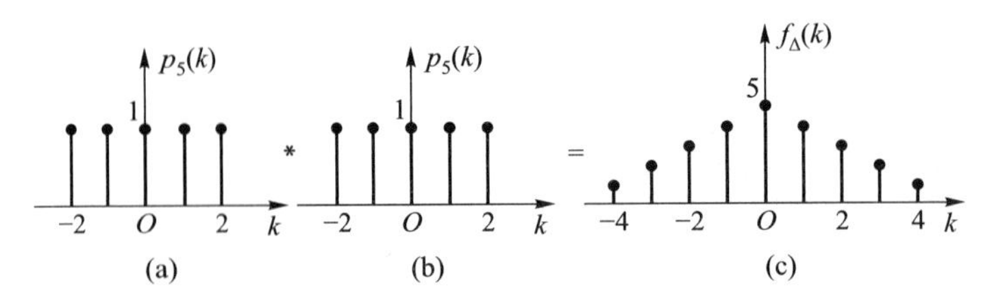

图 6.2−5 例 6.2−8 图

$$p_5(k) \longleftrightarrow \frac{z}{z-1}\frac{z^5-1}{z^3}, \quad 0<|z|<\infty$$

再利用卷积定理,得 $f_\Delta(k)$ 的双边 z 变换为

$$f_\Delta(k) \longleftrightarrow \left(\frac{z}{z-1}\right)^2\left(\frac{z^5-1}{z^3}\right)^2, \quad 0<|z|<\infty \tag{6.2-21a}$$

下面验算上述结果。将上式改写为

$$\left(\frac{z}{z-1}\right)^2(z^2-z^{-3})^2=\left(\frac{z}{z-1}\right)^2(z^4-2z^{-1}+z^{-6})$$

于是 $f_\Delta(k)$ 的 z 变换可写为

$$f_\Delta(k) \longleftrightarrow z^4\left(\frac{z}{z-1}\right)^2-2z^{-1}\left(\frac{z}{z-1}\right)^2+z^{-6}\left(\frac{z}{z-1}\right)^2 \tag{6.2-21b}$$

由式(6.2−18)知

$$(k+1)\varepsilon(k) \longleftrightarrow \left(\frac{z}{z-1}\right)^2$$

利用双边 z 变换的移位特性式(6.2−4)可得,式(6.2−21b)的原函数为

$$f_\Delta(k)=(k+5)\varepsilon(k+4)-2k\varepsilon(k-1)+(k-5)\varepsilon(k-4)$$

读者不难验算序列

$$f_\Delta(k)=\begin{cases}5-|k|, & -5\leqslant k\leqslant 5\\ 0, & k<-5,k>5\end{cases}$$

五、z 域微分(序列乘 k)

若

$$f(k) \longleftrightarrow F(z), \quad \alpha<|z|<\beta$$

则

$$kf(k) \longleftrightarrow -z\frac{\mathrm{d}}{\mathrm{d}z}F(z)$$

$$k^2f(k) \longleftrightarrow -z\frac{\mathrm{d}}{\mathrm{d}z}\left[-z\frac{\mathrm{d}}{\mathrm{d}z}F(z)\right]$$

…………

$$k^mf(k) \longleftrightarrow \left[-z\frac{\mathrm{d}}{\mathrm{d}z}\right]^mF(z), \quad \alpha<|z|<\beta \tag{6.2-22}$$

式中$\left[-z\dfrac{\mathrm{d}}{\mathrm{d}z}\right]^m F(z)$表示的运算为

$$-z\frac{\mathrm{d}}{\mathrm{d}z}\left(\cdots\left(-z\frac{\mathrm{d}}{\mathrm{d}z}\left(-z\frac{\mathrm{d}}{\mathrm{d}z}F(z)\right)\right)\cdots\right)$$

共进行 m 次求导和乘以$(-z)$的运算。

这可证明如下：

根据 z 变换的定义

$$F(z)=\sum_{k=-\infty}^{\infty}f(k)z^{-k}$$

上式级数在收敛域内绝对且一致收敛，故可逐项求导，所得级数的收敛域与原级数相同。因而有

$$\frac{\mathrm{d}}{\mathrm{d}z}F(z)=\sum_{k=-\infty}^{\infty}f(k)\frac{\mathrm{d}}{\mathrm{d}z}z^{-k}=-z^{-1}\sum_{k=-\infty}^{\infty}kf(k)z^{-k}=-z^{-1}\mathscr{Z}[kf(k)]$$

等号两端同乘以$-z$，得

$$kf(k)\longleftrightarrow -z\frac{\mathrm{d}}{\mathrm{d}z}F(z)$$

若再乘以 k，可得

$$\mathscr{Z}[k^2f(k)]=\mathscr{Z}[k\cdot kf(k)]=-z\frac{\mathrm{d}}{\mathrm{d}z}\mathscr{Z}[kf(k)]=-z\frac{\mathrm{d}}{\mathrm{d}z}\left[-z\frac{\mathrm{d}}{\mathrm{d}z}F(z)\right]$$

重复运用以上方法就得到式(6.2-22)。

例 6.2-9　求序列 $k^2\varepsilon(k)$，$\dfrac{k(k+1)}{2}\varepsilon(k)$和$\dfrac{k(k-1)}{2}\varepsilon(k)$的 z 变换。

解　(1) 由于 $\varepsilon(k)\longleftrightarrow\dfrac{z}{z-1}$，利用 z 域微分性质有

$$\mathscr{Z}[k\varepsilon(k)]=-z\frac{\mathrm{d}}{\mathrm{d}z}\left(\frac{z}{z-1}\right)=\frac{z}{(z-1)^2}$$

即

$$k\varepsilon(k)\longleftrightarrow\frac{z}{(z-1)^2},\quad |z|>1 \tag{6.2-23}$$

同理

$$\mathscr{Z}[k^2\varepsilon(k)]=-z\frac{\mathrm{d}}{\mathrm{d}z}\frac{z}{(z-1)^2}=\frac{z(z+1)}{(z-1)^3}$$

即

$$k^2\varepsilon(k)\longleftrightarrow\frac{z(z+1)}{(z-1)^3},\quad |z|>1 \tag{6.2-24}$$

(2) 对式(6.2-23)应用左移位特性，有

$$(k+1)\varepsilon(k+1)\longleftrightarrow\frac{z^2}{(z-1)^2}$$

上式左端序列中，当 $k=-1$ 时，系数$(k+1)=0$，故有$(k+1)\varepsilon(k+1)=(k+1)\varepsilon(k)$，于是上式可写为

$$(k+1)\varepsilon(k)\longleftrightarrow\frac{z^2}{(z-1)^2}$$

应用 z 域微分性质,可得

$$k(k+1)\varepsilon(k)\longleftrightarrow -z\frac{\mathrm{d}}{\mathrm{d}z}\frac{z^2}{(z-1)^2}=\frac{2z^2}{(z-1)^3}$$

最后得

$$\frac{k(k+1)}{2}\varepsilon(k)\longleftrightarrow\frac{z^2}{(z-1)^3},\quad |z|>1 \tag{6.2-25}$$

实际上由于

$$\frac{k(k+1)}{2}\varepsilon(k)=\frac{1}{2}(k^2+k)\varepsilon(k)$$

根据线性性质,利用式(6.2-23)和式(6.2-24),也可得到相同的结果。

(3) 由于$\frac{k(k-1)}{2}\varepsilon(k)=\frac{1}{2}(k^2-k)\varepsilon(k)$,根据线性性质,利用式(6.2-23)、式(6.2-24)的结果可得

$$\frac{k(k-1)}{2}\varepsilon(k)\longleftrightarrow\frac{1}{2}\left[\frac{z(z+1)}{(z-1)^3}-\frac{z}{(z-1)^2}\right]=\frac{z}{(z-1)^3},\quad |z|>1 \tag{6.2-26}$$

六、z 域积分(序列除 k+m)

若

$$f(k)\longleftrightarrow F(z),\quad \alpha<|z|<\beta$$

设有整数 m,且 $k+m>0$,则

$$\frac{f(k)}{k+m}\longleftrightarrow z^m\int_z^{\infty}\frac{F(\eta)}{\eta^{m+1}}\mathrm{d}\eta,\quad \alpha<|z|<\beta \tag{6.2-27}$$

若 $m=0$ 且 $k>0$,则

$$\frac{f(k)}{k}\longleftrightarrow\int_z^{\infty}\frac{F(\eta)}{\eta}\mathrm{d}\eta,\quad \alpha<|z|<\beta \tag{6.2-28}$$

这可证明如下:

由 z 变换定义

$$F(z)=\sum_{k=-\infty}^{\infty}f(k)z^{-k}$$

上述级数在收敛域内绝对且一致收敛,故可逐项积分。将上式两端除以 z^{m+1} 并从 z 到 ∞ 进行积分(为避免积分变量与下限混淆,积分变量用 η 替代。),得

$$\int_z^{\infty}\frac{F(\eta)}{\eta^{m+1}}\mathrm{d}\eta=\sum_{k=-\infty}^{\infty}f(k)\int_z^{\infty}\eta^{-(k+m+1)}\mathrm{d}\eta=\sum_{k=-\infty}^{\infty}f(k)\left[\frac{\eta^{-(k+m)}}{-(k+m)}\right]_z^{\infty}$$

由于 $k+m>0$,上式为

$$\int_z^{\infty}\frac{F(\eta)}{\eta^{m+1}}\mathrm{d}\eta=\sum_{k=-\infty}^{\infty}\frac{f(k)}{k+m}z^{-k}\cdot z^{-m}=z^{-m}\mathscr{Z}\left[\frac{f(k)}{k+m}\right]$$

等号两端乘以 z^m 即得式(6.2-27)。

例 6.2-10　求序列$\frac{1}{k+1}\varepsilon(k)$的 z 变换。

解　由于 $\varepsilon(k)\longleftrightarrow\frac{z}{z-1}$,故由式(6.2-27),有(本例 $m=1$)

$$\frac{1}{k+1}\varepsilon(k)\longleftrightarrow z\int_z^{\infty}\frac{\eta}{(\eta-1)\eta^2}\mathrm{d}\eta$$

积分

$$\int_z^{\infty}\frac{\eta}{(\eta-1)\eta^2}\mathrm{d}\eta=\int_z^{\infty}\left(\frac{1}{\eta-1}-\frac{1}{\eta}\right)\mathrm{d}\eta=\ln\left(\frac{\eta-1}{\eta}\right)\Bigg|_z^{\infty}=\ln\left(\frac{z}{z-1}\right)$$

故得

$$\frac{1}{k+1}\varepsilon(k)\longleftrightarrow z\ln\left(\frac{z}{z-1}\right),\quad |z|>1 \tag{6.2-29}$$

七、k 域反转

若

$$f(k)\longleftrightarrow F(z),\quad \alpha<|z|<\beta$$

则

$$f(-k)\longleftrightarrow F(z^{-1}),\quad \frac{1}{\beta}<|z|<\frac{1}{\alpha} \tag{6.2-30}$$

证明如下:

根据 z 变换的定义,并令 $n=-k$ 有

$$\mathscr{Z}[f(-k)]=\sum_{k=-\infty}^{\infty}f(-k)z^{-k}=\sum_{n=\infty}^{-\infty}f(n)z^{n}=\sum_{n=-\infty}^{\infty}f(n)(z^{-1})^{-n}=F(z^{-1})$$

其收敛域为 $\alpha<\left|\frac{1}{z}\right|<\beta$,即$\frac{1}{\beta}<|z|<\frac{1}{\alpha}$,得式(6.2-30)。

例 6.2-11　已知

$$a^k\varepsilon(k)\longleftrightarrow\frac{z}{z-a},\quad |z|>|a|$$

求 $a^{-k}\varepsilon(-k-1)$的 z 变换。

解　由式(6.2-30)可得

$$a^{-k}\varepsilon(-k)\longleftrightarrow\frac{\frac{1}{z}}{\frac{1}{z}-a}=\frac{1}{1-az},\quad |z|<\frac{1}{|a|}$$

左移一个单位(即用 $k+1$ 代替上式的 k),得

$$a^{-k-1}\varepsilon(-k-1)\longleftrightarrow\frac{z}{1-az}=\frac{-\frac{1}{a}z}{z-\frac{1}{a}}$$

利用齐次性，k 域 z 域同乘以 a 得

$$a^{-k}\varepsilon(-k-1) \longleftrightarrow \frac{-z}{z-\frac{1}{a}}, \quad |z| < \frac{1}{|a|} \tag{6.2-31a}$$

若令 $b=\frac{1}{a}$，上式也可写为

$$b^{k}\varepsilon(-k-1) \longleftrightarrow \frac{-z}{z-b}, \quad |z| < |b| \tag{6.2-31b}$$

以上结果也可由 $f(k-1)$ 反转求得，读者可自行验证。

八、部分和

若

$$f(k) \longleftrightarrow F(z), \quad \alpha < |z| < \beta$$

则

$$g(k) = \sum_{i=-\infty}^{k} f(i) \longleftrightarrow \frac{z}{z-1}F(z), \max(\alpha,1) < |z| < \beta \tag{6.2-32}$$

上式可证明如下：

由于

$$f(k) * \varepsilon(k) = \sum_{i=-\infty}^{\infty} f(i)\varepsilon(k-i) = \sum_{i=-\infty}^{k} f(i)$$

即序列 $f(k)$ 的部分和等于 $f(k)$ 与 $\varepsilon(k)$ 的卷积和。根据卷积定理，取上式的 z 变换就得到式(6.2-32)。

例 6.2-12 求序列 $\sum_{i=0}^{k} a^{i}$（a 为实数）的 z 变换。

解 由于 $\sum_{i=0}^{k} a^{i} = \sum_{i=-\infty}^{k} a^{i}\varepsilon(i)$，而

$$a^{k}\varepsilon(k) \longleftrightarrow \frac{z}{z-a}, \quad |z| > |a|$$

故由式(6.2-32)得

$$\sum_{i=0}^{k} a^{i} \longleftrightarrow \frac{z}{z-1}\cdot\frac{z}{z-a}, \quad |z| > \max(|a|,1)$$

顺便指出

$$\sum_{i=0}^{k} a^{i} = 1 + a + a^{2} + \cdots + a^{k} = \frac{1-a^{k+1}}{1-a}, \quad k \geqslant 0$$

故有

$$\sum_{i=0}^{k} a^{i} = \frac{1}{1-a}(1-a^{k+1})\varepsilon(k) \longleftrightarrow \frac{z^{2}}{(z-1)(z-a)}, \quad |z| > \max(|a|,1) \tag{6.2-33}$$

九、初值定理和终值定理

初值定理适用于右边序列（或称有始序列），即适用于 $k<M$（M 为整数）时 $f(k)=0$ 的序

列。它可以由像函数直接求得序列的初值 $f(M)$,$f(M+1)$,…,而不必求得原序列。

初值定理

如果序列在 $k<M$ 时,$f(k)=0$,它与像函数的关系为

$$f(k)\longleftrightarrow F(z),\quad \alpha<|z|<\infty$$

则序列的初值为

$$\left.\begin{aligned}f(M)&=\lim_{z\to\infty}z^{M}F(z)\\ f(M+1)&=\lim_{z\to\infty}[z^{M+1}F(z)-zf(M)]\\ f(M+2)&=\lim_{z\to\infty}[z^{M+2}F(z)-z^{2}f(M)-zf(M+1)]\end{aligned}\right\}\qquad(6.2-34)$$

如果 $M=0$,即 $f(k)$ 为因果序列,这时序列的初值为

$$\left.\begin{aligned}f(0)&=\lim_{z\to\infty}F(z)\\ f(1)&=\lim_{z\to\infty}[zF(z)-zf(0)]\\ f(2)&=\lim_{z\to\infty}[z^{2}F(z)-z^{2}f(0)-zf(1)]\end{aligned}\right\}\qquad(6.2-35)$$

式(6.2-34)证明如下:

若在 $k<M$ 时序列 $f(k)=0$,序列 $f(k)$ 的双边 z 变换可写为

$$\begin{aligned}F(z)&=\sum_{k=-\infty}^{\infty}f(k)z^{-k}=\sum_{k=M}^{\infty}f(k)z^{-k}\\ &=f(M)z^{-M}+f(M+1)z^{-(M+1)}+f(M+2)z^{-(M+2)}+\cdots\end{aligned}$$

上式等号两端乘以 z^{M},有

$$z^{M}F(z)=f(M)+f(M+1)z^{-1}+f(M+2)z^{-2}+\cdots\qquad(6.2-36)$$

取上式 $z\to\infty$ 的极限,则上式等号右端除第一项外都趋近于零,就得到式(6.2-34)的第一式。

将式(6.2-36)中的 $f(M)$ 移到等号左端后,等号两端同乘以 z,得

$$z^{M+1}F(z)-zf(M)=f(M+1)+f(M+2)z^{-1}+\cdots$$

取上式 $z\to\infty$ 的极限,就得到式(6.2-34)的第二式。重复运用以上方法可求得 $f(M+2)$、$f(M+3)$、…。

终值定理

终值定理适用于右边序列,可以由像函数直接求得序列的终值,而不必求得原序列。

如果序列在 $k<M$ 时 $f(k)=0$,设

$$f(k)\longleftrightarrow F(z),\quad \alpha<|z|<\infty$$

且 $0\leqslant\alpha<1$,则序列的终值为

$$f(\infty)=\lim_{k\to\infty}f(k)=\lim_{z\to1}\frac{z-1}{z}F(z)\qquad(6.2-37\text{a})$$

或写为

$$f(\infty)=\lim_{z\to1}(z-1)F(z)\qquad(6.2-37\text{b})$$

上式中是取 $z\to1$ 的极限,因此终值定理要求 $z=1$ 在收敛域内($0\leqslant\alpha<1$),这时 $\lim\limits_{k\to\infty}f(k)$ 存在。

终值定理证明如下:

$f(k)$ 的差分 $[f(k)-f(k-1)]$ 的 z 变换为

$$\mathscr{Z}[f(k)-f(k-1)]=F(z)-z^{-1}F(z)=\sum_{k=M}^{\infty}[f(k)-f(k-1)]z^{-k}$$

即

$$(1-z^{-1})F(z)=\lim_{N\to\infty}\sum_{k=M}^{N}[f(k)-f(k-1)]z^{-k}$$

取上式 $z\to1$ 的极限(显然 $z=1$ 应在收敛域内),并交换求极限的次序,得

$$\begin{aligned}\lim_{z\to1}(1-z^{-1})F(z)&=\lim_{z\to1}\lim_{N\to\infty}\sum_{k=M}^{N}[f(k)-f(k-1)]z^{-k}\\&=\lim_{N\to\infty}\lim_{z\to1}\sum_{k=M}^{N}[f(k)-f(k-1)]z^{-k}\\&=\lim_{N\to\infty}\sum_{k=M}^{N}[f(k)-f(k-1)]\\&=\lim_{N\to\infty}f(N)\end{aligned}$$

即式(6.2-37a)。

例 6.2-13 某因果序列 $f(k)$ 的 z 变换为(设 a 为实数)

$$F(z)=\frac{z}{z-a},\quad |z|>|a|$$

求 $f(0)$、$f(1)$、$f(2)$ 和 $f(\infty)$。

解 (1) 初值:由式(6.2-35)可得

$$f(0)=\lim_{z\to\infty}\frac{z}{z-a}=1$$

$$f(1)=\lim_{z\to\infty}\left[z\cdot\frac{z}{z-a}-z\right]=a$$

$$f(2)=\lim_{z\to\infty}\left[z^2\cdot\frac{z}{z-a}-z^2-az\right]=a^2$$

上述像函数的原序列为 $a^k\varepsilon(k)$,可见以上结果对任意实数 a 均正确。

(2) 终值:由式(6.2-37a)不难求得

$$\lim_{z\to1}\frac{z-1}{z}\cdot\frac{z}{z-a}=\begin{vmatrix}0, & |a|<1\\1, & a=1\\0, & a=-1\\0, & |a|>1\end{vmatrix}\tag{6.2-38}$$

对于 $|a|<1$,$z=1$ 在 $F(z)$ 的收敛域内,终值定理成立,因而有

$$f(\infty)=\lim_{z\to1}\frac{z-1}{z}\cdot\frac{z}{z-a}=0$$

不难验证,原序列 $f(k)=a^k\varepsilon(k)$,当 $|a|<1$ 时以上结果正确。

对 $|a|=1$,当 $a=1$ 时,原序列 $f(k)=\varepsilon(k)$,式(6.2-38)的结果正确。但当 $a=-1$ 时,原序列 $f(k)=(-1)^k\varepsilon(k)$,这时 $\lim_{k\to\infty}(-1)^k\varepsilon(k)$ 不收敛,因而终值定理不成立。

对于 $|a|>1$,$z=1$ 不在 $F(z)$ 的收敛域内,终值定理也不成立。

例 6.2-14 已知因果序列 $f(k)=a^k\varepsilon(k)$($|a|<1$),求序列的无限和 $\sum_{i=0}^{\infty}f(i)$。

解 设 $g(k)=\sum_{i=0}^{k}f(i)$，由式(6.2－32)知，其像函数

$$G(z)=\frac{z}{z-1}F(z)$$

本题所求的无限和可看作 $g(k)$ 取 $k\to\infty$ 的极限，即

$$\sum_{i=0}^{\infty}f(i)=\lim_{k\to\infty}g(k)$$

由于 $|a|<1$，应用终值定理，得

$$\sum_{i=0}^{\infty}f(i)=\lim_{k\to\infty}g(k)=\lim_{z\to1}\frac{z-1}{z}\cdot G(z)=\lim_{z\to1}\frac{z-1}{z}\cdot\frac{z}{z-1}F(z)=F(1)$$

由于 $F(z)=\dfrac{z}{z-a}$，最后得

$$\sum_{i=0}^{\infty}f(i)=\sum_{i=0}^{\infty}a^{i}=F(1)=\frac{1}{1-a}$$

最后，将 z 变换的性质列于表 6-1 中，以便查阅。

表 6-1 z 变换的性质

名称		k 域 $f(k)\longleftrightarrow F(z)$ z 域	
定义		$f(k)=\dfrac{1}{2\pi\mathrm{j}}\oint F(z)z^{k-1}\mathrm{d}z$	$F(z)=\sum_{k=-\infty}^{\infty}f(k)z^{-k},\alpha<\|z\|<\beta$*
线性		$a_1f_1(k)+a_2f_2(k)$	$a_1F_1(z)+a_2F_2(z)$，$\max(\alpha_1,\alpha_2)<\|z\|<\max(\beta_1,\beta_2)$
移位	双边变换	$f(k\pm m)$	$z^{\pm m}F(z),\alpha<\|z\|<\beta$
	单边变换	$f(k-m),m>0$	$z^{-m}F(z)+\sum_{k=0}^{m-1}f(k-m)z^{-k},\ \|z\|>\alpha$
		$f(k+m),m>0$	$z^{m}F(z)-\sum_{k=0}^{m-1}f(k)z^{m-k},\ \|z\|>\alpha$
z 域尺度变换		$a^{k}f(k),a\neq0$	$F\left(\dfrac{z}{a}\right),\alpha\|a\|<\|z\|<\beta\|a\|$
k 域卷积		$f_1(k)*f_2(k)$	$F_1(z)F_2(z)$，$\max(\alpha_1,\alpha_2)<\|z\|<\max(\beta_1,\beta_2)$
z 域微分		$k^{m}f(k),m>0$	$\left[-z\dfrac{\mathrm{d}}{\mathrm{d}z}\right]^{m}F(z),\alpha<\|z\|<\beta$
z 域积分		$\dfrac{f(k)}{k+m},k+m>0$	$z^{m}\int_{z}^{\infty}\dfrac{F(\eta)}{\eta^{m+1}}\mathrm{d}\eta,\alpha<\|z\|<\beta$

续表

名称		k 域 $f(k)\longleftrightarrow F(z)$ z 域	
k 域反转		$f(-k)$	$F(z^{-1}),\frac{1}{\beta}<\lvert z\rvert<\frac{1}{\alpha}$
部分和		$\sum\limits_{i=-\infty}^{k}f(i)$	$\frac{z}{z-1}F(z),\max(\alpha,1)<\lvert z\rvert<\beta$
初值定理	因果序列	$f(0)=\lim\limits_{z\to\infty}F(z)$ $f(m)=\lim\limits_{z\to\infty}z^{m}\left[F(z)-\sum\limits_{k=0}^{m-1}f(k)z^{-k}\right],\ \lvert z\rvert>\alpha$	
终值定理	因果序列	$f(\infty)=\lim\limits_{z\to 1}\frac{z-1}{z}F(z),\lim\limits_{k\to\infty}f(k)$ 收敛，$\lvert z\rvert>\alpha(0<\alpha<1)$	

注：α、β 为正实常数，分别称为收敛域的内、外半径。

§6.3 逆 z 变换

本节研究 $F(z)$ 的逆 z 变换，即由像函数 $F(z)$ 求原序列 $f(k)$ 的问题。求逆 z 变换的方法有：幂级数展开法、部分分式展开法和围线积分（留数法）等，围线积分求逆 z 变换较烦琐，本节重点讨论最常用的部分分式法。

一般而言，双边序列 $f(k)$ 可分为因果序列 $f_1(k)$ 和反因果序列 $f_2(k)$ 两部分，即

$$f(k)=f_2(k)+f_1(k)=f(k)\varepsilon(-k-1)+f(k)\varepsilon(k) \tag{6.3-1a}$$

式中因果序列和反因果序列分别为

$$f_1(k)=f(k)\varepsilon(k) \tag{6.3-1b}$$

$$f_2(k)=f(k)\varepsilon(-k-1) \tag{6.3-1c}$$

相应地，其 z 变换也分为两部分

$$F(z)=F_2(z)+F_1(z),\quad \alpha<\lvert z\rvert<\beta \tag{6.3-2a}$$

其中

$$F_1(z)=\mathscr{Z}[f(k)\varepsilon(k)]=\sum_{k=0}^{\infty}f(k)z^{-k},\quad \lvert z\rvert>\alpha \tag{6.3-2b}$$

$$F_2(z)=\mathscr{Z}[f(k)\varepsilon(-k-1)]=\sum_{k=-\infty}^{-1}f(k)z^{-k},\quad \lvert z\rvert<\beta \tag{6.3-2c}$$

当已知像函数 $F(z)$ 时，根据给定的收敛域不难由 $F(z)$ 求得 $F_1(z)$ 和 $F_2(z)$，并分别求得它们所对应的原序列 $f_1(k)$ 和 $f_2(k)$，然后按线性性质，将二者相加就得到 $F(z)$ 所对应的原序列 $f(k)$。因此本节主要研究因果序列像函数 $F_1(z)$ 的逆 z 变换，它显然也是单边逆 z 变换。

一、幂级数展开法

根据 z 变换的定义，因果序列和反因果序列的像函数［如式(6.3-2b)和(6.3-2c)］分

别是 z^{-1} 和 z 的幂级数。因此,根据给定的收敛域可将 $F_1(z)$ 和 $F_2(z)$ 展开为幂级数,它的系数就是相应的序列值。

例 6.3-1 已知像函数

$$F(z)=\frac{z^2}{(z+1)(z-2)}=\frac{z^2}{z^2-z-2}$$

其收敛域如下,分别求其相对应的原序列 $f(k)$。

(1) $|z|>2$ (2) $|z|<1$ (3) $1<|z|<2$

解 (1) 由于 $F(z)$ 的收敛域为 $|z|>2$,即半径为 2 的圆外域,故 $f(k)$ 为因果序列。用长除法将 $F(z)$(其分子、分母按 z 的降幂排列)展开为 z^{-1} 的幂级数如下:

$$\begin{array}{r|l}
 & 1+z^{-1}+3z^{-2}+5z^{-3}+\cdots \\
z^2-z-2 & z^2 \\
 & \underline{z^2-z-2} \\
 & z+2 \\
 & \underline{z-1-2z^{-1}} \\
 & 3+2z^{-1} \\
 & \cdots
\end{array}$$

即

$$F(z)=\frac{z^2}{z^2-z-2}=1+z^{-1}+3z^{-2}+5z^{-3}+\cdots$$

与式(6.3-2b)相比较可得原序列为

$$f(k)=\{1,1,3,5,\cdots\}$$
$$\uparrow k=0$$

(2) 由于 $F(z)$ 的收敛域为 $|z|<1$,故 $f(k)$ 为反因果序列。用长除法将 $F(z)$(其分子、分母按 z 的升幂排列)展开为 z 的幂级数如下:

$$\begin{array}{r|l}
 & -\frac{1}{2}z^2+\frac{1}{4}z^3-\frac{3}{8}z^4+\frac{5}{16}z^5+\cdots \\
-2-z+z^2 & z^2 \\
 & \underline{z^2+\frac{1}{2}z^3-\frac{1}{2}z^4} \\
 & -\frac{1}{2}z^3+\frac{1}{2}z^4 \\
 & \underline{-\frac{1}{2}z^3-\frac{1}{4}z^4+\frac{1}{4}z^5} \\
 & \frac{3}{4}z^4-\frac{1}{4}z^5 \\
 & \cdots
\end{array}$$

即

$$F(z)=\frac{z^2}{z^2-z-2}=-\frac{1}{2}z^2+\frac{1}{4}z^3-\frac{3}{8}z^4+\frac{5}{16}z^5+\cdots$$

与式(6.3-2c)相比较可得原序列

$$f(k)=\left\{\cdots,\frac{5}{16},-\frac{3}{8},\frac{1}{4},-\frac{1}{2},0\right\}$$
$$\uparrow k=-1$$

(3) $F(z)$的收敛域为 $1<|z|<2$ 的环形区域,其原序列 $f(k)$ 为双边序列。将 $F(z)$ 展开为部分分式,有

$$F(z)=\frac{z^2}{(z+1)(z-2)}=\frac{\frac{1}{3}z}{z+1}+\frac{\frac{2}{3}z}{z-2},\quad 1<|z|<2$$

根据给定的收敛域不难看出,上式第一项属于因果序列的像函数 $F_1(z)$,第二项属于反因果序列的像函数 $F_2(z)$,即

$$F_1(z)=\frac{\frac{1}{3}z}{z+1},\quad |z|>1$$

$$F_2(z)=\frac{\frac{2}{3}z}{z-2},\quad |z|<2$$

将它们分别展开为 z^{-1} 及 z 的幂级数,有

$$F_1(z)=\frac{\frac{1}{3}z}{z+1}=\frac{1}{3}-\frac{1}{3}z^{-1}+\frac{1}{3}z^{-2}-\frac{1}{3}z^{-3}+\cdots$$

$$F_2(z)=\frac{\frac{2}{3}z}{z-2}=\cdots-\frac{1}{12}z^3-\frac{1}{6}z^2-\frac{1}{3}z$$

于是得原序列为

$$f(k)=\left\{\cdots,-\frac{1}{12},-\frac{1}{6},-\frac{1}{3},\frac{1}{3},-\frac{1}{3},\frac{1}{3},-\frac{1}{3},\cdots\right\}$$
$$\uparrow k=0$$

用以上方法求 $F(z)$ 的逆 z 变换,其原序列常常难以写成闭合形式。

顺便提出,除用长除法将 $F(z)$ 展开为幂级数外,有时可利用已知的幂级数展开式(如 e^x、a^x 等幂级数展开式,它们可从数学手册中查到)求逆 z 变换。

例 6.3-2 某因果序列的像函数为

$$F(z)=e^{\frac{a}{z}},\quad |z|>0$$

求其原序列 $f(k)$。

解 指数函数 e^x 可展开为幂级数

$$e^x=1+x+\frac{1}{2!}x^2+\cdots+\frac{1}{k!}x^k+\cdots=\sum_{k=0}^{\infty}\frac{x^k}{k!},\quad |x|<\infty$$

令 $x=\frac{a}{z}$,则 $F(z)$ 可展开为

$$F(z)=\mathrm{e}^{\frac{a}{z}}=\sum_{k=0}^{\infty}\frac{\left(\frac{a}{z}\right)^{k}}{k!}=\sum_{k=0}^{\infty}\frac{a^{k}}{k!}z^{-k},\quad |z|>0$$

根据 z 变换的定义可得

$$f(k)=\frac{a^{k}}{k!},\quad k\geqslant 0 \tag{6.3-3}$$

二、部分分式展开法

在离散系统分析中,经常遇到的像函数是 z 的有理分式,它可以写为

$$F(z)=\frac{B(z)}{A(z)}=\frac{b_{m}z^{m}+b_{m-1}z^{m-1}+\cdots+b_{1}z+b_{0}}{z^{n}+a_{n-1}z^{n-1}+\cdots+a_{1}z+a_{0}} \tag{6.3-4}$$

式中 $m\leqslant n$,$A(z)$、$B(z)$分别为 $F(z)$的分母和分子多项式。

根据代数学,只有真分式(即 $m<n$)才能展开为部分分式[①]。因此,当 $m=n$ 时还不能将 $F(z)$直接展开。通常可以先将$\frac{F(z)}{z}$展开,然后再乘以 z;或者先从 $F(z)$分出常数项,再将余下的真分式展开为部分分式。将$\frac{F(z)}{z}$展开为部分分式的方法与第五章中 $F(s)$展开方法相同。

如果像函数 $F(z)$有如式(6.3-4)的形式,则

$$\frac{F(z)}{z}=\frac{B(z)}{zA(z)}=\frac{B(z)}{z(z^{n}+a_{n-1}z^{n-1}+\cdots+a_{1}z+a_{0})} \tag{6.3-5}$$

式中 $B(z)$的最高次幂 $m<n+1$。

$F(z)$的分母多项式为 $A(z)$,$A(z)=0$ 有 n 个根 z_1、z_2、…、z_n,它们称为 $F(z)$的极点。按 $F(z)$极点的类型,$\frac{F(z)}{z}$的展开式有几种情况:

1. 有单极点

如 $F(z)$的极点 $z_1,z_2,\cdots,z_n$ 都互不相同,且不等于 0,则$\frac{F(z)}{z}$可展开为

$$\frac{F(z)}{z}=\frac{K_{0}}{z}+\frac{K_{1}}{z-z_{1}}+\cdots+\frac{K_{n}}{z-z_{n}}=\sum_{i=0}^{n}\frac{K_{i}}{z-z_{i}} \tag{6.3-6}$$

式中 $z_0=0$,各系数

---

① 这可简单解释如下:

譬如,当 $m<n$ 时,某最简单的部分分式展开为

$$\frac{b_1z+b_0}{(z+1)(z+2)}=\frac{A}{z+1}+\frac{B}{z+2}$$

将等号右端通分,利用等号两端分子的同次幂系数相等的办法,可由已知数 b_1、b_0 唯一地确定系数 A 和 B。但 $m=n$ 时

$$\frac{b_2z^2+b_1z+b_0}{(z+1)(z+2)}=\frac{A_1z+A_2}{z+1}+\frac{B_1z+B_2}{z+2}$$

显然不能由 3 个已知数 b_2、b_1、b_0 确定未知数 A_1、A_2、B_1、B_2。

$$K_i=(z-z_i)\frac{F(z)}{z}\bigg|_{z=z_i} \tag{6.3-7}$$

将求得的各系数 K_i 代入式(6.3-6)后,等号两端同乘以 z,得

$$F(z)=K_0+\sum_{i=1}^{n}\frac{K_i z}{z-z_i} \tag{6.3-8}$$

根据给定的收敛域,将上式划分为 $F_1(z)(|z|>\alpha)$ 和 $F_2(z)(|z|<\beta)$ 两部分,根据已知的变换对,如

$$\delta(k)\longleftrightarrow 1 \tag{6.3-9}$$

$$a^k\varepsilon(k)\longleftrightarrow\frac{z}{z-a},\ |z|>a \tag{6.3-10a}$$

$$-a^k\varepsilon(-k-1)\longleftrightarrow\frac{z}{z-a},\ |z|<a \tag{6.3-10b}$$

等,就可求得式(6.3-8)的原函数。

表 6-2 给出了一些常用变换对。

表 6-2 z 变换简表

序号	反因果序列 $f(k),k\leqslant -1$	收敛域 $\|z\|<\beta$	像函数 $F(z)$	收敛域 $\|z\|>\alpha$	因果序列 $f(k),k\geqslant 0$
1	/	/	1	全平面	$\delta(k)$
2	/	/	$z^{-m},m>0$	$\|z\|>0$	$\delta(k-m)$
3	$\delta(k+m)$	$\|z\|<\infty$	$z^{m},m>0$	/	/
4	$-\varepsilon(-k-1)$	$\|z\|<1$	$\frac{z}{z-1}$	$\|z\|>1$	$\varepsilon(k)$
5	$-a^k\varepsilon(-k-1)$	$\|z\|<\|a\|$	$\frac{z}{z-a}$	$\|z\|>\|a\|$	$a^k\varepsilon(k)$
6	$-ka^{k-1}\varepsilon(-k-1)$	$\|z\|<\|a\|$	$\frac{z}{(z-a)^2}$	$\|z\|>\|a\|$	$ka^{k-1}\varepsilon(k)$
7	$-\frac{1}{2}k(k-1)a^{k-2}\varepsilon(-k-1)$	$\|z\|<\|a\|$	$\frac{z}{(z-a)^3}$	$\|z\|>\|a\|$	$\frac{1}{2}k(k-1)a^{k-2}\varepsilon(k)$
8	$\frac{-k(k-1)\cdots(k-m+1)}{m!}a^{k-m}\varepsilon(-k-1)$	$\|z\|<\|a\|$	$\frac{z}{(z-a)^{m+1}}$, $m\geqslant 1$	$\|z\|>\|a\|$	$\frac{k(k-1)\cdots(k-m+1)}{m!}a^{k-m}\varepsilon(k)$
9	$-a^k\sin(\beta k)\varepsilon(-k-1)$	$\|z\|<\|a\|$	$\frac{az\sin\beta}{z^2-2az\cos\beta+a^2}$	$\|z\|>\|a\|$	$a^k\sin(\beta k)\varepsilon(k)$
10	$-a^k\cos(\beta k)\varepsilon(-k-1)$	$\|z\|<\|a\|$	$\frac{z[z-a\cos\beta]}{z^2-2az\cos\beta+a^2}$	$\|z\|>\|a\|$	$a^k\cos(\beta k)\varepsilon(k)$

注:a 是实(或复)常数。

例 6.3-3 已知像函数

$$F(z)=\frac{z^2}{(z+1)(z-2)}$$

其收敛域分别为

(1) $|z|>2$ (2) $|z|<1$ (3) $1<|z|<2$

分别求其原序列。

解 为将 $F(z)$展开为部分分式，先求 $F(z)$的极点，即 $F(z)$分母多项式 $A(z)=0$ 的根。由$F(z)$可见，其极点为 $z_1=-1,z_2=2$。于是$\frac{F(z)}{z}$可展开为部分分式

$$\frac{F(z)}{z}=\frac{z^2}{z(z+1)(z-2)}=\frac{z}{(z+1)(z-2)}=\frac{K_1}{z+1}+\frac{K_2}{z-2}$$

由式(6.3-7)可得

$$K_1=(z+1)\frac{F(z)}{z}\bigg|_{z=-1}=\frac{1}{3}$$

$$K_2=(z-2)\frac{F(z)}{z}\bigg|_{z=2}=\frac{2}{3}$$

于是得

$$\frac{F(z)}{z}=\frac{\frac{1}{3}}{z+1}+\frac{\frac{2}{3}}{z-2}$$

即

$$F(z)=\frac{\frac{1}{3}z}{z+1}+\frac{\frac{2}{3}z}{z-2} \tag{6.3-11}$$

(1) 收敛域为$|z|>2$，故 $f(k)$为因果序列。由式(6.3-10a)得

$$f(k)=\left[\frac{1}{3}(-1)^k+\frac{2}{3}(2)^k\right]\varepsilon(k)$$

(2) 收敛域为$|z|<1$，故 $f(k)$为反因果序列。由式(6.3-10b)得

$$f(k)=\left[-\frac{1}{3}(-1)^k-\frac{2}{3}(2)^k\right]\varepsilon(-k-1)$$

(3) 收敛域为$1<|z|<2$，由展开式(6.3-11)不难看出，其第一项属于因果序列($|z|>1$)，第二项属于反因果序列($|z|<2$)。由式(6.3-10)可分别求得其逆变换，最后得

$$f(k)=-\frac{2}{3}(2)^k\varepsilon(-k-1)+\frac{1}{3}(-1)^k\varepsilon(k)$$

由上例可见，用部分分式法能得到原序列的闭合形式的解。

例 6.3-4 求像函数

$$F(z)=\frac{z\left(z^3-4z^2+\frac{9}{2}z+\frac{1}{2}\right)}{\left(z-\frac{1}{2}\right)(z-1)(z-2)(z-3)},\quad 1<|z|<2$$

的逆 z 变换。

解　由上式可见 $F(z)$ 的极点 $\frac{1}{2}$、1、2、3，将 $\frac{F(z)}{z}$ 展开为部分分式为

$$\frac{F(z)}{z}=\frac{K_1}{z-\frac{1}{2}}+\frac{K_2}{z-1}+\frac{K_3}{z-2}+\frac{K_4}{z-3}$$

按式(6.3-7)可求得 $K_1=-1$、$K_2=2$、$K_3=-1$、$K_4=1$，故得 $F(z)$ 的展开式为

$$F(z)=\frac{-z}{z-\frac{1}{2}}+\frac{2z}{z-1}+\frac{-z}{z-2}+\frac{z}{z-3},\quad 1<|z|<2$$

根据给定的收敛域可知，上式的前两项的收敛域满足 $|z|>1$，故属于因果序列的像函数 $F_1(z)$，第三、四项的收敛域满足 $|z|<2$，故属于反因果序列的像函数 $F_2(z)$，即

$$F_1(z)=\frac{-z}{z-\frac{1}{2}}+\frac{2z}{z-1},\quad |z|>1$$

$$F_2(z)=\frac{-z}{z-2}+\frac{z}{z-3},\quad |z|<2$$

由表 6-2 可得其原序列分别为

$$f_1(k)=\left[2-\left(\frac{1}{2}\right)^k\right]\varepsilon(k)$$

$$f_2(k)=(2^k-3^k)\varepsilon(-k-1)$$

最后得

$$f(k)=f_2(k)+f_1(k)=(2^k-3^k)\varepsilon(-k-1)+\left[2-\left(\frac{1}{2}\right)^k\right]\varepsilon(k)$$

2. $F(z)$ 有共轭单极点

如果 $F(z)$ 有一对共轭单极点 $z_{1,2}=c\pm \mathrm{j}d$，则可将 $\frac{F(z)}{z}$ 展开为

$$\frac{F(z)}{z}=\frac{F_a(z)}{z}+\frac{F_b(z)}{z}=\frac{K_1}{z-z_1}+\frac{K_2}{z-z_2}+\frac{F_b(z)}{z}\tag{6.3-12}$$

式中 $\frac{F_b(z)}{z}$ 是 $\frac{F(z)}{z}$ 除共轭极点所形成分式外的其余部分，而

$$\frac{F_a(z)}{z}=\frac{K_1}{z-c-\mathrm{j}d}+\frac{K_2}{z-c+\mathrm{j}d}\tag{6.3-13}$$

可以证明，若 $A(z)$ 是实系数多项式，则 $K_2=K_1^*$。

将 $F(z)$ 的极点 z_1，z_2 写为指数形式，即令

$$z_{1,2}=c\pm \mathrm{j}d=\alpha \mathrm{e}^{\pm \mathrm{j}\beta}\tag{6.3-14}$$

式中

$$\alpha=\sqrt{c^2+d^2}$$

$$\beta=\arctan\left(\frac{d}{c}\right)$$

令 $K_1 = |K_1| e^{j\theta}$,则 $K_2 = |K_1| e^{-j\theta}$,式(6.3-13)可改写为

$$\frac{F_a(z)}{z} = \frac{|K_1| e^{j\theta}}{z - \alpha e^{j\beta}} + \frac{|K_1| e^{-j\theta}}{z - \alpha e^{-j\beta}}$$

等号两端同乘以 z,得

$$F_a(z) = \frac{|K_1| e^{j\theta} z}{z - \alpha e^{j\beta}} + \frac{|K_1| e^{-j\theta} z}{z - \alpha e^{-j\beta}} \tag{6.3-15}$$

取上式逆变换①,得

若 $|z| > \alpha$, $\quad f_a(k) = 2|K_1| \alpha^k \cos(\beta k + \theta)\varepsilon(k)$ (6.3-16)

若 $|z| < \alpha$, $\quad f_a(k) = -2|K_1| \alpha^k \cos(\beta k + \theta)\varepsilon(-k-1)$ (6.3-17)

例 6.3-5 求像函数

$$F(z) = \frac{z^3 + 6}{(z+1)(z^2+4)}, \quad |z| > 2$$

的逆 z 变换。

解 $F(z)$的极点为 $z_1 = -1, z_{2,3} = \pm j2 = 2e^{\pm j\frac{\pi}{2}}$,$\frac{F(z)}{z}$可展开为

$$\frac{F(z)}{z} = \frac{z^3 + 6}{z(z+1)(z^2+4)} = \frac{K_0}{z} + \frac{K_1}{z+1} + \frac{K_2}{z - j2} + \frac{K_2^*}{z + j2}$$

按式(6.3-7)可求得

$$K_0 = z\frac{F(z)}{z}\bigg|_{z=0} = 1.5$$

$$K_1 = (z+1)\frac{F(z)}{z}\bigg|_{z=-1} = -1$$

$$K_2 = (z - j2)\frac{F(z)}{z}\bigg|_{z=j2} = \frac{1 + j2}{4} = \frac{\sqrt{5}}{4} e^{j63.4°}$$

于是得

$$F(z) = 1.5 - \frac{z}{z+1} + \frac{\frac{\sqrt{5}}{4} e^{j63.4°} z}{z - 2e^{j\frac{\pi}{2}}} + \frac{\frac{\sqrt{5}}{4} e^{-j63.4°} z}{z - 2e^{-j\frac{\pi}{2}}}$$

取上式逆变换,得

$$f(k) = \left[1.5\delta(k) - (-1)^k + \frac{\sqrt{5}}{2} 2^k \cos\left(\frac{k\pi}{2} + 63.4°\right)\right]\varepsilon(k)$$

$$= \left[1.5\delta(k) - (-1)^k + \sqrt{5}\ 2^{k-1} \cos\left(\frac{k\pi}{2} + 63.4°\right)\right]\varepsilon(k)$$

---

① 由于 $2|K_1| \alpha^k \cos(\beta k + \theta) = |K_1| \alpha^k [e^{j(\beta k + \theta)} + e^{-j(\beta k + \theta)}] = |K_1| e^{j\theta}(\alpha e^{j\beta})^k + |K_1| e^{-j\theta}(\alpha e^{-j\beta})^k$

取上式的 z 变换,若 $|z| > \alpha$,有

$$2|K_1| \alpha^k \cos(\beta k + \theta)\varepsilon(k) \longleftrightarrow \frac{|K_1| e^{j\theta} z}{z - \alpha e^{j\beta}} + \frac{|K_1| e^{-j\theta} z}{z - \alpha e^{-j\beta}}$$

3. $F(z)$有重极点

如果 $F(z)$在 $z=z_1=a$ 处有 r 重极点，则$\dfrac{F(z)}{z}$可展开为

$$\frac{F(z)}{z}=\frac{F_a(z)}{z}+\frac{F_b(z)}{z}=\frac{K_{11}}{(z-a)^r}+\frac{K_{12}}{(z-a)^{r-1}}+\cdots+\frac{K_{1r}}{z-a}+\frac{F_b(z)}{z} \tag{6.3-18}$$

式中$\dfrac{F_b(z)}{z}$是$\dfrac{F(z)}{z}$除重极点 $z=a$ 以外的项，在 $z=a$ 处 $F_b(z)\neq\infty$。各系数 K_{1i}可用下式求得

$$K_{1i}=\frac{1}{(i-1)!}\frac{\mathrm{d}^{i-1}}{\mathrm{d}z^{i-1}}\left[(z-a)^r\frac{F(z)}{z}\right]\bigg|_{z=a} \tag{6.3-19}$$

将求得的系数 K_{1i}代入式(6.3-18)后，等号两端同乘以 z，得

$$F(z)=\frac{K_{11}z}{(z-a)^r}+\frac{K_{12}z}{(z-a)^{r-1}}+\cdots+\frac{K_{1r}z}{z-a}+F_b(z) \tag{6.3-20}$$

根据给定的收敛域，由表 6-2 可求得上式的逆 z 变换。

如 $F(z)$有共轭二重极点 $z_{1,2}=c\pm \mathrm{j}d=\alpha\mathrm{e}^{\pm\mathrm{j}\beta}$，利用式(6.3-19)求得系数 K_{11}、K_{12}后，可根据给定的收敛域按下式求得其逆变换：

若$|z|>\alpha$，则

$$\mathscr{Z}^{-1}\left[\frac{z|K_{11}|\mathrm{e}^{\mathrm{j}\theta_{11}}}{(z-z_1)^2}+\frac{z|K_{11}|\mathrm{e}^{-\mathrm{j}\theta_{11}}}{(z-z_2)^2}\right]=2|K_{11}|k\alpha^{k-1}\cos[\beta(k-1)+\theta_{11}]\varepsilon(k) \tag{6.3-21}$$

$$\mathscr{Z}^{-1}\left[\frac{z|K_{12}|\mathrm{e}^{\mathrm{j}\theta_{12}}}{z-z_1}+\frac{z|K_{12}|\mathrm{e}^{-\mathrm{j}\theta_{12}}}{z-z_2}\right]=2|K_{12}|\alpha^k\cos(\beta k+\theta_{12})\varepsilon(k) \tag{6.3-22}$$

若$|z|<\alpha$，则

$$\mathscr{Z}^{-1}\left[\frac{z|K_{11}|\mathrm{e}^{\mathrm{j}\theta_{11}}}{(z-z_1)^2}+\frac{z|K_{11}|\mathrm{e}^{-\mathrm{j}\theta_{11}}}{(z-z_2)^2}\right]=-2|K_{11}|k\alpha^{k-1}\cos[\beta(k-1)+\theta_{11}]\varepsilon(-k-1) \tag{6.3-23}$$

$$\mathscr{Z}^{-1}\left[\frac{z|K_{12}|\mathrm{e}^{\mathrm{j}\theta_{12}}}{z-z_1}+\frac{z|K_{12}|\mathrm{e}^{-\mathrm{j}\theta_{12}}}{z-z_2}\right]=-2|K_{12}|\alpha^k\cos(\beta k+\theta_{12})\varepsilon(-k-1) \tag{6.3-24}$$

例 6.3-6 求像函数

$$F(z)=\frac{z^3+z^2}{(z-1)^3},\quad |z|>1$$

的逆变换。

解 将$\dfrac{F(z)}{z}$展开为

$$\frac{F(z)}{z}=\frac{z^2+z}{(z-1)^3}=\frac{K_{11}}{(z-1)^3}+\frac{K_{12}}{(z-1)^2}+\frac{K_{13}}{z-1}$$

根据式(6.3-19)可求得

$$K_{11}=(z-1)^3\frac{F(z)}{z}\bigg|_{z=1}=2$$

$$K_{12}=\frac{\mathrm{d}}{\mathrm{d}z}\left[(z-1)^3\frac{F(z)}{z}\right]\bigg|_{z=1}=3$$

$$K_{13}=\frac{1}{2}\frac{\mathrm{d}^2}{\mathrm{d}z^2}\left[(z-1)^3\frac{F(z)}{z}\right]\bigg|_{z=1}=1$$

所以

$$\frac{F(z)}{z}=\frac{2}{(z-1)^3}+\frac{3}{(z-1)^2}+\frac{1}{z-1}$$

即

$$F(z)=\frac{2z}{(z-1)^3}+\frac{3z}{(z-1)^2}+\frac{z}{z-1}$$

由于收敛域 $|z|>1$,由表 6-2 可得 $F(z)$的逆变换为

$$f(k)=\left[\frac{2}{2!}k(k-1)+3k+1\right]\varepsilon(k)=(k+1)^2\varepsilon(k)$$

例 6.3-7　求像函数

$$F(z)=\frac{z^4}{(z^2+4)^2},\quad |z|>2$$

的逆变换。

解　$F(z)$有一对共轭二重极点 $z_{1,2}=\pm\mathrm{j}2=2\mathrm{e}^{\pm\mathrm{j}\frac{\pi}{2}}$,将$\dfrac{F(z)}{z}$展开为

$$\frac{F(z)}{z}=\frac{z^3}{(z-\mathrm{j}2)^2(z+\mathrm{j}2)^2}=\frac{K_{11}}{(z-\mathrm{j}2)^2}+\frac{K_{11}^*}{(z+\mathrm{j}2)^2}+\frac{K_{12}}{z-\mathrm{j}2}+\frac{K_{12}^*}{z+\mathrm{j}2}$$

根据式(6.3-19)可求得

$$K_{11}=(z-\mathrm{j}2)^2\frac{F(z)}{z}\bigg|_{z=\mathrm{j}2}=\mathrm{j}\frac{1}{2}=\frac{1}{2}\mathrm{e}^{\mathrm{j}\frac{\pi}{2}}$$

$$K_{12}=\frac{\mathrm{d}}{\mathrm{d}z}(z-\mathrm{j}2)^2\frac{F(z)}{z}\bigg|_{z=\mathrm{j}2}=\frac{1}{2}$$

所以

$$F(z)=\frac{\frac{1}{2}\mathrm{e}^{\mathrm{j}\frac{\pi}{2}}z}{(z-\mathrm{j}2)^2}+\frac{\frac{1}{2}\mathrm{e}^{-\mathrm{j}\frac{\pi}{2}}z}{(z+\mathrm{j}2)^2}+\frac{\frac{1}{2}z}{(z-\mathrm{j}2)}+\frac{\frac{1}{2}z}{(z+\mathrm{j}2)}$$

由式(6.3-21)和式(6.3-22)可得

$$\begin{aligned}f(k)&=k(2)^{k-1}\cos\left[(k-1)\frac{\pi}{2}+\frac{\pi}{2}\right]\varepsilon(k)+2^k\cos\left(\frac{k\pi}{2}\right)\varepsilon(k)\\&=\left(\frac{1}{2}k+1\right)2^k\cos\left(\frac{k\pi}{2}\right)\varepsilon(k)\end{aligned}$$

§6.4 z 域分析

与连续系统相对应，z 变换是分析线性离散系统的又一有力的数学工具。与离散时间傅里叶变换相比，它变换条件要求更宽松，应用的范围更广泛。z 变换将描述系统的时域差分方程变换为 z 域的代数方程，便于运算和求解；同时单边 z 变换将系统的初始状态自然地包含于像函数方程中，既可分别求得零输入响应、零状态响应，也可一举求得系统的全响应，本节讨论 z 变换用于进行 LTI 离散系统分析。

一、差分方程的 z 域解

设 LTI 系统的激励为 $f(k)$，响应为 $y(k)$，描述 n 阶系统的后向差分方程的一般形式可写为

$$\sum_{i=0}^{n} a_{n-i}y(k-i)=\sum_{j=0}^{m} b_{m-j}f(k-j) \tag{6.4-1}$$

式中 $a_{n-i}(i=0,1,\cdots,n)$、$b_{m-j}(j=0,1,\cdots,m)$ 均为实数，设 $f(k)$ 是在 $k=0$ 时接入的，系统的初始状态为 $y(-1)$、$y(-2)$、…、$y(-n)$。

令 $\mathscr{Z}[y(k)]=Y(z)$，$\mathscr{Z}[f(k)]=F(z)$。根据单边 z 变换的移位特性式(6.2-7)，$y(k)$ 右移 i 个单位的 z 变换为

$$\mathscr{Z}[y(k-i)]=z^{-i}Y(z)+\sum_{k=0}^{i-1} y(k-i)z^{-k} \tag{6.4-2}$$

如果 $f(k)$ 是在 $k=0$ 时接入的（或 $f(k)$ 为因果序列），那么在 $k<0$ 时 $f(k)=0$，即 $f(-1)=f(-2)=\cdots=f(-m)=0$，因而 $f(k-j)$ 的 z 变换为

$$\mathscr{Z}[f(k-j)]=z^{-j}F(z) \tag{6.4-3}$$

取式(6.4-1)的 z 变换，并将式(6.4-2)、式(6.4-3)代入，得

$$\sum_{i=0}^{n} a_{n-i}\left[z^{-i}Y(z)+\sum_{k=0}^{i-1} y(k-i)z^{-k}\right]=\sum_{j=0}^{m} b_{m-j}[z^{-j}F(z)]$$

即

$$\left(\sum_{i=0}^{n} a_{n-i}z^{-i}\right)Y(z)+\sum_{i=0}^{n} a_{n-i}\left[\sum_{k=0}^{i-1} y(k-i)z^{-k}\right]=\left(\sum_{j=0}^{m} b_{m-j}z^{-j}\right)F(z)$$

由上式可解得

$$Y(z)=\frac{M(z)}{A(z)}+\frac{B(z)}{A(z)}F(z) \tag{6.4-4}$$

式中 $M(z)=-\sum_{i=0}^{n} a_{n-i}\left[\sum_{k=0}^{i-1} y(k-i)z^{-k}\right]$，$A(z)=\sum_{i=0}^{n} a_{n-i}z^{-i}$，$B(z)=\sum_{j=0}^{m} b_{m-j}z^{-j}$。$A(z)$ 与 $B(z)$ 是 z^{-1} 的多项式（在求解时，常同乘以 z^{n}，变为 z 的正幂次多项式），它们的系数分别是差分方

程的系数 a_{n-i} 和 b_{m-j}。$M(z)$ 也是 z^{-1} 的多项式，其系数仅与 a_{n-i} 和响应的各初始状态 $y(-1)$、$y(-2)$、…、$y(-n)$ 有关而与激励无关。

由式(6.4-4)可以看出，其第一项仅与初始状态有关而与输入无关，因而是零输入响应 $y_{zi}(k)$ 的像函数，令其为 $Y_{zi}(z)$；其第二项仅与输入有关而与初始状态无关，因而是零状态响应 $y_{zs}(k)$ 的像函数，令其为 $Y_{zs}(z)$。于是式(6.4-4)可以写为

$$Y(z)=Y_{zi}(z)+Y_{zs}(z)=\frac{M(z)}{A(z)}+\frac{B(z)}{A(z)}F(z) \tag{6.4-5}$$

式中 $Y_{zi}(z)=\dfrac{M(z)}{A(z)}$，$Y_{zs}(z)=\dfrac{B(z)}{A(z)}F(z)$。取上式的逆变换，得系统的全响应

$$y(k)=y_{zi}(k)+y_{zs}(k) \tag{6.4-6}$$

式中

$$y_{zi}(k)=\mathscr{Z}^{-1}[Y_{zi}(z)]=\mathscr{Z}^{-1}\left[\frac{M(z)}{A(z)}\right]$$

$$y_{zs}(k)=\mathscr{Z}^{-1}[Y_{zs}(z)]=\mathscr{Z}^{-1}\left[\frac{B(z)}{A(z)}F(z)\right]$$

例 6.4-1 若描述 LTI 系统的差分方程为

$$y(k)-y(k-1)-2y(k-2)=f(k)+2f(k-2)$$

已知 $y(-1)=2$，$y(-2)=-\dfrac{1}{2}$，$f(k)=\varepsilon(k)$。求系统的零输入响应、零状态响应和全响应。

解 令 $y(k)\longleftrightarrow Y(z)$，$f(k)\longleftrightarrow F(z)$。对以上差分方程取 z 变换，得

$$Y(z)-[z^{-1}Y(z)+y(-1)]-2[z^{-2}Y(z)+y(-2)+y(-1)z^{-1}]=F(z)+2z^{-2}F(z)$$

即

$$(1-z^{-1}-2z^{-2})Y(z)-(1+2z^{-1})y(-1)-2y(-2)=F(z)+2z^{-2}F(z)$$

可见，经过 z 变换后，差分方程变换为代数方程。由上式可解得

$$\begin{aligned}Y(z)&=\frac{[y(-1)+2y(-2)]+2y(-1)z^{-1}}{1-z^{-1}-2z^{-2}}+\frac{1+2z^{-2}}{1-z^{-1}-2z^{-2}}F(z)\\&=\frac{[y(-1)+2y(-2)]z^2+2y(-1)z}{z^2-z-2}+\frac{z^2+2}{z^2-z-2}F(z)\end{aligned} \tag{6.4-7}$$

上式第一项是零输入响应的像函数 $Y_{zi}(z)$，第二项是零状态响应的像函数 $Y_{zs}(z)$。将初始状态及 $F(z)=\mathscr{Z}[\varepsilon(k)]=\dfrac{z}{z-1}$ 代入，得

$$\begin{aligned}Y(z)&=\frac{z^2+4z}{z^2-z-2}+\frac{z^2+2}{z^2-z-2}\cdot\frac{z}{z-1}\\&=\frac{z^2+4z}{(z-2)(z+1)}+\frac{z^3+2z}{(z-2)(z+1)(z-1)}\\&=Y_{zi}(z)+Y_{zs}(z)\end{aligned} \tag{6.4-8}$$

式中

$$Y_{zi}(z)=\frac{z^2+4z}{(z-2)(z+1)}$$

$$Y_{zs}(z)=\frac{z^3+2z}{(z-2)(z+1)(z-1)}$$

将$\frac{Y_{zi}(z)}{z}$和$\frac{Y_{zs}(z)}{z}$展开为部分分式，得

$$\frac{Y_{zi}(z)}{z}=\frac{2}{z-2}+\frac{-1}{z+1}$$

$$\frac{Y_{zs}(z)}{z}=\frac{2}{z-2}+\frac{\frac{1}{2}}{z+1}+\frac{-\frac{3}{2}}{z-1}$$

于是得

$$Y_{zi}(z)=\frac{2z}{z-2}-\frac{z}{z+1}$$

$$Y_{zs}(z)=\frac{2z}{z-2}+\frac{1}{2}\frac{z}{z+1}-\frac{3}{2}\frac{z}{z-1}$$

取上式的逆变换，得零输入、零状态响应分别为

$$y_{zi}(k)=[2(2)^k-(-1)^k]\varepsilon(k)$$

$$y_{zs}(k)=\left[2(2)^k+\frac{1}{2}(-1)^k-\frac{3}{2}\right]\varepsilon(k)$$

系统的全响应

$$y(k)=y_{zi}(k)+y_{zs}(k)=\left[4(2)^k-\frac{1}{2}(-1)^k-\frac{3}{2}\right]\varepsilon(k)$$

本题如果只求全响应，可将有关初始状态和 $F(z)$ 代入式(6.4-7)，整理后得

$$Y(z)=\frac{z(2z^2+3z-2)}{(z-2)(z+1)(z-1)}=\frac{4z}{z-2}-\frac{1}{2}\cdot\frac{z}{z+1}-\frac{3}{2}\cdot\frac{z}{z-1}$$

取逆变换就得到全响应 $y(k)$，结果同上。

在系统分析中，有时已知初始值 $y(0)$，$y(1)$，…，由于在 $k\geqslant 0$ 时激励已经接入，而$y_{zs}(k)$及其各移位项可能不等于零，因而不易分辨零输入响应和零状态响应的初始值，也不便于用单边 z 变换的右移位特性求解零输入响应。下例说明由初始值 $y(0)$，$y(1)$，…求 $y(-1)$，$y(-2)$，…的方法。

例 6.4-2　描述某 LTI 系统的差分方程为

$$y(k)-y(k-1)-2y(k-2)=f(k)+2f(k-2)\tag{6.4-9}$$

已知 $y(0)=2$，$y(1)=7$，激励 $f(k)=\varepsilon(k)$。求 $y(-1)$ 和 $y(-2)$。

解　初始状态 $y(-1)$，$y(-2)$ 可根据差分方程递推求得。为此将式(6.4-9)的差分方程改写为

$$y(k-2)=\frac{1}{2}[y(k)-y(k-1)-f(k)-2f(k-2)]$$

令 $k=1$，并将 $y(0)$，$y(1)$ 和 $f(0)$，$f(-1)$ 代入上式，得

$$y(-1)=\frac{1}{2}[y(1)-y(0)-f(1)-2f(-1)]=2$$

令 $k=0$，并代入有关值，其中 $f(-2)=0$，得

$$y(-2)=\frac{1}{2}[y(0)-y(-1)-f(0)-2f(-2)]=-\frac{1}{2}$$

如果需要求出系统的响应，本例类型的问题也可这样求解：按零状态响应的定义，它与初始状态无关，即有 $y_{zs}(-1)=y_{zs}(-2)=0$。因此可先应用 z 变换求出系统的零状态响应 $y_{zs}(k)$，并进而求得 $y_{zs}(0)$，$y_{zs}(1)$。利用全响应

$$y(k)=y_{zi}(k)+y_{zs}(k)$$

将 $k=0$、1 代入后可求得

$$y_{zi}(0)=y(0)-y_{zs}(0)$$
$$y_{zi}(1)=y(1)-y_{zs}(1)$$

按给定的差分方程和求得的 $y_{zi}(0)$、$y_{zi}(1)$，采用时域求解方法解得零输入响应 $y_{zi}(k)$。或者利用 $y(-1)=y_{zi}(-1)$，$y(-2)=y_{zi}(-2)$ 关系来定零输入响应中的两个待定系数 C_{zi1}、C_{zi2}，求得 $y_{zi}(k)$。

例 6.4-3　描述某 LTI 系统的差分方程为

$$y(k)+4y(k-1)+3y(k-2)=4f(k)+2f(k-1)$$

已知 $f(k)=(-2)^k\varepsilon(k)$，$y(0)=9$，$y(1)=-33$，求零输入响应 $y_{zi}(k)$、零状态响应 $y_{zs}(k)$ 及全响应 $y(k)$。

解　设零状态，对方程取 z 变换，有

$$Y_{zs}(z)+4z^{-1}Y_{zs}(z)+3z^{-2}Y_{zs}(z)=4F(z)+2z^{-1}F(z)$$

则

$$Y_{zs}(z)=\frac{4+2z^{-1}}{1+4z^{-1}+3z^{-2}}F(z)=\frac{4z^2+2z}{z^2+4z+3}F(z)$$

将 $F(z)=\mathscr{Z}[f(k)]=\mathscr{Z}[(-2)^k\varepsilon(k)]=\dfrac{z}{z+2}$ 代入上式，得

$$Y_{zs}(z)=\frac{4z^2+2z}{(z+1)(z+3)}\cdot\frac{z}{z+2}$$

而

$$\frac{Y_{zs}(z)}{z}=\frac{4z^2+2z}{(z+1)(z+2)(z+3)}=\frac{1}{z+1}-\frac{12}{z+2}+\frac{15}{z+3}$$

则

$$Y_{zs}(z)=\frac{z}{z+1}-\frac{12z}{z+2}+\frac{15z}{z+3}$$

所以

$$y_{zs}(k)=[(-1)^k-12(-2)^k+15(-3)^k]\varepsilon(k) \tag{6.4-10}$$

令 $k=0$、1，代入式(6.4-10)，得

$$y_{zs}(0)=4,y_{zs}(1)=-22$$

故得

$$\left.\begin{aligned}y_{zi}(0)&=y(0)-y_{zs}(0)=9-4=5\\y_{zi}(1)&=y(1)-y_{zs}(1)=-33-(-22)=-11\end{aligned}\right\} \tag{6.4-11}$$

考虑本例方程的特征根 $\lambda_1=-1$、$\lambda_2=-3$，设零输入响应为

$$y_{zi}(k)=C_{zi1}(-1)^k+C_{zi2}(-3)^k \tag{6.4-12}$$

将式(6.4-11)条件代入式(6.4-12)解得

$$C_{zi1}=2,\quad C_{zi2}=3$$

所以

$$y_{zi}(k)=[2(-1)^k+3(-3)^k]\varepsilon(k) \tag{6.4-13}$$

将式(6.4-10)、式(6.4-13)相加，得全响应为

$$\begin{aligned}y(k)&=y_{zi}(k)+y_{zs}(k)\\&=[2(-1)^k+3(-3)^k]\varepsilon(k)+[(-1)^k-12(-2)^k+15(-3)^k]\varepsilon(k)\\&=[3(-1)^k-12(-2)^k+18(-3)^k]\varepsilon(k)\end{aligned} \tag{6.4-14}$$

本例还可由方程、已知的 $f(k)$ 及 $y(0)$、$y(1)$ 条件，递推出 $y(-1)$、$y(-2)$，再按例 6.4-1 的过程求解。在时域法求解 $y_{zi}(k)$ 时，亦可应用

$$y(-1)=y_{zi}(-1)$$

$$y(-2)=y_{zi}(-2)$$

条件确定 C_{zi1}、C_{zi2}。

在第三章曾讨论了系统全响应中的自由响应与强迫响应、瞬态响应与稳态响应的概念，这里从 z 域的角度讨论这一问题。

例 6.4-4 描述 LTI 系统的差分方程为

$$6y(k)-5y(k-1)+y(k-2)=f(k)$$

已知 $y(-1)=-6$，$y(-2)=-20$，$f(k)=10\cos\left(\dfrac{k\pi}{2}\right)\varepsilon(k)$，求其全响应。

解 对方程进行 z 变换，不难求得全响应 $y(k)$ 的像函数

$$Y(z)=\frac{[5y(-1)-y(-2)]-y(-1)z^{-1}}{6-5z^{-1}+z^{-2}}+\frac{1}{6-5z^{-1}+z^{-2}}F(z)$$

分子、分母同乘以 z^2，并将初始状态和 $F(z)=\dfrac{10z^2}{z^2+1}$ 代入，得

$$\begin{aligned}Y(z)=Y_{zi}(z)+Y_{zs}(z)&=\frac{-10z^2+6z}{6z^2-5z+1}+\frac{z^2}{6z^2-5z+1}\cdot\frac{10z^2}{z^2+1}\\&=\frac{-10z^2+6z}{6\left(z-\frac{1}{2}\right)\left(z-\frac{1}{3}\right)}+\frac{z^4}{6\left(z-\frac{1}{2}\right)\left(z-\frac{1}{3}\right)(z^2+1)}\end{aligned}$$

将上式展开为部分分式，得

$$Y(z)=\underbrace{\overbrace{\frac{z}{z-\frac{1}{2}}-\frac{8}{3}\cdot\frac{z}{z-\frac{1}{3}}}^{Y_{zi}(z)}+\overbrace{\frac{z}{z-\frac{1}{2}}-\frac{1}{3}\cdot\frac{z}{z-\frac{1}{3}}}^{Y_{zs}(z)}}_{Y_{自由}(z)}+\underbrace{\frac{z^2+z}{z^2+1}}_{Y_{强迫}(z)} \tag{6.4-15a}$$

取逆变换，得

$$y(k)=\underbrace{\overbrace{\left(\frac{1}{2}\right)^k-\frac{8}{3}\left(\frac{1}{3}\right)^k}^{y_{zi}(k)}+\overbrace{\left(\frac{1}{2}\right)^k-\frac{1}{3}\left(\frac{1}{3}\right)^k}}_{y_{自由}(k)}\overbrace{+\underbrace{\sqrt{2}\cos\left(\frac{k\pi}{2}-\frac{\pi}{4}\right)}_{y_{强迫}(k)}}^{y_{zs}(k)},k\geqslant 0 \tag{6.4-15b}$$

由以上二式可见,自由响应 $y_{自由}(k)$ 的像函数 $Y_{自由}(z)$ 是 $Y(z)$ 中由特征方程 $A(z)=0$ 的根所形成的分式组成,而强迫响应 $y_{强迫}(k)$ 的像函数 $Y_{强迫}(z)$ 是 $Y(z)$ 中由 $F(z)$ 的极点所形成的分式组成。本例中自由响应就等于瞬态响应,强迫响应就等于稳态响应。如果自由响应中有随 k 增大而增长的项(如 $a^k,a>1$),系统的响应仍可分为自由、强迫响应,但不便再分为瞬态、稳态响应。

二、系统函数

如前所述,描述 n 阶 LTI 系统的后向差分方程为

$$\sum_{i=0}^{n}a_{n-i}y(k-i)=\sum_{j=0}^{m}b_{m-j}f(k-i) \tag{6.4-16}$$

设 $f(k)$ 是 $k=0$ 时接入的,则其零状态响应的像函数

$$Y_{zs}(z)=\frac{B(z)}{A(z)}F(z) \tag{6.4-17}$$

式中 $F(z)$ 为激励 $f(k)$ 的像函数,$A(z)$、$B(z)$ 分别为

$$\left.\begin{aligned}A(z)&=\sum_{i=0}^{n}a_{n-i}z^{-i}=a_n+a_{n-1}z^{-1}+\cdots+a_0z^{-n}\\B(z)&=\sum_{j=0}^{m}b_{m-j}z^{-j}=b_m+b_{m-1}z^{-1}+\cdots+b_0z^{-m}\end{aligned}\right\} \tag{6.4-18}$$

它们很容易由差分方程写出。其中 $A(z)$ 称为方程式(6.4-16)的特征多项式,$A(z)=0$ 的根称为特征根。

系统零状态响应的像函数 $Y_{zs}(z)$ 与激励像函数 $F(z)$ 之比称为系统函数,用 $H(z)$ 表示,即

$$H(z)=\frac{Y_{zs}(z)}{F(z)}=\frac{B(z)}{A(z)} \tag{6.4-19}$$

由描述系统的差分方程容易写出该系统的系统函数 $H(z)$,反之亦然。由式(6.4-19)以及式(6.4-18)可见,系统函数 $H(z)$ 只与描述系统的差分方程系数 a_{n-i}、b_{m-j} 有关,即只与系统的结构、参数等有关,它较完满地描述了系统特性。

引入系统函数的概念后,零状态响应的像函数可写为

$$Y_{zs}(z)=H(z)F(z) \tag{6.4-20}$$

单位序列(样值)响应 $h(k)$ 是输入为 $\delta(k)$ 时系统的零状态响应,由于 $\delta(k)\longleftrightarrow 1$,故由式(6.4-20)知,单位序列响应 $h(k)$ 与系统函数 $H(z)$ 的关系是

$$h(k)\longleftrightarrow H(z) \tag{6.4-21}$$

即系统的单位序列响应 $h(k)$ 与系统函数 $H(z)$ 是一对 z 变换对。

若输入为 $f(k)$，其像函数为 $F(z)$，则零状态响应 $y_{zs}(k)$ 的像函数为式(6.4-20)。取其逆 z 变换，并由 k 域卷积定理，有

$$\begin{aligned} y_{zs}(k) &= \mathscr{Z}^{-1}[Y_{zs}(z)] = \mathscr{Z}^{-1}[H(z)F(z)] \\ &= \mathscr{Z}^{-1}[H(z)] * \mathscr{Z}^{-1}[F(z)] = h(k) * f(k) \end{aligned} \tag{6.4-22}$$

这正是时域分析 §3.3 中的重要结论。可见 k 域卷积定理将离散系统的时域分析与 z 域分析紧密相连，使系统分析方法更加丰富，手段更加灵活。

例 6.4-5　描述某 LTI 系统的方程为

$$y(k) - \frac{1}{6}y(k-1) - \frac{1}{6}y(k-2) = f(k) + 2f(k-1)$$

求系统的单位序列响应 $h(k)$。

解　显然，零状态响应也满足上述差分方程。设初始状态均为零，对方程取 z 变换，得

$$Y_{zs}(z) - \frac{1}{6}z^{-1}Y_{zs}(z) - \frac{1}{6}z^{-2}Y_{zs}(z) = F(z) + 2z^{-1}F(z)$$

由上式得

$$H(z) = \frac{Y_{zs}(z)}{F(z)} = \frac{1+2z^{-1}}{1-\frac{1}{6}z^{-1}-\frac{1}{6}z^{-2}} = \frac{z^2+2z}{z^2-\frac{1}{6}z-\frac{1}{6}}$$

将上式展开为部分分式，得

$$H(z) = \frac{z^2+2z}{\left(z-\frac{1}{2}\right)\left(z+\frac{1}{3}\right)} = \frac{3z}{z-\frac{1}{2}} + \frac{-2z}{z+\frac{1}{3}}$$

取逆变换，得单位序列响应为

$$h(k) = \left[3\left(\frac{1}{2}\right)^k - 2\left(-\frac{1}{3}\right)^k\right]\varepsilon(k)$$

例 6.4-6　某 LTI 离散系统，已知当输入 $f(k)=\left(-\frac{1}{2}\right)^k\varepsilon(k)$ 时，其零状态响应为

$$y_{zs}(k) = \left[\frac{3}{2}\left(\frac{1}{2}\right)^k + 4\left(-\frac{1}{3}\right)^k - \frac{9}{2}\left(-\frac{1}{2}\right)^k\right]\varepsilon(k)$$

求系统的单位序列响应 $h(k)$ 和描述系统的差分方程。

解　零状态响应 $y_{zs}(k)$ 的像函数为

$$\begin{aligned} Y_{zs}(z) &= \frac{3}{2}\cdot\frac{z}{z-\frac{1}{2}} + 4\cdot\frac{z}{z+\frac{1}{3}} - \frac{9}{2}\cdot\frac{z}{z+\frac{1}{2}} \\ &= \frac{z^3+2z^2}{\left(z-\frac{1}{2}\right)\left(z+\frac{1}{3}\right)\left(z+\frac{1}{2}\right)} \end{aligned}$$

输入 $f(k)$ 的像函数为

$$F(z) = \frac{z}{z+\frac{1}{2}}$$

故得系统函数为

$$H(z)=\frac{Y_{zs}(z)}{F(z)}=\frac{z^3+2z^2}{\left(z-\frac{1}{2}\right)\left(z+\frac{1}{3}\right)\left(z+\frac{1}{2}\right)}\cdot\frac{z+\frac{1}{2}}{z}$$

$$=\frac{z^2+2z}{\left(z-\frac{1}{2}\right)\left(z+\frac{1}{3}\right)}=\frac{z^2+2z}{z^2-\frac{1}{6}z-\frac{1}{6}} \tag{6.4-23}$$

将上式展开为部分分式,求逆变换[本题 $H(z)$ 与例 6.4-5 相同],得

$$h(k)=\left[3\left(\frac{1}{2}\right)^k-2\left(-\frac{1}{3}\right)^k\right]\varepsilon(k)$$

将系统函数 $H(z)$,即式(6.4-23)的分子分母同乘以 z^{-2},得

$$\frac{Y_{zs}(z)}{F(z)}=\frac{1+2z^{-1}}{1-\frac{1}{6}z^{-1}-\frac{1}{6}z^{-2}}$$

即

$$Y_{zs}(z)-\frac{1}{6}z^{-1}Y_{zs}(z)-\frac{1}{6}z^{-2}Y_{zs}(z)=F(z)+2z^{-1}F(z)$$

取逆变换,得后向差分方程为

$$y(k)-\frac{1}{6}y(k-1)-\frac{1}{6}y(k-2)=f(k)+2f(k-1)$$

或者,直接由式(6.4-23),得

$$z^2Y_{zs}(z)-\frac{1}{6}zY_{zs}(z)-\frac{1}{6}Y_{zs}(z)=z^2F(z)+2zF(z)$$

取逆变换,得前向差分方程为

$$y(k+2)-\frac{1}{6}y(k+1)-\frac{1}{6}y(k)=f(k+2)+2f(k+1)$$

上述后向和前向差分方程是等价的。

三、系统的 z 域框图

系统分析中常遇到用 k 域框图描述的系统,这时可根据系统框图中各基本运算部件的运算关系列出描述该系统的差分方程,然后求出该方程的解(用时域法或 z 变换法)。如果根据系统的 k 域框图画出其相应的 z 域框图,就可直接按 z 域框图列写有关的像函数代数方程,然后解出响应的像函数,取其逆变换求得系统的 k 域响应,这将使运算简化。

对各种基本运算部件[数乘器(标量乘法器)、加法器、迟延单元]的输入、输出取 z 变换,并利用线性、移位等性质,可得各种部件的 z 域模型如表 6-3 所示。

表 6-3 基本运算部件的 z 域模型

名　称	k 域模型	z 域模型
数乘器（标量乘法器）	$f(k)$ → a → $af(k)$；或 $f(k)$ —a→ $af(k)$	$F(z)$ → a → $aF(z)$；或 $F(z)$ —a→ $aF(z)$
加法器	$f_1(k)$ (+)，$f_2(k)$ (±) → Σ → $f_1(k) \pm f_2(k)$	$F_1(z)$ (+)，$F_2(z)$ (±) → Σ → $F_1(z) \pm F_2(z)$
迟延单元	$f(k)$ → D → $f(k-1)$	$f(k)$ → z^{-1} → Σ（+ $f(-1)$）→ $z^{-1}F(z)+f(-1)$
迟延单元（零状态）	$f(k)$ → D → $f(k-1)$	$f(k)$ → z^{-1} → $z^{-1}F(z)$

由于含初始状态的框图比较复杂，而通常最关心的是系统的零状态响应的 z 域框图，这时系统的 k 域框图与其 z 域框图形式上相同，因而使用简便，当然也给求零输入响应带来不便。

例 6.4-7 某 LTI 系统的 k 域框图如图 6.4-1(a)所示。已知输入 $f(k)=\varepsilon(k)$。

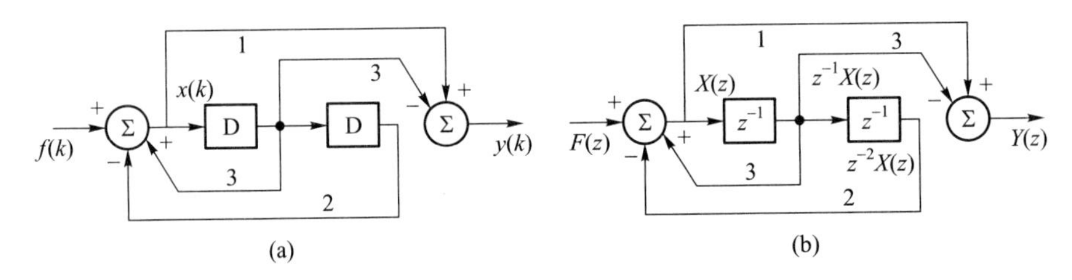

图 6.4-1 例 6.4-7 图

(1) 求系统的单位序列响应 $h(k)$ 和零状态响应 $y_{zs}(k)$。

(2) 若 $y(-1)=0, y(-2)=\frac{1}{2}$，求零输入响应 $y_{zi}(k)$。

解 (1) 按表 6-3 中各部件的 z 域模型可画出该系统在零状态下的 z 域框图如图 6.4-1(b)所示。

在图 6.4-1(b)中，设左端迟延单元(z^{-1})的输入端信号为 $X(z)$，相应的各迟延单元的输出信号为 $z^{-1}X(z)$、$z^{-2}X(z)$。由左端加法器输出端可列出像函数方程为

$$X(z)=3z^{-1}X(z)-2z^{-2}X(z)+F(z)$$

即

$$(1-3z^{-1}+2z^{-2})X(z)=F(z)$$

由右端加法器输出端可列出方程

$$Y_{zs}(z)=X(z)-3z^{-1}X(z)=(1-3z^{-1})X(z)$$

从以上两式消去中间变量 $X(z)$，得

$$Y_{zs}(z)=\frac{1-3z^{-1}}{1-3z^{-1}+2z^{-2}}F(z)=H(z)F(z)$$

式中系统函数

$$H(z)=\frac{1-3z^{-1}}{1-3z^{-1}+2z^{-2}}=\frac{z^2-3z}{z^2-3z+2}=\frac{2z}{z-1}+\frac{-z}{z-2}$$

取逆变换，得系统的单位序列响应为

$$h(k)=[2-(2)^k]\varepsilon(k)$$

当激励 $f(k)=\varepsilon(k)$ 时，零状态响应的像函数$\left[\text{考虑到 } \varepsilon(k)\longleftrightarrow\frac{z}{z-1}\right]$为

$$Y_{zs}(z)=H(z)F(z)=\frac{z^2-3z}{(z-1)(z-2)}\cdot\frac{z}{z-1}=\frac{z^2(z-3)}{(z-1)^2(z-2)}$$

将上式展开为部分分式，有

$$Y_{zs}(z)=\frac{2z}{(z-1)^2}+\frac{3z}{z-1}+\frac{-2z}{z-2}$$

取上式的逆变换，得零状态响应为

$$y_{zs}(k)=[2k+3-2(2)^k]\varepsilon(k)$$

（2）由于

$$H(z)=\frac{1-3z^{-1}}{1-3z^{-1}+2z^{-2}}$$

知零输入响应 $y_{zi}(k)$ 满足方程

$$y_{zi}(k)-3y_{zi}(k-1)+2y_{zi}(k-2)=0$$

对上式取 z 变换，得

$$Y_{zi}(z)-3[z^{-1}Y_{zi}(z)+y_{zi}(-1)]+2[z^{-2}Y_{zi}(z)+y_{zi}(-2)+y_{zi}(-1)z^{-1}]=0$$

由上式可解得

$$Y_{zi}(z)=\frac{[3y_{zi}(-1)-2y_{zi}(-2)]-2y_{zi}(-1)z^{-1}}{1-3z^{-1}+2z^{-2}}$$

因为对于零状态响应有 $y_{zs}(-1)=y_{zs}(-2)=0$，故 $y_{zi}(-1)=y(-1)=0$，$y_{zi}(-2)=y(-2)=\frac{1}{2}$，将它们代入上式，得

$$Y_{zi}(z)=\frac{-1}{1-3z^{-1}+2z^{-2}}=\frac{-z^2}{z^2-3z+2}=\frac{z}{z-1}+\frac{-2z}{z-2}$$

故得

$$y_{zi}(k)=[1-2(2)^k]\varepsilon(k)$$

例 6.4-8　某 LTI 离散系统的系统函数为

$$H(z)=\frac{z^2-3z}{z^2-3z+2}$$

已知当激励 $f(k)=(-1)^k\varepsilon(k)$ 时，其全响应

$$y(k)=\left[2+\frac{4}{3}(2)^k+\frac{2}{3}(-1)^k\right]\varepsilon(k)$$

(1) 求零输入响应 $y_{zi}(k)$。　(2) 求初始状态 $y(-1)$、$y(-2)$。

解　(1) 由于全响应 $y(k)=y_{zi}(k)+y_{zs}(k)$，先求出零状态响应 $y_{zs}(k)$。

输入 $f(k)$ 的像函数 $F(z)=\dfrac{z}{z+1}$，故

$$Y_{zs}(z)=H(z)F(z)=\frac{z^2-3z}{(z-1)(z-2)}\cdot\frac{z}{z+1}$$

$$=\frac{z}{z-1}-\frac{2}{3}\cdot\frac{z}{z-2}+\frac{1}{3}\cdot\frac{z}{z+1}$$

取上式的逆变换，得零状态响应

$$y_{zs}(k)=\left[1-\frac{2}{3}(2)^k+\frac{2}{3}(-1)^k\right]\varepsilon(k)$$

于是得零输入响应

$$\begin{aligned}y_{zi}(k)&=y(k)-y_{zs}(k)\\&=\left[2+\frac{4}{3}(2)^k+\frac{2}{3}(-1)^k\right]\varepsilon(k)-\left[1-\frac{2}{3}(2)^k+\frac{2}{3}(-1)^k\right]\varepsilon(k)\\&=[1+2(2)^k]\varepsilon(k)\end{aligned}\tag{6.4-24}$$

(2) 由式(6.4-24)可求得零输入响应的初始值 $y_{zi}(0)=3$、$y_{zi}(1)=5$。

由给定的系统函数可知零输入响应满足的差分方程为

$$y_{zi}(k)-3y_{zi}(k-1)+2y_{zi}(k-2)=0$$

将它改写为

$$y_{zi}(k-2)=\frac{1}{2}[-y_{zi}(k)+3y_{zi}(k-1)]$$

分别令 $k=1$ 和 $k=0$，考虑到 $y_{zs}(-1)=y_{zs}(-2)=0$，可得

$$y(-1)=y_{zi}(-1)=\frac{1}{2}[-y_{zi}(1)+3y_{zi}(0)]=2$$

$$y(-2)=y_{zi}(-2)=\frac{1}{2}[-y_{zi}(0)+3y_{zi}(-1)]=\frac{3}{2}$$

四、s 域与 z 域的关系

在§6.1 中曾指出，复变量 s 与 z 的关系是

$$\left.\begin{aligned}z&=\mathrm{e}^{sT}\\s&=\frac{1}{T}\ln z\end{aligned}\right\}\tag{6.4-25}$$

式中 T 为取样周期。

如果将 s 表示为直角坐标形式，有

$$s = \sigma + \mathrm{j}\omega$$

将 z 表示为极坐标形式

$$z = \rho \mathrm{e}^{\mathrm{j}\theta}$$

将它们代入式(6.4-25)，得

$$\rho = \mathrm{e}^{\sigma T} \tag{6.4-26a}$$

$$\theta = \omega T \tag{6.4-26b}$$

由上式可以看出：s 平面的左半平面($\sigma<0$)映射到 z 平面的单位圆内部($|z|=\rho<1$)；s 平面的右半平面($\sigma>0$)映射到 z 平面的单位圆外部($|z|=\rho>1$)；s 平面 $\mathrm{j}\omega$ 轴($\sigma=0$)映射为 z 平面中的单位圆($|z|=\rho=1$)。其映射关系如图 6.4-2 所示。

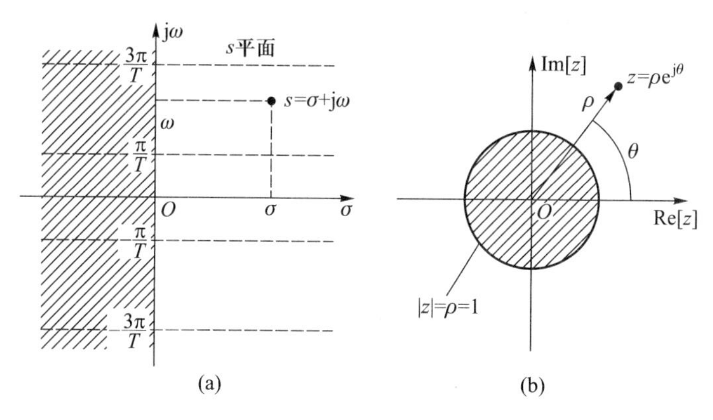

图 6.4-2 s 平面与 z 平面的映射

还可看出，s 平面上的实轴($\omega=0$)映射为 z 平面的正实轴($\theta=0$)，而原点($\sigma=0,\omega=0$)映射为 z 平面上 $z=1$ 的点($\rho=1,\theta=0$)。s 平面上任一点 s_0 映射到 z 平面上的点为 $z=\mathrm{e}^{s_0 T}$。

另外，由式(6.4-26b)可知，当 ω 由 $-\dfrac{\pi}{T}$ 增长到 $\dfrac{\pi}{T}$ 时，z 平面上辐角由 $-\pi$ 增长到 π。也就是说，在 z 平面上，θ 每变化 2π 相应于 s 平面上 ω 变化 $\dfrac{2\pi}{T}$。因此，从 z 平面到 s 平面的映射是多值的。在 z 平面上的一点 $z=\rho\mathrm{e}^{\mathrm{j}\theta}$，映射到 s 平面将是无穷多点，即

$$s = \frac{1}{T}\ln z = \frac{1}{T}\ln \rho + \mathrm{j}\frac{\theta + 2m\pi}{T}, m = 0, \pm 1, \pm 2, \cdots \tag{6.4-27}$$

五、借助 DTFT 求离散系统的频率响应

在 §4.10 中已介绍了离散时间傅里叶变换(DTFT)。

序列 $f(k)$ 的傅里叶变换定义为

$$F(\mathrm{e}^{\mathrm{j}\theta}) = \mathscr{F}[f(k)] = \sum_{k=-\infty}^{\infty} f(k)\mathrm{e}^{-\mathrm{j}\theta k} \tag{6.4-28}$$

常写为

$$\mathrm{DTFT}[f(k)] = F(\mathrm{e}^{\mathrm{j}\theta}) \tag{6.4-29}$$

也可简记为

$$f(k) \longleftrightarrow F(e^{j\theta}) \tag{6.4-30}$$

相应的逆变换为

$$f(k) = \frac{1}{2\pi}\int_{-\pi}^{\pi} F(e^{j\theta})e^{j\theta k}d\theta \tag{6.4-31}$$

式(6.4-28)~式(6.4-31)中的 θ 是数字角频率,单位为弧度(rad)。考虑 $e^{-j\theta k}$ 是 θ 为横坐标以 2π 为周期的函数,所以任意离散时间信号 $f(k)$ 只要存在 DTFT,即 $F(e^{j\theta})$,它都是频域(θ 域)里以 2π 为周期的周期函数,这一点它与连续时间信号的傅里叶变换(CTFT)大不相同。

DTFT 也有与 CTFT 相对应的诸如线性、时移、频移、时域卷积等重要性质,如果读者需要请查文献 1。

比较双边 z 变换定义式(6.1-7)与式(6.4-28)DTFT 定义式,可以看出,若式(6.1-7)中的 z 换为 $e^{j\theta}$ 即是式(6.4-28)。因 $|e^{j\theta}|=1$ 是 z 平面上的单位圆,即是说,$e^{j\theta}$ 表明复变量 z 限制在 z 平面单位圆上变化。所以,也可将序列 $f(k)$ 的 DTFT[即 $F(e^{j\theta})$]理解为 $f(k)$ 在 z 平面单位圆上的 z 变换[$F(z)$ 的收敛域包含圆 $|z|=1$]。

必须指出:将 DTFT 与双边 z 变换作比较可知,序列 $f(k)$ 的 DTFT[即 $F(e^{j\theta})$]存在,其双边 z 变换一定存在,即有

$$F(z) = F(e^{j\theta})\big|_{e^{j\theta}=z} \tag{6.4-32}$$

反之则不然,仅当 $F(z)$ 的收敛域包含 $|z|=1$ 单位圆时,才可以说 $F(z)$ 存在 $F(e^{j\theta})$ 亦存在。此时

$$F(e^{j\theta}) = F(z)\big|_{z=e^{j\theta}} \tag{6.4-33}$$

离散系统的频率响应函数 $H(e^{j\theta})$ 定义为系统单位脉冲响应的 DTFT,即

$$H(e^{j\theta}) = \text{DTFT}[h(k)] = \sum_{k=-\infty}^{\infty} h(k)e^{-j\theta k} = H(z)\big|_{z=e^{j\theta}} \tag{6.4-34}$$

或

$$H(e^{j\theta}) = \frac{Y_{zs}(e^{j\theta})}{F(e^{j\theta})} \tag{6.4-35}$$

式(6.4-35)中 $F(e^{j\theta})$ 是系统输入的 DTFT,$Y_{zs}(e^{j\theta})$ 是系统零状态响应 $y_{zs}(k)$ 的 DTFT。

若系统的频响函数 $H(e^{j\theta})$ 存在,则它是频域的复函数,可写为

$$H(e^{j\theta}) = |H(e^{j\theta})|e^{j\varphi(\theta)} \tag{6.4-36}$$

而将 $|H(e^{j\theta})|$ 和 θ、$\varphi(\theta)$ 和 θ 的关系分别称为离散系统的幅频特性与相频特性。与连续系统频响特性类同,$|H(e^{j\theta})|$ 是 θ 的偶函数,$\varphi(\theta)$ 是 θ 的奇函数。考虑到离散系统的频响特性是频域里以 2π 为周期的周期函数,所以离散系统的低频、高频区域的划分有别于连续系统。当

$$\theta = 2m\pi, m = 0, \pm 1, \pm 2, \cdots \tag{6.4-37}$$

附近区域称为离散系统的低频区域。而当

$$\theta = (2m+1)\pi, m = 0, \pm 1, \pm 2, \cdots \tag{6.4-38}$$

附近区域称为离散系统的高频区域。清楚这些基本概念对分析、设计数字滤波器非常有益。

下面讨论离散系统在正弦周期序列作用下的稳态响应。为此先研究复指数序列输入的

情况。

设离散系统的单位序列响应为 $h(k)$，系统函数为 $H(z)$，当输入为复指数序列 $f(k)=\mathrm{e}^{\mathrm{j}k\theta}$ 时，系统的零状态响应为

$$y_{zs}(k)=h(k)*f(k)=\sum_{i=-\infty}^{\infty}h(i)\mathrm{e}^{\mathrm{j}(k-i)\theta}$$

$$=\mathrm{e}^{\mathrm{j}k\theta}\sum_{i=-\infty}^{\infty}h(i)(\mathrm{e}^{\mathrm{j}\theta})^{-i} \tag{6.4-39}$$

由式(6.4-34)知，上式中

$$\sum_{i=-\infty}^{\infty}h(i)(\mathrm{e}^{\mathrm{j}\theta})^{-i}=H(\mathrm{e}^{\mathrm{j}\theta})$$

于是，式(6.4-39)可写为

$$y_{zs}(k)=H(\mathrm{e}^{\mathrm{j}\theta})\mathrm{e}^{\mathrm{j}k\theta} \tag{6.4-40}$$

若输入正弦周期序列 $f(k)=A\cos(k\theta+\varphi)=\mathrm{Re}[\dot{A}\mathrm{e}^{\mathrm{j}k\theta}]$，式中 $\dot{A}=A\mathrm{e}^{\mathrm{j}\varphi}$ 即是正弦稳态分析中的相量，则由式(6.4-40)及复变函数运算规则，得离散系统的稳态响应为

$$y_{ss}(k)=\mathrm{Re}[H(\mathrm{e}^{\mathrm{j}\theta})\dot{A}\mathrm{e}^{\mathrm{j}k\theta}]=|AH(\mathrm{e}^{\mathrm{j}\theta})|\cos[k\theta+\varphi+\varphi(\theta)] \tag{6.4-41}$$

由式(6.4-41)可得重要结论：正弦周期序列作用的 LTI 渐近稳定的离散系统（或者说存在频响函数的系统），当达到稳态时，其输出稳态响应的幅值等于输入正弦序列的幅值乘上系统频响函数在该输入角频率时的模值；输出稳态响应的初相位等于输入正弦序列的初相位，附加上系统频响函数在该输入角频率时的相位角；输出稳态响应的角频率等于正弦周期序列的角频率。

顺便指出，如果系统不存在频响函数，即 $H(\mathrm{e}^{\mathrm{j}\theta})$ 不存在。即使输入周期正弦序列，系统也无稳态响应。

例 6.4-9　如图 6.4-3(a)所示是雷达系统中的一阶动目标显示滤波器。求该滤波器的频率响应。

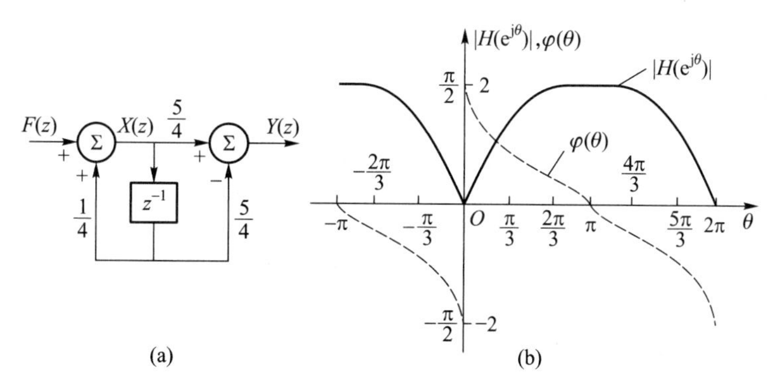

图 6.4-3　例 6.4-9 图

解　首先求出系统函数。令左端加法器的输出为 $X(z)$，则

$$X(z)=\frac{1}{4}z^{-1}X(z)+F(z)$$

即

$$X(z)=\frac{1}{1-\frac{1}{4}z^{-1}}F(z)$$

右端加法器的输出为

$$Y(z)=\frac{5}{4}X(z)-\frac{5}{4}z^{-1}X(z)=\frac{5}{4}(1-z^{-1})X(z)=\frac{5(1-z^{-1})}{4-z^{-1}}F(z)$$

得系统函数

$$H(z)=\frac{5(1-z^{-1})}{4-z^{-1}}$$

上式的收敛域为 $|z|>0.25$,故在单位圆 $|z|=1$ 上收敛。由式(6.4-34)得频率响应函数

$$H(e^{j\theta})=H(z)\Big|_{z=e^{j\theta}}=\frac{5(1-e^{-j\theta})}{4-e^{-j\theta}}=\frac{5e^{-j\frac{\theta}{2}}(e^{j\frac{\theta}{2}}-e^{-j\frac{\theta}{2}})}{e^{-j\frac{\theta}{2}}(4e^{j\frac{\theta}{2}}-e^{-j\frac{\theta}{2}})}$$

$$=\frac{5(e^{j\frac{\theta}{2}}-e^{-j\frac{\theta}{2}})}{\frac{3}{2}(e^{j\frac{\theta}{2}}+e^{-j\frac{\theta}{2}})+\frac{5}{2}(e^{j\frac{\theta}{2}}-e^{-j\frac{\theta}{2}})}$$

$$=\frac{j10\sin\left(\frac{\theta}{2}\right)}{3\cos\left(\frac{\theta}{2}\right)+j5\sin\left(\frac{\theta}{2}\right)}$$

上式分子分母除以 $j\sin\left(\frac{\theta}{2}\right)$,得

$$H(e^{j\theta})=\frac{10}{5-j3\cot\left(\frac{\theta}{2}\right)} \tag{6.4-42}$$

其幅频和相频响应分别为

$$|H(e^{j\theta})|=\frac{10}{\sqrt{25+9\cot^2\left(\frac{\theta}{2}\right)}}$$

$$\varphi(\theta)=\arctan\left[\frac{3}{5}\cot\left(\frac{\theta}{2}\right)\right]$$

图 6.4-3(b)画出了幅频和相频响应的图形。由图可见,该系统是一个高通滤波器。

例 6.4-10 图 6.4-4(a)为一个横向数字滤波器。

(1) 求滤波器的频率响应。

(2) 若输入信号为连续信号 $f(t)=1+2\cos(\omega_0 t)+3\cos(2\omega_0 t)$ 经取样得到的离散序列 $f(k)$,已知信号频率 $f_0=100$ Hz,取样频率 $f_s=600$ Hz,求滤波器的稳态输出 $y_{ss}(k)$。

解 (1) 首先求出系统函数。由图 6.4-4(a),加法器的输出为

$$\begin{aligned}Y(z)&=F(z)+2z^{-1}F(z)+2z^{-2}F(z)+z^{-3}F(z)\\&=[1+2z^{-1}+2z^{-2}+z^{-3}]F(z)\end{aligned}$$

故得系统函数

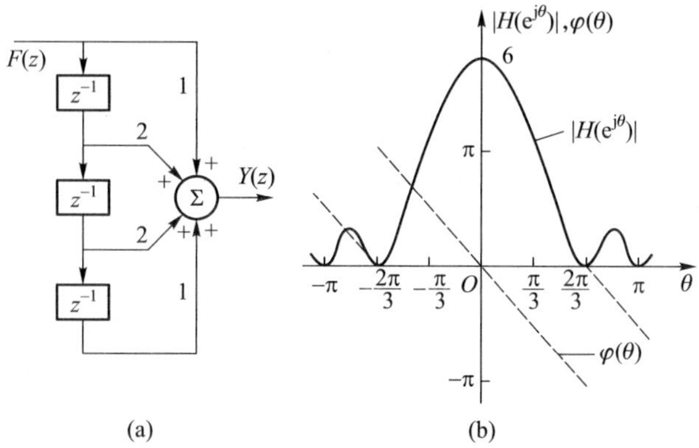

图 6.4-4　例 6.4-10 图

$$H(z)=1+2z^{-1}+2z^{-2}+z^{-3}$$

其收敛域为 $|z|>0$，显然在单位圆 $|z|=1$ 上收敛。

令 $\theta=\omega T_s$，由式(6.4-34)得滤波器的频率响应

$$\begin{aligned}H(\mathrm{e}^{\mathrm{j}\theta})&=H(z)\big|_{z=\mathrm{e}^{\mathrm{j}\theta}}=1+2\mathrm{e}^{-\mathrm{j}\theta}+2\mathrm{e}^{-2\mathrm{j}\theta}+\mathrm{e}^{-3\mathrm{j}\theta}\\&=\mathrm{e}^{-\mathrm{j}\frac{3}{2}\theta}(\mathrm{e}^{\mathrm{j}\frac{3}{2}\theta}+2\mathrm{e}^{\mathrm{j}\frac{1}{2}\theta}+2\mathrm{e}^{-\mathrm{j}\frac{1}{2}\theta}+\mathrm{e}^{-\mathrm{j}\frac{3}{2}\theta})\\&=\mathrm{e}^{-\mathrm{j}\frac{3}{2}\theta}\left[2\cos\left(\frac{3}{2}\theta\right)+4\cos\left(\frac{\theta}{2}\right)\right]\end{aligned}$$

由于 $\cos(3x)=4\cos^3x-3\cos x$，上式可写为

$$H(\mathrm{e}^{\mathrm{j}\theta})=2\cos\left(\frac{\theta}{2}\right)\left[4\cos^2\left(\frac{\theta}{2}\right)-1\right]\mathrm{e}^{-\mathrm{j}\frac{3}{2}\theta}\tag{6.4-43}$$

滤波器的幅频响应和相频响应分别为

$$|H(\mathrm{e}^{\mathrm{j}\theta})|=\left|2\cos\left(\frac{\theta}{2}\right)\left[4\cos^2\left(\frac{\theta}{2}\right)-1\right]\right|$$

$$\varphi(\theta)=\begin{cases}-\dfrac{3}{2}\theta, & \text{当 }\cos\left(\dfrac{\theta}{2}\right)\left[4\cos^2\left(\dfrac{\theta}{2}\right)-1\right]>0\\-\dfrac{3}{2}\theta+\pi, & \text{当 }\cos\left(\dfrac{\theta}{2}\right)\left[4\cos^2\left(\dfrac{\theta}{2}\right)-1\right]<0\end{cases}$$

图 6.4-4(b)画出了幅频和相频响应的图形。由图可见，它是低通滤波器，在通带内，其相频响应是通过原点的直线 $\varphi(\theta)=-\dfrac{3}{2}\theta=-\dfrac{3}{2}\omega T_s$，即其相位特性与角频率 ω 呈线性关系，故称为线性相位滤波器。这在各种模拟滤波器中是不能实现的。线性相位特性对传输图像信号十分有益，它使图像清晰、失真小。

（2）连续信号为

$$f(t)=1+2\cos(\omega_0t)+3\cos(2\omega_0t)$$

它包含直流和角频率为 ω_0、$2\omega_0$ 两个余弦信号。经取样(令 $t=kT_s$)后的离散信号为

$$f(k)=f(kT_s)=1+2\cos(k\omega_0T_s)+3\cos[k(2\omega_0T_s)]$$

它也包含直流和两个不同频率的余弦序列。注意到 $f_0=100$ Hz，$f_s=600$ Hz，分别令

$$\theta_1 = 0$$

$$\theta_2 = \omega_0 T_s = \frac{2\pi f_0}{f_s} = \frac{\pi}{3}$$

$$\theta_3 = 2\omega_0 T_s = \frac{2\pi}{3}$$

将它们分别代入式(6.4-43),得

$$H(e^{j\theta_1}) = 6$$

$$H(e^{j\theta_2}) = 3.46e^{-j\frac{\pi}{2}}$$

$$H(e^{j\theta_3}) = 0$$

最后得滤波器的稳态响应为

$$\begin{aligned} y_{ss}(k) &= H(e^{j\theta_1}) + 2\left|H(e^{j\theta_2})\right|\cos\left[k\omega_0 T_s + \varphi(\theta_2)\right] + \\ &\quad 3\left|H(e^{j\theta_3})\right|\cos\left[2k\omega_0 T_s + \varphi(\theta_3)\right] \\ &= 6 + 6.92\cos\left(\frac{k\pi}{3} - \frac{\pi}{2}\right) \end{aligned}$$

可见,经滤波后,滤除了输入序列的二次谐波。

例 6.4-11 某一 LTI 离散系统,其单位脉冲响应为

$$h(k) = \begin{cases} 0.5, & k = 0,4 \\ 1, & k = 1,2,3 \\ 0, & \text{其余} \end{cases}$$

若系统输入 $f(k)=2+2\cos\left(\frac{\pi}{3}k\right)$,求该系统的稳态响应 $y_{ss}(k)$。

解 系统函数

$$\begin{aligned} H(z) &= \mathscr{Z}\left[h(k)\right] = 0.5 + z^{-1} + z^{-2} + z^{-3} + 0.5z^{-4} \\ &= z^{-2}\left[0.5(z^2 + z^{-2}) + (z^1 + z^{-1}) + 1\right] \end{aligned}$$

显然,$H(z)$有一个在 $z=0$ 处的四阶重极点,处在单位圆内,所以该系统为稳定的因果系统,频响函数存在。令 $z=e^{j\theta}$代入 $H(z)$表达式,得频响函数

$$\begin{aligned} H(e^{j\theta}) &= e^{-j2\theta}\left[0.5(e^{j2\theta} + e^{-j2\theta}) + (e^{j\theta} + e^{-j\theta}) + 1\right] \\ &= e^{-j2\theta}\left[\cos(2\theta) + 2\cos\theta + 1\right] \end{aligned} \tag{6.4-44}$$

输入 $f(k)$有 $\theta_1=0,\theta_2=\frac{\pi}{3}$ rad 两个频率分量。

当 $\theta_1=0$ 时,由式(6.4-44)可求得

$$H(e^{j\theta_1}) = H(e^{j0}) = 4$$

该频率分量作用系统的稳态输出为

$$y_{ss1}(k) = H(e^{j0}) \times 2 = 4 \times 2 = 8$$

当 $\theta_2=\frac{\pi}{3}$ rad 时,由式(6.4-44)可求得

$$H(e^{j\theta_2}) = H(e^{j\frac{\pi}{3}}) = \left[\cos\left(\frac{2\pi}{3}\right) + 2\cos\left(\frac{\pi}{3}\right) + 1\right]e^{-j\frac{2\pi}{3}}$$

$$=\frac{3}{2}e^{-j\frac{2\pi}{3}}$$

该频率分量作用系统的稳态输出为

$$y_{ss2}(k)=2\times\frac{3}{2}\cos\left(\frac{\pi}{3}k-\frac{2\pi}{3}\right)$$

$$=3\cos\left(\frac{\pi}{3}k-\frac{2\pi}{3}\right)$$

因系统是线性的，可以应用叠加概念得输入 $f(k)$ 作用时系统的稳态响应为

$$y_{ss}(k)=y_{ss1}(k)+y_{ss2}(k)$$

$$=8+3\cos\left(\frac{\pi}{3}k-\frac{2\pi}{3}\right)$$

习题六

6.1 求下列序列的双边 z 变换，并注明收敛域。

(1) $f(k)=\begin{cases}\left(\frac{1}{2}\right)^k, & k<0\\ 0, & k\geqslant 0\end{cases}$

(2) $f(k)=\begin{cases}2^k, & k<0\\ \left(\frac{1}{3}\right)^k, & k\geqslant 0\end{cases}$

(3) $f(k)=\left(\frac{1}{2}\right)^{|k|}, k=0,\pm1,\cdots$

(4) $f(k)=\begin{cases}0, & k<-4\\ \left(\frac{1}{2}\right)^k, & k\geqslant -4\end{cases}$

6.2 求下列序列的 z 变换，并注明收敛域。

(1) $f(k)=\left(\frac{1}{3}\right)^k\varepsilon(k)$

(2) $f(k)=\left(-\frac{1}{3}\right)^{-k}\varepsilon(k)$

(3) $f(k)=\left[\left(\frac{1}{2}\right)^k+\left(\frac{1}{3}\right)^{-k}\right]\varepsilon(k)$

(4) $f(k)=\cos h(2k)\varepsilon(k)$

(5) $f(k)=\cos\left(\frac{k\pi}{4}\right)\varepsilon(k)$

(6) $f(k)=\sin\left(\frac{k\pi}{2}+\frac{\pi}{4}\right)\varepsilon(k)$

6.3 粗略画出以下因果序列的图形，并求出其 z 变换。

(1) $f(k)=\begin{cases}0, & k\text{ 为奇数}\\ 1, & k\text{ 为偶数}\end{cases}$

(2) $f(k)=\begin{cases}1, & k=0,4,8,\cdots,4m,\cdots\\ 0, & \text{其余}\end{cases}$

(3) $f(k)=\begin{cases}1, & k=0,1,2,3\\ -1, & k=4,5,6,7\\ 0, & \text{其余}\end{cases}$

(4) $f(k)=\begin{cases}1, & k\text{ 为偶数}\\ -1, & k\text{ 为奇数}\end{cases}$

6.4 根据下列像函数及所标注的收敛域，求其所对应的原序列。

(1) $F(z)=1$，全 z 平面

(2) $F(z)=z^3$, $|z|<\infty$

(3) $F(z)=z^{-1}$, $|z|>0$

(4) $F(z)=2z+1-z^{-2}$, $0<|z|<\infty$

(5) $F(z)=\frac{1}{1-az^{-1}}$, $|z|>|a|$

(6) $F(z)=\frac{1}{1-az^{-1}}$, $|z|<|a|$

6.5 已知 $\delta(k)\longleftrightarrow 1$, $a^k\varepsilon(k)\longleftrightarrow\frac{z}{z-a}$, $k\varepsilon(k)\longleftrightarrow\frac{z}{(z-1)^2}$，试利用 z 变换的性质求下列序列的 z 变换，并注明收敛域。

(1) $\frac{1}{2}[1+(-1)^k]\varepsilon(k)$　　(2) $\varepsilon(k)-2\varepsilon(k-4)+\varepsilon(k-8)$

(3) $(-1)^k k\varepsilon(k)$　　(4) $(k-1)\varepsilon(k-1)$

(5) $k(k-1)\varepsilon(k-1)$　　(6) $(k-1)^2\varepsilon(k-1)$

(7) $k[\varepsilon(k)-\varepsilon(k-4)]$　　(8) $\cos\left(\frac{k\pi}{2}\right)\varepsilon(k)$

(9) $\left(\frac{1}{2}\right)^k\cos\left(\frac{k\pi}{2}\right)\varepsilon(k)$　　(10) $\left(\frac{1}{2}\right)^k\cos\left(\frac{\pi}{2}k+\frac{\pi}{4}\right)\varepsilon(k)$

6.6　利用 z 变换性质求下列序列的 z 变换。

(1) $k\sin\left(\frac{k\pi}{2}\right)\varepsilon(k)$　　(2) $\frac{a^k-b^k}{k}\varepsilon(k-1)$

(3) $\frac{a^k}{k+1}\varepsilon(k)$　　(4) $\sum_{i=0}^{k}(-1)^i$

6.7　因果序列的 z 变换如下，求 $f(0)$、$f(1)$、$f(2)$。

(1) $F(z)=\frac{z^2}{(z-2)(z-1)}$　　(2) $F(z)=\frac{z^2+z+1}{(z-1)\left(z+\frac{1}{2}\right)}$

(3) $F(z)=\frac{z^2-z}{(z-1)^2}$

6.8　若因果序列的 z 变换 $F(z)$ 如下，能否应用终值定理？如果能，求出 $\lim\limits_{k\to\infty}f(k)$。

(1) $F(z)=\frac{z^2+1}{\left(z-\frac{1}{2}\right)\left(z+\frac{1}{3}\right)}$　　(2) $F(z)=\frac{z^2+z+1}{(z-1)\left(z+\frac{1}{2}\right)}$

(3) $F(z)=\frac{z^2}{(z-1)(z-2)}$

6.9　求下列像函数的逆 z 变换。

(1) $F(z)=\frac{1}{1-0.5z^{-1}}$, $|z|>0.5$　　(2) $F(z)=\frac{3z+1}{z+\frac{1}{2}}$, $|z|>0.5$

(3) $F(z)=\frac{az-1}{z-a}$, $|z|>|a|$　　(4) $F(z)=\frac{z^2}{z^2+3z+2}$, $|z|>2$

(5) $F(z)=\frac{z^2+z+1}{z^2+z-2}$, $|z|>2$　　(6) $F(z)=\frac{z^2}{(z-0.5)(z-0.25)}$, $|z|>0.5$

6.10　求下列像函数的双边逆 z 变换。

(1) $F(z)=\frac{z^2}{\left(z-\frac{1}{2}\right)\left(z-\frac{1}{3}\right)}$, $|z|<\frac{1}{3}$

(2) $F(z)=\frac{z^2}{\left(z-\frac{1}{2}\right)\left(z-\frac{1}{3}\right)}$, $|z|>\frac{1}{2}$

(3) $F(z)=\frac{z^3}{\left(z-\frac{1}{2}\right)^2(z-1)}$, $|z|<\frac{1}{2}$

(4) $F(z)=\frac{z^3}{\left(z-\frac{1}{2}\right)^2(z-1)}$, $\frac{1}{3}<|z|<\frac{1}{2}$

6.11 求下列像函数的逆 z 变换。

(1) $F(z)=\dfrac{1}{z^2+1}$, $|z|>1$

(2) $F(z)=\dfrac{z^2+z}{(z-1)(z^2-z+1)}$, $|z|>1$

(3) $F(z)=\dfrac{z}{z^2-\sqrt{3}z+1}$, $|z|>1$

(4) $F(z)=\dfrac{z^2}{z^2+\sqrt{2}z+1}$, $|z|>1$

(5) $F(z)=\dfrac{z}{(z-1)(z^2-1)}$, $|z|>1$

(6) $F(z)=\dfrac{z^2+az}{(z-a)^3}$, $|z|>|a|$

6.12 如果序列 $f(k)$ 和 $g(k)$ 的 z 变换分别是 $F(z)$ 和 $G(z)$,试证:

(1) $[a^k f(k)]*[a^k g(k)]=a^k[f(k)*g(k)]$

(2) $k[f(k)*g(k)]=[kf(k)]*g(k)+f(k)*[kg(k)]$

6.13 如因果序列 $f(k)\longleftrightarrow F(z)$,试求下列序列的 z 变换。

(1) $\sum\limits_{i=0}^{k} a^i f(i)$

(2) $a^k \sum\limits_{i=0}^{k} f(i)$

6.14 利用卷积定理求下述序列 $f(k)$ 与 $h(k)$ 的卷积 $y(k)=f(k)*h(k)$。

(1) $f(k)=a^k\varepsilon(k)$, $h(k)=\delta(k-2)$

(2) $f(k)=a^k\varepsilon(k)$, $h(k)=\varepsilon(k-1)$

(3) $f(k)=a^k\varepsilon(k)$, $h(k)=b^k\varepsilon(k)$

6.15 用 z 变换法解下列齐次差分方程。

(1) $y(k)-0.9y(k-1)=0$, $y(-1)=1$

(2) $y(k)-y(k-1)-2y(k-2)=0$, $y(-1)=0$, $y(-2)=3$

(3) $y(k+2)-y(k+1)-2y(k)=0$, $y(0)=0$, $y(1)=3$

(4) $y(k)-y(k-1)-2y(k-2)=0$, $y(0)=0$, $y(1)=3$

6.16 用 z 变换法解下列非齐次差分方程的全解。

(1) $y(k)-0.9y(k-1)=0.1\varepsilon(k)$, $y(-1)=2$

(2) $y(k)+3y(k-1)+2y(k-2)=\varepsilon(k)$, $y(-1)=0$, $y(-2)=0.5$

(3) $y(k+2)-y(k+1)-2y(k)=\varepsilon(k)$, $y(0)=1$, $y(1)=1$

6.17 描述某 LTI 离散系统的差分方程为

$$y(k)-y(k-1)-2y(k-2)=f(k)$$

已知 $y(-1)=-1$, $y(-2)=\dfrac{1}{4}$, $f(k)=\varepsilon(k)$,求该系统的零输入响应 $y_{zi}(k)$、零状态响应 $y_{zs}(k)$ 及全响应 $y(k)$。

6.18 描述某 LTI 离散系统的差分方程为

$$y(k+2)-0.7y(k+1)+0.1y(k)=7f(k+1)-2f(k)$$

已知 $y(-1)=-4$, $y(-2)=-38$, $f(k)=(0.4)^k\varepsilon(k)$,求该系统的零输入响应 $y_{zi}(k)$、零状态响应 $y_{zs}(k)$ 及全响应 $y(k)$。

6.19 题 6.19 图为两个 LTI 离散系统框图,求各系统的单位序列响应 $h(k)$ 和阶跃响应 $g(k)$。

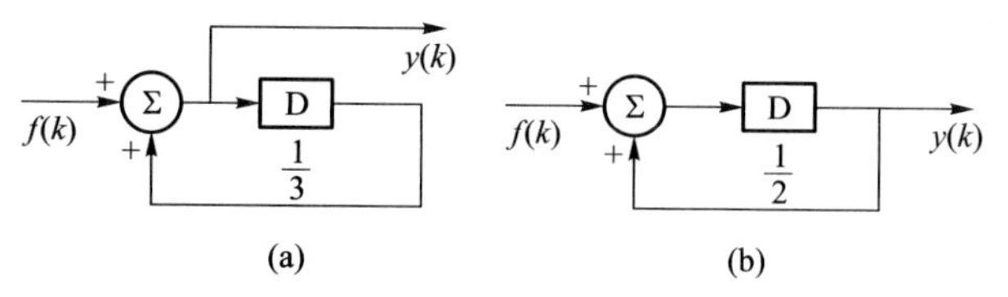

题 6.19 图

6.20 如题 6.19 图的系统,求激励为下列序列时的零状态响应。

(1) $f(k)=k\varepsilon(k)$ (2) $f(k)=\left(\frac{1}{2}\right)^{k}\varepsilon(k)$

(3) $f(k)=\left(\frac{1}{3}\right)^{k}\varepsilon(k)$

6.21 求题 6.21 图所示系统在下列激励作用下的零状态响应。

(1) $f(k)=\delta(k)$

(2) $f(k)=\varepsilon(k)$

(3) $f(k)=k\varepsilon(k)$

(4) $f(k)=\sin\left(\frac{k\pi}{3}\right)\varepsilon(k)$

(5) $f(k)=(\sqrt{2})^{k}\sin\left(\frac{k\pi}{2}\right)\varepsilon(k)$

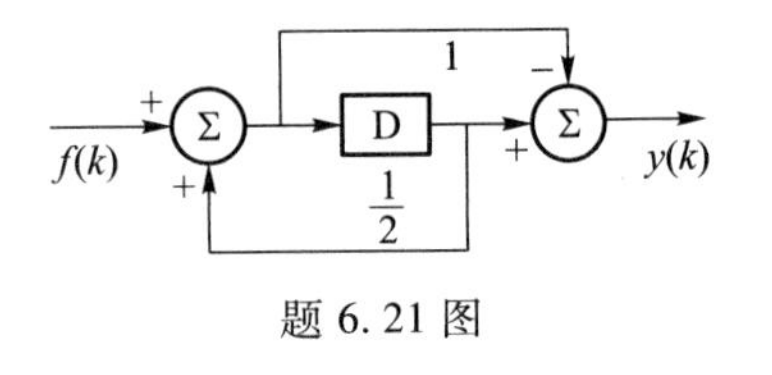

题 6.21 图

6.22 如题 6.22 图所示系统。

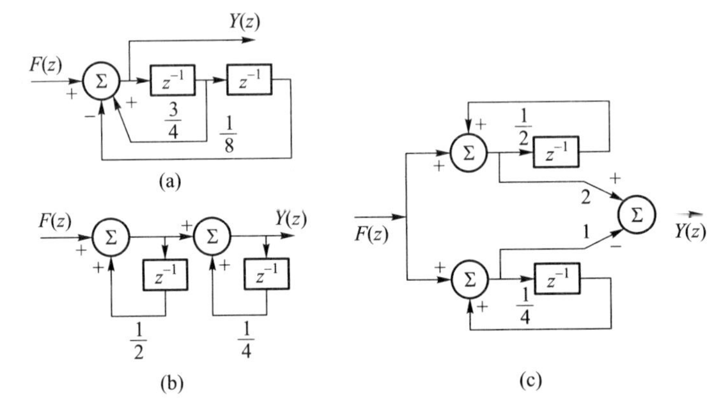

题 6.22 图

(1) 试证图中各系统满足相同的差分方程。

(2) 求该系统的单位序列响应 $h(k)$。

(3) 如 $f(k)=\varepsilon(k)$,求系统的零状态响应。

6.23 如题 6.23 图所示系统。

(1) 求该系统的单位序列响应 $h(k)$。

(2) 若输入序列 $f(k)=\left(\frac{1}{2}\right)^{k}\varepsilon(k)$,求零状态响应 $y_{zs}(k)$。

6.24 如题 6.24 图所示系统。

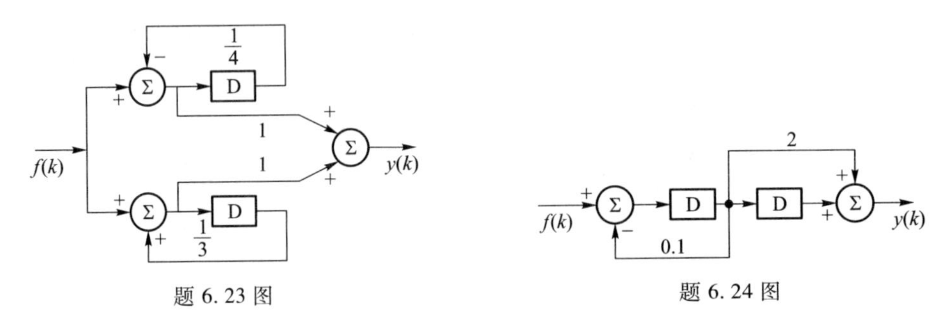

题 6.23 图 题 6.24 图

（1）求系统函数 $H(z)$。

（2）求单位序列响应 $h(k)$。

（3）列写该系统的输入输出差分方程。

6.25 已知题 6.25 图所示系统的输入为

$$f(k)=\left(\frac{1}{2}\right)^{k}\sin\left(\frac{k\pi}{2}\right)\varepsilon(k)$$

求系统的零状态响应 $y_{zs}(k)$。

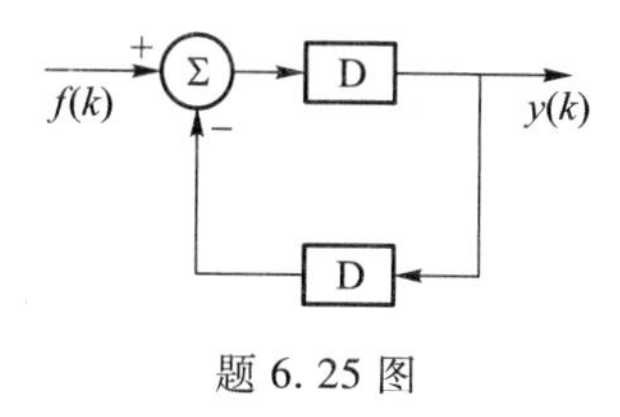

题 6.25 图

6.26 已知某 LTI 因果系统在输入 $f(k)=\left(\frac{1}{2}\right)^{k}\varepsilon(k)$ 时的零状态响应为

$$y_{zs}(k)=\left[2\left(\frac{1}{2}\right)^{k}+2\left(\frac{1}{3}\right)^{k}\right]\varepsilon(k)$$

求该系统的系统函数 $H(z)$，并画出它的模拟框图。

6.27 当输入 $f(k)=\varepsilon(k)$ 时，某 LTI 离散系统的零状态响应为

$$y_{zs}(k)=[2-(0.5)^{k}+(-1.5)^{k}]\varepsilon(k)$$

求其系统函数和描述该系统的差分方程。

6.28 当输入 $f(k)=\varepsilon(k)$ 时，某 LTI 离散系统的零状态响应为

$$y_{zs}(k)=2[1-(0.5)^{k}]\varepsilon(k)$$

求输入 $f(k)=\left(\frac{1}{2}\right)^{k}\varepsilon(k)$ 时的零状态响应。

6.29 已知某一阶 LTI 系统，当初始状态 $y(-1)=1$，输入 $f_1(k)=\varepsilon(k)$ 时，其全响应 $y_1(k)=2\varepsilon(k)$；当初始状态 $y(-1)=-1$，输入 $f_2(k)=0.5k\varepsilon(k)$ 时，其全响应 $y_2(k)=(k-1)\varepsilon(k)$。求输入 $f(k)=\left(\frac{1}{2}\right)^{k}\varepsilon(k)$ 时的零状态响应。

6.30 如题 6.30 图所示的复合系统由 3 个子系统组成，如已知各子系统的单位序列响应或系统函数分别为 $h_1(k)=\varepsilon(k)$，$H_2(z)=\frac{z}{z+1}$，$H_3(z)=\frac{1}{z}$，求输入 $f(k)=\varepsilon(k)-\varepsilon(k-2)$ 时的零状态响应 $y_{zs}(k)$。

6.31 如题 6.31 图所示的复合系统由 3 个子系统组成，已知子系统 2 的单位序列响应 $h_2(k)=(-1)^{k}\varepsilon(k)$，子系统 3 的系统函数 $H_3(z)=\frac{z}{z+1}$，求输入 $f(k)=\varepsilon(k)$ 时复合系统的零状态响应 $y_{zs}(k)=3(k+1)\varepsilon(k)$。求子系统 1 的单位序列响应 $h_1(k)$。

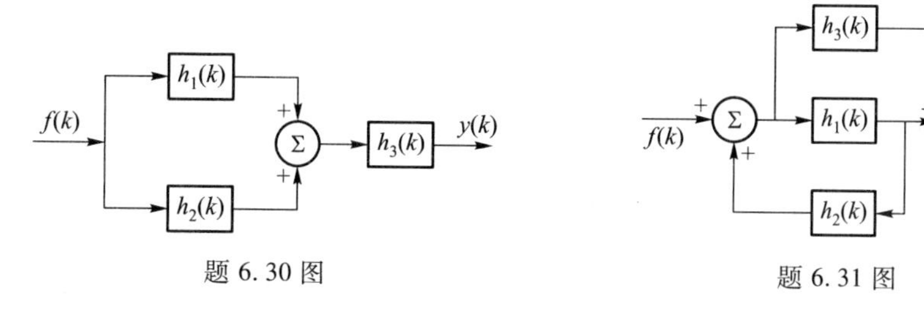

题 6.30 图　　题 6.31 图

6.32 题 6.32 图所示为用横向滤波器实现的时域均衡器框图，要求当输入 $f(k)=\frac{1}{4}\delta(k)+\delta(k-1)+\frac{1}{2}\delta(k-2)$ 时，其零状态响应 $y_{zs}(k)$ 中 $y_{zs}(0)=1$，$y_{zs}(1)=y_{zs}(3)=0$。试确定系数 a、b、c 的值。

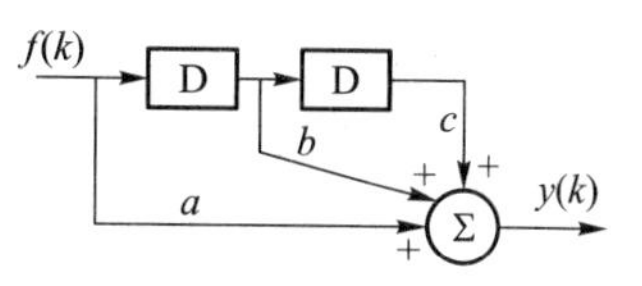

题 6.32 图

6.33 设某 LTI 系统的阶跃响应为 $g(k)$，已知当输入为因果序列

$f(k)$时，其零状态响应为

$$y_{zs}(k) = \sum_{i=0}^{k} g(i)$$

求输入$f(k)$。

6.34 因果序列$f(k)$满足方程

$$f(k) = k\varepsilon(k) + \sum_{i=0}^{k} f(i)$$

求序列$f(k)$。

6.35 因果序列$f(k)$满足方程

$$\sum_{i=0}^{k-1} f(i) = k\varepsilon(k) * \left(-\frac{1}{2}\right)^k \varepsilon(k)$$

求序列$f(k)$。

6.36 求如题 6.36 图所示离散系统的频率响应，粗略画出$\theta=\omega T_s$在$-\pi \sim \pi$区间的幅频和相频响应。

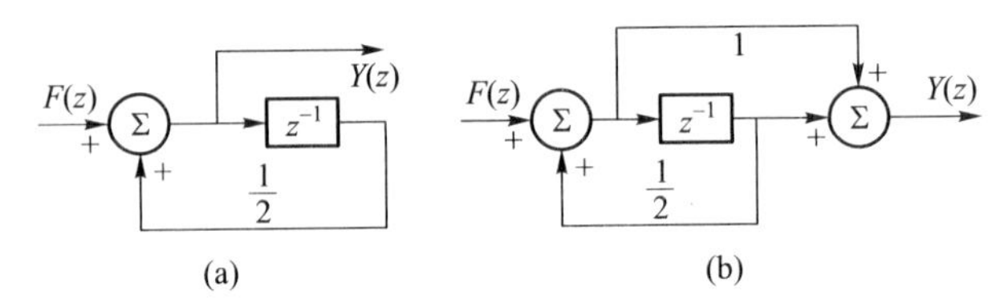

题 6.36 图

6.37 移动平均是一种用以滤除噪声的简单数据处理方法。当接收到输入数据$f(k)$后，就将本次输入数据与其前 3 次的输入数据(共 4 个数据)进行平均。求该数据处理系统的频率响应。

6.38 数字信号处理系统中的矩形窗函数$p_N(k)=\varepsilon(k)-\varepsilon(k-N)$。求其频率响应$P(e^{j\theta})$($\theta=\omega T_s$，$T_s=1$)。

6.39 题 6.39 图所示为梳状滤波器，求其幅频响应和相频响应，粗略画出$N=6$时的幅频和相频响应曲线。

6.40 题 6.40 图所示为某离散系统，若输入$f(k)=5\cos\left(\frac{k\pi}{2}\right)$，求系统的稳态响应$y_{ss}(k)$。

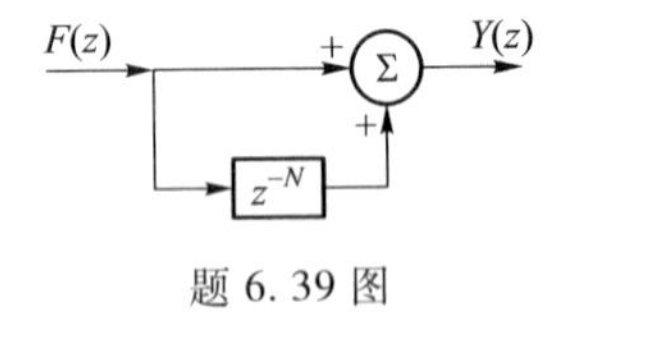

题 6.39 图

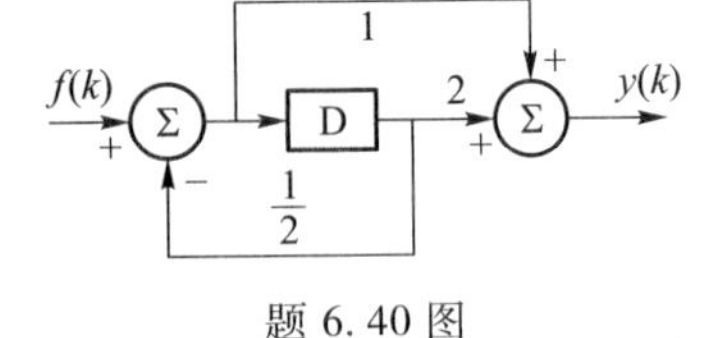

题 6.40 图

6.41 描述某 LTI 离散系统的差分方程为

$$y(k) + \frac{1}{4}y(k-1) - \frac{1}{8}y(k-2) = f(k) - 2f(k-1)$$

输入连续信号的角频率为ω，取样周期为T_s，已知$\omega T_s=\frac{\pi}{6}$，输入取样序列$f(k)=2\sin(k\omega T_s)$，求系统的稳态响应$y_{ss}(k)$。

6.42 若描述某 LTI 离散系统的差分方程为

$$y(k) - 3y(k-1) + 2y(k-2) = f(k-1) - 2f(k-2)$$

已知$y(0)=y(1)=1$，$f(k)=\varepsilon(k)$，求系统的零输入响应$y_{zi}(k)$和零状态响应$y_{zs}(k)$。

6.43 如有因果序列$f_1(k)$、$f_2(k)$和$y(k)$，已知

$$S_1=\sum_{k=0}^{\infty}f_1(k),S_2=\sum_{k=0}^{\infty}f_2(k),S=\sum_{k=0}^{\infty}y(k)$$

且 $y(k)=f_1(k)*f_2(k)$,求证:$S=S_1S_2$。

6.44 已知 $0<a<1$,k 为正整数变量,求证

$$\sum_{k=0}^{\infty}(-1)^k\frac{a^{k+1}}{k+1}=\ln(1+a)$$

6.45 在连续系统中信号 $f(t)$ 经理想微分器后的输出为

$$y(t)=\frac{\mathrm{d}f(t)}{\mathrm{d}t}$$

$f(t)$ 经理想积分器后的输出[设 $f(\infty)=0$]为

$$y(t)=\int_{-\infty}^{t}f(x)\mathrm{d}x$$

它是 $f(t)$ 曲线下的面积。

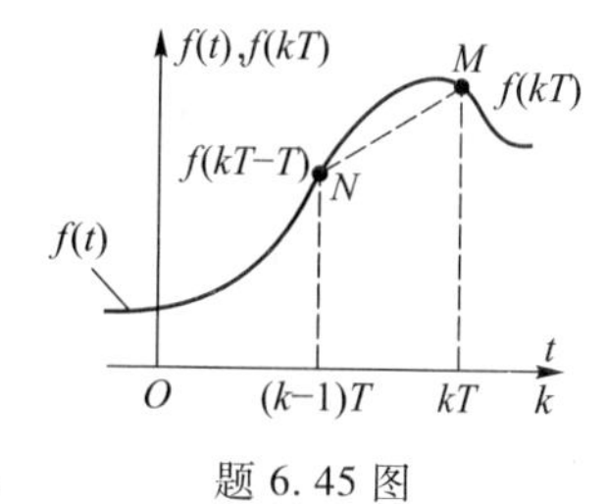

题 6.45 图

现用数字系统进行仿真。设取样间隔为 T,连续信号 $f(t)$ 在 $t=kT$ 时的样值

$$f(kT)=f(t)\Big|_{t=kT}$$

如题 6.45 图所示。

(1) 数字微分器。

若取 MN 直线的斜率 $y(kT)$ 近似 $f(t)$ 在 $t=kT$ 的导数。求该数字微分器输出 $y(kT)$ 与输入 $f(kT)$ 的差分方程、系统函数和频率响应。

(2) 数字积分器。

按梯形积分公式,用 $y(kT)$ 表示从 $-\infty\sim k$ 的一系列梯形面积之和,并用 $y(kT)$ 近似 $f(t)$(从 $-\infty\sim t$)的积分。求该数字积分器输出 $y(kT)$ 与输入 $f(kT)$ 的差分方程、系统函数和频率响应。

6.46 如题 6.46 图所示为因果离散系统,$f(k)$ 为输入,$y(k)$ 为输出。

(1) 列出该系统的输入输出差分方程。

(2) 问该系统存在频率响应否?为什么?

(3) 若频响函数存在,求输入 $f(k)=20\cos\left(\frac{\pi}{2}k+30.8°\right)$ 时系统的稳态响应 $y_{ss}(k)$。

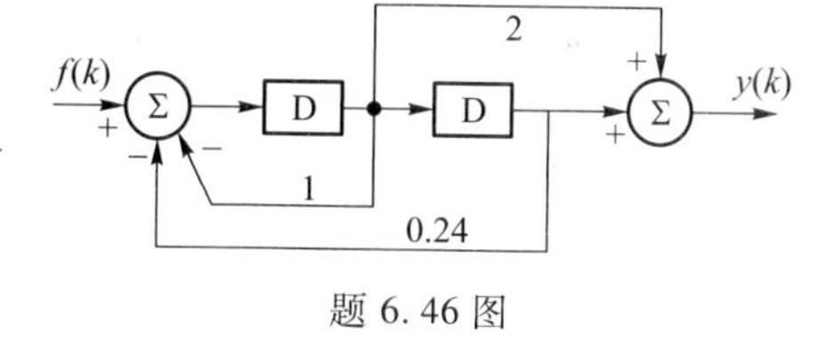

题 6.46 图

6.47 一个 LTI 因果离散系统具有非零初始状态,当输入 $f_1(k)=\delta(k)$ 时系统的全响应为

$$y_1(k)=2\left(\frac{1}{4}\right)^k\varepsilon(k)$$

在相同的初始状态下,输入 $f_2(k)=\left(\frac{1}{2}\right)^k\varepsilon(k)$ 时系统的全响应为

$$y_2(k)=\left[\left(\frac{1}{4}\right)^k+\left(\frac{1}{2}\right)^k\right]\varepsilon(k)$$

求该系统的频响函数 $H(\mathrm{e}^{j\theta})$,并画出一个周期的幅频特性。

6.48 一个 LTI 因果离散系统的单位脉冲响应 $h(k)=\alpha^k\varepsilon(k)$($|\alpha|<1$),并已知系统的输入 $f(k)=\beta^k\varepsilon(k)$($|\beta|<1$)。

(1) 计算 $h(k)$、$f(k)$ 的 DTFT。

(2) 求系统的零状态响应 $y_{zs}(k)$。

6.49 一个理论上的反因果离散系统,其单位脉冲响应 $h(k)=(3)^k\varepsilon(-k-1)$。

（1）试问该系统的频响特性存在否？若存在频响，判断该系统属于低通还是高通滤波器。

（2）简答该系统是否可实现，并说明理由。

6.50 一个 LTI 周期离散系统，处于零状态，若输入 $f(k)=(0.5)^k\varepsilon(k)$ 时，有

$$y(k)=\delta(k)+a(0.25)^k\varepsilon(k)$$

若对所有的 k，当 $f(k)=(-2)^k$ 时，则有 $y(k)=0$。

（1）试确定 a 的值。

（2）若对所有的 k，$f(k)=1$，试求 $y(k)$。

6.51 已知离散 LTI 系统的系统函数如下，利用 freqz 函数画出系统的幅频响应和相频响应曲线。

（1）$H(z)=\dfrac{5(z-1)}{4z-1}$ （2）$H(z)=\dfrac{2(z+1)}{3(z-1)}$

（说明：本章给出了 z 变换求解、离散系统的频率响应图的 MATLAB 例程，详见附录七，对应的教学视频可以扫描下面的二维码进行观看。）

z 变换 MATLAB 计算

LTI 离散系统的频率响应

第七章

系统函数

前几章讨论了 LTI 系统(连续的和离散的)时域分析和变换域分析的原理和方法,引出了系统函数的概念,集总参数 LTI 系统的系统函数 $H(\cdot)$ 是 s 或 z 的有理分式,它既与描述系统的微分(或差分)方程、框图有直接联系,也与系统的冲激响应(对于连续系统)、单位序列响应(对于离散系统)以及频域响应关系密切。因而系统函数在系统分析中有重要地位,不仅能根据$H(\cdot)$分析研究系统响应的特性,也能按给定的要求(如幅频特性等)通过 $H(\cdot)$ 求得系统的结构和参数,完成系统综合的任务。

本章将在小结系统函数 $H(\cdot)$ 在复平面(s 或 z 平面)的零、极点分布与时域特性、频域特性的基础上,讨论系统的稳定性,介绍信号流图,并讨论系统模拟问题。这将使读者对系统分析有更深入的理解,为学习系统综合打下基础。

§7.1 系统函数与系统特性

一、系统函数的零点与极点

如前所述(见 §5.4 和 §6.4),集总参数 LTI 系统的系统函数是复变量 s 或 z 的有理分式,它是 s 或 z 的有理多项式 $B(\cdot)$ 与 $A(\cdot)$ 之比,即

$$H(\cdot)=\frac{B(\cdot)}{A(\cdot)} \tag{7.1-1}$$

对于连续系统

$$H(s)=\frac{b_m s^m+b_{m-1}s^{m-1}+\cdots+b_1 s+b_0}{s^n+a_{n-1}s^{n-1}+\cdots+a_1 s+a_0} \tag{7.1-2a}$$

对于离散系统

$$H(z)=\frac{b_m z^m+b_{m-1}z^{m-1}+\cdots+b_1 z+b_0}{z^n+a_{n-1}z^{n-1}+\cdots+a_1 z+a_0} \tag{7.1-2b}$$

式中系数 $a_i(i=0,1,2,\cdots,n)$、$b_j(j=0,1,2,\cdots,m)$ 都是实常数,其中 $a_n=1$。

$A(\cdot)$ 和 $B(\cdot)$ 都是 s 或 z 的有理多项式,因而能求得多项式等于零的根。其中 $A(\cdot)=0$ 的根 $p_1,p_2,\cdots,p_n$ 称为系统函数 $H(\cdot)$ 的极点;$B(\cdot)=0$ 的根 $\zeta_1,\zeta_2,\cdots,\zeta_m$ 称为系统函数 $H(\cdot)$ 的零点。这样,将 $A(\cdot)$、$B(\cdot)$ 分解因式后,式(7.1-2a)和式(7.1-2b)也可写为

$$H(s)=\frac{B(s)}{A(s)}=\frac{b_m\prod_{j=1}^{m}(s-\zeta_j)}{\prod_{i=1}^{n}(s-p_i)} \tag{7.1-3a}$$

$$H(z)=\frac{B(z)}{A(z)}=\frac{b_m\prod_{j=1}^{m}(z-\zeta_j)}{\prod_{i=1}^{n}(z-p_i)} \tag{7.1-3b}$$

极点 p_i 和零点 ζ_j 的值可能是实数、虚数或复数。由于 $A(\cdot)$ 和 $B(\cdot)$ 的系数都是实数,所以零、极点若为虚数或复数,则必共轭成对①。若它们不是共轭成对的,则多项式 $A(\cdot)$ 或 $B(\cdot)$ 的系数必有一部分是虚数或复数,而不能全为实数。所以,$H(\cdot)$ 的极(零)点有以下几种类型:一阶实极(零)点,它位于 s 或 z 平面的实轴上;一阶共轭虚极(零)点,它们位于虚轴上并且对称于实轴;一阶共轭复极(零)点,它们对称于实轴,此外还有二阶和二阶以上的实、虚、复极(零)点。

由式(7.1-2a)或式(7.1-3a)可以看出,系统函数 $H(s)$ 一般有 n 个有限极点,m 个有限零点。如果 $n>m$,则当 s 沿任意方向趋于无限,即当 $|s|\to\infty$ 时,$\lim\limits_{|s|\to\infty}H(s)=\lim\limits_{|s|\to\infty}\dfrac{b_ms^m}{s^n}=0$,可以认为 $H(s)$ 在无穷远处有一个 $(n-m)$ 阶零点;如果 $n<m$,则当 $|s|\to\infty$ 时,$\lim\limits_{|s|\to\infty}H(s)=\lim\limits_{|s|\to\infty}\dfrac{b_ms^m}{s^n}$ 趋于无限,可以认为 $H(s)$ 在无穷远处有一个 $(m-n)$ 阶极点。以上讨论对 $H(z)$ 也成立。此处只研究 $m\leqslant n$ 的情形。

二、系统函数与时域响应

由§5.4和§6.4可知,系统自由(固有)响应的函数(或序列)形式由 $A(\cdot)=0$ 的根确定,亦即由 $H(\cdot)$ 的极点确定,而冲激响应或单位序列响应的函数形式也由 $H(\cdot)$ 的极点确定。下面讨论 $H(\cdot)$ 极点的位置与其所对应的响应(自由响应、冲激响应、单位序列响应等)的函数(序列)形式。

1. 连续系统

连续系统的系统函数 $H(s)$ 的极点,按其在 s 平面上的位置可分为:左半开平面(不含虚轴的左半平面)、虚轴和右半开平面三类。

在左半开平面的极点有负实极点和共轭复极点(其实部为负)。若系统函数有负实单极点 $p=-\alpha(\alpha>0)$,则 $A(s)$ 有因子 $(s+\alpha)$,其所对应的响应(自由响应、冲激响应等)函数为 $Ae^{-\alpha t}\varepsilon(t)$;如有一对共轭复极点 $p_{1,2}=-\alpha\pm j\beta$,则 $A(s)$ 中有因子 $[(s+\alpha)^2+\beta^2]$,其对应的响应函数为 $Ae^{-\alpha t}\cos(\beta t+\theta)\varepsilon(t)$,式中 A、θ 为常数。响应均按指数衰减,当 $t\to\infty$ 时趋近于零。它们的波形见图7.1-1。

---

① 若有共轭虚极点(或零点)$\pm j\beta$,则 $A(\cdot)$ 或 $B(\cdot)$ 有因子 $(s-j\beta)(s+j\beta)=s^2+\beta^2$;若有共轭复极点(或零点)$-\alpha\pm j\beta$,则 $A(\cdot)$ 或 $B(\cdot)$ 有因子 $(s+\alpha-j\beta)\cdot(s+\alpha+j\beta)=s^2+2\alpha s+\alpha^2+\beta^2$。

如 $H(s)$ 在左半开面有 r 重极点，则 $A(s)$ 中有因子 $(s+\alpha)^r$ 或 $[(s+\alpha)^2+\beta^2]^r$，它们所对应的响应函数分别为 $A_j t^j \mathrm{e}^{-\alpha t}\varepsilon(t)$ 或 $A_j t^j \mathrm{e}^{-\alpha t}\cos(\beta t+\theta_j)\varepsilon(t)$ $(j=0,1,2,\cdots,r-1)$，式中 A_j、θ_j 为常数。用洛必达法则不难证明，当 $t\to\infty$ 时，它们均趋于零。

$H(s)$ 在虚轴上的单极点 $p=0$ 或 $p_{1,2}=\pm\mathrm{j}\beta$，相应于 $A(s)$ 的因子为 s 或 $(s^2+\beta^2)$，它们所对应的响应函数分别为 $A\varepsilon(t)$ 或 $A\cos(\beta t+\theta)\varepsilon(t)$，其幅度不随时间变化（见图 7.1-1）。

$H(s)$ 在虚轴上的 r 重极点，相应于 $A(s)$ 的因子为 s^r 或 $(s^2+\beta^2)^r$，其所对应的响应函数分别为 $A_j t^j\varepsilon(t)$ 或 $A_j t^j\cos(\beta t+\theta_j)\varepsilon(t)$，它们都随 t 的增长而增大。

在右半开平面的单极点 $p=\alpha(\alpha>0)$，或 $p_{1,2}=\alpha\pm\mathrm{j}\beta(\alpha>0)$，相应于 $A(s)$ 中有因子 $(s-\alpha)$ 或 $[(s-\alpha)^2+\beta^2]$，它们所对应的响应函数分别为 $A\mathrm{e}^{\alpha t}\varepsilon(t)$ 或 $A\mathrm{e}^{\alpha t}\cos(\beta t+\theta)\varepsilon(t)$，它们都随 t 的增长而增大（见图 7.1-1）。如有重极点，其所对应的响应也随 t 的增长而增大。

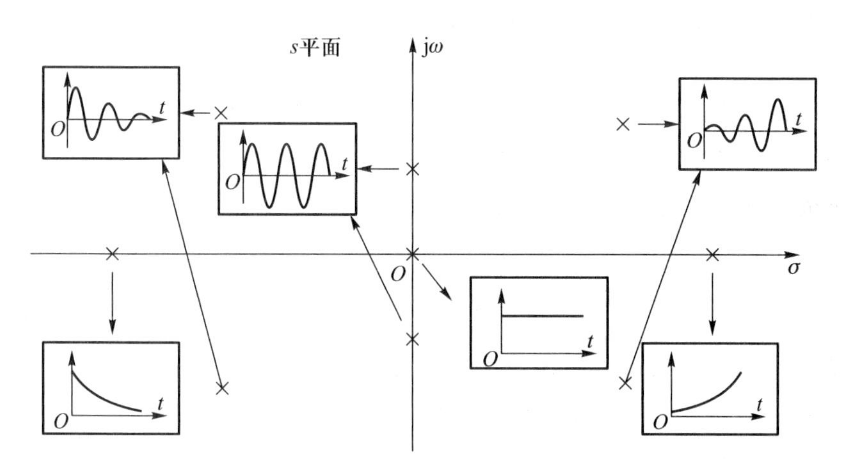

图 7.1-1 $H(s)$ 的极点与所对应的响应函数

图 7.1-1 画出了 $H(s)$ 的一阶极点与其所对应的响应函数。

由以上讨论可得如下结论：

LTI 连续系统的自由响应、冲激响应的函数形式由 $H(s)$ 的极点确定。

对于因果系统，$H(s)$ 在左半开平面的极点所对应的响应函数都是衰减的，当 $t\to\infty$ 时，响应函数趋近于零。极点全部在左半开平面的系统是稳定的系统（见§7.2）。$H(s)$ 在虚轴上的一阶极点对应的响应函数的幅度不随时间变化。$H(s)$ 在虚轴上的二阶及二阶以上的极点或右半开平面上的极点，其所对应的响应函数都随 t 的增长而增大，当 t 趋于无限时，它们都趋于无限大。这样的系统是不稳定的。

2. 离散系统

离散系统的系统函数 $H(z)$ 的极点，按其在 z 平面的位置可分为：单位圆内、单位圆上和单位圆外三类。

在单位圆 $|z|=1$ 内的极点有实极点和共轭复极点两种。若系统函数有一个实极点 $p=a$，$|a|<1$，则 $A(z)$ 有因子 $(z-a)$，其所对应的响应（自由响应、单位序列响应等）序列为 $Aa^k\varepsilon(k)$；如有一对共轭极点 $p_{1,2}=a\mathrm{e}^{\pm\mathrm{j}\beta}$（$|a|<1$），则 $A(z)$ 中有因子 $[z^2-2az\cos\beta+a^2]$，其所对应的序列形式为 $Aa^k\cos(\beta k+\varphi)\varepsilon(k)$，式中 A、φ 为常数。由于 $|a|<1$，所以响应均按指数

衰减,当 $k\to\infty$ 时响应趋于零(见图 7.1-2)。在单位圆内的二阶及二阶以上极点,其所对应的响应当 $k\to\infty$ 时也趋近于零。

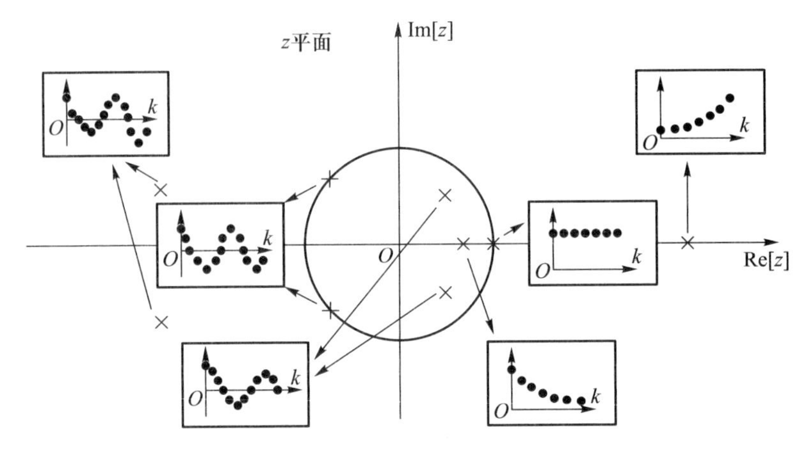

图 7.1-2 $H(z)$的极点与所对应的响应

$H(z)$在单位圆上的一阶极点 $p=1$(或-1),$p_{1,2}=e^{\pm j\beta}$,相应于 $A(z)$中的因子$(z-1)$、$(z+1)$或$[z^2-2z\cos\beta+1]$,它们所对应的序列分别为 $\varepsilon(k)$、$(-1)^k\varepsilon(k)$或 $A\cos(\beta k+\varphi)\varepsilon(k)$,其幅度不随 k 变化(见图 7.1-2)。

$H(z)$在单位圆上的 r 阶极点,其所对应的序列为 $A_jk^j\varepsilon(k)$、$A_jk^j\cos(\beta k+\varphi_j)\varepsilon(k)$($j=0,1,\cdots,r-1$),它们都随 k 的增大而增大。

$H(z)$在单位圆外的单极点 $p=a$($|a|>1$)或 $p_{1,2}=ae^{\pm j\beta}$($|a|>1$)所对应的响应分别为 $Aa^k\varepsilon(k)$或 $Aa^k\cos(\beta k+\varphi)\varepsilon(k)$,由于$|a|>1$,所以它们都随 k 的增大而增大(见图 7.1-2)。如有重极点,其所对应的响应也随 k 的增加而增大。

图 7.1-2 画出了 $H(z)$的一阶极点与其所对应的响应序列。

由以上讨论可得如下结论:

LTI 离散系统的自由响应、单位序列(样值)响应等的序列形式由 $H(z)$的极点所确定。

对于因果系统,$H(z)$在单位圆内的极点所对应的响应序列都是衰减的,当 k 趋于无限时,响应趋近于零。极点全部在单位圆内的系统是稳定系统(见§7.2)。$H(z)$在单位圆上的一阶极点对应的响应序列的幅度不随 k 变化。$H(z)$在单位圆上的二阶及二阶以上极点或在单位圆外的极点,其所对应的序列都随 k 的增长而增大,当 k 趋于无限时,它们都趋近于无限大。这样的系统是不稳定的。

三、系统函数与频域响应

系统函数 $H(\cdot)$的零、极点与系统的频域响应也有直接关系。

1. 连续系统

对于连续因果系统,如果其系统函数 $H(s)$的极点均在左半开平面,那么它在虚轴上($s=j\omega$)也收敛,从而由式(5.4-35)可知,式(7.1-3a)所示系统的频率响应函数为

$$H(\mathrm{j}\omega)=H(s)\big|_{s=\mathrm{j}\omega}=\frac{b_m\prod_{j=1}^{m}(\mathrm{j}\omega-\zeta_j)}{\prod_{i=1}^{n}(\mathrm{j}\omega-p_i)} \tag{7.1-4}$$

在 s 平面上,任意复数(常数或变数)都可用有向线段表示,可称它为矢(向)量。例如,某极点 p_i 可看作是自原点指向该极点 p_i 的矢量,如图 7.1-3(a)所示。该复数的模 $|p_i|$ 是矢量的长度,其辐角是自实轴逆时针方向至该矢量的夹角。变量 jω 也可看作矢量。这样,复数量 $\mathrm{j}\omega-p_i$ 是矢量 jω 与矢量 p_i 的差矢量,如图 7.1-3(a)所示。当 ω 变化时,差矢量 $\mathrm{j}\omega-p_i$ 也将随之变化。

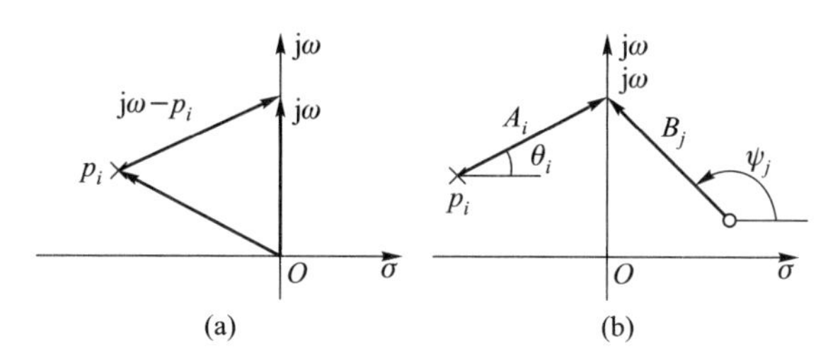

图 7.1-3 零、极点矢量图

对于任意极点 p_i 和零点 ζ_j,令

$$\left.\begin{aligned}\mathrm{j}\omega-p_i&=A_i\mathrm{e}^{\mathrm{j}\theta_i}\\ \mathrm{j}\omega-\zeta_j&=B_j\mathrm{e}^{\mathrm{j}\psi_j}\end{aligned}\right\} \tag{7.1-5}$$

式中 A_i、B_j 分别是差矢量($\mathrm{j}\omega-p_i$)和($\mathrm{j}\omega-\zeta_j$)的模,θ_i、ψ_j 是它们的辐角,如图 7.1-3(b)所示。于是式(7.1-4)可以写为

$$H(\mathrm{j}\omega)=\frac{b_mB_1B_2\cdots B_m\mathrm{e}^{\mathrm{j}(\psi_1+\psi_2+\cdots+\psi_m)}}{A_1A_2\cdots A_n\mathrm{e}^{\mathrm{j}(\theta_1+\theta_2+\cdots+\theta_n)}}=|H(\mathrm{j}\omega)|\mathrm{e}^{\mathrm{j}\varphi(\omega)} \tag{7.1-6}$$

式中,幅频响应为

$$|H(\mathrm{j}\omega)|=\frac{b_mB_1B_2\cdots B_m}{A_1A_2\cdots A_n} \tag{7.1-7}$$

相频响应为

$$\varphi(\omega)=(\psi_1+\psi_2+\cdots+\psi_m)-(\theta_1+\theta_2+\cdots+\theta_n) \tag{7.1-8}$$

当 ω 从 0(或 −∞)变动时,各矢量的模和辐角都将随之变化,根据式(7.1-7)和式(7.1-8)就能得到其幅频特性曲线和相频特性曲线。

例 7.1-1 二阶系统函数

$$H(s)=\frac{s}{s^2+2\alpha s+\omega_0^2}$$

式中 $\alpha>0$,且 $\omega_0^2>\alpha^2$。粗略画出其幅频、相频特性。

解 上式的零点位于 $s=0$,其极点在

$$p_{1,2}=-\alpha\pm\mathrm{j}\sqrt{\omega_0^2-\alpha^2}=-\alpha\pm\mathrm{j}\beta \tag{7.1-9}$$

式中 $\beta=\sqrt{\omega_0^2-\alpha^2}$。于是系统函数 $H(s)$ 可写为

$$H(s)=\frac{s}{(s-p_1)(s-p_2)}$$

由于 $\alpha>0$，极点在左半开平面，故 $H(s)$ 在虚轴上收敛，该系统的频率响应函数为

$$H(s)\big|_{s=\mathrm{j}\omega}=\frac{\mathrm{j}\omega}{(\mathrm{j}\omega-p_1)(\mathrm{j}\omega-p_2)}$$

令 $\mathrm{j}\omega=B\mathrm{e}^{\mathrm{j}\psi}$，$\mathrm{j}\omega-p_1=A_1\mathrm{e}^{\mathrm{j}\theta_1}$，$\mathrm{j}\omega-p_2=A_2\mathrm{e}^{\mathrm{j}\theta_2}$，如图 7.1-4(a)所示。上式可改写为

$$H(\mathrm{j}\omega)=\frac{B}{A_1A_2}\mathrm{e}^{\mathrm{j}(\psi-\theta_1-\theta_2)}=|H(\mathrm{j}\omega)|\mathrm{e}^{\mathrm{j}\varphi(\omega)} \tag{7.1-10}$$

式中幅频特性和相频特性分别为

$$|H(\mathrm{j}\omega)|=\frac{B}{A_1A_2} \tag{7.1-11a}$$

$$\varphi(\omega)=\psi-(\theta_1+\theta_2) \tag{7.1-11b}$$

由图 7.1-4(a)和式(7.1-11)可以看出：当 $\omega=0$ 时，$B=0$，$A_1=A_2=\sqrt{\alpha^2+\beta^2}=\omega_0$，$\theta_1=-\theta_2$，$\psi=\frac{\pi}{2}$，所以 $|H(\mathrm{j}\omega)|=0$，$\varphi(\omega)=\frac{\pi}{2}$。随着 ω 的增大，A_2 和 B 增大，而 A_1 减小，故 $|H(\mathrm{j}\omega)|$ 增大；而 $|\theta_1|$ 减小，故$(\theta_1+\theta_2)$增大，因而 $\varphi(\omega)$减小。当 $\omega=\omega_0(\omega_0=\sqrt{\alpha^2+\beta^2})$时，系统发生谐振，这时 $|H(\mathrm{j}\omega)|=\frac{1}{2\alpha}$为极大值；而 $\varphi(\omega)=0$。当 ω 继续增大时，A_1、A_2、B 和 θ_1、θ_2 均增大，从而 $|H(\mathrm{j}\omega)|$ 减小，$\varphi(\omega)$继续减小。当 $\omega\to\infty$ 时，A_1、A_2、B 均趋于无限，故 $|H(\mathrm{j}\omega)|$ 趋于零；θ_1、θ_2 趋近于$\frac{\pi}{2}$，从而 $\varphi(\omega)$趋近于$-\frac{\pi}{2}$。图 7.1-4(b)是粗略画出的幅频、相频特性。由幅频特性可见，该系统是带通系统。

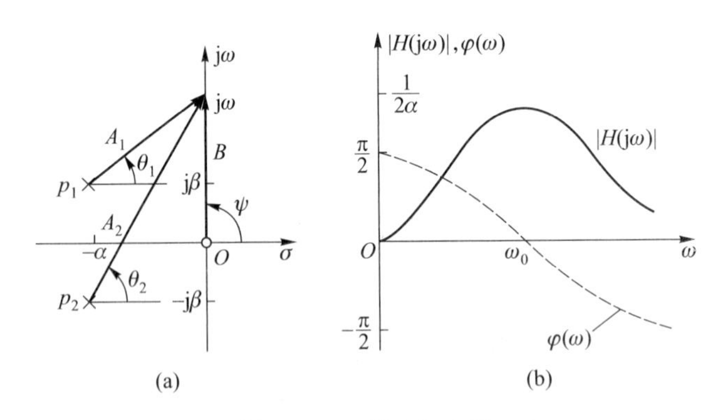

图 7.1-4 例 7.1-1 图

由以上讨论可知，如果系统函数的某一极点(本例为 $p_1=-\alpha+\mathrm{j}\beta$)十分靠近虚轴，则当角频率 ω 在该极点虚部附近(即 $\omega\approx\beta$ 处)，幅频响应有一峰值，相频响应急剧减小。类似地，如果系统函数有一零点(譬如 $\zeta_1=-a+\mathrm{j}b$)十分靠近虚轴，则在 $\omega\approx b$ 处幅频响应有一谷值，且相频响应急速增大。

下面介绍常见的全通函数和最小相移函数。

全通函数

如果系统的幅频响应 $|H(\mathrm{j}\omega)|$ 对所有的 ω 均为常数，则称该系统为全通系统，其相应

的系统函数称为全通函数。下面以二阶系统为例说明。

如果有二阶系统，其系统函数在左半平面有一对共轭极点 $p_{1,2}=-\alpha\pm j\beta$，令 $-s_1=p_1=-\alpha+j\beta$、$-s_2=p_2=-\alpha-j\beta$，它在右半平面有一对共轭零点 $\zeta_1=\alpha+j\beta=s_1$，$\zeta_2=\alpha-j\beta=s_2$，那么系统函数的零点和极点对于 ω 轴是镜像对称的，如图 7.1-5(a)所示。其系统函数可写为

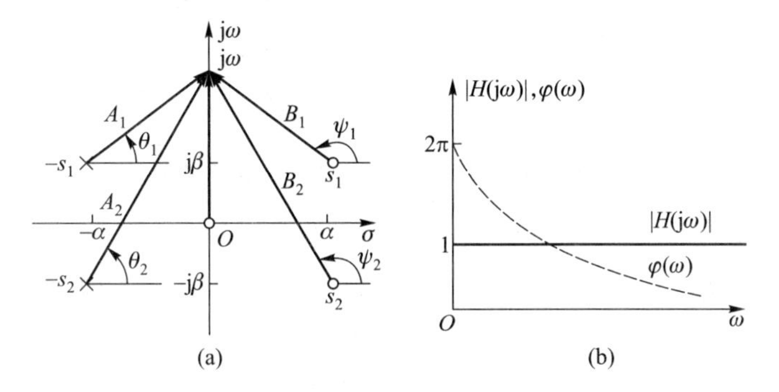

图 7.1-5　二阶全通函数的频率响应

$$H(s)=\frac{(s-s_1)(s-s_2)}{(s+s_1)(s+s_2)}=\frac{(s-s_1)(s-s_1^*)}{(s+s_1)(s+s_1^*)}\tag{7.1-12}$$

其频率特性为

$$H(j\omega)=\frac{(j\omega-s_1)(j\omega-s_2)}{(j\omega+s_1)(j\omega+s_2)}=\frac{B_1B_2}{A_1A_2}e^{j(\psi_1+\psi_2-\theta_1-\theta_2)}$$

由图 7.1-5(a)可见，对于所有的 ω 有 $A_1=B_1$、$A_2=B_2$，所以幅频特性为

$$|H(j\omega)|=1\tag{7.1-13a}$$

其相频特性为

$$\begin{aligned}\varphi(\omega)&=\psi_1+\psi_2-\theta_1-\theta_2=2\pi-2\left[\arctan\left(\frac{\omega+\beta}{\alpha}\right)+\arctan\left(\frac{\omega-\beta}{\alpha}\right)\right]\\&=2\pi-2\arctan\left(\frac{2\alpha\omega}{\alpha^2+\beta^2-\omega^2}\right)\end{aligned}\tag{7.1-13b}$$

由图 7.1-5 可见，当 $\omega=0$ 时，$\theta_1+\theta_2=0$，$\psi_1+\psi_2=2\pi$，故 $\varphi(\omega)=2\pi$；当 $\omega\to\infty$ 时，$\psi_1=\psi_2=\theta_1=\theta_2=\frac{\pi}{2}$，故 $\varphi(\omega)\to 0$。其幅频和相频响应如图 7.1-5(b)所示。

上述幅频响应为常数的系统，对所有频率的正弦信号都一律平等地传输，因而被称为全通系统，全通系统的系统函数称为全通函数。由以上讨论可知，凡极点位于左半开平面，零点位于右半开平面，且所有的零点与极点为一一镜像对称于 $j\omega$ 轴的系统函数即为全通函数。

最小相移函数

如有一系统函数 $H_a(s)$，它有两个极点 $-s_1$ 和 $-s_1^*$，两个零点 $-s_2$ 和 $-s_2^*$，它们都在左半开平面，其零、极点分布如图 7.1-6(a)所示。系统函数 $H_a(s)$ 可以写为

$$H_a(s)=\frac{(s+s_2)(s+s_2^*)}{(s+s_1)(s+s_1^*)}\tag{7.1-14}$$

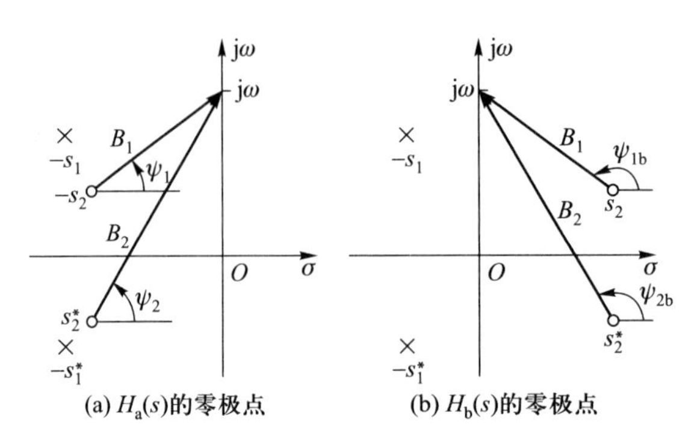

图 7.1-6 最小相移系统

另一系统函数 $H_b(s)$,它的极点与 $H_a(s)$ 相同,为$-s_1$ 和$-s_1^*$,它的零点在右半开平面为 s_2 和 s_2^*,其零、极点分布如图 7.1-6(b)所示。系统函数 $H_b(s)$ 可以写为

$$H_b(s)=\frac{(s-s_2)(s-s_2^*)}{(s+s_1)(s+s_1^*)} \tag{7.1-15}$$

由于 $H_a(s)$ 与 $H_b(s)$ 的极点相同,故它们在 s 平面上对应的矢量也相同,而由于它们的零点镜像对称于 jω 轴,故它们对应的矢量的模也相同,因此 $H_a(j\omega)$ 与 $H_b(j\omega)$ 的幅频特性完全相同。

由图 7.1-6(a)和(b)可见,对于相同的 ω,$H_b(j\omega)$零点矢量的相角为

$$\psi_{1b}=\pi-\psi_1$$

$$\psi_{2b}=\pi-\psi_2$$

式中 ψ_1、ψ_2 为 $H_a(j\omega)$ 的零点矢量的相角。因此,$H_a(j\omega)$ 和 $H_b(j\omega)$ 的相频特性分别为

$$\varphi_a(\omega)=(\psi_1+\psi_2)-(\theta_1+\theta_2) \tag{7.1-16}$$

$$\varphi_b(\omega)=(\pi-\psi_1+\pi-\psi_2)-(\theta_1+\theta_2)=2\pi-(\psi_1+\psi_2)-(\theta_1+\theta_2) \tag{7.1-17}$$

两者的差为

$$\varphi_b(\omega)-\varphi_a(\omega)=2\pi-2(\psi_1+\psi_2)$$

由图 7.1-6(a)可见,当 ω 由 0 增加到∞时,$(\psi_1+\psi_2)$从 0 增加到 π,因此,$\psi_1+\psi_2\leqslant\pi$,所以对于任意角频率

$$\varphi_b(\omega)-\varphi_a(\omega)=2\pi-2(\psi_1+\psi_2)\geqslant 0$$

也就是说,对于任意角频率 $0\leqslant\omega<\infty$,有

$$\varphi_b(\omega)\geqslant\varphi_a(\omega) \tag{7.1-18}$$

式(7.1-18)表明,对于具有相同幅频特性的系统函数而言,零点位于左半开平面的系统函数,其相频特性 $\varphi(\omega)$ 最小,故称为最小相移函数。

顺便指出,考虑到由纯电抗元件组成的电路,其网络函数的零点可能在虚轴上,故也可定义如下:右半开平面没有零点的系统函数称为最小相移函数,相应的网络称为最小相移网络。

如果系统函数在右半开平面有零点,则称为非最小相移函数。例如

$$H_b(s)=\frac{(s-s_2)(s-s_2^*)}{(s+s_1)(s+s_1^*)}$$

若用$(s+s_2)(s+s_2^*)$同时乘上式的分母和分子，得

$$\begin{aligned}H_b(s)&=\frac{(s-s_2)(s-s_2^*)}{(s+s_1)(s+s_1^*)}\cdot\frac{(s+s_2)(s+s_2^*)}{(s+s_2)(s+s_2^*)}\\&=\frac{(s+s_2)(s+s_2^*)}{(s+s_1)(s+s_1^*)}\,\frac{(s-s_2)(s-s_2^*)}{(s+s_2)(s+s_2^*)}\\&=H_a(s)H_c(s)\end{aligned}\tag{7.1-19}$$

式中 $H_a(s)$ 是最小相移函数，而

$$H_c(s)=\frac{(s-s_2)(s-s_2^*)}{(s+s_2)(s+s_2^*)}$$

是全通函数。由此可知，任意非最小相移函数都可表示为最小相移函数与全通函数的乘积。

2. 离散系统

对于因果离散系统，如果系统函数 $H(z)$ 的极点均在单位圆内，那么它在单位圆上$(|z|=1)$也收敛，从而由式(6.4-34)可知，式(7.1-3b)所示系统的频率响应函数为

$$H(\mathrm{e}^{\mathrm{j}\theta})=H(z)\big|_{z=\mathrm{e}^{\mathrm{j}\theta}}=\frac{b_m\prod_{j=1}^{m}(\mathrm{e}^{\mathrm{j}\theta}-\zeta_j)}{\prod_{i=1}^{n}(\mathrm{e}^{\mathrm{j}\theta}-p_i)}\tag{7.1-20}$$

式中 $\theta=\omega T_s$，ω 为角频率，T_s 为取样周期。

在 z 平面上，复数可用矢量表示，令

$$\left.\begin{aligned}\mathrm{e}^{\mathrm{j}\theta}-p_i&=A_i\mathrm{e}^{\mathrm{j}\theta_i}\\\mathrm{e}^{\mathrm{j}\theta}-\zeta_j&=B_j\mathrm{e}^{\mathrm{j}\psi_j}\end{aligned}\right\}\tag{7.1-21}$$

式中 A_i、B_j 分别是差矢量的模，θ_i、ψ_j 是它们的辐角，于是式(7.1-20)可以写为

$$H(\mathrm{e}^{\mathrm{j}\theta})=|H(\mathrm{e}^{\mathrm{j}\theta})|\mathrm{e}^{\mathrm{j}\varphi(\theta)}=\frac{b_mB_1B_2\cdots B_m\mathrm{e}^{\mathrm{j}(\psi_1+\psi_2+\cdots+\psi_m)}}{A_1A_2\cdots A_n\mathrm{e}^{\mathrm{j}(\theta_1+\theta_2+\cdots+\theta_n)}}\tag{7.1-22}$$

式中，幅频响应为

$$|H(\mathrm{e}^{\mathrm{j}\theta})|=\frac{b_mB_1B_2\cdots B_m}{A_1A_2\cdots A_n}\tag{7.1-23a}$$

相频响应为

$$\varphi(\theta)=\sum_{j=1}^{m}\psi_j-\sum_{i=1}^{n}\theta_i\tag{7.1-23b}$$

当 ω 从 0 变化到$\dfrac{2\pi}{T_s}$时，即复变量 z 从 $z=1$ 沿单位圆逆时针方向旋转一周时，各矢量的模和辐角也随之变化，根据式(7.1-23a)和式(7.1-23b)就能得到幅频和相频响应曲线。

例 7.1-2 某离散因果系统的系统函数

$$H(z)=\frac{2(z+1)}{3z-1}$$

求其频率响应。

解 由 $H(z)$ 的表示式可知，其极点 $p=\dfrac{1}{3}$，故单位圆在收敛域内，系统的频率响应

$(\theta=\omega T_s)$

$$H(e^{j\theta})=H(z)\mid_{z=e^{j\theta}}=\frac{2(e^{j\theta}+1)}{3e^{j\theta}-1}=\frac{2e^{j\frac{\theta}{2}}(e^{j\frac{\theta}{2}}+e^{-j\frac{\theta}{2}})}{e^{j\frac{\theta}{2}}(3e^{j\frac{\theta}{2}}-e^{-j\frac{\theta}{2}})}$$

$$=\frac{4\cos\left(\frac{\theta}{2}\right)}{2\cos\left(\frac{\theta}{2}\right)+j4\sin\left(\frac{\theta}{2}\right)}=\frac{2}{1+j2\tan\left(\frac{\theta}{2}\right)}$$

其幅频响应为

$$|H(e^{j\theta})|=\frac{2}{\sqrt{1+4\tan^2\left(\frac{\theta}{2}\right)}}$$

相频响应为

$$\varphi(\theta)=-\arctan\left[2\tan\left(\frac{\theta}{2}\right)\right]$$

图 7.1-7(a)画出了 $H(z)$ 的零极点分布和矢量 $A_1e^{j\theta_1}$、$B_1e^{j\psi_1}$，图 7.1-7(b)画出了该系统的幅频和相频特性。由于离散系统的幅频、相频特性都以 $\frac{2\pi}{T_s}$ 为周期重复变化，图中只画出了 $0\leqslant\omega\leqslant\frac{2\pi}{T_s}$ 的部分。

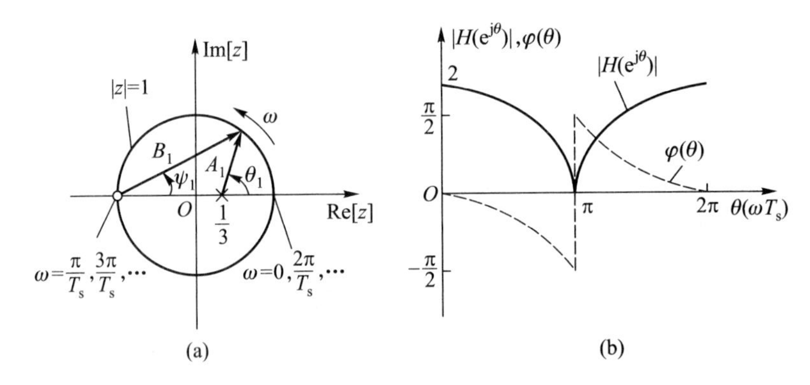

图 7.1-7 例 7.1-2 图

例 7.1-3 二阶全通系统的系统函数

$$H(z)=\frac{z^2-2z+4}{z^2-\frac{1}{2}z+\frac{1}{4}} \tag{7.1-24}$$

求其频率响应。

解 由 $H(z)$ 的表示式可知，其零、极点分别为

$$\zeta、\zeta^*=1\pm j\sqrt{3}=2e^{\pm j\frac{\pi}{3}}$$

$$p、p^*=\frac{1}{4}\pm j\frac{\sqrt{3}}{4}=\frac{1}{2}e^{\pm j\frac{\pi}{3}}$$

可见,本例中零点 ζ、ζ^* 与极点 p、p^* 有如下关系:$\zeta=\dfrac{1}{p^*}$、$\zeta^*=\dfrac{1}{p}$,其零、极点分布如图 7.1-8(a)所示。

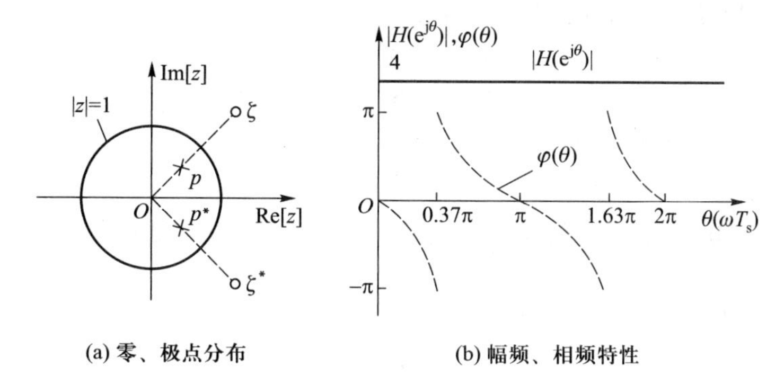

(a) 零、极点分布　　(b) 幅频、相频特性

图 7.1-8　二阶全通函数

由于极点均在单位圆内,故 $H(z)$ 在单位圆上收敛。将 $H(z)$ 的分子、分母同乘以 z^{-1},并令 $z=e^{j\theta}(\theta=\omega T_s)$,得

$$H(e^{j\theta})=H(z)\Big|_{z=e^{j\theta}}=\frac{z^2-2z+4}{z^2-\frac{1}{2}z+\frac{1}{4}}\Big|_{z=e^{j\theta}}=\frac{e^{j\theta}-2+4e^{-j\theta}}{e^{j\theta}-\frac{1}{2}+\frac{1}{4}e^{-j\theta}}$$

$$=4\frac{(5\cos\theta-2)-j3\sin\theta}{(5\cos\theta-2)+j3\sin\theta}\qquad(7.1-25)$$

其幅频响应和相频响应分别为(式中 $\theta=\omega T_s$)

$$|H(e^{j\theta})|=4\qquad(7.1-26a)$$

$$\varphi(\theta)=-2\arctan\left(\frac{3\sin\theta}{5\cos\theta-2}\right)\qquad(7.1-26b)$$

按上式可画出幅频、相频特性如图 7.1-8(b)所示。由频率特性可知,式(7.1-24)是全通函数。

由本例可知,稳定的全通离散系统,其系统函数的极点全在单位圆内,而零点全在单位圆外,并且零极点有 $\zeta_i=\dfrac{1}{p_i^*}$ 的对应关系,这种对应关系称为零点与极点一一镜像对称于单位圆,这相当于在 s 平面零、极点镜像对称于虚轴。

§ 7.2　系统的因果性与稳定性

一、系统的因果性

因果系统(连续的或离散的)指的是,系统的零状态响应 $y_{zs}(\cdot)$ 不出现于激励 $f(\cdot)$ 之前的系统。也就是说,对于 $t=0$(或 $k=0$)接入的任意激励 $f(\cdot)$,即对于任意的

$$f(\cdot)=0, t(\text{或 } k)<0 \tag{7.2-1}$$

如果系统的零状态响应都有

$$y_{zs}(\cdot)=0, t(\text{或 } k)<0 \tag{7.2-2}$$

就称该系统为因果系统,否则称为非因果系统。

连续因果系统的充分必要条件是:冲激响应

$$h(t)=0, t<0 \tag{7.2-3a}$$

或者,系统函数 $H(s)$ 的收敛域为

$$\mathrm{Re}[s]>\sigma_0 \tag{7.2-3b}$$

即其收敛域为收敛坐标 σ_0 以右的半平面,换言之,$H(s)$ 的极点都在收敛轴 $\mathrm{Re}[s]=\sigma_0$ 的左边。

离散因果系统的充分必要条件是:单位序列响应为

$$h(k)=0, k<0 \tag{7.2-4a}$$

或者,系统函数 $H(z)$ 的收敛域为

$$|z|>\rho_0 \tag{7.2-4b}$$

即其收敛域为半径等于 ρ_0 的圆外区域,换言之,$H(z)$ 的极点都在收敛圆 $|z|=\rho_0$ 内部。

现在证明连续因果系统的充要条件。

设系统的输入 $f(t)=\delta(t)$,显然在 $t<0$ 时 $f(t)=0$,这时的零状态响应为 $h(t)$,所以若系统是因果的,则必有 $h(t)=0, t<0$。因此,式(7.2-3a)是必要的。但式(7.2-3a)的条件能否保证对所有满足式(7.2-1)的激励 $f(t)$,都能满足式(7.2-2),即其充分性还有待证明。

对任意激励 $f(t)$,系统的零状态响应 $y_{zs}(t)$ 等于 $h(t)$ 与 $f(t)$ 的卷积,考虑到 $t<0$ 时 $f(t)=0$,有

$$y_{zs}(t)=\int_{-\infty}^{t} h(\tau)f(t-\tau)\mathrm{d}\tau$$

如果 $h(t)$ 满足式(7.2-3a),即有 $\tau<0, h(\tau)=0$,那么当 $t<0$ 时,上式为零,当 $t>0$ 时,上式为

$$y_{zs}(t)=\int_{0}^{t} h(\tau)f(t-\tau)\mathrm{d}\tau$$

即 $t<0$ 时,$y_{zs}(t)=0$。因而式(7.2-3a)的条件也是充分的。

根据拉普拉斯变换的定义,如果 $h(t)$ 满足式(7.2-3a),则

$$H(s)=\mathscr{L}[h(t)], \mathrm{Re}[s]>\sigma_0$$

即式(7.2-3b)。

离散因果系统的充要条件的证明与上类似,这里从略。

二、系统的稳定性

在研究和设计各类系统中,系统的稳定性十分重要。譬如,某连续时间系统的系统函数为

$$H(s)=\frac{1}{s+1}+\frac{0.001}{s-2}$$

当输入为单位阶跃函数 $\varepsilon(t)$ 时,系统零状态响应的像函数为

$$Y_{zs}(s)=H(s)\frac{1}{s}=\frac{1-0.000\,5}{s}-\frac{1}{s+1}+\frac{0.000\,5}{s-2}$$

考虑到 $0.000\,5\ll1$，取上式的拉普拉斯逆变换，得

$$y_{zs}(t)=(1-e^{-t}+0.000\,5e^{2t})\varepsilon(t)$$

上式的前两项是 $\varepsilon(t)$ 和衰减函数 $e^{-t}\varepsilon(t)$，此外还有一个正指数项，在 t 较小时，这个正指数项可以忽略不计，可是，当 t 很大时，这个正指数项超过其他项并随着 t 的增长而不断增大。实际的系统不会是完全线性的，这样，很大的信号将使设备工作在非线性部分，放大器的晶体管会饱和或截止，一个机械系统可能停止或发生故障等。这不仅使系统不能正常工作，有时还会发生损坏和危险，如烧毁设备等。

稳定系统

一个系统（连续的或离散的），如果对任意的有界输入，其零状态响应也是有界的，则称该系统是有界输入有界输出（BIBO）稳定系统。也就是说，设 M_f、M_y 为正实常数，如果系统对于所有的激励

$$|f(\cdot)|\leqslant M_f \tag{7.2-5}$$

其零状态响应为

$$|y_{zs}(\cdot)|\leqslant M_y \tag{7.2-6}$$

则称该系统是稳定的。

连续系统是稳定系统的充分必要条件是

$$\int_{-\infty}^{\infty}|h(t)|\,dt\leqslant M \tag{7.2-7}$$

式中 M 为正常数。即若系统的冲激响应是绝对可积的，则该系统是稳定的。

离散系统是稳定系统的充分必要条件是

$$\sum_{k=-\infty}^{\infty}|h(k)|\leqslant M \tag{7.2-8}$$

式中 M 为正常数。即若系统的冲激序列响应是绝对可和的，则该系统是稳定的。

现在证明稳定连续系统的充要条件。

对于任意的有界输入 $f(t)$[$|f(t)|\leqslant M_f$]，系统的零状态响应的绝对值为

$$|y_{zs}(t)|=\left|\int_{-\infty}^{\infty}h(\tau)f(t-\tau)\,d\tau\right|\leqslant\int_{-\infty}^{\infty}|h(\tau)|\cdot|f(t-\tau)|\,d\tau\leqslant M_f\int_{-\infty}^{\infty}|h(\tau)|\,d\tau$$

如果 $h(t)$ 是绝对可积的，即式(7.2-7)成立，则

$$|y_{zs}(t)|\leqslant M_fM$$

即对任意有界输入 $f(t)$，系统的零状态响应均有界。因此条件式(7.2-7)是充分的。但必要性尚待证明。

现在证明，如果 $\int_{-\infty}^{\infty}|h(t)|\,dt$ 无界，则至少有某个有界输入 $f(t)$ 将产生无界输出 $y_{zs}(t)$。选择如下的输入函数

$$f(-t)=\begin{cases}-1, & 当\ h(t)<0\\ 0, & 当\ h(t)=0\\ 1, & 当\ h(t)>0\end{cases}$$

于是有 $h(t)f(-t)=|h(t)|$。由于

$$y_{zs}(t)=\int_{-\infty}^{\infty}h(\tau)f(t-\tau)\mathrm{d}\tau$$

令 $t=0$,有

$$y_{zs}(0)=\int_{-\infty}^{\infty}h(\tau)f(-\tau)\mathrm{d}\tau=\int_{-\infty}^{\infty}|h(\tau)|\mathrm{d}\tau$$

上式表明,如果 $\int_{-\infty}^{\infty}|h(\tau)|\mathrm{d}\tau$ 无界,则至少 $y_{zs}(0)$ 无界。因此式(7.2-7)也是必要的。

稳定离散系统的充要条件的证明与上类似,从略。

如果系统是因果的,显然稳定性的充要条件可简化为:

连续因果系统

$$\int_{0}^{\infty}|h(t)|\mathrm{d}t\leqslant M \tag{7.2-9}$$

离散因果系统

$$\sum_{k=0}^{\infty}|h(k)|\leqslant M \tag{7.2-10}$$

对于既是稳定的又是因果的连续系统,其系统函数 $H(s)$ 的极点都在 s 平面的左半开平面。其逆也成立,即若 $H(s)$ 的极点均在左半开平面,则该系统必是稳定的因果系统。

对于既是稳定的又是因果的离散系统,其系统函数 $H(z)$ 极点都在 z 平面的单位圆内。其逆也成立,即若 $H(z)$ 的极点均在单位圆内,则该系统必是稳定的因果系统。

顺便指出,按以上结论,在 s 平面 $\mathrm{j}\omega$ 轴上的一阶极点也将使系统不稳定。但在研究电网络时发现,无源的 LC 网络,其网络函数(系统函数)在 $\mathrm{j}\omega$ 轴上有一阶极点,而把无源网络看作是稳定系统较为方便。因此,有时也把在 $\mathrm{j}\omega$ 轴上有一阶极点的网络归入稳定网络类。这类系统可称为边界稳定系统。

需要特别指出,用系统函数 $H(s)$ 或 $H(z)$ 的零、极点判断系统的稳定性时,对有些系统失效。研究表明,如果系统既是可观测的又是可控制的,那么用描述输出与输入关系的系统函数研究系统的稳定性是有效的。这里仅简要介绍可观测性、可控制性的初步概念,第八章将作进一步讨论。

图 7.2-1 所示复合系统由两个子系统 $H_a(s)$、$H_b(s)$ 级联组成,复合系统的系统函数为

$$H(s)=H_a(s)H_b(s)=\frac{1}{s-2}\cdot\frac{s-2}{s+\alpha}=\frac{1}{s+\alpha}$$

如果 $\alpha>0$,那么图 7.2-1 的复合系统是稳定的。但是,如果该复合系统接入有界的输入 $f(t)$,则子系统 $H_a(s)$ 的输出 $y_a(t)$ 将含有 e^{2t} 的项,因而 $y_a(t)$ 将随 t 的增长而无限增大,这将使该系统不能正常工作。这里的问题是,仅从复合系统的输出 $y_{zs}(t)$ 中观测不到固有响应分量 e^{2t}。这样的系统称为不可观测的。就是说,一个系统,如果在其输出端能观测到所有的固有响应分量,则称该系统为可观测的或能观测的,否则,称为不可观测的。可观测性也称为可观性。

图 7.2-2 的复合系统中,子系统 $H_a(s)$ 是不可观测的,$H_b(s)$ 和 $H_c(s)$ 是可观测的。但子系统 $H_c(s)$ 是不受输入 $f(t)$ 控制的,因而不能用输入 $f(t)$ 控制该子系统的输出 $y_c(t)$。这样的子系统也会使整个系统不能正常工作,甚至产生损坏、烧毁等恶果。

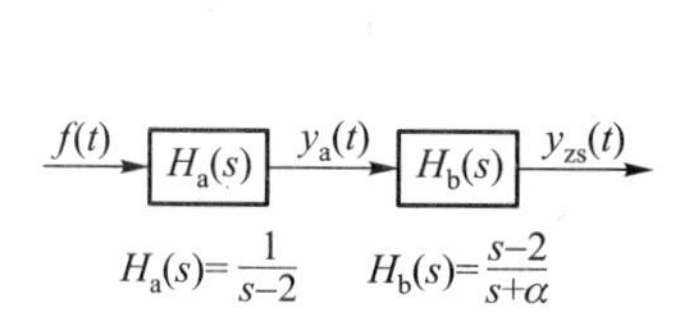

图 7.2-1 不可观测系统示意图

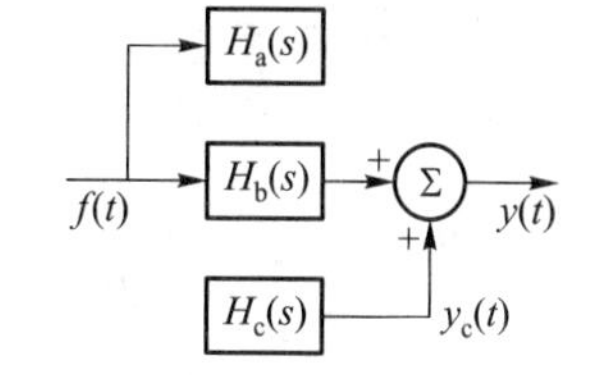

图 7.2-2 不可控系统示意图

一个系统,如果能通过输入的控制作用从初始状态转移到所要求的状态,就称该系统是可控(制)的或能控制的。第八章中将通过系统状态变量分析讨论这类问题。

例 7.2-1 如图 7.2-3 所示反馈因果系统,子系统的系统函数为

$$G(s)=\frac{1}{(s+1)(s+2)}$$

当常数 K 满足什么条件时,系统是稳定的?

解 如图 7.2-3 所示,加法器输出端的信号为

$$X(s)=KY(s)+F(s)$$

输出信号为

$$Y(s)=G(s)X(s)=KG(s)Y(s)+G(s)F(s)$$

可解得反馈系统的系统函数为

$$H(s)=\frac{Y(s)}{F(s)}=\frac{G(s)}{1-KG(s)}=\frac{1}{s^2+3s+2-K}$$

$H(s)$的极点为

$$p_{1,2}=-\frac{3}{2}\pm\sqrt{\left(\frac{3}{2}\right)^2-2+K}$$

为使极点均在左半开平面,必须满足

$$\left(\frac{3}{2}\right)^2-2+K<\left(\frac{3}{2}\right)^2$$

可解得 $K<2$,即当 $K<2$ 时系统是稳定的。

例 7.2-2 如图 7.2-4 所示的离散系统,当 K 满足什么条件时,系统是稳定的?

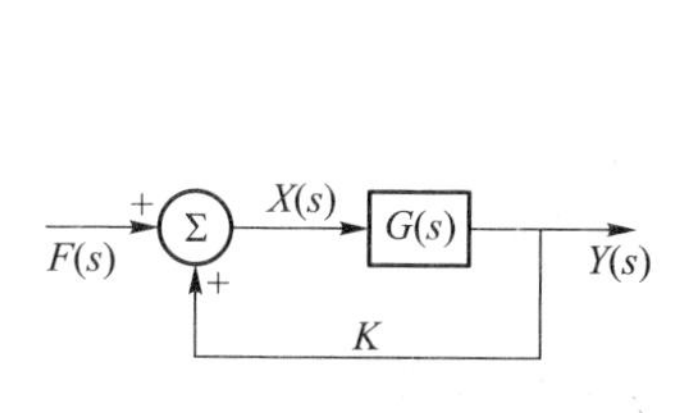

图 7.2-3 例 7.2-1 图

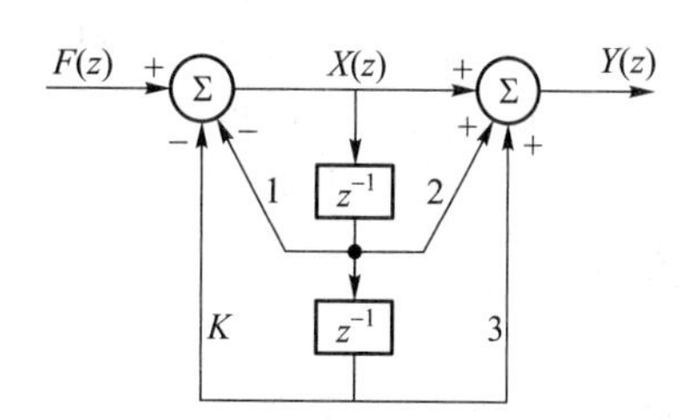

图 7.2-4 例 7.2-2 图

解 设图 7.2-4 系统左端加法器的输出为 $X(z)$,可列出方程为

$$X(z)=(-z^{-1}-Kz^{-2})X(z)+F(z)$$

$$Y(z)=(1+2z^{-1}+3z^{-2})X(z)$$

由上式可解得系统函数为

$$H(z)=\frac{Y(z)}{F(z)}=\frac{1+2z^{-1}+3z^{-2}}{1+z^{-1}+Kz^{-2}}=\frac{z^{2}+2z+3}{z^{2}+z+K}$$

其极点

$$P_{1,2}=\frac{-1\pm\sqrt{1-4K}}{2}$$

当 $1-4K\geqslant 0$,即 $K\leqslant\frac{1}{4}$时为实极点,为使极点在单位圆内,必须同时满足不等式

$$\frac{-1+\sqrt{1-4K}}{2}<1,\frac{-1-\sqrt{1-4K}}{2}>-1$$

解上式分别得 $K>-2,K>0$。因而有 $K>0$。

当 $1-4K<0$,即 $K>\frac{1}{4}$为复极点,它可写为

$$P_{1,2}=\frac{-1\pm\mathrm{j}\sqrt{4K-1}}{2}$$

为使极点在单位圆内,必须 $|P_{1,2}|<1$,即$\frac{(-1)^{2}+(\sqrt{4K-1})^{2}}{4}<1$,

可解得 $K<1$。综合以上结果可知,当 $0<K<1$ 时系统是稳定的。

§7.3 信号流图

由前文已经知道,用方框图描述系统(连续的或离散的)的功能常比用微分或差分方程更为直观。对于零状态系统,其时域框图与变换域框图有相同的形式(仅是积分器对应于 s^{-1},迟延单元对应于 z^{-1})。信号流图是用有向的线图描述线性方程组变量间因果关系的一种图,用它来描述系统较方框图更为简便,而且可以通过梅森公式将系统函数与相应的信号流图联系起来,信号流图简明地沟通了描述系统的方程、系统函数以及框图等之间的联系,这不仅有利于系统分析,也便于系统模拟。

无论是连续系统还是离散系统,如果撇开二者的物理实质,仅从图的角度而言,它们分析的方法相同,因此这里一并讨论。

一、信号流图

在变换域中,方框图除了表示 s^{-1}(积分器)或 z^{-1}(迟延单元)的意义外,还可表示一般的系统函数(传递函数、转移函数等)。如图 7.3-1(a)所示的框图,它表征了输入 $F(\cdot)$与输出$Y(\cdot)$的关系,其输出为

$$Y(s)=H(s)F(s) \tag{7.3-1a}$$

$$Y(z)=H(z)F(z) \tag{7.3-1b}$$

这里,系统函数 $H(\cdot)$可能很简单(例如常数 a、s^{-1}、z^{-1}),也可能是较复杂的函数。

系统的信号流图，就是用一些点和线段来描述系统。如图 7.3-1(a)所示的方框图，可用一个由输入指向输出的有向线段表示，如图 7.3-2(b)所示。它的起始点标识为 $F(\cdot)$，终点标记为 $Y(\cdot)$，这些点称为结点，结点是表示系统中的变量或信号的点。线段表示信号传输的路径，称为支路，信号的传输方向用箭头表示。系统函数 $H(\cdot)$标记在线段的一侧，可称之为该支路的增益，所以每一条支路相当于标量乘法器，其输出为

$$Y(\cdot)=H(\cdot)F(\cdot) \tag{7.3-2}$$

一般而言，信号流图是一种赋权的有向图。它由连接在结点间的有向支路构成。它的一些术语定义如下：

结点和支路 信号流图中的每个结点对应于一个变量或信号。连接两结点间的有向线段称为支路，每条支路的权值（支路增益）就是该两结点间的系统函数（转移函数）。

源点与汇点 仅有出支路（离开该结点的支路）的结点称为源点（或输入结点），如图 7.3-2 中的 x_1。仅有入支路（进入该结点的支路）的结点称为汇点或阱点（或输出结点），如图 7.3-2 中的 x_5。

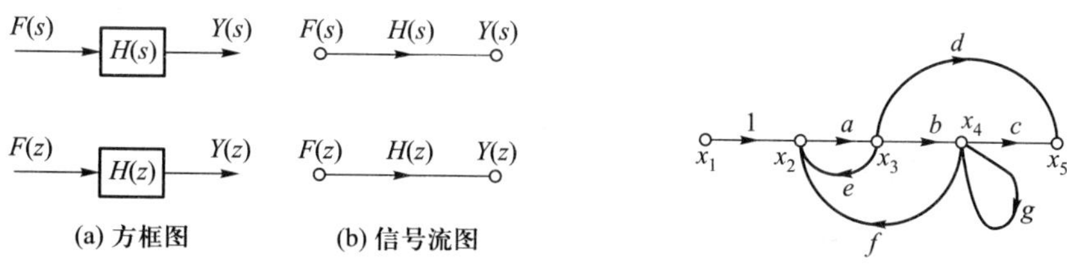

图 7.3-1 系统的信号流图表示法

图 7.3-2 信号流图示意图

通路 从任一结点出发沿着支路箭头方向连续经过各相连的不同的支路和结点到达另一结点的路径称为通路。如果通路与任一结点相遇不多于一次，则称为开通路，如图 7.3-2 中 $x_1\xrightarrow{1}x_2\xrightarrow{a}x_3\xrightarrow{b}x_4\xrightarrow{c}x_5$、$x_4\xrightarrow{f}x_2\xrightarrow{a}x_3$ 等都是开通路。如果通路的终点就是通路的起点（与其余结点相遇不多于一次），则称为闭通路或回路（或环）。如图 7.3-2 中 $x_2\xrightarrow{a}x_3\xrightarrow{e}x_2$、$x_2\xrightarrow{a}x_3\xrightarrow{b}x_4\xrightarrow{f}x_2$ 等都是回路。相互没有公共结点的回路称为不接触回路。如图中 $x_2\xrightarrow{a}x_3\xrightarrow{e}x_2$ 与 $x_4\xrightarrow{g}x_4$ 是不接触回路。只有一个结点和一条支路的回路，称为自回路（或自环），如图中 $x_4\xrightarrow{g}x_4$ 是自回路。通路（开通路或回路）中各支路增益的乘积称为通路增益（或回路增益）。

前向通路 从源点到汇点的开通路称为前向通路，如图中 $x_1\xrightarrow{1}x_2\xrightarrow{a}x_3\xrightarrow{b}x_4\xrightarrow{c}x_5$、$x_1\xrightarrow{1}x_2\xrightarrow{a}x_3\xrightarrow{d}x_5$ 是前向通路。前向通路中各支路增益的乘积称为前向通路增益。

在运用信号流图时，应遵循它的基本性质，即

（1）信号只能沿支路箭头方向传输，支路的输出是该支路输入与支路增益的乘积。

（2）当结点有多个输入时，该结点将所有输入支路的信号相加，并将和信号传输给所有与该结点相连的输出支路。

例如图 7.3-3 中

$$x_4=ax_1+bx_2+cx_3$$

且有

$$x_5=dx_4,x_6=ex_4$$

信号流图所描述的是代数方程或方程组，因而信号流图能按代数规则进行化简。流图化简的基本规则是：

（1）两条增益分别为 a 和 b 的支路相串联，可以合并为一条增益为 $a\cdot b$ 的支路，同时消去中间的结点，如图 7.3-4(a)所示。这是因为 $x_2=ax_1$、$x_3=bx_2$，所以

$$x_3=abx_1 \tag{7.3-3}$$

（2）两条增益分别为 a 和 b 的支路相并联，可以合并为一条增益为$(a+b)$的支路，如图 7.3-4(b)所示，有

$$x_2=(a+b)x_1 \tag{7.3-4}$$

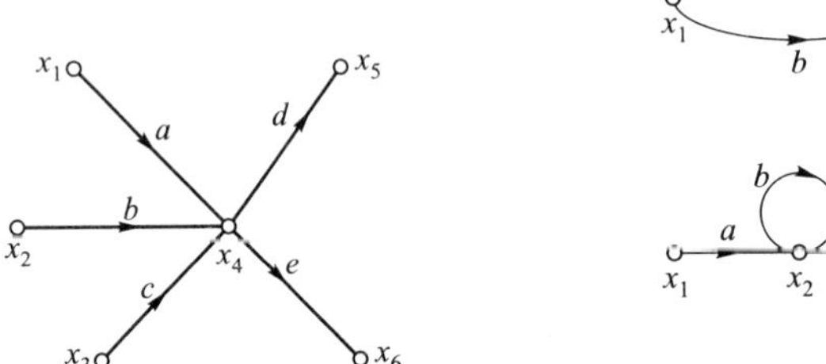

图 7.3-3　信号流图中的结点

图 7.3-4　信号流图化简的基本规则

这个规则很容易证明，从略。

（3）一条 $x_1x_2x_3$ 的通路，如果 x_1x_2 支路的增益为 a，x_2x_3 的增益为 c，在 x_2 处有增益为 b 的自环，则可化简成增益为$\dfrac{ac}{1-b}$的支路，同时消去结点 x_2。如图 7.3-4(c)所示。这是由于

$$x_2=ax_1+bx_2$$

$$x_3=cx_2$$

由以上方程可解得

$$x_3=\frac{ac}{1-b}x_1 \tag{7.3-5}$$

利用以上基本规则，对于一个复杂的流图，通过(1)将串联支路合并从而减少结点；(2)将并联支路合并从而减少支路；(3)消除自环。反复运用以上步骤，可将复杂的信号流图简化为只有一个源点和一个汇点的信号流图，从而求得系统函数。

例 7.3-1　求图 7.3-5(a)所示信号流图的系统函数。

解　根据串联支路合并规则，将图 7.3-5(a)中回路 $x_1\to x_2\to x_1$ 和 $x_1\to x_2\to x_3\to x_1$ 化简为自环，如图 7.3-5(b)所示，将 x_1 到 $Y(s)$之间各串、并联支路合并，得图 7.3-5(c)。利用并联支路合并规则，将 x_1 处两个自环合并，然后消除自环，得图 7.3-5(d)。于是得到系统函数为

$$H(s)=\frac{Y(s)}{F(s)}=\frac{b_2+b_1s^{-1}+b_0s^{-2}}{1+a_1s^{-1}+a_0s^{-2}}=\frac{b_2s^2+b_1s+b_0}{s^2+a_1s+a_0} \tag{7.3-6}$$

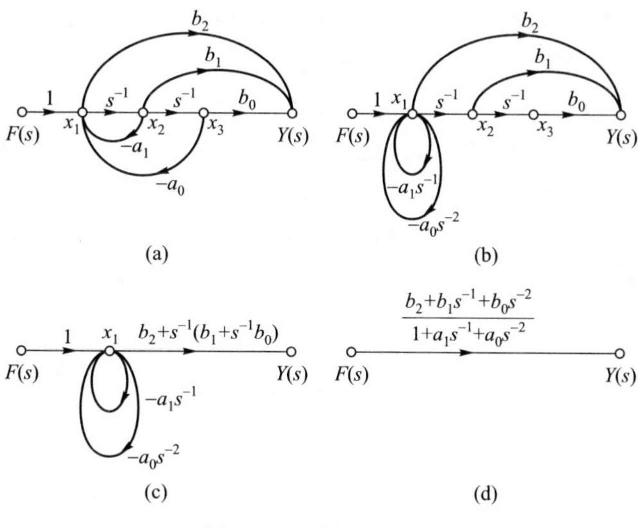

图 7.3-5 例 7.3-1 图

这正是二阶微分方程

$$y''(t)+a_1y'(t)+a_0y(t)=b_2f''(t)+b_1f'(t)+b_0f(t) \tag{7.3-7}$$

的系统函数。

二、梅森公式

用上述化简信号流图的方法求输入输出间的系统函数比较复杂。利用梅森公式可以根据信号流图很方便地求得输入输出间的系统函数。

梅森公式为

$$H=\frac{1}{\Delta}\sum_i P_i\Delta_i \tag{7.3-8}$$

式中

$$\Delta=1-\sum_j L_j+\sum_{m,n}L_mL_n-\sum_{p,q,r}L_pL_qL_r+\cdots \tag{7.3-9}$$

Δ 称为信号流图的特征行列式,其中:

$\sum\limits_j L_j$ 是所有不同回路的增益之和。

$\sum\limits_{m,n} L_mL_n$ 是所有两两不接触回路的增益乘积之和。

$\sum\limits_{p,q,r} L_pL_qL_r$ 是所有三个都互不接触回路的增益乘积之和。

…………

式(7.3-8)中:

i 表示由源点到汇点的第 i 条前向通路的标号。

P_i 是由源点到汇点的第 i 条前向通路增益。

Δ_i 称为第 i 条前向通路特征行列式的余因子,它是与第 i 条前向通路不相接触的子图的特征行列式。

梅森公式的证明请参看有关书刊①,这里只举例说明它的应用。

例 7.3-2 求图 7.3-6 信号流图的系统函数。

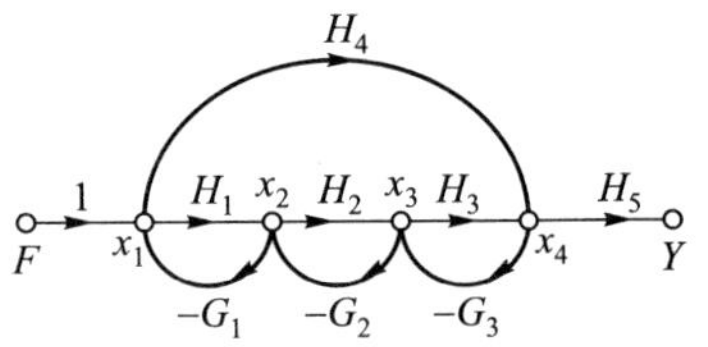

解 为了求出特征行列式 Δ,应先求出有关参数。图 7.3-6 的流图共有 4 个回路,各回路增益为

$x_1 \to x_2 \to x_1$ 回路

$$L_1 = -G_1H_1$$

$x_2 \to x_3 \to x_2$ 回路

$$L_2 = -G_2H_2$$

$x_3 \to x_4 \to x_3$ 回路

$$L_3 = -G_3H_3$$

$x_1 \to x_4 \to x_3 \to x_2 \to x_1$ 回路

$$L_4 = -G_1G_2G_3H_4$$

图 7.3-6 例 7.3-2 图

它只有一对两两互不接触的回路 $x_1 \to x_2 \to x_1$ 与 $x_3 \to x_4 \to x_3$,其回路增益乘积为

$$L_1L_3 = G_1G_3H_1H_3$$

没有三个以上的互不接触回路。所以按式(7.3-9)得

$$\Delta = 1 - \sum_j L_j + \sum_{m,n} L_mL_n$$

$$= 1 + (G_1H_1 + G_2H_2 + G_3H_3 + G_1G_2G_3H_4) + G_1G_3H_1H_3$$

再求其他参数。图 7.3-6 有两条前向通路,对于前向通路 $F \to x_1 \to x_2 \to x_3 \to x_4 \to Y$,其增益为

$$P_1 = H_1H_2H_3H_5$$

由于各回路都与该通路相接触,故

$$\Delta_1 = 1$$

对于前向通路 $F \to x_1 \to x_4 \to Y$,其增益为

$$P_2 = H_4H_5$$

不与 P_2 接触的回路有 $x_2 \to x_3 \to x_2$,所以

$$\Delta_2 = 1 - \sum_j L_j = 1 + G_2H_2$$

最后,按式(7.3-8)得

$$H = \frac{Y}{F} = \frac{H_1H_2H_3H_5 + H_4H_5(1 + G_2H_2)}{1 + G_1H_1 + G_2H_2 + G_3H_3 + G_1G_2G_3H_4 + G_1G_3H_1H_3}$$

例 7.3-3 如图 7.3-7(a)所示某反馈系统的信号流图,求系统函数 $H(s)$。

解 用梅森公式直接求本例的 $H(s)$ 较为麻烦,以下方法较为简便。应用梅森公式分别求出虚线所围子流图 A、B 的系统函数 $H_A(s)$、$H_B(s)$,然后将图 7.3-7(a)等效为图 7.3-7(b)所示的带有一个闭环的流图,再根据图 7.3-7(b)用梅森公式求出原信号流图的系统函数 $H(s)$。求解过程如下:

---

① a. MASON S J.Feedback Theory,Further Properties of Signal Flow Graphs[J].PROCEEDINGS OF THE IRE,1956,44:920-926.

b. 邱关源.网络理论分析[M].北京:科学出版社,1982.

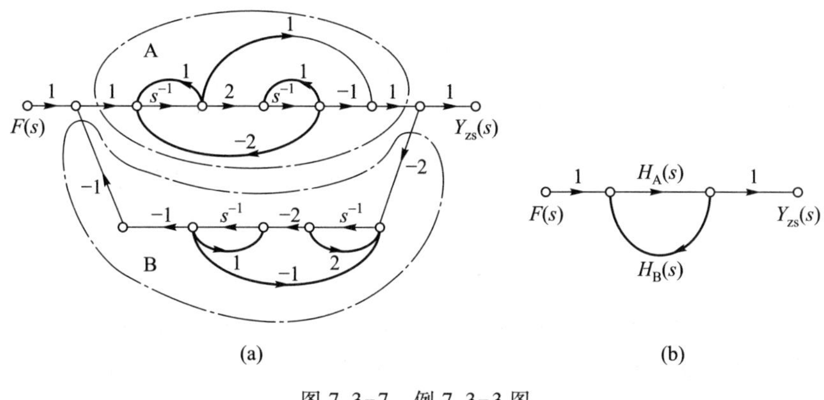

图 7.3-7 例 7.3-3 图

观察图 7.3-7(a)中子图 A,它有两条前向通路、3 个环路、一对不相接触的环路。由梅森公式有

$$H_A(s)=\frac{s^{-1}(1-s^{-1})-2s^{-2}}{1-2s^{-1}+4s^{-2}+s^{-2}}=\frac{s-3}{s^2-2s+5} \tag{7.3-10}$$

再看图 7.3-7(a)中子图 B,它有一条前向通路、3 个环路、一对不相接触的环路。由梅森公式有

$$H_B(s)=\frac{4s^{-2}}{1-2s^{-1}-s^{-1}-2s^{-2}+2s^{-2}}=\frac{4}{s(s-3)} \tag{7.3-11}$$

观察与图 7.3-7(a)等效的图 7.3-7(b),由梅森公式得

$$H(s)=\frac{H_A(s)}{1-H_A(s)H_B(s)} \tag{7.3-12}$$

将式(7.3-10)、式(7.3-11)代入式(7.3-12),得

$$H(s)=\frac{\dfrac{s-3}{s^2-2s+5}}{1-\dfrac{s-3}{s^2-2s+5}\cdot\dfrac{4}{s(s-3)}}=\frac{s^2-3s}{s^3-2s^2+5s-4} \tag{7.3-13}$$

§7.4 系统的结构

为了对信号(连续的或离散的)进行某种处理(譬如滤波),就必须构造出合适的实际结构(硬件实现结构或软件运算结构)。对于同样的系统函数 $H(s)$ 或 $H(z)$ 往往有多种不同的实现方案。常用的有直接形式、级联形式和并联形式。由于连续系统和离散系统的实现方法相同,这里一并讨论。

一、直接实现

先讨论较简单的二阶系统。设二阶系统的系统函数为

$$H(s)=\frac{b_2s^2+b_1s+b_0}{s^2+a_1s+a_0}$$

将分子、分母同乘以 s^{-2}，上式可写为

$$H(s)=\frac{b_2+b_1s^{-1}+b_0s^{-2}}{1+a_1s^{-1}+a_0s^{-2}}=\frac{b_2+b_1s^{-1}+b_0s^{-2}}{1-(-a_1s^{-1}-a_0s^{-2})} \tag{7.4-1}$$

根据梅森公式，上式的分母可看作是特征行列式 Δ，括号内表示有两个互相接触的回路，其增益分别为 $-a_1s^{-1}$ 和 $-a_0s^{-2}$；分子表示三条前向通路，其增益分别为 b_2、b_1s^{-1} 和 b_0s^{-2}，并且不与各前向通路相接触的子图的特征行列式 $\Delta_i(i=1,2,3)$ 均等于 1，也就是说，信号流图中的两个回路都与各前向通路相接触。这样就可得到图 7.4-1(a)和(c)的两种信号流图。其相应的 s 域框图如图 7.4-1(b)和(d)所示。

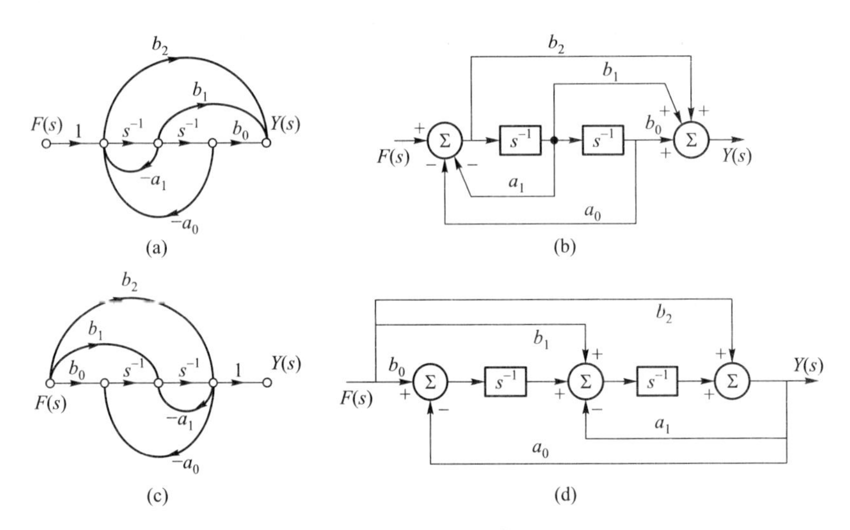

图 7.4-1 二阶系统的信号流图

由图可见，如将图 7.4-1(a)中所有支路的信号传输方向反转，并把源点与汇点对调，就得到图 7.4-1(c)。反之亦然。

以上的分析方法可以推广到高阶系统的情形。如系统函数(式中 $m\leqslant n$)

$$\begin{aligned}H(s)&=\frac{b_ms^m+b_{m-1}s^{m-1}+\cdots+b_1s+b_0}{s^n+a_{n-1}s^{n-1}+\cdots+a_1s+a_0}\\&=\frac{b_ms^{-(n-m)}+b_{m-1}s^{-(n-m+1)}+\cdots+b_1s^{-(n-1)}+b_0s^{-n}}{1+a_{n-1}s^{-1}+\cdots+a_1s^{-(n-1)}+a_0s^{-n}}\end{aligned} \tag{7.4-2}$$

由梅森公式，式(7.4-2)的分母可看作是 n 个回路组成的特征行列式，而且各回路都互相接触；分子可看作是$(m+1)$条前向通路的增益，而且各前向通路都没有不接触回路。这样，就得到图 7.4-2(a)和(b)的两种直接形式的信号流图。

仔细观察图 7.4-2(a)和(b)可以发现，如果把图 7.4-2(a)中所有支路的信号传输方向都反转，并且把源点与汇点对调，就得到图 7.4-2(b)。信号流图的这种变换可称之为转置。于是可以得出结论：信号流图转置以后，其转移函数即系统函数保持不变。

在以上的讨论中，若将复变量 s 换成 z，则以上论述对离散系统函数 $H(z)$ 也适用，这里不再重复。

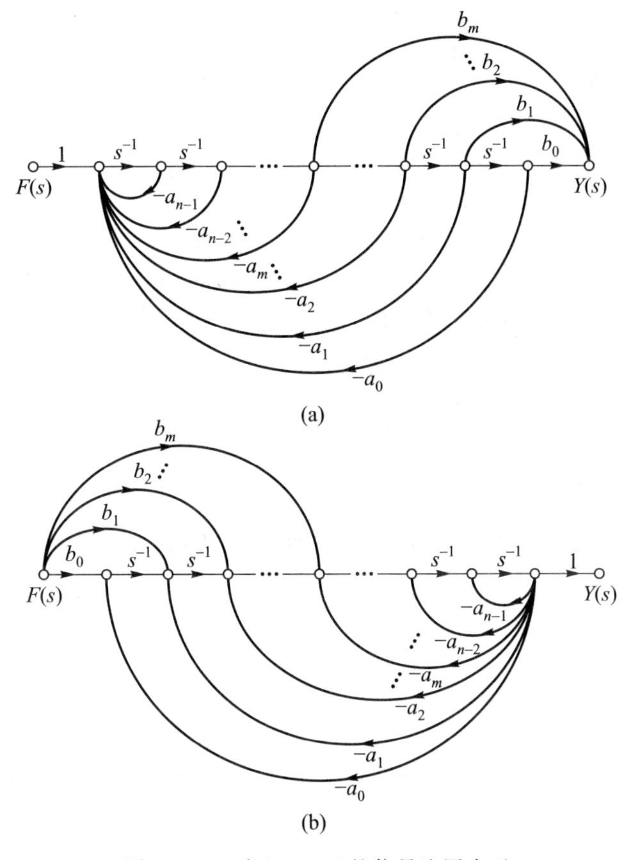

图 7.4-2 式(7.4-2)的信号流图表示

例 7.4-1 某连续系统的系统函数

$$H(s)=\frac{2s+4}{s^3+3s^2+5s+3}$$

用直接形式模拟此系统。

解 将 $H(s)$ 写为

$$H(s)=\frac{2s^{-2}+4s^{-3}}{1-(-3s^{-1}-5s^{-2}-3s^{-3})} \tag{7.4-3}$$

根据梅森公式,可画出上式的信号流图如图 7.4-3(a)所示,将图 7.4-3(a)转置得另一种直接形式的信号流图,如图 7.4-3(b)所示。其相应的方框图如图 7.4-3(c)和(d)所示。

例 7.4-2 描述某离散系统的差分方程为

$$4y(k)-2y(k-2)+y(k-3)=2f(k)-4f(k-1)$$

求出其直接形式的模拟框图。

解 由给定的差分方程,不难写出其系统函数

$$H(z)=\frac{Y(z)}{F(z)}=\frac{2-4z^{-1}}{4-2z^{-2}+z^{-3}}=\frac{0.5-z^{-1}}{1-0.5z^{-2}+0.25z^{-3}}$$

$$=\frac{0.5-z^{-1}}{1-(0.5z^{-2}-0.25z^{-3})} \tag{7.4-4}$$

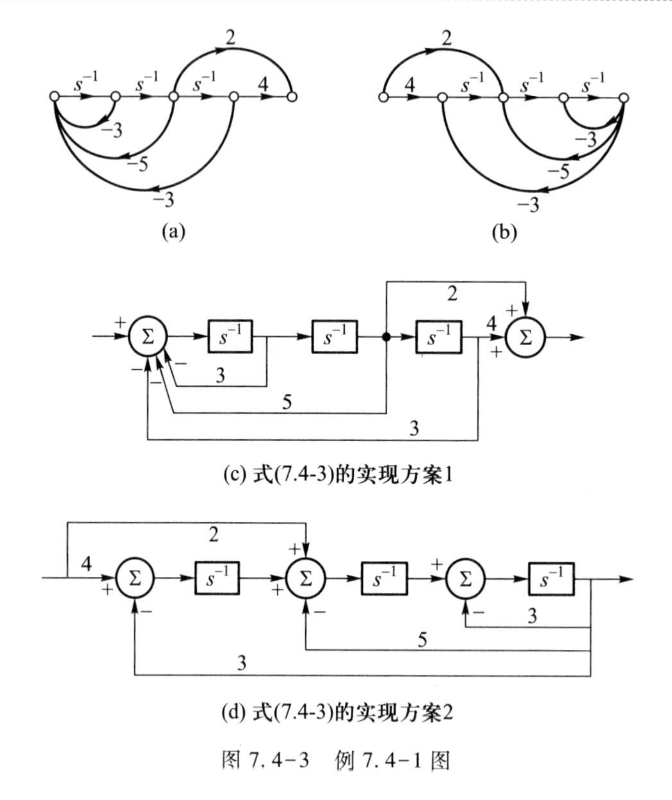

(c) 式(7.4-3)的实现方案1

(d) 式(7.4-3)的实现方案2

图 7.4-3 例 7.4-1 图

根据梅森公式,可得其直接形式的一种信号流图,如图 7.4-4(a)所示。图 7.4-4(b)是与其相应的模拟框图。

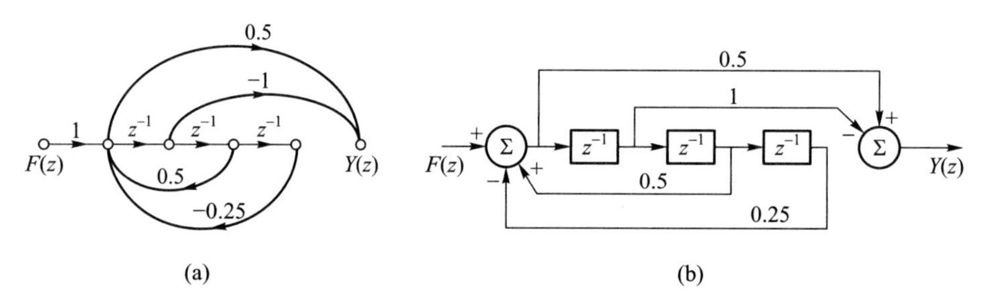

图 7.4-4 例 7.4-2 图

二、级联和并联实现

级联形式是将系统函数 $H(z)$[或 $H(s)$]分解为几个较简单的子系统函数的乘积,即

$$H(z)=H_1(z)H_2(z)\cdots H_l(z)=\prod_{i=1}^{l}H_i(z) \tag{7.4-5}$$

其框图形式如图 7.4-5 所示,其中每一个子系统 $H_i(z)$ 可以用直接形式实现。

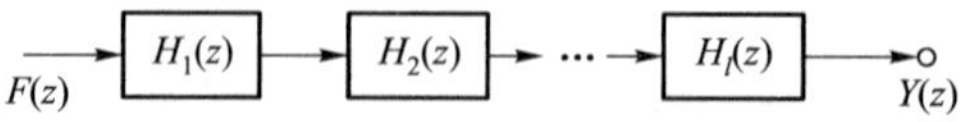

$F(z)$ → $H_1(z)$ → $H_2(z)$ → … → $H_l(z)$ → $Y(z)$

图 7.4-5 级联形式

并联形式是将 $H(z)$[或 $H(s)$]分解为几个较简单的子系统函数之和,即

$$H(z)=H_1(z)+H_2(z)+\cdots+H_l(z)=\sum_{i=1}^{l}H_i(z) \tag{7.4-6}$$

其框图形式如图 7.4-6 所示。其中各子系统 $H_i(z)$ 可用直接形式实现。

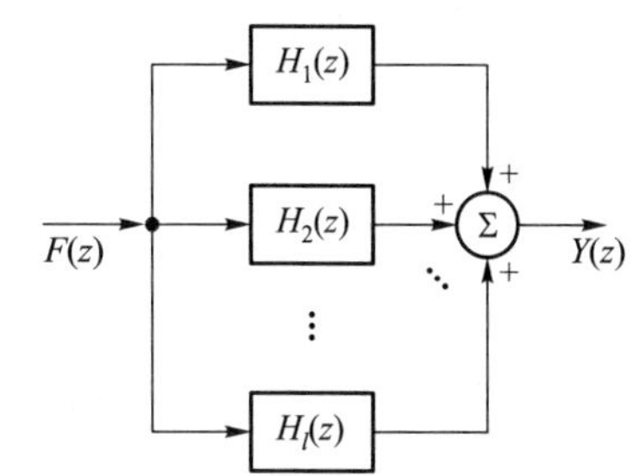

图 7.4-6　并联形式

通常各子系统选用一阶函数和二阶函数,分别称为一阶节、二阶节。其函数形式分别为

$$H_i(z)=\frac{b_{1i}+b_{0i}z^{-1}}{1+a_{0i}z^{-1}} \tag{7.4-7}$$

$$H_i(z)=\frac{b_{2i}+b_{1i}z^{-1}+b_{0i}z^{-2}}{1+a_{1i}z^{-1}+a_{0i}z^{-2}} \tag{7.4-8}$$

一阶和二阶子系统的信号流图和相应的框图如图 7.4-7 所示。

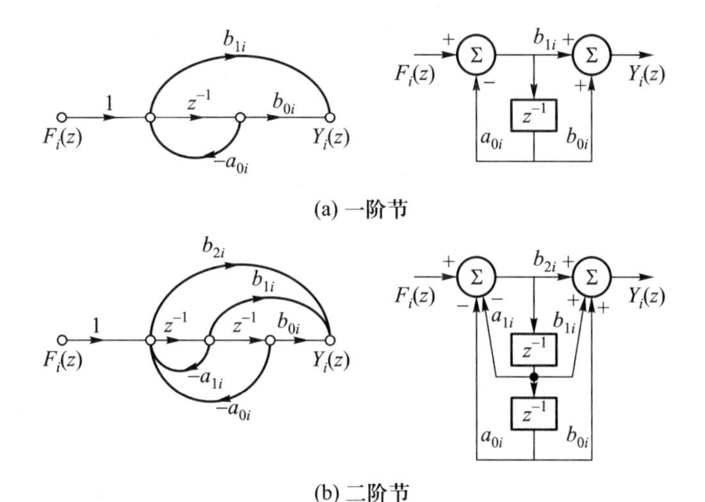

图 7.4-7　子系统的结构

需要指出,无论是级联实现还是并联实现,都需将 $H(z)$[或 $H(s)$]的分母多项式(对于级联还有分子多项式)分解为一次因式($z+a_{0i}$)与二次因式($z^2+a_{1i}z+a_{0i}$)的乘积,这些因式的系数必须是实数。就是说,$H(z)$ 的实极点可构成一阶节的分母,也可组合成二阶节的分母,而一对共轭复极点可构成二阶节的分母。

级联和并联实现调试较为方便,当调节某子系统的参数时,只改变该子系统的零点或极点位置,对其余子系统的极点位置没有影响,而对于直接形式实现,当调节某个参数时,所有的零点、极点位置都将变动。

例 7.4-3　某连续系统的系统函数

$$H(s)=\frac{2s+4}{s^3+3s^2+5s+3} \tag{7.4-9}$$

分别用级联和并联形式模拟该系统。

解　(1) 级联实现

首先将 $H(s)$ 的分子、分母多项式分解为一次因式与二次因式的乘积。容易求得

$$s^3+3s^2+5s+3=(s+1)(s^2+2s+3)$$

于是式(7.4-9)可写为

$$H(s)=H_1(s)H_2(s)=\frac{2(s+2)}{(s+1)(s^2+2s+3)} \tag{7.4-10}$$

将上式分解为一阶节与二阶节的级联,例如,令

$$H_1(s)=\frac{2}{s+1}=\frac{2s^{-1}}{1+s^{-1}}$$

$$H_2(s)=\frac{s+2}{s^2+2s+3}=\frac{s^{-1}+2s^{-2}}{1+2s^{-1}+3s^{-2}}$$

上式中一阶节与二阶节的信号流图如图 7.4-8(a)和(b)所示,将二者级联后,如图 7.4-8(c)所示,其相应的方框图如图 7.4-8(d)所示。

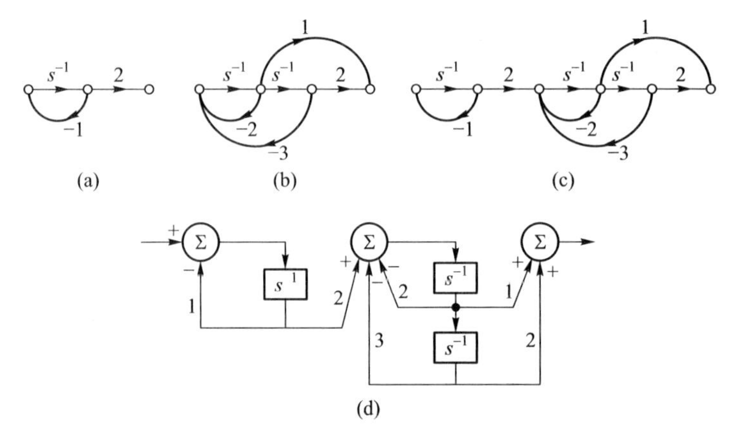

图 7.4-8　级联实现

(2) 并联实现

式(7.4-9)的极点为 $p_1=-1$、$p_{2,3}=-1\pm j\sqrt{2}$,将它展开为部分分式

$$H(s)=\frac{2s+4}{(s+1)(s^2+2s+3)}=\frac{K_1}{s+1}+\frac{K_2}{s+1-j\sqrt{2}}+\frac{K_3}{s+1+j\sqrt{2}} \tag{7.4-11}$$

式中

$$K_1=(s+1)H(s)\big|_{s=-1}=1$$

$$K_2=(s+1-j\sqrt{2})H(s)\big|_{s=-1+j\sqrt{2}}=-\frac{1}{2}(1+j\sqrt{2})$$

$$K_2=K_3^*=-\frac{1}{2}(1-j\sqrt{2})$$

于是式(7.4-11)可写为

$$\begin{aligned}H(s)&=\frac{1}{s+1}+\frac{-\frac{1}{2}(1+j\sqrt{2})}{s+1-j\sqrt{2}}+\frac{-\frac{1}{2}(1-j\sqrt{2})}{s+1+j\sqrt{2}}\\&=\frac{1}{s+1}+\frac{-s+1}{s^2+2s+3}\end{aligned} \tag{7.4-12}$$

令

$$H_1(s)=\frac{1}{s+1}=\frac{s^{-1}}{1+s^{-1}}$$

$$H_2(s)=\frac{-s+1}{s^2+2s+3}=\frac{-s^{-1}+s^{-2}}{1+2s^{-1}+3s^{-2}}$$

分别画出 $H_1(s)$ 和 $H_2(s)$ 的信号流图，将二者并联即得 $H(s)$ 的信号流图如图 7.4-9(a) 所示，相应的框图如图 7.4-9(b) 所示。

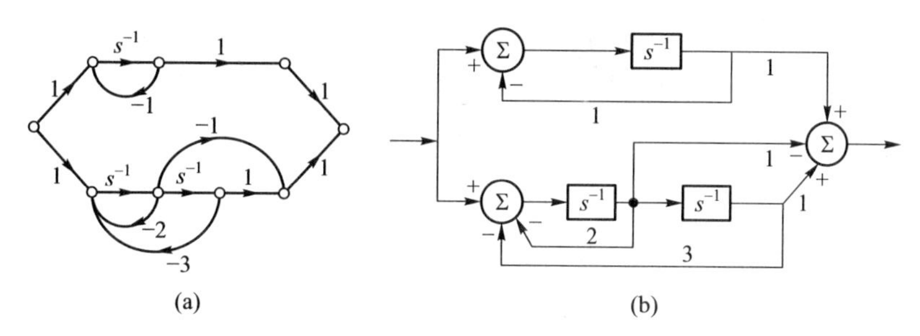

图 7.4-9　并联实现

例 7.4-4　描述某离散系统的差分方程为

$$y(k)-\frac{1}{2}y(k-1)+\frac{1}{4}y(k-2)-\frac{1}{8}y(k-3)=2f(k)-2f(k-2) \tag{7.4-13}$$

分别用级联和并联形式模拟该系统。

解　根据式(7.4-13)不难求得该系统的系统函数为

$$H(z)=\frac{2z^3-2z}{z^3-\frac{1}{2}z^2+\frac{1}{4}z-\frac{1}{8}} \tag{7.4-14}$$

(1) 级联实现

将 $H(z)$ 的分子和分母分解为因式，得

$$H(z)=\frac{2z(z^2-1)}{\left(z-\frac{1}{2}\right)\left(z^2+\frac{1}{4}\right)} \tag{7.4-15}$$

令

$$H_1(z)=\frac{2z}{z-\frac{1}{2}}=\frac{2}{1-0.5z^{-1}}$$

$$H_2(z)=\frac{z^2-1}{z^2+\frac{1}{4}}=\frac{1-z^{-2}}{1+0.25z^{-2}}$$

按上式，可画得子系统的信号流图如图 7.4-10(a) 所示，将二者级联后，可得式(7.4-13)的系统的信号流图，其对应的系统框图如图 7.4-10(b) 所示。

(2) 并联实现

系统函数 $H(z)$ 的极点为 $p_1=0.5, p_{2,3}=\pm \mathrm{j}\frac{1}{2}=\pm \mathrm{j}0.5$。先将 $\frac{H(z)}{z}$ 展开为部分分式

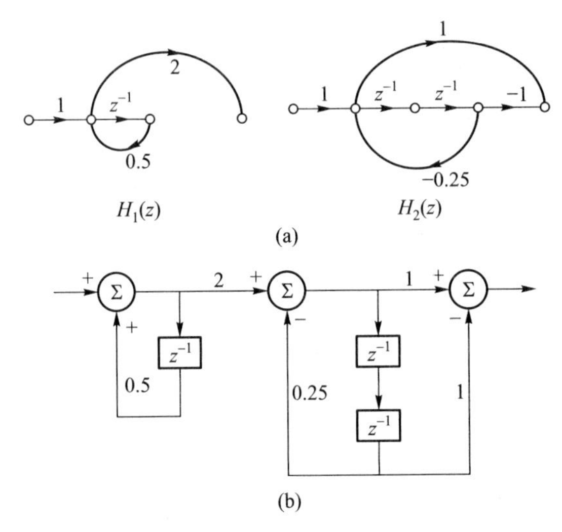

图 7.4-10 例 7.4-4 的级联实现

$$\frac{H(z)}{z}=\frac{2(z^2-1)}{\left(z-\frac{1}{2}\right)\left(z^2+\frac{1}{4}\right)}=\frac{K_1}{z-0.5}+\frac{K_2}{z-\mathrm{j}0.5}+\frac{K_3}{z+\mathrm{j}0.5} \qquad (7.4-16)$$

可求得

$$K_1=(z-0.5)\frac{H(z)}{z}\bigg|_{z=0.5}=-3$$

$$K_2=(z-\mathrm{j}0.5)\frac{H(z)}{z}\bigg|_{z=\mathrm{j}0.5}=2.5(1-\mathrm{j}1)$$

$$K_3=K_2^*=2.5(1+\mathrm{j}1)$$

于是

$$H(z)=\frac{-3z}{z-0.5}+\frac{5z^2+2.5z}{z^2+0.25} \qquad (7.4-17)$$

令

$$H_1(z)=\frac{-3z}{z-0.5}=\frac{-3}{1-0.5z^{-1}}$$

$$H_2(z)=\frac{5z^2+2.5z}{z^2+0.25}=\frac{5+2.5z^{-1}}{1+0.25z^{-2}}$$

画出它们的信号流图，然后并联即得该系统并联形式的信号流图，其实现框图如图 7.4-11 所示。

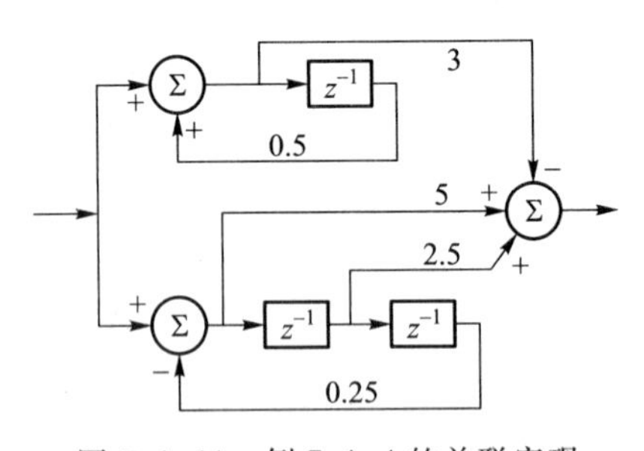

图 7.4-11 例 7.4-4 的并联实现

习题七

7.1 求题 7.1 图示网络的输入阻抗 $Z(s)$，并求其零点和极点（图中 R、L、C 的单位分别为 Ω、H、F）。

7.2 题 7.2 图(a)和(b)所示是两种三阶巴特沃斯型低通滤波电路，图(a)适用于电源内阻为零的情况，图(b)适用于电源内阻为无限大（电导为零）的情况。求

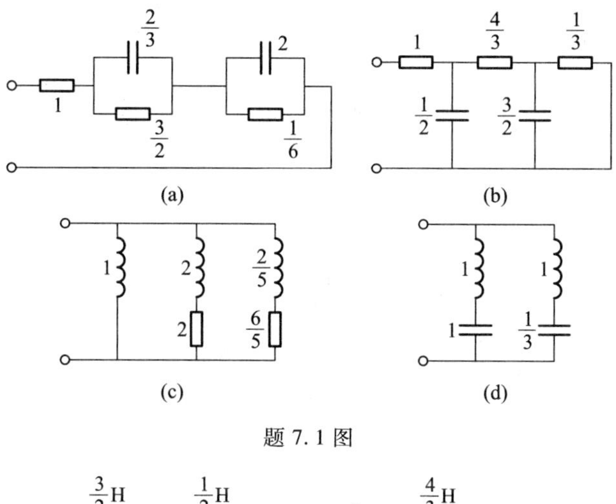

题 7.1 图

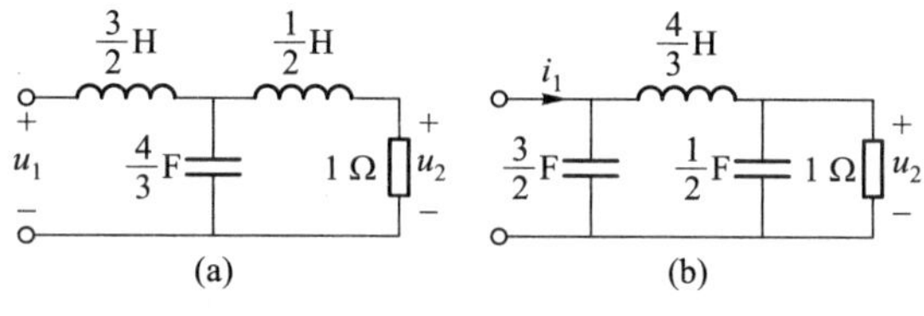

题 7.2 图

（1）图(a)电路的电压比 $H(s)=\dfrac{U_2(s)}{U_1(s)}$ 及其极点。

（2）图(b)电路的转移阻抗 $H(s)=\dfrac{U_2(s)}{I_1(s)}$ 及其极点。

7.3　如题 7.3 图所示的 RC 带通滤波电路，求其电压比函数 $H(s)=\dfrac{U_2(s)}{U_1(s)}$ 及其零、极点。

7.4　题 7.4 图所示为带阻电路，负载端为开路，求其电压比函数 $H(s)=\dfrac{U_2(s)}{U_1(s)}$ 及其零、极点。

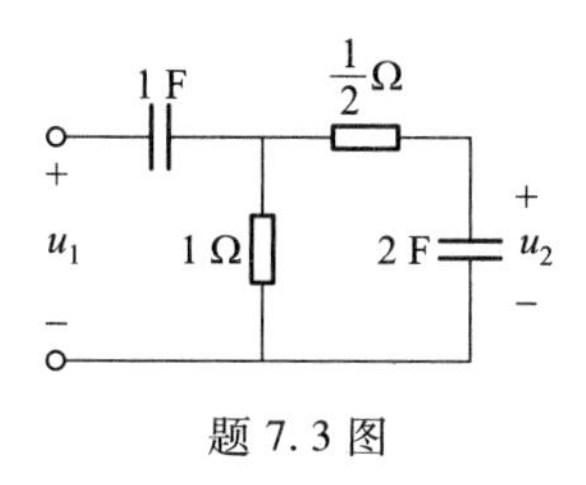

题 7.3 图

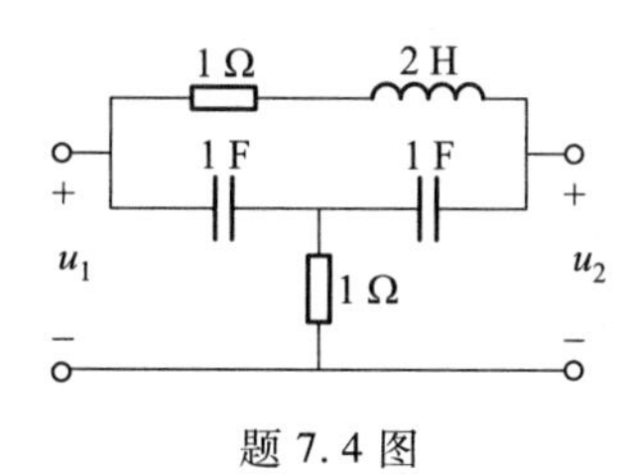

题 7.4 图

7.5　描述离散系统的差分方程为

（1）$y(k)+y(k-1)-\dfrac{3}{4}y(k-2)=2f(k)-f(k-1)$

（2）$y(k)-y(k-1)+\dfrac{1}{2}y(k-2)=f(k)-f(k-2)$

（3）$y(k)-\dfrac{1}{2}y(k-1)+\dfrac{1}{8}y(k-2)=\dfrac{1}{2}f(k)+f(k-1)$

（4）$y(k)-\dfrac{3}{4}y(k-1)+\dfrac{1}{8}y(k-2)=f(k)+\dfrac{1}{3}f(k-1)$

求其系统函数 $H(z)$ 及其零、极点。

7.6 连续系统 a 和 b,其系统函数 $H(s)$ 的零、极点分布如题 7.6 图所示,且已知当 $s=0$ 时,$H(0)=1$。

(1) 求出系统函数 $H(s)$ 的表示式。

(2) 粗略画出其幅频响应。

7.7 连续系统 a 和 b,其系统函数 $H(s)$ 的零点、极点分布如题 7.7 图所示,且已知当 $s\to\infty$ 时,$H(\infty)=1$。

(1) 求出系统函数 $H(s)$ 的表示式。

(2) 写出幅频响应 $|H(\mathrm{j}\omega)|$ 的表示式。

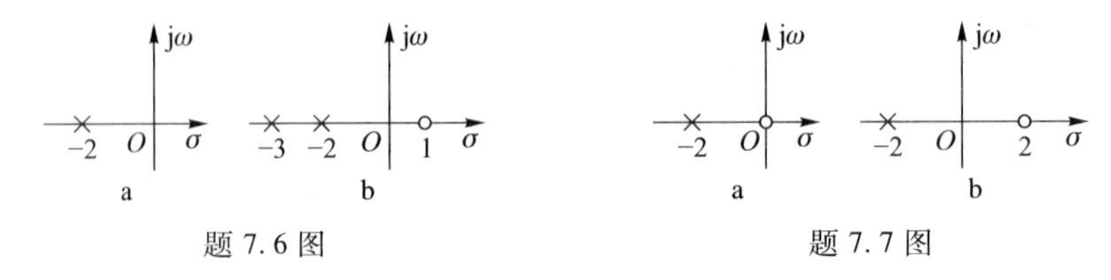

题 7.6 图　　题 7.7 图

7.8 二阶系统的系统函数 $H(s)$ 的零、极点分布如题 7.8 图所示。求出 $H(s)$ 的表示式,写出其幅频响应 $|H(\mathrm{j}\omega)|$ 的表示式并粗略画出其幅频响应。

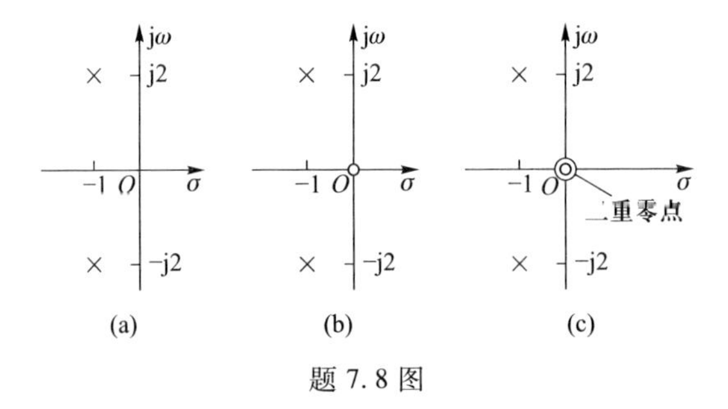

题 7.8 图

(1) 对于题 7.8 图(a),已知当 $s=0$ 时,$H(0)=1$。

(2) 对于题 7.8 图(b),已知当 $s=\mathrm{j}\sqrt{5}$ 时,$H(\mathrm{j}\sqrt{5})=1$。

(3) 对于题 7.8 图(c),已知 $H(\infty)=1$。

7.9 系统函数 $H(s)$ 的零、极点分布如下,写出其 $H(s)$ 的表示式。

(1) 零点在 0、$-2\pm\mathrm{j}1$,极点在 -3、$-1\pm\mathrm{j}3$,且 $H(-2)=-1$。

(2) 零点在 0、$\pm\mathrm{j}3$,极点在 $\pm\mathrm{j}2$、$\pm\mathrm{j}4$,且当 $s=\mathrm{j}1$ 时,$H(\mathrm{j}1)=\mathrm{j}\dfrac{8}{15}$。

(3) 零点在 $2\pm\mathrm{j}1$,极点在 $-2\pm\mathrm{j}1$,且 $H(0)=2$。

(4) 极点在 -1,$\mathrm{e}^{\pm\mathrm{j}120^\circ}$,且 $H(0)=1$。

7.10 题 7.10 图所示电路的输入阻抗函数 $Z(s)=\dfrac{U_1(s)}{I_1(s)}$ 的零点在 -2,极点在 $-1\pm\mathrm{j}\sqrt{3}$,且 $Z(0)=\dfrac{1}{2}$,求 R、L、C 的值。

7.11 题 7.11 图所示电路的电压比函数 $H(s)=\dfrac{U_2(s)}{U_1(s)}$,它无有限零点,其极点在 $-2\pm\mathrm{j}2$,$R=1\ \Omega$,求 L、C 的值。

7.12 离散系统的系统函数 $H(z)$ 的零、极点分布如题 7.12 图所示,且知当 $z=0$ 时 $H(0)=-2$。

(1) 求出其系统函数 $H(z)$ 的表示式。

(2) 写出其幅频响应 $|H(\mathrm{e}^{\mathrm{j}\theta})|$ $(\theta=\omega T_s)$ 表示式,粗略画出 $0\leqslant\theta\leqslant2\pi$(或 $-\pi\leqslant\theta\leqslant\pi$)的幅频响应曲线。

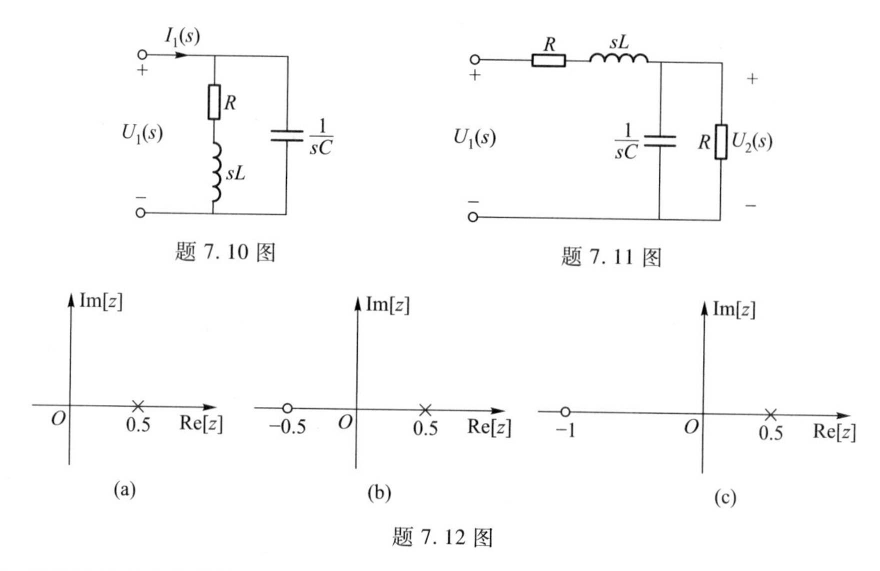

题 7.10 图

题 7.11 图

题 7.12 图

7.13 离散系统的系统函数 $H(z)$ 的零、极点分布如题 7.13 图所示，已知当 $z\to\infty$ 时 $H(\infty)=1$。

（1）求出系统函数 $H(z)$ 的表示式。

（2）写出其幅频响应表示式 $|H(\mathrm{e}^{\mathrm{j}\theta})|$ $(\theta=\omega T_s)$，粗略画出 $0\leqslant\theta\leqslant 2\pi$（或 $-\pi\leqslant\theta\leqslant\pi$）的幅频响应曲线。

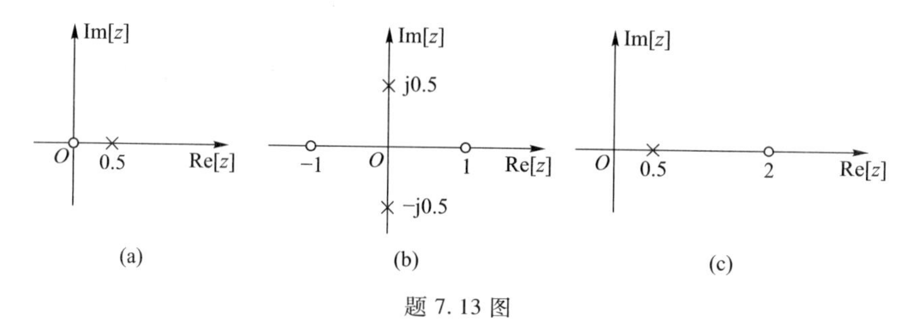

题 7.13 图

7.14 如题 7.14 图所示的离散系统，已知其系统函数的零点在 2，极点在 −0.6，求系数 a、b。

7.15 如题 7.15 图所示的离散系统，已知其系统函数的零点在 −1、2，极点在 −0.8、0.5。求系数 a_0、a_1、b_1、b_2。

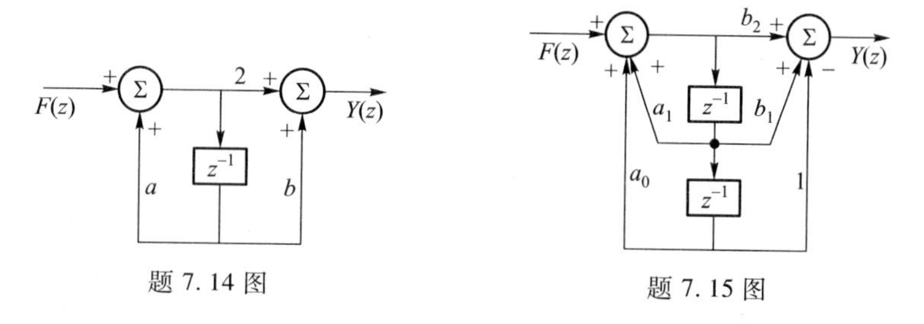

题 7.14 图

题 7.15 图

7.16 设连续系统函数 $H(s)$ 在虚轴上收敛，其幅频响应函数为 $|H(\mathrm{j}\omega)|$，试证幅度平方函数

$$|H(\mathrm{j}\omega)|^2 = H(s)H(-s)\big|_{s=\mathrm{j}\omega}$$

7.17 设离散系统函数 $H(z)$ 在单位圆上收敛，其幅频响应函数为 $|H(\mathrm{e}^{\mathrm{j}\theta})|$ $(\theta=\omega T_s)$，试证幅度平方函数

$$\left| H(\mathrm{e}^{\mathrm{j}\theta}) \right|^2 = H(z)H(z^{-1}) \big|_{z=\mathrm{e}^{\mathrm{j}\theta}}$$

7.18 题 7.18 图所示连续因果系统的系数如下，判断该系统是否稳定。

(1) $a_0=2, a_1=3$ (2) $a_0=-2, a_1=-3$ (3) $a_0=2, a_1=-3$

7.19 题 7.19 图所示离散因果系统的系数如下，判断该系统是否稳定。

(1) $a_0=\frac{1}{2}, a_1=-1$ (2) $a_0=\frac{1}{2}, a_1=1$ (3) $a_0=-\frac{1}{2}, a_1=1$

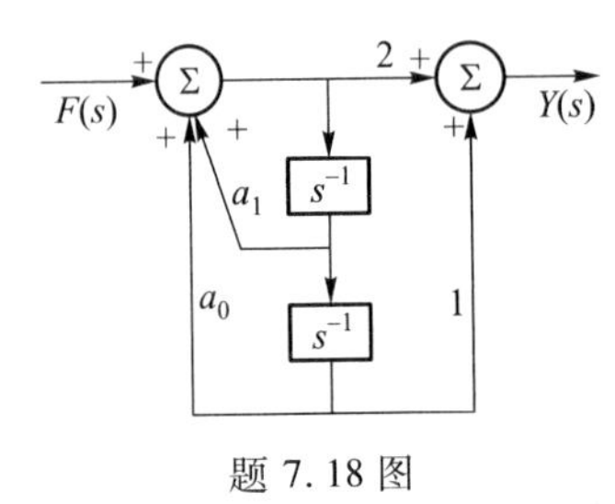

题 7.18 图

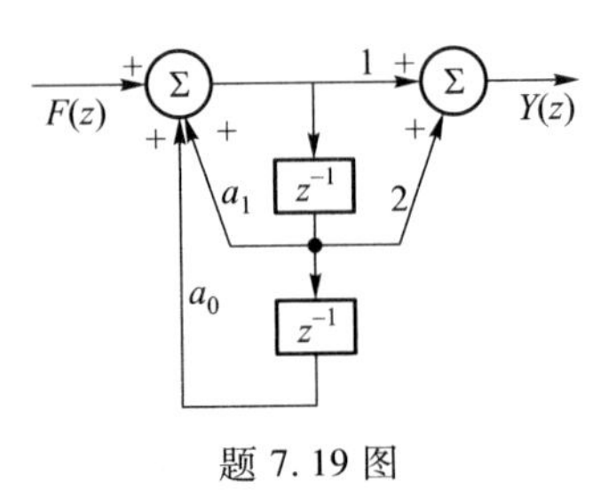

题 7.19 图

7.20 题 7.20 图所示为反馈因果系统，已知 $G(s)=\frac{s}{s^2+4s+4}$，K 为常数。为使系统稳定，试确定 K 值的范围。

7.21 题 7.21 图所示为低通滤波器，放大器是理想的，为使系统稳定，K 应满足什么条件？

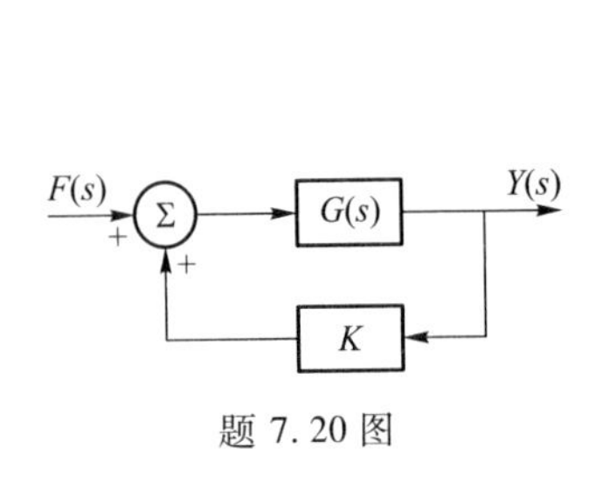

题 7.20 图

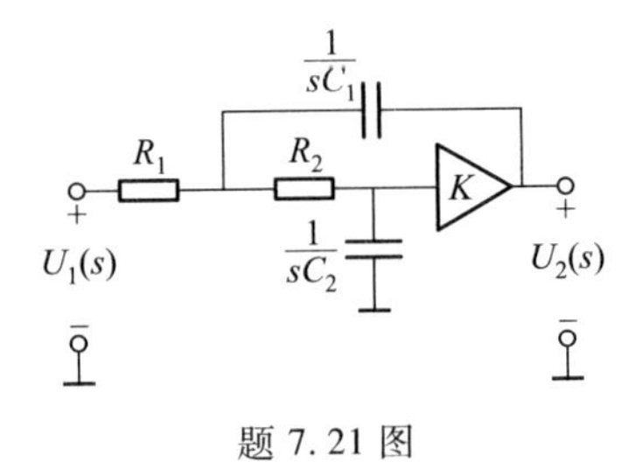

题 7.21 图

7.22 某离散因果系统的系统函数为

$$H(z) = \frac{z^2+3z+2}{2z^2-(K-1)z+1}$$

为使系统稳定，K 应满足什么条件？

7.23 某离散因果系统的系统函数为

$$H(z) = \frac{z^2-1}{z^2+0.5z+(K+1)}$$

为使系统稳定，K 应满足什么条件？

7.24 设连续因果系统的系统函数为 $H(s)$，其阶跃响应为 $g(t)$。试证，如果该系统是稳定的，则有

$$g(\infty) = H(0)$$

7.25 设离散因果系统的系统函数为 $H(z)$，其阶跃响应为 $g(k)$。试证，如果该系统是稳定的，则有

$$g(\infty) = H(1)$$

7.26 已知某离散系统的差分方程为

$$y(k)+1.5y(k-1)-y(k-2)=f(k-1)$$

(1) 若该系统为因果系统，求系统的单位序列响应 $h(k)$。

(2) 若该系统为稳定系统，求系统的单位序列响应 $h(k)$，并计算输入 $f(k)=(-0.5)^k\varepsilon(k)$ 时的零状态响应 $y_{zs}(k)$。

7.27　求题 7.27 图中信号流图的增益 $G=\dfrac{Y}{F}$ 的值。

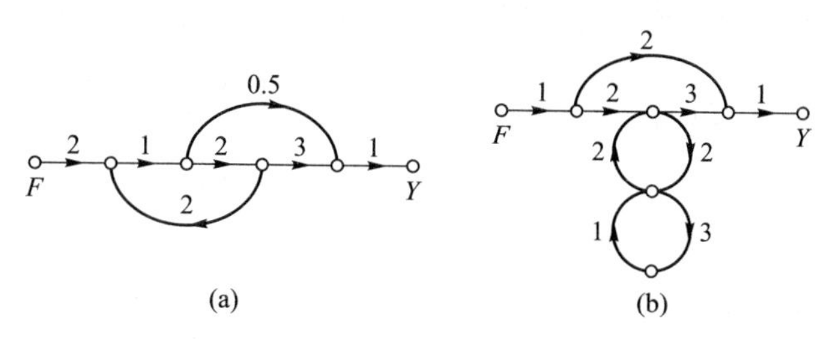

题 7.27 图

7.28　求题 7.28 图所示连续系统的系统函数 $H(s)$。

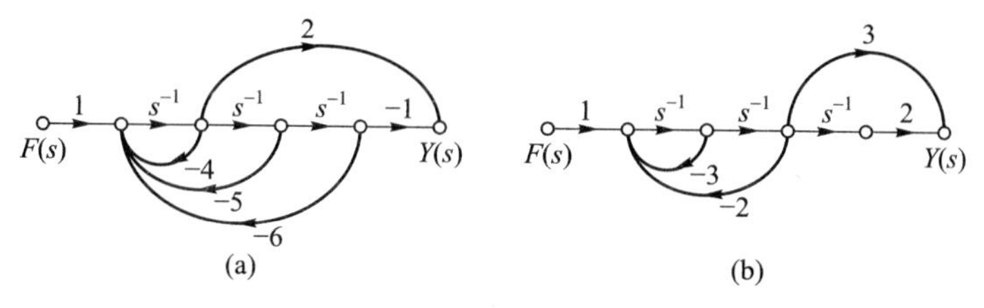

题 7.28 图

7.29　求题 7.29 图所示离散系统(未标的支路增益均为 1)的系统函数 $H(z)$。

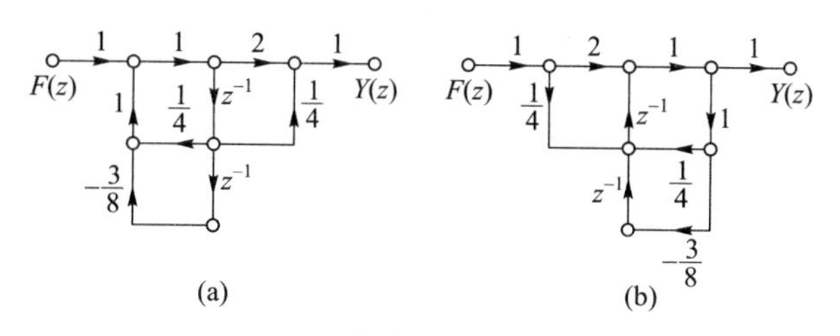

题 7.29 图

7.30　画出题 7.30 图所示系统的信号流图，求出其系统函数 $H(s)$。

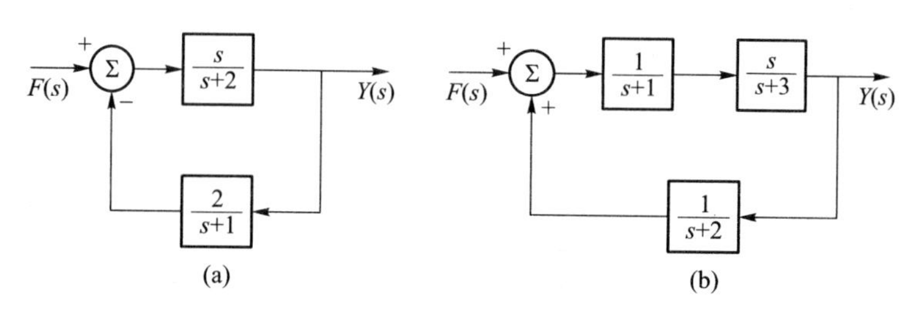

题 7.30 图

7.31　画出题 7.31 图所示系统的信号流图，求出其系统函数 $H(z)$。

7.32　如连续系统的系统函数如下，试用直接形式模拟此系统，画出其方框图。

(1) $\dfrac{s-1}{(s+1)(s+2)(s+3)}$　　(2) $\dfrac{s^2+s+2}{(s+2)(s^2+2s+2)}$

(3) $\dfrac{s^2+4s+5}{(s+1)(s+2)(s+3)}$　　(4) $\dfrac{(s+1)(s+3)}{(s+2)(s^2+2s+5)}$

7.33　分别用级联形式和并联形式模拟 7.32 题的系统，并画出方框图。

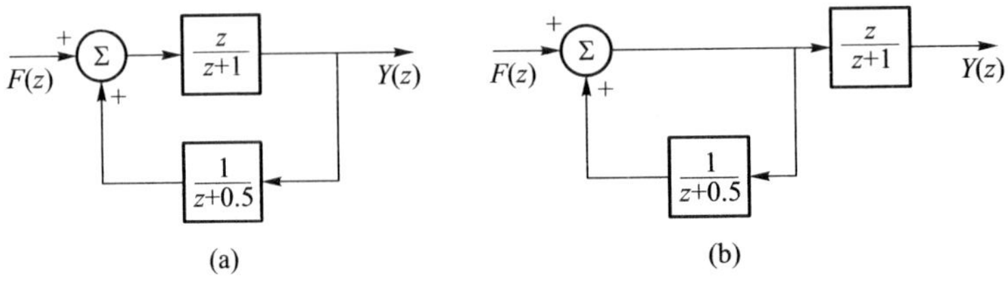

(a) (b)

题 7.31 图

7.34 若离散系统的系统函数如下，试用直接形式模拟这些系统，并画出其方框图。

(1) $\dfrac{z(z+2)}{(z-0.8)(z-0.6)(z+0.4)}$ (2) $\dfrac{z^2}{(z+0.5)^2}$

(3) $\dfrac{z^3}{(z-0.5)(z^2-0.6z+0.25)}$ (4) $\dfrac{(z-1)(z^2-z+1)}{(z-0.5)(z^2-0.6z+0.25)}$

7.35 分别用级联形式和并联形式模拟 7.34 题的系统，并画出其方框图。

7.36 题 7.36 图所示为连续 LTI 因果系统的信号流图。

(1) 求系统函数 $H(s)$。

(2) 列写出输入输出微分方程。

(3) 判断该系统是否稳定。

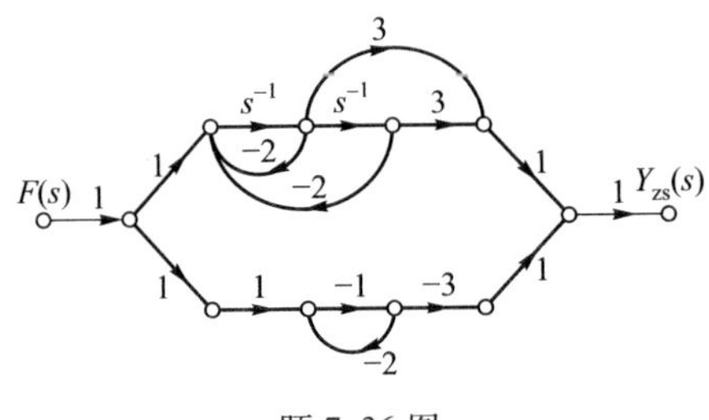

题 7.36 图

7.37 题 7.37 图所示为离散 LTI 因果系统的信号流图。

(1) 求系统函数 $H(z)$。

(2) 列写出输入输出差分方程。

(3) 判断该系统是否稳定。

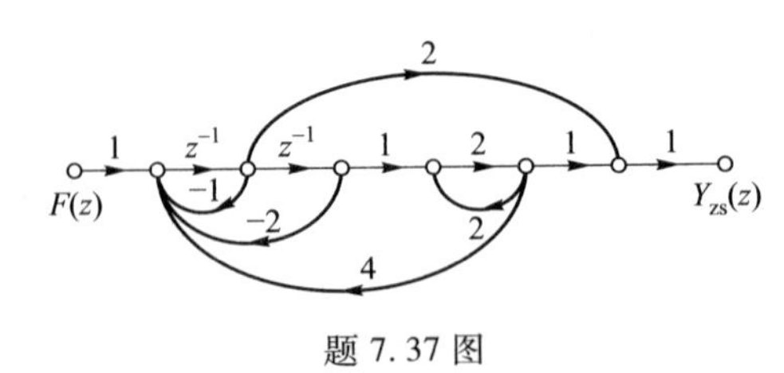

题 7.37 图

7.38 在系统的稳定性研究中，有时还应用"罗斯(Routh)判据或准则"，利用它可确定多项式的根是否都位于 s 左半平面。这里只说明对二、三阶多项式的判据。二阶多项式 $s^2+\alpha s+\beta$ 的根都位于 s 左半平面的充分必要条件是：$\alpha>0,\beta>0$；对三阶多项式 $s^3+\alpha s^2+\beta s+\gamma$ 的根都位于 s 左半平面的充分必要条件是：$\alpha>0$，$\beta>0,\gamma>0$，并且 $\alpha\beta>\gamma$。根据上述结论，试判断下列各表达式的根是否都位于 s 左半平面。

(1) s^2-5s+6 (2) $s^2+22s+9$ (3) $s^3+s^2+25s+11$

(4) s^3+18s^2+2s (5) $s^3-s^2-25s+11$

7.39 在系统的稳定性研究中，有时还应用"朱利判据或准则"，利用它可确定多项式的根是否都位于

单位圆内。这里仅说明对二阶多项式的判据。二阶多项式 $z^2+\alpha z+\beta$ 的根都位于 z 单位圆内的充分必要条件是：$|\alpha|<1+\beta$，$|\beta|<1$。根据上述结论，试判断下列各表达式的根是否都位于 z 平面的单位圆内。

（1）$z^2-1.8z+0.9$　（2）$z^2+0.5z$　（3）$z^2+25z+11$　（4）$z^2+2z-0.5$

7.40　利用 MATLAB 绘制如下因果 LTI 系统的零极点分布图，并判断系统是否稳定。

$$H(s)=\frac{0.3+0.1s^{-1}+2s^{-2}}{2+0.6s^{-1}+0.4s^{-2}}$$

7.41　已知描述离散因果系统的差分方程为

$$y(k)-y(k-1)-y(k-2)=4f(k)-f(k-1)-f(k-2)$$

（1）写出该系统的系统函数。

（2）利用 MATLAB 绘制零极点分布图，并判断系统是否稳定。

（说明：本章给出了系统的零极点分布图、实用简单低通滤波器设计的 MATLAB 例程，详见附录七，对应的教学视频可以扫描下面的二维码进行观看。）

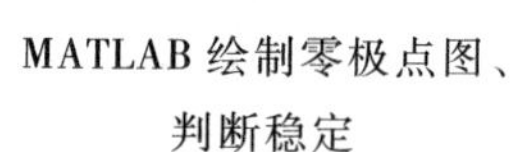

MATLAB 绘制零极点图、判断稳定

MATLAB 绘零极点图

第八章

系统的状态变量分析

系统分析,简言之就是建立描述系统的数学模型并求出它的解。描述系统的方法可分为输入输出法和状态变量法。

前面各章所讨论描述系统的方法均为输入输出法,也称为外部法或经典法。它主要关心系统的激励 $f(\cdot)$ 与响应 $y(\cdot)$ 之间的关系,系统的基本模型采用微分(差分)方程或系统函数来描述,分析过程中着重运用频率响应的概念。这种方法仅局限于研究系统的外部特征,未能全面揭示系统的内部特性,不便于有效地处理多输入-多输出系统。

随着科学技术的发展,系统的组成也日益复杂。在许多情况下,人们不仅关心系统输出的变化情况,而且还要研究与系统内部一些变量有关的问题,比如,系统的可观测性和可控制性、系统的最优控制与设计等问题。为适应这一变化,引入了状态变量法,也称为内部法。对于 n 阶动态系统(连续的或离散的),状态变量法是用 n 个状态变量 $x(\cdot)$ 的一阶微分(或差分)方程组来描述系统。它的主要特点是:

(1) 利用描述系统内部特性的状态变量替代了仅能描述系统外部特性的系统函数,能完整地揭示系统的内部特性,从而使得控制系统的分析和设计产生根本性的变革。

(2) 便于处理多输入-多输出系统。

(3) 一阶微分(或差分)方程组便于计算机数值计算。

(4) 容易推广用于时变系统和非线性系统。

本书只讨论 LTI 系统的状态变量分析。

§8.1 状态变量与状态方程

一、状态与状态变量的概念

首先,从一个电路系统实例引出状态和状态变量的概念。

图 8.1-1 是一个三阶电路系统,电压源 $u_{S1}(t)$ 和 $u_{S2}(t)$ 是系统的激励,指定 $u(t)$ 和 $i_C(t)$ 为输出。除了这两个输出之外,如果还想了解电路内部的三个变量:电容上的电压 $u_C(t)$ 和电感上的电流 $i_{L1}(t)$、$i_{L2}(t)$ 在激励作

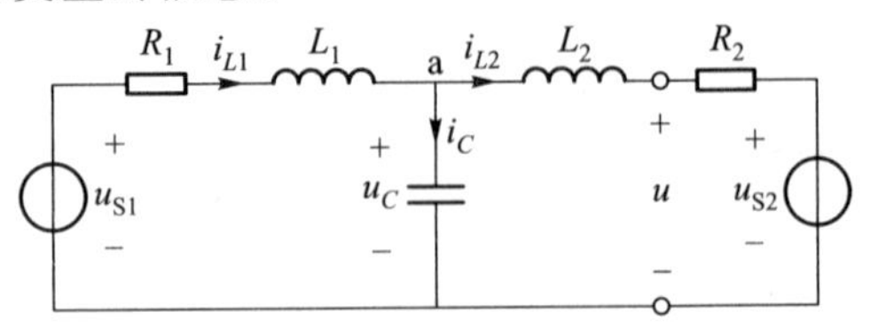

图 8.1-1　三阶电路系统

用下的变化情况，为此，首先应找出这三个内部变量与激励的关系。根据元件的伏安特性和KCL、KVL，由结点 a 及两个网孔可列出方程

$$C\frac{\mathrm{d}u_C(t)}{\mathrm{d}t}+i_{L2}(t)-i_{L1}(t)=0$$

$$R_1 i_{L1}(t)+L_1\frac{\mathrm{d}i_{L1}(t)}{\mathrm{d}t}+u_C(t)-u_{S1}(t)=0$$

$$L_2\frac{\mathrm{d}i_{L2}(t)}{\mathrm{d}t}+R_2 i_{L2}(t)+u_{S2}(t)-u_C(t)=0$$

上述三式整理可写成

$$\left.\begin{aligned}\frac{\mathrm{d}u_C(t)}{\mathrm{d}t}&=\frac{1}{C}i_{L1}(t)-\frac{1}{C}i_{L2}(t)\\\frac{\mathrm{d}i_{L1}(t)}{\mathrm{d}t}&=-\frac{1}{L_1}u_C(t)-\frac{R_1}{L_1}i_{L1}(t)+\frac{1}{L_1}u_{S1}(t)\\\frac{\mathrm{d}i_{L2}(t)}{\mathrm{d}t}&=\frac{1}{L_2}u_C(t)-\frac{R_2}{L_2}i_{L2}(t)-\frac{1}{L_2}u_{S2}(t)\end{aligned}\right\}\tag{8.1-1}$$

式(8.1-1)是由三个内部变量 $u_C(t)$、$i_{L1}(t)$ 和 $i_{L2}(t)$ 构成的一阶微分联立方程组。由微分方程理论可知，如果这三个变量在初始时刻 $t=t_0$ 的值 $u_C(t_0)$、$i_{L1}(t_0)$ 和 $i_{L2}(t_0)$ 已知，则根据 $t\geqslant t_0$ 时的给定激励 $u_{S1}(t)$ 和 $u_{S2}(t)$ 就可唯一地确定该一阶微分方程组在 $t\geqslant t_0$ 时的解 $u_C(t)$、$i_{L1}(t)$ 和 $i_{L2}(t)$。这样，系统的输出就可很容易地通过这三个内部变量和系统的激励求出，由电路可得

$$\left.\begin{aligned}u(t)&=R_2 i_{L2}(t)+u_{S2}(t)\\i_C(t)&=i_{L1}(t)-i_{L2}(t)\end{aligned}\right\}\tag{8.1-2}$$

这是一组代数方程。

通过上述分析可见，上面三个内部变量的初始值提供了确定系统全部情况的必不可少的信息。或者说，只要知道 $t=t_0$ 时这些变量的值和 $t\geqslant t_0$ 时系统的激励，就能完全确定系统在任何时间 $t\geqslant t_0$ 的全部行为。这里，将 $u_C(t_0)$、$i_{L1}(t_0)$ 和 $i_{L2}(t_0)$ 称为系统在 $t=t_0$ 时刻的状态；描述该状态随时间 t 变化的变量 $u_C(t)$、$i_{L1}(t)$ 和 $i_{L2}(t)$，称为状态变量。

一般而言，系统在 $t=t_0$ 时刻的状态可看作是为确定系统未来的响应所需的有关系统历史的全部信息。它是系统在 $t<t_0$ 时工作积累起来的结果，并在 $t=t_0$ 时以元件储能的方式表现出来。

至此，可以给出状态的一般定义：一个动态系统在某一时刻 t_0 的状态是表示该系统所必需的最少的一组数值，已知这组数值和 $t\geqslant t_0$ 时系统的激励，就能完全确定 $t\geqslant t_0$ 时系统的全部工作情况。

状态变量是描述状态随时间 t 变化的一组变量，它们在某时刻的值就组成了系统在该时刻的状态。对 n 阶动态系统需有 n 个独立的状态变量，通常用 $x_1(t)$、$x_2(t)$、…、$x_n(t)$ 表示。

根据系统状态的一般定义，状态变量的选取并不是唯一的。比如，对图 8.1-1 所示的电路系统，状态变量并不是一定要取两个电感上的电流和电容的电压，也可以取 $i_C(t)$、

$u_{L1}(t)$、$u_{L2}(t)$作为状态变量。事实上,对于三阶系统,如果它的状态变量用 x_1、x_2、x_3 来表示,则这组变量的各种线性组合

$$\left.\begin{aligned} g_1 &= a_{11}x_1 + a_{12}x_2 + a_{13}x_3 \\ g_2 &= a_{21}x_1 + a_{22}x_2 + a_{23}x_3 \\ g_3 &= a_{31}x_1 + a_{32}x_2 + a_{33}x_3 \end{aligned}\right\} \qquad (8.1-3)$$

在其系数行列式不等于零的情况下,也同样可以表示该系统的状态。这是因为 g_1、g_2、g_3 与 x_1、x_2、x_3 存在唯一的对应关系。

若将连续时间变量 t 换为离散变量 k(相应的 t_0 换为 k_0),则以上论述也适用于离散系统。

顺便指出,若系统有 n 个状态变量 $x_i(t)(i=1,2,\cdots,n)$,用这 n 个状态变量作分量构成的矢量(或向量)$\boldsymbol{x}(t)$,就称为该系统的状态矢量(或向量)。状态矢量所有可能值的集合称为状态空间。或者说,由 x_i 所组成的 n 维空间就称为状态空间。系统在任意时刻的状态都可用状态空间的一点来表示。当 t 变动时,它所描绘出的曲线称为状态轨迹。

二、状态方程和输出方程

在给定系统和激励信号并选定状态变量的情况下,用状态变量来分析系统时,一般分两步进行:第一步是根据系统的初始状态和 $t \geqslant t_0$(或 $k \geqslant k_0$)时的激励求出状态变量;第二步是用这些状态变量来确定初始时刻以后的系统输出。状态变量通过联立求解由状态变量构成的一阶微分方程组来得到,这组一阶微分方程称为状态方程,它描述了状态变量的一阶导数与状态变量和激励之间的关系,式(8.1-1)就是状态方程。而系统的输出可以用状态变量和激励组成的一组代数方程表示,称为输出方程,它描述了输出与状态变量和激励之间的关系,式(8.1-2)即为输出方程。通常将状态方程和输出方程总称为动态方程或系统方程。

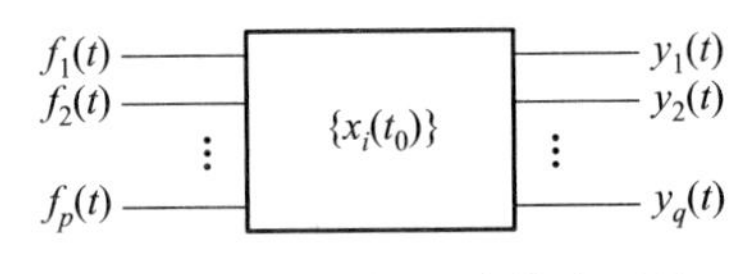

图 8.1-2 多输入-多输出系统

对于一般的 n 阶多输入-多输出 LTI 连续系统,如图 8.1-2 所示,其状态方程和输出方程为[为了简便,变量中的(t)省略]

$$\left.\begin{aligned} \dot{x}_1 &= a_{11}x_1 + a_{12}x_2 + \cdots + a_{1n}x_n + b_{11}f_1 + b_{12}f_2 + \cdots + b_{1p}f_p \\ \dot{x}_2 &= a_{21}x_1 + a_{22}x_2 + \cdots + a_{2n}x_n + b_{21}f_1 + b_{22}f_2 + \cdots + b_{2p}f_p \\ &\cdots\cdots \\ \dot{x}_n &= a_{n1}x_1 + a_{n2}x_2 + \cdots + a_{nn}x_n + b_{n1}f_1 + b_{n2}f_2 + \cdots + b_{np}f_p \end{aligned}\right\} \text{状态方程} \quad (8.1-4)$$

$$\left.\begin{aligned} y_1 &= c_{11}x_1 + c_{12}x_2 + \cdots + c_{1n}x_n + d_{11}f_1 + d_{12}f_2 + \cdots + d_{1p}f_p \\ y_2 &= c_{21}x_1 + c_{22}x_2 + \cdots + c_{2n}x_n + d_{21}f_1 + d_{22}f_2 + \cdots + d_{2p}f_p \\ &\cdots\cdots \\ y_q &= c_{q1}x_1 + c_{q2}x_2 + \cdots + c_{qn}x_n + d_{q1}f_1 + d_{q2}f_2 + \cdots + d_{qp}f_p \end{aligned}\right\} \text{输出方程} \quad (8.1-5)$$

式中，x_1、x_2、…、x_n 为系统的 n 个状态变量，其上加点“·”表示取一阶导数；f_1、f_2、…、f_p 为系统的 p 个输入信号；y_1、y_2、…、y_q 为系统的 q 个输出。如果用矢量矩阵形式可表示为

状态方程

$$\dot{\boldsymbol{x}}(t)=\boldsymbol{A}\boldsymbol{x}(t)+\boldsymbol{B}\boldsymbol{f}(t) \tag{8.1-6}$$

输出方程

$$\boldsymbol{y}(t)=\boldsymbol{C}\boldsymbol{x}(t)+\boldsymbol{D}\boldsymbol{f}(t) \tag{8.1-7}$$

式中

$$\boldsymbol{x}(t)=[x_1(t)\quad x_2(t)\quad\cdots\quad x_n(t)]^{\mathrm{T}}$$
$$\dot{\boldsymbol{x}}(t)=[\dot{x}_1(t)\quad \dot{x}_2(t)\quad\cdots\quad \dot{x}_n(t)]^{\mathrm{T}}$$
$$\boldsymbol{f}(t)=[f_1(t)\quad f_2(t)\quad\cdots\quad f_p(t)]^{\mathrm{T}}$$
$$\boldsymbol{y}(t)=[y_1(t)\quad y_2(t)\quad\cdots\quad y_q(t)]^{\mathrm{T}}$$

分别为状态矢量、状态矢量的一阶导数、输入矢量和输出矢量。其中上标 T 表示转置运算。

$$\boldsymbol{A}=\begin{bmatrix} a_{11} & a_{12} & \cdots & a_{1n}\\ a_{21} & a_{22} & \cdots & a_{2n}\\ \vdots & \vdots & & \vdots\\ a_{n1} & a_{n2} & \cdots & a_{nn}\end{bmatrix}\qquad \boldsymbol{B}=\begin{bmatrix} b_{11} & b_{12} & \cdots & b_{1p}\\ b_{21} & b_{22} & \cdots & b_{2p}\\ \vdots & \vdots & & \vdots\\ b_{n1} & b_{n2} & \cdots & b_{np}\end{bmatrix}$$

$$\boldsymbol{C}=\begin{bmatrix} c_{11} & c_{12} & \cdots & c_{1n}\\ c_{21} & c_{22} & \cdots & c_{2n}\\ \vdots & \vdots & & \vdots\\ c_{q1} & c_{q2} & \cdots & c_{qn}\end{bmatrix}\qquad \boldsymbol{D}=\begin{bmatrix} d_{11} & d_{12} & \cdots & d_{1p}\\ d_{21} & d_{22} & \cdots & d_{2p}\\ \vdots & \vdots & & \vdots\\ d_{q1} & d_{q2} & \cdots & d_{qp}\end{bmatrix}$$

分别为系数矩阵，由系统的参数确定，对 LTI 系统，它们都是常数矩阵，其中 $\boldsymbol{A}$ 为 $n\times n$ 方阵，称为系统矩阵；$\boldsymbol{B}$ 为 $n\times p$ 矩阵，称为控制矩阵；$\boldsymbol{C}$ 为 $q\times n$ 矩阵，称为输出矩阵；$\boldsymbol{D}$ 为 $q\times p$ 矩阵。

式(8.1-6)和式(8.1-7)是 LTI 连续系统状态方程和输出方程的标准形式。

上述状态变量和状态方程的概念都是通过连续系统引入的。对于离散系统，情况类似，只是状态变量都是序列，因而离散系统的状态方程表现为一阶前向差分方程组。

对于 n 阶多输入-多输出 LTI 离散系统，其状态方程和输出方程可写为

状态方程

$$\boldsymbol{x}(k+1)=\boldsymbol{A}\boldsymbol{x}(k)+\boldsymbol{B}\boldsymbol{f}(k) \tag{8.1-8}$$

输出方程

$$\boldsymbol{y}(k)=\boldsymbol{C}\boldsymbol{x}(k)+\boldsymbol{D}\boldsymbol{f}(k) \tag{8.1-9}$$

式中

$$\boldsymbol{x}(k)=[x_1(k)\quad x_2(k)\quad\cdots\quad x_n(k)]^{\mathrm{T}}$$
$$\boldsymbol{f}(k)=[f_1(k)\quad f_2(k)\quad\cdots\quad f_p(k)]^{\mathrm{T}}$$
$$\boldsymbol{y}(k)=[y_1(k)\quad y_2(k)\quad\cdots\quad y_q(k)]^{\mathrm{T}}$$

分别为状态矢量、输入矢量和输出矢量。$\boldsymbol{A}$、$\boldsymbol{B}$、$\boldsymbol{C}$ 和 $\boldsymbol{D}$ 为常系数矩阵，其形式与连续系统相同。

如果已知 $k=k_0$ 时离散系统的初始状态 $\boldsymbol{x}(k_0)$ 和 $k\geqslant k_0$ 时的输入矢量，就可完全确定出 $k\geqslant k_0$ 时的状态矢量 $\boldsymbol{x}(k)$ 和输出矢量 $\boldsymbol{y}(k)$。

按式(8.1-6)、式(8.1-7)或式(8.1-8)、式(8.1-9)可画出根据状态变量分析多输入-多输出系统的矩阵框图,如图 8.1-3 所示。连续系统和离散系统矩阵框图的形式相同,只是对于连续系统(用积分器$\int$),积分器输出端的信号为状态矢量 $\boldsymbol{x}(t)$,输入端信号为其一阶导数$\dot{\boldsymbol{x}}(t)$;而对于离散系统(用迟延单元 D),迟延单元的输出信号为状态矢量 $\boldsymbol{x}(k)$,输入端信号为$\boldsymbol{x}(k+1)$。

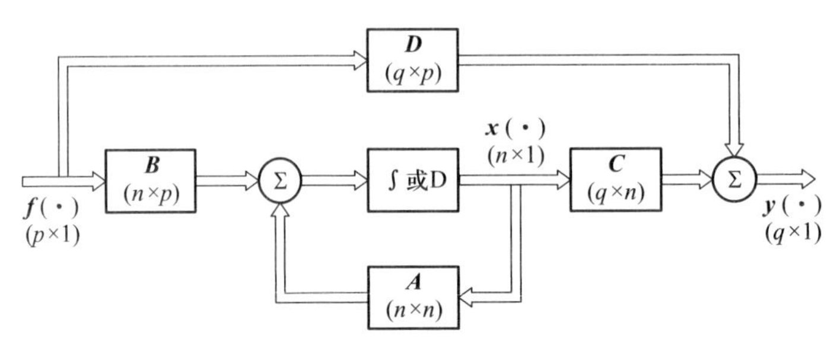

图 8.1-3 矩阵框图

通过前面的讨论可知,用状态变量法分析系统时,系统的输出很容易由状态变量和输入激励求得,因此,分析系统的关键在于状态方程的建立和求解。本章以后各节将分别讨论状态方程的建立和求解方法。由于连续系统和离散系统的状态变量分析是相似的,本章所有问题的讨论都将先从连续系统开始,然后推及离散系统。

§8.2 连续系统状态方程的建立

建立给定系统状态方程的方法有很多,大体可分为两大类:直接法与间接法。其中直接法是根据给定的系统结构直接列写系统状态方程,特别适用于电路系统的分析;而间接法可根据描述系统的输入输出方程、系统函数、系统的框图或信号流图等来建立状态方程,常用来研究控制系统。

一、由电路图直接建立状态方程

为建立电路的状态方程,首先要选择状态变量。对于 LTI 电路,通常选电容电压和电感电流为状态变量。这是因为电容和电感的伏安特性中包含了状态变量的一阶导数,便于用 KCL、KVL 列写状态方程,同时,电容电压和电感电流又直接与系统的储能状态相联系。

对 n 阶系统,所选状态变量的个数应为 n,并且必须保证这 n 个状态变量相互独立。对电路而言,必须保证所选状态变量为独立的电容电压和独立的电感电流。下面给出在电路中可能出现的四种非独立电容电压和非独立电感电流的电路结构:① 电路中出现只含电容的回路,如图 8.2-1(a)所示;② 电路中出现只含电容和理想电压源的回路,如图 8.2-1(b)所示;③ 电路中出现只含电感的结点或割集,如图 8.2-1(c)所示;④ 电路中出现只含电感

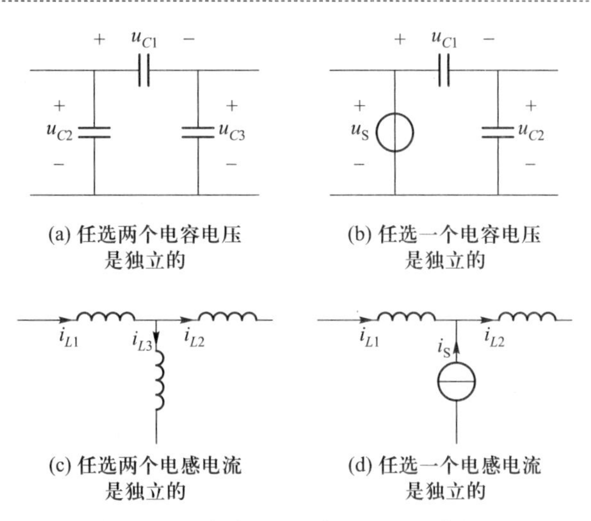

(a) 任选两个电容电压是独立的
(b) 任选一个电容电压是独立的
(c) 任选两个电感电流是独立的
(d) 任选一个电感电流是独立的

图 8.2-1　非独立的电容电压和电感电流

和理想电流源的结点或割集,如图 8.2-1(d)所示。根据 KVL 和 KCL,可以明显看出它们的非独立性。如果出现上述情况,则任意去掉其中的一个电容电压[对情况(1)和(2)]或电感电流[对情况(3)和(4)],就可保证剩下的电容电压和电感电流是独立的。

建立电路的状态方程,就是要根据电路列出各状态变量的一阶微分方程。在选取独立的电容电压 u_C 和电感电流 i_L 作为状态变量之后,由电容和电感的伏安关系 $i_C=C\dfrac{\mathrm{d}u_C}{\mathrm{d}t}$、$u_L=L\dfrac{\mathrm{d}i_L}{\mathrm{d}t}$可知,为使方程中含有状态变量 u_C 的一阶导数$\dfrac{\mathrm{d}u_C}{\mathrm{d}t}$,可对接有该电容的独立结点列写 KCL 电流方程;为使方程中含有状态变量 i_L 的一阶导数$\dfrac{\mathrm{d}i_L}{\mathrm{d}t}$,可对含有该电感的独立回路列写 KVL 电压方程。对列出的方程,只保留状态变量和输入激励,设法消去其他一些不需要的变量,经整理即可给出标准的状态方程。对于输出方程,由于它是简单的代数方程,通常可用观察法由电路直接列出。

综上所述,可以归纳出由电路图直接列写状态方程和输出方程的步骤:

(1) 选电路中所有独立的电容电压和电感电流作为状态变量。

(2) 对接有所选电容的独立结点列写 KCL 电流方程,对含有所选电感的独立回路列写 KVL 电压方程。

(3) 若上一步所列的方程中含有除激励以外的非状态变量,则利用适当的 KCL、KVL 方程将它们消去,然后整理给出标准的状态方程形式。

(4) 用观察法由电路或前面已推导出的一些关系直接列写输出方程,并整理成标准形式。

例 8.2-1　电路如图 8.2-2 所示,以电阻 R_1 上的电压 u_{R1}和电阻 R_2 上的电流 i_{R2}为输出,列写电路的状态方程和输出方程。

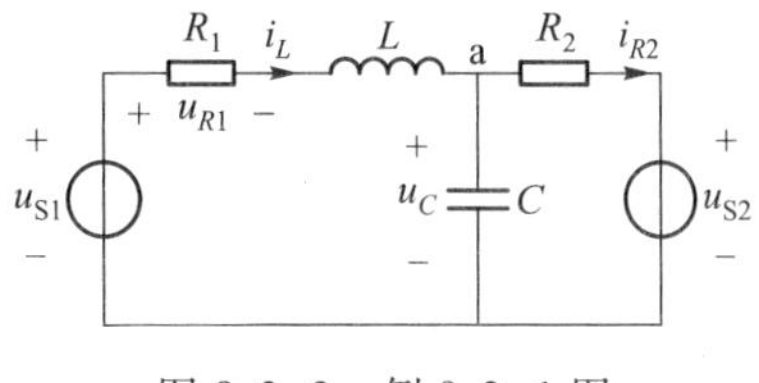

图 8.2-2　例 8.2-1 图

解　选状态变量 $x_1(t)=i_L(t)$ 和 $x_2(t)=u_C(t)$。

对含有电感的左网孔列写 KVL 方程,有

$$L\dot{x}_1(t)+R_1x_1(t)+x_2(t)=u_{S1}(t) \tag{8.2-1}$$

对接有电容的结点 a 列出 KCL 方程，有

$$C\dot{x}_2(t)+i_{R2}(t)=x_1(t) \tag{8.2-2}$$

上式中含有多余变量 $i_{R2}(t)$，应设法消去。为此，列写右网孔的 KVL 方程为

$$R_2i_{R2}(t)+u_{S2}(t)-x_2(t)=0$$

于是

$$i_{R2}(t)=\frac{x_2(t)-u_{S2}(t)}{R_2} \tag{8.2-3}$$

将它代入式(8.2-2)得

$$C\dot{x}_2(t)+\frac{x_2(t)-u_{S2}(t)}{R_2}=x_1(t) \tag{8.2-4}$$

将式(8.2-1)和式(8.2-4)整理成矩阵形式得

$$\begin{bmatrix}\dot{x}_1(t)\\\dot{x}_2(t)\end{bmatrix}=\begin{bmatrix}-\dfrac{R_1}{L} & -\dfrac{1}{L}\\\dfrac{1}{C} & -\dfrac{1}{R_2C}\end{bmatrix}\begin{bmatrix}x_1(t)\\x_2(t)\end{bmatrix}+\begin{bmatrix}\dfrac{1}{L} & 0\\0 & \dfrac{1}{R_2C}\end{bmatrix}\begin{bmatrix}u_{S1}(t)\\u_{S2}(t)\end{bmatrix} \tag{8.2-5}$$

由图 8.2-2 可见，流过 R_1 上的电流为 $x_1(t)$，故其上电压

$$u_{R1}(t)=R_1x_1(t)$$

电阻 R_2 上的电流 $i_{R2}(t)$ 已由式(8.2-3)给出。于是电路的输出方程为

$$\begin{bmatrix}u_{R1}(t)\\i_{R2}(t)\end{bmatrix}=\begin{bmatrix}R_1 & 0\\0 & \dfrac{1}{R_2}\end{bmatrix}\begin{bmatrix}x_1(t)\\x_2(t)\end{bmatrix}+\begin{bmatrix}0 & 0\\0 & -\dfrac{1}{R_2}\end{bmatrix}\begin{bmatrix}u_{S1}(t)\\u_{S2}(t)\end{bmatrix} \tag{8.2-6}$$

例 8.2-2 写出图 8.2-3 电路的状态方程，若以 R_5 上的电压 u_5 和电源电流 i_1 为输出，列出其状态方程和输出方程。

解 选电感电流 i_{L1}、i_{L2} 和电容电压 u_C 为状态变量，并令

$$x_1=i_{L1},\quad x_2=i_{L2},\quad x_3=u_C$$

对于接有电容的结点 a，列出电流方程为

$$C\dot{x}_3=x_1-x_2 \tag{8.2-7}$$

选仅包含电感 L_2 的回路Ⅱ和仅包含电感 L_1 的回路Ⅲ，列出电压方程为

$$\left.\begin{aligned}L_2\dot{x}_2&=x_3+R_5i_5\\L_1\dot{x}_1&=-x_3+R_4i_4\end{aligned}\right\} \tag{8.2-8}$$

上式中出现非状态变量 i_4、i_5，应设法消去。为此，可利用除结点 a 和回路Ⅱ及回路Ⅲ以外的独立结点电流方程和独立回路电压方程。选 u_S、R_4、R_5 组成的回路，可列出电压方程为

$$u_S=R_4i_4+R_5i_5 \tag{8.2-9}$$

取结点 b，列出其结点电流方程为

$$i_5=i_4+i_C=i_4+C\dot{x}_3$$

将式(8.2-7)代入上式，得

$$i_5=i_4+x_1-x_2 \tag{8.2-10}$$

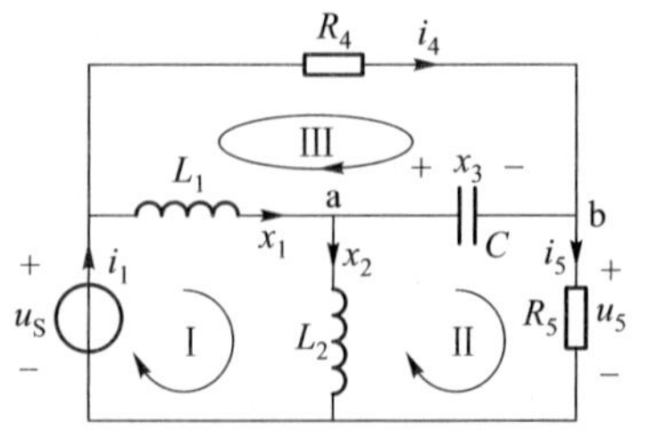

图 8.2-3 例 8.2-2 图

由式(8.2-9)和式(8.2-10)可解得

$$\left.\begin{aligned} i_4 &= \frac{1}{R_4 + R_5}(u_S - R_5 x_1 + R_5 x_2) \\ i_5 &= \frac{1}{R_4 + R_5}(u_S + R_4 x_1 - R_4 x_2) \end{aligned}\right\} \tag{8.2 - 11}$$

将 i_4、i_5 代入式(8.2-8)后稍加整理,所得方程与式(8.2-7)就是图 8.2-3 电路的状态方程,其矩阵形式为

$$\begin{bmatrix} \dot{x}_1 \\ \dot{x}_2 \\ \dot{x}_3 \end{bmatrix} = \begin{bmatrix} \frac{-R_4 R_5}{L_1(R_4 + R_5)} & \frac{R_4 R_5}{L_1(R_4 + R_5)} & \frac{-1}{L_1} \\ \frac{R_4 R_5}{L_2(R_4 + R_5)} & \frac{-R_4 R_5}{L_2(R_4 + R_5)} & \frac{1}{L_2} \\ \frac{1}{C} & -\frac{1}{C} & 0 \end{bmatrix} \begin{bmatrix} x_1 \\ x_2 \\ x_3 \end{bmatrix} + \begin{bmatrix} \frac{R_4}{L_1(R_4 + R_5)} \\ \frac{R_5}{L_2(R_4 + R_5)} \\ 0 \end{bmatrix} [u_S] \tag{8.2 - 12}$$

电路的输出,即 R_5 上的电压 u_5 和电源电流 i_1 为

$$y_1 = u_5 = R_5 i_5$$

$$y_2 = i_1 = x_1 + i_4$$

将式(8.2-11)代入上式,并稍加整理,得输出方程为

$$\begin{bmatrix} y_1 \\ y_2 \end{bmatrix} = \begin{bmatrix} u_5 \\ i_1 \end{bmatrix} = \begin{bmatrix} \frac{R_4 R_5}{R_4 + R_5} & \frac{-R_4 R_5}{R_4 + R_5} & 0 \\ \frac{R_4}{R_4 + R_5} & \frac{R_5}{R_4 + R_5} & 0 \end{bmatrix} \begin{bmatrix} x_1 \\ x_2 \\ x_3 \end{bmatrix} + \begin{bmatrix} \frac{R_5}{R_4 + R_5} \\ \frac{1}{R_4 + R_5} \end{bmatrix} [u_S] \tag{8.2 - 13}$$

由以上讨论可见,电路的状态方程是一阶微分方程组,当电路结构稍微复杂时,手工列写就比较繁复。这时,可借助于计算机的相应软件完成编写工作。详细内容可以参看电路计算机辅助分析与设计方面的教材。

二、由输入输出方程建立状态方程

输入输出方程与状态方程是描述系统的两种不同方法。根据需要,常要求将这两种描述方式进行相互转换。由于输入输出方程、系统函数、模拟框图、信号流图等都是同一种系统描述方法的不同表现形式,相互之间的转换十分简单,其中以信号流图最为简练、直观,因而通过信号流图建立状态方程和输出方程最方便。因此,如果已知系统的输入输出方程或系统函数,通常首先将其转换为信号流图,然后由信号流图再列出系统的状态方程。

在系统的信号流图中,其基本的动态部件是积分器,而积分器的输出 $y(t)$ 与输入 $f(t)$ 之间满足一阶微分方程

$$\dot{y}(t) = f(t)$$

因此,可选各积分器的输出作为状态变量 $x_i(t)$,这样该积分器的输入信号就可以表示为状态变量的一阶导数 $\dot{x}_i(t)$。根据流图的连接关系,对该积分器输入端列出 $\dot{x}_i(t)$ 的方程,就可

得到与状态变量 $x_i(t)$ 有关的状态方程。下面举例说明具体建立过程。

例 8.2-3 已知描述某连续的微分方程为

$$y^{(3)}(t)+a_2y^{(2)}(t)+a_1y^{(1)}(t)+a_0y(t)=b_2f^{(2)}(t)+b_1f^{(1)}(t)+b_0f(t)$$

列写该系统的状态方程和输出方程。

解 由微分方程不难写出其系统函数为

$$H(s)=\frac{b_2s^2+b_1s+b_0}{s^3+a_2s^2+a_1s+a_0}=\frac{b_2s^{-1}+b_1s^{-2}+b_0s^{-3}}{1-(-a_2s^{-1}-a_1s^{-2}-a_0s^{-3})}$$

由系统函数可画出其信号流图,如图 8.2-4 所示。

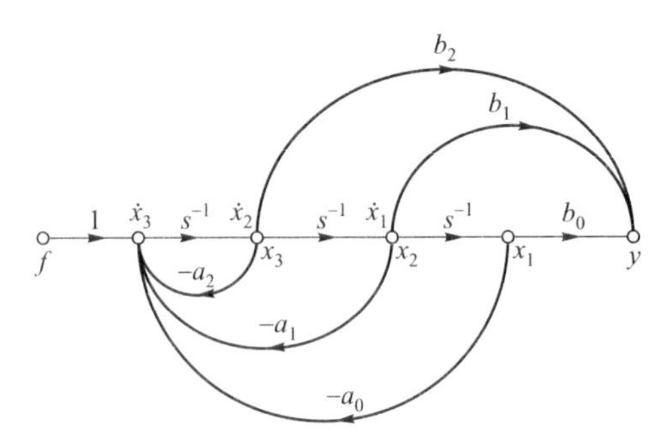

图 8.2-4 例 8.2-3 的信号流图

选各积分器(相应流图中增益为 s^{-1}的支路)的输出端信号作为状态变量,输入端的信号就是相应状态变量的一阶导数,它们已标于图中。在各积分器的输入端即可列出状态方程

$$\dot{x}_1=x_2$$

$$\dot{x}_2=x_3$$

$$\dot{x}_3=-a_0x_1-a_1x_2-a_2x_3+f$$

写成矩阵形式为

$$\begin{bmatrix}\dot{x}_1\\ \dot{x}_2\\ \dot{x}_3\end{bmatrix}=\begin{bmatrix}0&1&0\\0&0&1\\-a_0&-a_1&-a_2\end{bmatrix}\begin{bmatrix}x_1\\x_2\\x_3\end{bmatrix}+\begin{bmatrix}0\\0\\1\end{bmatrix}[f]$$

在系统的输出端可列出输出方程为

$$y=b_0x_1+b_1x_2+b_2x_3$$

写成矩阵形式为

$$[y]=[b_0\quad b_1\quad b_2]\begin{bmatrix}x_1\\x_2\\x_3\end{bmatrix}$$

对于同一个微分方程,采用不同的模拟实现方法可以得到不同形式的信号流图,从而列出的状态方程和输出方程也不相同。

例 8.2-4 如图 8.2-5(a)所示由两个一阶子系统连接而成的连续系统,其子系统的系统函数分别为 $H_1(s)=\dfrac{2}{s+3}$、$H_2(s)=\dfrac{s+4}{s+1}$,写出其状态方程和输出方程。

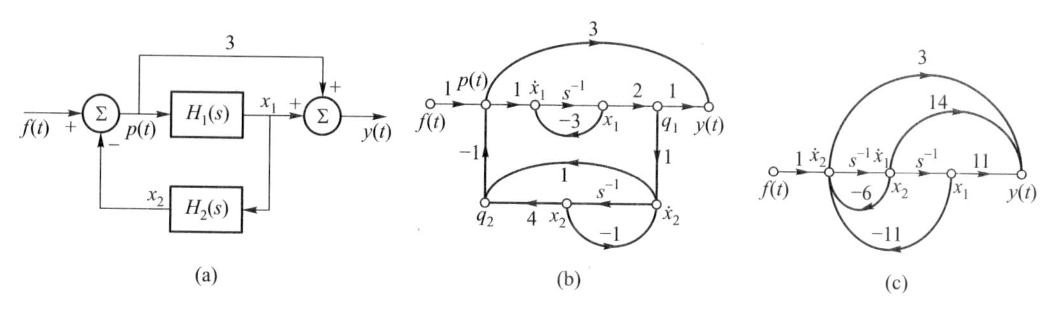

图 8.2-5 例 8.2-4 的框图和信号流图

解法一 直接选择一阶子系统输出端的信号作为状态变量 $x_1(t)$、$x_2(t)$，并标于图 8.2-5(a)中。

设左边加法器的输出为 $p(t)$，则有

$$p(t)=f(t)-x_2(t) \tag{8.2-14}$$

对系统函数为 $H_1(s)$ 子系统，其输入为 $p(t)$，输出为 $x_1(t)$，其拉普拉斯变换为 $P(s)$ 和 $X_1(s)$，根据系统函数的定义，有

$$\frac{X_1(s)}{P(s)}=H_1(s)=\frac{2}{s+3}$$

可写为

$$(s+3)X_1(s)=2P(s)$$

取逆变换，得

$$\dot{x}_1(t)+3x_1(t)=2p(t) \tag{8.2-15}$$

将式(8.2-14)代入上式，消去多余变量 $p(t)$，并整理可得

$$\dot{x}_1(t)=-3x_1(t)-2x_2(t)+2f(t) \tag{8.2-16}$$

同理，对系统函数为 $H_2(s)$ 子系统，其输入为 $x_1(t)$，输出为 $x_2(t)$，其拉普拉斯变换为 $X_1(s)$ 和$X_2(s)$，根据系统函数的定义，有

$$\frac{X_2(s)}{X_1(s)}=H_2(s)=\frac{s+4}{s+1}$$

可写为

$$(s+1)X_2(s)=(s+4)X_1(s)$$

取逆变换，得

$$\dot{x}_2(t)+x_2(t)=\dot{x}_1(t)+4x_1(t) \tag{8.2-17}$$

将式(8.2-16)代入上式，并整理得

$$\dot{x}_2(t)=x_1(t)-3x_2(t)+2f(t) \tag{8.2-18}$$

式(8.2-16)和式(8.2-18)就是系统的状态方程。

在系统的输出端可列出输出方程为

$$y(t)=x_1(t)+3p(t)=x_1(t)-3x_2(t)+3f(t)$$

将状态方程和输出方程写成矩阵形式，得

$$\begin{bmatrix}\dot{x}_1\\ \dot{x}_2\end{bmatrix}=\begin{bmatrix}-3 & -2\\ 1 & -3\end{bmatrix}\begin{bmatrix}x_1\\ x_2\end{bmatrix}+\begin{bmatrix}2\\ 2\end{bmatrix}[f]$$

$$[y]=[1\quad -3]\begin{bmatrix}x_1\\x_2\end{bmatrix}+[3][f]$$

解法二 分别画出两个子系统的信号流图,并将它们放入系统中,将整个系统框图转换为信号流图,如图 8.2-5(b)所示。选积分器(对应 s^{-1})的输出为状态变量 x_1、x_2,注意,此处 x_1、x_2 已不同于解法一中的 x_1、x_2。为便于列写方程,设左边加法器的输出为 $p(t)$,两个子系统的输出分别为$q_1(t)$和 $q_2(t)$。根据图 8.2-5(b)所示的信号流图,有

$$q_1(t)=2x_1(t) \tag{8.2-19}$$

$$q_2(t)=\dot{x}_2(t)+4x_2(t)$$

$$p(t)=-q_2(t)+f(t)=-\dot{x}_2(t)-4x_2(t)+f(t) \tag{8.2-20}$$

在两个积分器的输入端列写方程

$$\dot{x}_1(t)=p(t)-3x_1(t) \tag{8.2-21}$$

$$\dot{x}_2(t)=q_1(t)-x_2(t) \tag{8.2-22}$$

将式(8.2-19)和式(8.2-20)分别代入式(8.2-22)和式(8.2-21),消去多余变量 $q_1(t)$、$p(t)$并整理可得状态方程为

$$\begin{bmatrix}\dot{x}_1\\\dot{x}_2\end{bmatrix}=\begin{bmatrix}-5&-3\\2&-1\end{bmatrix}\begin{bmatrix}x_1\\x_2\end{bmatrix}+\begin{bmatrix}1\\0\end{bmatrix}[f] \tag{8.2-23}$$

在系统的输出端列方程

$$y(t)=3p(t)+q_1(t)=-4x_1(t)-9x_2(t)+3f(t)$$

写成矩阵形式

$$[y]=[-4\quad -9]\begin{bmatrix}x_1\\x_2\end{bmatrix}+[3][f] \tag{8.2-24}$$

解法三 由梅森公式首先求出系统的系统函数为

$$H(s)=\frac{3+\dfrac{2}{s+3}}{1-\left(-\dfrac{2}{s+3}\dfrac{s+4}{s+1}\right)}=\frac{3s^2+14s+11}{s^2+6s+11}$$

按照与例 8.2-3 类似的方法,根据该系统函数 $H(s)$ 画出其直接形式的信号流图,如图 8.2-5(c)所示。然后选积分器(对应于 s^{-1})的输出信号为状态变量 x_1、x_2,如图 8.2-5(c)所示。在积分器的输入端列写状态方程,在系统的输出端列写输出方程,并整理可得

$$\begin{bmatrix}\dot{x}_1\\\dot{x}_2\end{bmatrix}=\begin{bmatrix}0&1\\-11&-6\end{bmatrix}\begin{bmatrix}x_1\\x_2\end{bmatrix}+\begin{bmatrix}0\\1\end{bmatrix}[f] \tag{8.2-25}$$

$$[y]=[-22\quad -4]\begin{bmatrix}x_1\\x_2\end{bmatrix}+[3][f] \tag{8.2-26}$$

通过上述几种方法的比较可见,同一个系统,状态变量的选取不是唯一的。其状态方程和输出方程随状态变量选取的不同而不同。

§ 8.3　离散系统状态方程的建立与模拟

一、由输入输出方程建立状态方程

列写离散系统状态方程的方法与连续系统类似，也是利用信号流图列写最简单。所以已知差分方程或系统函数 $H(z)$ 一般是先画出系统的信号流图，然后再建立相应的状态方程。

由于离散系统状态方程描述了状态变量的前向一阶移位 $x_i(k+1)$ 与各状态变量和输入之间的关系，因此选各迟延单元 D（它对应于流图中增益为 z^{-1} 的支路）的输出端信号作为状态变量 $x_1(k)$，那么其输入端信号就是 $x_i(k+1)$。这样，在迟延单元的输入端就可列出状态方程。在系统的输出端列出输出方程。

推广至系统函数形式如$\dfrac{1}{z+a}$的一阶子系统。如果选一阶子系统输出端的信号为状态变量 $x(k)$，设其输入信号为 $f(k)$，它们的 z 变换分别记为 $X(z)$ 和 $F(z)$，根据系统函数的定义，有

$$\frac{X(z)}{F(z)}=H(z)=\frac{1}{z+a}$$

交叉相乘，得

$$zX(z)+aX(z)=F(z)$$

取逆 z 变换，可得该一阶子系统的输入端信号与状态变量的关系为

$$x(k+1)+ax(k)=f(k)$$

同样可在一阶子系统的输入端列出状态方程。迟延单元是一阶子系统 $a=0$ 时的特例。

例 8.3-1　描述某离散系统的差分方程为

$$y(k)+2y(k-1)+3y(k-2)+4y(k-3)=f(k)+3f(k-1)+5f(k-2)$$

写出其状态方程和输出方程。

解　根据差分方程可直接写出该系统的系统函数为

$$H(z)=\frac{1+3z^{-1}+5z^{-2}}{1+2z^{-1}+3z^{-2}+4z^{-3}}$$

由 $H(z)$ 画出其信号流图，如图 8.3-1 所示。

选迟延单元（对应流图中增益为 z^{-1} 的支路）的输出端信号为状态变量，分别为 $x_1(k)$、$x_2(k)$ 和 $x_3(k)$，可列出状态方程和输出方程为

$$x_1(k+1)=x_2(k)$$

$$x_2(k+1)=x_3(k)$$

$$x_3(k+1)=-4x_1(k)-3x_2(k)-2x_3(k)+f(k)$$

$$y(k)=x_3(k+1)+3x_3(k)+5x_2(k)=-4x_1(k)+2x_2(k)+x_3(k)+f(k)$$

将它们写为矩阵形式，有

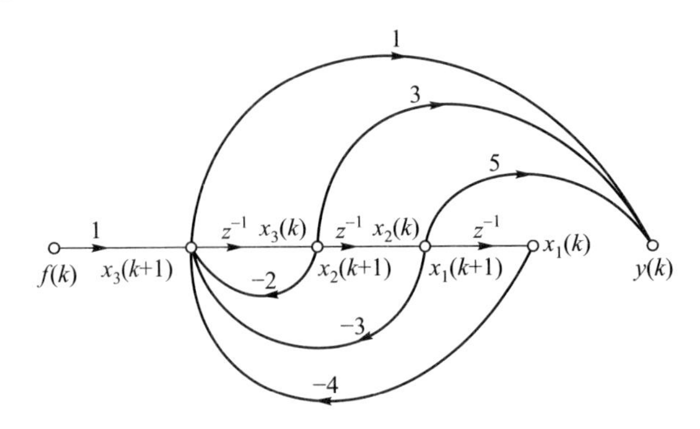

图 8.3-1 例 8.3-1 的信号流图

$$\begin{bmatrix} x_1(k+1) \\ x_2(k+1) \\ x_3(k+1) \end{bmatrix} = \begin{bmatrix} 0 & 1 & 0 \\ 0 & 0 & 1 \\ -4 & -3 & -2 \end{bmatrix} \begin{bmatrix} x_1(k) \\ x_2(k) \\ x_3(k) \end{bmatrix} + \begin{bmatrix} 0 \\ 0 \\ 1 \end{bmatrix} [f(k)]$$

$$[y(k)] = [-4 \quad 2 \quad 1] \begin{bmatrix} x_1(k) \\ x_2(k) \\ x_3(k) \end{bmatrix} + [1][f(k)]$$

例 8.3-2 某离散系统有两个输入 $f_1(k)$、$f_2(k)$ 和两个输出 $y_1(k)$、$y_2(k)$，其信号流图如图 8.3-2 所示。列写该系统的状态方程和输出方程。

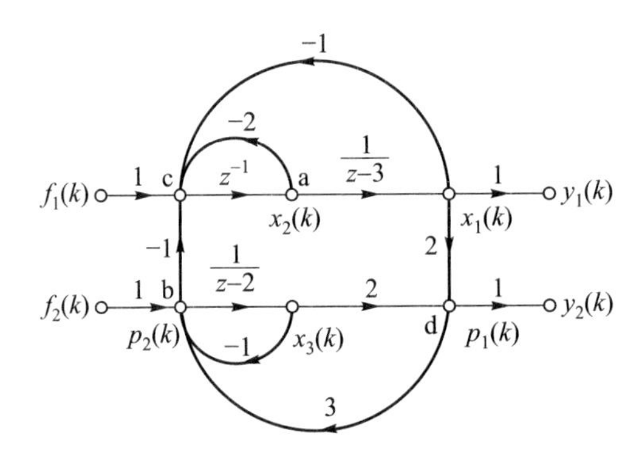

图 8.3-2 例 8.3-2 的信号流图

解 选迟延单元或一阶子系统的输出端信号作为状态变量 $x_1(k)$、$x_2(k)$、$x_3(k)$，如图 8.3-2 所示。对较复杂的信号流图，可在具有多个信号输入的结点设置中间变量，以便于方程的列写。这里，将结点 d 和 b 的信号分别设为 $p_1(k)$ 和 $p_2(k)$。根据信号流图容易得

$$p_1(k) = 2x_1(k) + 2x_3(k)$$

$$p_2(k) = 3p_1(k) - x_3(k) + f_2(k) = 6x_1(k) + 5x_3(k) + f_2(k)$$

在两个一阶子系统的输入端点 a 和 b 可分别写出

$$x_1(k+1) - 3x_1(k) = x_2(k) \tag{8.3-1}$$

$$x_3(k+1) - 2x_3(k) = p_2(k) = 6x_1(k) + 5x_3(k) + f_2(k) \tag{8.3-2}$$

在迟延单元的输入端点 c 可写出

$$x_2(k+1) = -2x_2(k) - x_1(k) - p_2(k) + f_1(k)$$

$$=-7x_1(k)-2x_2(k)-5x_3(k)+f_1(k)-f_2(k) \tag{8.3-3}$$

在系统的两个输出端可列写输出方程为

$$y_1(k)=x_1(k) \tag{8.3-4}$$

$$y_2(k)=p_1(k)=2x_1(k)+2x_3(k) \tag{8.3-5}$$

将式(8.3-1)~式(8.3-5)整理为矩阵形式为

$$\begin{bmatrix} x_1(k+1) \\ x_2(k+1) \\ x_3(k+1) \end{bmatrix}=\begin{bmatrix} 3 & 1 & 0 \\ -7 & -2 & -5 \\ 6 & 0 & 5 \end{bmatrix}\begin{bmatrix} x_1(k) \\ x_2(k) \\ x_3(k) \end{bmatrix}+\begin{bmatrix} 0 & 0 \\ 1 & -1 \\ 0 & 1 \end{bmatrix}\begin{bmatrix} f_1(k) \\ f_2(k) \end{bmatrix}$$

$$\begin{bmatrix} y_1(k) \\ y_2(k) \end{bmatrix}=\begin{bmatrix} 1 & 0 & 0 \\ 2 & 0 & 2 \end{bmatrix}\begin{bmatrix} x_1(k) \\ x_2(k) \\ x_3(k) \end{bmatrix}$$

例 8.3-3 某离散系统由下列差分方程组描述

$$3y_1(k-2)+2y_1(k-1)+2y_1(k)-y_2(k)=5f_1(k)-7f_2(k) \tag{8.3-6}$$

$$2y_2(k-2)-3y_2(k-1)+y_1(k)=3f_2(k) \tag{8.3-7}$$

其中,$f_1(k)$与$f_2(k)$为输入,$y_1(k)$和$y_2(k)$是输出。试列出该系统的状态方程。

解 该系统是由二阶差分方程组描述的多输入-多输出系统,信号流图不易画出。

根据状态方程的特点,应设法通过选取状态变量将上述二阶差分方程化为一阶差分方程。通常可以这样选

$$x_1(k)=y_1(k-2) \tag{8.3-8}$$

$$x_2(k)=y_1(k-1) \tag{8.3-9}$$

$$x_3(k)=y_2(k-2) \tag{8.3-10}$$

$$x_4(k)=y_2(k-1) \tag{8.3-11}$$

容易看出

$$x_1(k+1)=y_1(k-1)=x_2(k) \tag{8.3-12}$$

$$x_2(k+1)=y_1(k) \tag{8.3-13}$$

$$x_3(k+1)=y_2(k-1)=x_4(k) \tag{8.3-14}$$

$$x_4(k+1)=y_2(k) \tag{8.3-15}$$

将式(8.3-8)~式(8.3-11)及式(8.3-13)、式(8.3-15)代入差分方程式(8.3-6)和式(8.3-7),可得

$$3x_1(k)+2x_2(k)+2x_2(k+1)-x_4(k+1)=5f_1(k)-7f_2(k)$$

$$2x_3(k)-3x_4(k)+x_2(k+1)=3f_2(k)$$

由以上两式,可得

$$x_2(k+1)=-2x_3(k)+3x_4(k)+3f_2(k) \tag{8.3-16}$$

$$x_4(k+1)=3x_1(k)+2x_2(k)-4x_3(k)+6x_4(k)-5f_1(k)+13f_2(k) \tag{8.3-17}$$

上面式(8.3-12)、式(8.3-16)、式(8.3-14)和式(8.3-17)就是所求的状态方程。写成矩阵形式得

$$\begin{bmatrix} x_1(k+1) \\ x_2(k+1) \\ x_3(k+1) \\ x_4(k+1) \end{bmatrix} = \begin{bmatrix} 0 & 1 & 0 & 0 \\ 0 & 0 & -2 & 3 \\ 0 & 0 & 0 & 1 \\ 3 & 2 & -4 & 6 \end{bmatrix} \begin{bmatrix} x_1(k) \\ x_2(k) \\ x_3(k) \\ x_4(k) \end{bmatrix} + \begin{bmatrix} 0 & 0 \\ 0 & 3 \\ 0 & 0 \\ -5 & 13 \end{bmatrix} \begin{bmatrix} f_1(k) \\ f_2(k) \end{bmatrix}$$

由式(8.3-13)与式(8.3-16)组合,由式(8.3-15)与式(8.3-17)组合,可得输出方程为

$$y_1(k) = -2x_3(k) + 3x_4(k) + 3f_2(k)$$

$$y_2(k) = 3x_1(k) + 2x_2(k) - 4x_3(k) + 6x_4(k) - 5f_1(k) + 13f_2(k)$$

写成矩阵形式为

$$\begin{bmatrix} y_1(k) \\ y_2(k) \end{bmatrix} = \begin{bmatrix} 0 & 0 & -2 & 3 \\ 3 & 2 & -4 & 6 \end{bmatrix} \begin{bmatrix} x_1(k) \\ x_2(k) \\ x_3(k) \\ x_4(k) \end{bmatrix} + \begin{bmatrix} 0 & 3 \\ -5 & 13 \end{bmatrix} \begin{bmatrix} f_1(k) \\ f_2(k) \end{bmatrix}$$

二、由状态方程进行系统模拟

这里将讨论如何由系统的状态方程和输出方程建立系统的信号流图。它是由信号流图建立状态方程的逆过程。

为建立信号流图,先从状态方程开始。状态方程为

$$\boldsymbol{x}(k+1) = \boldsymbol{A}\boldsymbol{x}(k) + \boldsymbol{B}\boldsymbol{f}(k)$$

其中第 i 个状态方程可写为

$$x_i(k+1) = \sum_{j=1}^{n} a_{ij}x_j(k) + \sum_{j=1}^{p} b_{ij}f_j(k)$$

为了得到 $x_i(k)$,可以将信号 $x_i(k+1)$ 经过一个迟延单元得到 $x_i(k)$,如图 8.3-3 所示。于是,对于每个迟延单元的输入来说,有 $n+p$ 个输入支路(其中 n 个来自状态变量,p 个来自激励,其中某些支路增益可能为零)。对 n 个状态变量重复进行上述过程。最后根据输出方程

$$\boldsymbol{y}(k) = \boldsymbol{C}\boldsymbol{x}(k) + \boldsymbol{D}\boldsymbol{f}(k)$$

将输出在流图中表示出来。下面举例说明具体步骤。

例 8.3-4 某离散系统的状态方程和输出方程为

$$\begin{bmatrix} x_1(k+1) \\ x_2(k+1) \\ x_3(k+1) \end{bmatrix} = \begin{bmatrix} 1 & 2 & 3 \\ 1 & 2 & 0 \\ 0 & 3 & 0 \end{bmatrix} \begin{bmatrix} x_1(k) \\ x_2(k) \\ x_3(k) \end{bmatrix} + \begin{bmatrix} 1 \\ 0 \\ 0 \end{bmatrix} f(k)$$

$$y(k) = \begin{bmatrix} 1 & 3 & 5 \end{bmatrix} \begin{bmatrix} x_1(k) \\ x_2(k) \\ x_3(k) \end{bmatrix}$$

画出该系统的信号流图。

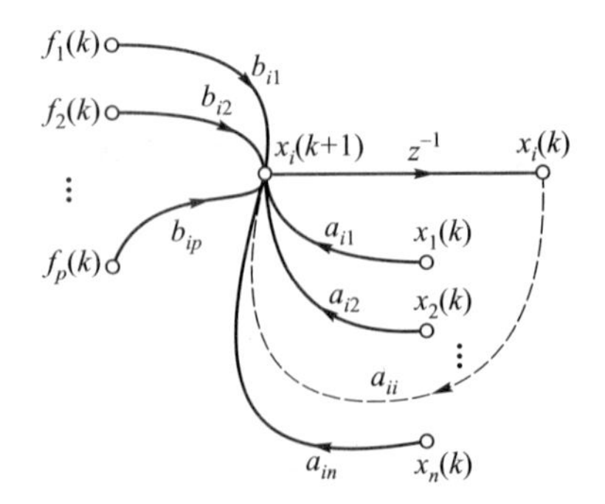

图 8.3-3 由状态方程画信号流图

解 由状态方程和输出方程可看出,该系统为单输

入-单输出三阶系统。

首先建立状态变量的基本结点 $x_1(k)$、$x_1(k+1)$，$x_2(k)$、$x_2(k+1)$，$x_3(k)$、$x_3(k+1)$，对相关的结点用迟延单元连接起来，如图 8.3-4(a)所示，其中结点 $f(k)$ 为输入，$y(k)$ 为输出。然后利用状态方程得出图 8.3-4(b)。最后，由输出方程得到完整的信号流图，如图 8.3-4(c)所示。

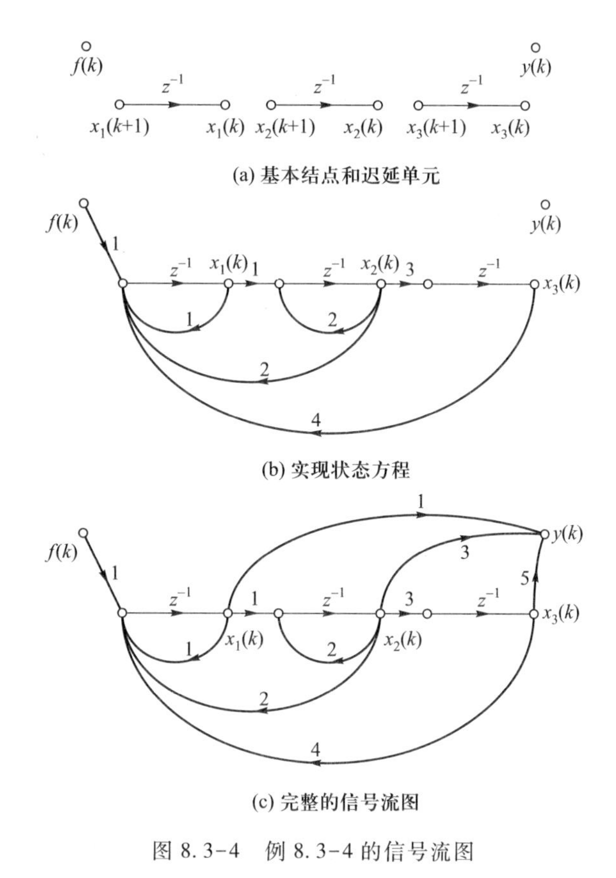

图 8.3-4 例 8.3-4 的信号流图

显然，这种由状态方程建立信号流图的方法对连续系统也适用。

§8.4 连续系统状态方程的求解

前面已讨论状态方程和输出方程的列写方法。对连续系统，状态方程和输出方程的一般形式为

$$\dot{\boldsymbol{x}}(t)=\boldsymbol{A}\boldsymbol{x}(t)+\boldsymbol{B}\boldsymbol{f}(t) \tag{8.4-1}$$

$$\boldsymbol{y}(t)=\boldsymbol{C}\boldsymbol{x}(t)+\boldsymbol{D}\boldsymbol{f}(t) \tag{8.4-2}$$

下面进一步讨论如何求解这些方程。解输出方程只是简单的代数运算，不需要做专门讨论；关键问题是求解状态方程。状态方程常用的求解方法有时域法和拉普拉斯变换法，解析式求解一般用拉普拉斯变换法比较简单。本节主要介绍拉普拉斯变换法。

一、用拉普拉斯变换法求解状态方程

设状态矢量 $\boldsymbol{x}(t)$ 的分量 $x_i(t)(i=1,2,\cdots,n)$ 的拉普拉斯变换为 $X_i(s)$，即

$$X_i(s)=\mathscr{L}[x_i(t)]$$

由矩阵积分运算的定义可知，状态矢量 $\boldsymbol{x}(t)$ 的拉普拉斯变换 $\boldsymbol{X}(s)$ 为

$$\boldsymbol{X}(s)=\mathscr{L}[\boldsymbol{x}(t)]=[\mathscr{L}[x_1(t)]\ \ \mathscr{L}[x_2(t)]\ \ \cdots\ \ \mathscr{L}[x_n(t)]]^{\mathrm{T}}$$

它也是 n 维矢量。同理，输入、输出矢量的拉普拉斯变换为

$$\boldsymbol{F}(s)=\mathscr{L}[\boldsymbol{f}(t)]=[\mathscr{L}[f_1(t)]\ \ \mathscr{L}[f_2(t)]\ \ \cdots\ \ \mathscr{L}[f_p(t)]]^{\mathrm{T}}$$

$$\boldsymbol{Y}(s)=\mathscr{L}[\boldsymbol{y}(t)]=[\mathscr{L}[y_1(t)]\ \ \mathscr{L}[y_2(t)]\ \ \cdots\ \ \mathscr{L}[y_q(t)]]^{\mathrm{T}}$$

分别为 p 维和 q 维矢量。根据单边拉普拉斯变换的微分性质，有

$$\mathscr{L}[\dot{\boldsymbol{x}}(t)]=s\boldsymbol{X}(s)-\boldsymbol{x}(0_-)$$

式中 $\boldsymbol{x}(0_-)$ 为初始状态矢量。根据矩阵特性和拉普拉斯变换线性特性，对常量矩阵 $\boldsymbol{A}$。有

$$\mathscr{L}[\boldsymbol{A}\boldsymbol{x}(t)]=\boldsymbol{A}\boldsymbol{X}(s)$$

利用以上关系，对状态方程式(8.4-1)取单边拉普拉斯变换，得

$$s\boldsymbol{X}(s)-\boldsymbol{x}(0_-)=\boldsymbol{A}\boldsymbol{X}(s)+\boldsymbol{B}\boldsymbol{F}(s)$$

移项可写为

$$(s\boldsymbol{I}-\boldsymbol{A})\boldsymbol{X}(s)=\boldsymbol{x}(0_-)+\boldsymbol{B}\boldsymbol{F}(s)$$

上式左乘矩阵 $(s\boldsymbol{I}-\boldsymbol{A})$ 的逆 $(s\boldsymbol{I}-\boldsymbol{A})^{-1}$，得

$$\begin{aligned}\boldsymbol{X}(s)&=(s\boldsymbol{I}-\boldsymbol{A})^{-1}\boldsymbol{x}(0_-)+(s\boldsymbol{I}-\boldsymbol{A})^{-1}\boldsymbol{B}\boldsymbol{F}(s)\\&=\boldsymbol{\Phi}(s)\boldsymbol{x}(0_-)+\boldsymbol{\Phi}(s)\boldsymbol{B}\boldsymbol{F}(s)\end{aligned}\tag{8.4-3}$$

式中

$$\boldsymbol{\Phi}(s)=(s\boldsymbol{I}-\boldsymbol{A})^{-1}\tag{8.4-4}$$

常称为预解矩阵。对式(8.4-3)取拉普拉斯逆变换，得状态矢量的解为

$$\begin{aligned}\boldsymbol{x}(t)&=\mathscr{L}^{-1}[\boldsymbol{\Phi}(s)\boldsymbol{x}(0_-)]+\mathscr{L}^{-1}[\boldsymbol{\Phi}(s)\boldsymbol{B}\boldsymbol{F}(s)]\\&=\boldsymbol{x}_{\mathrm{zi}}(t)+\boldsymbol{x}_{\mathrm{zs}}(t)\end{aligned}\tag{8.4-5}$$

其中

$$\boldsymbol{x}_{\mathrm{zi}}(t)=\mathscr{L}^{-1}[\boldsymbol{\Phi}(s)\boldsymbol{x}(0_-)]\tag{8.4-6}$$

$$\boldsymbol{x}_{\mathrm{zs}}(t)=\mathscr{L}^{-1}[\boldsymbol{\Phi}(s)\boldsymbol{B}\boldsymbol{F}(s)]\tag{8.4-7}$$

分别是状态矢量的零输入解和零状态解。

对输出方程式(8.4-2)取拉普拉斯变换，可得

$$\boldsymbol{Y}(s)=\boldsymbol{C}\boldsymbol{X}(s)+\boldsymbol{D}\boldsymbol{F}(s)$$

将式(8.4-3)代入上式，得

$$\boldsymbol{Y}(s)=\boldsymbol{C}\boldsymbol{\Phi}(s)\boldsymbol{x}(0_-)+[\boldsymbol{C}\boldsymbol{\Phi}(s)\boldsymbol{B}+\boldsymbol{D}]\boldsymbol{F}(s)\tag{8.4-8}$$

对上式取拉普拉斯逆变换，可求出系统的响应为

$$\boldsymbol{y}(t)=\mathscr{L}^{-1}[\boldsymbol{C}\boldsymbol{\Phi}(s)\boldsymbol{x}(0_-)]+\mathscr{L}^{-1}\{[\boldsymbol{C}\boldsymbol{\Phi}(s)\boldsymbol{B}+\boldsymbol{D}]\boldsymbol{F}(s)\}\tag{8.4-9}$$

容易看出，上式第一项是系统的零输入响应矢量 $\boldsymbol{y}_{\mathrm{zi}}(t)$，第二项是系统的零状态响应矢量 $\boldsymbol{y}_{\mathrm{zs}}(t)$，即

$$\boldsymbol{y}_{zi}(t)=\mathscr{L}^{-1}[\boldsymbol{C\Phi}(s)\boldsymbol{x}(0_-)] \tag{8.4-10}$$

$$\boldsymbol{y}_{zs}(t)=\mathscr{L}^{-1}\{[\boldsymbol{C\Phi}(s)\boldsymbol{B}+\boldsymbol{D}]\boldsymbol{F}(s)\} \tag{8.4-11}$$

通过以上讨论可看出,在求解过程中最关键的问题是求预解矩阵 $\boldsymbol{\Phi}(s)$,其逆变换的意义将在时域法中进一步讨论。

例 8.4-1 描述 LTI 系统的状态方程和输出方程为

$$\begin{bmatrix}\dot{x}_1(t)\\\dot{x}_2(t)\end{bmatrix}=\begin{bmatrix}-1 & 2\\-1 & -4\end{bmatrix}\begin{bmatrix}x_1(t)\\x_2(t)\end{bmatrix}+\begin{bmatrix}0\\1\end{bmatrix}[f(t)]$$

$$[y(t)]=[1\quad 1]\begin{bmatrix}x_1\\x_2\end{bmatrix}+[1][f(t)]$$

初始状态 $x_1(0_-)=3,x_2(0_-)=2$,输入 $f(t)=\delta(t)$。试求系统的状态变量和输出。

解 矩阵

$$(s\boldsymbol{I}-\boldsymbol{A})=s\begin{bmatrix}1 & 0\\0 & 1\end{bmatrix}-\begin{bmatrix}-1 & 2\\-1 & -4\end{bmatrix}=\begin{bmatrix}s+1 & -2\\1 & s+4\end{bmatrix}$$

由此求预解矩阵 $\boldsymbol{\Phi}(s)$,这时需要用到伴随矩阵 adj 和行列式 det 的概念。

$$\boldsymbol{\Phi}(s)=(s\boldsymbol{I}-\boldsymbol{A})^{-1}=\frac{\mathrm{adj}(s\boldsymbol{I}-\boldsymbol{A})}{\det(s\boldsymbol{I}-\boldsymbol{A})}$$

$$=\frac{1}{(s+2)(s+3)}\begin{bmatrix}s+4 & 2\\-1 & s+1\end{bmatrix}$$

将此结果代入式(8.4-3)得

$$\boldsymbol{X}(s)=\boldsymbol{\Phi}(s)[\boldsymbol{x}(0_-)+\boldsymbol{BF}(s)]$$

$$=\frac{1}{(s+2)(s+3)}\begin{bmatrix}s+4 & 2\\-1 & s+1\end{bmatrix}\left[\begin{bmatrix}3\\2\end{bmatrix}+\begin{bmatrix}0\\1\end{bmatrix}[1]\right]$$

$$=\frac{1}{(s+2)(s+3)}\begin{bmatrix}s+4 & 2\\-1 & s+1\end{bmatrix}\begin{bmatrix}3\\3\end{bmatrix}$$

$$=\begin{bmatrix}\dfrac{3(s+6)}{(s+2)(s+3)}\\[2ex]\dfrac{3s}{(s+2)(s+3)}\end{bmatrix}=\begin{bmatrix}\dfrac{12}{s+2}-\dfrac{9}{s+3}\\[2ex]-\dfrac{6}{s+2}+\dfrac{9}{s+3}\end{bmatrix}$$

求逆变换,得

$$\boldsymbol{x}(t)=\begin{bmatrix}12\mathrm{e}^{-2t}-9\mathrm{e}^{-3t}\\-6\mathrm{e}^{-2t}+9\mathrm{e}^{-3t}\end{bmatrix}\varepsilon(t)$$

由于输出方程比较简单,当状态矢量求得之后,直接将状态矢量代入输出方程即可求出系统的输出

$$y(t)=[1\quad 1]\boldsymbol{x}(t)+f(t)=[1\quad 1]\begin{bmatrix}12\mathrm{e}^{-2t}-9\mathrm{e}^{-3t}\\9\mathrm{e}^{-3t}-6\mathrm{e}^{-2t}\end{bmatrix}\varepsilon(t)+\delta(t)$$

$$=\delta(t)+6\mathrm{e}^{-2t}\varepsilon(t)$$

二、系统函数矩阵 $\boldsymbol{H}(s)$ 与系统稳定性的判断

由式(8.4-11)可看出,零状态响应 $\boldsymbol{y}_{zs}(t)$ 的像函数 $\boldsymbol{Y}_{zs}(s)$ 为

$$\boldsymbol{Y}_{zs}(s)=[\boldsymbol{C\Phi}(s)\boldsymbol{B}+\boldsymbol{D}]\boldsymbol{F}(s)=\boldsymbol{H}(s)\boldsymbol{F}(s) \tag{8.4-12}$$

式中

$$\boldsymbol{H}(s)\overset{\text{def}}{=\!=\!=}\boldsymbol{C\Phi}(s)\boldsymbol{B}+\boldsymbol{D} \tag{8.4-13}$$

它是一个 $q\times p$ 阶矩阵,常称为系统的系统函数矩阵或转移函数矩阵。可写为

$$\boldsymbol{H}(s)=\begin{bmatrix} H_{11}(s) & H_{12}(s) & \cdots & H_{1p}(s) \\ H_{21}(s) & H_{22}(s) & \cdots & H_{2p}(s) \\ \vdots & \vdots & & \vdots \\ H_{q1}(s) & H_{q2}(s) & \cdots & H_{qp}(s) \end{bmatrix} \tag{8.4-14}$$

系统函数矩阵中第 i 行第 j 列的元素

$$H_{ij}(s)=\frac{\text{由第 } j \text{ 个输入所引起的第 } i \text{ 个输出 } Y_i(s) \text{ 的响应分量}}{\text{第 } j \text{ 个输入 } F_j(s)}$$

称为第 i 个输出相对于第 j 个输入的转移函数。

由于

$$\boldsymbol{\Phi}(s)=(s\boldsymbol{I}-\boldsymbol{A})^{-1}=\frac{\operatorname{adj}(s\boldsymbol{I}-\boldsymbol{A})}{\det(s\boldsymbol{I}-\boldsymbol{A})}$$

代入式(8.4-13)得

$$\boldsymbol{H}(s)=\frac{\boldsymbol{C}\operatorname{adj}(s\boldsymbol{I}-\boldsymbol{A})\boldsymbol{B}+\boldsymbol{D}\det(s\boldsymbol{I}-\boldsymbol{A})}{\det(s\boldsymbol{I}-\boldsymbol{A})}$$

多项式 $\det(s\boldsymbol{I}-\boldsymbol{A})$ 就是系统的特征多项式,所以 $\boldsymbol{H}(s)$ 的极点就是特征方程

$$\det(s\boldsymbol{I}-\boldsymbol{A})=0 \tag{8.4-15}$$

的根,即系统的特征根。判断特征根是否在左半平面可以判断因果系统是否稳定,可见系统是否稳定只与状态方程中的系统矩阵 $\boldsymbol{A}$ 有关。

例 8.4-2 描述某因果系统的状态方程为

$$\dot{\boldsymbol{x}}(t)=\begin{bmatrix} 0 & 1 \\ -K & -1 \end{bmatrix}\boldsymbol{x}(t)+\begin{bmatrix} 1 & 2 \\ 4 & 5 \end{bmatrix}\boldsymbol{f}(t)$$

求常数 K 在什么范围内取值系统是稳定的?

解 系统的特征多项式

$$\det(s\boldsymbol{I}-\boldsymbol{A})=\det\begin{bmatrix} s & -1 \\ K & s+1 \end{bmatrix}=s^2+s+K$$

特征方程为

$$s^2+s+K=0$$

特征根为

$$s_{1,2}=-\frac{1}{2}\pm\frac{1}{2}\sqrt{1-4K}$$

为使系统的特征根都在 s 的左半平面,则有

$$1-4K<1$$

解得 $K>0$,即当 $K>0$ 时系统稳定。

例 8.4-3 描述二阶连续系统的动态方程为

$$\dot{\boldsymbol{x}}(t)=\begin{bmatrix}0 & -2\\ 1 & -2\end{bmatrix}\boldsymbol{x}(t)+\begin{bmatrix}1\\ 0\end{bmatrix}\boldsymbol{f}(t)$$

$$\boldsymbol{y}(t)=[1\quad 1]\boldsymbol{x}(t)$$

求描述该系统输入、输出的微分方程。

解 只要求得描述系统输入、输出关系的系统函数,就不难写出其微分方程。由式(8.4-13)

$$\boldsymbol{H}(s)=\boldsymbol{C\Phi}(s)\boldsymbol{B}+\boldsymbol{D}$$

考虑到 $\boldsymbol{D}=0$ 和

$$\boldsymbol{\Phi}(s)=(s\boldsymbol{I}-\boldsymbol{A})^{-1}=\begin{bmatrix}s & 2\\ -1 & s+2\end{bmatrix}^{-1}=\frac{1}{s^2+2s+2}\begin{bmatrix}s+2 & -2\\ 1 & s\end{bmatrix}$$

可得

$$\boldsymbol{H}(s)=[1\quad 1]\frac{1}{s^2+2s+2}\begin{bmatrix}s+2 & -2\\ 1 & s\end{bmatrix}\begin{bmatrix}1\\ 0\end{bmatrix}=\frac{s+3}{s^2+2s+2}$$

于是得描述该系统的微分方程为

$$y^{(2)}(t)+2y^{(1)}(t)+2y(t)=f^{(1)}(t)+3f(t)$$

§ 8.5 离散系统状态方程的求解

离散系统状态方程和输出方程的矩阵形式分别为

$$\boldsymbol{x}(k+1)=\boldsymbol{Ax}(k)+\boldsymbol{Bf}(k)\tag{8.5-1}$$

$$\boldsymbol{y}(k)=\boldsymbol{Cx}(k)+\boldsymbol{Df}(k)\tag{8.5-2}$$

与连续系统类似,离散系统状态方程的求解方法有时域法和 z 变换法两种。本节主要介绍简便的 z 变换法。

一、用 z 变换求解离散系统的状态方程

与连续系统的拉普拉斯变换法类似,对离散系统用单边 z 变换求解状态方程也比较简便。

考虑初始状态矢量为 $\boldsymbol{x}(0)$,$k=0$ 接入激励的因果系统,对其状态方程式(8.5-1)和输出方程式(8.5-2)分别取单边 z 变换,有

$$z\boldsymbol{X}(z)-z\boldsymbol{x}(0)=\boldsymbol{AX}(z)+\boldsymbol{BF}(z)\tag{8.5-3}$$

$$\boldsymbol{Y}(z)=\boldsymbol{CX}(z)+\boldsymbol{DF}(z)\tag{8.5-4}$$

式中 $\boldsymbol{X}(z)$、$\boldsymbol{F}(z)$、$\boldsymbol{Y}(z)$分别是 $\boldsymbol{x}(k)$、$\boldsymbol{f}(k)$、$\boldsymbol{y}(k)$的单边 z 变换。

对式(8.5-3)移项得

$$(z\boldsymbol{I}-\boldsymbol{A})\boldsymbol{X}(z)=z\boldsymbol{x}(0)+\boldsymbol{BF}(z)$$

等号两边左乘$(z\boldsymbol{I}-\boldsymbol{A})^{-1}$,得

$$\boldsymbol{X}(z)=(z\boldsymbol{I}-\boldsymbol{A})^{-1}z\boldsymbol{x}(0)+(z\boldsymbol{I}-\boldsymbol{A})^{-1}\boldsymbol{BF}(z) \tag{8.5-5}$$

为了方便,定义

$$\boldsymbol{\Phi}(z)\stackrel{\text{def}}{=\!=}(z\boldsymbol{I}-\boldsymbol{A})^{-1}z \tag{8.5-6}$$

可称为预解矩阵[注意与连续系统中的预解矩阵$\boldsymbol{\Phi}(s)$的区别]。于是可以将式(8.5-5)简写为

$$\boldsymbol{X}(z)=\boldsymbol{\Phi}(z)\boldsymbol{x}(0)+z^{-1}\boldsymbol{\Phi}(z)\boldsymbol{BF}(z) \tag{8.5-7}$$

对式(8.5-7)取逆z变换,得状态矢量的解为

$$\begin{aligned}\boldsymbol{x}(k)&=\mathscr{Z}^{-1}[\boldsymbol{\Phi}(z)\boldsymbol{x}(0)]+\mathscr{Z}^{-1}[z^{-1}\boldsymbol{\Phi}(z)\boldsymbol{BF}(z)]\\&=\boldsymbol{x}_{zi}(k)+\boldsymbol{x}_{zs}(k)\end{aligned} \tag{8.5-8}$$

式中

$$\boldsymbol{x}_{zi}(k)=\mathscr{Z}^{-1}[\boldsymbol{\Phi}(z)\boldsymbol{x}(0)] \tag{8.5-9}$$

$$\boldsymbol{x}_{zs}(k)=\mathscr{Z}^{-1}[z^{-1}\boldsymbol{\Phi}(z)\boldsymbol{BF}(z)] \tag{8.5-10}$$

分别是状态矢量的零输入解和零状态解。

将式(8.5-7)代入式(8.5-4)可得输出的像函数为

$$\boldsymbol{Y}(z)=\boldsymbol{C\Phi}(z)\boldsymbol{x}(0)+\boldsymbol{C}z^{-1}\boldsymbol{\Phi}(z)\boldsymbol{BF}(z)+\boldsymbol{DF}(z)$$

对上式取逆z变换,可求出系统的响应为

$$\boldsymbol{y}(k)=\mathscr{Z}^{-1}[\boldsymbol{C\Phi}(z)\boldsymbol{x}(0)]+\mathscr{Z}^{-1}\{[\boldsymbol{C}z^{-1}\boldsymbol{\Phi}(z)\boldsymbol{B}+\boldsymbol{D}]\boldsymbol{F}(z) \tag{8.5-11}$$

容易看出,上式第一项是系统的零输入响应矢量$\boldsymbol{y}_{zi}(k)$,第二项是系统的零状态响应矢量$\boldsymbol{y}_{zs}(k)$,即

$$\boldsymbol{y}_{zi}(k)=\mathscr{Z}^{-1}[\boldsymbol{C\Phi}(z)\boldsymbol{x}(0)] \tag{8.5-12}$$

$$\boldsymbol{y}_{zs}(k)=\mathscr{Z}^{-1}[(\boldsymbol{C}z^{-1}\boldsymbol{\Phi}(z)\boldsymbol{B}+\boldsymbol{D})\boldsymbol{F}(z)] \tag{8.5-13}$$

例 8.5-1　已知某离散因果系统的状态方程和输出方程分别为

$$\begin{bmatrix}x_1(k+1)\\x_2(k+1)\end{bmatrix}=\begin{bmatrix}0&1\\-6&5\end{bmatrix}\begin{bmatrix}x_1(k)\\x_2(k)\end{bmatrix}+\begin{bmatrix}0\\1\end{bmatrix}f(k)$$

$$\begin{bmatrix}y_1(k)\\y_2(k)\end{bmatrix}=\begin{bmatrix}1&1\\2&-1\end{bmatrix}\begin{bmatrix}x_1(k)\\x_2(k)\end{bmatrix}$$

初始状态为$\begin{bmatrix}x_1(0)\\x_2(0)\end{bmatrix}=\begin{bmatrix}1\\2\end{bmatrix}$,激励$f(k)=\varepsilon(k)$。求状态方程的解和系统的输出。

解　$$\boldsymbol{\Phi}(z)=[z\boldsymbol{I}-\boldsymbol{A}]^{-1}z=\begin{bmatrix}\dfrac{z^2-5z}{(z-2)(z-3)}&\dfrac{z}{(z-2)(z-3)}\\\dfrac{-6z}{(z-2)(z-3)}&\dfrac{z^2}{(z-2)(z-3)}\end{bmatrix}$$

$$
\begin{aligned}
\boldsymbol{X}(z) &= \boldsymbol{\Phi}(z)[\boldsymbol{x}(0) + z^{-1}\boldsymbol{B}\boldsymbol{F}(z)] \\
&= \begin{bmatrix} \dfrac{z^2-5z}{(z-2)(z-3)} & \dfrac{z}{(z-2)(z-3)} \\ \dfrac{-6z}{(z-2)(z-3)} & \dfrac{z^2}{(z-2)(z-3)} \end{bmatrix} \left[\begin{bmatrix}1\\2\end{bmatrix} + z^{-1}\begin{bmatrix}0\\1\end{bmatrix}\frac{z}{z-1}\right] \\
&= \begin{bmatrix} \dfrac{z^2-5z}{(z-2)(z-3)} & \dfrac{z}{(z-2)(z-3)} \\ \dfrac{-6z}{(z-2)(z-3)} & \dfrac{z^2}{(z-2)(z-3)} \end{bmatrix} \begin{bmatrix} 1 \\ \dfrac{2z-1}{z-1} \end{bmatrix} \\
&= \begin{bmatrix} \dfrac{z(z-2)}{(z-1)(z-3)} \\ \dfrac{z(2z-3)}{(z-1)(z-3)} \end{bmatrix} = \begin{bmatrix} \dfrac{\frac{1}{2}z}{z-1} + \dfrac{\frac{1}{2}z}{z-3} \\ \dfrac{\frac{1}{2}z}{z-1} + \dfrac{\frac{3}{2}z}{z-3} \end{bmatrix}
\end{aligned}
$$

故

$$
\boldsymbol{x}(k) = \begin{bmatrix} \frac{1}{2}[1+(3)^k] \\ \frac{1}{2}[1+3(3)^k] \end{bmatrix} \varepsilon(k)
$$

由于输出方程比较简单,当状态矢量求得之后,直接将状态矢量代入输出方程即可求出系统的输出。

$$
\begin{aligned}
\begin{bmatrix} y_1(k) \\ y_2(k) \end{bmatrix} &= \begin{bmatrix} 1 & 1 \\ 2 & -1 \end{bmatrix} \begin{bmatrix} x_1(k) \\ x_2(k) \end{bmatrix} = \begin{bmatrix} 1 & 1 \\ 2 & -1 \end{bmatrix} \begin{bmatrix} \frac{1}{2}[1+(3)^k] \\ \frac{1}{2}[1+3(3)^k] \end{bmatrix} \varepsilon(k) \\
&= \begin{bmatrix} 1+2(3)^k \\ \frac{1}{2}[1-(3)^k] \end{bmatrix} \varepsilon(k)
\end{aligned}
$$

二、系统函数矩阵 $\boldsymbol{H}(z)$ 与系统稳定性的判断

由式(8.5-13)可看出,零状态响应 $\boldsymbol{y}_{zs}(k)$ 的像函数 $\boldsymbol{Y}_{zs}(z)$ 为

$$
\boldsymbol{Y}_{zs}(z) = [\boldsymbol{C}z^{-1}\boldsymbol{\Phi}(z)\boldsymbol{B} + \boldsymbol{D}]\boldsymbol{F}(z) = \boldsymbol{H}(z)\boldsymbol{F}(z) \tag{8.5-14}
$$

式中

$$
\boldsymbol{H}(z) \overset{\text{def}}{=\!=} \boldsymbol{C}z^{-1}\boldsymbol{\Phi}(z)\boldsymbol{B} + \boldsymbol{D} \tag{8.5-15}
$$

它是一个 $q\times p$ 阶矩阵,常称为系统的系统函数矩阵或转移函数矩阵。容易推出其逆 z 变换就是单位样值响应矩阵 $\boldsymbol{h}(k)$,即

$$
\mathscr{Z}[\boldsymbol{h}(k)] = \boldsymbol{H}(z) = \boldsymbol{C}z^{-1}\boldsymbol{\Phi}(z)\boldsymbol{B} + \boldsymbol{D} = \boldsymbol{C}(z\boldsymbol{I} - \boldsymbol{A})^{-1}\boldsymbol{B} + \boldsymbol{D} \tag{8.5-16}
$$

由于

$$(z\boldsymbol{I}-\boldsymbol{A})^{-1}=\frac{\operatorname{adj}(z\boldsymbol{I}-\boldsymbol{A})}{\det(z\boldsymbol{I}-\boldsymbol{A})}$$

代入式(8.5-16)得

$$\boldsymbol{H}(z)=\frac{\boldsymbol{C}\operatorname{adj}(z\boldsymbol{I}-\boldsymbol{A})\boldsymbol{B}+\boldsymbol{D}\det(z\boldsymbol{I}-\boldsymbol{A})}{\det(z\boldsymbol{I}-\boldsymbol{A})}$$

可见,多项式 $\det(z\boldsymbol{I}-\boldsymbol{A})$ 就是系统的特征多项式,所以 $\boldsymbol{H}(z)$ 的极点就是特征方程

$$\det(z\boldsymbol{I}-\boldsymbol{A})=0 \tag{8.5-17}$$

的根,即系统的特征根。判断特征根是否在 z 平面的单位圆内可以判断因果系统是否稳定。可见系统是否稳定只有状态方程中的系统矩阵 $\boldsymbol{A}$ 有关。

例 8.5-2 描述某因果系统的状态方程为

$$\boldsymbol{x}(k+1)=\begin{bmatrix}0 & \frac{1}{6}\\ -1 & -\frac{5}{6}\end{bmatrix}\boldsymbol{x}(k)+\begin{bmatrix}1 & 2\\ 4 & 5\end{bmatrix}\boldsymbol{f}(k)$$

试判断该系统是否稳定。

解 系统的特征多项式为

$$p(z)=\det(z\boldsymbol{I}-\boldsymbol{A})=\det\begin{bmatrix}z & -\frac{1}{6}\\ 1 & z+\frac{5}{6}\end{bmatrix}=z^2+\frac{5}{6}z+\frac{1}{6}=\left(z+\frac{1}{3}\right)\left(z+\frac{1}{2}\right)$$

系统的特征根为 $z_1=-\frac{1}{3}$、$z_2=-\frac{1}{2}$,它们均在 z 平面的单位圆内,故该因果系统稳定。

*§8.6 系统的可控制性和可观测性

本节讨论状态矢量的线性变换,作为它的应用,简单介绍现代控制理论中两个非常重要的概念——可控制性和可观测性。

一、状态矢量的线性变换

在建立系统的状态方程时,同一系统可以选择不同的状态矢量,列出不同的状态方程。显然,这些不同的状态方程既然描述的是同一系统,那么,这些不同的状态矢量之间应有一定的关系。实际上,对同一系统而言,不同的状态矢量之间存在着线性变换关系。这种线性变换对于简化系统分析是非常有用的。

例 8.6-1 描述线性时不变系统的动态方程为

$$\begin{bmatrix}\dot{x}_1\\ \dot{x}_2\end{bmatrix}=\begin{bmatrix}-1 & 2\\ -1 & -4\end{bmatrix}\begin{bmatrix}x_1\\ x_2\end{bmatrix}+\begin{bmatrix}0\\ 1\end{bmatrix}[f] \tag{8.6-1}$$

$$[y]=[1\quad 1]\begin{bmatrix}x_1\\x_2\end{bmatrix}+[1][f] \tag{8.6-2}$$

若另选一组状态变量 g_1 和 g_2，它与原状态变量满足下列线性变换关系

$$\begin{bmatrix}g_1\\g_2\end{bmatrix}=\begin{bmatrix}1&1\\1&2\end{bmatrix}\begin{bmatrix}x_1\\x_2\end{bmatrix}$$

求出用 g_1 和 g_2 表示的动态方程。

解 由于

$$\boldsymbol{g}(t)=\begin{bmatrix}g_1\\g_2\end{bmatrix}=\begin{bmatrix}1&1\\1&2\end{bmatrix}\begin{bmatrix}x_1\\x_2\end{bmatrix}=\begin{bmatrix}1&1\\1&2\end{bmatrix}\boldsymbol{x}(t) \tag{8.6-3}$$

因此有

$$\boldsymbol{x}(t)=\begin{bmatrix}1&1\\1&2\end{bmatrix}^{-1}\boldsymbol{g}(t)=\begin{bmatrix}2&-1\\-1&1\end{bmatrix}\boldsymbol{g}(t) \tag{8.6-4}$$

对式(8.6-3)求导，并将式(8.6-1)代入，可得

$$\dot{\boldsymbol{g}}(t)=\begin{bmatrix}1&1\\1&2\end{bmatrix}\dot{\boldsymbol{x}}(t)=\begin{bmatrix}1&1\\1&2\end{bmatrix}\left[\begin{bmatrix}-1&2\\-1&-4\end{bmatrix}\boldsymbol{x}(t)+\begin{bmatrix}0\\1\end{bmatrix}f(t)\right]$$

将式(8.6-4)代入上式和式(8.6-2)可得以 $\boldsymbol{g}(t)$ 为状态矢量的状态方程和输出方程

$$\begin{aligned}\dot{\boldsymbol{g}}(t)&=\begin{bmatrix}1&1\\1&2\end{bmatrix}\begin{bmatrix}-1&2\\-1&-4\end{bmatrix}\begin{bmatrix}2&-1\\-1&1\end{bmatrix}\boldsymbol{g}(t)+\begin{bmatrix}1&1\\1&2\end{bmatrix}\begin{bmatrix}0\\1\end{bmatrix}f(t)\\&=\begin{bmatrix}-2&0\\0&-3\end{bmatrix}\boldsymbol{g}(t)+\begin{bmatrix}1\\2\end{bmatrix}f(t)\end{aligned}$$

和

$$[y]=[1\quad 1]\begin{bmatrix}2&-1\\-1&1\end{bmatrix}\boldsymbol{g}(t)+[1][f]=[1\quad 0]\boldsymbol{g}(t)+[1][f]$$

可见联系两组状态矢量的矩阵$\begin{bmatrix}1&1\\1&2\end{bmatrix}$必须为非奇异矩阵。

一般而言，对于动态方程

$$\dot{\boldsymbol{x}}(t)=\boldsymbol{A}\boldsymbol{x}(t)+\boldsymbol{B}\boldsymbol{f}(t) \tag{8.6-5}$$

$$\boldsymbol{y}(t)=\boldsymbol{C}\boldsymbol{x}(t)+\boldsymbol{D}\boldsymbol{f}(t) \tag{8.6-6}$$

有非奇异矩阵 $\boldsymbol{P}$(称为模态矩阵或变换矩阵)，使状态矢量 $\boldsymbol{x}(t)$ 经线性变换成为新状态矢量 $\boldsymbol{g}(t)$①。

$$\boldsymbol{g}(t)=\boldsymbol{P}^{-1}\boldsymbol{x}(t) \tag{8.6-7}$$

显然有

$$\boldsymbol{x}(t)=\boldsymbol{P}\boldsymbol{g}(t) \tag{8.6-8}$$

对式(8.6-7)求导，并将式(8.6-5)代入，可得

$$\dot{\boldsymbol{g}}(t)=\boldsymbol{P}^{-1}\dot{\boldsymbol{x}}(t)=\boldsymbol{P}^{-1}\boldsymbol{A}\boldsymbol{x}(t)+\boldsymbol{P}^{-1}\boldsymbol{B}\boldsymbol{f}(t)$$

将式(8.6-8)代入上式和式(8.6-6)可得用状态矢量 $\boldsymbol{g}(t)$ 表示的状态方程和输出方程为

① 这里用 $\boldsymbol{P}^{-1}$ 是为了与线性代数中相似变换的形式一致。

$$\dot{\boldsymbol{g}}(t)=\boldsymbol{P}^{-1}\boldsymbol{A}\boldsymbol{P}\boldsymbol{g}(t)+\boldsymbol{P}^{-1}\boldsymbol{B}\boldsymbol{f}(t)=\boldsymbol{A}_{g}\boldsymbol{g}(t)+\boldsymbol{B}_{g}\boldsymbol{f}(t) \tag{8.6-9}$$

$$\boldsymbol{y}(t)=\boldsymbol{C}\boldsymbol{P}\boldsymbol{g}(t)+\boldsymbol{D}\boldsymbol{f}(t)=\boldsymbol{C}_{g}\boldsymbol{g}(t)+\boldsymbol{D}_{g}\boldsymbol{f}(t) \tag{8.6-10}$$

由此可见在新状态矢量下,状态方程和输出方程中的系数矩阵 $\boldsymbol{A}_g$、$\boldsymbol{B}_g$、$\boldsymbol{C}_g$、$\boldsymbol{D}_g$ 与原方程的 $\boldsymbol{A}$、$\boldsymbol{B}$、$\boldsymbol{C}$、$\boldsymbol{D}$ 之间满足

$$\begin{cases}\boldsymbol{A}_g=\boldsymbol{P}^{-1}\boldsymbol{A}\boldsymbol{P}\\ \boldsymbol{B}_g=\boldsymbol{P}^{-1}\boldsymbol{B}\\ \boldsymbol{C}_g=\boldsymbol{C}\boldsymbol{P}\\ \boldsymbol{D}_g=\boldsymbol{D}\end{cases} \tag{8.6-11}$$

由式(8.6-11)可见,新状态矢量下的系统矩阵 $\boldsymbol{A}_g$ 与原系统矩阵 $\boldsymbol{A}$ 为相似矩阵。由于相似矩阵不改变矩阵的特征值,故作为表征系统特性的特征值不因选择不同的状态矢量而改变。

系统的转移函数描述系统输入与输出之间的关系,与状态矢量的选择无关。因此对同一系统选择不同的状态矢量描述时,其系统转移函数应是相同的。也可证明如下:

用状态矢量 $\boldsymbol{g}(t)$ 描述系统时,系统的转移函数为

$$\boldsymbol{H}_g(s)=\boldsymbol{C}_g[s\boldsymbol{I}-\boldsymbol{A}_g]^{-1}\boldsymbol{B}_g+\boldsymbol{D}_g$$

将式(8.6-11)的关系代入到上式,有

$$\begin{aligned}\boldsymbol{H}_g(s)&=\boldsymbol{C}\boldsymbol{P}(s\boldsymbol{I}-\boldsymbol{P}^{-1}\boldsymbol{A}\boldsymbol{P})^{-1}\boldsymbol{P}^{-1}\boldsymbol{B}+\boldsymbol{D}\\&=\boldsymbol{C}(\boldsymbol{P}^{-1})^{-1}(s\boldsymbol{I}-\boldsymbol{P}^{-1}\boldsymbol{A}\boldsymbol{P})^{-1}\boldsymbol{P}^{-1}\boldsymbol{B}+\boldsymbol{D}\\&=\boldsymbol{C}[\boldsymbol{P}(s\boldsymbol{I}-\boldsymbol{P}^{-1}\boldsymbol{A}\boldsymbol{P})\boldsymbol{P}^{-1}]^{-1}\boldsymbol{B}+\boldsymbol{D}\\&=\boldsymbol{C}[s\boldsymbol{P}\boldsymbol{I}\boldsymbol{P}^{-1}-\boldsymbol{P}\boldsymbol{P}^{-1}\boldsymbol{A}\boldsymbol{P}\boldsymbol{P}^{-1}]^{-1}\boldsymbol{B}+\boldsymbol{D}\\&=\boldsymbol{C}[s\boldsymbol{I}-\boldsymbol{A}]^{-1}\boldsymbol{B}+\boldsymbol{D}\\&=\boldsymbol{H}(s)\end{aligned} \tag{8.6-12}$$

以上是以连续系统为例说明状态矢量的线性变换特性,其方法和结论同样适用于离散系统。

当系统的特征根均为单根时,常用的线性变换是将系统矩阵 $\boldsymbol{A}$ 变换为对角阵。下面举例说明具体变换方法。

例 8.6-2 已知描述某系统的系统矩阵为

$$\boldsymbol{A}=\begin{bmatrix}5&6\\-2&-2\end{bmatrix}$$

试将其变换为对角阵。

解 系统的特征多项式为

$$\det(\lambda\boldsymbol{I}-\boldsymbol{A})=\det\begin{bmatrix}\lambda-5&-6\\2&\lambda+2\end{bmatrix}=(\lambda-1)(\lambda-2)$$

$\boldsymbol{A}$ 的特征根为 $\lambda_1=1$、$\lambda_2=2$。

对应于 $\lambda_1=1$ 的特征矢量 $[\xi_{11},\xi_{21}]^{\mathrm{T}}$ 满足方程

$$(\lambda_1\boldsymbol{I}-\boldsymbol{A})\begin{bmatrix}\xi_{11}\\\xi_{21}\end{bmatrix}=\boldsymbol{0}$$

即

$$\begin{bmatrix}1-5&-6\\2&1+2\end{bmatrix}\begin{bmatrix}\xi_{11}\\\xi_{21}\end{bmatrix}=\begin{bmatrix}0\\0\end{bmatrix}$$

于是有

$$-4\xi_{11}-6\xi_{21}=0$$
$$2\xi_{11}+3\xi_{21}=0$$

可见，属于 $\lambda_1=1$ 的特征矢量是多解的，选 $\xi_{11}=3$，则 $\xi_{21}=-2$。

对应于 $\lambda_2=2$ 的特征矢量 $[\xi_{12},\xi_{22}]^{\mathrm{T}}$ 满足方程

$$(\lambda_2\boldsymbol{I}-\boldsymbol{A})\begin{bmatrix}\xi_{12}\\ \xi_{22}\end{bmatrix}=\boldsymbol{0}$$

即

$$\begin{bmatrix}2-5 & -6\\ 2 & 2+2\end{bmatrix}\begin{bmatrix}\xi_{12}\\ \xi_{22}\end{bmatrix}=\begin{bmatrix}0\\ 0\end{bmatrix}$$

于是有

$$-3\xi_{12}-6\xi_{22}=0$$
$$2\xi_{12}+4\xi_{22}=0$$

可见，属于 $\lambda_2=2$ 的特征矢量也是多解的，选 $\xi_{12}=2$，则 $\xi_{22}=-1$。

由此构成的模态矩阵

$$\boldsymbol{P}=\begin{bmatrix}\xi_{11} & \xi_{12}\\ \xi_{21} & \xi_{22}\end{bmatrix}=\begin{bmatrix}3 & 2\\ -2 & -1\end{bmatrix}$$

$$\boldsymbol{P}^{-1}=\begin{bmatrix}-1 & -2\\ 2 & 3\end{bmatrix}$$

所以有

$$\boldsymbol{A}_{\mathrm{g}}=\boldsymbol{P}^{-1}\boldsymbol{A}\boldsymbol{P}=\begin{bmatrix}-1 & -2\\ 2 & 3\end{bmatrix}\begin{bmatrix}5 & 6\\ -2 & -2\end{bmatrix}\begin{bmatrix}3 & 2\\ -2 & -1\end{bmatrix}=\begin{bmatrix}1 & 0\\ 0 & 2\end{bmatrix}$$

可见，对角阵 $\boldsymbol{A}_{\mathrm{g}}$ 中对角线上的值就是系统的特征根。

二、系统的可控制性和可观测性

可控制性和可观测性是现代控制理论中两个很重要的基本概念。用状态方程和输出方程描述系统时，将着重考虑系统内部各状态变化的情况。其中，状态方程描述了输入作用所引起系统状态的变化情况，这就存在一个问题，系统的全部状态是否都能由输入来控制，即系统能否在有限时间内，在输入的作用下从某一状态转移到另一指定状态，这就是可控制性问题。输出方程描述了输出随状态变化的情况，那么能否通过观测有限时间内的输出值来确定出系统的状态，这就是可观测性问题。

下面先从一个典型实例来直观认识可控制性和可观测性，然后再给出严格定义和判断方法。

1. 可控制性和可观测性的直观认识

例 8.6-3 某离散系统的状态方程和输出方程为

$$\begin{bmatrix}x_1(k+1)\\ x_2(k+1)\end{bmatrix}=\begin{bmatrix}-1 & 0\\ 0 & -2\end{bmatrix}\begin{bmatrix}x_1(k)\\ x_2(k)\end{bmatrix}+\begin{bmatrix}1 & 1\\ 0 & 0\end{bmatrix}\begin{bmatrix}f_1(k)\\ f_2(k)\end{bmatrix}$$

$$[y(k)]=[1\quad 0]\begin{bmatrix}x_1(k)\\ x_2(k)\end{bmatrix}+[1\quad 0]\begin{bmatrix}f_1(k)\\ f_2(k)\end{bmatrix}$$

试讨论输入对各状态变量的控制情况和通过观测输出 $y(k)$ 了解系统内部状态的情况。

解 由状态方程

$$x_1(k+1)=-x_1(k)+f_1(k)+f_2(k)$$
$$x_2(k+1)=-2x_2(k)$$

容易看出，状态变量 $x_1(k)$ 直接受输入 $f_1(k)$ 和 $f_2(k)$ 的控制，因此从某一状态开始，选择适当的输入，经过有限的迭代即可转移到所指定的状态。而 $x_2(k)$ 不受输入的控制，并且与 $x_1(k)$ 无关，因此不能通过输入的控制作用使它转移到某个指定状态。故可以说，状态变量 $x_1(k)$ 是可控制的，而 $x_2(k)$ 是不可控制的。

由输出方程

$$y(k)=x_1(k)+f_1(k)$$

可看出，在已知输入的情况下，可从输出 $y(k)$ 中观测到 $x_1(k)$ 的变化情况，但想了解 $x_2(k)$ 的变化情况是不可能的。因此，可以说 $x_1(k)$ 是可观测的，$x_2(k)$ 是不可观测的。

由上例讨论可见，当系统矩阵 $\boldsymbol{A}$ 为对角阵时，由于各状态变量之间没有联系，因此可以直接从控制矩阵 $\boldsymbol{B}$ 中的 0 元素来判断对应状态变量的可控制性，如果 $\boldsymbol{B}$ 中第 i 行的元素都为 0，则第 i 个状态变量是不可控制的；而可以直接从输出矩阵 $\boldsymbol{C}$ 中 0 元素来判断对应状态变量的可观测性，如果 $\boldsymbol{C}$ 中第 i 列的元素都为 0，则第 i 个状态变量是不可观测的。

2. 系统的可控制性定义及其判别方法

系统的可控制性也称为能控制性，简称可控性或能控性。可定义为：当系统用状态方程描述时，给定系统的任意初始状态，如果存在一个输入矢量 $\boldsymbol{f}(\cdot)$，在有限时间内把系统的全部状态引向状态空间的原点[即零状态 $\boldsymbol{x}(\cdot)=\boldsymbol{0}$]，则称系统是完全可控的，简称系统可控。如果只对部分状态变量能做到这一点，则称系统是不完全可控的。

如何判断一个系统是否可控？

前面的实例 8.6-3 实际上已经给出了一种判别方法。如果系统矩阵 $\boldsymbol{A}$ 为对角阵，则系统可控的充分必要条件是其相应的控制矩阵 $\boldsymbol{B}$ 中没有任何一行元素全部为零。如果系统矩阵 $\boldsymbol{A}$ 不是对角阵，并且其特征值互不相同，则可通过非奇异阵 $\boldsymbol{P}$ 将它化为对角阵 $\boldsymbol{A}_g$，这时控制矩阵 $\boldsymbol{B}$ 化为 $\boldsymbol{B}_g=\boldsymbol{P}^{-1}\boldsymbol{B}$，从而得到系统可控的充分必要条件是 $\boldsymbol{P}^{-1}\boldsymbol{B}$ 中没有任何一行元素全部为零。

更为一般的，为判别任意 n 阶系统是否可控，将矩阵 $\boldsymbol{A}$、$\boldsymbol{B}$ 组成可控性判别矩阵

$$\boldsymbol{M}_c=[\boldsymbol{B}\quad \boldsymbol{AB}\quad \boldsymbol{A}^2\boldsymbol{B}\quad \cdots\quad \boldsymbol{A}^{n-1}\boldsymbol{B}] \tag{8.6-13}$$

系统可控的充分必要条件是 $\boldsymbol{M}_c$ 满秩，即

$$\operatorname{rank}\boldsymbol{M}_c=\operatorname{rank}[\boldsymbol{B}\quad \boldsymbol{AB}\quad \boldsymbol{A}^2\boldsymbol{B}\quad \cdots\quad \boldsymbol{A}^{n-1}\boldsymbol{B}]=n \tag{8.6-14}$$

该结论的证明可参阅有关现代控制理论方面的书籍。

例 8.6-4 给定下面两个连续系统

(a) $\dot{\boldsymbol{x}}(t)=\begin{bmatrix}2 & 1\\0 & 3\end{bmatrix}\boldsymbol{x}(t)+\begin{bmatrix}1\\0\end{bmatrix}[f(t)]$

(b) $\dot{\boldsymbol{x}}(t)=\begin{bmatrix}2 & 1\\0 & 3\end{bmatrix}\boldsymbol{x}(t)+\begin{bmatrix}0\\1\end{bmatrix}[f(t)]$

试判别这两个系统是否可控。

解法一 利用对角化。

由于这两个系统的系统矩阵 $\boldsymbol{A}$ 相同,故将它们对角化时所需的变换矩阵 $\boldsymbol{P}$ 相同。下面首先求矩阵 $\boldsymbol{P}$。

系统矩阵 $\boldsymbol{A}$ 的特征多项式为

$$\det(\lambda\boldsymbol{I}-\boldsymbol{A})=\det\begin{bmatrix}\lambda-2 & -1\\ 0 & \lambda-3\end{bmatrix}=(\lambda-2)(\lambda-3)$$

其特征根为 $\lambda_1=2$、$\lambda_2=3$。

对于 $\lambda_1=2$,特征矢量$[\xi_{11},\xi_{21}]^{\mathrm{T}}$ 满足方程

$$(\lambda_1\boldsymbol{I}-\boldsymbol{A})\begin{bmatrix}\xi_{11}\\ \xi_{21}\end{bmatrix}=\boldsymbol{0}$$

即

$$\begin{bmatrix}2-2 & -1\\ 0 & 2-3\end{bmatrix}\begin{bmatrix}\xi_{11}\\ \xi_{21}\end{bmatrix}=\begin{bmatrix}0\\ 0\end{bmatrix}$$

于是有 $\xi_{21}=0$,ξ_{11}可以任意,选 $\xi_{11}=1$。

对应于 $\lambda_2=3$ 的特征矢量$[\xi_{12},\xi_{22}]^{\mathrm{T}}$ 满足方程

$$(\lambda_2\boldsymbol{I}-\boldsymbol{A})\begin{bmatrix}\xi_{12}\\ \xi_{22}\end{bmatrix}=\boldsymbol{0}$$

即

$$\begin{bmatrix}3-2 & -1\\ 0 & 3-3\end{bmatrix}\begin{bmatrix}\xi_{12}\\ \xi_{22}\end{bmatrix}=\begin{bmatrix}0\\ 0\end{bmatrix}$$

于是有

$$\xi_{12}-\xi_{22}=0$$

选 $\xi_{12}=1$、$\xi_{22}=1$。于是得变换矩阵

$$\boldsymbol{P}=\begin{bmatrix}1 & 1\\ 0 & 1\end{bmatrix},\boldsymbol{P}^{-1}=\begin{bmatrix}1 & -1\\ 0 & 1\end{bmatrix}$$

对(a)系统,有

$$\boldsymbol{P}^{-1}\boldsymbol{B}_{\mathrm{a}}=\begin{bmatrix}1 & -1\\ 0 & 1\end{bmatrix}\begin{bmatrix}1\\ 0\end{bmatrix}=\begin{bmatrix}1\\ 0\end{bmatrix}$$

它有一行元素为零,故系统(a)不完全可控。其中,状态变量 $x_1(t)$可控,$x_2(t)$不可控。

对(b)系统,有

$$\boldsymbol{P}^{-1}\boldsymbol{B}_{\mathrm{b}}=\begin{bmatrix}1 & -1\\ 0 & 1\end{bmatrix}\begin{bmatrix}0\\ 1\end{bmatrix}=\begin{bmatrix}-1\\ 1\end{bmatrix}$$

它没有全为零的行,故系统(b)可控。

解法二 利用可控性判别矩阵。

对系统(a),根据式(8.6-13)建立可控性判别矩阵

$$\boldsymbol{M}_{\mathrm{ca}}=[\boldsymbol{B}_{\mathrm{a}}\quad \boldsymbol{A}\boldsymbol{B}_{\mathrm{a}}]=\left[\begin{bmatrix}1\\ 0\end{bmatrix}\begin{bmatrix}2 & 1\\ 0 & 3\end{bmatrix}\begin{bmatrix}1\\ 0\end{bmatrix}\right]=\begin{bmatrix}1 & 2\\ 0 & 0\end{bmatrix}$$

显然矩阵 $\boldsymbol{M}_{\mathrm{ca}}$不是满秩,故系统(a)不完全可控。

对系统(b),根据式(8.6-13)建立可控性判别矩阵

$$\boldsymbol{M}_{cb}=[\boldsymbol{B}_b \quad \boldsymbol{AB}_b]=\left[\begin{bmatrix}0\\1\end{bmatrix}\begin{bmatrix}2&1\\0&3\end{bmatrix}\begin{bmatrix}0\\1\end{bmatrix}\right]=\begin{bmatrix}0&1\\1&3\end{bmatrix}$$

由于 rank $\boldsymbol{M}_{cb}=2$,矩阵 $\boldsymbol{M}_{cb}$满秩,故系统(b)可控。

3. 系统的可观测性定义及其判别方法

系统的可观测性也称为能观测性,简称可观性或能观性。可定义为:当系统用状态方程描述时,给定输入(控制),若能在有限时间间隔内根据系统的输出唯一地确定系统的所有初始状态,则称系统是完全可观测的,简称系统可观。若只能确定部分初始状态,则称系统是不完全可观测的。

同样,根据例 8.6-3 的讨论也可以得到一种判别系统是否可观的方法。如果系统矩阵 $\boldsymbol{A}$ 为对角阵,则系统可观的充分必要条件是其相应的输出矩阵 $\boldsymbol{C}$ 中没有任何一列元素全部为零。如果系统矩阵 $\boldsymbol{A}$ 不是对角阵,并且其特征值互不相同,则可通过模态矩阵 $\boldsymbol{P}$ 将它化为对角阵 $\boldsymbol{A}_g$,这时输出矩阵 $\boldsymbol{C}$ 化为 $\boldsymbol{C}_g=\boldsymbol{CP}$,从而得到系统可观的充分必要条件是 $\boldsymbol{CP}$ 中没有任何一列元素全部为零。

更一般地,为判别任意 n 阶系统是否可观,将矩阵 $\boldsymbol{A}$、$\boldsymbol{C}$ 组成可观性判别矩阵

$$\boldsymbol{M}_o=\begin{bmatrix}\boldsymbol{C}\\\boldsymbol{CA}\\\boldsymbol{CA}^2\\\vdots\\\boldsymbol{CA}^{n-1}\end{bmatrix} \tag{8.6-15}$$

系统可控的充分必要条件是 $\boldsymbol{M}_o$ 满秩,即

$$\text{rank } \boldsymbol{M}_o=n \tag{8.6-16}$$

该结论的证明可参阅有关现代控制理论方面的书籍。

例 8.6-5 如有两个离散系统,它们的状态方程相同,为

$$\boldsymbol{x}(k+1)=\begin{bmatrix}2&1\\0&3\end{bmatrix}\begin{bmatrix}x_1(k)\\x_2(k)\end{bmatrix}+\begin{bmatrix}1\\0\end{bmatrix}[f(k)]$$

其输出方程分别为

$$y_a(k)=[1 \quad -1]\begin{bmatrix}x_1(k)\\x_2(k)\end{bmatrix}$$

$$y_b(k)=[1 \quad 0]\begin{bmatrix}x_1(k)\\x_2(k)\end{bmatrix}+f(k)$$

试判别系统 a 和 b 是否可观。

解法一 利用对角化矩阵。

这里系统矩阵 $\boldsymbol{A}$ 与例 8.6-4 相同,故其对角化时所需的变换矩阵 $\boldsymbol{P}$ 相同,即

$$\boldsymbol{P}=\begin{bmatrix}1&1\\0&1\end{bmatrix}$$

对系统 a,有

$$\boldsymbol{C}_a\boldsymbol{P}=[1 \quad -1]\begin{bmatrix}1&1\\0&1\end{bmatrix}=[1 \quad 0]$$

矩阵 $\boldsymbol{C}_{\mathrm{a}}\boldsymbol{P}$ 中有全零元素的列,故系统 a 不完全可观。其中,状态变量 $x_1(k)$ 可观,$x_2(k)$ 不可观。

对系统 b,有

$$\boldsymbol{C}_{\mathrm{b}}\boldsymbol{P}=\begin{bmatrix}1 & 0\end{bmatrix}\begin{bmatrix}1 & 1\\0 & 1\end{bmatrix}=\begin{bmatrix}1 & 1\end{bmatrix}$$

矩阵 $\boldsymbol{C}_{\mathrm{b}}\boldsymbol{P}$ 中没有零元素的列,故系统 b 可观。

解法二 利用可观性判别矩阵。

对系统 a,根据式(8.6-15)建立可观性判别矩阵

$$\boldsymbol{M}_{\mathrm{oa}}=\begin{bmatrix}\boldsymbol{C}_{\mathrm{a}}\\\boldsymbol{C}_{\mathrm{a}}\boldsymbol{A}\end{bmatrix}=\begin{bmatrix}\begin{bmatrix}1 & -1\end{bmatrix}\\\begin{bmatrix}1 & -1\end{bmatrix}\begin{bmatrix}2 & 1\\0 & 3\end{bmatrix}\end{bmatrix}=\begin{bmatrix}1 & -1\\2 & -2\end{bmatrix}$$

由于 rank $\boldsymbol{M}_{\mathrm{oa}}=1\neq 2$,所以矩阵 $\boldsymbol{M}_{\mathrm{oa}}$ 不是满秩,故系统 a 不完全可观。

对系统 b,根据式(8.6-15)建立可观性判别矩阵

$$\boldsymbol{M}_{\mathrm{ob}}=\begin{bmatrix}\boldsymbol{C}_{\mathrm{b}}\\\boldsymbol{C}_{\mathrm{b}}\boldsymbol{A}\end{bmatrix}=\begin{bmatrix}\begin{bmatrix}1 & 0\end{bmatrix}\\\begin{bmatrix}1 & 0\end{bmatrix}\begin{bmatrix}2 & 1\\0 & 3\end{bmatrix}\end{bmatrix}=\begin{bmatrix}1 & 0\\2 & 1\end{bmatrix}$$

由于 rank $\boldsymbol{M}_{\mathrm{ob}}=2$,矩阵 $\boldsymbol{M}_{\mathrm{ob}}$ 满秩,故系统 b 可观。

4. 可控性、可观性与系统转移函数之间的关系

在描述一个给定的系统时,现代控制理论使用状态方程,而经典控制理论使用传递函数(转移函数)。过去人们一直认为这两种方法本质上是一样的,应该得出相同的结果。直到 1960 年 R.E.卡尔曼(R.E.Kalman)第一个证实了这种等价是有条件的。这里只通过一个例题说明其中的问题,而不去详细地论证。

例 8.6-6 如 LTI 系统的状态方程和输出方程为

$$\begin{bmatrix}\dot{x}_1(t)\\\dot{x}_2(t)\\\dot{x}_3(t)\end{bmatrix}=\begin{bmatrix}-1 & -2 & -1\\0 & 3 & 0\\0 & 0 & -2\end{bmatrix}\begin{bmatrix}x_1(t)\\x_2(t)\\x_3(t)\end{bmatrix}+\begin{bmatrix}2\\-2\\1\end{bmatrix}\begin{bmatrix}f(t)\end{bmatrix} \tag{8.6-17}$$

$$y(t)=\begin{bmatrix}2 & 1 & -1\end{bmatrix}\begin{bmatrix}x_1(t)\\x_2(t)\\x_3(t)\end{bmatrix} \tag{8.6-18}$$

(1) 检查系统的可控性和可观性。

(2) 求系统的转移函数 $H(s)$。

解 (1) 为将系统矩阵 $\boldsymbol{A}$ 化为对角阵,先求模态矩阵 $\boldsymbol{P}$。

$\boldsymbol{A}$ 的特征多项式

$$\det(\lambda\boldsymbol{I}-\boldsymbol{A})=\det\begin{bmatrix}\lambda+1 & 2 & 1\\0 & \lambda-3 & 0\\0 & 0 & \lambda+2\end{bmatrix}=(\lambda+1)(\lambda+2)(\lambda-3)$$

其特征根为 $\lambda_1=-1$、$\lambda_2=-2$、$\lambda_3=3$。

对于各 $\lambda_i(i=1,2,3)$,有特征矢量 ξ_i 满足方程

$$(\lambda_1 \boldsymbol{I} - \boldsymbol{A})\begin{bmatrix}\xi_{1i}\\ \xi_{2i}\\ \xi_{3i}\end{bmatrix} = \boldsymbol{0}$$

对于 $\lambda_1=-1$,有

$$\begin{bmatrix}0 & 2 & 1\\ 0 & -4 & 0\\ 0 & 0 & 1\end{bmatrix}\begin{bmatrix}\xi_{11}\\ \xi_{21}\\ \xi_{31}\end{bmatrix}=\begin{bmatrix}0\\0\\0\end{bmatrix}$$

于是有 $\xi_{21}=\xi_{31}=0$,选 $\xi_{11}=1$。

对于 $\lambda_2=-2$,有

$$\begin{bmatrix}-1 & 2 & 1\\ 0 & -5 & 0\\ 0 & 0 & 0\end{bmatrix}\begin{bmatrix}\xi_{12}\\ \xi_{22}\\ \xi_{32}\end{bmatrix}=\begin{bmatrix}0\\0\\0\end{bmatrix}$$

故有 $\xi_{22}=0$ 和 $-\xi_{12}+\xi_{32}=0$,选 $\xi_{12}=\xi_{32}=1$。

对于 $\lambda_3=3$,有

$$\begin{bmatrix}4 & 2 & 1\\ 0 & 0 & 0\\ 0 & 0 & 5\end{bmatrix}\begin{bmatrix}\xi_{13}\\ \xi_{23}\\ \xi_{33}\end{bmatrix}=\begin{bmatrix}0\\0\\0\end{bmatrix}$$

故有 $\xi_{33}=0$ 和 $4\xi_{13}+2\xi_{23}=0$,选 $\xi_{13}=1$,则 $\xi_{23}=-2$。

所以得模态矩阵

$$\boldsymbol{P}=\begin{bmatrix}\xi_{11} & \xi_{12} & \xi_{13}\\ \xi_{21} & \xi_{22} & \xi_{23}\\ \xi_{31} & \xi_{32} & \xi_{33}\end{bmatrix}=\begin{bmatrix}1 & 1 & 1\\ 0 & 0 & -2\\ 0 & 1 & 0\end{bmatrix}$$

其逆

$$\boldsymbol{P}^{-1}=\begin{bmatrix}1 & 0.5 & -1\\ 0 & 0 & 1\\ 0 & -0.5 & 0\end{bmatrix}$$

对状态方程式(8.6-17)和输出方程式(8.6-18)进行线性变换。根据式(8.6-9)和式(8.6-10)得变换后的状态方程和输出方程为

$$\dot{\boldsymbol{g}}(t)=\boldsymbol{P}^{-1}\boldsymbol{APg}(t)+\boldsymbol{P}^{-1}\boldsymbol{Bf}(t)=\boldsymbol{A}_{\mathrm{g}}\boldsymbol{g}(t)+\boldsymbol{B}_{\mathrm{g}}\boldsymbol{f}(t)$$

$$\boldsymbol{y}(t)=\boldsymbol{CPg}(t)=\boldsymbol{C}_{\mathrm{g}}\boldsymbol{g}(t)$$

将有关矩阵代入后,得

$$\begin{bmatrix}\dot{g}_1(t)\\ \dot{g}_2(t)\\ \dot{g}_3(t)\end{bmatrix}=\begin{bmatrix}-1 & 0 & 0\\ 0 & -2 & 0\\ 0 & 0 & 3\end{bmatrix}\begin{bmatrix}g_1(t)\\ g_2(t)\\ g_3(t)\end{bmatrix}+\begin{bmatrix}0\\1\\1\end{bmatrix}[f(t)] \tag{8.6-19}$$

$$y(t)=[2\ 1\ 0]\begin{bmatrix}g_1(t)\\ g_2(t)\\ g_3(t)\end{bmatrix} \tag{8.6-20}$$

由式(8.6-19)可见,控制矩阵 $\boldsymbol{B}_{\mathrm{g}}$(即 $\boldsymbol{P}^{-1}\boldsymbol{B}$)有零元素,故系统不完全可控。由式(8.6-20)

可见，输出矩阵 $\boldsymbol{C}_g$（即 $\boldsymbol{CP}$）有零元素，故系统不完全可观。

按式（8.6-19）和式（8.6-20）画出的系统框图如图 8.6-1 所示。由系统框图能直观地了解系统可控性和可观性的含义。图中状态变量为 $g_1(t)$ 的子系统是不可控的，而 $g_3(t)$ 的子系统是不可观的。

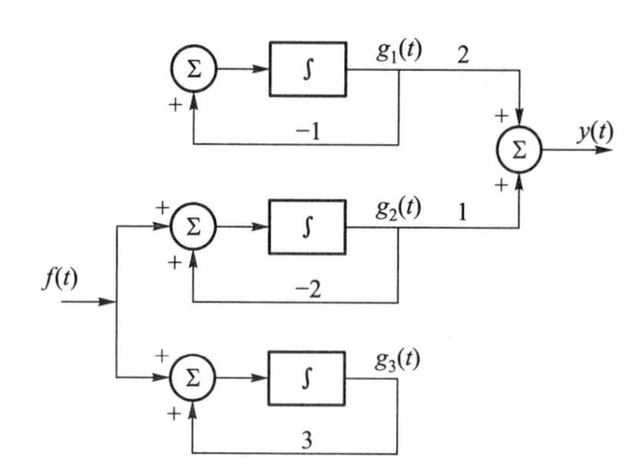

图 8.6-1　式（8.6-19）、式（8.6-20）的框图

（2）求系统的转移函数。

由式（8.6-12）知，系统的转移函数（本例 $\boldsymbol{D}=\boldsymbol{0}$）为

$$\boldsymbol{H}(s)=\boldsymbol{H}_g(s)=\boldsymbol{C}_g[s\boldsymbol{I}-\boldsymbol{A}]^{-1}\boldsymbol{B}_g$$

将有关矩阵代入上式，得

$$H(s)=[2\quad 1\quad 0]\begin{bmatrix} s+1 & 0 & 0 \\ 0 & s+2 & 0 \\ 0 & 0 & s-3 \end{bmatrix}^{-1}\begin{bmatrix}0\\1\\1\end{bmatrix}$$

$$=\frac{[2\quad 1\quad 0]\begin{bmatrix} (s+2)(s-3) & 0 & 0 \\ 0 & (s+1)(s-3) & 0 \\ 0 & 0 & (s+1)(s+2) \end{bmatrix}\begin{bmatrix}0\\1\\1\end{bmatrix}}{(s+1)(s+2)(s-3)}$$

$$=\frac{(s+1)(s-3)}{(s+1)(s+2)(s-3)}=\frac{1}{s+2} \tag{8.6-21}$$

由系统函数（转移函数）$H(s)$ 的最后结果看，系统有唯一的极点 $s=-2$，这表明系统是稳定的。但在计算 $H(s)$ 的过程中有一个在右半平面的极点 $s=3$ 与零点相互抵消了。实际上，在系统内部“潜藏”着不稳定因素，而这种情况仅从输出是观测不到的。因此，系统的转移函数（系统函数或称传递函数）不能完全地把系统的状态表示出来。

分析表明，系统可分为四类子系统：

（1）既可控又可观的子系统（如图 8.6-1 中子系统 g_2）。

（2）不可控但可观的子系统（如图 8.6-1 中子系统 g_1）。

（3）可控但不可观的子系统（如图 8.6-1 中子系统 g_3）。

（4）既不可控又不可观的子系统。

卡尔曼-吉伯特定理指出：系统的转移函数所表示的是系统中既可控又可观的那一部

分子系统。

由此可得出一个重要结论:一个线性系统,若系统的系统函数(转移函数)$H(s)$没有极点、零点相抵消的现象,则系统是既可控又可观的;如果有极点、零点互消现象,则它将是不完全可控或不完全可观的。零极点相消部分必定是不可控或不可观部分,而留下的是可控或可观的。

因而用系统函数描述系统只能反映系统中可控和可观那部分的运动规律,而用状态方程和输出方程来描述系统比系统函数描述更全面、更详尽。

习题八

8.1 对题 8.1 图所示电路,列写出以 $u_C(t)$、$i_L(t)$ 为状态变量 x_1、x_2,以 $y_1(t)$、$y_2(t)$ 为输出的状态方程和输出方程。

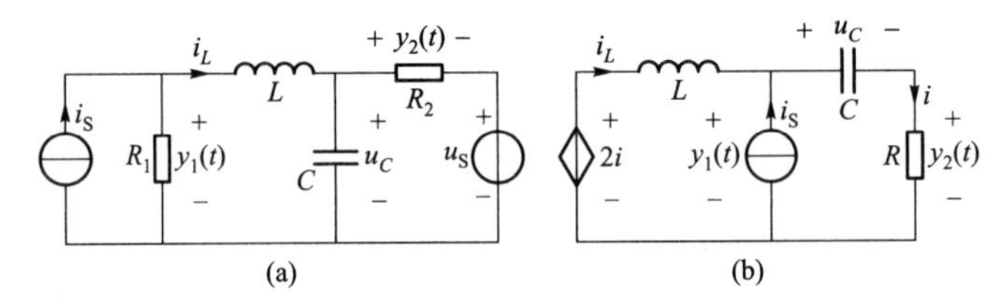

题 8.1 图

8.2 描述某连续系统的微分方程为

$$y^{(3)}(t)+5y^{(2)}(t)+y^{(1)}(t)+2y(t)=f^{(1)}(t)+2f(t)$$

写出该系统的状态方程和输出方程。

8.3 描述连续系统的微分方程组如下,写出系统的状态方程和输出方程。

(1) $y_1^{(2)}(t)+3y_1^{(1)}(t)+2y_1(t)=f_1(t)+f_2(t)$

$y_2^{(2)}(t)+4y_2^{(1)}(t)+y_2(t)=f_1(t)-3f_2(t)$

(2) $y_1^{(1)}(t)+y_2(t)=f_1(t)$

$y_2^{(2)}(t)+y_1^{(1)}(t)+y_2^{(1)}(t)+y_1(t)=f_2(t)$

8.4 以 x_1、x_2、x_3 为状态变量,写出题 8.4 图所示系统的状态方程和输出方程。

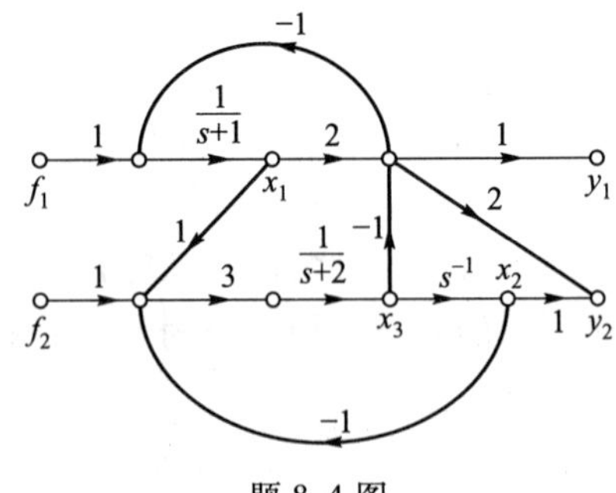

题 8.4 图

8.5 已知描述系统输入 $f(t)$、输出 $y(t)$ 的微分方程如下:

$$a\frac{\mathrm{d}^3y(t)}{\mathrm{d}t^3}+b\frac{\mathrm{d}^2y(t)}{\mathrm{d}t^2}+c\frac{\mathrm{d}y(t)}{\mathrm{d}t}+\mathrm{d}y(t)=f(t)$$

式中 a、b、c、d 均为常量。

选状态变量为

$$x_1(t)=ay(t),\quad x_2(t)=a\frac{\mathrm{d}y(t)}{\mathrm{d}t}+by(t),\quad x_3(t)=a\frac{\mathrm{d}^2y(t)}{\mathrm{d}t^2}+b\frac{\mathrm{d}y(t)}{\mathrm{d}t}+cy(t)$$

(1) 试列出该系统的状态方程和输出方程。

(2) 画出该系统的模拟框图,并标出状态变量。

8.6　如题 8.6 图所示的复合系统由两个线性时不变子系统 S_a 和 S_b 组成,其状态方程和输出方程分别为

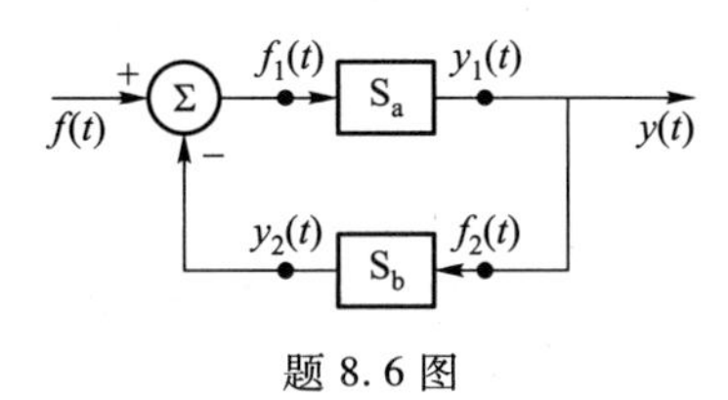

题 8.6 图

对于子系统 S_a

$$\begin{bmatrix}\dot{x}_{a1}\\ \dot{x}_{a2}\end{bmatrix}=\begin{bmatrix}1 & -2\\ 2 & 1\end{bmatrix}\begin{bmatrix}x_{a1}\\ x_{a2}\end{bmatrix}+\begin{bmatrix}1\\ 0\end{bmatrix}f_1(t),\quad y_1(t)=\begin{bmatrix}1 & -1\end{bmatrix}\begin{bmatrix}x_{a1}\\ x_{a2}\end{bmatrix}$$

对于子系统 S_b

$$\begin{bmatrix}\dot{x}_{b1}\\ \dot{x}_{b2}\end{bmatrix}=\begin{bmatrix}2 & -1\\ -2 & 1\end{bmatrix}\begin{bmatrix}x_{b1}\\ x_{b2}\end{bmatrix}+\begin{bmatrix}2\\ 0\end{bmatrix}f_2(t),\quad y_2(t)=\begin{bmatrix}0 & -1\end{bmatrix}\begin{bmatrix}x_{b1}\\ x_{b2}\end{bmatrix}$$

(1) 写出复合系统的状态方程和输出方程的矩阵形式。

(2) 画出复合系统的信号流图,标出状态变量 x_{a1}、x_{a2}、x_{b1}、x_{b2},并求复合系统的系统函数 $H(s)$。

8.7　如题 8.7 图所示连续系统的框图。

(1) 写出以 x_1、x_2 为状态变量的状态方程和输出方程。

(2) 为使该系统稳定,常数 a,b 应满足什么条件?

8.8　如题 8.8 图所示系统的信号流图,写出以 x_1、x_2 为状态变量的状态方程和输出方程。

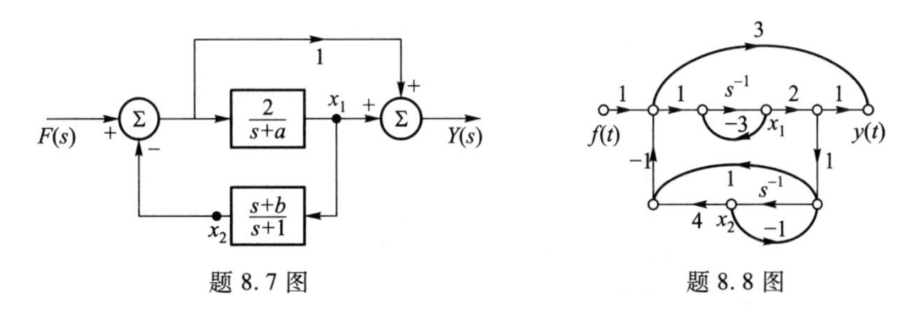

题 8.7 图　　　　题 8.8 图

8.9　描述某连续系统的系统函数为

$$H(s)=\frac{2s^2+9s}{s^2+4s+12}$$

画出其直接形式的信号流图,写出相应的状态方程和输出方程。

8.10　如题 8.10 图所示连续系统的框图,已知系统的初始状态 $x_1(0_-)=2$,$x_2(0_-)=1$,输入 $f(t)$ 为因果信号。试写出描述该系统的微分方程,并求出此微分方程的初始条件 $y(0_-)$ 和 $y'(0_-)$。

8.11　某连续系统的状态方程为

$$\begin{bmatrix}\dot{x}_1\\ \dot{x}_2\end{bmatrix}=\begin{bmatrix}-4 & 1\\ -3 & 0\end{bmatrix}\begin{bmatrix}x_1\\ x_2\end{bmatrix}+\begin{bmatrix}1\\ 1\end{bmatrix}f$$

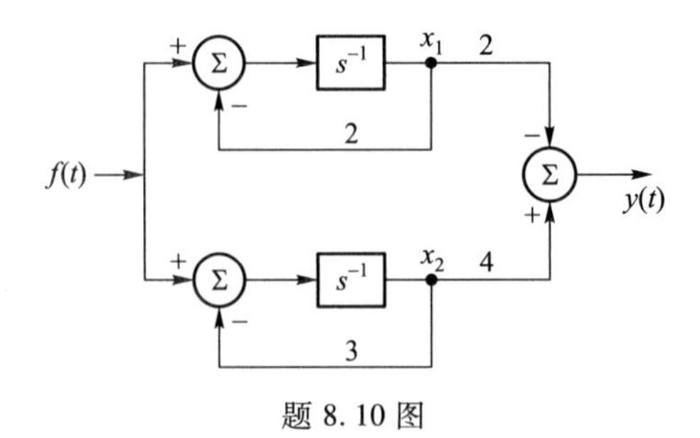

题 8.10 图

输出方程为

$$y(t) = x_1$$

试画出该系统的信号流图,并根据状态方程和输出方程求出该系统的微分方程。

8.12 某离散系统的信号流图如题 8.12 图所示。写出以 $x_1(k)$、$x_2(k)$ 为状态变量的状态方程和输出方程。

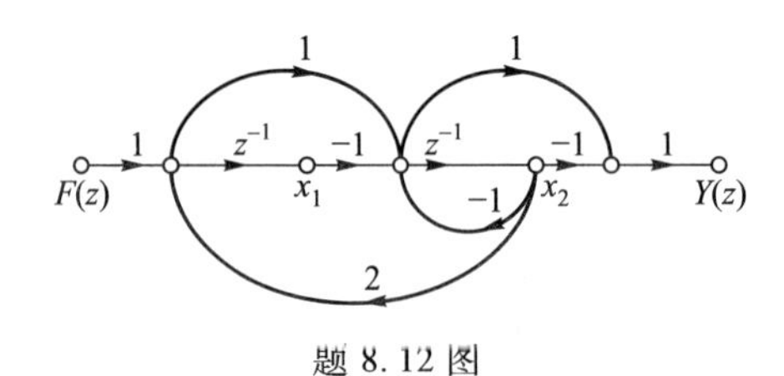

题 8.12 图

8.13 如题 8.13 图所示离散系统,状态变量 x_1、x_2、x_3 如图所示。列出系统的状态方程和输出方程。

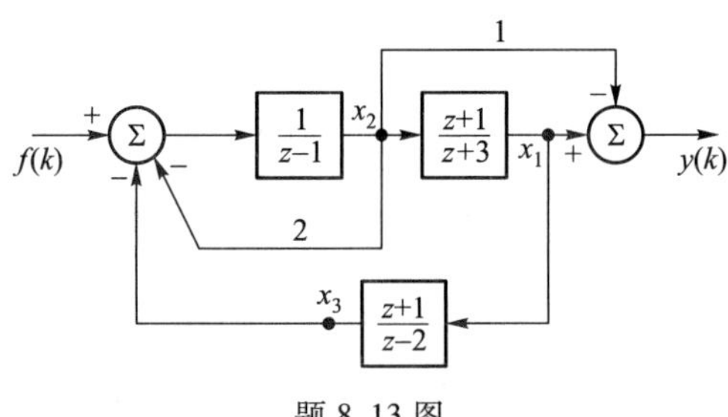

题 8.13 图

8.14 描述某离散系统的差分方程为

$$y(k) + 4y(k-1) + 3y(k-2) = f(k-1) + 2f(k-2)$$

已知当 $f(k)=0$ 时,其初始值 $y(0)=0, y(1)=1$。

(1) 写出该系统的状态方程和输出方程。

(2) 求出初始状态 $x_1(0)$ 和 $x_2(0)$。

8.15 如题 8.15 图所示的复合系统,其中两个二阶子系统的动态方程为

对子系统 a

$$\boldsymbol{x}_a(k+1) = \boldsymbol{A}_a\boldsymbol{x}_a(k) + \boldsymbol{B}_a f_a(k),\quad \boldsymbol{A}_a = \begin{bmatrix} 1 & -1 \\ 0 & 2 \end{bmatrix}, \boldsymbol{B}_a = \begin{bmatrix} 1 \\ 0 \end{bmatrix}$$

$$y_a(k) = \boldsymbol{C}_a\boldsymbol{x}_a(k),\quad \boldsymbol{C}_a = [1\quad 0]$$

对子系统 b

$$\boldsymbol{x}_b(k+1) = \boldsymbol{A}_b\boldsymbol{x}_b(k) + \boldsymbol{B}_b f_b(k),$$

$$\boldsymbol{A}_b = \begin{bmatrix} 1 & 0 \\ 1 & 2 \end{bmatrix},\quad \boldsymbol{B}_b = \begin{bmatrix} 0 \\ 1 \end{bmatrix}$$

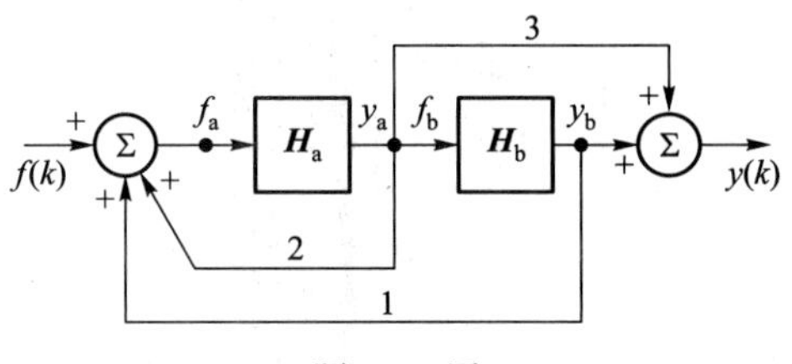

题 8.15 图

$$y_b(k) = C_b x_b(k), \quad C_b = [0 \quad 1]$$

求该复合系统的状态方程和输出方程。

8.16　某离散系统的状态方程和输出方程为

$$x(k+1) = \begin{bmatrix} -2 & -3 \\ 2 & 1 \end{bmatrix} x(k) + \begin{bmatrix} 1 \\ 0 \end{bmatrix} f(k)$$

$$y(k) = [3 \quad 2] x(k)$$

试画出该系统的信号流图,并在图上标出状态变量;利用梅森公式求其系统函数 $H(z)$。

8.17　已知系统的状态方程和输出方程为

$$\begin{bmatrix} \dot{x}_1 \\ \dot{x}_2 \end{bmatrix} = \begin{bmatrix} -1 & 0 \\ 1 & -3 \end{bmatrix} \begin{bmatrix} x_1 \\ x_2 \end{bmatrix} + \begin{bmatrix} 1 \\ 0 \end{bmatrix} [f], \quad y(t) = [-0.5 \quad 1] \begin{bmatrix} x_1 \\ x_2 \end{bmatrix} + [1] f$$

系统的输入 $f(t)=\varepsilon(t)$,初始状态 $x_1(0_-)=1, x_2(0_-)=2$。求

(1) 系统函数 $H(s)$ 和冲激响应 $h(t)$。

(2) 状态变量 $x(t)$。

(3) 系统的输出 $y(t)$。

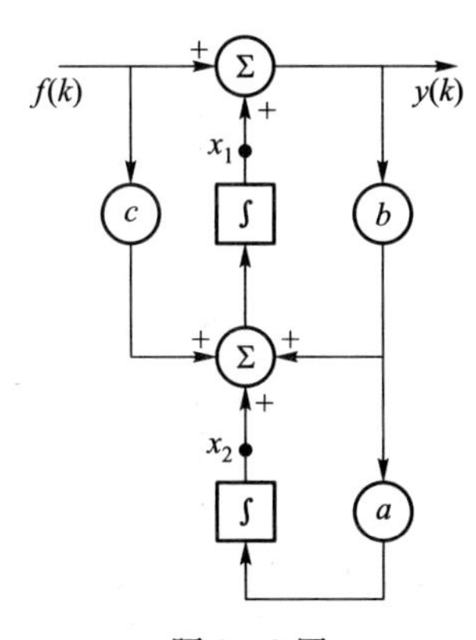

题 8.19 图

8.18　某连续系统的状态方程和输出方程为

$$\begin{bmatrix} \dot{x}_1 \\ \dot{x}_2 \end{bmatrix} = \begin{bmatrix} -4 & 1 \\ -3 & 0 \end{bmatrix} \begin{bmatrix} x_1 \\ x_2 \end{bmatrix} + \begin{bmatrix} 1 \\ 1 \end{bmatrix} [f], \quad y(t) = [1 \quad 0] \begin{bmatrix} x_1 \\ x_2 \end{bmatrix}$$

(1) 求系统函数 $H(s)$ 及系统的微分方程。

(2) 系统在 $f(t)=\varepsilon(t)$ 的作用下的全响应为 $y(t)=\left(\frac{1}{3}+\frac{1}{2}e^{-t}-\frac{5}{6}e^{-3t}\right)\varepsilon(t)$,求系统的初始状态 $x_1(0_-)$、$x_2(0_-)$。

8.19　如题 8.19 图所示模拟系统,取积分器输出为状态变量,并分别设为 $x_1(t)$ 和 $x_2(t)$。

(1) 求系统的状态方程和输出方程。

(2) 当系统在初始状态不为0,输入信号为$f(t)=\varepsilon(t)$时,系统的全响应为

$$\begin{bmatrix} x_1 \\ x_2 \end{bmatrix} = \begin{bmatrix} 4e^{-t} - 2e^{-2t} - 1 \\ 8e^{-t} - 2e^{-2t} - 4 \end{bmatrix} \varepsilon(t)$$

求图中各参数a、b、c。

(3) 求系统的冲激响应$h(t)$。

8.20 已知某连续因果系统的系统矩阵$\boldsymbol{A}=\begin{bmatrix} 4 & 3 \\ -3 & 4 \end{bmatrix}$,判断该系统是否稳定?

8.21 描述线性时不变系统的动态方程为

$$\begin{bmatrix} \dot{x}_1 \\ \dot{x}_2 \end{bmatrix} = \begin{bmatrix} -1 & 2 \\ -1 & -4 \end{bmatrix} \begin{bmatrix} x_1 \\ x_2 \end{bmatrix} + \begin{bmatrix} 0 \\ 1 \end{bmatrix} [f], \quad y = [1 \quad 1] \begin{bmatrix} x_1 \\ x_2 \end{bmatrix} + [1]f$$

设初始状态$x_1(0_-)=3$,$x_2(0_-)=2$,输入$f(t)=\delta(t)$。

(1) 求状态方程的解和系统的输出。

(2) 若另选一组状态变量$g_1(t)$和$g_2(t)$,它与原状态变量的关系是

$$\begin{bmatrix} g_1 \\ g_2 \end{bmatrix} = \begin{bmatrix} 1 & 1 \\ 1 & 2 \end{bmatrix} \begin{bmatrix} x_1 \\ x_2 \end{bmatrix}$$

推导出以g_1、g_2为状态变量的状态方程,并取初始状态$g_1(0_-)$和$g_2(0_-)$。

(3) 求以g_1、g_2为状态变量的方程解和系统的输出。

8.22 已知离散因果系统的动态方程为

$$\begin{bmatrix} x_1(k+1) \\ x_2(k+1) \end{bmatrix} = \begin{bmatrix} 0 & 1 \\ -6 & 5 \end{bmatrix} \begin{bmatrix} x_1(k) \\ x_2(k) \end{bmatrix} + \begin{bmatrix} 0 \\ 1 \end{bmatrix} f(k)$$

$$\begin{bmatrix} y_1(k) \\ y_2(k) \end{bmatrix} = \begin{bmatrix} 1 & 1 \\ 2 & -1 \end{bmatrix} \begin{bmatrix} x_1(k) \\ x_2(k) \end{bmatrix}$$

初始状态为$\begin{bmatrix} x_1(0) \\ x_2(0) \end{bmatrix} = \begin{bmatrix} 1 \\ 2 \end{bmatrix}$,激励$f(k)=\varepsilon(k)$。

(1) 求状态方程的解和系统的输出。

(2) 求系统函数$\boldsymbol{H}(z)$和系统的单位序列响应$\boldsymbol{h}(k)$。

8.23 某因果离散系统状态方程的系统矩阵$\boldsymbol{A}=\begin{bmatrix} 1 & b \\ 2 & 0.5 \end{bmatrix}$,当$b$为何值时系统是稳定的?

8.24 已知某系统的状态方程和输出方程为

$$\boldsymbol{x}(k+1) = \begin{bmatrix} 0 & 1 \\ a & b \end{bmatrix} \boldsymbol{x}(k) + \begin{bmatrix} 1 \\ 0 \end{bmatrix} \boldsymbol{f}(k)$$

$$\boldsymbol{y}(k) = [3 \quad 1] \boldsymbol{x}(k)$$

系统的零输入响应为$y_{zi}(k)=(-1)^k+3(3)^k$,$k\geqslant 0$。

(1) 求常数a和b。

(2) 求状态方程的零输入解$\boldsymbol{x}_{zi}(k)$。

8.25 系统的状态方程和输出方程为

$$\begin{bmatrix} \dot{x}_1 \\ \dot{x}_2 \end{bmatrix} = \begin{bmatrix} 0 & 1 \\ -2 & -3 \end{bmatrix} \begin{bmatrix} x_1 \\ x_2 \end{bmatrix} + \begin{bmatrix} 0 \\ 2 \end{bmatrix} [f], \quad \begin{bmatrix} y_1 \\ y_2 \end{bmatrix} = \begin{bmatrix} 1 & 1 \\ -2 & 2 \end{bmatrix} \begin{bmatrix} x_1 \\ x_2 \end{bmatrix}$$

(1) 求一组新的状态变量,使其系统矩阵$\boldsymbol{A}$对角化。

(2) 求出以新状态变量表示的输出方程。

8.26 检验下列系统的可控制性和可观测性。

(1) $\begin{bmatrix}\dot{x}_1\\ \dot{x}_2\end{bmatrix}=\begin{bmatrix}1 & 1\\ 2 & -1\end{bmatrix}\begin{bmatrix}x_1\\ x_2\end{bmatrix}+\begin{bmatrix}0\\ 1\end{bmatrix}[f],y=[1\quad 0]\begin{bmatrix}x_1\\ x_2\end{bmatrix}$

(2) $\begin{bmatrix}\dot{x}_1\\ \dot{x}_2\end{bmatrix}=\begin{bmatrix}2 & 2\\ 2 & -1\end{bmatrix}\begin{bmatrix}x_1\\ x_2\end{bmatrix}+\begin{bmatrix}2\\ 0\end{bmatrix}[f],y=[1\quad -2]\begin{bmatrix}x_1\\ x_2\end{bmatrix}$

(3) $\begin{bmatrix}\dot{x}_1\\ \dot{x}_2\end{bmatrix}=\begin{bmatrix}1 & 0\\ -1 & 2\end{bmatrix}\begin{bmatrix}x_1\\ x_2\end{bmatrix}+\begin{bmatrix}0\\ 1\end{bmatrix}[f],y=[0\quad 1]\begin{bmatrix}x_1\\ x_2\end{bmatrix}$

8.27 某离散系统的状态方程和输出方程为

$$\begin{bmatrix}x_1(k+1)\\ x_2(k+1)\end{bmatrix}=\begin{bmatrix}0 & 1\\ 2 & -1\end{bmatrix}\begin{bmatrix}x_1(k)\\ x_2(k)\end{bmatrix}+\begin{bmatrix}0\\ 1\end{bmatrix}f(k),\quad y(k)=[0\quad 1]\begin{bmatrix}x_1(k)\\ x_2(k)\end{bmatrix}$$

(1) 判断系统的可观测性。

(2) 已知输入 $f(0)=0$、$f(1)=1$,观测值为 $y(1)=1$、$y(2)=6$,试确定初始状态 $x_1(0)$ 和 $x_2(0)$。

8.28 已知连续时间系统的系统函数如下,利用 MATLAB 列写系统的状态方程与输出方程。

$$H(s)=\frac{2s^2+9s}{s^2+4s+29}$$

8.29 已知连续系统的状态方程和输出方程如下

$$\begin{bmatrix}\dot{x}_1(t)\\ \dot{x}_2(t)\end{bmatrix}=\begin{bmatrix}-2 & 1\\ 0 & -1\end{bmatrix}\begin{bmatrix}x_1(t)\\ x_2(t)\end{bmatrix}+\begin{bmatrix}1\\ 0\end{bmatrix}f(t),\ y(t)=[1\quad 0]\begin{bmatrix}x_1(t)\\ x_2(t)\end{bmatrix}$$

利用 MATLAB 求系统函数矩阵 $H(s)$。

(说明:本章给出了系统函数和状态方程的 MATLAB 例程,详见附录七,对应的教学视频可以扫描下面的二维码进行观看。)

利用 MATLAB 求解
系统状态方程

卷积积分表

序号	$f_1(t)$	$f_2(t)$	$f_1(t)*f_2(t)$
1	$f(t)$	$\delta'(t)$	$f'(t)$
2	$f(t)$	$\delta(t)$	$f(t)$
3	$f(t)$	$\varepsilon(t)$	$\int_{-\infty}^{t} f(\lambda)\mathrm{d}\lambda$
4	$\varepsilon(t)$	$\varepsilon(t)$	$t\varepsilon(t)$
5	$t\varepsilon(t)$	$\varepsilon(t)$	$\frac{1}{2}t^2\varepsilon(t)$
6	$\mathrm{e}^{-\alpha t}\varepsilon(t)$	$\varepsilon(t)$	$\frac{1}{\alpha}(1-\mathrm{e}^{-\alpha t})\varepsilon(t)$
7	$\mathrm{e}^{-\alpha_1 t}\varepsilon(t)$	$\mathrm{e}^{-\alpha_2 t}\varepsilon(t)$	$\frac{1}{\alpha_2-\alpha_1}(\mathrm{e}^{-\alpha_1 t}-\mathrm{e}^{-\alpha_2 t})\varepsilon(t),\alpha_1\neq\alpha_2$
8	$\mathrm{e}^{-\alpha t}\varepsilon(t)$	$\mathrm{e}^{-\alpha t}\varepsilon(t)$	$t\mathrm{e}^{-\alpha t}\varepsilon(t)$
9	$t\varepsilon(t)$	$\mathrm{e}^{-\alpha t}\varepsilon(t)$	$\left(\frac{\alpha t-1}{\alpha^2}+\frac{1}{\alpha^2}\mathrm{e}^{-\alpha t}\right)\varepsilon(t)$
10	$t\mathrm{e}^{-\alpha_1 t}\varepsilon(t)$	$\mathrm{e}^{-\alpha_2 t}\varepsilon(t)$	$\left[\frac{(\alpha_2-\alpha_1)t-1}{(\alpha_2-\alpha_1)^2}\mathrm{e}^{-\alpha_1 t}+\frac{1}{(\alpha_2-\alpha_1)^2}\mathrm{e}^{-\alpha_2 t}\right]\varepsilon(t)$, $a_1\neq a_2$
11	$t\mathrm{e}^{-\alpha t}\varepsilon(t)$	$\mathrm{e}^{-\alpha t}\varepsilon(t)$	$\frac{1}{2}t^2\mathrm{e}^{-\alpha t}\varepsilon(t)$
12	$\mathrm{e}^{-\alpha_1 t}\cos(\beta t+\theta)\varepsilon(t)$	$\mathrm{e}^{-\alpha_2 t}\varepsilon(t)$	$\left[\frac{\mathrm{e}^{-\alpha_1 t}\cos(\beta t+\theta-\varphi)}{\sqrt{(\alpha_2-\alpha_1)^2+\beta^2}}-\frac{\mathrm{e}^{-\alpha_2 t}\cos(\theta-\varphi)}{\sqrt{(\alpha_2-\alpha_1)^2+\beta^2}}\right]$, 其中 $\varphi=\arctan\left(\frac{\beta}{\alpha_2-\alpha_1}\right)$

卷积和表

序号	$f_1(k)$	$f_2(k)$	$f_1(k)*f_2(k)$
1	$f(k)$	$\delta(k)$	$f(k)$
2	$f(k)$	$\varepsilon(k)$	$\sum_{i=-\infty}^{k} f(i)$
3	$\varepsilon(k)$	$\varepsilon(k)$	$(k+1)\varepsilon(k)$
4	$k\varepsilon(k)$	$\varepsilon(k)$	$\frac{1}{2}(k+1)k\varepsilon(k)$
5	$a^k\varepsilon(k)$	$\varepsilon(k)$	$\frac{1-a^{k+1}}{1-a}\varepsilon(k),a\neq 0$
6	$a_1^k\varepsilon(k)$	$a_2^k\varepsilon(k)$	$\frac{a_1^{k+1}-a_2^{k+1}}{a_1-a_2}\varepsilon(k),a_1\neq a_2$
7	$a^k\varepsilon(k)$	$a^k\varepsilon(k)$	$(k+1)a^k\varepsilon(k)$
8	$k\varepsilon(k)$	$a^k\varepsilon(k)$	$\frac{k}{1-a}\varepsilon(k)+\frac{a(a^k-1)}{(1-a)^2}\varepsilon(k)$
9	$k\varepsilon(k)$	$k\varepsilon(k)$	$\frac{1}{6}(k+1)k(k-1)\varepsilon(k)$
10	$a_1^k\cos(\beta k+\theta)\varepsilon(k)$	$a_2^k\varepsilon(k)$	$\frac{a_1^{k+1}\cos[\beta(k+1)+\theta-\varphi]-a_2^{k+1}\cos(\theta-\varphi)}{\sqrt{a_1^2+a_2^2-2a_1a_2\cos\beta}}\varepsilon(k)$, $\varphi=\arctan\left[\frac{a_1\sin\beta}{a_1\cos\beta-a_2}\right]$

附录三

常用周期信号的傅里叶系数表

名称	信号波形	傅里叶系数$\left(\Omega=\frac{2\pi}{T}\right)$
矩形脉冲	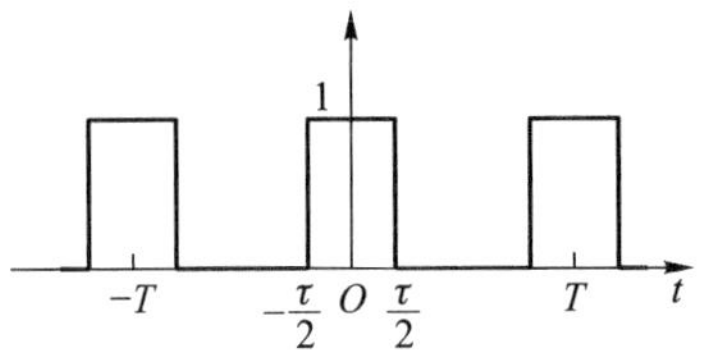	$\frac{a_0}{2}=\frac{\tau}{T}$ $a_n=\frac{2\sin\left(\frac{n\Omega\tau}{2}\right)}{n\pi}, n=1,2,3,\cdots$ $b_n=0$
方波	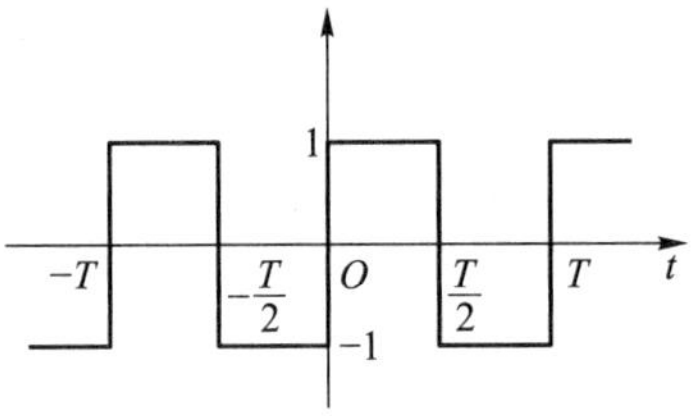	$a_n=0$ $b_n=\begin{cases}0, & n=2,4,6,\cdots\\ \frac{4}{n\pi}, & n=1,3,5,\cdots\end{cases}$ 或 $b_n=\frac{4}{n\pi}\sin^2\left(\frac{n\pi}{2}\right)$
锯齿波	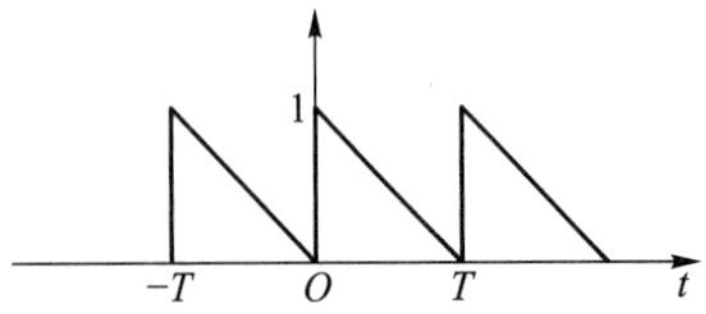	$\frac{a_0}{2}=\frac{1}{2}$ $a_n=0$ $b_n=\frac{1}{n\pi}, n=1,2,3,\cdots$
	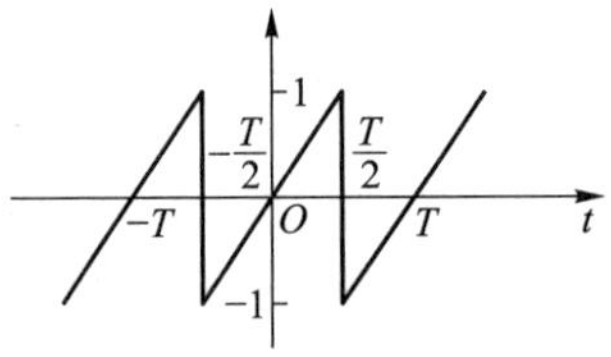	$a_n=0$ $b_n=(-1)^{n+1}\frac{2}{n\pi}, n=1,2,3,\cdots$
三角脉冲	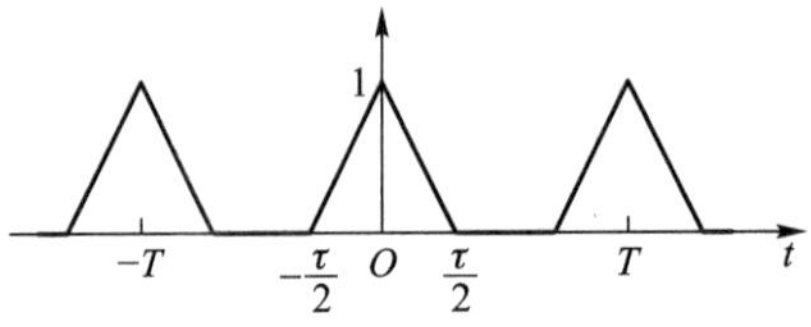	$\frac{a_0}{2}=\frac{\tau}{2T}$ $a_n=\frac{4T}{\tau}\cdot\frac{1}{(n\pi)^2}\sin^2\left(\frac{n\Omega\tau}{4}\right)$ $b_n=0$

续表

名称	信号波形	傅里叶系数$\left(\Omega=\frac{2\pi}{T}\right)$
三角波	1, −1, $-T$, $-\frac{T}{2}$, O, $\frac{T}{2}$, T, t	$a_n=0$ $b_n=\frac{8}{(n\pi)^2}\sin\left(\frac{n\pi}{2}\right)$
半波余弦	1, $\cos(\Omega t)$, $-T$, $-\frac{T}{4}$, O, $\frac{T}{4}$, T, t	$\frac{a_0}{2}=\frac{1}{\pi}$ $a_n=\frac{-2}{\pi(n^2-1)}\cos\left(\frac{n\pi}{2}\right)$ $b_n=0$
全波余弦	1, $-T$, $-\frac{T}{4}$, O, $\frac{T}{4}$, T, t	$\frac{a_0}{2}=\frac{2}{\pi}$ $a_n=\frac{-4}{\pi(n^2-1)}\cos\left(\frac{n\pi}{2}\right)$ $b_n=0$

附录四

常用信号的傅里叶变换表

表 1　能量信号

序号	名称	时间函数 $f(t)$		傅里叶变换 $F(\mathrm{j}\omega)$
		表示式	波形图	
1	矩形脉冲（门函数）	$g_{\tau}(t)=\begin{cases}1, \lvert t\rvert<\dfrac{\tau}{2}\\0, \lvert t\rvert>\dfrac{\tau}{2}\end{cases}$		$\tau\mathrm{Sa}\left(\dfrac{\omega\tau}{2}\right)=\dfrac{2}{\omega}\sin\left(\dfrac{\omega\tau}{2}\right)$
2	三角脉冲	$f_{\Delta}(t)=\begin{cases}1-\dfrac{2\lvert t\rvert}{\tau}, & \lvert t\rvert<\dfrac{\tau}{2}\\0, & \lvert t\rvert>\dfrac{\tau}{2}\end{cases}$		$\dfrac{\tau}{2}\mathrm{Sa}^{2}\left(\dfrac{\omega\tau}{4}\right)$
3	锯齿脉冲	$\begin{cases}\dfrac{1}{\tau}\left(t+\dfrac{\tau}{2}\right), & \lvert t\rvert<\dfrac{\tau}{2}\\0, & \lvert t\rvert>\dfrac{\tau}{2}\end{cases}$		$\mathrm{j}\dfrac{1}{\omega}\left[\mathrm{e}^{-\mathrm{j}\frac{\omega\tau}{2}}-\mathrm{Sa}\left(\dfrac{\omega\tau}{2}\right)\right]$
4	梯形脉冲	$\begin{cases}1, & \lvert t\rvert<\dfrac{\tau_1}{2}\\\dfrac{\tau}{\tau-\tau_1}\left(1-\dfrac{2\lvert t\rvert}{\tau}\right), & \dfrac{\tau_1}{2}<\lvert t\rvert<\dfrac{\tau}{2}\\0, & \lvert t\rvert>\dfrac{\tau}{2}\end{cases}$		$\dfrac{8}{\omega^{2}(\tau-\tau_1)}\sin\left[\dfrac{\omega(\tau+\tau_1)}{4}\right]\times\sin\left[\dfrac{\omega(\tau-\tau_1)}{4}\right]$
5	单边指数脉冲	$\mathrm{e}^{-\alpha t}\varepsilon(t), \alpha>0$		$\dfrac{1}{\alpha+\mathrm{j}\omega}$
6	偶双边指数脉冲	$\mathrm{e}^{-\alpha\lvert t\rvert}\varepsilon(t), \alpha>0$		$\dfrac{2\alpha}{\alpha^{2}+\omega^{2}}$

续表

序号	名称	时间函数 $f(t)$ 表示式	波形图	傅里叶变换 $F(\mathrm{j}\omega)$
7	奇双边指数脉冲	$\begin{cases}-\mathrm{e}^{\alpha t}, & t<0\\ \mathrm{e}^{-\alpha t}, & t>0\end{cases}(\alpha>0)$	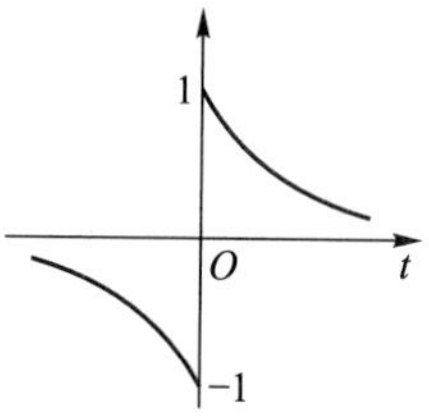	$-\mathrm{j}\dfrac{2\omega}{\alpha^2+\omega^2}$
8	钟形脉冲	$\mathrm{e}^{-\left(\frac{t}{\tau}\right)^2}$	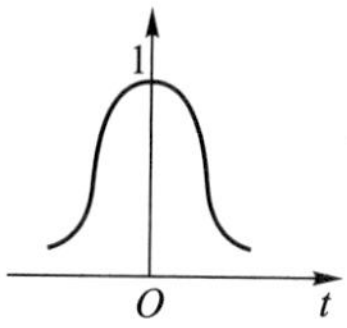	$\sqrt{\pi}\tau\cdot\mathrm{e}^{-\left(\frac{\omega\tau}{2}\right)^2}$
9	余弦脉冲	$\begin{cases}\cos\left(\dfrac{\pi}{\tau}t\right), & \lvert t\rvert<\dfrac{\tau}{2}\\ 0, & \lvert t\rvert>\dfrac{\tau}{2}\end{cases}$	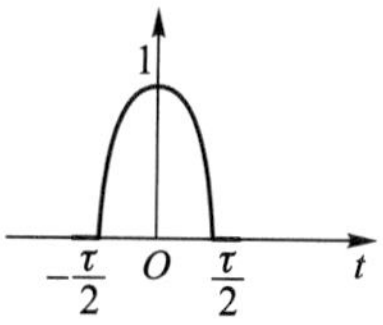	$\dfrac{\pi\tau}{2}\cdot\dfrac{\cos\left(\dfrac{\omega\tau}{2}\right)}{\left(\dfrac{\pi}{2}\right)^2-\left(\dfrac{\omega\tau}{2}\right)^2}$
10	升余弦脉冲	$\begin{cases}\dfrac{1}{2}\left[1+\cos\left(\dfrac{2\pi}{\tau}t\right)\right], & \lvert t\rvert<\dfrac{\tau}{2}\\ 0, & \lvert t\rvert>\dfrac{\tau}{2}\end{cases}$	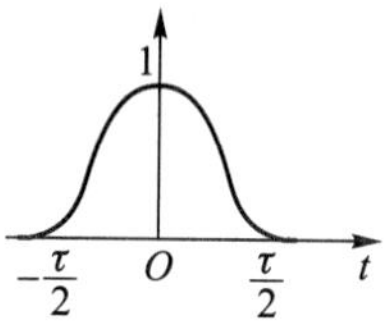	$\dfrac{\sin\left(\dfrac{\omega\tau}{2}\right)}{\omega\left[1-\left(\dfrac{\omega\tau}{2\pi}\right)^2\right]}$

表 2　奇异信号和功率信号

序号	时间函数 $f(t)$	傅里叶变换 $F(\mathrm{j}\omega)$
1	$\delta(t)$	1
2	1	$2\pi\delta(\omega)$
3	$\varepsilon(t)$	$\pi\delta(\omega)+\dfrac{1}{\mathrm{j}\omega}$
4	$\mathrm{sgn}(t)$	$\dfrac{2}{\mathrm{j}\omega}$
5	$\delta'(t)$	$\mathrm{j}\omega$
6	t	$\mathrm{j}2\pi\delta'(\omega)$
7	$\delta^{(n)}(t)$	$(\mathrm{j}\omega)^n$

续表

序号	时间函数 $f(t)$	傅里叶变换 $F(\mathrm{j}\omega)$
8	t^n	$2\pi(\mathrm{j})^n\delta^{(n)}(\omega)$
9	$t\varepsilon(t)$	$\mathrm{j}\pi\delta'(\omega)-\dfrac{1}{\omega^2}$
10	$\dfrac{1}{t}$	$-\mathrm{j}\pi\mathrm{sgn}(\omega)$
11	$\|t\|$	$-\dfrac{2}{\omega^2}$
12	$\mathrm{e}^{\mathrm{j}\omega_0 t}$	$2\pi\delta(\omega-\omega_0)$
13	$\cos(\omega_0 t)$	$\pi[\delta(\omega+\omega_0)+\delta(\omega-\omega_0)]$
14	$\sin(\omega_0 t)$	$\mathrm{j}\pi[\delta(\omega+\omega_0)-\delta(\omega-\omega_0)]$
15	$\delta_{\mathrm{T}}(t)=\sum\limits_{n=-\infty}^{\infty}\delta(t-nT)$	$\delta_{\omega}(t)=\Omega\sum\limits_{n=-\infty}^{\infty}\delta(\omega-n\Omega),\Omega=\dfrac{2\pi}{T}$
16	$\sum\limits_{n=-\infty}^{\infty}F_n\mathrm{e}^{\mathrm{j}n\Omega t}$	$2\pi\sum\limits_{n=-\infty}^{\infty}F_n\delta(\omega-n\Omega),\Omega=\dfrac{2\pi}{T}$

拉普拉斯逆变换表

[编号中第一个数字表示 $F(s)$ 分母中的最高次数]

编号	$F(s)$	$f(t)$
0-1	s	$\delta'(t)$
0-2	1	$\delta(t)$
1-1	$\dfrac{1}{s}$	$\varepsilon(t)$
1-2	$\dfrac{b_0}{s+\alpha}$	$b_0 e^{-\alpha t}$
2-1	$\dfrac{\beta}{s^2+\beta^2}$	$\sin(\beta t)$
2-2	$\dfrac{s}{s^2+\beta^2}$	$\cos(\beta t)$
2-3	$\dfrac{\beta}{s^2-\beta^2}$	$\sin\text{ h}(\beta t)$
2-4	$\dfrac{s}{s^2-\beta^2}$	$\cos\text{ h}(\beta t)$
2-5	$\dfrac{\beta}{(s+\alpha)^2+\beta^2}$	$e^{-\alpha t}\sin(\beta t)$
2-6	$\dfrac{s+\alpha}{(s+\alpha)^2+\beta^2}$	$e^{-\alpha t}\cos(\beta t)$
2-7	$\dfrac{\beta}{(s+\alpha)^2-\beta^2}$	$e^{-\alpha t}\sin\text{ h}(\beta t)$
2-8	$\dfrac{s+\alpha}{(s+\alpha)^2-\beta^2}$	$e^{-\alpha t}\cos\text{ h}(\beta t)$
2-9	$\dfrac{b_1 s+b_0}{(s+\alpha)^2+\beta^2}$	$Ae^{-\alpha t}\sin(\beta t+\theta)$，其中 $Ae^{j\theta}=\dfrac{b_0-b_1(\alpha-j\beta)}{\beta}$
2-10	$\dfrac{b_1 s+b_0}{s^2}$	$b_0 t+b_1$

续表

编号	$F(s)$	$f(t)$
2-11	$\frac{b_1s+b_0}{s(s+\alpha)}$	$\frac{b_0}{\alpha}-\left(\frac{b_0}{\alpha}-b_1\right)e^{-\alpha t}$
2-12	$\frac{b_1s+b_0}{(s+\alpha)(s+\beta)}$	$\frac{b_0-b_1\alpha}{\beta-\alpha}e^{-\alpha t}+\frac{b_0-b_1\beta}{\alpha-\beta}e^{-\beta t}$
2-13	$\frac{b_1s+b_0}{(s+\alpha)^2}$	$[(b_0-b_1\alpha)t+b_1]e^{-\alpha t}$
3-1	$\frac{b_2s^2+b_1s+b_0}{(s+\alpha)(s+\beta)(s+\gamma)}$	$\frac{b_0-b_1\alpha+b_2\alpha^2}{(\beta-\alpha)(\gamma-\alpha)}e^{-\alpha t}+\frac{b_0-b_1\beta+b_2\beta^2}{(\alpha-\beta)(\gamma-\beta)}e^{-\beta t}+$ $\frac{b_0-b_1\gamma+b_2\gamma^2}{(\alpha-\gamma)(\beta-\gamma)}e^{-\gamma t}$
3-2	$\frac{b_2s^2+b_1s+b_0}{(s+\alpha)^2(s+\beta)}$	$\frac{b_0-b_1\beta+b_2\beta^2}{(\alpha-\beta)^2}e^{-\beta t}+\frac{b_0-b_1\alpha+b_2\alpha^2}{\beta-\alpha}te^{-\alpha t}-$ $\frac{b_0-b_1\beta+b_2\alpha(2\beta-\alpha)}{(\beta-\alpha)^2}e^{-\alpha t}$
3-3	$\frac{b_2s^2+b_1s+b_0}{(s+\alpha)^3}$	$b_2e^{-\alpha t}+(b_1-2b_2\alpha)te^{-\alpha t}+$ $0.5(b_0-b_1\alpha+b_2\alpha^2)t^2e^{-\alpha t}$
3-4	$\frac{b_2s^2+b_1s+b_0}{(s+\gamma)(s^2+\beta^2)}$	$\frac{b_0-b_1\gamma+b_2\gamma^2}{\gamma^2+\beta^2}e^{-\gamma t}+A\sin(\beta t+\theta)$， 其中 $Ae^{j\theta}=\frac{(b_0-b_2\beta^2)+jb_1\beta}{\beta(\gamma+j\beta)}$
3-5	$\frac{b_2s^2+b_1s+b_0}{(s+\gamma)[(s+\alpha)^2+\beta^2]}$	$\frac{b_0-b_1\gamma+b_2\gamma^2}{(\alpha-\gamma)^2+\beta^2}e^{-\gamma t}+Ae^{-\alpha t}\sin(\beta t+\theta)$， 其中 $Ae^{j\theta}=\frac{b_0-b_1(\alpha-j\beta)+b_2(\alpha-j\beta)^2}{\beta(\gamma-\alpha+j\beta)}$
4-1	$\frac{1}{s^2(s^2+\beta^2)}$	$\frac{1}{\beta^3}[\beta t-\sin(\beta t)]$
4-2	$\frac{1}{(s^2+\beta^2)^2}$	$\frac{1}{2\beta^3}[\sin(\beta t)-\beta t\sin(\beta t)]$
4-3	$\frac{s}{(s^2+\beta^2)^2}$	$\frac{1}{2\beta}t\sin(\beta t)$
4-4	$\frac{s^2}{(s^2+\beta^2)^2}$	$\frac{1}{2\beta}[\sin(\beta t)+\beta t\cos(\beta t)]$
4-5	$\frac{s^2-\beta^2}{(s^2+\beta^2)^2}$	$t\cos(\beta t)$

附录六

序列的 z 变换表

编号	$f(k), k\geqslant 0$	$F(z)$
1	$\delta(k)$	1
2	$\delta(k-m), m\geqslant 0$	z^{-m}
3	$\varepsilon(k)$	$\frac{z}{z-1}$
4	$\varepsilon(k-m), m\geqslant 0$	$\frac{z}{z-1}\cdot z^{-m}$
5	k	$\frac{z}{(z-1)^2}$
6	k^2	$\frac{z^2+z}{(z-1)^3}$
7	k^3	$\frac{z^3+4z^2+z}{(z-1)^4}$
8	a^k	$\frac{z}{z-a}$
9	$\frac{a^k-(-a)^k}{2a}$	$\frac{z}{z^2-a^2}$
10	$\frac{a^k+(-a)^k}{2a}$	$\frac{z^2}{z^2-a^2}$
11	ka^k	$\frac{az}{(z-a)^2}$
12	k^2a^k	$\frac{az^2+a^2z}{(z-a)^3}$
13	k^3a^k	$\frac{az^3+4a^2z^2+a^3z}{(z-a)^4}$
14	$\frac{k(k-1)}{2}$	$\frac{z}{(z-1)^3}$
15	$\frac{(k+1)k}{2}$	$\frac{z^2}{(z-1)^3}$
16	$\frac{(k+2)(k+1)}{2}$	$\frac{z^3}{(z-1)^3}$
17	ka^{k-1}	$\frac{z}{(z-a)^2}$

续表

编号	$f(k),k\geqslant 0$	$F(z)$
18	$(k+1)a^k$	$\dfrac{z^2}{(z-a)^2}$
19	$\dfrac{k(k-1)\cdots(k-m+1)}{m!}$	$\dfrac{z}{(z-1)^{m+1}}$
20	$\dfrac{(k+1)\cdots(k+m)a^k}{m!},m\geqslant 1$	$\dfrac{z^{m+1}}{(z-a)^{m+1}}$
21	$\dfrac{a^k-b^k}{a-b}$	$\dfrac{z}{(z-a)(z-b)}$
22	$\dfrac{a^{k+1}-b^{k+1}}{a-b}$	$\dfrac{z^2}{(z-a)(z-b)}$
23	$e^{\alpha k}$	$\dfrac{z}{z-e^{\alpha}}$
24	$e^{j\beta k}$	$\dfrac{z}{z-e^{j\beta}}$
25	$\cos(\beta k)$	$\dfrac{z(z-\cos\beta)}{z^2-2z\cos\beta+1}$
26	$\sin(\beta k)$	$\dfrac{z\sin\beta}{z^2-2z\cos\beta+1}$
27	$\cos(\beta k+\theta)$	$\dfrac{z^2\cos\theta-z\cos(\beta-\theta)}{z^2-2z\cos\beta+1}$
28	$\sin(\beta k+\theta)$	$\dfrac{z^2\sin\theta+z\sin(\beta-\theta)}{z^2-2z\cos\beta+1}$
29	$a^k\cos(\beta k)$	$\dfrac{z(z-a\cos\beta)}{z^2-2az\cos\beta+a^2}$
30	$a^k\sin(\beta k)$	$\dfrac{az\sin\beta}{z^2-2az\cos\beta+a^2}$
31	$ka^k\cos(\beta k)$	$\dfrac{az(z^2+a^2)\cos\beta-2a^2z^2}{(z^2-2az\cos\beta+a^2)^2}$
32	$ka^k\sin(\beta k)$	$\dfrac{az(z^2-a^2)\sin\beta}{(z^2-2az\cos\beta+a^2)^2}$
33	$a^k\cosh(\beta k)$	$\dfrac{z(z-a\cosh\beta)}{z^2-2az\cosh\beta+a^2}$
34	$a^k\sinh(\beta k)$	$\dfrac{az\sinh\beta}{z^2-2az\cosh\beta+a^2}$
35	$\dfrac{1}{k}a^k,k>0$	$\ln\left(\dfrac{z}{z-a}\right)$
36	$\dfrac{1}{k!}a^k$	$e^{\frac{a}{z}}$
37	$\dfrac{(\ln a)^k}{k!}$	$a^{\frac{1}{z}}$

续表

编号	$f(k),k\geqslant 0$	$F(z)$
38	$\dfrac{1}{(2k)!}$	$\cos\text{h}\sqrt{\dfrac{1}{z}}$
39	$\dfrac{1}{k+1}$	$z\ln\left(\dfrac{z}{z-1}\right)$
40	$\dfrac{1}{2k+1}$	$\dfrac{1}{2}\sqrt{z}\ \ln\dfrac{\sqrt{z}+1}{\sqrt{z}-1}$

信号与系统 MATLAB 例程

附录七

根据当代教育理念对理论实践化的需求,结合 MATLAB 软件,本附录提供了信号与系统的相关例程,以帮助学生深入理解理论内容,同时培养一定的工程实践能力。按照全书各章内容的顺序,选择具有代表性的常用例程,并给出了全部源代码。下表列举了附录中的主要例程和主要函数。(更多案例视频参见中国大学 MOOC 平台西安电子科技大学的工程信号与系统课程。)

章节	主要例程	主要函数
第一章　信号与系统	信号的表示与绘制	plot(), stem(), linspace(), stepfun()
第二章　连续系统的时域分析	微分方程的求解 冲激和阶跃响应的求解	lsim(), tf(), impulse(), step()
第三章　离散系统的时域分析	差分方程的求解 卷积和二维图像的卷积	filter(), conv(), conv2()
第四章　傅里叶变换和系统的频域分析	信号的傅里叶变换求解 信号的取样和恢复	fourier(), ifourier(), sinc(), ones(), length()
第五章　连续系统的 s 域分析	信号的拉普拉斯变换求解 连续系统的频率响应图	laplace(), ilaplace(), freqs()
第六章　离散系统的 z 域分析	z 变换求解 离散系统的频率响应图	ztrans(), iztrans(), freqz()
第七章　系统函数	系统的零极点分布图 实用简单低通滤波器的设计	tf2zp(), zplane(), polyval(),
第八章　系统的状态变量分析	系统函数和状态方程	tf2ss(), ss2tf()

1. 信号的表示与绘制

MATLAB 提供了丰富的信号表示方法与函数,以及图形绘制功能。

例 1　利用 MATLAB 绘制如下连续和离散时间信号的时域波形图。

(1) 连续时间信号 $f(t)=0.8\mathrm{e}^{-4t}\sin(\pi t)$, $0<t<6$。

(2) 离散时间信号 $f(k)=4(0.8)^{k}$, $-6\leqslant k\leqslant 6$。

解

```
a = 4; b = 0.8;
t = 0:0.001:6;                          % 时间间隔
x= b * exp(-a * t).* sin(pi * t);       % 生成连续时间信号
plot(t,x);                              % 绘制连续时间信号的波形
c =4; d = 0.8;
k = -6:6;
y = c * d.^k;                           % 注意 d 是数,而指数是数组,因此用“.^”
stem(k,y);                              % 绘制离散时间信号的波形
```

程序运行后,信号的波形分别如图 1(a)和(b)所示。

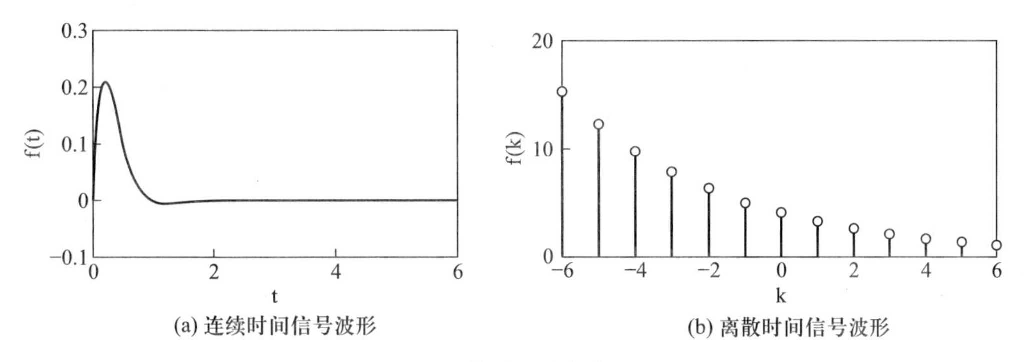

(a) 连续时间信号波形　　(b) 离散时间信号波形

图 1　信号的时域波形

例 2　生成取样信号 $Sa(\pi t)=\sin(\pi t)/\pi t$ 并绘制其时域波形。

解

```
t = -3 * pi:0.001:3 * pi;      % 时间间隔
x = sinc(t);                   % 利用 sinc ()函数生成取样信号
plot(t,x); grid on;
```

该例中的 sinc(t) 函数实际上代表的是 $\sin(\pi t)/\pi t$,而不是 $\sin(t)/t$。运行 sinc ( ) 函数的方便之处在于,$t=0$ 时刻的 0/0 型极限值不需要额外考虑。$Sa(\pi t)$ 的函数波形如图 2 所示。

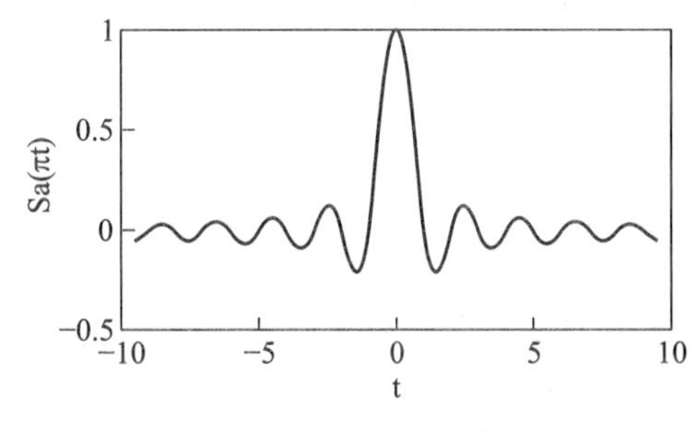

图 2　取样信号 $Sa(\pi t)$ 的波形

例 3 生成延迟阶跃函数 $\varepsilon(t-3)$ 并绘制其波形。

解 阶跃函数可以用函数 stepfun 来生成,并可以设置跃变时刻。

```
t = linspace(-2,5,50);
y = stepfun(t,3);          % 设置 t=3 时刻发生跃变
plot(t,y);
```

程序运行后,获得的阶跃函数 $\varepsilon(t-3)$ 的波形如图 3 所示。

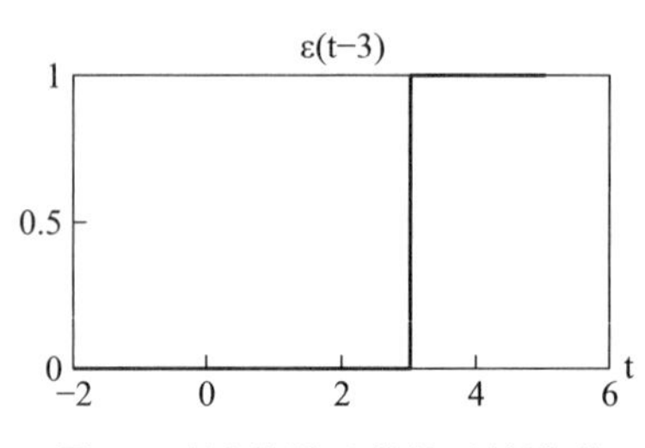

图 3 延迟阶跃函数的时域波形

2. 微分方程的求解

MATLAB 提供了 lsim 函数,可以从给定的微分方程直接计算系统的响应,其调用格式为

$$y=\mathrm{lsim}(sys,\ f,\ t)$$

式中,t 表示取值范围;f 是系统输入信号,sys 是 LTI 系统模型,可以用来表示微分方程、差分方程和状态方程。在求解微分方程时,微分方程的 LTI 系统模型 sys 要借助 tf 函数获得,其调用方式为

$$sys=\mathrm{tf}(b,a)$$

式中,b 和 a 分别为微分方程的右端和左端各项的系数。

例 4 某 LTI 连续系统的微分方程为

$$y''(t)+5y'(t)+6y(t)=f(t)$$

输入是 $f(t)=e^{-t}\varepsilon(t)$,利用 MATLAB 画出系统的零状态响应。

解

```
a = [1,5,6];          % 方程左端各项系数,从最高阶求导项开始写
b=[1];                % 方程右端各项系数
t = 0:0.08:10;        % 确定 t 的取值范围
e = [exp(-t)];        % 输入激励信号
sys=tf(b,a);          % 构造系统模型
lsim(sys,e,t);        % 不返回参数,直接画出激励和响应的波形
```

运行之后,图 4 为激励和所求零状态响应的波形图。

3. 冲激响应和阶跃响应的求解

MATLAB 提供了专门用于求 LTI 系统的冲激响应和阶跃响应的函数。假定系统的微分方程为

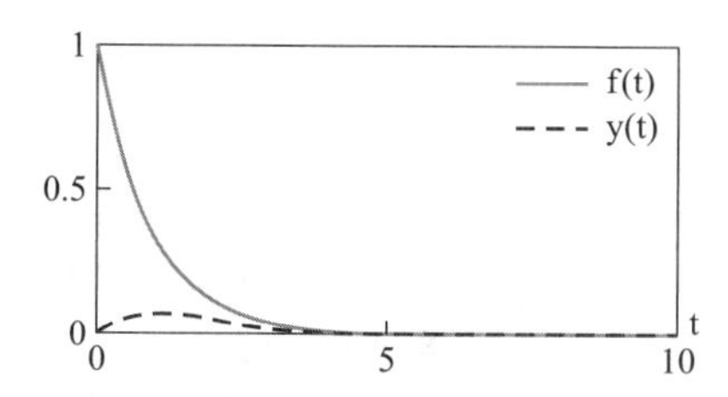

图 4　输入激励和零状态响应波形图

$$\sum_{i=0}^{n} a_i y^{(i)}(t) = \sum_{j=0}^{m} b_j f^{(i)}(t)$$

函数 impulse(b,a)用于绘制向量 a 和 b 定义的 LTI 系统的冲激响应，函数 step(b,a)用于绘制向量 a 和 b 定义的 LTI 系统的阶跃响应，其中 a 和 b 表示微分方程中的 a_i 和 b_i 组成的系数向量。

例 5　用 MATLAB 求以下系统的冲激响应和阶跃响应。

$$7y''(t)+4y'(t)+6y(t)=f'(t)+f(t)$$

解

```
a=[7 4 6];          % 微分方程左边各项系数
b=[1 1];            % 微分方程右边各项系数
subplot(2,1,1)
impulse(b,a)        % 计算冲激响应
subplot(2,1,2)
step(b,a)           % 计算阶跃响应
```

运行之后，获得图 5 所示结果。

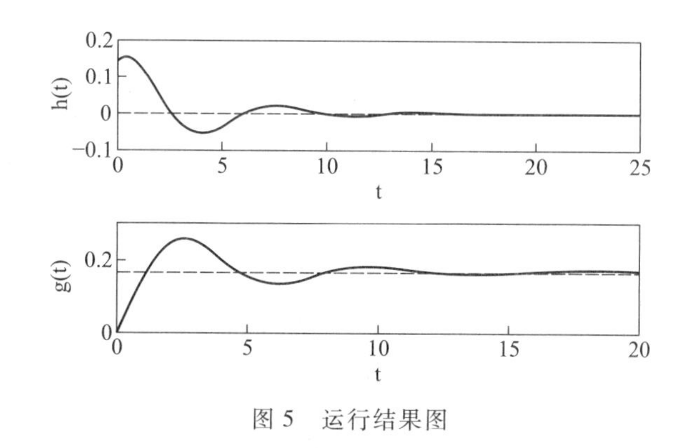

图 5　运行结果图

4. 差分方程的求解

MATLAB 提供了一个 filter 函数，计算由差分方程描述的系统响应。

例 6　给定线性时不变离散系统的差分方程为

$$y(k)-1.5y(k-1)+0.5y(k-2)=f(k)+0.25f(k-1),$$

系统输入激励为 $f(k)=0.75^k\varepsilon(k)$，初始条件为 $y(-1)=4, y(-2)=8$。计算系统的全响应，并绘制其波形。

解

```
clear
k = [0:25];x=(0.75).^k;          % 输入激励
b=[1,0.25];a=[1,-1.5,0.5];  % 差分方程的左右系数向量
Y=[4,8];X=[];                      % 初始条件
xic=filtic(b,a,Y,X);            % 为 filter 准备初始条件
y=filter(b,a,x,xic);            % 求解系统的响应
subplot(2,1,1); plot(k,x); grid; title('Input signals')
subplot(2,1,2); plot(k,y); grid;title('Response')
```

运行结果如图 6 所示。

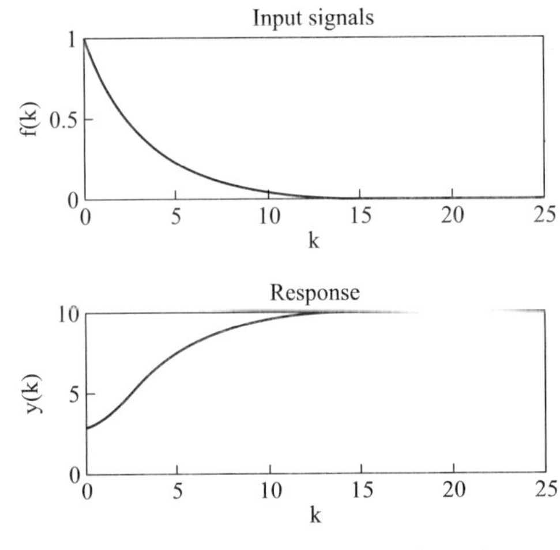

图 6　输入激励和输出响应波形图

5. 卷积和的计算

MATLAB 提供了函数 conv,用于求解离散序列的卷积和。

例 7　给定两个离散时间序列:$x_1(k)=\cos(k)$,$0\leqslant k\leqslant 6$;$x_2(k)=0.8^k$,$0\leqslant k\leqslant 10$。计算离散卷积和 $y(k)=x_1(k)*x_2(k)$。

解

```
k1 = 0:6;
x1 = cos(k1);
k2 = 0:10;
x2 = 0.8.^k2;              % 指数 k2 是数组,因此用“.^”
y = conv(x1,x2);           % 计算离散卷积
% 显示卷积结果
subplot(3,1,1); stem(k1,x1); title('x_1(k)');
subplot(3,1,2); stem(k2,x2); title('x_2(k)');
k=0:length(y)-1; subplot(3,1,3); stem(k,y); title('y(k)');
```

程序运行结果如图 7 所示。

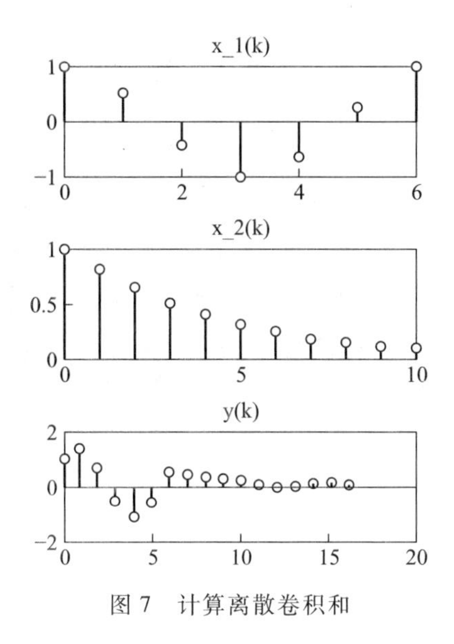

图 7 计算离散卷积和

6. 二维图像信号的卷积

平面图像作为二维信号,有二维卷积和的运算。MATLAB 图像处理工具箱中提供了二维卷积函数 conv2,具体格式如下:

$$C=\text{conv2}(A,B)$$

A 和 B 为待卷积的两个图像矩阵,C 是二维卷积和矩阵。

通常 B 也可称为模板(或者滤波器),图像与不同模板的卷积即可实现不同的滤波效果。最常见的均值滤波模板,就是将某像素值用领域的平均值代替。图像中常见的椒盐噪声,就是图像中有少量像胡椒粒一样的粒状噪声,比如电视图像中的雪花、照片中的红眼都属于这类噪声。这类噪声主要由高频分量组成,因此可以采用均值滤波模板对其进行滤波处理。

例 8 生成一幅有椒盐噪声的图像,再用 3×3 均值滤波模板对含噪图像进行滤波处理。

解

```
f = imread('lena.jpg');                             % 读入一幅图像
f = im2double(f); f = rgb2gray(f);                  % 转换数据格式
fnoise = imnoise(f,'salt & peppe',0.02)             % 产生有椒盐噪声的图
figure(1); imshow(fnoise);                          % 显示加噪声图像
H = ones(3,3); H = H/9;                             % 生成 3×3 均值滤波模板
f2 = conv2(fnoise,H);                               % 卷积滤波处理
figure(2); imshow(f2);                              % 显示滤波后图像
```

图 8(a)为添加椒盐噪声的图像,均值滤波后的图像如图 8(b)所示,噪声减弱的同时图像也模糊了许多。对于椒盐噪声的滤除还可以采用中值滤波器,有兴趣的读者可以查看图像处理相关资料。

7. 信号的正反傅里叶变换求解

MATLAB 提供了一个 fourier 函数,计算连续时间信号的傅里叶变换,其逆变换可以通过调用 ifourier 函数来计算。

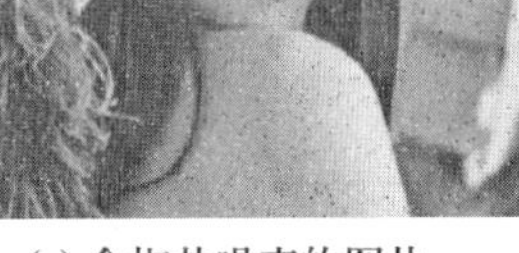

(a) 含椒盐噪声的图片

(b) 均值滤波后的图片

图 8 图像卷积示意图

例 9 计算三角函数 cos(t)的傅里叶变换,并对结果做傅里叶逆变换。

解

```
syms ft fw                    % 定义符号变量
f = cos(t);
fw = fourier(f)               % 计算傅里叶变换
f1 = ifourier(fw)             % 计算傅里叶逆变换
% 程序运行输出结果为
fw =
pi *(dirac(w - 1) + dirac(w + 1))
f1 =
cos(t)
```

8. 信号的 Nyquist 取样和恢复

例 10 令信号 $f(t)=\mathrm{Sa}(t)$ 为被取样信号,其傅里叶变换为 $F(\mathrm{j}\omega)=\begin{cases}\pi, & |\omega|\leqslant 1\\ 0, & |\omega|>1\end{cases}$,即信号的带宽为 $B=1$。当取样频率为 $\omega_s=2B$,此频率下的取样为 Nyquist 取样;利用截止频率为 $\omega_c=B$ 的低通滤波器对取样信号进行恢复。利用 MATLAB 对取样及恢复过程进行仿真。

解

```
% 取样及恢复
B=1;                    % 信号带宽
wc=B;                   % 滤波器截止频率
Ts=pi/B;                % 取样间隔
ws=2 * pi/Ts            % 取样角频率
N=100;                  % 滤波器时域取样点数
n=-N:N;
```

```
    nTs=n.* Ts;                        % 取样数据的取样时间
    fs=sinc(nTs/pi);                   % 函数的取样点
    Dt=0.005;                          % 恢复信号的取样间隔
    t=-15:Dt:15;                       % 恢复信号的范围
    fa=fs * Ts * wc/pi * sinc((wc/pi) * (ones(length(nTs),1) * t-nTs'* ones(1,
length(t))));                          % 信号重构
    error=abs(fa-sinc(t/pi));          % 求重构信号与原信号的归一化误差
```

程序运行之后,取样信号、重构信号和误差的结果图形如图 9 所示。

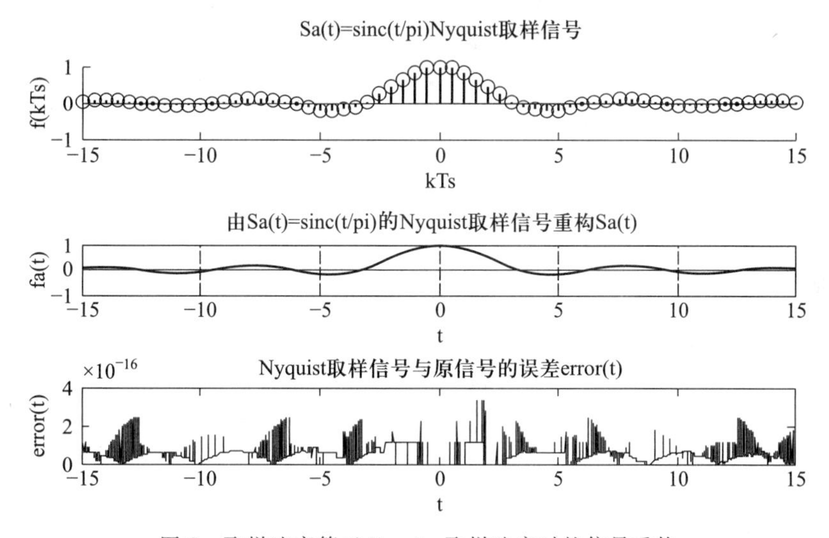

图 9　取样速率等于 Nyquist 取样速率时的信号重构

从图 9 的误差曲线中可以看到,用取样信号恢复的信号与原始信号的误差是极小的,而且这种误差来自于计算过程的数值计算误差。该例表明,对一个信号进行 Nyquist 取样后,能够无误差地从取样信号中恢复出原信号。

9. 信号的拉普拉斯变换求解

MATLAB 提供了一个 laplace 函数,计算连续时间信号的拉普拉斯变换。

例 11　计算下列三个函数的拉普拉斯变换。

$$f_1(t)=t^5\varepsilon(t),\quad f_2(t)=\mathrm{e}^{at}\varepsilon(t),\quad f_3(t)=\sin(\omega t)\varepsilon(t)$$

解

```
syms a t w                   % 定义符号变量
A = laplace(t^5)             % 计算拉普拉斯变换
B = laplace(exp(a * t))
C = laplace(sin(w * t))
% 程序运行输出结果为
A =120/s^6
B =1/(s - a)
C = w/(s^2 + w^2)
```

10. 连续系统的频率响应求解

MATLAB 提供了一个 freqs 函数，可以由连续系统的系统函数 $H(s)$ 计算频率响应 $H(\mathrm{j}\omega)$，并绘制频率响应图。

例 12 给定如下连续 LTI 系统的系统函数，利用 MATLAB 绘制其幅频、相频响应图。

$$H(s)=\frac{0.2s^2+0.3s+1}{s^2+0.4s+0.3}$$

解

```
% 绘制连续系统的幅频、相频曲线
a = [10.4 0.3];              % 分母各项系数
b = [0.2 0.3 1];             % 分子各项系数
w = logspace(-1,3);          % 指定数轴的对数刻度空间
freqs(b,a,w)                 % 由分式多项式系数绘制幅频、相频曲线
```

连续系统幅频和相频响应曲线如图 10 所示。

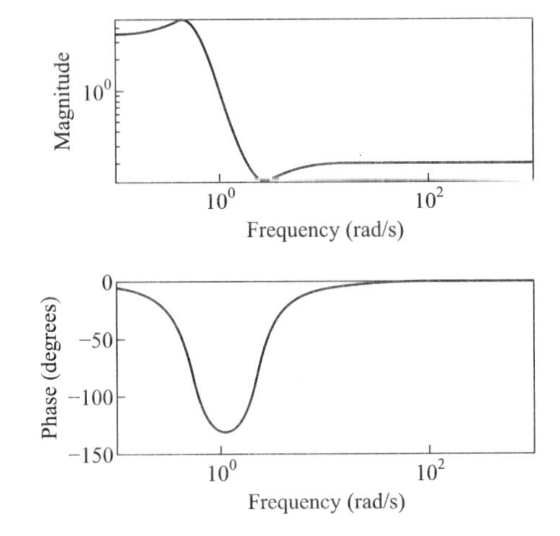

图 10 连续系统的幅频和相频响应曲线

11. 信号的正反 z 变换求解

MATLAB 提供了一个 ztrans 函数，计算离散时间信号的 z 变换，其逆变换可以通过调用 iztrans 函数来计算。

例 13 计算下列两个函数的 z 变换，并对结果做 z 逆变换。

$$f_1(k)=2^k\varepsilon(k),\quad f_2(k)=\sin(2k)\varepsilon(k)$$

解

```
syms kz                  % 定义符号变量
F1 = ztrans(2^k)         % 计算 z 变换
f1 = iztrans(f1)         % 计算 z 逆变换
F2 = ztrans(sin(k))
f2 = iztrans(f2)
% 运行结果为
F1 = z/(z - 2)
```

```
f1 = 2^k
F2 =(z * sin(2))/(z^2 - 2 * cos(2)* z + 1)
f2 = sin(2 * k)
```

12. 离散系统的频率响应求解

MATLAB 提供了一个 freqz 函数,可以由离散系统的系统函数 $H(z)$ 计算频率响应 $H(e^{j\theta})$,并绘制频率响应图。

例 14　给定离散 LTI 系统的系统函数,利用 MATLAB 绘制其幅频、相频响应图。

$$H(z)=\frac{1+0.7z^{-1}+0.1z^{-2}}{1+0.1z^{-1}-0.3z^{-2}}$$

解

```
% 绘制离散系统的幅频、相频曲线
b = [10.7 0.1];          % 分子各项系数
a = [10.1 -0.3];         % 分母各项系数
freqz(b,a,128)           % 由分式多项式系数绘制幅频、相频曲线
```

离散系统幅频和相频响应曲线如图 11 所示。

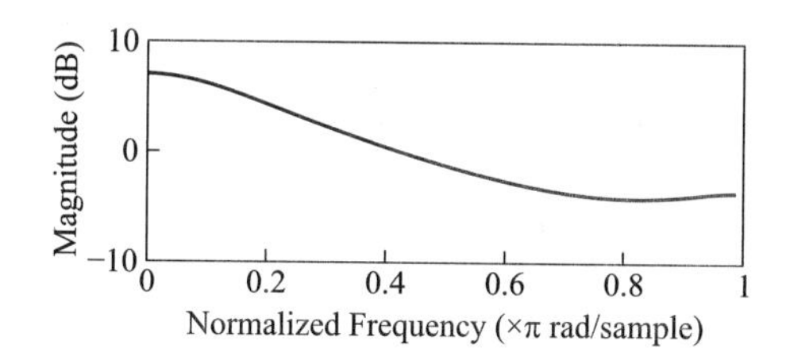

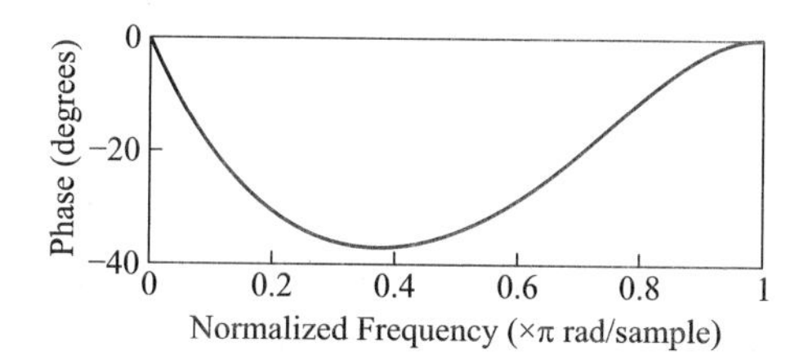

图 11　离散系统幅频和相频响应曲线

13. 系统零极点分布图和稳定性判定

MATLAB 提供了一个 tf2zp 函数,可以由连续或者离散系统的系统函数计算零点和极点;同时函数 zplane 可以直接绘制系统的零极点分布图,从极点分布位置来判断系统的稳定性。

例 15　分别给定连续和离散系统的系统函数,画出其零极点分布图,并判断系统是否稳定。

(1) $H(s)=\dfrac{s^3+11s^2+30s}{s^4+9s^3+45s^2+87s+50}$

(2) $H(z)=\dfrac{0.2+0.1z^{-1}+0.3z^{-2}+0.1z^{-3}+0.2z^{-4}}{1+0.4z^{-1}+z^{-2}-1.1z^{-3}+1.5z^{-4}-0.7z^{-5}}$

解

```
% 绘制连续时间系统的零极点分布图
num = [1,11,30,0];                 % 分子各项系数
den = [1,9,45,87,50];              % 分母各项系数
[z,p,k]=tf2zp(num,den);            % 计算系统的零极点
zplane(z,p);                       % 绘制零极点分布图
%绘制离散时间系统的零极点分布图
b = [0.2 0.1 0.3 0.1 0.2];         % 分子各项系数
a = [1 0.4 1 -1.1 1.5 -0.7];       % 分母各项系数
[z,p,k]=tf2zp(b,a)                 % 计算零极点
zplane(z,p,k)                      % 绘制零极点分布图
```

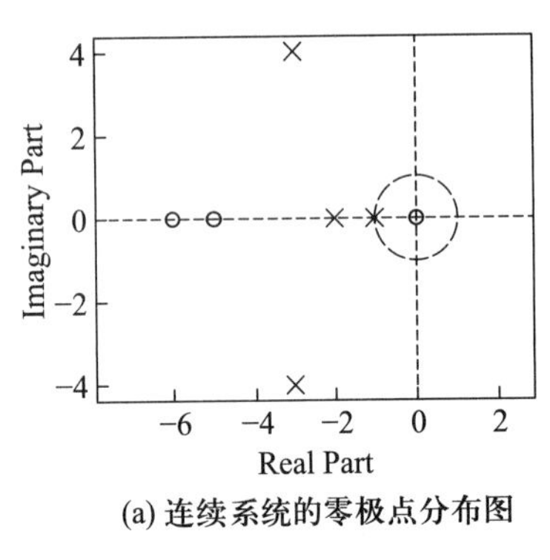

(a) 连续系统的零极点分布图

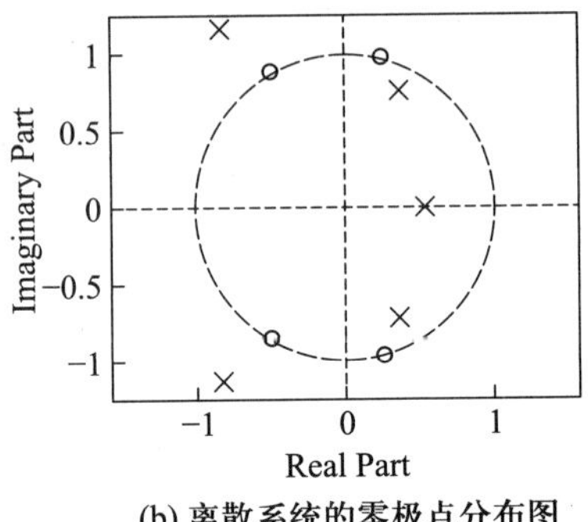

(b) 离散系统的零极点分布图

图 12 零极点分布图

绘制的零极点分布图如图 12 所示,符号"○"表示零点,"×"表示极点,水平的虚线表示坐标系的横坐标(也就是复平面的实轴),垂直的虚线表示坐标系的纵坐标(也就是复平面的虚轴),其中的虚线表示单位圆。

zplane 命令可以绘制连续和离散系统的零极点图,在图上很容易判断系统的极点是否全部处于虚轴以左平面,或者单位圆内部。根据图 12(a),连续系统的极点位置均在左半开平面,可知该系统稳定;根据图 12(b),离散系统存在单位圆外的极点,故系统不稳定。

14. 实际简单低通滤波器设计

例 16 滤波器是一种选频系统,对输入信号进行滤波,就是滤去或削弱不需要的成分。比如,电话声音信号通常需要经过低通滤波,以消除高于截止频率 3 kHz 的高频噪声分量,保证通话质量的同时也缩小了信号带宽,从而增加了通话容量。那么,如何设计和实现一个 3 kHz 低通滤波器呢?

解 一个最简单形式的低通滤波器可用如图 13 所示的 RC 电路来实现,其系统函数为 $H(s)=(RCs+1)^{-1}$,幅度响应为 $|H(\mathrm{j}\omega)|=|(\mathrm{j}\omega RC+1)^{-1}|=1/\sqrt{1+(RC\omega)^2}$。

通过选取元件 R 与 C 的值,可将截止频率设定为 3 kHz,该截止频率对应于半功率点,即 $|H(\mathrm{j}\omega)|=1/\sqrt{2}$(下降到最高值的 0.707)。

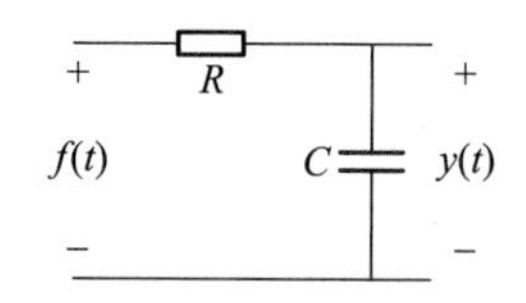

图 13　一阶 RC 低通滤波器

```
omega_c=2*pi*3000;                % 设定截止频率
C=10^-9;                          % 设定电容参数
R=1/sqrt(C^2*omega_c^2)           % 计算电阻参数
f=linspace(0,20000,200);          % 生成一个等间隔的点所组成的长为 N 的向量
B=1;A=[R*C 1];
H=polyval(B,j*f*2*pi)./polyval(A,j*f*2*pi);   % 计算系统函数
Hmag_RC=abs(H);                               % 计算幅度
plot(f,abs(f*2*pi)<=omega_c,'k',f,Hmag_RC,'k--');   % 绘幅频图
xlabel('f[Hz]');ylabel('|H(j2\pi f)|');
axis([0 20000 -0.05 1.05]);legend('Ideal','First-Order RC');
```

为了评估 RC 滤波器的性能，在大部分可听见的频率范围（$0\leqslant f\leqslant 20$ kHz）上，绘出幅度响应的图形，如图 14 中的虚线所示。图中实线绘制的是理想滤波器的幅频响应，其在通带内增益为 1，阻带内增益为 0，之间不存在任何过渡带。实际一阶 RC 滤波器是一个截止频率等于 3 kHz 的低通滤波器，从通带到阻带是逐渐衰减的，与理想滤波器相比，衰减速度相当缓慢。

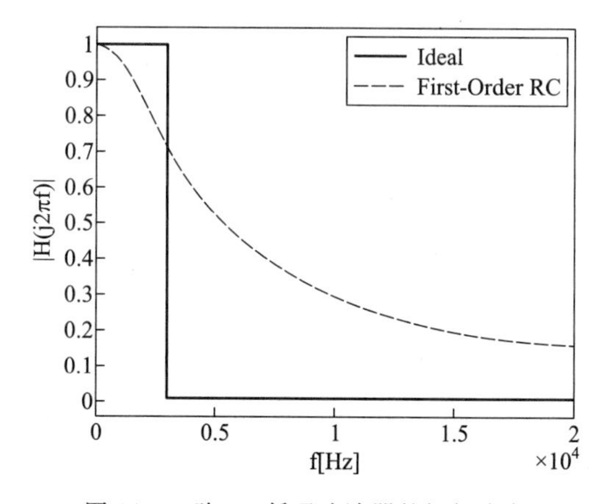

图 14　一阶 RC 低通滤波器的幅频响应

15. 系统函数和状态方程

MATLAB 提供了一个 tf2ss 函数，它能根据系统函数求状态空间方程，调用形式如下：

$$[A, B, C, D]=\mathrm{tf2ss}(num, den)$$

其中，num、den 分别表示系统函数 $H(s)$ 的分子和分母多项式的系数；A、B、C、D 分别为状态空间方程的系数矩阵。

例 17　已知系统函数 $H(s)=\dfrac{s+1}{s^2+s+1}$，求它的状态方程系数矩阵。

解

```
num = [0 1 1];              % 系统函数中的分子各项系数
den = [1 1 1];              % 系统函数中的分母各项系数
[A B C D] = tf2ss(num,den)
```

运行结果可以得到四个系数矩阵分别为

$$A=\begin{bmatrix}-1 & -1\\ 1 & 0\end{bmatrix},\quad B=\begin{bmatrix}1\\ 0\end{bmatrix},\quad C=[1\quad 1],\quad D=\mathbf{0}$$

所以，系统的状态空间方程为

$$\begin{bmatrix}\dot{x}_1\\ \dot{x}_2\end{bmatrix}=\begin{bmatrix}-1 & -1\\ 1 & 0\end{bmatrix}\begin{bmatrix}x_1\\ x_2\end{bmatrix}+\begin{bmatrix}1\\ 0\end{bmatrix}\boldsymbol{f},\quad y=[1\quad 1]\begin{bmatrix}x_1\\ x_2\end{bmatrix}$$

MATLAB 提供的函数 ss2tf，可以计算出由状态空间方程得出的系统函数矩阵 $H(s)$ 或 $H(z)$，调用形式如下：

[num, den] = ss2tf(A, B, C, D, k)

其中，A、B、C、D 分别表示状态空间方程的系数矩阵；k 表示由函数 ss2tf 计算的与第 k 个输入相关的系统函数，即 $H(\cdot)$ 的第 k 列。num 表示 $H(\cdot)$ 第 k 列的 m 个元素的分子多项式，den 表示 $H(\cdot)$ 公共的分母多项式。

例 18 已知某离散时间系统的状态方程和输出方程为

$$\begin{bmatrix}x_1(k+1)\\ x_2(k+1)\end{bmatrix}=\begin{bmatrix}1 & 4\\ 0 & -2\end{bmatrix}\begin{bmatrix}x_1(k)\\ x_2(k)\end{bmatrix}+\begin{bmatrix}0 & 1\\ 1 & 0\end{bmatrix}\begin{bmatrix}f_1(k)\\ f_2(k)\end{bmatrix}$$

$$\begin{bmatrix}y_1(k)\\ y_2(k)\end{bmatrix}=\begin{bmatrix}1 & 1\\ 0 & -1\end{bmatrix}\begin{bmatrix}x_1(k)\\ x_2(k)\end{bmatrix}+\begin{bmatrix}1 & 0\\ 1 & 0\end{bmatrix}\begin{bmatrix}f_1(k)\\ f_2(k)\end{bmatrix}$$

利用 MATLAB，求该系统的系统函数矩阵 $H(z)$。

解

```
A=[1 4;0 -2];B=[0 1;1 0];C=[1 1;0 -1];D=[1 0;1 0];
% 计算分别与 H(z) 两输入相关对应列的 MATLAB 语句为
[num1,den1]=ss2tf(A,B,C,D,1)
[num2,den2]=ss2tf(A,B,C,D,2)
% 运行可得
num1 = 1  2  1     den1= 1   1   -2
       1  0 -1
num2 = 0  1  2    den2 = 1   1   -2
       0  0  0
```

所以系统函数矩阵 $H(z)$ 为

$$H(z)=\frac{1}{z^2+z-2}\begin{bmatrix}z^2+2z+1 & z+2\\ z^2-1 & 0\end{bmatrix}$$

部分习题答案

习 题 一

1.3 (a) $2\varepsilon(t+1)-\varepsilon(t-1)-\varepsilon(t-2)$

(b) $(t+1)\varepsilon(t+1)-2(t-1)\varepsilon(t-1)+(t-3)\varepsilon(t-3)$或$(t+1)[\varepsilon(t+1)-\varepsilon(t-1)]+(3-t)[\varepsilon(t-1)-\varepsilon(t-3)]$

(c) $10\sin(\pi t)[\varepsilon(t)-\varepsilon(t-1)]$或$10\{\sin(\pi t)\varepsilon(t)+\sin[\pi(t-1)]\varepsilon(t-1)$

(d) $1+2(t+2)[\varepsilon(t+2)-\varepsilon(t+1)]+(t-1)[\varepsilon(t+1)-\varepsilon(t-1)]$

1.4 (a) $\varepsilon(k+2)$

(b) $\varepsilon(k-3)-\varepsilon(k-7)$

(c) $\varepsilon(-k+2)$

(d) $(-1)^k\varepsilon(k)$或$\cos(k\pi)\varepsilon(k)$

1.5 (1) 周期序列,$N=10$ (2) 周期序列,$N=24$

(3) 非周期序列 (4) 周期序列,$N=6$

(5) 非周期信号 (6) 非周期信号

1.10 (1) $\delta'(t)+2\delta(t)-[\cos t+4\sin(2t)]\varepsilon(t)$ (2) $\delta'(t)+\delta(t)$

(3) π (4) 3

(5) 3 (6) 4

(7) -5 (8) $\delta(t)+\varepsilon(t)$

1.12 (1) $u''_C+\dfrac{1}{RC}u'_C+\dfrac{1}{LC}u_C=\dfrac{1}{LC}u_S$ (2) $i''_L+\dfrac{1}{RC}i'_L+\dfrac{1}{LC}i_L=\dfrac{1}{L}u'_S+\dfrac{1}{RLC}u_S$

1.13 (1) $u''+\dfrac{R}{L}u'+\dfrac{1}{LC}u=Ri''_S+\dfrac{1}{C}i'_S$ (2) $i''_C+\dfrac{R}{L}i'_C+\dfrac{1}{LC}i_C=i''_S$

1.14 $My''+Dy'+Ky=f$

1.15 $My''+By'+Ky=Mx''_1$

1.16 $H'+\dfrac{1}{RA}H=\dfrac{1}{A}Q_{in}$

1.17 $y'+\dfrac{K_0}{mC_P}y=\dfrac{Q}{mC_P}$,式中 $y=T-T_0$

1.18 $y(k)-1.5y(k-1)+0.5y(k-2)=0$

1.19 (1) $x(k)-2x(k-1)=f(k)$

(2) $y(k)-2y(k-1)=f(k)-f(k-5)$

1.20 (a) $y''+3y'+2y=f''-2f'$

(b) $y'''+2y'+3y=f''-4f$

(c) $y(k)-2y(k-1)+4y(k-2)=2f(k-1)-f(k-2)$

(d) $y(k)-2y(k-2)=2f(k)+3f(k-1)-4f(k-2)$

1.21 (a) $y(t)=f(t)+af(t-T)$

(b) $z(t)=y(t)-az(t-T)$

1.22 $\alpha u(k+1)-(2\alpha+1)u(k)+\alpha u(k-1)=0$ 或

$\alpha u(k)-(2\alpha+1)u(k-1)+\alpha u(k-2)=0$

1.23 (1) 是； (2) 否； (3) 否； (4) 否； (5) 是

1.24 (1) 线性、时不变； (2) 线性、时变； (3) 非线性、时不变； (4) 线性、时变；(5) 非线性、时不变

1.25 (1) 线性、时不变、因果、不稳定　(2) 非线性、时不变、因果、稳定

(3) 线性、时变、因果、稳定　(4) 线性、时变、非因果、稳定

(5) 非线性、时不变、因果、稳定　(6) 线性、时变、因果、不稳定

(7) 线性、时变、因果、不稳定　(8) 线性、时变、非因果、稳定

1.26 (1) $\delta(t)-2e^{-2t}\varepsilon(t)$　(2) $0.5(1-e^{-2t})\varepsilon(t)$

1.27 $-e^{-t}+3\cos(\pi t),t\geqslant 0$

1.28 $[4-2(0.5)^k]\varepsilon(k)$

1.29 $4+7e^{-t}-3e^{-2t},t\geqslant 0$

1.30 (1) $y_{zs}(k)=\{\cdots,0,1,2,3,2,1,0,\cdots\}$ （↑ $k=2$）　(2) $y_{zs}(k)=\{\cdots,0,1,3,6,5,3,0,\cdots\}$ （↑ $k=2$）

1.31 $\varepsilon(t)-4\varepsilon(t-1)+\varepsilon(t-2)-\varepsilon(t-4)+4\varepsilon(t-5)-\varepsilon(t-6)$

1.32 $\varepsilon(t)-\varepsilon(t-1)-\varepsilon(t-2)+\varepsilon(t-3)$

习　题　二

2.1 (1) $2e^{-2t}-e^{-3t},t\geqslant 0$　(2) $2e^{-t}\cos(2t),t\geqslant 0$　(3) $(2t+1)e^{-t},t\geqslant 0$

(4) $2\cos t,t\geqslant 0$　(5) $(2t-1)e^{-t}+e^{-2t},t\geqslant 0$

2.2 (1) $y(0_+)=0,y'(0_+)=1$　(2) $y(0_+)=-6,y'(0_+)=29$

(3) $y(0_+)=-2,y'(0_+)=12$　(4) $y(0_+)=1,y'(0_+)=3$

2.3 (1) $(1-2e^{-2t})$ V$,t\geqslant 0$　(2) $(2e^{-t}-3e^{-2t})$ V$,t\geqslant 0$

(3) $(2t-1)e^{-2t}$ V$,t\geqslant 0$　(4) $(t-0.5-0.5e^{-2t})$ V$,t\geqslant 0$

2.4 (1) $y_{zi}(t)=(2e^{-t}-e^{-3t})\varepsilon(t),y_{zs}(t)=\left(\frac{1}{3}-\frac{1}{2}e^{-t}+\frac{1}{6}e^{-3t}\right)\varepsilon(t)$

(2) $y_{zi}(t)=(4t+1)e^{-2t}\varepsilon(t),y_{zs}(t)=[-(t+2)e^{-2t}+2e^{-t}]\varepsilon(t)$

(3) $y_{zi}(t)=e^{-t}\sin t\varepsilon(t),y_{zs}(t)=e^{-t}\sin t\varepsilon(t)$

2.5 $i''+5i'+6i=u_S,i_{zs}(t)=(e^{-t}-2e^{-2t}+e^{-3t})\varepsilon(t)$ A

2.6 $u_C(t)=\left[-e^{-t}+0.8e^{-2t}+\frac{2}{\sqrt{10}}\cos(t-71.6^\circ)\right]\varepsilon(t)$ V

2.7 (1) $h(t)=0.5(e^{-t}-e^{-3t})\varepsilon(t)$

(2) $h(t)=(t+1)e^{-2t}\varepsilon(t)$

(3) $h(t)=\sqrt{2}e^{-t}\cos\left(t+\frac{\pi}{4}\right)\varepsilon(t)$

2.8 $u'_R+2u_R=2i_S, h(t)=2e^{-2t}\varepsilon(t), g(t)=(1-e^{-2t})\varepsilon(t)$

2.9 $u'_C+u_C=0.5u_S, h(t)=0.5e^{-t}\varepsilon(t), g(t)=0.5(1-e^{-t})\varepsilon(t)$

2.10 $i'_C+2i_C=i'_S, h(t)=\delta(t)-2e^{-2t}\varepsilon(t), g(t)=e^{-2t}\varepsilon(t)$

2.11 $u'_R+u_R=u'_S+0.5u_S, h(t)=\delta(t)-0.5e^{-t}\varepsilon(t), g(t)=0.5(1+e^{-t})\varepsilon(t)$

2.12 $h(t)=2(e^{-t}-e^{-2t})\varepsilon(t), g(t)=(1-2e^{-t}+e^{-2t})\varepsilon(t)$

2.13 $h(t)=2.5e^{-t}\sin(2t)\varepsilon(t), g(t)=\left[1-\frac{\sqrt{5}}{2}e^{-t}\sin(2t+63.4°)\right]\varepsilon(t)$

2.14 $h(t)=\delta(t)-3e^{-2t}\varepsilon(t), g(t)=(-0.5+1.5e^{-2t})\varepsilon(t)$

2.15 $h(t)=\delta'(t)-2\delta(t)+4e^{-2t}\varepsilon(t), g(t)=\delta(t)-2e^{-2t}\varepsilon(t)$

2.17 (1) $0.5t^2\varepsilon(t)$　(2) $0.5(1-e^{-2t})\varepsilon(t)$　(3) $te^{-2t}\varepsilon(t)$

(4) $(e^{-2t}-e^{-3t})\varepsilon(t)$　(5) $0.25(2t-1+e^{-2t})\varepsilon(t)$　(6) $(t-1)\varepsilon(t-1)$

(7) $\begin{cases}\frac{1}{\pi}[1-\cos(\pi t)], & 0\leqslant t\leqslant 4\\ 0, & t<0, t>4\end{cases}$　(8) $\begin{cases}0, & t<0\\ 0.5t^2, & 0\leqslant t\leqslant 2\\ 2(t-1), & t>2\end{cases}$

(9) $(0.5t^2+3t+4)\varepsilon(t+2)$　(10) $0.5e^2[1-e^{-2(t-2)}]\varepsilon(t-2)$

2.19 (1) $y_{zs}(t)=(e^{t-1}-e^2)\varepsilon(t-3)$

(2) $y_{zs}(t)=\begin{cases}1, & t\leqslant 0\\ 2-e^{-t}, & t>0\end{cases}$

(3) $y_{zs}(t)=\begin{cases}0, & t<0\\ 2(1-e^{-t}), & 0\leqslant t\leqslant 1\\ 2(1-e^{-1})e^{-(t-1)}, & t>1\end{cases}$

(4) $y_{zs}(t)=2[(t+2)\varepsilon(t+2)-2(t+1)\varepsilon(t+1)+2(t-1)\varepsilon(t-1)-(t-2)\varepsilon(t-2)]$

2.20 $y(t)=(t-3)\varepsilon(t-3)-(t-5)\varepsilon(t-5)$

2.22 $h(t)=e^{-2(t-2)}\varepsilon(-t+3)$

2.23 $h(t)=(e^{-2t}+2e^{-3t})\varepsilon(t)$

2.24 $f(t)=(e^{-t}-e^{-2t})\varepsilon(t)$

2.25 (1) $h(t)=\begin{cases}t, & 0\leqslant t<1\\ 2-t, & 1\leqslant t\leqslant 2\\ 0, & t<0, t>2\end{cases}$

2.26 $h(t)=2\delta(t)-3e^{-t}\varepsilon(t)$

2.27 $y_{zs}(t)=\sin t\varepsilon(t)-\sin(t-4\pi)\varepsilon(t-4\pi)=\sin t[\varepsilon(t)-\varepsilon(t-4\pi)]$

2.28 $y_{zs}(t)=(0.5+e^{-t}-1.5e^{-2t})\varepsilon(t)$

2.29 $h(t)=\varepsilon(t)+\varepsilon(t-1)+\varepsilon(t-2)-\varepsilon(t-3)-\varepsilon(t-4)-\varepsilon(t-5)$

2.30 $h(t)=\varepsilon(t)-\varepsilon(t-1)$

2.31 $R(\tau)=\frac{1}{2\alpha}e^{-\alpha|\tau|}$

2.32 $R(\tau)=\begin{cases} 0, & \tau<-1 \\ \frac{1}{3}(\tau+1)^2(1-6\tau), & -1<\tau<0 \\ \frac{1}{3}-\frac{1}{2}\tau+\frac{1}{6}\tau^3, & 0<\tau<1 \\ 0, & \tau>1 \end{cases}$

2.33 $R_{12}(\tau)=\begin{cases} 0, & \tau<-2 \\ 2(2+\tau), & -2<\tau<-1 \\ 2, & -1<\tau<0 \\ 2(-\tau+1), & 0<\tau<1 \\ 0, & \tau>1 \end{cases}$, $R_{21}(\tau)=\begin{cases} 0, & \tau<-1 \\ 2(1+\tau), & -1<\tau<0 \\ 2, & 0<\tau<1 \\ 2(-\tau+2), & 1<\tau<2 \\ 0, & \tau>2 \end{cases}$

2.34 $R_{12}(\tau)=\begin{cases} \frac{e^{\alpha_2\tau}}{\alpha_1+\alpha_2}, & \tau<0 \\ \frac{e^{-\alpha_1\tau}}{\alpha_1+\alpha_2}, & \tau>0 \end{cases}$, $R_{21}(\tau)=\begin{cases} \frac{e^{\alpha_1\tau}}{\alpha_1+\alpha_2}, & \tau<0 \\ \frac{e^{-\alpha_2\tau}}{\alpha_1+\alpha_2}, & \tau>0 \end{cases}$

习 题 三

3.1 (1) $\Delta f(k)=\begin{cases} 0, & k<-1 \\ 1, & k=-1 \\ -(0.5)^{k+1}, & k\geqslant 0 \end{cases}$,

$\nabla f(k)=\begin{cases} 0, & k<0 \\ 1, & k=0 \\ -(0.5)^{k}, & k\geqslant 1 \end{cases}$, $\sum_{i=-\infty}^{k} f(i)=\begin{cases} 0, & k<0 \\ 2-(0.5)^{k}, & k\geqslant 0 \end{cases}$

(2) $\Delta f(k)=\varepsilon(k)$, $\nabla f(k)=\varepsilon(k-1)$, $\sum_{i=-\infty}^{k} f(i)=\frac{k(k+1)}{2}\varepsilon(k)$

3.2 (1) $(0.5)^k\varepsilon(k)$ (2) $2(2)^k\varepsilon(k)$ (3) $(-3)^{k-1}\varepsilon(k)$ (4) $\frac{1}{3}\left(-\frac{1}{3}\right)^k\varepsilon(k)$

3.3 (1) $3^k-(k+1)2^k, k\geqslant 0$ (2) $2k-1+\cos\left(\frac{k\pi}{2}\right), k\geqslant 0$

3.4 (1) $[2(-1)^k-4(-2)^k]\varepsilon(k)$ (2) $(2k+1)(-1)^k\varepsilon(k)$

(3) $\left[\cos\left(\frac{k\pi}{2}\right)+2\sin\left(\frac{k\pi}{2}\right)\right]\varepsilon(k)=\sqrt{5}\cos\left(\frac{k\pi}{2}-63.4°\right)\varepsilon(k)$

3.5 $y(k)-0.5y(k-1)=0$, $y(k)=10(0.5)^k\varepsilon(k)$ m

3.6 (1) $y_{zi}(k)=-2(2)^k\varepsilon(k)$, $y_{zs}(k)=[4(2)^k-2]\varepsilon(k)$

(2) $y_{zi}(k)=-2(-2)^k\varepsilon(k)$, $y_{zs}(k)=0.5[(-2)^k+2^k]\varepsilon(k)$

(3) $y_{zi}(k)=2(-2)^k\varepsilon(k)$, $y_{zs}(k)=[2(-2)^k+k+2]\varepsilon(k)$

(4) $y_{zi}(k)=[(-1)^k-4(-2)^k]\varepsilon(k)$, $y_{zs}(k)=\left[-\frac{1}{2}(-2)^k+\frac{4}{3}(-2)^k+\frac{1}{6}\right]\varepsilon(k)$

(5) $y_{zi}(k)=(2k-1)(-1)^k\varepsilon(k)$, $y_{zs}(k)=\left[\left(-2k+\frac{8}{3}\right)(-1)^k+\frac{1}{3}\left(\frac{1}{2}\right)^k\right]\varepsilon(k)$

3.7 (1) $y_{ss}(k)=1.51\cos\left(\frac{k\pi}{3}+19.1°\right)$ (2) $y_{ss}(k)=4\cos\left(\frac{k\pi}{3}-21.8°\right)$

3.8 (1) $h(k)=(-2)^{k-1}\varepsilon(k-1)$ (2) $h(k)=0.5[1+(-1)^k]\varepsilon(k)$

(3) $h(k)=(k+1)(-0.5)^k\varepsilon(k)$ (4) $h(k)=2^k\cos\left(\frac{k\pi}{2}\right)\varepsilon(k)$

(5) $h(k)=\sqrt{2}(2\sqrt{2})^k\cos\left(\frac{k\pi}{4}-\frac{\pi}{4}\right)\varepsilon(k)$

3.9 (a) $h(k)=\left(\frac{1}{3}\right)^k\varepsilon(k)$ (b) $h(k)=\left(-\frac{1}{2}\right)^{k-1}\varepsilon(k-1)$

(c) $h(k)=\left[\frac{3}{5}\left(-\frac{1}{2}\right)^k+\frac{2}{5}\left(\frac{1}{3}\right)^k\right]\varepsilon(k)$ (d) $h(k)=2^k\cos\left(\frac{k\pi}{2}\right)\varepsilon(k)$

3.10 (a) $h(k)=[-1+4(3)^k]\varepsilon(k)$ (b) $h(k)=0.5[(0.6)^k+(0.4)^k]\varepsilon(k)$

3.11 (1) $f_1(k)*f_2(k)=\{\cdots,0,1,3,4,4,4,3,1,0,\cdots\}$

$\uparrow k=0$

(2) $f_2(k)*f_3(k)=\{\cdots,0,3,5,6,6,6,3,1,0,\cdots\}$

$\uparrow k=0$

(3) $f_3(k)*f_4(k)=\{\cdots,0,3,-1,2,-2,-1,-1,0,\cdots\}$

$\uparrow k=0$

(4) $[f_2(k)-f_1(k)]*f_3(k)=\{\cdots,0,3,2,-2,-2,2,2,1,0,\cdots\}$

$\uparrow k=0$

3.12 (1) $y_{zs}(k)=(k+1)\varepsilon(k)$

(2) $y_{zs}(k)=\varepsilon(k)-\varepsilon(k-3)$

(3) $y_{zs}(k)=(k+1)\varepsilon(k)-2(k-3)\varepsilon(k-4)+(k-7)\varepsilon(k-8)$

(4) $y_{zs}(k)=[2-(0.5)^k]\varepsilon(k)-[2-(0.5)^{k-5}]\varepsilon(k-5)$

3.13 (a) $g(k)=\left[\frac{3}{2}-\frac{1}{2}\left(\frac{1}{3}\right)^k\right]\varepsilon(k)$

(b) $g(k)=\frac{2}{3}\left[1-\left(-\frac{1}{2}\right)^k\right]\varepsilon(k)$

(c) $g(k)=\left[1+\frac{1}{5}\left(-\frac{1}{2}\right)^k-\frac{1}{5}\left(\frac{1}{3}\right)^k\right]\varepsilon(k)$

3.14 (a) $h(k)=\delta(k)-(0.5)^k\varepsilon(k-1)=2\delta(k)-(0.5)^k\varepsilon(k)$, $g(k)=(0.5)^k\varepsilon(k)$

(b) 同(a)

3.15 $h(k)=\delta(k)-(0.5)^k\varepsilon(k-1)=2\delta(k)-(0.5)^k\varepsilon(k)$

3.16 (a) (1) $y_{zs}(k)=\left[\frac{2}{3}+\frac{1}{3}\left(-\frac{1}{2}\right)^k\right]\varepsilon(k)$

(2) $y_{zs}(k)=\left[\frac{4}{5}(2)^k+\frac{1}{5}\left(-\frac{1}{2}\right)^k\right]\varepsilon(k)$

(b) (1) $y_{zs}(k)=\left[2k+\left(\frac{1}{2}\right)^k\right]\varepsilon(k)$

(2) $y_{zs}(k)=\left[-2+\frac{8}{3}(2)^k+\frac{1}{3}\left(\frac{1}{2}\right)^k\right]\varepsilon(k)$

3.17 $y_{zs}(k)=\left[2k\left(\frac{1}{2}\right)^k+\left(\frac{1}{4}\right)^k\right]\varepsilon(k)$

3.18 $y_{zs}(k)=2\cos\left(\frac{k\pi}{4}\right)$

3.19 $h(k)=[1+(6k+8)(-2)^k]\varepsilon(k)$

3.21 $h(k)=\begin{cases}1, 0\leqslant k\leqslant N-1\\ 0, k<0, k\geqslant N\end{cases}$

3.22 $h(k)=\begin{cases}0, & k<0\\ k+1, & 0\leqslant k\leqslant 4\\ 5, & k\geqslant 5\end{cases}$

3.23 (1) $y_{zs}(k)=50[1-0.8(1.01)^{k+1}]\varepsilon(k)$ (2) $k>21.4$,可取 $k=22$

(3) 每月应还 $N=1.058\ 8$ 万元

3.24 $u(k)=\frac{u_S}{2^N-(0.5)^N}[2^{N-k}-(0.5)^{N-k}], 0\leqslant k\leqslant N$

3.25 $y_{zs}(t)=(1-e^{-t})\varepsilon(t), y_{zs}(k)=[1-(0.8)^{k+1}]\varepsilon(k)$

3.26 $f(k)=2^k\varepsilon(k)$

3.27 $h(k)=\varepsilon(k)-\varepsilon(k-4)$

习 题 四

4.6 (1) $\Omega=100$ rad/s, $T=\frac{2\pi}{100}$ s (2) $\Omega=\frac{\pi}{2}$ rad/s, $T=4$ s

(3) $\Omega=2$ rad/s, $T=\pi$ s (4) $\Omega=\pi$ rad/s, $T=2$ s

(5) $\Omega=\frac{\pi}{4}$ rad/s, $T=8$ s (6) $\Omega=\frac{\pi}{30}$ rad/s, $T=60$ s

4.7 (a) $F_n=\frac{\sin\left(\frac{n\pi}{2}\right)}{n\pi}, n=0,\pm1,\pm2,\cdots$

(b) $F_n=\frac{1+e^{-jn\pi}}{2\pi(1-n^2)}, n=0,\pm1,\pm2,\cdots$

或 $F_0=\frac{1}{\pi}, F_{\pm1}=\mp j\frac{1}{4}, F_n=\frac{\cos^2\left(\frac{n\pi}{2}\right)}{\pi(1-n^2)}, n=\pm2,\pm3,\cdots$

4.8 (1) $f_1(t)=\frac{1}{4}+\sum_{n=1}^{\infty}\frac{\cos(n\pi)-1}{(n\pi)^2}\cos(n\Omega t)-\sum_{n=1}^{\infty}\frac{\cos(n\pi)}{n\pi}\sin(n\Omega t)$

(2) $f_2(t)=\frac{1}{4}+\sum_{n=1}^{\infty}\frac{1-\cos(n\pi)}{(n\pi)^2}\cos(n\Omega t)-\sum_{n=1}^{\infty}\frac{1}{n\pi}\sin(n\Omega t)$

(3) $f_3(t)=\frac{1}{4}+\sum_{n=1}^{\infty}\frac{1-\cos(n\pi)}{(n\pi)^2}\cos(n\Omega t)+\sum_{n=1}^{\infty}\frac{1}{n\pi}\sin(n\Omega t)$

(4) $f_4(t)=\frac{1}{2}+\sum_{n=1}^{\infty}\frac{2[1-\cos(n\pi)]}{(n\pi)^2}\cos(n\Omega t)$

4.11 (1) $u(t)=\frac{1}{2}+\sum_{n=1}^{\infty}\frac{1-\cos(n\pi)}{n\pi}\sin(n\Omega t)$ V

(2) $S=1-\frac{1}{3}+\frac{1}{5}-\frac{1}{7}+\cdots=\frac{\pi}{4}$

(3) $P=\frac{1}{2}$ W, $U=\frac{1}{\sqrt{2}}$ V

(4) $S=1+\frac{1}{3^2}+\frac{1}{5^2}+\frac{1}{7^2}+\cdots=\frac{\pi^2}{8}$

4.12 $i(t)=[0.5+0.450\cos(t-45°)+0.067\cos(3t+108.4°)+0.025\cos(5t-78.7°)]$ A

4.13 (a) $\tau\mathrm{Sa}\left(\frac{\omega\tau}{2}\right)e^{-j\frac{\omega\tau}{2}}$ (b) $\frac{1-e^{j\omega\tau}-j\omega\tau e^{-j\omega\tau}}{-\omega^2\tau}$

(c) $\frac{\pi\cos\omega}{\left(\frac{\pi}{2}\right)^2-\omega^2}$ (d) $\frac{j\frac{4\pi}{T}\sin\left(\frac{\omega T}{2}\right)}{\omega^2-\left(\frac{2\pi}{T}\right)^2}$

4.14 (a) $\frac{j4\left[\sin\left(\frac{\omega\tau}{2}\right)\right]^2}{\omega}$ (b) $\frac{8\sin\omega\cos^2\omega}{\omega}$

(c) $\frac{8\left[\sin\left(\frac{\omega\tau}{2}\right)\right]^2}{\tau\omega^2}$ (d) $j\frac{2\omega\tau\cos(2\omega\tau)-\sin(2\omega\tau)}{\tau\omega^2}$

(e) $\frac{j12\pi\sin\omega}{(6\pi)^2-\omega^2}$ (f) $\frac{4\sin^2\left(\frac{\omega}{2}\right)\cdot[\omega^2+(10\pi)^2]}{[\omega^2-(10\pi)^2]^2}$

4.17 (1) $g_{4\pi}(\omega)e^{-j2\omega}=\begin{cases}e^{-j2\omega}, & |\omega|<2\pi\ \mathrm{rad/s}\\ 0, & |\omega|>2\pi\ \mathrm{rad/s}\end{cases}$

(2) $2\pi e^{-\alpha|\omega|}$

(3) $\begin{cases}\frac{1}{2}\left[1-\frac{|\omega|}{4\pi}\right], & |\omega|<4\pi\ \mathrm{rad/s}\\ 0, & |\omega|>4\pi\ \mathrm{rad/s}\end{cases}$

4.18 (1) $e^{-j2(\omega+1)}$ (2) $(3+j\omega)e^{-j\omega}$

(3) $2\pi\delta(\omega)-\frac{4\sin(3\omega)}{\omega}$ (4) $\frac{e^{(2+j\omega)}}{2+j\omega}$

(5) $\pi\delta(\omega)+\frac{1}{j\omega}e^{-j2\omega}$

4.19 (a) $\mathrm{j}\dfrac{2\omega\tau\cos(\omega\tau)-\sin(\omega\tau)}{\tau\omega^2}$　　(b) $\dfrac{16\sin\left(\dfrac{\omega\tau}{8}\right)\sin\left(\dfrac{3\omega\tau}{8}\right)}{\tau\omega^2}$

4.20 (1) $\mathrm{j}\dfrac{1}{2}\cdot\dfrac{\mathrm{d}F\left(\mathrm{j}\dfrac{\omega}{2}\right)}{\mathrm{d}\omega}$　　(2) $\mathrm{j}\dfrac{\mathrm{d}F(\mathrm{j}\omega)}{\mathrm{d}\omega}-2F(\mathrm{j}\omega)$

(3) $-\left[\omega\dfrac{\mathrm{d}F(\mathrm{j}\omega)}{\mathrm{d}\omega}+F(\mathrm{j}\omega)\right]$　　(4) $F(-\mathrm{j}\omega)\mathrm{e}^{-\mathrm{j}\omega}$

(5) $-\mathrm{j}\mathrm{e}^{-\mathrm{j}\omega}\dfrac{\mathrm{d}F(-\mathrm{j}\omega)}{\mathrm{d}\omega}$　　(6) $\dfrac{1}{2}F\left(\mathrm{j}\dfrac{\omega}{2}\right)\mathrm{e}^{-\mathrm{j}\frac{5\omega}{2}}$

(7) $\pi F(0)\delta(\omega)-\dfrac{1}{\mathrm{j}\omega}\mathrm{e}^{-\mathrm{j}2\omega}F(-\mathrm{j}2\omega)$　　(8) $\dfrac{1}{2}e^{-\mathrm{j}\frac{3(\omega-1)}{2}}F\left(\mathrm{j}\dfrac{1-\omega}{2}\right)$

(9) $|\omega|F(\mathrm{j}\omega)$

4.21 (1) $\dfrac{\sin(\omega_0 t)}{\pi t}$　　(2) $\dfrac{\sin(\omega_0 t)}{\mathrm{j}\pi}$

(3) $\delta(t+3)+\delta(t-3)$　　(4) $\dfrac{\sin(t-1)}{\pi(t-1)}\mathrm{e}^{\mathrm{j}(t-1)}$

(5) $g_2(t-1)+g_2(t-3)+g_2(t-5)$

4.22 (a) $\dfrac{A\sin[\omega_0(t+t_0)]}{\pi(t+t_0)}$　　(b) $-\dfrac{2A}{\pi t}\sin^2\left(\dfrac{\omega_0 t}{2}\right)$

4.23 $\dfrac{4\sin\omega\cos(2\omega)}{\omega}$

4.24 $\dfrac{\pi\cos\omega}{\left(\dfrac{\pi}{2}\right)^2-\omega^2}$

4.25 (a) $\dfrac{\pi}{2}[\delta(\omega+\pi)+2\delta(\omega+\pi)+\delta(\omega-\pi)]$　　(b) $\dfrac{2\pi}{T}\sum\limits_{n=-\infty}^{\infty}(1-\mathrm{e}^{\mathrm{j}n\pi})\delta\left(\omega-\dfrac{2n\pi}{T}\right)$

4.26 $\dfrac{\pi^2\sin\omega}{\omega(\pi^2-\omega^2)}$

4.27 (1) $\dfrac{3}{2}$　(2) 2π　(3) $\dfrac{8\pi}{3}$

4.28 (1) π　(2) $\dfrac{\pi}{2}$

4.29 (1) $F_n\mathrm{e}^{-\mathrm{j}n\Omega t_0}$　　(2) F_{-n}

(3) $\mathrm{j}n\Omega F_n$　　(4) F_n(但信号周期为$\dfrac{T}{a}$)

4.30 (1) $H(\mathrm{j}\omega)=\dfrac{1}{(\mathrm{j}\omega)^2+3(\mathrm{j}\omega)+2}$　　(2) $H(\mathrm{j}\omega)=\dfrac{(\mathrm{j}\omega)+4}{(\mathrm{j}\omega)^2+5(\mathrm{j}\omega)+6}$

4.31 $R_1=R_2=1\ \Omega$

4.32 $R_1C_1=R_2C_2$

4.33 $H(j\omega)=e^{-j2\omega}S(-ja\omega)$

4.34 $y(t)=\sin(2t)$

4.35 $y(t)=3+4\sin t-2\cos(2t)$

4.36 $y(t)=\dfrac{\sin(2t)}{t}\sin(4t)$

4.39 (1) $Y(j\omega)=\begin{cases}\pi\left[1-\dfrac{|\omega|}{2}\right], & |\omega|<2\\ 0, & |\omega|>2\end{cases}$ (2) $Y(j\omega)=\dfrac{\pi}{2}\sum\limits_{n=-4}^{4}[5-|n|]\delta(\omega-n)$

4.41 $y(t)=1-\dfrac{1}{\pi}\sin(2\pi t)$

4.42 $y(t)=\left[\dfrac{\sin(2\pi t)}{\pi t}\right]^2$

4.43 $Q>90$

4.44 $y(t)=\dfrac{2\sin t}{\pi t}\cos(5t)$

4.45 $y(t)=\dfrac{\sin t}{2\pi t}\cos(1\ 000t)$

4.46 $y(t)=\dfrac{\sin t}{2\pi t}$

4.47 $y(t)=1+2\cos\left(t-\dfrac{\pi}{3}\right)$

4.48 (1) $f_s\geqslant 600$ Hz (2) $f_s\geqslant 400$ Hz

(3) $f_s\geqslant 200$ Hz (4) $f_s\geqslant 400$ Hz

4.49 (2) 2 kHz$<f_c<$3 kHz

4.50 (2) $y(t)=5+2\cos(2\pi f_2 t)+\cos(4\pi f_2 t)$, $f_2=200$ Hz

4.52 $Y(j\omega)=F[j(\omega+\omega_0)]\varepsilon(\omega+\omega_0)+F[j(\omega-\omega_0)]\varepsilon(-\omega+\omega_0)$

4.53 (1) $F_N(1)=-j6e^{-j\frac{\pi}{6}}$, $F_N(11)=j6e^{j\frac{\pi}{6}}$, $N=12$

(2) $F_N(n)=\dfrac{15}{16}\dfrac{1}{1-\dfrac{1}{2}e^{-j\frac{\pi}{2}n}}$

4.54 (1) $F_1(e^{j\theta})=\dfrac{\sin(3\theta)}{\sin\left(\dfrac{\theta}{2}\right)}e^{-j\frac{5}{2}\theta}$

(2) $F_2(e^{j\theta})=6\cos\left(\dfrac{\theta}{2}\right)e^{-j\frac{5}{2}\theta}+j2\sin\left(\dfrac{\theta}{2}\right)e^{-j\frac{3}{2}\theta}$

(3) $F_3(e^{j\theta})=\dfrac{1}{1-\dfrac{1}{2}e^{-j\theta}}$ (4) $F_4(e^{j\theta})=\dfrac{1-a^2}{1-2a\cos\theta+a^2}$

4.55 (1) $F(n)=1$ (2) $F(n)=e^{-j\frac{2\pi}{N}k_0 n}$ (3) $F(n)=N\delta(n)$

(4) $F(n)=\dfrac{1-a^N}{1-a\mathrm{e}^{-\mathrm{j}\frac{2\pi}{N}n}}$

(5) $F(n)=\dfrac{1-\mathrm{e}^{\mathrm{j}\theta_0 N}}{1-\mathrm{e}^{\mathrm{j}\left(\theta_0-\frac{2\pi}{N}n\right)}}$

4.56 $F(0)=5, F(1)=2+\mathrm{j}1, F(2)=-5, F(3)=2-\mathrm{j}1$

4.58 $f(k)=\cos\left(\dfrac{2\pi}{N}mk+\varphi\right), 0\leqslant k\leqslant N-1$

4.59 $f(k)=\{8,12,12,8\}$

4.60 (1) $f(k)=\{\cdots,0,2,6,9,8,4,1,0,\cdots\}$

$\uparrow k=0$

(2) $f(k)=\{6,7,9,8\}\quad k=0,1,2,3$

$\uparrow k=0$

(3) $f(k)=\{3,6,9,8,4\}\quad k=0,1,2,3,4$

$\uparrow k=0$

$L=6$

习 题 五

5.1 (1) $\dfrac{1}{s(s+1)}, \mathrm{Re}[s]>0$

(2) $\dfrac{2}{s(s+1)(s+2)}, \mathrm{Re}[s]>0$

(3) $\dfrac{2s+3}{s^2+1}, \mathrm{Re}[s]>0$

(4) $\dfrac{s-2}{\sqrt{2}(s^2+4)}, \mathrm{Re}[s]>0$

(5) $\dfrac{2s}{s^2-1}, \mathrm{Re}[s]>1$

(6) $\dfrac{2}{(s+1)^2+4}, \mathrm{Re}[s]>-1$

(7) $\dfrac{1}{(s+2)^2}, \mathrm{Re}[s]>-2$

(8) $\dfrac{2s+1}{s+1}, \mathrm{Re}[s]>-1$

5.2 (a) $\dfrac{(1+\mathrm{e}^{-s})(1-\mathrm{e}^{-2s})}{s}$

(b) $\dfrac{(1-\mathrm{e}^{-s})^2}{s}$

(c) $\dfrac{1-\mathrm{e}^{-Ts}-Ts\mathrm{e}^{-Ts}}{Ts^2}$

(d) $\dfrac{Ts-1+\mathrm{e}^{-Ts}}{Ts^2}$

(e) $\dfrac{2\left(1-\mathrm{e}^{-\frac{T}{2}s}\right)^2}{Ts^2}$

(f) $\dfrac{\pi(1+\mathrm{e}^{-s})}{s^2+\pi^2}$

5.3 (1) $\dfrac{1-\mathrm{e}^{-2s}}{s+1}$

(2) $\dfrac{1-\mathrm{e}^{-2(s+1)}}{s+1}$

(3) $\dfrac{\pi(1+\mathrm{e}^{-s})}{s^2+\pi^2}$

(4) $\dfrac{\pi(1-\mathrm{e}^{-s})}{s^2+\pi^2}$

(5) $\dfrac{1}{4}\mathrm{e}^{-\frac{1}{2}s}$

(6) $\dfrac{s}{s^2+9}\mathrm{e}^{-\frac{2}{3}s}$

(7) $\dfrac{2-s}{\sqrt{2}(s^2+4)}$

(8) $\dfrac{2}{s^2+4}\mathrm{e}^{-\frac{\pi}{8}s}$

(9) $\dfrac{\pi}{s(s^2+\pi^2)}$

(10) $\dfrac{\pi}{s^2(s^2+\pi^2)}$

(11) $\frac{s^2\pi}{s^2+\pi^2}$

(12) $\frac{-\pi^3}{s^2+\pi^2}$

(13) $\frac{2}{(s+2)^3}$

(14) $\frac{2s^3-6s}{(s^2+1)^3}$

(15) $\frac{s+2}{(s+1)^2}e^{-(s-2)}$

(16) $\frac{(s+\alpha)^2-\beta^2}{[(s+\alpha)^2+\beta^2]^2}$

5.4 (1) $\frac{2}{4s^2+6s+3}$

(2) $\frac{2e^{-\frac{s+3}{2}}}{s^2+4s+7}$

(3) $\frac{3(2s+1)}{(s^2+s+7)^2}$

(4) $\frac{s(s+2)e^{-\frac{s}{2}}}{(s^2-2s+4)^2}$

5.6 (1) 2,0

(2) 3,1

5.7 (a) $\frac{1}{1+e^{-\frac{T}{2}s}}$

(b) $\frac{\beta}{s^2+\beta^2}\cdot\frac{1}{1-e^{-\frac{\pi}{\beta}s}}$

(c) $\frac{1-e^{-\frac{T}{2}s}}{s(1+e^{-\frac{T}{2}s})}$

(d) $\frac{1-e^{-\frac{T}{2}s}}{s(1-e^{-Ts})}$

5.8 (1) $\frac{1}{2}(e^{-2t}-e^{-4t})\varepsilon(t)$

(2) $(2e^{-4t}-e^{-2t})\varepsilon(t)$

(3) $\delta(t)+(2e^{-t}-e^{-2t})\varepsilon(t)$

(4) $\left(\frac{2}{3}+e^{-2t}-\frac{2}{3}e^{-3t}\right)\varepsilon(t)$

(5) $[1+\sqrt{2}\sin(2t-45°)]\varepsilon(t)$

(6) $[e^{-t}+2\sinh(2t)]\varepsilon(t)$

(7) $[1-(1-t)e^{t}]\varepsilon(t)$

(8) $[t-1+e^{-t}]\varepsilon(t)$

(9) $[1-e^{-t}\cos(2t)]\varepsilon(t)$

(10) $t\cos(2t)\varepsilon(t)$

(11) $\left[e^{-t}-\frac{2}{\sqrt{3}}e^{-\frac{t}{2}}\cos\left(\frac{\sqrt{3}}{2}t+\frac{\pi}{6}\right)\right]\varepsilon(t)$

(12) $\left[e^{-t}-\frac{\sqrt{5}}{2}\cos(2t+26.6°)\right]\varepsilon(t)$

5.9 (1) $e^{-t}\varepsilon(t)-e^{-(t-T)}\varepsilon(t-T)$

(2) $t\varepsilon(t)-2(t-1)\varepsilon(t-1)+(t-2)\varepsilon(t-2)$

(3) $e^{-3t}\varepsilon(t-2)$

(4) $e^{t}\varepsilon(t-1)$

(5) $\sin(\pi t)[\varepsilon(t)-\varepsilon(t-1)]$

(6) $\sin(\pi t)[\varepsilon(t)-\varepsilon(t-2)]$

5.10 (1) $T=2$ s, $f_0(t)=\delta(t)-\delta(t-1)$

(2) $T=4$ s, $f_0(t)=\varepsilon(t)-\varepsilon(t-2)$

(3) $T=2$ s, $f_0(t)=\begin{cases}\sin(\pi t), & 0\leqslant t<1\\ 0, & 1<t<2\end{cases}$

(4) $T=1$ s, $f_0(t)=\sin(\pi t)$, $0\leqslant t<1$

5.11 (1) $y(t)=\frac{1}{2}(1+e^{-2t})\varepsilon(t)$

(2) $y(t)=\frac{1}{4}[e^{-2t}+\sqrt{2}\sin(2t-45°)]\varepsilon(t)$

5.12 (1) $y_{zi}(t)=(5e^{-2t}-4e^{-3t})\varepsilon(t)$, $y_{zs}(t)=\left(\frac{1}{2}-\frac{3}{2}e^{-2t}+e^{-3t}\right)\varepsilon(t)$

(2) $y_{zi}(t)=(e^{-2t}-e^{-3t})\varepsilon(t)$, $y_{zs}(t)=\left(\frac{3}{2}e^{-t}-3e^{-2t}+\frac{3}{2}e^{-3t}\right)\varepsilon(t)$

5.13 (1) $y_{1zi}(t)=(2-e^{-3t})\varepsilon(t)$, $y_{2zi}(t)=(1+e^{-3t})\varepsilon(t)$

(2) $y_{1zs}(t)=(2-e^{-t}-e^{-3t})\varepsilon(t)$, $y_{2zs}(t)=(1-2e^{-t}+e^{-3t})\varepsilon(t)$

5.14 (1) $\frac{1}{2}(1+e^{-2t})\varepsilon(t)$　(2) $e^{-2t}\varepsilon(t)$

(3) $(1-t)e^{-2t}\varepsilon(t)$　(4) $\frac{1}{4}(2t+1-e^{-2t})\varepsilon(t)$

5.15 (1) $y_{zi}(t)=(e^{-t}-e^{-2t})\varepsilon(t)$, $y_{zs}(t)=(2-3e^{-t}+e^{-2t})\varepsilon(t)$

(2) $y_{zi}(t)=(3e^{-t}-2e^{-2t})\varepsilon(t)$, $y_{zs}(t)=[3e^{-t}-(2t+3)e^{-2t}]\varepsilon(t)$

5.16 (1) $y_{zi}(t)=(4e^{-t}-3e^{-2t})\varepsilon(t)$, $y_{zs}(t)=(2-3e^{-t}+e^{-2t})\varepsilon(t)$

(2) $y_{zi}(t)=(3e^{-t}-2e^{-2t})\varepsilon(t)$, $y_{zs}(t)=[3e^{-t}-(2t+3)e^{-2t}]\varepsilon(t)$

5.17 (1) $h(t)=(-2e^{-t}+3e^{-2t})\varepsilon(t)$, $g(t)=(-1+2e^{-t}-e^{-3t})\varepsilon(t)$

(2) $h(t)=\frac{2}{\sqrt{3}}e^{-\frac{t}{2}}\cos\left(\frac{\sqrt{3}}{2}t-30°\right)\varepsilon(t)$, $g(t)=\left[1-\frac{2}{\sqrt{3}}e^{-\frac{t}{2}}\cos\left(\frac{\sqrt{3}}{2}t-150°\right)\right]\varepsilon(t)$

5.18 (1) $y_{zi}(t)=(4e^{-2t}-3e^{-3t})\varepsilon(t)$　(2) $y_{zi}(t)=\frac{1}{2}\sin(2t)\varepsilon(t)$

(3) $y_{zi}(t)=(3-3e^{-t}+e^{-2t})\varepsilon(t)$

5.19 $f(t)=\left(1+\frac{1}{2}e^{-2t}\right)\varepsilon(t)$

5.20 $g(t)=(1-e^{-2t}+2e^{-3t})\varepsilon(t)$

5.21 (a) $H(s)=\frac{2s^2-3s-4}{s^2+5s+6}$　(b) $H(s)=\frac{s+2}{s^2+4}$

(c) $H(s)=\frac{s^2+4}{s(s^2+3s+2)}$　(d) $H(s)=\frac{1}{1-e^{-Ts}}$

5.22 $h(t)=\left(\frac{1}{2}-2e^{-t}+\frac{3}{2}e^{-2t}\right)\varepsilon(t)$

5.23 $h_3(t)=3\delta(t)-8e^{-4t}\varepsilon(t)$

5.24 (1) $h(t)=\frac{1}{3}(2+e^{-3t})\varepsilon(t)$　(2) $h(t)=\sum_{m=0}^{\infty}\delta(t-mT)$

5.25 $h_2(t)=-5\delta(t)$

5.26 $a=-5, b=-6, c=6$

5.27 $a=-3, b=-2, c=2$; $y_{zi}(t)=(2e^{-t}-e^{-2t})\varepsilon(t)$

5.28 (1) $y_3(t)=(\mathrm{e}^{-t}+2\mathrm{e}^{-2x})\varepsilon(t)$ (2) $y_4(t)=(1+\mathrm{e}^{-t})\varepsilon(t)-\varepsilon(t-1)$

5.29 (a) $u(t)=\sin(2t)\varepsilon(t)$ V (b) $u(t)=\dfrac{2}{\sqrt{3}}\mathrm{e}^{-t}\sin(\sqrt{3}\,t)\varepsilon(t)$ V

5.30 (1) $u_{Czs}(t)=\dfrac{2}{3}(\mathrm{e}^{-5t}-\mathrm{e}^{-20t})\varepsilon(t)$ V (2) $u_{Czs}(t)=10t\mathrm{e}^{-10t}\varepsilon(t)$ V

(3) $u_{Czs}(t)=\dfrac{10}{8}\mathrm{e}^{-6t}\sin(8t)\varepsilon(t)$ V

5.31 (1) $u_{Czi}(t)=(-\mathrm{e}^{-5t}+2\mathrm{e}^{-20t})\varepsilon(t)$ V (2) $u_{Czi}(t)=(-20t+1)\mathrm{e}^{-10t}\varepsilon(t)$ V

(3) $u_{Czi}(t)=\sqrt{5}\,\mathrm{e}^{-6t}\sin(8t+63.4°)\varepsilon(t)$ V

5.32 $h(t)=\dfrac{4}{\sqrt{3}}\mathrm{e}^{-\frac{t}{2}}\sin\left(\dfrac{\sqrt{3}}{2}t\right)\varepsilon(t)$

5.33 (1) $y_{zs}(t)=\mathrm{e}^{-2t}\varepsilon(t)$ (2) $y_{zs}(t)=(\mathrm{e}^{-t}-\mathrm{e}^{-2t})\varepsilon(t)$

(3) $y_{zs}(t)=\dfrac{1}{2T}[(1-\mathrm{e}^{-2t})\varepsilon(t)-(1-\mathrm{e}^{-2(t-T)})\varepsilon(t-T)]$

(4) $y_{zs}(t)=\dfrac{1}{2}[\sqrt{2}\cos(2t-45°)-\mathrm{e}^{-2t}]\varepsilon(t)$

(5) $y_{zs}(t)=\dfrac{1}{2T}(1-\mathrm{e}^{-2t})\varepsilon(t)-\dfrac{1}{2T}[1+(2T-1)\mathrm{e}^{-2(t-T)}]\varepsilon(t-T)$

5.34 $h(t)=\dfrac{1}{6}(3\mathrm{e}^{-t}-\mathrm{e}^{-\frac{t}{3}})\varepsilon(t)$，$g(t)=\dfrac{1}{2}(\mathrm{e}^{-\frac{t}{3}}-\mathrm{e}^{-t})\varepsilon(t)$

5.35 (1) $h(t)=4(1-2t)\mathrm{e}^{-2t}\varepsilon(t)$，$g(t)=4t\mathrm{e}^{-2t}\varepsilon(t)$

(2) $h(t)=\dfrac{4}{\sqrt{3}}\mathrm{e}^{-t}\cos(\sqrt{3}t+30°)\varepsilon(t)$，$g(t)=\dfrac{2}{\sqrt{3}}\mathrm{e}^{-t}\sin(\sqrt{3}\,t)\varepsilon(t)$

5.36 $i(t)=\dfrac{U_0}{3}\left[2\delta(t)+\dfrac{1}{3}\mathrm{e}^{-\frac{t}{3}}\right]\varepsilon(t)$ A，$u_R(t)=\dfrac{U_0}{3}\mathrm{e}^{-\frac{t}{3}}\varepsilon(t)$ V

5.37 $h(t)=2\delta'(t)-2\delta(t)+2\mathrm{e}^{-t}\varepsilon(t)$，$g(t)=2\delta(t)-2\mathrm{e}^{-t}\varepsilon(t)$

5.38 (1) $H(s)=\dfrac{s-2}{s+2}$

(2) $h(t)=\delta(t)-4\mathrm{e}^{-2t}\varepsilon(t)$，$g(t)=(-1+2\mathrm{e}^{-2t})\varepsilon(t)$

(3) $y_{zs}(t)=\begin{cases}-1+2\mathrm{e}^{-2t}, & 0\leqslant t\leqslant 1\\ 2[\mathrm{e}^{-2}-1]\mathrm{e}^{-2(t-1)}, & t>1\end{cases}$

(4) $y_{zs}(t)=\begin{cases}1-t-\mathrm{e}^{-2t}, & 0\leqslant t\leqslant 2\\ -(3+\mathrm{e}^{-4})\mathrm{e}^{-2(t-2)}, & t>2\end{cases}$

5.39 $H(s)=\dfrac{1}{2(s^2+\sqrt{2}s+1)}$，$g(t)=\dfrac{1}{2}\left[t-\sqrt{2}\,\mathrm{e}^{-\frac{t}{\sqrt{2}}}\cos\left(\dfrac{t}{\sqrt{2}}-\dfrac{\pi}{4}\right)\right]\varepsilon(t)$

5.40 $H(s)=\dfrac{3-\sqrt{2}}{s^2+\sqrt{2}s+1}$，$g(t)=(3-\sqrt{2})\left[1-\sqrt{2}\,\mathrm{e}^{-\frac{t}{\sqrt{2}}}\cos\left(\dfrac{t}{\sqrt{2}}-\dfrac{\pi}{4}\right)\right]\varepsilon(t)$

5.41 (1) $\dfrac{1-\mathrm{e}^{-\mathrm{j}2\omega}}{\mathrm{j}\omega}$ (2) $\dfrac{1-\mathrm{e}^{-\mathrm{j}\omega}-\mathrm{j}\omega\mathrm{e}^{-\mathrm{j}\omega}}{-\omega^2}$

(3) $\frac{\pi}{2}[\delta(\omega+\beta)+\delta(\omega-\beta)]-\frac{j\omega}{\omega^2-\beta^2}$　　(4) $\pi\delta(\omega)-\frac{1-e^{-j\omega}}{\omega^2}$

5.42　(1) $y_{zs}(t)=(1-2e^{-t})\varepsilon(t)$　　(2) $y_{zs}(t)=(e^{-t}-\cos t)\varepsilon(t)$

5.43　(1) $H(s)=-\frac{s^2-\beta^2}{(s+\beta)^2}$, $\beta^2=\frac{1}{LC}$　　(2) $g(t)=(1-2e^{-\beta t})\varepsilon(t)$

(3) $|H(j\omega)|=1$, $\varphi(\omega)=-2\arctan\left(\frac{\omega}{\beta}\right)$

5.44　$f(t)=\pm e^{-t}\varepsilon(t)$

5.45　$y_{2zs}(t)=(t-1)\varepsilon(t-1)-0.25(t-3)\varepsilon(t-3)$

5.47　$i_R(t)=(1-2e^{-t}\sin t)\varepsilon(t)$

5.48　$g(t)=\sum_{n=0}^{\infty}\sin\pi(t-n)\varepsilon(t-n)$

5.49　(1) 1, $\mathrm{Re}[s]>-\infty$　　(2) $\frac{1}{s}$, $\mathrm{Re}[s]>0$

(3) $\frac{1}{s}$, $\mathrm{Re}[s]<0$　　(4) $\frac{-5}{(s-2)(s+3)}$, $-3<\mathrm{Re}[s]<2$

(5) $\frac{-1}{(s-3)(s-4)}$, $3<\mathrm{Re}[s]<4$

5.50　(1) $e^{3t}\varepsilon(-t)+e^{2t}\varepsilon(t)$　　(2) $-e^{-t}\varepsilon(-t)-e^{-3t}\varepsilon(t)$

(3) $-2\sin(2t)\varepsilon(-t)$　　(4) $\cos(2t)\varepsilon(-t)+e^{-t}\varepsilon(t)$

习　题　六

6.1　(1) $\frac{-2z}{2z-1}$, $|z|<\frac{1}{2}$　　(2) $\frac{-5z}{(z-2)(3z-1)}$, $\frac{1}{3}<|z|<2$

(3) $\frac{-3z}{(z-2)(2z-1)}$, $\frac{1}{2}<|z|<2$　　(4) $\frac{32z^5}{2z-1}$, $\frac{1}{2}<|z|<\infty$

6.2　(1) $\frac{3z}{3z-1}$, $|z|>\frac{1}{3}$　　(2) $\frac{z}{z+3}$, $|z|>3$

(3) $\frac{4z^2-7z}{(2z-1)(z-3)}$, $|z|>3$　　(4) $\frac{z^2-z\cosh 2}{z^2-2z\cosh 2+1}$, $|z|>e^2$

(5) $\frac{z^2-\frac{1}{\sqrt{2}}z}{z^2-\sqrt{2}z+1}$, $|z|>1$　　(6) $\frac{\frac{1}{\sqrt{2}}(z^2+z)}{z^2+1}$, $|z|>1$

6.3　(1) $\frac{z^2}{z^2-1}$　　(2) $\frac{z^4}{z^4-1}$

(3) $\frac{z}{z-1}\left(\frac{z^4-1}{z^4}\right)^2$　　(4) $\frac{z}{z+1}$

6.4　(1) $\delta(k)$　　(2) $\delta(k+3)$

(3) $\delta(k-1)$　　(4) $2\delta(k+1)+\delta(k)-\delta(k-2)$

(5) $a^k\varepsilon(k)$　　(6) $-a^k\varepsilon(-k-1)$

6.5 (1) $\dfrac{z^2}{z^2-1}$，$|z|>1$　　(2) $\dfrac{z}{z-1}\left(\dfrac{z^4-1}{z^4}\right)^2$，$|z|>0$

(3) $\dfrac{-z}{(z+1)^2}$，$|z|>1$　　(4) $\dfrac{1}{(z-1)^2}$，$|z|>1$

(5) $\dfrac{2z}{(z-1)^3}$，$|z|>1$　　(6) $\dfrac{z+1}{(z-1)^3}$，$|z|>1$

(7) $\dfrac{z^4-4z+3}{z^3(z-1)^2}$，$|z|>1$　　(8) $\dfrac{z^2}{z^2+1}$，$|z|>1$

(9) $\dfrac{4z^2}{4z^2+1}$，$|z|>0.5$　　(10) $\dfrac{\sqrt{2}z(2z-1)}{4z^2+1}$，$|z|>0.5$

6.6 (1) $\dfrac{z(z^2-1)}{(z^2+1)^2}$　　(2) $\ln\left(\dfrac{z-b}{z-a}\right)$

(3) $\dfrac{z}{a}\ln\left(\dfrac{z}{z-a}\right)$　　(4) $\dfrac{z^2}{z^2-1}$

6.7

	$f(0)$	$f(1)$	$f(2)$
(1)	1	3	7
(2)	1	$\dfrac{3}{2}$	$\dfrac{9}{4}$
(3)	0	1	2

6.8 (1) 0；(2) 2；(3) 不适用

6.9 (1) $(0.5)^k\varepsilon(k)$

(2) $2\delta(k)+\left(-\dfrac{1}{2}\right)^k\varepsilon(k)$ 或 $3\delta(k)+\left(-\dfrac{1}{2}\right)^k\varepsilon(k-1)$

(3) $a\delta(k)+(a^2-1)a^{k-1}\varepsilon(k-1)$ 或 $a^{k+1}\varepsilon(k)-a^{k-1}\varepsilon(k-1)$

(4) $[2(-2)^k-(-1)^k]\varepsilon(k)$

(5) $-\dfrac{1}{2}\delta(k)+\left[1+\dfrac{1}{2}(-2)^k\right]\varepsilon(k)$

(6) $\left[2\left(\dfrac{1}{2}\right)^k-\left(\dfrac{1}{4}\right)^k\right]\varepsilon(k)$

6.10 (1) $\left[-3\left(\dfrac{1}{2}\right)^k+2\left(\dfrac{1}{3}\right)^k\right]\varepsilon(-k-1)$　　(2) $\left[3\left(\dfrac{1}{2}\right)^k-2\left(\dfrac{1}{3}\right)^k\right]\varepsilon(k)$

(3) $\left[\left(\dfrac{1}{2}k+3\right)\left(\dfrac{1}{2}\right)^k-4\right]\varepsilon(-k-1)$　　(4) $-4\varepsilon(-k-1)-(k+3)\left(\dfrac{1}{2}\right)^k\varepsilon(k)$

6.11 (1) $\delta(k)-\cos\left(\dfrac{k\pi}{2}\right)\varepsilon(k)$　　(2) $\left[2-2\cos\left(\dfrac{k\pi}{2}\right)\right]\varepsilon(k)$

(3) $2\sin\left(\dfrac{k\pi}{6}\right)\varepsilon(k)$　　(4) $\sqrt{2}\cos\left(\dfrac{3k\pi}{4}+\dfrac{\pi}{4}\right)\varepsilon(k)$

(5) $\dfrac{1}{4}[(-1)^k+2k-1]\varepsilon(k)$　　(6) $k^2a^{k-1}\varepsilon(k)$

6.13 (1) $\frac{z}{z-1}F\left(\frac{z}{a}\right)$ (2) $\frac{z}{z-a}F\left(\frac{z}{a}\right)$

6.14 (1) $a^{k-2}\varepsilon(k-2)$ (2) $\frac{1-a^k}{1-a}\varepsilon(k)$

(3) $\frac{b^{k+1}-a^{k+1}}{b-a}\varepsilon(k)$

6.15 (1) $(0.9)^{k+1}\varepsilon(k)$ (2) $[2(-1)^k+4(2)^k]\varepsilon(k)$

(3) $[-(-1)^k+(2)^k]\varepsilon(k)$ (4) 同(3)

6.16 (1) $[1+0.9(0.9)^k]\varepsilon(k)$ (2) $\left[\frac{1}{6}+\frac{1}{2}(-1)^k-\frac{2}{3}(-2)^k\right]\varepsilon(k)$

(3) $\left[-\frac{1}{2}+\frac{1}{2}(-1)^k+2^k\right]\varepsilon(k)$

6.17 $y_{zi}(k)=\left[\frac{1}{2}(-1)^k-2^k\right]\varepsilon(k)$

$y_{zs}(k)=\left[-\frac{1}{2}+\frac{1}{6}(-1)^k+\frac{4}{3}(2)^k\right]\varepsilon(k)$

6.18 $y_{zi}(k)=[-2(0.2)^k+3(0.5)^k]\varepsilon(k)$

$y_{zs}(k)=[-40(0.4)^k-10(0.2)^k+50(0.5)^k]\varepsilon(k)$

6.19 (a) $h(k)=\left(\frac{1}{3}\right)^k\varepsilon(k)$, $g(k)=\left[\frac{3}{2}-\frac{1}{2}\left(\frac{1}{3}\right)^k\right]\varepsilon(k)$

(b) $h(k)=\left(\frac{1}{2}\right)^{k-1}\varepsilon(k-1)$, $g(k)=2\left[1-\left(\frac{1}{2}\right)^k\right]\varepsilon(k)$

6.20 (a) (1) $\left[\frac{3}{2}k-\frac{3}{4}+\frac{3}{4}\left(\frac{1}{3}\right)^k\right]\varepsilon(k)$ (2) $\left[3\left(\frac{1}{2}\right)^k-2\left(\frac{1}{3}\right)^k\right]\varepsilon(k)$

(3) $(k+1)\left(\frac{1}{3}\right)^k\varepsilon(k)$

(b) (1) $\left[2k-4+4\left(\frac{1}{2}\right)^k\right]\varepsilon(k)$ (2) $2k\left(\frac{1}{2}\right)^k\varepsilon(k)$

(3) $6\left[\left(\frac{1}{2}\right)^k-\left(\frac{1}{3}\right)^k\right]\varepsilon(k)$

6.21 (1) $-2\delta(k)+\left(\frac{1}{2}\right)^k\varepsilon(k)$ (2) $-\left(\frac{1}{2}\right)^k\varepsilon(k)$

(3) $2\left[\left(\frac{1}{2}\right)^k-1\right]\varepsilon(k)$

(4) $\left[\frac{1}{\sqrt{3}}\left(\frac{1}{2}\right)^k-\frac{2}{\sqrt{3}}\cos\left(\frac{\pi}{3}k-\frac{\pi}{3}\right)\right]\varepsilon(k)$

(5) $\left[\frac{2\sqrt{2}}{9}\left(\frac{1}{2}\right)^k-\frac{2}{\sqrt{3}}(\sqrt{2})^k\cos\left(\frac{\pi}{2}k-74.2^\circ\right)\right]\varepsilon(k)$

6.22 (1) $H(z)=\frac{z^2}{\left(z-\frac{1}{2}\right)\left(z-\frac{1}{4}\right)}$ (2) $\left[2\left(\frac{1}{2}\right)^k-\left(\frac{1}{4}\right)^k\right]\varepsilon(k)$

(3) $\left[\frac{8}{3}-2\left(\frac{1}{2}\right)^{k}+\frac{1}{3}\left(\frac{1}{4}\right)^{k}\right]\varepsilon(k)$

6.23 (1) $h(k)=\left[\left(-\frac{1}{4}\right)^{k}+\left(\frac{1}{3}\right)^{k}\right]\varepsilon(k)$

(2) $y_{zs}(k)=\left[\frac{1}{3}\left(-\frac{1}{4}\right)^{k}-2\left(\frac{1}{3}\right)^{k}+\frac{11}{3}\left(\frac{1}{2}\right)^{k}\right]\varepsilon(k)$

6.24 (1) $H(z)=\frac{2(z+1)}{z(z+0.1)}$

(2) $h(k)=10\delta(k-1)-8(-0.1)^{k-1}\varepsilon(k-1)$

(3) $y(k)+0.1y(k-1)=2f(k-1)+f(k-2)$

或 $y(k+2)+0.1y(k+1)=2f(k+1)+f(k)$

6.25 $y_{zs}(k)=\frac{2}{3}\left[\left(\frac{1}{2}\right)^{k}-1\right]\cos\left(\frac{\pi}{2}k\right)\varepsilon(k)$

6.26 $H(z)=\frac{15z-6}{3z-1}$

6.27 $H(z)=\frac{2z^2+0.5}{z^2+z-0.75}$

$y(k)+y(k-1)-0.75y(k-2)=2f(k)+0.5f(k-2)$

或 $y(k+2)+y(k+1)-0.75y(k)=2f(k+2)+0.5f(k)$

6.28 $k\left(\frac{1}{2}\right)^{k-1}\varepsilon(k)$

6.29 $y_{zs3}(k)=(k+1)\left(\frac{1}{2}\right)^{k}\varepsilon(k)$

6.30 $y_{zs}(k)=2\varepsilon(k-1)$

6.31 $h_1(k)=\left(\frac{1}{2}\right)^{k}\varepsilon(k)$

6.32 $a=4$、$b=-16$、$c=8$

6.33 $f(k)=(k+1)\varepsilon(k)$

6.34 $f(k)=-\varepsilon(k)$

6.35 $f(k)=\left[\frac{2}{3}+\frac{1}{3}\left(-\frac{1}{2}\right)^{k}\right]\varepsilon(k)$

6.36 (a) $|H(e^{j\theta})|=\frac{1}{\sqrt{1.25-\cos\theta}}$, $\varphi(\theta)=\theta-\arctan\left(\frac{\sin\theta}{\cos\theta-0.5}\right)$,式中 $\theta=\omega T_s$

(b) $|H(e^{j\theta})|=\frac{4}{\sqrt{1+\left[3\tan\left(\frac{\theta}{2}\right)\right]^2}}$, $\varphi(\theta)=-\arctan\left[3\tan\left(\frac{\theta}{2}\right)\right]$,式中 $\theta=\omega T_s$

6.37 $H(e^{j\theta})=e^{-j\frac{3\theta}{2}}\cos\left(\frac{\theta}{2}\right)\cos\theta$, $\theta=\omega T_s$

6.38 $P(\mathrm{e}^{\mathrm{j}\theta})=P(\mathrm{e}^{\mathrm{j}\omega})=\dfrac{\sin\left(\dfrac{N}{2}\theta\right)}{\sin\left(\dfrac{\theta}{2}\right)}\mathrm{e}^{-\mathrm{j}\frac{N-1}{2}\theta}$

6.39 $H(\mathrm{e}^{\mathrm{j}\theta})=2[1+\cos(N\theta)]$，$\varphi(\theta)=\arctan\left[\dfrac{-\sin(N\theta)}{1+\cos(N\theta)}\right]=-\dfrac{N\theta}{2}$，$\theta=\omega T_s$

6.40 $y_{ss}(k)=10\cos\left(\dfrac{\pi}{2}k-36.9^\circ\right)$

6.41 $y_{ss}(k)=2.15\cos\left(\dfrac{\pi}{6}k+127^\circ\right)$

6.42 $y_{zi}(k)=(2-2^k)\varepsilon(k)$，$y_{zs}(k)=k\varepsilon(k)$

6.45 （1）$y(kT)=\dfrac{1}{T}\{f(kT)-f[(k-1)T]\}$，$H(z)=\dfrac{1}{T}(1-z^{-1})$

$H(\mathrm{e}^{\mathrm{j}\theta})=\mathrm{j}\dfrac{2}{T}\mathrm{e}^{-\mathrm{j}\frac{\theta}{2}}\sin\left(\dfrac{\theta}{2}\right)$，$\theta=\omega T$

（2）$y(kT)-y[(k-1)T]=\dfrac{T}{2}\{f(kT)-f[(k-1)T]\}$，$H(z)=\dfrac{T}{2}\cdot\dfrac{z+1}{z-1}$

$H(\mathrm{e}^{\mathrm{j}\theta})=-\mathrm{j}\dfrac{T}{2}\cot\left(\dfrac{\theta}{2}\right)$，$\theta=\omega T$

6.46 （1）$y(k)+y(k-1)+0.24y(k-2)=2f(k-1)+f(k-2)$

（2）系统存在频率响应。因为因果系统 $H(z)$ 的两个极点均在单位圆内，其收敛域包含单位圆。

（3）$y_{ss}(k)=35.6\cos\left(\dfrac{\pi}{2}k-33^\circ\right)$

6.47 $H(\mathrm{e}^{\mathrm{j}\theta})=\dfrac{2\mathrm{e}^{\mathrm{j}\theta}}{4\mathrm{e}^{\mathrm{j}\theta}-1}$

6.48 （1）$H(\mathrm{e}^{\mathrm{j}\theta})=\dfrac{\mathrm{e}^{\mathrm{j}\theta}}{\mathrm{e}^{\mathrm{j}\theta}-\alpha}$，$F(\mathrm{e}^{\mathrm{j}\theta})=\dfrac{\mathrm{e}^{\mathrm{j}\theta}}{\mathrm{e}^{\mathrm{j}\theta}-\beta}$

（2）$y_{zs}(k)=\dfrac{\alpha}{\alpha-\beta}\alpha^k\varepsilon(k)+\dfrac{\beta}{\beta-\alpha}\beta^k\varepsilon(k)$

6.49 （1）$H(z)=\dfrac{z}{3-z}$，$|z|<3$；收敛域包含单位圆，故存在频率响应。低通。

（2）$k<0$ 时，$h(k)\neq 0$，故不可实现。

6.50 （1）$a=-1.125$

（2）$y(k)=-0.25$

习　题　七

7.1 （a）$Z(s)=\dfrac{(s+2)(s+4)}{(s+1)(s+3)}$　　（b）同（a）

(c) $Z(s)=\dfrac{2(s+1)(s+3)}{(2s+1)(2s+3)}$ (d) $Z(s)=\dfrac{(s^2+1)(s^2+3)}{2s(s^2+2)}$

7.2 (1) $H(s)=\dfrac{1}{s^3+2s^2+2s+1}, p_1=-1, p_{2,3}=-\dfrac{1}{2}\pm j\dfrac{\sqrt{3}}{2}$ (2) 同(1)

7.3 $H(s)=\dfrac{s}{s^2+4s+1}$

7.4 $H(s)=\dfrac{s^2+1}{s^2+s+1}$

7.5 (1) 零点 0、0.5；极点 −1.5、0.5 (2) 零点 −1、1；极点 0.5±j0.5

(3) 零点 0、−2；极点 0.25±j0.25 (4) 零点 0、$-\dfrac{1}{3}$；极点 0.25、0.5

7.6 a $H(s)=\dfrac{2}{s+2}$ b $H(s)=\dfrac{-6(s-1)}{(s+2)(s+3)}$

7.7 a $H(s)=\dfrac{s}{s+2}$, $|H(j\omega)|=\dfrac{1}{\sqrt{1+\left(\dfrac{2}{\omega}\right)^2}}$

b $H(s)=\dfrac{s-2}{s+2}$, $|H(j\omega)|=1$

7.8 (a) $H(s)=\dfrac{5}{s^2+2s+5}$, $|H(j\omega)|=\dfrac{5}{\sqrt{\omega^4-6\omega^2+25}}$

(b) $H(s)=\dfrac{2s}{s^2+2s+5}$, $|H(j\omega)|=\dfrac{1}{\sqrt{1+\dfrac{5}{4}\left(\dfrac{\omega}{\omega_0}-\dfrac{\omega_0}{\omega}\right)^2}}$，式中 $\omega_0=\sqrt{5}$

(c) $H(s)=\dfrac{s^2}{s^2+2s+5}$, $|H(j\omega)|=\dfrac{\omega^2}{\sqrt{\omega^4-6\omega^2+25}}$

7.9 (1) $H(s)=\dfrac{5s(s^2+4s+5)}{s^3+5s^2+16s+30}$ (2) $H(s)=\dfrac{3s(s^2+9)}{s^4+20s^2+64}$

(3) $H(s)=\dfrac{2(s^2-4s+5)}{s^2+4s+5}$ (4) $H(s)=\dfrac{1}{s^3+2s^2+2s+1}$

7.10 $R=0.5\ \Omega, L=0.25\ \text{H}, C=1\ \text{F}$

7.11 $L=0.5\ \text{H}, C=0.5\ \text{F}$

7.12 (a) $H(z)=\dfrac{1}{z-0.5}$, $|H(e^{j\theta})|=\dfrac{2}{\sqrt{5-4\cos\theta}}, \theta=\omega T_s$

(b) $H(z)=\dfrac{2(z+0.5)}{z-0.5}$, $|H(e^{j\theta})|=2\sqrt{\dfrac{5+4\cos\theta}{5-4\cos\theta}}$, $\theta=\omega T_s$

(c) $H(z)=\dfrac{z+1}{z-0.5}$, $|H(e^{j\theta})|=\dfrac{4}{\sqrt{1+9\tan^2\left(\dfrac{\theta}{2}\right)}}$, $\theta=\omega T_s$

7.13 (a) $H(z)=\dfrac{z}{z-0.5}$，$|H(e^{j\theta})|=\dfrac{2}{\sqrt{5-4\cos\theta}}$，$\theta=\omega T_s$

(b) $H(z)=\dfrac{z^2-1}{z^2+0.25}$，$|H(e^{j\theta})|=\dfrac{8}{\sqrt{9+25\cot^2\theta}}$，$\theta=\omega T_s$

(c) $H(z)=\dfrac{z-2}{z-0.5}$，$|H(e^{j\theta})|=2$，$\theta=\omega T_s$

7.14 $a=-0.6, b=-4$

7.15 $a_0=0.4, a_1=-0.3, b_1=-0.5, b_2=0.5$

7.18 (1) 不稳定；(2) 稳定；(3) 不稳定。

7.19 (1) 不稳定；(2) 不稳定；(3) 稳定。

7.20 $K<4$

7.21 $K<1+\dfrac{C_2}{C_1}+\dfrac{R_2C_2}{R_1C_1}$

7.22 $-2<K<4$

7.23 $-1.5<K<0$

7.26 (1) $h(k)=0.4[0.5^k-(-2)^k]\varepsilon(k)$

(2) $h(k)=0.4(0.5)^k\varepsilon(k)+0.4(-2)^k\varepsilon(-k-1)$

$$y_{zs}(k)=\left[0.2(0.5)^k+\frac{1}{3}(-0.5)^k\right]\varepsilon(k)+\frac{8}{15}(-2)^k\varepsilon(-k-1)$$

7.27 (a) -2；(b) 4

7.28 (a) $H(s)=\dfrac{2s^2-1}{s^3+4s^2+5s+6}$；(b) $H(s)=\dfrac{3s+2}{s^3+3s^2+2s}$

7.29 (a) $H(s)=\dfrac{2z^2+\frac{1}{4}z}{z^2-\frac{1}{4}z+\frac{3}{8}}$；(b) 同(a)

7.30 (a) $H(s)=\dfrac{s(s+1)}{s^2+5s+2}$；(b) $H(s)=\dfrac{s(s+2)}{s^3+6s^2+10s+6}$

7.31 (a) $H(z)=\dfrac{z(z+0.5)}{z^2+0.5z+0.5}$；(b) $H(z)=\dfrac{z(z+0.5)}{z^2+0.5z-0.5}$

7.36 (1) $H(s)=\dfrac{-3(s^2+s+1)}{s^2+2s+2}$

(2) $y''(t)+2y'(t)+2y(t)=-3[f''(t)+f'(t)+f(t)]$

(3) 稳定

7.37 (1) $H(z)=\dfrac{2+10z}{5z^2+5z+2}$

(2) $5y(k)+5y(k-1)-6y(k-2)=-f(k-2)+10f(k-1)$

(3) 不稳定

7.38 (1) 否 (2) 是 (3) 是 (4) 否 (5) 否

7.39 （1）是 （2）是 （3）否 （4）否

习 题 八

（选取不同的状态变量，其动态方程不同。以下答案只是其中的一种形式，仅供参考。）

8.1 （a）
$$\begin{bmatrix}\dot{x}_1\\ \dot{x}_2\end{bmatrix}=\begin{bmatrix}-\frac{1}{R_2C} & \frac{1}{C}\\ -\frac{1}{L} & -\frac{R_1}{L}\end{bmatrix}\begin{bmatrix}x_1\\ x_2\end{bmatrix}+\begin{bmatrix}\frac{1}{R_2C} & 0\\ 0 & \frac{R_1}{L}\end{bmatrix}\begin{bmatrix}u_S\\ i_S\end{bmatrix},$$

$$\begin{bmatrix}y_1\\ y_2\end{bmatrix}=\begin{bmatrix}0 & -R_1\\ 1 & 0\end{bmatrix}\begin{bmatrix}x_1\\ x_2\end{bmatrix}+\begin{bmatrix}0 & R_1\\ -1 & 0\end{bmatrix}\begin{bmatrix}u_S\\ i_S\end{bmatrix}$$

（b）
$$\begin{bmatrix}\dot{x}_1\\ \dot{x}_2\end{bmatrix}=\begin{bmatrix}0 & \frac{1}{C}\\ -\frac{1}{L} & \frac{2-R}{L}\end{bmatrix}\begin{bmatrix}x_1\\ x_2\end{bmatrix}+\begin{bmatrix}\frac{1}{C}\\ \frac{2-R}{L}\end{bmatrix}[i_S],\quad \begin{bmatrix}y_1\\ y_2\end{bmatrix}=\begin{bmatrix}1 & R\\ 0 & R\end{bmatrix}\begin{bmatrix}x_1\\ x_2\end{bmatrix}+\begin{bmatrix}R\\ R\end{bmatrix}i_S$$

8.2
$$\begin{bmatrix}\dot{x}_1\\ \dot{x}_2\\ \dot{x}_3\end{bmatrix}=\begin{bmatrix}0 & 1 & 0\\ 0 & 0 & 1\\ -2 & -1 & -5\end{bmatrix}\begin{bmatrix}x_1\\ x_2\\ x_3\end{bmatrix}+\begin{bmatrix}0\\ 0\\ 1\end{bmatrix}[f],\quad [y]=[2\ \ 1\ \ 0]\begin{bmatrix}x_1\\ x_2\\ x_3\end{bmatrix}$$

8.3 （1）设 $x_1=y_1, x_2=y_2, x_3=y_1', x_4=y_2'$

$$\begin{bmatrix}\dot{x}_1\\ \dot{x}_2\\ \dot{x}_3\\ \dot{x}_4\end{bmatrix}=\begin{bmatrix}0 & 0 & 1 & 0\\ 0 & 0 & 0 & 1\\ -2 & 0 & -3 & 0\\ 0 & -1 & 0 & -4\end{bmatrix}\begin{bmatrix}x_1\\ x_2\\ x_3\\ x_4\end{bmatrix}+\begin{bmatrix}0 & 0\\ 0 & 0\\ 1 & 1\\ 1 & -3\end{bmatrix}\begin{bmatrix}f_1\\ f_2\end{bmatrix},\quad \begin{bmatrix}y_1\\ y_2\end{bmatrix}=\begin{bmatrix}1 & 0 & 0 & 0\\ 0 & 1 & 0 & 0\end{bmatrix}\begin{bmatrix}x_1\\ x_2\\ x_3\\ x_4\end{bmatrix}$$

（2）设 $x_1=y_1, x_2=y_2, x_3=y_2'$

$$\begin{bmatrix}\dot{x}_1\\ \dot{x}_2\\ \dot{x}_3\end{bmatrix}=\begin{bmatrix}0 & -1 & 0\\ 0 & 0 & 1\\ -1 & 1 & -1\end{bmatrix}\begin{bmatrix}x_1\\ x_2\\ x_3\end{bmatrix}+\begin{bmatrix}1 & 0\\ 0 & 0\\ -1 & 1\end{bmatrix}\begin{bmatrix}f_1\\ f_2\end{bmatrix},\quad \begin{bmatrix}y_1\\ y_2\end{bmatrix}=\begin{bmatrix}1 & 0 & 0\\ 0 & 1 & 0\end{bmatrix}\begin{bmatrix}x_1\\ x_2\\ x_3\end{bmatrix}$$

8.4
$$\begin{bmatrix}\dot{x}_1\\ \dot{x}_2\\ \dot{x}_3\end{bmatrix}=\begin{bmatrix}-3 & 0 & 1\\ 0 & 0 & 1\\ 3 & -3 & -2\end{bmatrix}\begin{bmatrix}x_1\\ x_2\\ x_3\end{bmatrix}+\begin{bmatrix}1 & 0\\ 0 & 0\\ 0 & 3\end{bmatrix}\begin{bmatrix}f_1\\ f_2\end{bmatrix},\quad \begin{bmatrix}y_1\\ y_2\end{bmatrix}=\begin{bmatrix}2 & 0 & -1\\ 4 & 1 & -2\end{bmatrix}\begin{bmatrix}x_1\\ x_2\\ x_3\end{bmatrix}$$

8.5 （1）
$$\begin{bmatrix}\dot{x}_1\\ \dot{x}_2\\ \dot{x}_3\end{bmatrix}=\begin{bmatrix}-\frac{b}{a} & 1 & 0\\ -\frac{c}{a} & 0 & 1\\ -\frac{d}{a} & 0 & 0\end{bmatrix}\begin{bmatrix}x_1\\ x_2\\ x_3\end{bmatrix}+\begin{bmatrix}0\\ 0\\ 1\end{bmatrix}f;\quad y(t)=\frac{1}{a}x_1$$

8.6 (1) $\begin{bmatrix}\dot{x}_{a1}\\ \dot{x}_{a2}\\ \dot{x}_{b1}\\ \dot{x}_{b2}\end{bmatrix}=\begin{bmatrix}1 & -2 & 0 & 1\\ 2 & 1 & 0 & 0\\ 2 & -2 & 2 & -1\\ 0 & 0 & -2 & 1\end{bmatrix}\begin{bmatrix}x_{a1}\\ x_{a2}\\ x_{b1}\\ x_{b2}\end{bmatrix}+\begin{bmatrix}1\\ 0\\ 0\\ 0\end{bmatrix}f(t)$, $y(t)=\begin{bmatrix}1 & -1 & 0 & 0\end{bmatrix}\begin{bmatrix}x_{a1}\\ x_{a2}\\ x_{b1}\\ x_{b2}\end{bmatrix}$

(2) $H(s)=\dfrac{s^2-3s}{s^3-2s^2+5s+4}$

8.7 (1) $\begin{bmatrix}\dot{x}_1\\ \dot{x}_2\end{bmatrix}=\begin{bmatrix}-a & -2\\ b-a & -3\end{bmatrix}\begin{bmatrix}x_1\\ x_2\end{bmatrix}+\begin{bmatrix}2\\ 2\end{bmatrix}[f]$, $y(t)=[1\quad -1]\begin{bmatrix}x_1\\ x_2\end{bmatrix}+f$

(2) $a>-3, b>-\dfrac{a}{2}$

8.8 $\begin{bmatrix}\dot{x}_1\\ \dot{x}_2\end{bmatrix}=\begin{bmatrix}-5 & -3\\ 2 & -1\end{bmatrix}\begin{bmatrix}x_1\\ x_2\end{bmatrix}+\begin{bmatrix}1\\ 0\end{bmatrix}[f]$, $[y]=[-4\quad -9]\begin{bmatrix}x_1\\ x_2\end{bmatrix}+[3][f]$

8.9 $\begin{bmatrix}\dot{x}_1\\ \dot{x}_2\end{bmatrix}=\begin{bmatrix}0 & 1\\ -12 & -4\end{bmatrix}\begin{bmatrix}x_1\\ x_2\end{bmatrix}+\begin{bmatrix}0\\ 1\end{bmatrix}[f]$, $[y]=[-24\quad 1]\begin{bmatrix}x_1\\ x_2\end{bmatrix}+2f$

8.10 $y''(t)+5y'(t)+6y(t)=2f'(t)+2f(t), y(0_-)=0, y'(0_-)=-4$

8.11 $y''(t)+4y'(t)+3y(t)=f'(t)+f(t)$

8.12 $\begin{bmatrix}x_1(k+1)\\ x_2(k+1)\end{bmatrix}=\begin{bmatrix}0 & 2\\ -1 & 1\end{bmatrix}\begin{bmatrix}x_1(k)\\ x_2(k)\end{bmatrix}+\begin{bmatrix}1\\ 1\end{bmatrix}f(k), y(k)=-x_1(k)+f(k)$

8.13 $\begin{bmatrix}x_1(k+1)\\ x_2(k+1)\\ x_3(k+1)\end{bmatrix}=\begin{bmatrix}-3 & 0 & -1\\ 0 & -1 & -1\\ -2 & 0 & 1\end{bmatrix}\begin{bmatrix}x_1(k)\\ x_2(k)\\ x_3(k)\end{bmatrix}+\begin{bmatrix}1\\ 1\\ 1\end{bmatrix}f(k), y(k)=x_1(k)-x_2(k)$

8.14 (1) $\begin{bmatrix}x_1(k+1)\\ x_2(k+1)\end{bmatrix}=\begin{bmatrix}0 & 1\\ -3 & -4\end{bmatrix}\begin{bmatrix}x_1(k)\\ x_2(k)\end{bmatrix}+\begin{bmatrix}0\\ 1\end{bmatrix}f(k), y(k)=2x_1(k)+x_2(k)$

(2) $x_1(0)=1, x_2(0)=-2$

8.15 $\boldsymbol{x}(k+1)=\begin{bmatrix}\boldsymbol{x}_a(k+1)\\ \boldsymbol{x}_b(k+1)\end{bmatrix}=\begin{bmatrix}3 & -1 & 0 & 1\\ 0 & 2 & 0 & 0\\ 0 & 0 & 1 & 0\\ 1 & 0 & 1 & 2\end{bmatrix}\begin{bmatrix}\boldsymbol{x}_a(k)\\ \boldsymbol{x}_b(k)\end{bmatrix}+\begin{bmatrix}1\\ 0\\ 0\\ 0\end{bmatrix}f(k)$

$$y(k)=[3\quad 0\quad 0\quad 1]\begin{bmatrix}\boldsymbol{x}_a(k)\\ \boldsymbol{x}_b(k)\end{bmatrix}$$

8.16 $H(z)=\dfrac{3z+1}{z^2+z+4}$

8.17 (1) $H(s)=\dfrac{s+2.5}{s+3}$; $h(t)=\delta(t)-0.5e^{-3t}\varepsilon(t)$ (2) $\begin{bmatrix}x_1\\ x_2\end{bmatrix}=\begin{bmatrix}1\\ \dfrac{1}{3}(1+5e^{-3t})\end{bmatrix}\varepsilon(t)$

(3) $y(t)=\dfrac{5}{6}(1+2e^{-3t})\varepsilon(t)$

8.18 (1) $H(s)=\dfrac{s+1}{s^2+4s+3}$, $y''(t)+4y'(t)+3y(t)=f'(t)+f(t)$

(2) $x_1(0_-)=0$, $x_2(0_-)=1$

8.19 (1) $\begin{bmatrix}\dot{x}_1\\ \dot{x}_2\end{bmatrix}=\begin{bmatrix}b & 1\\ ab & 0\end{bmatrix}\begin{bmatrix}x_1\\ x_2\end{bmatrix}+\begin{bmatrix}b+c\\ ab\end{bmatrix}[f]$, $[y]=[1\quad 0]\begin{bmatrix}x_1\\ x_2\end{bmatrix}+[1][f]$

(2) $a=\dfrac{2}{3}, b=-3, c=4$ (3) $h(t)=\delta(t)+(4e^{-2t}-3e^{-t})\varepsilon(t)$

8.20 特征根为 $4\pm j3$,系统不稳定。

8.21 (1) $\boldsymbol{x}(t)=\begin{bmatrix}12e^{-2t}-9e^{-3t}\\ -6e^{-2t}+9e^{-3t}\end{bmatrix}, t\geqslant 0$; $y(t)=\delta(t)+6e^{-2t}$, $t\geqslant 0$

(2) $\begin{bmatrix}\dot{g}_1\\ \dot{g}_2\end{bmatrix}=\begin{bmatrix}-2 & 0\\ 0 & -3\end{bmatrix}\begin{bmatrix}g_1\\ g_2\end{bmatrix}+\begin{bmatrix}1\\ 2\end{bmatrix}f$; $\begin{bmatrix}g_1(0)\\ g_2(0)\end{bmatrix}=\begin{bmatrix}5\\ 7\end{bmatrix}$

(3) $\begin{bmatrix}g_1(t)\\ g_2(t)\end{bmatrix}=\begin{bmatrix}6e^{-2t}\\ 9e^{-3t}\end{bmatrix}$, $t\geqslant 0$, $y(t)=\delta(t)+6e^{-2t}$, $t\geqslant 0$

8.22 (1) $\boldsymbol{x}(k)=\begin{bmatrix}\dfrac{1}{2}[1+(3)^k]\\ \dfrac{1}{2}[1+3(3)^k]\end{bmatrix}\varepsilon(k)$, $\begin{bmatrix}y_1(k)\\ y_2(k)\end{bmatrix}=\begin{bmatrix}1+2(3)^k\\ \dfrac{1}{2}[1-(3)^k]\end{bmatrix}\varepsilon(k)$

(2) $\boldsymbol{H}(z)=\begin{bmatrix}\dfrac{4}{z-3}-\dfrac{3}{z-2}\\ -\dfrac{1}{z-3}\end{bmatrix}$, $\boldsymbol{h}(k)=\begin{bmatrix}4\cdot 3^{k-1}-3\cdot 2^{k-1}\\ -3^{k-1}\end{bmatrix}\varepsilon(k-1)$

8.23 $-0.25<b<0$

8.24 (1) $a=3, b=2$; (2) $\boldsymbol{x}(k)=\begin{bmatrix}0.5(-1)^k+0.5(3)^k\\ -0.5(-1)^k+1.5(3)^k\end{bmatrix}\varepsilon(k)$

8.25 (1) 新状态变量 $\boldsymbol{v}=\begin{bmatrix}2 & 1\\ -1 & -1\end{bmatrix}\boldsymbol{x}$ (2) $\boldsymbol{y}=\begin{bmatrix}0 & -1\\ -4 & -6\end{bmatrix}\boldsymbol{v}$

或(1) $\boldsymbol{v}=\begin{bmatrix}2 & 1\\ 1 & 1\end{bmatrix}\boldsymbol{x}$ (2) $\boldsymbol{y}=\begin{bmatrix}0 & 1\\ -4 & 2\end{bmatrix}\boldsymbol{v}$

注:本题多解,这里给出两组答案,以供参考。

8.26 (1) 可控制又可观测;(2) 可控制,不可观测;(3) 可观测,不可控制

8.27 (1) 可观测;(2) $x_1(0)=2, x_2(0)=3$

索引

（汉语拼音顺序）

F

H

M

N

P

Q

X

参考文献

1　郑君里，应启珩，杨为理.信号与系统[M].3版.北京：高等教育出版社，2011.

2　管致中，夏恭恪，孟桥.信号与线性系统[M].6版.北京：高等教育出版社，2015.

3　芮坤生，潘孟贤，丁志中.信号分析与处理[M].2版.北京：高等教育出版社，2003.

4　刘永健.信号与线性系统[M].修订版.北京：人民邮电出版社，1994.

5　曾禹村，张宝俊，吴鹏翼.信号与系统[M].北京：北京理工大学出版社，1992.

6　Ambardar A.信号、系统与信号处理[M].冯博琴，等，译.北京：机械工业出版社，2001.

7　奥本海姆 A V，等.信号与系统[M].2版.刘树棠，译.西安：西安交通大学出版社，2013.

8　Kamen E W，等.应用 Web 和 MATLAB 的信号与系统基础[M].2版.高强，等，译.北京：电子工业出版社，2002.

9　Gabel R A，Roberts R A.Signals and Linear system[M].3rd ed.Hoboken：John Wiley and Sons，1987.

10　Mcgillem C D，Cooper G R.Continuous and Discrete signal and system analysis[M].2nd ed.New York：Holt，Rinehart and Winston，1984.

11　帕普里斯 A.电路与系统，模拟与数字新讲法[M].葛果行，译.北京：人民邮电出版社，1983.

12　帕普里斯 A.信号分析[M].毛培法，译.北京：科学出版社，1981.

13　Cadzow J A.Signals，systems and Transforms[M].Upper Saddle River：Prentice-Hall，Inc.，1985.

14　Lynn P A.Electronic signals and systems[M].Oxford：Macmillan Education LTD，1986.

15　Muth E J.Transform Methods with Applications to Engineering and Operations Research[M].Upper Saddle River：Prentice-Hall，1977.

16　刘培森.应用傅里叶变换[M].北京：北京理工大学出版社，1990.

17　奥本海姆 A V，等.离散时间信号处理[M].黄建国，刘树棠，译.北京：科学出版社，1998.

18　张华容，等.极形轨迹发生器[J].西安：机械科学与技术，2001，4(20)：505-506.

19　陈后金，胡健，薛健.信号与系统[M].3版.北京：北京交通大学出版社，2017.

20　吴湘淇.信号与系统[M].3版.北京：电子工业出版社，2009.

21　徐守时.信号与系统[M].2版.北京：清华大学出版社，2016.

22　Phillips C L，Parr J M，Riskin E A. Signals，Systems，and Transforms[M]. 4th ed. Upper Saddle River：Prentice-Hall，2008.

23 Chaparro L F. 信号与系统——使用 MATLAB 分析与实现[M]. 2 版. 宋琪,译. 北京:清华大学出版社,2017.

24 Carlson G E. 信号与线性系统分析[M]. 2 版. 曾朝阳,等,译. 北京:机械工业出版社,2004.